科学的决策

——河南林业生态省建设规划编制纪实

王照平　主编

黄河水利出版社

图书在版编目（CIP）数据

科学的决策：河南林业生态省建设规划编制纪实/王照平主编.郑州：黄河水利出版社，2008.3

ISBN 978-7-80734-398-1

Ⅰ.科… Ⅱ.王… Ⅲ.林业-生态环境-建设-河南省 Ⅳ.S718.5

中国版本图书馆CIP数据核字(2008）第019327号

责任编辑：韩美琴　　电　话：0371-66024331

出 版 社:黄河水利出版社

地址:河南省郑州市金水路11号　　邮政编码:450003

发行单位:黄河水利出版社

发行部电话:0371-66026940　　传真:0371-66022620

E-mail:hhslcbs@126.com

承印单位:河南省瑞光印务股份有限公司

开本:889 mm×1 194 mm　1/16

印张:24.75　　插页:12

字数：542千字　　印数：1—2 000

版次:2008年3月第1版　　印次:2008年3月第1次印刷

定价：86.00元

河南省委、省政府召开全省林业生态省建设电视电话会议

河南省省委书记徐光春在温县视察林业

河南省省长李成玉在鹿邑视察林业

国家林业局局长贾治邦、副局长李育材听取河南林业生态省建设规划汇报

国家林业局局长贾治邦在河南视察林业

国家林业局副局长李育材在河南视察林业

河南省省委副书记陈全国在商丘视察林业

河南省副省长刘新民主持召开河南林业生态省建设规划编制电视电话会议

全省林业生态省(生态河南)建设规划编制工作座谈会会场

河南省政府召开《河南省林业生态效益价值评估》评审会

河南省政府召开《河南林业生态省建设规划》评审会

河南林业生态省建设规划论证会会场

山区绿化

通道绿化

平原绿化

速生丰产林(杨树)

村庄绿化

经济林(大枣)

编委会名单

主　　编　王照平

副 主 编　刘有富　万运龙

编　　辑　徐　忠

编写人员　（按姓氏笔画排序）

王　兵　王明付　王　晶　刘国伟　刘　玉

光增云　朱延林　李大银　李志刚　李良厚

李灵军　李富海　张国栓　张静满　张玉君

范定臣　周三强　杨朝兴　杨晓周　侯　洁

胡建清　赵海林　赵　蔚　赵义民　赵　辉

郭　良　徐丽敏　康安成　曹冠武　黄运明

董玉山　鲁绍伟　谭运德　樊　巍　霍保民

前 言

党的十七大报告中把“建设生态文明”提到了发展战略的高度，要求到2020年全面建设小康社会的目标实现之时，使我国成为生态环境良好的国家。《中共中央 国务院关于加快林业发展的决定》指出：“在贯彻可持续发展战略中，要赋予林业以重要地位；在生态建设中，要赋予林业以首要地位；在西部大开发中，要赋予林业以基础地位。”林业是生态建设的主体，在维护生态安全、促进人与自然和谐，维护气候安全、缓解全球气候变暖，维护木材安全、解决木材供需矛盾，维护能源安全、发展生物质能源，促进农民就业增收、维护农村社会和谐稳定等方面发挥着日益重要的作用。

当前，我省已进入全面建设小康社会、实现中原崛起的关键时期，经济社会发展对林业提出了新的更高的要求。特别是我省工业化、城镇化进程明显加快，工业中重化工和原材料、高耗能产业所占比重大，环境压力日趋明显，生态环境问题已成为影响经济社会发展的重要因素。加快林业发展是建设生态文明和全面建设小康社会的内在要求，是我省经济社会永续发展的现实需要，是促进农民增收和经济社会发展的有效措施，是稳定和提高粮食生产能力的重要保障，是充分发挥我省土地利用空间和林业潜力的重要途径。省委、省政府贯彻落实党的十七大和中央决定精神，站在全省经济社会可持续发展和中原崛起的高度，作出了建设林业生态省的战略决策。

省委、省政府和国家林业局高度重视林业生态省建设。徐光春书记、李成玉省长多次作出重要批示并深入基层调研。国家林业局贾治邦局长专门来河南指导林业生态省建设规划编制工作。省林业厅认真落实省委、省政府的重大战略决策，抽调林业系统的专业技术人员和省内有关林业教学、科研与生产单位的专家以及省林业专家咨询组成员，组成规划编制组，在征求国家级林业院校、科研院所专家（院士）、省直有关部门和各省辖市、县（市、区）意见的基础上，经广泛调查、专题调研和反复讨论，采取自下而上、以县为单位的编制方法，结合森林资源二类调查成果，编制了《河南林业生态省建设规划》，省政府邀请部分国内知名专家（院士）进行了评审，国内知名专家（院士）一致认为该规划“在全国处于领先水平”。省政府常务会议审议通过了《河南林业生态省建设规划》，并以省政府文件印发全省实施。在《河南林业生态省建设规划》的控制下，市、县两级都完成了各自的生态建设规划，形成了一个比较完备的省、市、县三级林业生态建设规划体系。

《河南林业生态省建设规划》提出了建设林业生态省的新思路，确立了“抓好八大

生态工程，建设四大产业工程，实现林业跨越式发展”的林业工作重点，为今后一个时期我省林业发展描绘了宏伟蓝图。省委、省政府召开省、市、县、乡四级党政主要领导和相关部门负责同志参加的全省林业生态省建设电视电话会议，全省动员，全面启动林业生态省建设规划。

《科学的决策——河南林业生态省建设规划编制纪实》比较详细地记录了林业生态省建设决策、调研和规划的全过程，对全面解读《河南林业生态省建设规划》，认真贯彻省委、省政府建设林业生态省的战略决策，科学组织实施《河南林业生态省建设规划》，确保林业生态省建设目标如期实现具有重要的指导作用。

《河南林业生态省建设规划》编制的过程，是调查、研究、决策和制定规划的过程。为真实地反映《河南林业生态省建设规划》编制的全过程，《科学的决策——河南林业生态省建设规划编制纪实》中收录的资料保留了原始面貌，未作单位名称、计量单位和数据的统一校核。

在《河南林业生态省建设规划》编制过程中，得到了省委、省政府和国家林业局领导以及省直各有关部门的负责同志、全省林业系统的专业技术人员和省内有关林业教学（科研、生产）单位的专家、国家级林业院校和科研院所专家（院士）的高度重视与大力支持；中国工程院原副院长、中国工程院院士、教授沈国舫，中国科学院地理科学与资源研究所研究员、中国生态学会名誉理事长、中国工程院院士李文华，北京林业大学校长、中国工程院院士、教授尹伟伦，国务院参事、中国林业科学院首席科学家、中国工程院院士、研究员唐守正，中国林业科学院首席科学家、中国工程院院士、研究员蒋有绪，河南农业大学原校长、河南省林业学会理事长、教授蒋建平，河南省政府参事、教授级高级工程师赵体顺等院士、专家亲临指导，谨此表示衷心感谢！
书中疏漏之处，恳请读者批评指正。

编　者

2007年12月28日

目 录

上篇 决策篇

第一章 领导决策

第二章　重要文件

第三章　新闻报道

中篇　调研篇

下篇 规划篇

上篇

决 策 篇

第一章 领导决策

徐光春书记在全省林业生态省建设电视电话会议上的讲话

（2007年11月27日）

同志们：

在全省上下深入学习贯彻党的十七大精神、奋力开创中原崛起新局面的新形势下，省委、省政府召开这次全省林业生态省建设电视电话会议，认真学习、深入贯彻党的十七大关于建设生态文明的新论断、新部署、新要求，全面部署、加快实施林业生态省建设，必将进一步动员全省广大干部群众，以更加饱满的热情、更加昂扬的斗志、更加扎实的工作，加快建设绿色中原，为全面建设小康社会、实现中原崛起创造良好的生态环境。

党的十七大提出“建设生态文明”，这在我们党的政治报告中是第一次，具有重大现实意义和深远历史意义。报告对科学发展观进行了到目前为止最系统、最全面、最深刻、最精辟的阐述，强调走生产发展、生活富裕、生态良好的文明发展道路，建设资源节约型、环境友好型社会；把“建设生态文明，基本形成节约能源资源和保护生态环境的产业结构、增长方式、消费模式”，作为全面建设小康社会的重要目标，要求到2020年把我国建设成为生态环境良好的国家；对建设生态文明作出全面部署，重申坚持节约资源和保护环境的基本国策，要求改革集体林权制度、建立健全生态环境补偿机制、加强林业建设。这里所指的生态文明，是人们在改造客观世界的同时，积极改善和优化人与自然的关系，建设有序的生态运行机制和良好的生态环境所取得的物质、精神、制度方面成果的总和，是人与社会进步的重要标志。建设生态文明的提出，充分体现了我们党对生态建设的高度重视和对全球生态问题的高度负责，是对科学发展和社会和谐理念的进一步升华，不仅对中国自身发展具有重大而深远的影响，而且对维护全球生态安全具有重要意义，我们要认真学习、深刻领会、坚决落实。

首先，建设生态文明是全面建设小康社会的新要求。经过新中国成立以来特别是

改革开放以来的不懈努力，我国取得了举世瞩目的发展成就，但我国仍处于并将长期处于社会主义初级阶段，不但发展相对落后而且环境承载力较弱，全面建设小康社会将始终面临资源短缺和生态环境限制这两大约束。一方面，我国人均资源不足，人均耕地、淡水、森林仅占世界平均水平的32%、27.4%和12.8%，石油、天然气、铁矿石等资源的人均拥有储量也明显低于世界平均水平；另一方面，由于长期实行主要依赖投资和增加物质投入的粗放型经济增长方式，能源资源消耗增长很快，生态环境恶化问题日益突出。建设生态文明，是我们党在科学分析和准确把握我国发展阶段性特征的基础上作出的重大决策，对于我们改善生态环境、提高人民生活质量至关重要，是全面建设小康社会必须着力加强的重要环节。其次，建设生态文明是维护生态安全的新举措。迄今为止，人类社会经历了原始文明、农业文明、工业文明三个发展阶段。自工业革命以来，人类在物质生产取得巨大发展的同时，对地球资源的索取超出了合理的范围，过度开发土地、滥伐森林、过度捕捞、环境污染等行为严重破坏了生态环境。近年来暴雨、高温等极端气候频繁发生，就是大自然向人类敲响的警钟。面对日趋恶化的自然环境，保护生态环境、建设生态文明已经逐渐成为世界各国人民的共识。今年9月8日，胡锦涛总书记在亚太经合组织第十五次领导人非正式会议上，提出通过扩大森林面积增加二氧化碳吸收源、削减温室气体的中国减排“森林方案”，受到国际社会的高度关注和积极评价。党的十七大提出建设生态文明，并且把相互帮助、协力推进、共同呵护人类赖以生存的地球家园作为推动建设和谐世界的重要内容，向全世界展示了我们作为一个负责任大国的形象，必将有力地推动我国生态建设和环境保护，为维护全球生态安全作出积极贡献。其三，建设生态文明是我们党发展理念的新升华。自然环境和生态资源是人类生存与发展的前提条件。没有良好的生态条件，人不可能有高度的物质享受、政治享受和精神享受；没有生态安全，人类自身就会陷入不可逆转的生存危机。从这个意义上说，生态文明是物质文明、政治文明和精神文明发展的重要基石，建设生态文明关系到人类的繁衍生息，关系到巩固党执政的社会基础和实现党执政的历史任务，关系到党的事业兴旺发达和国家的长治久安。我们党提出建设生态文明，把握了时代脉搏，顺应了历史潮流，反映了人民愿望，丰富了我们党关于发展的重要思想，表明党对共产党执政规律、社会主义建设规律、人类社会发展规律的认识达到了新高度，开拓了马克思主义中国化新境界。

深入贯彻十七大精神、建设生态文明，对河南的发展具有特别重要的意义。近年来，我们高度重视并切实加强生态环境建设，森林覆盖率持续增长，生态环境逐步改善，林业生态建设为全省经济社会发展作出了积极贡献。同时也必须清醒地看到，我们面临的形势依然严峻。河南总体上是一个缺林少绿的省份，森林覆盖率居全国第21位，人均有林地面积、森林蓄积量只有全国平均水平的1/5、1/7，森林资源质量不高，生态环境十分脆弱。长期以来，我省相对粗放的经济增长方式使我们付出了巨大代价，环境污染、资源短缺问题日趋严重，部分区域生态破坏和退化；随着我省工业化、城镇化进程加快，资源能源消耗还将大大增加，生态环境承载能力面临严峻考验。加快

林业生态建设、增加森林资源，扩大环境容量、拓宽减排途径，任务十分艰巨。我们要立足当前、着眼长远，实现河南经济社会全面协调可持续发展，就必须紧紧抓住林业这个生态建设的核心和关键，切实增强责任感、紧迫感和使命感，扎实做好林业生态省建设的各项工作，把一个山清水秀、人与自然和谐相处的新河南展现在世人目前。因此，我们把建设绿色中原绘入全面建设小康社会的宏伟蓝图，把环境优美作为中原崛起的重要目标，在实现中原崛起的进程中坚定不移地实施林业生态省建设战略。这是我们深入贯彻十七大精神，为夺取全面建设小康社会新胜利、开创中原崛起新局面作出的又一重大举措。全省各级党委、政府和广大党员干部要深入学习贯彻党的十七大精神，以邓小平理论和“三个代表”重要思想为指导，深入贯彻落实科学发展观，坚持生态效益、社会效益、经济效益相统一，坚持科学发展、和谐发展、永续发展，坚持全省动员、全民动手、全社会办林业，大力培育、有效保护和合理利用森林资源，使中原大地林更茂、山更青、水更绿、天更蓝、气更爽、城乡更秀美、人民更富裕、社会更和谐。这是河南经济社会发展的新要求，是全省人民的新期待，是功在当代、惠及子孙的千秋伟业。刚才，成玉同志对全面实施《河南林业生态省建设规划》作了具体安排，希望各地各部门认真抓好贯彻落实。这里，我着重强调一下林业生态省建设中必须正确认识和把握的“六大关系”。

第一，正确认识和把握生态建设与加快发展的关系，既要金山银山更要绿水青山。发展是党执政兴国的第一要务。我们需要的发展是以人为本、全面协调可持续的科学发展，是人与自然和谐相处的永续发展。林业生态建设是促进人与自然和谐的关键和纽带，加强林业生态建设、改善生态环境，是全面建设小康社会、实现中原崛起的重要内容和目标任务，是实现又好又快发展的重要前提和有力保障。没有经济的又好又快发展，生态建设就会失去活力；没有优良的生态环境，经济发展就会失去应有的基础，发展就难以为继。在我省经济社会发展中，必须始终注意准确把握三个重要关系，一是把握好工业和农业的关系，绝不能因为发展工业而忽略了农业，要坚持走在农业稳定增产和农民持续增收基础上推进工业化、城镇化进程的路子；二是把握好资源环境和经济发展的关系，决不能以牺牲资源环境为代价来发展经济；三是把握好城乡建设和群众利益的关系，决不能在加快城乡建设过程中牺牲群众利益。在这方面，我们有成功的经验，也有失败的教训，必须认真总结、正确处理。在加快工业化、城镇化进程中，要切实转变经济发展方式，形成节约能源资源和保护生态环境的产业结构、增长方式、消费模式，在加快发展中改善生态环境，通过改善生态环境促进发展，走上生产发展、生活富裕、生态良好的文明发展道路，实现经济社会永续发展。

在林业生态省建设中，各级党委、政府要切实把改善生态作为人民群众最根本的利益来维护，把生态效益作为最长远的经济效益来追求，牢固树立要金山银山更要绿水青山、绿水青山就是金山银山的思想观念。要坚持正确政绩观，把改善生态环境、建设绿水青山作为经济社会发展的重要内容和目标，统筹当前利益和长远利益，统筹局部利益和全局利益，坚决禁止掠夺性开采、毁灭性砍伐，坚决杜绝只讲索取不讲投

入、只讲开发不讲保护，决不能吃祖宗饭、断子孙路，以牺牲资源环境为代价谋求一时的经济发展。要按照国家形成主体功能区的要求，根据各地不同的生态环境状况，合理确定林业在主体功能区建设中的地位，不断加强林业生态建设，使之与经济社会发展相适应。要坚持环境保护先于一切，严把环境保护关，新开工项目要充分考虑对林业生态环境的影响，坚持环评在先和依法审批原则，从源头上防止环境污染和生态破坏。要积极探索建立健全资源有偿使用制度和生态环境补偿机制，遵循谁开发谁保护、谁受益谁补偿的原则，引导群众合理开发资源，保护生态环境。前几天，国家公布了推进节能减排工作的"三个方案"和"三个办法"，把减排目标与政绩挂钩，实行"一票否决制"和"责任追究制"。我省节能减排的任务重、压力大，各地各部门万不可掉以轻心。森林是实现间接减排最经济、最现实、最有效的重要途径，我们要通过加强林业生态建设来减轻节能减排的压力。

第二，正确认识和把握林业和农业的关系，实现林茂粮丰。俗话说，林农不分家，林业与农业的关系最密切。为确保国家粮食安全，我们要严格保护耕地、巩固农业的基础地位；为改善生态环境，我们要加快林业建设、扩大林业生产，两者之间联系非常紧密，要辩证对待、科学处理。林业是农业和农村经济可持续发展的重要保障，能够涵养水源、防风固沙、保护物种、调节气候、维护生态平衡，对农业生产和粮食安全具有直接性、根本性、源头性的不可替代作用；农业发展了、实力增强了，能够为林业发展提供更为广阔的空间。我省作为全国第一农业大省、第一粮食大省，连续四年创历史新高，这在很大程度上得益于我们加强林业建设、实施平原绿化工程、构建了完善的农田防护林体系。可见，林业与农业互生共促、相互融合，必须协调发展、不可偏废，在确保农业基础地位不动摇、全省基本农田面积不减少、为确保国家粮食安全作出更大贡献的前提下，大力促进林业发展。

要紧紧围绕实现林茂粮丰的目标，在山区、丘陵区重点营造水源涵养林、水土保持林、生态能源林，在广大平原农区建设高效的农田防护林体系，在沙区大力营造防风固沙林，为农业发展筑就"绿色屏障"，确保粮食稳产高产、提高农业综合生产能力；大力拓展林业的发展空间，充分利用零散土地资源，见缝插针、见空绿化、广栽林木，坚持因地制宜，宜乔则乔、宜灌则灌、宜草则草，提高森林覆盖率；充分发挥森林的综合利用效率，使林业为畜牧业发展提供充足的优质饲料资源；大力发展林下生态养殖，实现林牧结合、互利互惠。

第三，正确认识和把握生态建设和产业建设的关系，实现生态效益与经济效益相统一。林业集生态效益、经济效益和社会效益于一身，林业生态与林业产业如"车之两轮、鸟之双翼"，相辅相成、相互促进。林业生态是发展林业产业的前提，良好的生态为产业建设提供充足的资源；林业产业是林业生态建设的动力，林业产业发展了、见效益了，就能增强发展林业生态的实力。生态离开了产业，就会由于缺乏经济利益驱动而发展缓慢；产业离开了生态，就会由于失去良好环境承载能力而无所依托。我们必须坚持生态建设和产业建设两手抓、两手都要硬，决不能割裂开来，更不能相互

排斥、相互替代。

在林业生态省建设中，一方面要坚定不移地实施以生态建设为主的林业发展战略，以山区生态体系建设工程、农田防护林体系改扩建工程、城市林业生态建设工程等八大重点工程为主体，以政府投入造林为主导，以全民义务植树和各种社会造林为基础，以创建林业生态县为载体，努力构建完善的生态体系；另一方面要着力拉长林业产业这条“短腿”，在建设和保护好生态的前提下，以推动用材林及工业原料林工程、经济林工程等四大工程建设为重点，充分发挥林业产品品种多、可再生、绿色无污染等优势，做大做强经济林果、苗木花卉等传统林业产业，着力培育森林旅游、森林食品等新兴林业产业，努力培育新的经济增长点。这里，我要特别强调一下林业和旅游的关系。随着人们生活水平的提高，对生态旅游的需求日趋旺盛，很多林业生态较好的地方都成了人们休闲游憩的目的地。可以说，近年来我省旅游业之所以呈现快速发展的喜人局面，与我们长期坚持造林绿化、保护和改善生态环境是分不开的。在开展森林旅游的过程中，一定要处理好旅游开发和环境保护的关系，把培育和保护林业生态资源作为生命线，坚持保护为主、科学开发、合理利用，对森林和野生动物类型自然保护区核心区只能搞科学研究，绝不能搞旅游开发，以确保森林资源和生态安全。

第四，正确认识和把握植树造林和加强管护的关系，实现林业又好又快发展。植树造林和加强管护，是林业又好又快发展不可分割的两个重要环节。如果说加快植树造林是当前林业发展的首要措施，那么，加强管护就是林业发展的永恒工作。检验一个地方林业建设搞得好不好，既要看完成造林的数量，更要看管护的质量，看林木的成活率和保存率是不是提高了，山是不是绿起来了，生态面貌是不是改善了。林业上有句行话“三分造，七分管”，就充分说明了“管”在林业发展中的重要作用。多年的人工造林实践表明，不加强林木管护，林业建设的成果就难以得到巩固和提升。有些地方“年年造林不见林，造来造去老地方”，最根本的原因就是重“造”轻“管”，管护措施不到位、管护责任不落实。对此，我们要高度重视、认真解决，使两个环节有效衔接，确保林业又好又快发展。

在管护上下大工夫、下真工夫，关键是要做到“三严”。一要严防森林火灾。20年前大兴安岭地区发生的特大森林火灾，涉及面积达100万公顷，给我们这个林业资源缺乏的国家造成了不可估量的损失。前不久，希腊发生的森林大火几乎席卷了全部国土，引起全国的恐慌。血的教训，我们一定要深刻汲取，始终绷紧森林防火这根弦，坚决克服麻痹松懈思想，做到警钟长鸣、严阵以待，把防火工作做细做实做好。二要严防病虫害。大面积树种单一的人工林生态系统非常脆弱，很容易发生病虫害，一旦爆发，就可能造成毁灭性的破坏。我们要坚持生态多样性的原则，大力发展混交林、保护天然林，实现树种、林种的多样化，最大限度地从源头上防范病虫害。同时，要加强对森林病虫害的监测和预报，严格检疫、综合治理、联防联治，有效预防和及时控制大面积森林病虫害的蔓延。三要严厉打击毁林犯罪。坚持依法治林，不折不扣地贯彻执行《森林法》、《野生动物保护法》等法律法规，进一步制定和完善地方性法规，使森

林资源保护有法可依、有法必依；坚持不懈地开展林业严打整治斗争，严厉打击乱砍滥伐林木、乱垦滥占林地、乱捕滥猎野生动物等犯罪行为。

第五，正确认识和把握政府主导与市场调节的关系，形成推动林业生态建设新机制。林业为全社会提供生态服务这一公益性质，决定了政府在林业发展中必须担负起主要责任、发挥好主导作用。同时，林业作为一项重要基础产业，具有提供多种林产品的巨大经济功能，必须遵循市场经济规律，进行产业化运作、市场化经营，实现资源的有效配置、自由流动和充分竞争。我们要把二者有机结合起来，既发挥政府这只有形"手"的作用，又发挥市场这只无形"手"的作用，需要政府做好的一定要坚决做好，需要市场调节的一定要坚决放开，形成适应新时期林业发展要求的新型管理体制、运行机制和发展模式。

当前，正确处理政府主导和市场调节的关系，关键是要深化集体林权制度改革。深化集体林权制度改革，有利于进一步激发和调动全社会造林育林护林的积极性，极大地解放和发展林业生产力，进一步激活机制、盘活资源、搞活产业。我省关于深化集体林权制度改革的意见已经印发各地，在贯彻落实过程中，要注意把握以下几个方面。要准确把握改革要求，坚持农村基本经营制度，确立农民的主体地位，明晰林地使用权和林木所有权，放活经营权，落实处置权，保障收益权，实现"山有其主、主有其权、权有其责、责有其利"。要注意方式方法。集体林权制度改革涉及广大林农的切身利益，涉及农村的和谐稳定。必须依法积极稳妥推进，使森林资源得到切实保护和合理利用，使广大林农真正得到实惠，避免因改革措施不合理、方法不得当激起新的矛盾、引发新的问题，使改革始终得到林农的拥护和支持。要搞好配套改革，认真研究、积极探索采伐管理制度改革，建立和完善森林生态效益补偿基金制度，确保集体林权制度改革健康顺利推进。同时，加快投融资体制改革、林业分类经营改革、国有林场改革，不断增强林业发展的动力、活力和潜力。

第六，正确认识和把握生态建设与民生改善的关系，实现兴林与惠民相统一。我们推进林业生态省建设的根本目的，是为了改善生态环境，提高人民生活质量。加快林业建设，可以推进城乡绿化美化、改善人居环境，可以拓宽就业渠道、促进农民增收，可以倡导森林文化、弘扬生态文明，提高广大群众的文明素质，可以提供丰富的绿色生态产品、满足社会的多样性需求，是促进民生改善的有效途径。特别是加强林业生态省建设与推进新农村建设密切相关，两者的主战场都在农村、主力军都是农民，目的都是惠民。我们必须把生态建设和民生改善结合起来，实现兴林与惠民的有机统一。

兴林惠民，一是要着力改善人居环境，在城市见缝插绿，高标准绿化美化，打造美好家园；在农村充分利用街道公路、田间地头、房前屋后空地，大力植树造林，实现村容整洁，勾画"城在林中、村在树中、人在绿中"的美丽画卷。二是要促进农民就业增收，通过开展荒山绿化、发展庭院经济、发展林业产业，增加就业容量，挖掘农民增收的潜力。三是要满足人民消费需求，不断为人民提供更多更好的生态产品、林产品和生态文化产品。

建设林业生态省，最根本最关键的是各级党委政府要充分发挥领导者、组织者、推动者的作用，统揽全局，统筹谋划，统合力量，全面推进，真正做到“四个更加”。位置要更加突出。要把林业生态省建设放到全面建设小康社会、加快中原崛起的全局中来谋划，真正摆上重要议事日程，做到为官一任、绿化一地、造福一方。林业大市和林业大县的党政主要领导要亲自负责、亲自部署、亲自督察，务必抓出成效。投入要更加积极。完成林业生态省建设任务需要400多亿元的投资，国家给予了我省大力支持，省委、省政府决定今后5年拿出44亿元，每年用于林业建设的资金不低于一般预算支出的2%。各地都要下大决心，加大力度，该配套的财政资金必须及时到位，确保林业生态省建设的资金供应。措施要更加得力。各地要建立和完善林业发展规划，明确目标任务，坚决落实目标责任制，狠抓贯彻落实，狠抓督促检查。要把林业生态建设进展情况纳入经济社会发展评价和干部政绩考核体系，作为干部选拔任用和奖惩的重要依据。合力要更加强大。各级农业、水利、交通、土地、城建、环保、财政等有关部门要各负其责、密切配合，绿化委员会要充分发挥联系协调作用，林业部门要搞好服务、提供指导，工会、妇联、共青团等群团组织要广泛组织和动员社会各界力量投身国土绿化事业，宣传部门要大力宣传林业和生态知识、倡导生态文明理念。全社会要迅速行动起来，自觉履行植树造林、保护环境的义务，努力形成造林绿化人人有责、良好生态人人共享的生动局面。

同志们，保护生态环境、建设美好家园是我们的共同心愿，建设生态文明、促进科学发展是我们的共同使命。让我们在以胡锦涛同志为总书记的党中央坚强领导下，认真贯彻落实党的十七大精神，高举中国特色社会主义伟大旗帜，以邓小平理论和“三个代表”重要思想为指导，深入贯彻落实科学发展观，万众一心、开拓奋进，坚定不移地实施林业生态省建设战略，努力建设绿色中原、秀美中原、锦绣中原，共同谱写中原崛起的崭新篇章、创造人民更加幸福的美好生活！

李成玉省长在全省公路建设现场会上的讲话（节选）

（2007年6月28日）

要高标准地做好绿化工作。河南人口众多，经济结构层次低，人为经济活动的污染难以避免。为实现减排目标，除通过环境综合整治外，加强生态工程建设，让自然生态去稀释人为经济行为造成的环境问题，也是一条重要的途径。大家知道，我省光照时间充足，雨量充沛，冬季节令短，适宜多种树种生长。搞好平原、山区、丘陵的绿化，大力发展各类林木种植业，不仅可为我省提供充足的工业原料林，而且也能极大地改善我省的生态环境。我们要加大生态工程建设的投入，进一步提高绿化标准，分类型规划生态功能区，提高林木档次和覆盖率，提升生态涵养能力。省林业厅要超前谋划，主动工作，切实搞好绿化规划。各县（市）也要结合实际，细化方案，积极做好本地区的绿化工作，力争经过3至5年的努力，使我省的绿化水平有个质的飞跃，真正打造一个锦绣中原。

李成玉省长在省林业厅调研时的讲话要点

（2007年8月6日，根据录音整理）

今天，我和省直有关部门的负责同志到省林业厅调研，主要是与大家一起就今后一段时期如何高标准规划、高水平绿化中原大地进行探讨，推动我省林业实现跨越式发展。刚才，省林业厅的负责同志就如何编制规划作了专题汇报，一些专家和林业厅相关处室的处长发了言，省直有关部门负责同志也讲了很好的意见。下面，我再讲几点意见。

一、大力发展林业是发展经济、改善生态环境的现实选择

林业是一项重要的基础产业和公益事业，承担着生态建设和林产品供给的双重任务。我省自20世纪80年代大规模地开展造林绿化工作以来，经过全省上下20多年的共同努力，实现了平原绿化达标，基本消灭了宜林荒山，森林资源快速增长，林业产业稳步发展，林业在全省经济和社会发展中发挥着日益重要的作用。从历史上看，我省绿化工作一直走在全国前列。当年，焦裕禄同志在兰考栽植泡桐治沙的事迹曾在全国产生重大影响；万里同志分管农业的时候，曾在商丘召开全国平原绿化现场会；90年代中期，当时的国家林业部也曾在鹤壁召开山区绿化现场会。现在，不论国家有关部委还是兄弟省份的领导同志，看了我省的绿化情况，都给予了很高的评价。前年江西省党政代表团来我省考察时，孟建柱书记曾讲到，江西是森林覆盖率比较高的省份，但没想到河南的绿化搞得这么好，尤其是高速公路两旁绿树成荫，非常漂亮。今年春季，国家林业局贾治邦局长来我省考察后认为，平原绿化，河南最好。但是我们也要看到，我省森林资源总量不足，整体绿化标准不高，林业产业发展还不充分。目前，我省林地面积居全国第22位，人均水平仅为全国平均水平的1/5；林业产值占GDP的比重仅为2.8%，远低于林业发展较好省份5%的水平。

在新的发展阶段，要实现经济社会又好又快发展，必须坚持一手抓经济建设、一手抓生态环境，努力在经济快速发展的同时实现生态环境逐步好转，把中原大地装点得更加秀美。最近，我之所以提出林业要上水平、上档次，主要基于以下几个方面：一是我省自然条件非常优越。我省位于南北气候过渡地带，区位适中，四季分明，雨量充沛，光照时间长，冬季时令短，物种资源丰富，适宜多种植物生长。不论与南方还是北方相比，我省在发展林业方面都具有得天独厚的优越条件。我国北方缺水，建设

成片的林网难度很大；南方虽然雨水较多，但在水乡建设林网，树种的选择受到很大限制。而我省不论发展成片林还是搞田间、沟渠林网建设，自然条件都十分有利。二是我省土地利用空间较大。近年来，不论平原绿化还是荒山、丘陵植树造林，我省都搞得比较好，但从全省范围看，整体绿化水平还比较低，高标准、高档次的林网还很少。虽然漯河等市在林权制度改革方面进行了积极的探索，通过公开招标、拍卖等方式，对田间、沟渠的造林明确了产权，调动了农民的积极性，但这一做法没有在全省广泛推开。一些地方在封山育林上虽然也下了很大工夫，但山上的林木还显得稀稀拉拉，半山腰有些树，山顶还荒芜着。我省国土面积16.7万平方公里，森林覆盖率还不高，除农田以外的土地利用还不充分，可利用的土地空间还很大，发展林业大有可为。如何把有限的土地利用起来，进行高标准绿化，值得我们认真研究。三是通过生态建设可以实现间接减排。近年来，我省经济快速发展，工业化进程不断加快，工业已成为支撑我省经济发展的主导力量。但我省工业结构层次低，重化工和原材料、高耗能产业所占比重大，随着外延投入的扩大和资源消耗的增加，如果没有相应的生态环境作保障，发展将难以持久下去。我们既要坚定不移地转变增长方式，加快经济转型，又要通过大面积、高水平的造林稀释二氧化碳，实现间接减排。在这方面，日本已经取得了成功的经验。比如日本承诺二氧化碳等温室气体排放量与1990年相比削减6%的目标，有3.9%是通过森林固碳来完成的。事实上，日本在工业化的初级阶段，尤其是20世纪70年代初工业化加快推进的时候，生态问题非常突出，近海海域污染非常严重，人吃了鱼之后中毒，在世界上产生了很不好的影响。但现在到日本看看，到处都郁郁葱葱，每座山都是绿的，每条河都是清的。一个高度工业化的国家能够走到这一步，确实难能可贵。我省工业发展层次不高、结构不优，通过工业减排实现减排目标压力很大，必须扩大造林面积，进一步提高绿化水平，充分发挥森林的固碳作用，吸收二氧化碳，实现间接减排。四是木材需求量越来越大。目前，我省已在濮阳、焦作、新乡实施了林纸一体化项目，既推动了我省造纸业结构调整，也促进了林业产业的发展。说实在的，当初上这些项目的时候，我们非常担心原料问题，因为每个木浆造纸厂都要消耗大量的木材。但没想到厂子建成后，原料根本不成问题，当地的群众甚至把过去当柴火烧的树枝也收集了起来，削成木片后送到了造纸厂。过去，一方杨木大约卖300~400元，现在卖到了800元左右，群众尝到了甜头，种树的积极性非常高。与此同时，商丘、开封等地的一些木材加工企业已形成一定规模，发展得很快，每年也要消耗掉大量的木材，木材需求量呈逐年攀升的趋势。可见，随着加工能力的不断提高，我省林业产业发展对木材的需求将不断扩大，如果后续资源跟不上，将会大大影响全省林业产业的发展。五是能够增加农民收入。去年，我省农民来自林业的收入平均已达325元，占农民人均纯收入的1/10，成为农民收入的重要组成部分。一些林业发展较好的地方，可能还远不止这个数目，比如灵宝通过种植果树等经济林，实现了发家致富。我在该市调研时了解到，经过品种改良和精心管理后，原来卖几毛钱一斤的苹果，现在一个就卖到4元左右，价钱翻了好多倍。

基于以上考虑，省政府决定，由省林业厅牵头，会同林业方面的专家、技术人员，高起点、高标准地编制今后一段时期的林业发展规划，力争用5~8年的时间，全面推进现代林业建设。

二、大力发展林业必须选准突破口

经过近年来的发展，我省经济实力不断增强，在财力上已经具备加大林业投入的基础和条件。我们要以建立完备的生态体系和比较发达的产业体系为目标，以改革创新为动力，以科技进步为支撑，突出重点，选准突破口，推动林业又好又快发展。

一要高标准提高绿化水平。观念是行动的先导。要切实转变观念，从规划开始就要高标准提高绿化水平，按照现有基础，区分不同情况，突出特点特色，高水平地搞好全省的绿化。在规划的编制上，要彻底改变过去那种组织一些专家和部门，笼统地提些大指标、大思路的做法。要针对平原、山区、丘陵等不同区域，因地制宜地确定树种和绿化方式，不搞一刀切，不搞一般化。要把过去的成功经验、失败教训融入规划编制之中，好的做法要继承和发扬，确保不走弯路。树种选择要坚持多样性和多层次性，适地适树，避免品种过于单一，避免绿化方式千篇一律。目前，我省有些地方树种过于单调，这容易造成一旦有大的病虫灾害，就是毁灭性的。6月初，中牟境内成片的杨树出现黄叶、落叶现象，让人很是担心，因为连片成网的杨树一旦病虫害蔓延开来，后果非常严重。当年，宁夏境内河套平原的杨树发生大面积天牛，由于控制不了局面，所有的杨树全部被伐光，后来虽然补栽了其他树种，但直到今天林网仍没有恢复，教训极其深刻。

二要深化林权制度改革。林权制度改革与当年的土地承包经营责任制一样，对经济社会发展具有重要的影响。党中央、国务院对林权制度改革高度重视，温家宝总理在今年的政府工作报告中，强调要继续推进林权制度改革。国家林业局在林权制度改革方面思想非常解放，态度十分明确，没有受过去那些条条框框的约束，提出要通过改革，明晰所有权、放活使用权、落实处置权、确保收益权，最终实现山更绿、水更清、农民更富、环境更好。最近在东北考察学习时，我专门了解了吉林、黑龙江等省林权制度改革的情况，感觉到他们的步子比我们迈得大。比如，他们把国有林场划给个人承包经营，每年给经营者一定的工作经费用于管护、改造林区。现在那些林场不论是经营状况还是森林面貌，都发生了显著变化，这就是改革带来的成效。我省虽然没有大型国有林场，但有一些集体林场。由于认识和改革不到位，体制机制不活，这些集体林场经营都十分困难。实践证明，只有抓住林权制度改革这个关键，才能实现林业产业的大发展。在新一轮发展中，我们一定要把林权制度改革作为重中之重，强力推进林权制度改革。要按照谁投资、谁所有的原则，为各种经营主体创造良好的发展环境。要科学划分公益林和商品林，并根据它们的不同特点，建立相应的投入、管理及运行机制和经营模式。要逐步建立完善林业发展社会化服务体系，帮助育林者利用好林地、经营好林地，解决好一家一户办不好、办不了的事情。

三要强化林业科技工作。科学技术是第一生产力，也是林业发展的强大动力。要坚持科技兴林、科技育林，提高林业的科技创新能力。近年来，我省育苗发展势头很好，涌现出鄢陵等一批在国内外有影响的苗木基地，而且绿化用苗木基本依靠自育苗木，外调苗木很少。随着林业的快速发展，苗木需求将会越来越大。我们要积极适应林业快速发展的需要，依靠科技进步，重点研究开发林木良种选育、种苗快速繁扩、花卉培育驯化等技术，切实加快育苗速度，提高育苗质量，扩大育苗品种，保障我省林业发展的苗木需求。要加强林业技术推广服务工作，支持林业先进实用技术进村入户，真正为育林者提供服务、发挥作用。

三、大力发展林业必须科学规划、加大投入

把我省的绿化水平提高到一个新的台阶，关键在于科学规划。目前，省林业厅已组织有关方面，在较短时间内拿出了规划大纲，初步确定到2015年，全省林木覆盖率达到30%，其中森林覆盖率达到24%，林业产值达到1 000亿元，所有县（市）全部建成林业生态县。我原则上同意这个规划，但在具体操作中要注意把握好以下几点。

一要以县为基础编制规划。县一级的规划是全省综合性规划的基础。规划编制要采取自下而上的办法，以县为基础，保证规划具有较强的针对性和可操作性。省林业厅要认真吸收今天会上讨论的意见，并以当前的规划为蓝本，按照传统平原农区、低洼易涝地区和山区三种类型，分别召开座谈会，分类型地布置规划的编制工作。这也是广泛听取基层意见的过程。座谈会由新民副省长主持召开，各县主管县长参加，重点县可由县长参加。各县今后几年林业发展的方向、目标明确之后，要结合当地实际，即组织力量编制规划，并报省辖市。各省辖市要在县级规划的基础上，科学梳理，形成市级规划，最后由省林业厅汇总提炼，形成全省综合性的规划。林业规划的编制，要注意与环保、水利等专项规划相衔接，做到资源共享、协调发展。省林业厅要在标准、技术等方面加强对规划编制工作的指导，及时帮助基层解决实际问题，争取年底前全省性的规划基本形成，经省政府讨论通过后即组织实施。规划起步阶段，可在一些县（市）先行试点，重点解决投入方式、树种选择、机制建立等问题，取得经验后在全省逐步推开。

二要突出重点地区和重点工程。林业建设任务重的地方，要立足于挖掘内部潜力，科学确定绿化方案，进一步加大投入力度，力争在较短时间内使绿化水平有个大的提高。绿化基础较好的地方，本着缺什么补什么的原则，进一步巩固提高绿化水平，切实加强管护，力争更上一层楼。要抓好林业重点工程建设，特别是要抓好南水北调水源地及其沿线、小浪底库区、黄河标准化堤防以及其他一些重大水利、交通项目周边及沿线的绿化工作，努力做到重点工程建设到哪里，绿化就跟进到哪里。要高度重视滞洪区绿化问题，在充分调研的基础上，创新思路，慎重决策。对虽纳入国家规划却从未发挥过作用，而且区域内土地属于基本农田的滞洪区，一律不得进行生态建设；对经国家防总批准经常使用的滞洪区，如西平的老王坡、杨庄滞洪区等，可以结合实

际，大胆提出强化生态建设的意见。最近，我到西平察看灾情时发现，虽然近几年杨庄滞洪区每年都要分洪，但里面种的林木基本没受什么影响。如果把这些滞洪区建成林木基地，不仅可以促进我省林业发展，而且能够减轻国家的负担。对此，省直有关部门要认真研究。此外，要根据各地的地形、土壤、降雨、光照等条件，高标准建设一批经济林、速生丰产林、生态公益林基地，并将其作为今后林业投资的重点。

三要加快林业产业化发展。我们之所以要把省内所有可以利用的土地全部利用起来，搞高标准的生态绿化，一个重要的目的就是要让我们有限的土地有更多的产出，更多地创造财富，更多地创造就业机会。各地要根据市场需求、资源条件和产业基础，组织编制本地的林业产业发展规划，逐步构建起资源有效利用、优势充分发挥、结构优化、效益显著、富有竞争力的现代林业产业体系。要积极优化林业产业结构和区域布局，着力发展工业原料林、经济林、种苗花卉等，提高林业种植的比较效益。要大力发展林业加工业，扩大加工范围，延长产业链条，实现林业多环节、多渠道增值。要充分发挥资源优势，积极发展生态旅游，带动相关服务业发展，实现生态保护与产业发展的良性互动。要大力培育林业产业化龙头企业，力争形成一批竞争力强、带动面广、比较效益好的林业企业集团。

四要加大财政投入力度。关于今后几年林业的投资数额，省林业厅提的相对比较保守，这与我们的目标还不相适应，希望会后根据工程量进一步认真测算。我省今年财政总支出将超过1 700亿元，明年有望突破2 000亿元。随着经济实力的不断增强，我们要不断加大对林业建设的投入力度，力争使林业投资占财政支出的比重达到一个较高的水平。同时，要积极吸引社会资金投入林业生态建设，形成多元化的投入格局。在资金的使用方向上，财政资金主要用于育苗、公益林建设等，经济林建设主要依靠社会力量。

加快林业发展，功在当代，惠及子孙。我省有近1亿人口，劳动力资源丰富，按照我省现有的绿化基础和自然条件，再加上省里即将出台的政策和措施，完全能够把中原大地装扮得更加靓丽。希望全省林业部门和广大林业工作者，振奋精神，同心协力，埋头苦干，使河南的生态建设再上新台阶，成为工业化、城镇化、农业现代化发展的重要支撑，实现建设锦绣河南的目标。

李成玉省长在林业生态省建设规划汇报会上的讲话

（2007年9月25日，根据录音整理，未经本人审阅）

今天是八月十五，我国的传统节日。非常感谢贾治邦局长、李育材副局长，来我省调研、现场办公，并带领这么多司局的同志，实地指导我们林业生态省规划的编制工作，我们内心非常感激。原来我和新民副省长商量，在林业生态省规划编制工作进展一段后，让照平同志把我们的想法给国家林业局先汇报一下，等规划基本成型以后，我和新民同志带上有关部门，到国家林业局去专门再汇报、再沟通。你们得到这个信息以后，非常主动地来实地看了我们的现场，又听了我们的汇报。刚才，贾局长已经表示，我们提出的几个方面的具体问题，将在今后的工作中作统一考虑，尤其是今天现场又表态在计划之外，再给我们增加几千万元的资金，对我们这一发展中的人口大省来讲是非常难得的。

河南这几年，经济社会事业发展是比较好的，发展的速度和质量在全国都是靠前的。到今年年底，已经连续4年经济增长速度保持在14%以上，今年上半年是14.7%。我们现在这一轮的发展，按照十六大以后河南确定的路子，推进工业化、城镇化和农业现代化，工业在这一轮发展中起了主导作用。今年我省的工业销售收入将突破1.8万亿元，已经连续几年以30%多的速度在增长，而且效益非常好，到今年年底，全省利润的增长速度将连续两年保持在70%以上。去年河南的工业利润比湖南、湖北、安徽、江西4个省的总和还多出42亿元，今年还在以70%的速度增加，全年有希望突破1 700亿元。2002年，我省工业利润只有180亿元，今年如果达到1 700亿元左右，5年时间增长近10倍。我省这一轮的工业主要是靠县域经济和非公有制经济。育材副局长知道，我们过去和山东省相比，在发展非公有制经济上差距比较大，近几年我们通过政策扶持，提高服务水平，非公有制经济现已占经济总量的50%多，大量的国有企业从竞争性领域退出来，实行了市场化的改制。河南过去的国有企业占的比重较大，现在这部分老的国有企业通过改制激发了活力。

在农业上，河南的农业应该说在中国已经叫得很响了。今年3月份，在鹤壁开全国春季农业生产现场会，各省分管农业的副省长看了河南现在的种田水平，说在现在的这个条件下，河南能搞到这样的水平，感到很惊讶。去年河南粮食产量突破了500亿公斤，达到505亿公斤，好多省的同志讲，你们这个500亿我们服气了。我到鹤壁浚县这

个项目区去看，几万亩成片的小麦作业区，种的跟韭菜园一样，一点都不夸张。河南的粮食产量，我来河南工作的时候，1992年前后连续三年平均产量在300亿公斤，后来达到了350亿公斤、400亿公斤，在400亿公斤这个台阶上徘徊了六七年，2005年突破了450亿公斤，去年达到了500亿公斤，今年还要突破500亿公斤，如果明年产量能再达到500亿公斤，说明河南500亿公斤的粮食生产能力已经形成。育材副局知道，过去山东到了400多亿公斤的时候，我们是350多亿公斤，一直相差了50多亿公斤，现在山东再突破400亿公斤已经很难了。河南现在的粮食产量，和1997、1998年相比，蔬菜面积增加了近900万亩，油料面积增加了五六百万亩，花卉面积增加了一二百万亩，还是在结构大幅度调整的情况下，实现了粮食增产。当然，河南的粮食生产，与改善农业的生产条件有关，与先进的科学技术推广，包括种子及先进的耕作技术在农业上的推广和应用有关。过去我们的小麦亩产常年徘徊在300公斤，现在到了近400公斤，去年有一个十几亩的专家技术人员指导的田块，亩产达到了700多公斤，这个产量是北京来的专家实测出来的。现在玉米最高的亩产达到一吨粮，一般好的田块达到600公斤。最近我和新民同志在驻马店开了一个24个产粮大县的座谈会，我就谈了河南农业发展的这些过程和经历，在发展农业上更加坚定了我们的信心。我们这几年把农业综合开发资金相对集中，对那些工业基础比较薄弱、农业条件比较好的产粮大县，加大投入，打造河南的粮食核心生产区。我们选择的这24个县，有16个县在100万人以上，有15个县粮食产量在7.5亿公斤以上，有4个县在10亿公斤以上，如果我们把这24个县抓住了，就抓住了200亿公斤的粮食产量。现在粮食生产和畜牧业发展、林业的发展都有直接的关系，畜牧业我们有好几个指标，养牛、生猪的饲养量、肉制品的加工、牛肉的出口，在全国都占了第一、第二位，畜牧业已经占到农业总产值的40%以上。正因为河南有了粮食、有了畜产品，食品工业现在才能排在河南六大支柱产业的第一位。今年食品工业的销售收入要达到2 000多亿元，有一些现代工业就是靠加工农产品为原料的工业支撑起来的。所以，搞农业不完全是包袱，没有农业，没有粮食、油料、肉制品为原料，我们工业这一块就下来了。刚才讲我们今年销售收入有可能达到1.8万亿元，其中食品工业大概要占2 500亿元左右。

林业也是这样。现在木材的升值，加工路子的拓宽，给我们带来了希望，前几年，杨树原木1立方米是200多块钱，后来长到400元，今年到了800元，大径材比800元还高，农民看到种树就跟把钱存在银行一样，效益非常好。河南上了三个木浆加工企业，原来我们论证来论证去，担心原料林跟不上。现在我们搞的一些速生用材林基地还没有到采伐期，而木浆生产企业的原料基本上都保证了，老百姓将枝枝桠桠削成片，卖给纸浆厂，也提高了收益。

胡锦涛总书记对河南农业很关注，对我们提的要求也很高，我们确实为国家的粮食安全作出了贡献。河南就这么一块土地，养活了自己的1亿人口。从整个农业这个角度讲，我们在这一轮发展中，工业上去了，城镇化也加快了，农业没有削弱，没有以牺牲农业为代价来发展经济。

刚才讲到了我们林业的发展规划，国家林业局对我们这里的情况都非常了解，河南林业的发展也是在国家林业局的指导和支持下，有了这么一个好的基础，那么现在我们为什么又提出要坚持高标准规划、高水平绿化这么个思想呢？我们感到这是河南经济发展与结构调整的需要。我省的原材料工业现在占的比重还在70%左右，资源消耗大，而河南16.7万平方公里，又承载了一亿人口的生活，土地的承载能力已经很重，如果说在生态建设和保护上不花一些工夫，没有一些特殊的措施，将来很难再发展下去。另外，刚才，贾局长已经讲了，河南冬令的时间很短，植物生长期长，雨水很充沛，光照又非常好，适宜的树种非常多，山区也能长，平原也能长，按照我们现在的绿化标准，还有很大的潜力没有挖掘出来。刚才，照平同志讲了，荒山还有900多万亩，沙荒地有800多万亩，低质林有900多万亩，这三个几乎是三个1 000万亩。同时，还要搞大的廊道绿化网络，这个是我们从南水北调干渠绿化派生出来的。南水北调1 200多公里的干线，在河南731公里，我们从工程一开始启动，就考虑要把南水北调的干线打造成一个旅游的精品项目，将来有了私家车，从干渠的两侧，从北京出发一直到南水北调的水源地，是一个绿色的走廊。经过反复的工作，现在国家南水北调办在整个干线的规划上，完全采纳了我们的意见。这个精品旅游线路，有服务区，有硬化的道路，有绿化的长廊。前段时间，我到鹤壁、漯河，到舞阳县调研，一些小路和沟渠旁公开拍卖，由私人种树，就把这些地方完全利用起来了，潜力很大，这是一些小的网格。从大的林网建设上讲，你们昨天看的是扶沟，周口搞的最好的是鹿邑，鹿邑的林网建设搞的标准是最高的，扶沟搞的晚一点。但是这种高标准不是全省到处都这样，像南阳、豫北等有些地方的林网建设就不行，断断续续的没有形成网格。我们这一轮的平原绿化，主要是把那些网格完全连接起来，然后把还没有充分利用起来的荒山进行高标准绿化。这样，荒山绿化、平原林网的完善，和我们现在新搞的一些农田工程里边的林网配套，包括现在规划的村边、城市边缘的防护林、围村林、城郊森林建设等，潜力要努力挖掘，工作量还很大。这次规划涉及到驻马店等一些每年分洪很频繁的滞洪区的退粮种树问题。现在国家有滞洪区的补偿标准，淹一次，国家就补偿一次。我们想能不能把滞洪区都种成树？经实地察看，滞洪区的里边的树淹了以后，水退了还好好的，这样把种粮改成种树，国家补偿的经济负担也下来了，农民也有收益。最近驻马店的同志给我讲了一个想法，想搞林粮间作，在滞洪区里面，把林网的密度加大，洪水淹了以后树还长，庄稼的损失就小一点。我同意驻马店的这种想法。我们现在正在进行规划汇总，到年底前全省要召开动员大会。规划经省政府讨论通过以后，我们还要出台一些扶持的具体政策，拿出一些措施，然后全省铺开，一直覆盖到乡一级。在实施上要辐射8年，我们主要的工作量放在前5年，最后两三年再完善一下，按照既定的标准搞到位，要用5到8年的时间，彻底打造、改善河南的生态环境。现在据我们接触外省的客人来看，他们对我们的绿化还是比较认可的，尤其是我们高速公路两旁，到处是林荫道。前年江西代表团来我省看了后，说江西省绿化水平很高，没想到到河南一看，你们的标准不低啊。当然江西是全省性的，我们是道路两侧的情况好一点。

为此，我们想通过5到8年的努力，打造一个全新的绿色河南，使河南的林业再上一个新台阶。

刚才，照平同志汇报的时候讲到了森林吸收二氧化碳的功能。我们现在感到河南一些建材工业、有色工业很集中的地方，如果没有良好的生态支撑，很难长期发展下去。这几年河南的发展从多个方面考虑，农业、水利、畜牧在国家的项目之外，我们自己安排了一些项目，都做成了，现在整个财政情况也允许了，想在林业上再加大一点投入。希望国家林业局指导我们把这个规划编制好。这次在规划编制一开始，我们就定了一个比较高的标准，邀请一些专家、院士参与编制规划，给我们提出了一些比较先进的、科学的建议和理念。这次你们也系统听了汇报，将来我们编出规划初稿，还希望局里面有关司给我们再指导再把关。现在比较担心的就是树种问题、林木病虫害问题等，今年五六月份我们一些地方的杨树，大面积地黄叶、落叶。我在宁夏工作时，当时“三北”防护林受天牛危害，杨树几乎全军覆没。我们现在杨树有这么高的密度，一旦有病虫害，很不得了，希望国家局将来在防治病虫害方面给我们具体指导。另外，希望国家局加大对河南林业的资金扶持。贾局长过去在省里面干的时间长，也了解情况，也希望国家局实行激励机制，哪个地方政府有积极性，你就扶持谁。河南省是这样做的，如我们定了40个畜牧大县，拿出一笔资金，让各县去竞争，这一次才安排了25个县，有15个县没有安排，项目不行，就是大县也不支持。所以，现在大家在干事上都很积极，项目准备上都很认真。国家局的项目我们也能理解，国家的林业投资都是套着工程走的，可能河南有一些项目在工程里面还挂不上，但是国家的目的是要提高森林的覆盖率，是要增加木材的蓄积量。河南毕竟与经济发达省份还是有差距的，希望国家局在工作上给予支持，我们用5到8年时间，努力把建设林业生态省这件事抓好，真正把这个1亿人口的地方打造好，也是对中国的一个贡献。

最后再次表示对你们的感谢！

李成玉省长在全省林业生态省建设电视电话会议上的讲话

（2007年11月27日）

同志们：

今天的会议，主要是进行全省动员，全面启动林业生态省建设规划，明确今后一个时期林业生态建设的目标和任务，以实际行动贯彻落实党的十七大提出的生态文明建设要求。近年来，省委、省政府高度重视资源节约型、环境友好型社会建设，在环境综合整治、矿产资源整合、新型建筑材料推广等方面做了大量工作，取得了明显成效。今年，我们就高标准绿化河南，谋划全面推进林业生态建设问题，责成有关部门进行调查研究；8月份，我和新民同志到省林业厅专题研究部署，就林业生态省建设规划提出了要求。为了增强规划编制的科学性、针对性和可操作性，我们采取自下而上的编制方法，先由各县（市）根据当地实际提出规划方案，经相关部门认可后逐级上报，省林业厅在综合论证后提出全省方案，聘请国内知名专家参与评定，形成了一个较高水准的规划。最近，省政府常务会研究通过了这一规划。下面，围绕林业生态建设，我先讲几点意见。最后，光春同志再作指示。

一、充分肯定近年来林业生态建设取得的成绩

近年来，我省认真贯彻党中央、国务院关于加快林业发展的一系列决策部署，不断加强林业生态建设，平原初步形成了点、片、带、网相结合的综合农田防护林体系，山区基本消灭了大面积宜林荒山，通道沿线森林景观初步形成，取得了良好的经济效益、社会效益和生态效益。

（一）造林绿化成效显著

实施了重点地区防护林建设、平原绿化、防沙治沙、通道绿化等一批国家和省级林业工程，开展了林业生态县创建活动。“十五”以来，全省累计完成人工造林2 268万亩，其中工程造林1 733万亩，占同期全省人工造林面积的80%；新建和完善农田林网7 600万亩，94个平原县（市、区）全部达到平原绿化高级标准，农田林网、间作控制率达到90%以上；完成绿化通道6万多公里，平原区沟河路渠绿化率达到90%以上；有9个县（市、区）建成林业生态县。去年，全省有林地面积达到4 338.6万亩，活立木蓄积量1.36亿立方米；森林覆盖率17.3%，2002年以来年均增长0.5个百分点，增幅居中部第1位。郑州市通过实施森林生态城市建设工程，完成大面积工程造林41.7万亩，荣获

“全国造林模范城市”称号。洛阳市在城市周边建设了4大森林公园，着力打造中西部最佳人居环境城市。许昌市大力加强生态建设，城市森林覆盖率达33.5%，建成区绿化覆盖率达42.7%，获“国家森林城市”称号。商丘市大力实施造林绿化工程，全市农田林网、农林间作控制率达95%以上，被评为“全国平原绿化先进单位”。

（二）林业产业加快发展

坚持在生态建设中发挥产业功能，大力发展林业二、三产业，提高林业经济效益。目前，全省经济林面积达1 300万亩，年产量665万吨；速生丰产用材林和工业原料林面积达747.4万亩；木材加工经营企业1.3万多家，形成了一批人造板及林产品加工集聚区，木材年加工能力400万立方米。加快推进林纸一体化建设，濮阳龙丰、焦作瑞丰、新乡新亚等3个10万吨以上的杨木化机浆项目建成投产，新增木浆生产能力36万吨。与2002年相比，我省造纸产业木浆比重已由不足10%提高到25%，造纸产能由430万吨提高到1 000万吨，中高档纸比重由20%提高到63%，污染排放大幅度降低。大力发展森林生态旅游，先后建立了29处国家级、63处省级森林公园和11处自然保护区生态旅游区。去年全省森林旅游接待游客1 530万人（次），门票收入3.7亿元。全省花卉和绿化苗木种植面积达80万亩；鄢陵县种植规模40多万亩，年销售收入17亿元，成为我国北方最大的苗木花卉生产基地。以花为媒积极发展节会经济，每年一度的洛阳牡丹花会、开封菊花花会享誉海内外。近年来，全省林业总产值年均增长14%以上，2006年达到345亿元，比2002年增长83.5%。

（三）林业生态得到有效保护和恢复

坚持在保护中合理利用、在利用中积极保护，认真贯彻森林法等法律，先后制定了义务植树、林地保护、野生植物保护等一系列地方性法规。区划界定国家级重点公益林1 891万亩、省级公益林480万亩，在洛阳、三门峡和济源三市实施天然林保护工程，保护森林面积1 330.4万亩，全面停止天然林商品性采伐，山区自然植被得到初步恢复。加快实施退耕还林工程，2002年以来共完成1 216.7万亩，其中退耕地还林336.7万亩，宜林荒山荒地造林和封山育林880万亩。全面落实森林资源限额采伐制度，林地林权、林木采伐利用和木材运输管理日趋规范。建立各类自然保护区32处，面积达1 106万亩，占全省土地总面积的4.4%；75%的野生动植物物种资源和80%的典型生态系统得到有效保护，目前全省有陆生脊椎野生动物520多种和高等植物近4 000种；内乡宝天曼国家级自然保护区列入联合国教科文组织“世界生物圈保护区”。通过多年努力，我省沙化土地和水土流失面积逐年减少，平原地区许多过去林木稀少、灾害频繁的不毛之地，如今变成了林茂粮丰的高产田。

（四）林业体制改革迈出坚实步伐

选择豫南桐柏、豫北辉县、豫东尉氏等3个有代表性的县（市），稳步推进集体林权制度改革试点，在明晰产权、放活经营、规范流转、确权发证等方面进行积极探索。通过改革，试点地区村集体负担减轻，林业发展资源盘活，农民造林积极性高涨，林区群众得到了实惠。从2004年开始建立森林生态效益补偿机制，目前我省国家和省级

公益林补偿面积达990万亩，补偿资金和管护措施全部到位。大力推进宜林“四荒”拍卖和承包经营，吸引各类社会主体投资林业建设。目前，全省非公有制造林面积占70%以上，成为推动林业快速发展的主要力量。漯河市不断完善相关配套政策，积极鼓励各类社会主体投资发展林业，在林地流转、利益激励、技术服务、林木产权等方面大胆探索，目前非公有制造林已占全市有林地面积的96.4%，林木成保率由改制前的不足30%提高到95%以上。鹤壁、三门峡、济源等市采取荒山认养造林、大户承包造林等方法，在植树造林、改善生态方面成效明显。

（五）林业基础保障能力不断提高

实施自然保护区基础设施建设工程24项，自然保护区资源管护、科研监测设施不断完善。建设扑火物资储备库140座，营造防火林带7 000公里，开辟防火道3 500公里，置备通讯、灭火设备和器材3万多台（件），森林火灾预测预防扑救能力增强。建立林业有害生物测报点50个，野生动物疫源疫病监测站点251个，森林病虫害预测预报和防治能力明显提高。组织实施国家和省级各类科技项目70多项，选育林果优良新品种110多个，抗旱保水、农林复合经营等40多项林业新技术得到推广应用，林业科技创新能力不断提高。

我省林业生态建设之所以能够取得这样的成绩，主要得益于各级党委、政府对林业工作的高度重视，得益于社会各界的广泛参与和支持，也得益于全省林业部门各级干部职工的辛勤工作和努力。在此，我代表省委、省政府，向奋斗在林业战线的广大干部职工表示衷心的感谢和亲切的问候！

二、深刻认识加快林业生态建设的重大意义和作用

今后一个时期，我省与全国一样经济社会发展仍处于重要战略机遇期，是全面建设小康社会的关键时期。党的十七大对全面建设小康社会提出了新的更高要求，必将激励和推动经济社会进入新一轮发展高潮。加快林业生态建设，既是我省深入贯彻落实科学发展观、推进和谐社会建设的重大战略举措，又是我省全面建设小康社会、加快向经济强省跨越、实现可持续发展的必然选择。各级各部门一定要充分认识林业生态建设面临的新形势，充分认识加快林业生态建设的重大意义和作用。

（一）加强林业生态建设是新时期生态文明建设的客观要求

党的十七大把“建设生态文明”提到了前所未有的战略高度，要求到2020年全面建设小康社会目标实现之时，使我国成为生态环境良好的国家。这是首次把“建设生态文明”写入党代会报告，对我国今后经济社会发展具有重大指导意义。改革开放尤其是党的十六大以来，我省紧紧围绕全面建设小康社会、奋力实现中原崛起目标，加快工业化、城镇化，推进农业现代化，成功实现了由传统农业大省向全国重要的经济大省和新兴工业大省的历史性跨越，在中部地区崛起中走在了前列。初步预计，今年全省生产总值突破1.5万亿元，人均生产总值达到1.5万元，与2002年相比，均翻了一番多；工业增加值达到7 400亿元，增长1.3倍；工业实现利润1 800亿元，增长8倍多；地

方财政一般预算收入达到850亿元，支出达到1 800亿元，均增长近2倍；城镇居民人均可支配收入和农民人均纯收入分别实际增长57.4%、40.1%。可以说，这几年是河南历史上发展速度不断加快、发展质量和效益全面提升、形象明显改善、群众得到实惠较多的时期。但是我省人口多、底子薄、人均水平低的基本省情尚未根本改变，要继续保持当前经济社会快速发展的势头不易，要在保持"生态环境良好"的前提下实现"又好又快"发展更难。我省过去发展的环境代价比较大，目前资源消耗过高、环境污染加剧的态势还没有根本好转。随着工业化、城镇化进程加快，我省经济发展与人口资源环境约束之间的矛盾更加突出。从近两年单位GDP能耗指标执行情况看，完成"十一五"节能减排目标压力很大，保护环境、减少污染排放的任务十分艰巨。在新的发展阶段，一方面，我们必须加快经济发展方式转变，加快产业结构优化升级，强化节能减排工作，从源头上减少资源消耗和对环境的影响；另一方面，我们必须加大投入，更加积极主动地加强生态建设和环境治理，着力建设生态环境外部保护和自我修复机制，开辟减少环境污染的新途径。

林业是重要的公益事业和基础产业，具有巨大的生态效益、经济效益和社会效益。有关研究表明，森林是陆地生态系统中最大的碳贮库，森林每生长1立方米的蓄积，大约可以吸收1.8吨二氧化碳，释放1.6吨氧气。目前，通过森林资源吸收、固定二氧化碳已成为国际上许多国家实现降耗减排目标的有效途径。日本在加快推进工业化时期，近海海域污染严重，环境问题一度非常突出，后来通过加强生态建设，使二氧化碳等温室气体排放量比1990年削减了6%，其中有3.9%是通过森林固碳来实现的。据专家估算，我省林业生态规划完成后，每年仅新增森林一项就可固定二氧化碳2 078万吨，释放氧气1 291万吨，生态效益价值达820多亿元。加快林业生态建设，不仅可以起到减少水土流失、涵养水源等保障国土生态安全的作用，而且可以吸收、固定二氧化碳，减少温室效应，实现"间接减排"，提高环境承载能力。

（二）加强林业生态建设是新时期推进社会主义新农村建设的重要抓手

我省是全国第一人口大省、第一农业大省，近70%的人口生活在农村，城乡差距大，二元结构问题突出，实现全面建设小康社会目标的难点和重点都在农村。加强林业生态建设，不仅有利于稳定提高粮食综合生产能力，而且有利于加快农村二、三产业发展，优化农村经济结构，促进农民增收，对推进社会主义新农村建设具有重要意义。建立完善农田防护林体系，可以防风固沙、涵养水源、调节气候，有效改善农业生态环境，增强农业抵御干旱、风沙、干热风等自然灾害的能力。据专家测算，在其他条件不变的情况下，增加农田林网的防护作用，能够使农作物平均增产10%左右。林业是劳动密集型产业，产业链条长，就业容量大，增收潜力大，我省林业每年向社会提供木材1 400多万立方米，林业产业转移农村富余劳动力272万人。我省44个贫困县有26个分布在平原农区、18个在边远山区，目前有林业用地3 548.7万亩，占全省的81.8%；活立木蓄积量7 998.2万立方米，占全省的58.8%，而且宜林地面积普遍较多，加快林业发展是这些地区增收脱贫的重要途径之一。加强林业生态建设，还有利于促

进森林生态旅游业发展。目前，我省30处国家、省级重点风景名胜区中，有26处在国有林区；15处世界、国家、省级地质公园中，有14处分布在林区；云台山、嵩山、白云山、鸡公山、宝天曼、老界岭等林区已成为热点旅游景区，为当地带来了可观的经济效益和社会效益。

（三）加强林业生态建设是新时期现代林业发展的内在需要

现代林业是以现代科学技术和新型林业人才为支撑，依托现代物质条件和现代信息手段，着眼于多目标经营、市场化运作、法制化保障，显著提升林业发展质量、素质和效益的重要产业。目前，世界发达国家的林业都已走上现代林业发展道路。近年来，我省林业发展尽管取得了一定成效，但与现代林业建设的要求相比还有很大差距，林业生态建设还面临不少矛盾和问题。一是森林资源总量不足、质量不高。我省林业用地面积占全省土地总面积的比重只有27.3%，森林覆盖率在全国列第21位，有林地面积列第22位，人均有林地面积、森林蓄积量只有全国平均水平的1/5和1/7，难以满足经济社会发展对生态环境质量的要求。森林资源分布不均衡，豫西伏牛山区林业用地面积、有林地面积、活立木蓄积分别占全省的68.3%、68.2%和57.4%，而太行山区仅为10.3%、6.8%和8.8%。全省有林地多为纯林，结构单一、稳定性差，单位面积森林蓄积量只有全国平均水平的一半。二是生态环境状况比较脆弱。全省水土流失面积4 470万亩，每年土壤流失量达1.2亿多吨，相当于每年有100万亩耕地完全丧失耕作层，每年水土流失带走的氮、磷、钾养分相当于100万吨标准化肥；黄河中游地区、丹江口水库水源区水土流失面积分别占区域面积的60%以上和41.5%，严重威胁南水北调等国家重点水利工程的安全。山区有1 100多万亩立地条件差、绿化难度大的宜林荒山荒地，平原区有802.4万亩沙化土地有待治理。三是林业产业发展相对滞后。我省林业产业发展较慢，产业链条短、产品附加值低。去年全国林业总产值已超过9 000亿元，我省只有345亿元，与林业年产值已超过1 000亿元的广东、浙江、福建、江西等省相比差距很大。去年我省农民收入构成中，来自农业、劳务、畜牧业的比重分别为44.7%、22.9%、15.9%，而林业收入仅占0.9%，所占比重明显偏低。四是林业体制机制创新不够。在集体林权制度改革方面，目前福建、江西、辽宁、浙江四省主体改革已经完成，正在推进配套改革；全国已有16个省（区、市）专门出台了深化集体林权制度改革的意见。我省集体林权制度改革刚刚起步，下一步改革任务很重。目前我省共有集体林地6 788万亩，其中自留山1 225万亩，责任山1 418万亩，通过拍卖、租赁及其他形式明晰产权的有1 780万亩，其余均未明晰产权归属。集体林权归属不清，导致责权不明、经营机制不活。国有林场分类经营改革不到位，生产经营困难。同时，我省林业建设长期以来投入少、标准低，基础设施建设滞后，林业支撑能力弱，与林业建设任务不相适应等。以上这些差距，也是我省今后林业加快发展的潜力所在。

还需要特别指出的是，加快现代林业发展，我省具有优越的地理条件和资源优势。我省是淮河发源地、南水北调中线工程水源地和黄河中下游过渡区，跨越北亚热带和暖温带两个气候区，降雨量充沛，适宜大量的速生、优质树种生长；平原地区农田林

网通道两侧和四旁隙地植树造林空间很大。我省劳动力资源丰富，单位土地面积人口密度大，有条件动员和组织大规模植树造林活动。同时，随着我省经济社会快速发展，不仅对林业生态和林产品需求不断增加，市场空间广阔，而且财政保障能力不断增强，社会各方面生态意识增强，全民参与绿化的氛围空前浓厚，加快林业生态建设面临前所未有的机遇、环境和条件。

三、明确林业生态省建设的目标和重点

我省林业生态规划建设的基本思路是：深入贯彻落实科学发展观，坚持以生态建设为主的林业发展战略，以创建林业生态县为载体，充分利用现有土地空间，全力推进现代林业建设，加快造林绿化步伐，大力培育、保护和合理利用森林资源，显著改善生态环境，明显提高经济社会发展的生态承载能力。全省林业生态规划建设的主要目标：到2012年，新增有林地1 129.8万亩；森林覆盖率达到21.8%，林木覆盖率达到28.3%，其中山区森林覆盖率达到50%以上，丘陵区森林覆盖率达到25%以上，平原风沙区林木覆盖率达到20%以上，一般平原农区林木覆盖率达到18%以上；林业年产值达到760亿元；80%的县（市）建成林业生态县，初步建成林业生态省。到“十二五”末，全省森林覆盖率达到24%以上，林木覆盖率达到30%以上，林业年产值达到1 000亿元，所有的县（市）建成林业生态县，全面建成林业生态省。

围绕林业生态建设规划实施，要突出抓好以下重点工作。

（一）要进一步优化林业生态建设布局

长期以来，我省林业建设布局不尽合理，山地丘陵区森林资源分布不均，天然次生林较多，水土流失严重；平原农区森林资源总量少，农田林网不完整；城市可绿化用地规模有限，植物配置和结构层次单调；村镇绿化缺乏统一规划，整体绿化质量、档次不高；生态廊道绿化不平衡，树种单一。这次林业生态建设规划，针对我省自然区域特征和林业建设现状，按照合理利用土地资源、因地制宜、尽量少占耕地等原则，提出了“两区”、“两点”、“一网络”的林业生态建设总体布局，构筑点、线、面相结合的综合林业生态体系，基本覆盖了全省的国土面积。“两区”就是要重点抓好山地丘陵区和平原农区生态体系建设。山地丘陵区要重点加强对天然林和公益林的保护，着力营造水源涵养林、水土保持林，加速矿区生态修复，加强中幼林抚育和低质低效林改造。太行山区要重点对浅山、丘陵立地条件差、植被破坏严重的地段进行综合治理，有效遏制生态环境恶化趋势；伏牛山区要重点保护好现有森林资源，搞好中幼林抚育和低质低效林改造；大别山、桐柏山区要采取多种方式，拓展可利用空间，尽快恢复和扩大森林资源。平原农业生态区要大力营造防风固沙林和农田防护林，重点放在完善网格和提高标准上，建设高效的农田防护林体系，为农业生产创造良好的生态环境。“两点”就是要突出抓好城市和村镇生态体系建设。城市要按照改善城市生态环境、建设生态文明城市的总体要求，建设以廊道绿化、城中绿岛、环城林带、城郊森林为主要内容的城市森林生态防护体系，提高城市居民的生活环境质量。在城市建

成区内，要高标准绿化美化街道及庭院，扩大街头公园、滨河公园、植物园等城中绿岛建设规模；在城郊生态环境较脆弱的地段营造城郊森林和环城防护林带。城市生态建设要突出特色，注重品味，打造精品，避免雷同。村镇要以农户为单元，村庄周围、街道和庭院绿化相结合，乔灌结合，抓好围村林、行道树、庭院绿化美化，推进城乡绿化一体化进程。“一网络”就是要着力抓好生态廊道网络体系建设。南水北调中线干渠、黄河北岸标准化堤防及全省范围内所有铁路、公路、河渠等，要以增加森林植被、构建森林景观为核心，高质量建成集景观效应、生态效应、经济效应和社会效应于一体的生态廊道绿化体系。各地要按照全省总体布局，坚持“因地制宜、适地适树”原则，树立长远眼光，合理划分生态功能区，明确发展重点和方向，突出区域特色、重点部位和重点林种树种，特别注意树种选择的多样性和绿化的层次性，把绿化和美化结合起来，力争经过几年的努力，使全省所有适宜种树的地方全部形成绿阴。

（二）要规划建设一批重点林业生态工程

加大对林业生态建设工程的投入，既是环境保护和生态建设的基本需要，也是我省今后投资结构调整的方向和重点之一。要继续抓好天然林保护、退耕还林、重点地区防护林、野生动植物保护和自然保护区、速生丰产用材林基地等五大国家重点生态工程。同时，要突出抓好一批省级重点生态工程建设。要抓好山区生态体系建设工程。在丹江口水源区、小浪底库区等124座大中型水库库区周围，大力营造乔灌结合的水源涵养林，提高森林的涵养水源等生态防护功能，为大中型水利工程建成生态屏障；在水土流失较为严重地段，大力营造水土保持林，逐步恢复森林植被，减少生态地质灾害；在适宜地区，通过集约经营，大力营造生态能源林，建设速生丰产木本油料林基地；在退耕还林工程范围内，逐步实施生态移民工程，通过植树造林恢复植被，彻底改善移民地的生态环境；在各类露天采掘矿区、尾矿堆集区、煤矿沉陷区，实施矿区森林植被恢复。力争通过5年努力，使全省宜林荒山荒地、废弃矿区全部高标准绿化或恢复植被，山区、丘陵区的生态环境得到改善，生态系统得到恢复。要抓好农田防护林体系改扩建工程。对断带和网格较大的农田防护林进行补植、完善、提高，积极稳妥地推进农田防护林更新改造，使全省平原农区防护林网、农林间作控制率达到95%以上；对沟河路渠空隙全面绿化，绿化率达到95%以上；建成结构合理、功能完善、高效益的综合农田防护林体系，打造农业生态屏障。要抓好生态廊道网络建设工程。对各级廊道两侧，区分不同情况，建设与廊道级别相匹配的绿化带，把我省20多万公里的廊道沿线建成美丽的风景线。在黄河、淮河干流和南水北调中线工程干渠以及铁路、高速公路、国道、省道、景区道路等廊道重要地段，要合理增加绿化宽度，乔灌花草相结合，提高常绿树种比例，高标准绿化美化。要抓好城市林业生态建设工程。根据城市规划人口数量，加强环城防护林、城区绿化、通道绿化建设。在城市周围的风口和水土流失较为严重、生态环境较为脆弱的地方，要适当营造城郊森林或建设森林公园。要抓好村镇绿化工程。以村镇周围、村内道路两侧和农户房前屋后及庭院为重点，进行立体式绿化美化，使所有乡镇建成区和行政村周围，形成生态功能与景观效果俱

佳的村镇植被生态系统。同时，还要抓好防沙治沙、野生动植物保护和自然保护区建设、森林抚育和改造等工程，重点在全省42万亩宜林沙荒地上全部营造防风固沙林，在沙化耕地上全部高标准营造小网格农田林网和林粮间作，建设和完善一批国家级、省级野生动植物、湿地自然保护区。

（三）要大力提升林业产业竞争力

着眼于实现林业多环节、多渠道增值，大力发展林业二、三产业，延长产业链条，培育林业产业化龙头企业，力争形成一批竞争力强、带动面广、比较效益好的林业企业集团，推动林业产业上规模、上效益。要围绕林纸一体化加快发展用材林、工业原料林。按照“速生、优质、高效”的要求，合理调整林种、树种结构，实行集约化经营，在豫北、豫南发展以杨树、杉树为主的林纸一体化原料林基地，在豫东等地发展以杨树、泡桐为主的林纸林板一体化原料林基地，在低洼易涝区发展以杨树为主的速生丰产林基地，为林产加工企业提供充足的原材料。加快推进林纸一体化，支持省内龙头企业和国内外大型制浆造纸企业在有条件的地区建设林纸一体化项目，提高木浆在造纸原料中的比重。鼓励现有木浆生产企业加快建设自有林基地，提高原料保障程度。要加快发展经济林和苗木花卉。重点建设大别山、桐柏山区的茶叶、板栗基地，伏牛山、南太行山区的核桃基地，黄土丘陵区的苹果基地，浅山丘陵区的柿子、石榴基地，平原区的大枣、梨、葡萄基地和城市郊区的时令鲜果基地；在伏牛山区建设山茱萸、辛夷、杜仲等森林药材基地。在现有园林绿化苗木以及洛阳牡丹、开封菊花等特色花卉基础上，大力发展名特优鲜切花、盆花植物和观赏苗木，积极开发、引进和培育新品种，打造名牌产品、特色产品，提高苗木花卉产品竞争力。要加快发展森林生态旅游。处理好保护与开发的关系，加强森林公园、自然保护区、国有林场的旅游基础设施建设，建成伏牛山、太行山、嵩山、黄河沿岸及故道、中东部平原等七大森林生态旅游区，开发独具特色的森林生态旅游景点及森林旅游精品线路。深入推进伏牛山生态旅游开发，进一步健全旅游基础设施和配套服务体系，着力提升接待水平和服务质量，培育精品旅游线路，把伏牛山核心景区培育成5A级旅游区。

（四）要加快推进林业体制改革

加快林业生态建设，建立现代林业，必须创新林业管理体制机制，激发林业发展的内在动力和活力。要全面推进集体林权制度改革。最近，省政府常务会议专题研究通过了深化我省集体林权制度改革的意见，决定与林业生态省建设规划一起布置落实，全面推开集体林权制度改革。争取用两年左右时间，完成全省2 348万亩集体林和宜林地明晰产权、确权发证的改革任务，基本形成集体林业良性发展机制，实现“山有其主、主有其权、权有其责、责有其利”和资源增长、农民增收、生态良好、林区和谐的目标。集体林权制度改革涉及广大农民的切身利益，各地要在认真总结试点经验、借鉴外地先进经验的基础上，科学制订方案，精心组织实施，确保改革成功。要大力发展非公有制林业。支持、鼓励非公有制林业加快发展，建立健全各种所有制林业一视同仁、公平竞争的发展环境。对经过公开拍卖或转让的林地使用权和林木所有权，

要规范合同程序，及时办理权属证书，明确经营者的责、权、利，保护经营者的合法权益。凡营造生态公益林的，要依法免除一切税费；凡营造商品林的，要减化审批手续。加强对非公有制林业发展的服务和引导，及时提供病虫害防治以及林木采伐、销售、运输、经营加工等各种服务。要积极推进林业投融资体制改革。完善政策、优化环境，充分发挥市场配置资源的作用，广泛吸引社会资金投入林业建设。坚持政府主导和市场调节相结合，重点林业生态工程建设实行政府主导，投资纳入各级财政支持体系；林业产业工程建设遵循市场规律，投资实行市场化运作；生态与经济兼顾的生态能源林等建设，实行政府主导下的政策性引导、扶持机制，尽量吸引社会投资。积极推进林业小额信用贷款、林权抵押贷款以及林农联户联保贷款，逐步形成林业多渠道投融资局面。要深化林业管理体制改革。林业行政管理部门要适应林业发展新形势，加快观念和职能转变，加快由管林业、办林业向管理与服务并重、更加注重服务的方向转变，由主要依靠行政手段向主要依靠市场机制转变。改革传统的林业管理模式，实行林地所有权和林木经营权分离。国有林场实行分类管理改革，生态公益型林场重新核定事业编制，纳入同级财政预算内管理；商品经营型林场全面推行企业化管理，按市场机制运作。

（五）要不断强化林业支撑能力建设

围绕林业生态省建设，要进一步加强林业基础工作，全面提高林业管理水平。要强化林业科技支撑。加大林业技术创新投入，加快建设省级重点实验室和林产品质量检测体系。发挥林业科技力量作用，鼓励产学研结合，对制约林业生态建设的技术瓶颈联合攻关，力争在林业生物技术、多林种多树种优化配置技术、困难立地条件区植被恢复技术、生态能源林培育、林木病虫害防治等方面有所突破。对现有成熟的科技成果、实用技术进行认真筛选和组装配套，大力组织推广应用，特别要加大林木新品种和提高林木固碳能力新技术的推广应用，鼓励科技人员进村入户，促进科技成果向现实生产力转化。着力抓好林业人才队伍建设，搞好专业技能培训，优化人才结构，尽快形成一支技术水平高、创新能力强、适应林业发展需要的优秀人才队伍。要提高优质苗木繁育能力。多树种、高质量和充足的良种壮苗，是建设林业生态省的基本条件。各地一定要根据未来几年规划实施进度，超前规划种苗建设，抓好就地育苗，从今冬明春开始就要加强优质树种的培育和优良品种的引进，把育苗任务落实到市、县、乡。搞好林木种苗基地、采种基地和优质苗木繁育基地建设，大力推广苗木快速繁育技术，加快育苗速度，提高种苗质量，为工程造林提供充足的良种壮苗。要加强林木种苗质检体系建设，加强造林种苗质量监管，防止劣质苗造林和坑农事件。要提高林业综合管理水平。加强森林火灾扑救队伍与后勤保障系统建设，提高森林火灾预警监测和扑救控制水平。积极开展林业有害生物防治，坚决杜绝林业有害生物灾害大面积蔓延。加快林业信息化建设，建立以林业地理信息为主的基础平台和林业数据处理系统。坚持依法治林，严厉打击乱砍滥伐林木、乱垦滥占林地、乱捕滥猎野生动物等违法犯罪行为，为林业生态建设提供法治保障。

四、大力营造林业生态建设的良好环境

林业生态建设是一项复杂的系统工程，涉及方方面面，需要各级各部门和全社会的共同努力，必须加强领导，大力支持，强化责任，形成合力。

（一）要实行目标责任制

各级政府要把林业工作摆上重要议事日程，要像抓重点项目建设一样，强力推进林业生态建设规划的实施。林业生态建设实行行政首长负责制，各级政府一把手对本地区林业生态建设负总责，确保绿化效果。有关部门要把林业生态建设规划目标按年度分解，把年度目标任务细化分解到各级政府和部门，层层签订责任书，列入政府目标考评体系。县（市）行政一把手是林业生态县建设的第一责任人，要建立林业生态档案，作为任期内政绩考核的重要内容和干部使用的重要依据。要明确标准、明确奖罚，规划实施最终以县为单位组织认真验收，对达到要求的给予表彰和奖励，对达不到要求或弄虚作假的要追究责任。要坚持一张蓝图绘到底，一年接着一年干，务必一抓到底，保证规划目标的实现。

（二）要加大财政资金投入

初步测算，完成林业生态建设规划需要各级财政投入279亿元。除争取国家林业投资外，从明年开始，今后5年省本级对林业生态投资44.1亿元，每年计划投入8亿多元；省以下财政应筹集林业生态投资148.3亿元。各级政府都要下定决心，积极调整支出结构，多方筹措林业建设资金，确保规划项目如期启动。要改变传统的投入方式，杜绝“跑项目”、“跑资金”等不良现象，引入公开、公正、择优的竞争机制，把项目、资金分配与规划实施情况、验收结果挂钩，采取“以奖代补”、财政贴息等激励办法，确保财政资金使用效益。

（三）要创新工作方法

推进林业生态省建设必须坚持实事求是，因地制宜，讲究科学，循序渐进，防止急于求成、一哄而上。要尊重林业发展自然规律，结合各地地域特点，宜林则林，宜农则农，不搞摊派，不求一律，不提脱离实际的口号，不搞轰轰烈烈的“大兵团”作战。各地要认真研究改进群众义务植树活动的办法，不能只图形式而不注重实效，不能劳民伤财。要注重工作方式方法创新，充分发挥典型示范的带动、引导作用。要分区域、分工程树立示范样板，进行重点指导，及时总结和推广先进经验。

（四）要增强工作合力

有关部门要按照各自分工和职责，认真落实部门造林绿化责任制，形成部门积极配合、社会共同参与的林业生态建设格局。财政、发改部门要落实好林业建设资金，保障重点工程建设顺利实施；国土部门要搞好土地利用规划与林业生态规划的衔接；建设部门要做好城市绿化工作；农业部门要配合做好农田林网建设工作；铁路、交通、水利、河务等部门要共同配合做好廊道绿化工程；环保部门要做好环境保护与林业生态建设的衔接；工商、税务等部门以及金融单位要给予政策和资金支持；公检法等部

门要在林业执法方面提供保障和支持；宣传部门和新闻单位要大力宣传林业生态建设中涌现出的先进典型，营造全社会关心林业、支持林业、发展林业的良好舆论氛围。要大力开展全民义务植树活动，不断创新活动形式，提高活动实效，动员社会各界力量，积极投身国土绿化事业。

同志们，林业生态省建设是百年大计，功在当代，利在千秋，惠及亿万群众，造福子孙后代。我们各级各部门各单位责无旁贷，必须义无反顾地承担起这一艰巨而又光荣的使命。在党的十七大精神指引下，我们全省上下一心，全社会总动员，打好绿化中原大地的战役，为建设一个繁荣富强、山川锦绣的新河南不懈努力！

李成玉省长
在商丘座谈会上的讲话（节选）

（2007年11月20日）

要强力打造林业生态省。河南自然条件得天独厚，有较好的绿化基础。商丘是平原绿化的典型，20世纪80年代，国务院曾在这里召开全国平原绿化现场会。虽然现在绿化标准也不算低，但仍有较大的空间，如不少平原林网还没有完全连起来，该绿化的村边道路、沟渠边还没有绿化，豫西山区一些宜林荒山至今还是光秃山等。前不久，我陪国务院领导去云台山，新建的山门很漂亮，也很大气，但是山门内的绿化还不行，与景区很不协调。将来我们就是要见缝插针，把一切宜林的地方都绿化起来，这样河南的环境容量就会有大的提高，景观形象也会有大的改善。

今年以来，省里用3个多月的时间，以县为单位，自下而上地编制了林业生态省建设规划，近日，省政府常务会议专门进行了讨论。我们准备用5年时间，以山地丘陵生态区、平原农业生态区和城市、村镇及生态廊道为重点，高标准绿化河南，建设林业生态省，这是一场硬战，必须调动全社会的力量。近期，我们将召开全省电视电话动员会对这项工作进行安排部署，参加人员范围扩大到县、乡党政主要领导。高标准建设林业生态省，总投资400多亿元，除国家和地方各级财政投资279亿元外，还需要吸引社会资金126亿元。从明年开始，省财政计划每年拿出8亿多元，连续5年共投入44亿多元，采取“以奖代补”方式，支持各地林业生态建设。与此同时，要全面推进集体林权制度改革，大力发展非公有制林业，充分调动群众参与林业生态省建设的积极性。各市、县要及早部署，认真动员，加强督促检查，全面落实好规划，高标准完成建设任务。

总之，学习贯彻好党的十七大精神，就要以科学发展观统领经济社会发展全局，紧密联系改革开放和现代化建设的实际，把广大干部群众的力量和智慧凝聚到落实十七大精神上来，开拓进取，真抓实干，统筹经济社会发展，扎实推进社会主义新农村建设，实现更高水平、更大规模的发展。

贾治邦局长在河南省林业工作情况汇报会上的讲话

（2007年9月25日，根据录音整理）

这是我今年第二次来河南，对河南林业的印象更加深刻了。经过昨天的实地考察，中原大地高标准平原绿化给我们留下了更深刻的印象，处处呈现出人与自然和谐、林茂粮丰的喜人景象。刚才，又听了省里的林业情况介绍，对河南林业有了更加全面的了解。下面，我讲四点意见。

一、河南林业建设发生了历史性变化，取得了突破性进展

河南过去是无林少林地区，经过长期不懈的努力，林业建设从无到有、从小到大，已经发生了历史性变化。特别是近几年来，河南省委、省政府认真落实科学发展观，一直把林业作为实现中原崛起、构建和谐中原、促进新农村建设、推动经济社会可持续发展的一项战略措施来抓，林业建设取得了突破性进展。具体讲有三个突破。

（一）森林资源增长取得了重要突破

全省林业用地面积、有林地面积、活立木蓄积量、森林覆盖率同时增长，与5年前相比，林业用地面积增加了315万亩，有林地面积增加了920万亩，林木覆盖率增加了2.81个百分点，活立木总蓄积增加了203万立方米。河南作为全国林业非重点投资地区，森林资源取得这样大的突破，很了不起。

（二）平原绿化取得了重要突破

河南省农田林网控制率及沟河路渠绿化率均达90%以上，村庄绿化覆盖率达40%以上，已经发展成为点、片、网、带相结合的综合防护林体系，94个平原半平原县（市、区）全部达到平原绿化高级标准，正在开展林业生态县创建活动。河南平原绿化在全国搞得最好，为全国平原林业发展树立了样板，展示了平原林业的光明前景。

（三）林业产业发展取得了重要突破

河南虽然是以粮为主的农业大省，但现在林业已经逐渐发展成为一个重要产业，速生丰产林、经济林、苗木花卉、森林旅游、木材加工等实现了快速发展。2006年全省林业总产值达到345亿元，比上年增长19.7%，今年上半年林业产值又比去年同期增长18%。

河南林业的快速发展，使林业的生态效益、经济效益和社会效益得到有效发挥，进一步体现了林业的重要地位和独特作用。

一是生态效益十分明显。根据你们的测算，全省森林每年的生态效益价值达4 462.9亿元；每年吸收固定二氧化碳5.95亿吨，相当于燃烧2.4亿吨标准煤排放的二氧化碳量；每年减少土壤流失总量7 287万吨；涵养水源49.3亿立方米，相当于水库总库容的34.1%；全省982.8万亩湿地每年可净化氮、磷、硫污染物78.6万吨，净化水4.7亿立方米；全省地质灾害呈逐年下降趋势。

二是经济效益十分明显。全省每年为社会提供木材1 400多万立方米，约占全国木材产量的14%；2006年全省每位农民来自林业的收入占农民收入的18%，林业建设促进了农民的增收；全省1.3万多家林产加工企业，使全省近60万农村剩余劳动力实现了非农就业。

三是促进粮食增产的作用十分明显。农田防护林使河南省1 000多万亩沙化土地变成了良田，"没有林就没有田"。同时，由于农田防护林减轻了干热风等自然灾害，使农作物平均增产10%左右，每年因此增加粮食产量50亿公斤。所以，农田林网建设不仅不影响粮食生产，而且促进了粮食的增产。

四是生态文化效益十分明显。以森林资源为依托，河南省建立了一大批生态文化基地、森林公园、生态旅游区、风景名胜区，举办了150多场生态文化活动。鄢陵的花木文化、修武的山水文化、新郑的大枣文化和以森林为背景的《禅宗少林·音乐大典》等已成为著名的生态文化品牌。

看到河南林业取得了这么大的成绩，发挥了这么重要的作用，我们一行非常高兴、备受鼓舞。我认为，河南林业建设完全符合中央落实科学发展观、构建社会主义和谐社会、建设社会主义新农村的战略要求，完全符合现代林业发展理念，完全符合河南的实际情况。

二、河南省委、省政府再次作出建设林业生态省的重大决策具有战略眼光，为全国树立了榜样

河南省委、省政府高度重视林业工作。徐光春书记、李成玉省长多次对林业工作作出重要批示，并率领省党、政、军领导同志一起参加义务植树；最近，李成玉省长多次在全省重要会议上对林业工作提出明确要求，并带领省直有关部门的主要负责同志到省林业厅调研；陈全国副书记、刘新民副省长今年还亲自主持召开全省植树造林现场会，对植树造林工作进行安排部署。特别是在过去高度重视并已取得重要成绩的基础上，河南省委、省政府又明确提出要通过发展林业扩大经济发展的环境容量，并作出了高标准规划、高水平绿化、建设生态河南的重大决策，编制了《林业生态省建设规划》，重新谋划新的林业更高水平的发展蓝图。这是非常具有战略思维和世界眼光的。

李成玉省长和刘新民副省长对规划编制工作十分重视，亲自负责规划编制工作，专门召开专题会议研究，并解决300万元专项经费用于省本级规划编制。规划未来5年投资440多亿元，用于林业生态省建设。为保证林业投资，省里决定从2008年开始，今

后5年将林业支出占财政一般预算支出的比例提高到2%。河南省委、省政府对林业重视程度之高、投资力度之大，在河南历史上前所未有，在全国各省（区）前所未有，这一大举动、大手笔，为全国做出了很好的榜样和示范。

我认为，河南省编制的《林业生态省建设规划》完全符合中央林业决定要求和现代林业建设思路，奋斗目标具体，建设任务明确，总体布局合理，规划内容全面，重点工程突出，具有很强的可操作性。如果这个规划能够实现，河南林业发展将上一个更新更高的台阶，会有一个质的飞跃，特别是对全国的平原林业将起到一个难以估量的带动和促进作用。

三、平原林业潜力巨大、大有作为、大有希望

我国平原总面积、耕地面积和人口数量分别占全国的15%、45%和50%，是我国重要的粮、棉、油生产基地，在经济社会发展全局中占有十分重要的地位。同时，平原地区自然条件优越，非常适宜林木生长，林业发展有很大的潜力。

（一）平原林业是维护国家木材安全的潜力所在、希望所在

总体上，全球的森林在减少，而木材的需求量在增加。木材是包括钢材、水泥在内的三大重要建设原材料之一。由于森林具有可再生性，林产品具有可降解性，天然、绿色、无污染的林产品日益受到社会的青睐。"十五"期间，全国年森林蓄积消耗总需求量已达5.5亿立方米，缺口2亿立方米。近年来，我国每年花费200多亿美元，进口林产品折合木材达1.4亿立方米。到"十一五"期末，全国年森林蓄积消耗需求量将达7亿立方米，缺口近3亿立方米。因木材缺口量大，木材价格在不断上扬。山东省20公分以上的杨树每立方米已卖到1 400元，枝桠材已卖到480元；河北省的锯末每立方米都卖到了380元。今年上半年，我国进口木材平均每立方米的价格达到130美元，比去年同期上涨25%。加上各国对原木出口的限制，木材进口难度在加大，即使不断增长进口，也难以满足国内木材需求。那么，中国的木材究竟从哪里解决？根据目前我国林业发展的实际情况，我看将来木材的供应主要靠平原地区。

全国共有918个平原县。河南平原地区光照充足，年降雨量达到600~1 000毫米，林木生长快，轮伐周期短。而东北重点林区，无霜期仅90天至100多天，在平原地区5~6年树木的生长量，在东北要长几十年，而且过去东北重点林区采的都是原始森林，现在大径材已采无可采。河南省平原地区的有林地面积只占全省的20.1%，但活立木蓄积占到了全省的45.7%，每年提供木材1 000万立方米，更是占到了全省的68.9%。范县有林地面积30多万亩，活立木蓄积量达210多万立方米，每年合理采伐可达20万立方米。扶沟县有林地面积近22万亩，活立木蓄积量192万立方米。吉林省德惠市地处松辽平原腹地，共有农田防护林近45万亩，活立木蓄积280万立方米，年采伐量可达20万~30万立方米。像这样的20~30个平原县就可生产木材600万立方米，相当于目前黑龙江大兴安岭的合理采伐量。目前，全国平原地区林木蓄积量为6亿多立方米，918个平原县平均每个县只有68万立方米。如果每个县平均能达到扶沟、范县和德惠的水平，全国平

原地区林木蓄积量可达20亿~30亿立方米，每年可生产木材2亿~3亿立方米，这对解决我国木材供给问题具有十分重要的战略意义。

（二）平原林业是维护国家粮食安全的重要条件

建设农田防护林，不仅能生产大量木材，而且能促进粮食稳产高产。昨天我们看的黄河故道沙区，昔日是"一场风沙起，遍地一扫光"，"大风一起刮到犁底，大风一停沟满壕平"的状况，经过多年坚持不懈的植树造林，如今已是"田成方，林成网"，为农业稳产高产提供了良好的生态屏障。按照你们的调查，农田防护林可使粮食平均增产10%左右，作用十分明显。山东省菏泽市过去在小麦授粉的季节经常出现干热风，严重影响小麦的授粉，导致小麦产量下降，近年来由于平原防护林体系的完善，形成了较好的小气候，干热风减弱了，保证了小麦的稳产高产。黑龙江省拜泉1977年森林覆盖率只有3.7%，粮食亩产不足百斤，人均收入不足百元。这些年发展了123万亩人工林，构筑起一道道绿色屏障，全县森林覆盖率达22.7%，粮食总产量连续十多年突破5亿公斤，连续17年没有发生风剥地现象。同时，平原林业每年还能生产大量林果产品，不仅可以改善人们的膳食结构，而且还能降低粮食消耗。

（三）平原林业是农民增收致富的重要渠道

河南省广大平原地区农民通过营造速生杨和发展杨树木材加工业，实现了大地增绿、农民增收、企业增效、政府增税。昨天我们参观的鄢陵县发展花卉苗木45万亩，年产值达20亿元，亩均收益4 000多元，花农人均纯收入7 000多元。淮滨县大力发展杨树产业，全县65万人，种植各种速生杨6 500万株，人均100株。单种植杨树人均年收入增加1 000元，全县每年增加收入6.5亿元，相当于该县财政收入的11倍。内黄县豆公乡农民人均年林业收入已达3 700元，占农民总收入的80%以上。山东省菏泽市目前有木材加工企业1.2万家，年加工木材400多万立方米，从业人员达30多万人，林产品年出口创汇4 400多万美元，占全市创汇总量的47%。河北省文安县共有木材加工企业1 000多家，年产值达20多亿元，利税5 000多万元。由于加工企业的产业拉动，木材价格迅速上升，发展速生丰产用材林、名特优经济林的效益大大高于粮食，有力地增加了农民收入。

（四）平原林业是增加经济发展环境容量的重要途径

森林巨大的生态功能，特别是在促进节能减排、应对气候变暖方面的重要作用，越来越引起全球的关注。在刚结束的亚太经合组织第十五次领导人非正式会议（9月8日）上，胡锦涛主席提出"建立亚太森林恢复与可持续管理网络"的建议，受到各成员国领导人普遍支持，并被纳入悉尼宣言行动计划。平原地区一般经济相对发达，节能减排和保护生态环境的压力很大。2006年河南省GDP已经达到1.2万亿元，随着经济的增长，二氧化碳的排放量将不断增加，节能减排的任务越来越重。大力发展平原林业，一方面，可以通过开发利用生物质能源，实现工业生产的零排放；另一面，可以通过培育速生丰产林，大大提高森林的固碳能力，充分发挥林业在节能减排中的重要作用，增加经济发展的环境容量。据河南林科院的测算，到2012年，全省可新增吸收固定二

氧化碳能力2.2亿吨，达到8.1亿吨，这不仅是对河南，对中国、对全球都是一个重大贡献。

充分发挥平原林业的这些重要作用和巨大潜力，一是靠改革挖潜。要通过深化林权制度改革，明晰林地使用权和林木所有权，放活经营权，落实处置权，保障收益权，充分调动广大农民参与平原林业建设的积极性。二是靠科技创新。要通过大力发展林业科技，选育和引进适应平原生长的优良品种，缩短速丰林的轮伐周期，提高木材等林产品的加工水平，提高农民发展林业的素质和本领，为平原林业发展提供有力的科技支撑。三是靠集约经营。要通过科学选择树种、加强经营管理等方式，像种农作物那样种树，提高林地生产力，最大限度地释放林地潜力。四是靠政策支持。让平原林业充分享受工业原料林的采伐政策，使广大农民拥有真正的采伐自主权。要通过贴息贷款等方式，支持广大农民开展木材加工，提高平原林业经济效益。

四、对几个具体问题的支持意见

河南地处中原腹地，跨黄河、长江、淮河、海河四大水系，是淮河的发源地、南水北调的源头，生态区位十分重要。国家林业局将在过去工作的基础上，对河南林业继续给予大力支持。

（一）关于解决实施《林业生态省建设规划》所需部分资金问题

“十五”期间，中央共安排河南省林业投资36.8亿元，2006年、2007年共安排18.3亿元。“十一五”后三年，国家林业局将结合正在实施的林业重点工程，从资金和政策上，对规划的主要建设任务给予积极支持，力争“十一五”期间对河南的总投资达到50亿元，比“十五”期间增长35%（不包括贴息贷款）以上。

（二）关于将河南省列为全国高标准平原绿化示范省问题

河南是全国产粮大省，也是黄淮海平原重点地区，开展高标准平原绿化很有必要。河南省在高标准平原绿化建设方面已经取得很好的成效，积累了很多成熟的经验和做法。提出将河南省确定为“全国高标准平原绿化示范省”的建议很好，我们基本同意。回去后我们将召集林业、农业方面的专家对这一建议和你们的规划进行仔细研究，并初步考虑明年适当时候在河南召开全国平原绿化工作现场会或经验交流会，把全国918个平原县召集来，总结推广河南的经验。

（三）关于在河南省成立黄淮海平原林业区域创新中心问题

国家林业局去年发布了《国家林业科技创新体系建设规划纲要（2006~2020）》，今年又转发了《国家农业科技创新体系建设方案》。目前，关于全国林业科技创新体系建设问题正在研究之中，在河南成立黄淮海平原林业区域创新中心，我们原则同意。请科技司牵头，我们林科院、规划院及北京、中南等几个林业大学一块研究一下，创新中心究竟干些什么事，搞些什么研究项目，具体研究以后，正式给河南一个答复。

（四）关于增加对河南林业的贴息贷款问题

全国年林业贴息贷款近70亿元，河南省2006年为2亿元，今年安排了2.2亿元，2008

年争取达到4亿元。就全国来看,一些平原省的重点林业投资项目不多，但发展商品林、用材林条件好,今后要重点把贴息贷款放在全国918个平原县去实施。

总之，河南林业取得了非常显著的成绩，河南林业生态省建设规划将对全国林业产生重大影响。河南省委、省政府这么重视林业，为了支持河南林业生态省建设，国家林业局将在今后的发展中，对河南林业在各方面进行支持，特别是在投资上、技术上，进一步加大倾斜的力度。

陈全国副书记
在全省植树造林现场会上的讲话

（2007年3月6日）

同志们：

当前，正是植树造林、绿化国土的黄金季节。这次全省春季植树造林现场会开得很好、很及时，也很有成效。昨天下午，大家共同参观了方城县农田林网、社旗县防护林带的造林绿化现场，看了之后，感到造林的起点高、规模大，有特色、有气势，令人耳目一新。今天上午，南阳市市委书记黄兴维同志发表了热情洋溢的致辞，南阳市代市长朱广平同志、镇平县县委书记赵金文同志、唐河县造林大户王伟同志从不同侧面介绍了他们的经验，听了之后，很受鼓舞、很受启发。总的感觉，南阳市的造林绿化工作思路清、责任明，机制活、氛围浓，力度大、效果好，值得借鉴和推广。刚才，王照平厅长通报了去冬以来我省造林绿化的进展情况，对今春造林绿化工作进行了安排部署，我完全赞成。一会儿，刘新民副省长还要作总结讲话。希望大家要高度重视、认真抓好落实。

下面，围绕抓好植树造林、建设现代林业，我讲四点意见。概括起来，就是深化认识、明确任务、突出重点、再上台阶。

一、深化认识

（一）抓好造林绿化，建设现代林业，是全面落实科学发展观的需要

科学发展观是以胡锦涛同志为总书记的党中央，从新世纪新阶段党和国家事业发展全局出发提出的重大战略思想。坚持以人为本，是科学发展观的本质和核心。抓好造林绿化、建设现代林业，既有利于加强生态建设，保障生态安全；又有利于绿化美化环境，提高生活质量，进而能够不断满足人们的多方面需求，实现人的全面发展。

（二）抓好造林绿化，建设现代林业，是推进和谐中原建设的需要

人与自然和谐相处，是和谐社会的重要特征，也是时代发展和进步的重要标志。没有和谐良好的生态，就不可能有和谐美好的社会。抓好造林绿化、建设现代林业，是弘扬生态文明、构建和谐社会的客观要求，也是尊重自然、保护自然、回馈自然，实现人与自然和谐相处的必由之路。

（三）抓好造林绿化，建设现代林业，是实现可持续发展的需要

我省森林资源总量不足，人均占有量较少，林产品的供需矛盾也较为突出。抓好造

林绿化、建设现代林业，是改善生态状况、实现可持续发展的重要基础，也是加强生态建设最根本、最长期的关键举措。据气象部门观测，通过实施太行山绿化等工程，安阳、鹤壁、新乡、焦作等4个城市的降尘量降低了20%~30%，空气中的总悬浮颗粒物降低了10%~20%，烟雾降低了20%左右，空气质量明显得到提高。

（四）抓好造林绿化，建设现代林业，是推进新农村建设的需要

山青才能水秀，林茂才能粮丰。我省作为农业大省、人口大省，每平方公里人口达580多人。只有通过抓好造林绿化、建设现代林业，才能够有效地改善农业生产基本条件，提高农业综合生产能力；才能够有效地调整农业结构，挖掘林业发展潜力，拓宽农民增收渠道；才能够有效地改善农村人居条件，提高农民群众生活质量，进而加快新农村建设步伐。全省自实施退耕还林工程6年来，已有1 100多万农民直接受益。宁陵县刘花桥村共有2 100多人，人均林果收入4 540元，占人均纯收入的95%以上。

（五）抓好造林绿化，建设现代林业，是着力改善民生的需要

着力改善民生，体现了我们党立党为公、执政为民的宗旨；体现了以胡锦涛同志为总书记的党中央心系人民、亲民爱民的执政理念；体现了落实科学发展观、构建和谐社会的核心内容。抓好造林绿化，建设现代林业，归根到底是从人民群众的根本利益出发，关注人民群众的幸福指数，提高人民群众的生活质量，实现人民群众的迫切愿望，使人民群众共享发展成果。

（六）抓好造林绿化，建设现代林业，是加快中原崛起的需要

林业作为重要的公益事业和基础产业，承担着改善生态和促进发展的双重使命。加快中原崛起，建设农业先进、工业发达、文化繁荣、环境优美、社会和谐、人民富裕的新河南，必须牢固树立大局意识、责任意识、机遇意识、忧患意识，动员组织广大人民群众抓好造林绿化、建设现代林业，推动我省走上生产发展、生活富裕、生态良好的文明发展之路。这既是实现中原崛起目标的重要内容，也是加快中原崛起的内在要求。

二、明确任务

（一）明确思路

就是要坚持以邓小平理论和“三个代表”重要思想为指导，全面落实科学发展观，以建设绿色中原为目标，以提高绿化质量效益为中心，以推进全社会办林业、全民搞绿化为手段，以创新体制机制为动力，以科技兴林、依法治林为保障，不断开创造林绿化的新局面，为实现林业又好又快发展作出积极贡献。

（二）明确目标

根据我省林业发展“十一五”规划要求，2007年造林绿化的目标任务是：完成营造林310万亩；新建和完善农田林网500万亩；完成通道绿化3 000公里；中幼林抚育100万亩；全民义务植树1.88亿株。

（三）明确原则

坚持因地制宜、分类指导、分区突破的原则，统筹城乡绿化协调发展，积极推进以

城带乡、以乡促城、城乡联动；统筹区域绿化协调发展，合理确定造林绿化的奋斗目标和主攻方向；统筹重点工程建设与全民搞绿化协调发展，积极推进全民搞绿化、全社会办林业。

三、突出重点

（一）抓规划

实践证明，植树造林必须科学地规划、科学地安排。要坚持着眼长远、立足当前，统筹兼顾、分步实施，既要注重与国家造林绿化的总体部署，与我省林业发展“十一五”的整体规划相衔接；又要紧密结合不同地区的自然条件，制定造林绿化的规划，加大造林绿化的力度，确保造林绿化的效果。南阳市结合本地实际，确立了建设“生态大市、绿色南阳、生态宜居南阳”的战略目标，具有很强的针对性和指导性，取得了阶段性的显著成果。

（二）抓造林

一要扎实推进工程造林，全力抓好国家和省级退耕还林、长江淮河防护林、太行山绿化、防沙治沙、速生丰产林基地建设、南水北调水源地生态建设、中原城市群生态建设、水土保持生物治理等林业重点工程项目，确保全面完成工程造林任务。洛阳市组织实施了“青山绿地、碧水蓝天”工程，开封市开展了防沙治沙示范区建设，濮阳市决定每年投入500万元、连续5年建设速丰林基地。二要大力发展社会造林，进一步优化林业发展环境，鼓励社团、企业、外商等投资造林绿化；进一步加大投资到户力度，直接扶持一批经营规模大、科技含量高、带动能力强的民营造林大户；进一步抓好部门造林绿化，加快形成多主体、多层次、多形式的造林绿化格局。去年，全省完成非公有制造林212万亩，占全省人工造林面积的76%。今年要在此基础上有所提高。三要深入开展义务植树，运用宣传发动、表彰带动、检查促动等手段，采取植纪念树、造生态模范林等形式，认真落实适龄公民每年植树3~5棵的法定任务，不断提高适龄公民的义务植树尽责率。三门峡市实施了南山北岭覆盖性绿化工程，平顶山市开展了全市增绿活动，商丘、周口、驻马店等创新了义务植树的管理方式，有力推动了全民义务植树运动向纵深发展。

（三）抓管护

三分造林七分管，管好林就是多造林。一要加强良种壮苗的监管，认真执行《种子法》，认真落实“两证一签”制度，严禁使用不合格苗木造林，严禁使用未经试验的外来树种、品种造林。二要加强新造林的管护，坚持因地制宜、适地适树，一栽就管、种就管好，提高造林的成活率，提高林木的保存率。三要加强中幼林的抚育，坚持多管齐下、统筹安排，及时实施抚育作业，巩固造林成果，改善森林结构，提高造林成效。同时，要坚持预防为主、综合治理，认真抓好森林防火和林业有害生物的防治工作，确保种一片、活一片、成一景。

（四）抓机制

建立造林绿化新机制，重点要做到“三个到位”：一要政策落实到位，按照“谁造

谁有、合造共有，谁投资、谁受益”的原则，采取承包、租赁、股份合作等形式，大力发展非公有制林业，实现造林绿化的责、权、利统一。二要项目管理到位，推行造林绿化工程项目法人责任制、招投标制、施工监理制和资金报账制等，实现由动员群众造林为主向专业队、造林公司承包造林为主的转变。三要林权改革到位，在搞好试点、总结经验、完善政策的基础上，积极稳妥地推进集体林权制度改革，逐步消除体制机制障碍，切实理顺林业生产关系，放活经营权，落实处置权，保障收益权，充分调动社会各方特别是广大农民群众造林绿化的积极性。特别是要结合实际，培育林业经营大户和企业，实行规模化经营管理。

（五）抓载体

以创建林业生态县为总抓手，一要明确创建目标，通过加强林业生态建设，构建以森林植被为主体、比较稳定的国土生态安全体系，建成山川秀美、符合生态文明社会要求的人居生态环境。郑州市投资2.5亿元，启动实施了森林生态城建设，丰富了创建的内涵。二要细化创建标准，对照《实施方案》规定的7大创建标准、5项申报条件，制定规划、细化标准，突出重点、全力攻坚。漯河市、信阳市研究出台了创建林业生态县的配套文件，指导开展创建工作。三要确保创建成效，将创建任务纳入各级政府年度责任目标管理体系，层层分解、逐项落实，加强指导、严格核查，提高创建的质量、完成创建的任务。

（六）抓奖惩

各级党委、政府要把造林绿化工作摆上重要位置、纳入重要议程，确保责任到位、措施到位、投入到位、工作到位。一要加大领导力度，主要领导要担负起第一责任人的职责，分管领导要担负起主要责任人的职责，对造林绿化工作研究制定规划、作出安排部署、进行有效指导。二要加大督察力度，坚持实行造林绿化目标管理责任制，认真落实部门绿化分工负责制，在此基础上，适时开展督察，掌握面上情况、指导解决问题、推动绿化工作。许昌市抽调126名干部，组成了63个林业生态建设督察组。济源市建立了市领导包乡督导、“三室”联合督导、林业部门技术督导相结合的多重督导机制。三要加大奖惩力度，对造林绿化工作进展快、成效显著的，要及时总结推广、予以通报表彰；对行动迟缓、不能按期完成造林任务的，要加大督导力度、进行责任追究。省林业厅还制定了造林绿化检查验收细则，实行厅领导包片责任制，在植树造林、森林防火的关键时期，深入一线、开展督察，确保了造林绿化目标任务的圆满完成。

四、再上台阶

（一）造林绿化有新推进

通过巩固扩大造林绿化成果，使全社会植绿、爱绿、护绿、兴绿的氛围日益浓厚，植树造林、绿化国土的进程不断加快。到2010年，全省林木覆盖率提高到26%以上，新增有林地面积900万亩；到2020年，林木覆盖率提高并稳定在30%以上，再新增有林地

面积900万亩，努力打造绿色中原。

（二）生态建设有新加强

通过抓好造林绿化，推动实施以生态建设为主的林业发展战略，切实加强生态公益林建设，培育发展森林资源，不断提高林业生态产品供给能力，努力构建布局科学、结构合理、功能协调、效益显著、较为完善的林业生态体系，实现青山常在、绿水长流、资源持续利用，使林业走上又好又快的良性发展道路。

（三）林业产业有新发展

通过抓好造林绿化，不断调整优化种植业结构，大力发展经营周期短、见效快、效益好的经济林、速生丰产用材林，积极发展园林绿化、花卉业，培育新的林业经济增长点，提高林业对农村经济发展、农民增收致富的带动能力，构筑雄厚的林业产业发展基础。

（四）发展机制有新突破

通过抓好造林绿化，促进形成适应市场经济要求、符合我省实际，既有利于林业发展、又有利于调动各方积极性的好机制，为现代林业的持续健康发展注入动力、增强活力。

（五）中原崛起有新气象

通过抓好造林绿化，推进现代林业，充分发挥林业的生态功能，加强生态建设，改善生态环境，促进人与自然和谐发展；充分发挥林业的经济功能，保障木材供给，发展林业产业，促进农民增收致富，推进新农村建设；充分发挥林业的社会功能，建设生态文明，推动社会和谐进步。进而为加快中原崛起、构建和谐中原奠定基础、提供支撑。

同志们，植树造林、绿化国土，功在当代、利在千秋。新的起点、新的使命，对造林绿化提出了新的更高要求、提供了新的难得机遇。让我们在以胡锦涛同志为总书记的党中央的领导下，高举邓小平理论和“三个代表”重要思想伟大旗帜，全面落实科学发展观，抓住机遇，开拓创新，打好造林绿化的攻坚战，努力建设山川秀美、生态和谐、可持续发展的绿色河南，为全面建设小康社会、加快中原崛起、构建和谐中原作出新的更大贡献！

刘新民副省长
在全省林业生态省建设规划编制工作
电视电话会议上的讲话

（2007年8月15日）

同志们：

这次全省林业生态省建设规划编制工作会议，是省政府决定召开的一次重要会议，是编制我省林业生态省建设规划的一次动员会。这次会议的主要任务是：贯彻落实省政府第17次全体会议和李成玉省长在省林业厅调研时的重要讲话精神，统一思想，明确任务，迅速行动，全力以赴做好我省林业生态建设规划编制工作。刚才，照平同志通报了规划大纲编制情况，指导性、操作性都很强，安排部署很到位、很扎实，我完全同意。下面，我讲几点意见。

一、统一思想，增强做好规划编制工作的责任感和紧迫感

近年来，我省林业生态建设快速发展，平原形成了点、片、带、网相结合的综合农田防护林体系，山区消灭了大面积的宜林荒山，通道沿线森林景观初步形成，全省生态状况得到明显改善。但是，我省森林资源总量不足、质量不高，局部地区资源过度开发导致水土流失严重，生态系统的整体功能仍很脆弱，局部地区生态恶化的趋势尚未得到根本遏制。今年我省洪涝灾害比较严重的部分地区，遭受几十年甚至百年不遇的洪水，在山区发生滑坡、泥石流比较严重的地方，都是植被比较少的地方，教训非常深刻，可见林业生态建设的重要性。《中共河南省委河南省人民政府贯彻〈中共中央 国务院关于加快林业发展的决定〉的实施意见》(豫发 [2003] 20号) 中明确指出，“在贯彻可持续发展战略中，要赋予林业以重要地位；在生态建设中，要赋予林业以首要地位；在全面建设小康社会、加快推进现代化、努力实现中原崛起的进程中，要赋予林业以基础地位”。加快林业生态建设，是落实科学发展观的直接体现，是实现“生产发展、生活宽裕、乡风文明、村容整洁、管理民主”的社会主义新农村建设宏伟目标的客观要求，是构建和谐社会、实现人与自然和谐相处的必然选择。我省林业生态建设的空间、潜力很大，加快林业生态建设的时机也已成熟。因此，各地各有关部门一定要充分认识林业生态建设的重要性，增强做好规划编制工作的责任感和紧迫感，采取得力措施，切实把这项事关经济社会发展全局的工作抓紧抓好。

二、明确目标，科学编制林业生态建设规划

科学编制林业生态建设规划，是高标准、高质量绿化中原、建设生态河南的基础。在这次规划编制中，要注意把握好以下几个方面。

（一）明确规划目标

这次我省林业生态建设规划的总体目标是：从2008年到2012年，巩固和完善多功能、高效益的农业生产生态防护体系，基本建成城乡宜居生态环境，初步建立国土生态安全体系，使全省的生态环境显著改善，经济社会发展的生态承载能力明显提高，林业生态省初步建成；到2012年，全省有林地达到5 404.5万亩，林木覆盖率达到28%以上（森林覆盖率达到22%以上），林业年产值达到760亿元，80%的县（市）实现林业生态县；到"十二五"末，全省林木覆盖率达到30%（森林覆盖率达到24%），林业年产值达到1 000亿元，所有的县（市）实现林业生态县，建成林业生态省。

这次规划分为三级，即省级总体规划、市级规划和县级规划，自下而上、上下结合，以县（市）为单位分级编制。省里下发规划编制大纲，提出总体要求，确定工程标准，指导各地编制好规划。市级规划要全面贯彻省级规划的基本原则，加强对县级规划的指导，合理整合林业工程，认真核定汇总辖区内规划的各项目标和任务；省辖市城市规划区内的林业生态建设规划，由各省辖市政府协调城建、林业等部门统筹编制。县级规划要全面落实市级规划确定的各项目标和任务，并在空间、时间、数量上加以细化。

（二）突出规划重点

总的要求是：在全省尚未利用的土地，凡是适宜种树的都要绿化，已经绿化的要不断提高绿化标准；重点建设工程，要实行乔灌草相结合、常绿与落叶树相结合，提高建设质量；要以营林增绿为基础，以提高林业生态建设质量和效益为目的，最大限度地利用我省有限土地空间，充分发挥生态、经济和社会三大效益。

各地在规划编制中，要认真贯彻省级总体规划要求，按照"两区"（山区、平原区）、"两点"（城市、村镇）、"一网络"（生态廊道网络）的区域布局，认真调查，准确定位，坚持"因地制宜，适地适树"的原则，合理划分生态功能区，科学确定工程项目，明确发展重点和发展方向，突出区域特色、重点部位、重点林种树种。要结合本地特点，把辖区内的省定重点工程规划好、规划细。在建和规划的重点工程，如南水北调中线工程、黄河北岸标准化堤防工程、大型水利工程、公路工程等，要做到工程建设到哪里，高标准林业生态建设跟进到哪里。我省公路绿色通道建设比较好，铁路通道绿化要进一步强化。在规划时还要注意农田林网，到2012年全省所有的农田要实现林网化。

在规划编制和林业生态建设中，要高度关注种苗问题。以市场为导向,积极调整种苗结构,大力应用生物工程措施，不断扩大种苗生产规模，提高质量。要加强林木良种基地、采种基地、苗圃基地等基础设施建设,不断提高种苗生产水平,为我省林业生态建

设提供充足的良种壮苗。

（三）确保规划质量

规划编制要符合《森林法》、《防沙治沙法》、《野生动物保护法》和《河南省林地保护管理条例》等法律法规的要求，坚持“统一标准、自下而上，因地制宜、科学规划，高起点、高标准”的原则，合理分析本地环境承载能力，综合确定规划依据和标准。要做到深度规划，符合设计技术规范，使编制的规划质量高，权威性、指导性和可操作性强。规划编制过程必须确保科学性和民主性，规划编制和审查阶段，各级都要聘请相关专家进行咨询和论证，广泛吸纳社会各界的意见，进一步提高规划的科学性、合理性，保证规划的高质量和社会认同度。

三、多措并举，确保按期完成规划编制任务

这次规划编制工作时间紧、任务重、要求高、涉及面广。9月15日前各省辖市要完成市级规划汇总上报工作，10月份完成全省规划编制工作，年底前经省政府批准后下发实施，并层层签订目标责任书。因此，各地各有关部门要高度重视，认真对待，确保按期完成任务。

（一）加强组织领导

这次规划编制，省政府不再专门成立领导小组，由成玉省长和我牵头，省林业厅具体负责。目前，省林业厅已经组成规划编制工作班子。各地各有关部门要把规划编制工作纳入重要日程，作为一件大事，加强领导，精心组织，切实抓紧抓好。政府主要领导要亲自部署，分管领导要亲自协调，及时认真解决规划编制中的重大问题。各级林业部门要尽职尽责，周密计划，迅速展开工作。

（二）强化工作责任

要实行责任制，明确行政责任、直接责任和技术责任人。各级政府“一把手”负总责，分管领导是直接责任人，林业部门负责组织协调和落实。各级各有关部门都要建立健全工作责任制，把每项任务落实到承办单位和个人。各级规划编制，要经同级政府组织论证、审查后印发实施。

（三）形成工作合力

林业生态建设规划涉及发展改革、财政、建设、水利、铁路、交通、国土、农业、环保、南水北调等部门，要履行职责，协同配合，共同做好规划编制工作。国土部门要把未利用土地中适宜生态建设的规划为宜林地，纳入土地总体利用规划；建设部门要做好城市园林绿化的规划工作；铁路、交通、河务、农业、南水北调等部门要把管辖范围内的绿化任务纳入全省林业生态建设规划；水土保持、环保等方面的生态规划，原来有规划基础的，要实行资源共享，统一纳入林业生态建设规划。凡涉及生态建设的内容，都要纳入这次林业生态建设规划，按照各自职责组织实施。规划编制中，要加强信息沟通和协调合作，及时了解国家宏观政策，做好与区域国民经济社会发展规划的衔接，并充分利用已编制完成和正在编制的相关规划成果。

（四）足额落实经费

省政府十分重视这次规划编制工作，已拨出300万元专项经费编制省本级的规划，主要用于调查、信息收集、专家论证咨询、专题调研和技术培训等。各市、县（市）政府也要安排专项经费用于本级的规划编制，及时拨付，确保规划编制工作顺利进行。同时，对规划编制的经费要专款专用，管好用好，决不允许发生截留、挪用等现象，确保有限的经费发挥有效的作用。

（五）加大督察力度

省林业厅要加强对规划编制工作的指导，有效搞好技术培训。要建立工作进度通报制度，及时反馈，上下互动，要加大督察力度，及时发现和解决规划编制工作中的问题和困难，对工作不力、进展缓慢的单位要进行通报批评。

同志们，编制好林业生态建设规划，事关全省林业生态建设的长远发展，事关中原崛起和建设和谐河南，利在当今，功及后世。我们要高度认识，统一思想，扎实工作，确保如期高标准完成规划编制任务，绘制好今后我省林业生态建设的宏伟蓝图，为进一步绿化中原大地，建设锦绣河南作出新的贡献，以实际行动迎接党的十七大的胜利召开！

刘新民副省长在《河南省林业生态效益价值评估》评审会上的致辞

（2007年11月7日）

尊敬的李文华院士，各位专家、同志们：

今天，我们专门邀请来了李文华院士及各位专家，对《河南省林业生态效益价值评估》进行评审。在此，我谨代表河南省人民政府向院士及各位专家的到来表示热烈的欢迎！向关心、支持河南省林业生态效益价值评估研究工作的国家林业局、中国森林生态效益定位研究网络中心等部门的专家和同志们表示衷心的感谢！

河南古为“豫州”，又称“中州”、“中原”。全省现有国土面积16.7万平方公里，总人口9 820万。河南地处华夏腹地，历史源远流长，文化底蕴深厚，是中华民族主要发祥地之一。远古以来，我们的先民就生息繁衍在这块土地上，创造了仰韶文化、龙山文化等古老文明。在中国五千多年的文明史中，河南长达三千多年是全国政治、经济、文化中心，先后有20多个朝代建都或迁都于此，中国八大古都河南有4个，即九朝古都洛阳、七朝古都开封、殷商之都安阳、商都郑州，有洛阳龙门石窟、安阳殷墟两处世界历史文化遗产。

改革开放尤其是近年来，在党中央、国务院的正确领导下，我省认真贯彻落实科学发展观，积极构建和谐社会，坚定不移地加快工业化、城镇化，推进农业现代化，成功实现了由传统农业大省向全国重要的经济大省和新兴工业大省的历史性跨越，经济社会实现了又好又快发展，是我国最具活力的地区之一。2006年，全省生产总值达到12 464亿元，居全国第五位；地方财政一般预算收入增长26.2%，支出增长29.2%；规模以上工业企业实现利润1 145亿元，增长75%，高于全国44个百分点，居全国第二位；高速公路通车里程达到4 000公里，跃居全国第一位；发电总装机容量达到3 511万千瓦，居全国第五位。河南经济社会发展已经站在一个新的战略起点上，中原崛起迈出坚实步伐。一个经济快速发展、社会全面进步、人民安居乐业、到处充满生机与活力的新河南，正在以崭新的姿态展现在世人面前。

河南属北亚热带向暖温带过渡区,境内山地、丘陵、平原、盆地等地貌齐全，生态类型多样，物种资源丰富，光热水土资源充足，适宜多种林木生长,发展林业具有得天独厚的优势。近年来，在河南省委、省政府的高度重视和国家林业局的大力支持下，经过全

省人民的不懈努力，河南林业得到快速发展。截至2006年底，全省有林业用地7 053.03万亩，其中有林地4 338.64万亩，森林覆盖率17.32%，林木覆盖率23.77%。

河南林业虽然取得较快发展，但与其他林业先进省份相比仍有一定差距，生态环境容量已不能满足经济社会可持续发展的需要。鉴于此，河南省委、省政府科学决策，决定制定和实施《林业生态省建设规划》，计划用5~8年的时间，进一步提升全省林业生态水平，建设山清水秀的锦绣河南，使全省林业生态建设再上一个新台阶。

这次提请各位专家评审的《河南省林业生态效益价值评估》，是《河南林业生态省建设规划》的重要配套文件。评估不仅要作为规划的重要内容，而且要作为省政府审定规划和评估规划实施成效的重要依据。因此，我们真诚地希望院士和各位专家充分发挥各自所长，为我们把好评审关。同时，也真诚地希望院士和各位专家今后能够一如继往地关心和支持河南林业生态建设事业，为我省林业乃至整个经济社会又好又快发展提供宝贵的智力支持。

最后，祝大家在豫期间心情愉快，身体健康！

谢谢大家！

刘新民副省长
在《河南林业生态省建设规划》
评审会上的致辞

（2007年11月8日）

尊敬的沈国舫院士、李文华院士、尹伟伦院士，各位专家，同志们：

首先，我代表河南省人民政府对各位院士和专家的到来，表示热烈的欢迎和诚挚的感谢！

河南省地处中原，是全国重要的交通、通讯枢纽，下辖18个省辖市，159个县（市、区），土地总面积16.7万平方公里，有太行山、伏牛山、桐柏山、大别山四大山系，黄河、长江、淮河、海河四大水系，是南水北调中线工程的水源地。全省山地丘陵和平原分别占全省总土地面积的44.3%和55.7%。近年来，河南着力加快工业化、城镇化建设，推进农业现代化，经济总量迅速扩大，综合实力显著增强，成功实现了由传统农业大省向全国重要经济大省、新兴工业大省的转变，开始了向经济强省、文化强省的跨越。2006年，全省生产总值达到12 464亿元，居全国第五位；地方财政一般预算收入增长26.2%，支出增长29.2%；规模以上工业企业实现利润1 145亿元，增长75%，高出全国44个百分点，居全国第二位。高速公路通车里程达到4 000公里，跃居全国第一位。

河南省委、省政府对林业工作历来十分重视。近年来，在经济社会发展的同时，着力加强生态建设。目前全省有林地面积达到4 338.6万亩，活立木蓄积量达到1.36亿立方米，森林覆盖率达到17.32%，三项主要指标增幅均高于全国平均水平，初步构建了林业生态体系框架，区域生态环境明显改善，平原地区基本形成了点、片、网、带相结合的农田防护林体系，公路两侧及河渠沿岸基本绿化，通道沿线森林景观初步形成，与公路网络构成了一道亮丽的风景线；城乡绿化一体化水平进一步提高，郑州、漯河两市获“全国绿化模范城市”称号，许昌市获“全国森林城市”称号。

为切实发挥林业在经济社会发展中的重要作用，河南省委、省政府作出了加大投入、高标准规划、高水平绿化、建设林业生态省的重大决策。目前，《河南林业生态省建设规划》已初步完成。为使规划更加科学，更具操作性，特邀请各位院士和专家对规划进行评审、指导。

我相信，通过本次评审，在各位院士和专家的指导下，《河南林业生态省建设规划》一定会更加科学，更加完善，更具操作性，从而推动我省林业生态建设向更加健康的方向发展，为河南经济社会又好又快发展营造更加优美和谐的生态环境。

最后，预祝本次会议取得圆满成功，祝各位院士、各位专家在豫期间心情愉快、身体健康！

谢谢大家！

刘新民副省长在全省林业生态省建设电视电话会议上的主持词

（2007年11月27日）

同志们：

现在开会。

这次全省林业生态省建设电视电话会议，是在全省上下认真贯彻落实党的十七大和省委八届四次全会精神，努力构建社会主义和谐社会的新形势下召开的一次十分重要的会议。会议的主题是：总结近年来全省林业生态建设工作，明确今后一个时期林业生态省建设的目标任务，动员全社会力量高标准、高质量绿化中原大地，为全省经济社会又好又快发展、实现中原崛起提供生态保障。

省委、省政府对这次会议十分重视，徐光春书记、李成玉省长出席会议并将作重要讲话。在主会场参加会议的还有省人大、省政府、省政协、省军区的有关领导同志，以及省委各部委、省直有关部门、各人民团体的主要负责同志和新闻单位的朋友。

在各分会场参加会议的有：各市、县、乡（镇）党委政府的主要和分管负责同志，以及有关部门的负责同志。

今天下午的会议有两项议程：一是请李成玉省长安排部署全省林业生态省建设工作；二是请省委徐光春书记作重要讲话。

现在，会议进行第一项：请李成玉省长安排部署全省林业生态省建设工作。

会议进行第二项：请徐光春书记作重要讲话。

同志们，刚才，李成玉省长总结了近年来全省林业生态建设的成效，明确了我省今后一个时期林业生态省建设的目标任务和具体措施；徐光春书记从深入落实科学发展观、建设生态文明、构建和谐中原、促进全省经济社会又好又快发展的战略高度，强调了林业生态省建设的重要地位和作用，明确了各级党委、政府和部门的责任，并强调需要正确认识和把握的六个关系。光春书记、成玉省长的讲话，充分体现了以人为本、执政为民、可持续发展、统筹兼顾的科学发展观的要求，彰显了我省坚定走生产发展、生活富裕、生态良好的文明发展道路，积极建设资源节约型和环境友好型社会的坚定信念。这对我们做好全省林业生态建设工作有着重要的指导意义，具有很强的战略性、前瞻性、针对性和可操作性，各地各有关部门要坚定地不折不扣地抓好落实。

为贯彻落实好本次会议精神，我再强调以下几点：

第一要认真学习贯彻会议精神。会后各级各有关部门要认真学习、深刻领会光春书记、成玉省长的讲话精神，用科学发展观统领林业生态省建设。各新闻单位要做好对本次会议的宣传报道，努力营造氛围，通过广泛发动和深入宣传，动员全省人民积极行动起来，强力推进林业生态省建设。

第二要扎实抓好各项建设任务。一要抓紧制定完善林业生态建设规划和实施方案，要按照这次会议的部署，结合实际，抓紧制定完善本地林业生态建设规划。理清工作思路，明确目标任务，制定保障措施。省直各有关部门，要按照规划的总体要求和目标任务，认真制定切实可行的细化实施方案，真正把规划做到实处。二要明确任务和责任。各级政府要逐级签订林业生态建设目标责任书，层层分解任务，明确各级各部门具体责任。省林业厅要会同有关部门抓紧研究制定林业生态省建设目标责任制及考核办法，确保林业生态省建设的各项任务落到实处。三要进一步加强组织领导。各地各部门要明确责任、强化措施、加强督察、落实奖惩，特别是对重点工程、关键环节，各级党委政府的领导要亲自部署、亲自协调、亲自去抓，确保抓出成效。

第三要及时反馈建设落实情况。各省辖市贯彻落实本次会议精神情况要及时向省林业厅反馈，省林业厅要注意汇总和跟踪各地行动情况，并向省委、省政府报告。

同志们，我省林业生态省建设任务已经明确，号角已经吹响，让我们紧密地团结在以胡锦涛为总书记的党中央周围，以党的十七大精神为指导，深入贯彻落实科学发展观，齐心协力、扎实工作，加快林业生态省建设步伐，为建设生态河南、构建和谐中原、全面推进小康社会建设作出新的更大的贡献。

关于加快林业发展建设林业生态省（生态河南）的情况汇报

（2007年8月6日）

尊敬的成玉省长、新民副省长及各位领导：

首先，我代表林业厅党组和全厅干部职工热烈欢迎李省长、刘副省长及各位领导到我厅视察和指导工作，并代表全省林业系统的广大干部职工对省政府和各有关部门对林业工作的一贯重视和支持表示衷心感谢。下面，我将全省林业情况及我们初步研究的规划思路汇报如下。

一、我省林业发展情况

改革开放以来特别是近年来，在省委、省政府和各级党委、政府的高度重视下，我省林业快速发展。

（一）取得的成效

一是森林资源快速增长。通过组织实施退耕还林、天然林保护等五大国家林业重点工程和省级林业项目，大力开展全民义务植树，实现了全省森林资源的快速增长。据最新全国森林资源清查结果：全省有林地达到4 054.5万亩，比5年前增加919.4万亩，增幅达29.32%，比全国平均增幅高出19.27个百分点；林木覆盖率达到22.64%（森林覆盖率16.19%），森林覆盖率增加3.67个百分点，比全国平均增幅高出2.01个百分点。“十五”以来，全省累计完成造林1 692万亩，其中工程造林1 275.7万亩。高速公路、县级以上公路及河渠沿岸等绿化水平明显提高，通道沿线森林景观基本形成。

二是平原绿化成效显著。到2006年底，全省94个平原半平原县（市、区）全部达到平原绿化高级标准，农田林网控制率及沟河路渠绿化率均达90%以上，村庄绿化覆盖率达40%以上，形成了点、片、带、网相结合的农田防护林体系。国家林业局贾治邦局长今春来我省考察后评价：平原绿化，河南最好！

三是林业产业稳步发展。全省共营造用材林和工业原料林747.4万亩；每年林业育苗面积稳定在25万亩以上；花卉和绿化苗木种植面积增加到80万亩；经济林总面积达到1 300万亩,年产量达665万吨；濮阳、焦作、新乡三个林纸一体化项目一期工程建成投产；森林公园增加到92处。2006年林业总产值达到345亿元，近年来年均增幅保持在14%以上。

四是森林资源得到有效保护。全省严格征占用林地审核、林木采伐和木材运输管理，严禁天然林采伐。990万亩生态公益林得到补偿和有效管护（不含天然林保护工程区724万亩享受政策的天然林），林业有害生物防治率达到81.8%，森林火灾受害率一直控制在0.3‰以下。建立森林、湿地和野生动植物类型自然保护区22处，总面积达735.8万亩。全省有520种陆生脊椎野生动物和3 979种高等植物，75%的国家级野生动植物物种和80%的典型生态系统得到有效保护。

五是林业投资较快增长，基础设施建设得到改善。“十五”期间，全省共完成中央和省级林业投资45.2亿元，是“九五”期间的17.3倍。2006年完成中央和省级林业投资10.1亿元。实施国家林木种苗工程项目122个，建立1个省级林业重点实验室和11个林业科技示范园区，建森林防火物资储备库140座、各类防火设施442座，建立野生动物疫源疫病监测站点251个。

关于今年我省林业建设进展情况：今年以来，全省共完成大面积造林273.8万亩(不含退耕还林和天然林保护工程)，为年度目标的121%；绿化县级以上通道3 206公里，为年度目标的107%；参加义务植树4 705.4万人（次），完成义务植树20 230.2万株，为全省应植株数的132.5%，是近几年成效最好的一年；发生森林火灾739起，受害森林面积12 310亩，森林火灾受害率0.3‰；营造以杨树为主的速生丰产林43万亩；森林旅游接待游客 820万人（次），森林旅游直接收入1.9亿元。上半年全省完成林业产业总产值205亿元，比去年同期增长21.37%。同时，省、市、县三级开展了集体林权制度改革试点，目前正在组织检查验收。森林资源二类调查进展顺利，18个省辖市的128个县(市、区）展开了外业调查。

（二）作出的贡献

林业是重要的公益事业和基础产业，承担着生态建设和林产品供给的双重任务，在实现科学发展、切实改善民生中，具有不可替代的作用，作出了重要贡献。

其一，维护了我省国土生态安全。据测算，全省森林生态效益的年功能价值为1 662.3亿元。我省林地每年减少土壤流失总量达7 287万吨，相当于每年避免了2 200万亩以上的土地中度侵蚀；涵养水源49.3亿立方米，相当于我省地方大中型水库总库容144.6亿立方米的34.1%。全省982.8万亩湿地 (不含水稻田) 每年可净化氮、磷、硫污染物78.6万吨，净化水4.7亿立方米。全省农田防护林体系建设，使1 000多万亩风起沙扬的沙化土地被改造成良田。林业重点生态工程的实施，使山区森林植被迅速恢复，地质灾害明显减少。据省国土部门统计，2003~2006年我省发生滑坡、崩塌和泥石流等地质灾害分别为161、151、79、33起，呈逐年下降趋势。

其二，促进了我省经济发展和农民增收。近年来，我省林业每年向社会提供木材1 400多万立方米，有力地支持了全省经济建设和社会事业发展。经济林的发展为药、果、茶、油等加工企业提供了主要原材料。通过大力发展林业，拓宽了农民增收的渠道，2006年全省每个农民来自林业的收入平均达到325元。同时，林业是一个劳动密集型产业，全省1.3万多家林产加工企业，转移了近60万农村剩余劳动力就业。全省6 000

多万亩集体林地，按每户经营50亩计算，可使120万农户200多万农民得到最直接的就业机会。

其三，扩大了我省工业发展的环境容量。《京都议定书》为工业化国家规定了减排任务。当前，国际上很多国家已把森林资源吸收和固定二氧化碳作为实现降耗减排目标的有效途径。如日本减排指标为6%，其中3.9%通过森林固碳来完成，2.1%通过工业减排来完成。随着我省经济的快速增长，降耗减排的任务越来越重。我省林业间接减排潜力很大,现有森林资源每年可吸收二氧化碳6 897万吨；现有1 100多万亩宜林荒山荒地和四旁隙地，通过造林每年可增加吸收二氧化碳1 371万吨；现有林地通过科学经营，单位蓄积量提高至全国平均水平，相当于增加了2 000万亩林地，每年可增加吸收二氧化碳2 493万吨。届时，全省森林年吸收二氧化碳能力可达1 0761万吨，相当于燃烧4 410万吨标准煤排放的二氧化碳量。另据测算，我省利用现有林和宜林荒山荒地，可新造和改培生物质能源林562.3万亩，每年可提供生物柴油112.5万吨。通过培育森林资源间接减排，不仅可以在不影响我省工业发展的情况下实现减排目标，而且还可以促进国土绿化，维护生态安全，实现减排、发展、生态三赢的目标。

其四，保障了全省粮食生产能力的稳定和增长。我省农田防护林体系有效改善了农业生态环境，增强了农业生产抵御干旱、风沙、干热风、冰雹、霜冻等自然灾害的能力，促进了农业稳产高产。特别是我省昔日干旱贫瘠的豫东、豫北风沙区，降雨量增加，风沙和干热风明显减少，如今已成为我省重要的粮食和商品林生产基地。据专家测定，其他条件不变，仅农田林网的防护作用，就能使农作物平均增产10%左右，以全省年粮食产量500亿公斤计算，农田防护林对我省粮食生产能力的贡献可达50亿公斤。同时，每年600多万吨的林果产品，改善了人们的膳食结构，降低了粮食消耗。

其五，在全省旅游业发展中发挥着基础和骨干作用。森林是生态旅游的主体，林区是发展生态旅游的重要载体。在全省已划定的30处国家、省级重点风景名胜区中，有26处在国有林区；15处世界、国家、省级地质公园，有14处分布在林区。自1986年以来，林业系统先后建立了29处国家级、63处省级森林公园和11处自然保护区生态旅游区。全省森林旅游年接待游客由2001年的407万人（次）增加到2006年的1 530万人(次)，仅门票收入就达到3.7亿元。嵩山、云台山、白云山、龙峪湾、鸡公山、宝天曼、老界岭等林区已成为我省名牌景区。

（三）存在的困难和问题

一是我省森林资源总量不足，质量不高，森林生态系统的整体功能仍很脆弱。全省有林地面积列全国第22位，人均水平为全国平均水平的1/5；森林覆盖率列全国第21位。由于林业工程建设资金都是补助性质的，标准较低，林业工程建设质量不高。平原地区骨干防护林带尚需完善，抗御自然灾害的能力有待提高；通道绿化树种结构单一，山区森林质量不高，平均每亩森林蓄积仅2.48立方米，为全国平均水平的43.9%，还有1 030万亩低质低效林需要改造。

二是林业生态建设投入不足，支撑保障能力较弱。“十五”以来6年间，在我省中

央和省级共55.3亿元林业投资中，中央投资占50.2亿元。国家在我省实施的5个林业重点工程，都处在边缘区，不仅规模小，且都已过了投资高峰期。2001~2006年省财政预算内安排专项林业资金5.1亿元，省级林业生态工程启动困难。林业建设投资标准低，建设质量难以保证。每亩仅5元的森林生态效益补偿，尚有380万亩省级公益林没有列入补偿范围。近几年来，国家林业重点生态工程要求仅省级的配套资金尚有5 445万元没有落实。森林资源的监测手段落后,森林火灾、林业有害生物等灾害防控能力弱，滞后的林业基础保障能力与我省艰巨的林业建设任务不相适应。

三是现有宜林地造林难度大，森林资源保护形势严峻。现有宜林荒山荒地，是多年造林绿化剩下的条件最差、最难啃的硬骨头地区。一部分处在立地条件差的浅山丘陵区，造林成本高、成活率低；一部分处在人烟稀少的深山区和山势陡峭的险山区，造林困难大、投资成本高；还有一部分处在人畜活动频繁的村镇和矿区周围，造林损毁率高、保存率低。森林资源保护与开发利用的矛盾日趋尖锐，乱砍滥伐林木、乱征滥占林地的案件呈上升趋势，森林资源保护的难度逐年加大。据统计，仅今年上半年，全省就受理各类破坏森林和野生动植物资源案件8 496起，其中刑事案件715起。

二、规划思路

20世纪90年代，全省大力开展平原绿化和山区灭荒工作，经过10年努力，实现了平原绿化初级达标和山区基本灭荒。进入新世纪，全省平原地区开展了县级平原绿化高级标准建设活动，山区大力实施退耕还林和天然林保护等重点林业生态工程，到2006年底，全省平原半平原县全部达到高级绿化标准，山区植被得到较快恢复。2006年，省政府批转了《河南省创建林业生态县实施方案》，对全省林业建设提出了更高要求，去年已有9个县通过核查验收，达到林业生态县标准（今年预计有15个县可通过核查验收）。这次规划，以提高林业生态质量效益为重点，经过5年（2008~2012年）的奋斗，巩固和完善多功能高效益的农业生产生态防护体系，基本建成城乡宜居生态环境，初步建成国土生态安全体系，使全省的生态环境显著改善，经济社会发展的生态承载能力明显提高，初步建成林业生态省。

（一）建设目标

全省新增有林地1 350万亩，达到5 404.5万亩；林木覆盖率增长5.4个百分点，达到28%以上（森林覆盖率达到22%以上）。其中：山区森林覆盖率达到50%以上（太行山区40%以上），丘陵区森林覆盖率达到25%以上，平原风沙区林木覆盖率达到20%以上，一般平原农区林木覆盖率达到18%以上。林业年产值达到760亿元，80%的县（市）实现林业生态县。

现有800万亩宜林荒山荒地全部得到绿化；28.8万亩流动、半流动沙丘（地）全部固定，806.5万亩沙化土地全面得到治理；1 030万亩的低质低效林基本得到改造。

新增用材林和工业原料林420万亩，达到1 167.4万亩；新造生物质能源林423.8万亩，改造138.5万亩，达到562.3万亩；新增名优特新经济林基地350万亩，达到1 650万

亩；新增苗木花卉基地30万亩，达到110万亩。

新增森林年吸收二氧化碳能力2 966.8万吨，达到9 863.8万吨。

到“十二五”末，全省林木覆盖率达到30%（森林覆盖率达到24%），林业年产值达到1 000亿元。所有的县（市）实现林业生态县，建成林业生态省。

（二）建设布局

根据河南省自然区域特征及林业建设现状，规划以“三区”（山区、丘陵区、平原区）、“两点”（城市、村镇）、“一网络”（生态廊道网络）构筑点线面相结合的综合林业生态体系。

山区重点是加强对天然林和公益林的保护，营造水源涵养林、生物质能源林等。

丘陵区重点是加强对现有林的管理，营造水土保持林、名优特新经济林等。

平原区重点是完善提高农田防护林体系，营造防风固沙林，大力发展用材林和工业原料林、苗木花卉等，在滩区、滞洪区着力营造用材林和工业原料林。

在城市（含县城）绿化美化上，按照改善城市生态环境，建设生态文明城市的总体要求，建设以廊道绿化、城中绿岛、环城林带、城郊森林为主要内容的林业生态防护体系，提高城市居民的生活环境质量。

在村镇绿化美化上，按照社会主义新农村建设的总体要求，以村镇为基础、以农户为单元，乔灌结合，街道、村庄周围和庭院绿化相结合，扎实抓好围村林、行道树、庭院绿化美化，推进城乡绿化一体化进程。

在生态廊道网络建设上，铁路、高速公路、国道、四大水系干流及一级支流、干渠两侧各栽植10行以上树木；省道、景区道路、二级支流、支渠两侧各栽植5行以上树木；县乡道、三级支流两侧各栽植3行以上树木；村级道路、斗渠两侧各栽植至少1行树木。高速公路、国道、省道干线、景区道路、重要堤防等沿线第一层山脊以内宜林荒山荒地全部绿化，重要地段适当增加绿化宽度，乔灌花草相结合，提高常绿树种比例，高标准绿化美化；路（渠）基两侧挖方坡面适度硬化后栽植灌木、藤本或常绿树种进行绿化美化。

（三）重点建设工程

继续抓好天然林保护、退耕还林、重点地区防护林（长江中下游及淮河流域防护林、太行山绿化）、野生动植物保护和自然保护区建设、速生丰产用材林基地建设等5个国家重点林业工程，启动农田防护林体系改扩建工程、防沙治沙工程、生态廊道网络建设工程、城市林业生态建设工程、村镇绿化工程、矿区生态修复工程、生态移民工程等7个省级林业重点生态工程。抓好用材林及工业原料林、名优特新经济林、生物质能源林、苗木花卉、森林生态旅游等5个省级林业产业工程。

（四）支撑体系建设

抓好森林防火、林业有害生物防治、森林资源管理与监测、科技服务体系、基础设施建设等支撑体系建设。

（五）投资估算与效益分析

1.投资估算。经初步估算，完成规划任务大约需要投资166.2亿元。其中：用材林和工业原料林基地建设18.9亿元，生物质能源林基地建设26.2亿元，经济林基地建设24.5亿元，苗木花卉基地建设9.0亿元，沙丘（地）造林15.0亿元，治理沙化土地3.2亿元，低质低效林改造23.7亿元，生态廊道网络建设3.8亿元，城市绿化19.8亿元，村镇绿化15.6亿元，完善农田林网4.0亿元，科技兴林等支撑体系建设2.5亿元。

2.资金筹措。根据近几年我省林业投资来源情况，今后5年可筹措资金153.7亿元。其中：国家财政用于本规划实施的资金25亿元（不含退耕还林、天然林保护、森林生态效益补偿金每年10亿元投资），省财政预算基数内可用于本规划实施的资金2.5亿元，已经签约实施的日本政府贷款和中德合作项目6.4亿元，市县级财政资金37.9亿元，吸引社会资金81.9亿元（含国内贴息贷款17亿元）。尚有资金缺口12.5亿元，需要省财政增加财政预算内投资12.5亿元。

3.效益分析。规划任务完成后，每年将增加生态、经济、社会效益总价值891.0亿元。其中：生态效益630.8亿元，经济效益210.7亿元，社会效益49.5亿元（可安排就业82.5万人）。

（六）主要保障措施

深化集体林权制度改革、加大政府资金投入、坚持依法治林、推进科教兴林、加强组织领导等。

（七）编制规划的时间、方法

6月下旬以来，我厅组织全省林业系统和在豫有关大专院校、科研院所的专家、技术人员，在广泛调查、专题研究和反复讨论的基础上，已经编制出规划大纲（初稿），近期将赴京征求与林业相关学科的专家（院士）的意见，同时，征求市（县、区）意见，进一步修改完善大纲。10月份，完成省规划编制工作，之后请与林业相关学科的专家（院士）来豫论证，并提交省政府审定。年底前市、县（市、区）编制出实施规划。2008年正式实施。

三、请求解决的问题

（一）加大对林业的投入

林业生态效益的不可分割性、消费的非竞争性和受益的非排他性，决定了林业生态产品的公共属性和林业生态建设应由公共财政支撑的必要性。提高林业生态产品的供给能力，是构建和谐中原的重要保证。完成林业生态省（生态河南）规划（2008~2012年）共需投资166.2亿元，请求省财政明年增加投入2亿元作为引导资金，以后每年按财政对农业支持的增长幅度递增，以带动和引导地方财政和社会投资，确保规划的完成。

（二）加强林业保障能力建设

1.加强森林公安队伍建设。2005年以来，国务院办公厅、中编办和国家林业局先后

对森林公安机关机构、人员编制和经费问题下发文件，中编办核定我省森林公安政法专项编制2 373人。我厅已与省编办、省人事厅进行了初步衔接。请求省政府协调编制我省森林公安机构“三定”方案，做好人员过渡工作。

2.加强森林生态监测网络建设。为了及时掌握我省不同区域森林资源和生态环境变化动态，服务于生态环境建设和决策，鉴于国家林业局已在伏牛山区建立生态定位监测站（可资源共享），我省拟在太行山区、大别山区、黄土丘陵区、平原农区和沙区各建一处生态定位监测站，每站基建和仪器设备需220万元，共需投资1 100万元，请求省财政投资。

（三）解决规划编制经费

规划编制需要收集大量的基础材料、进行专题调研和聘请专家咨询，并组织编制论证和评审，需要一定经费，经初步测算，编制规划共需经费300万元，请求省财政解决。

（王照平厅长在李成玉省长在省林业厅调研时的工作汇报）

王照平厅长在河南林业生态省(生态河南)建设规划编制工作电视电话会议上的讲话

(2007年8月15日)

同志们:

根据会议安排，下面，我把林业生态省（生态河南）建设规划编制有关情况和下步规划编制意见通报如下。

一、编制规划的背景

今年4月份以来，省政府先后在三次会议上要求：高标准搞好绿化规划，实施高标准的绿化工程，使我省的绿化水平有一个质的飞跃。按照省政府的要求，省林业厅在全省林业系统抽调专业技术人员和省内有关林业教学、科研的专家以及省林业专家咨询组成员组成林业生态省（生态河南）建设规划大纲编制组，在广泛调查、专题研究和反复讨论的基础上，初步编制出了规划大纲（讨论稿）。8月6日，李成玉省长带领省直7个部门主要负责同志，与省林业厅处以上干部、省林业专家咨询组成员及省内林业院校和科研院所的专家一起，对规划大纲进行了专题研究。省规划大纲编制组按照李成玉省长对规划大纲的要求、省直有关部门提出的建议和赴北京征求的国家级林业院校、科研院所专家（院士）的意见，对规划大纲做了进一步修改、完善。这次会后，还要召开市、县两级专业技术人员参加的规划编制座谈会，分区域讨论修改规划大纲，然后正式印发，作为全省林业生态省规划编制的依据。

在我省平原绿化实现了达标、山区消灭了大面积宜林荒山之后，编制新的林业生态建设规划，实施更高水平的绿化，进一步提高我省生态建设标准和质量，是省委、省政府从我省经济社会长远发展和人民群众切身利益出发，从加快和谐中原建设和加速中原崛起的现实选择和实际需要考虑，从全局和战略高度，经过深思熟虑之后作出的一项重大战略决策，充分体现了省委、省政府科学发展、执政为民的思想，完全符合我省林业建设的实际和全省科学发展的要求。

李成玉省长这次到林业厅专题调研，不仅仅是向我们提出了高标准绿化中原大地的宏伟构想，更重要的是站在构建和谐中原、加速中原崛起的战略高度，把河南林业生态建设摆上了全省工作大局的重要位置，实现林业质的飞跃已成为全省经济社会可持续发展的重要基础和实现全省经济增长方式转变的重要方面。这不仅是我省林业发展史上的一个重要里程碑，而且将成为我省构建和谐中原，实现可持续发展的一个重

要标志。

经济社会发展对林业的需求决定着林业的主要特征和社会属性，也决定着林业建设的指导思想。省委、省政府从全局的高度对林业定性定位的科学判断，充分体现了对我省省情、林业发展规律和战略机遇的深刻认识和准确把握，标志着我省林业以生态建设为主的林业发展新阶段已经开始。随着林业生态省建设规划的编制和全面实施，林业在全省经济社会发展大局中的地位会越来越重要，作用会越来越突出，任务也会越来越繁重。

其一，林业是生态建设的主体，加强林业生态建设是维护我省国土生态安全的重要保障。据测算，我省森林生态效益的年功能价值为1 662.3亿元。我省现有4 000多万亩林地，每年减少土壤流失总量达7 287万吨，相当于每年避免了2 200万亩以上土地的土壤中度侵蚀；涵养水源49.3亿立方米，相当于我省地方大中型水库总库容144.6亿立方米的34.1%。全省982.8万亩湿地每年可净化氮、磷、硫污染物78.6万吨，净化水4.7亿立方米。林业重点生态工程的实施，使山区森林植被迅速恢复，地质灾害明显减少。据省国土部门统计，2003~2006年我省发生滑坡、崩塌和泥石流等地质灾害分别为161、151、79、33起，呈逐年下降趋势。

其二，林业是农村经济新的增长点，加快林业发展是促进我省经济发展和农民增收的重要渠道。近年来，我省林业每年向社会提供木材1 400多万立方米，有力地支持了全省经济建设和社会事业发展。经济林的发展为药、果、茶、油等加工企业提供了主要原材料。通过大力发展林业，拓宽了农民增收的渠道，2006年全省每个农民来自林业的收入平均达到325元。同时，林业是一个劳动密集型产业，全省1.3万多家林产加工企业，转移了近60万农村剩余劳动力就业。全省6 000多万亩集体林地，按每户经营50亩计算，可使120万农户200多万农民得到最直接的就业机会。

其三，森林能有效地吸收和固定二氧化碳，加快森林资源培育是扩大我省环境容量的有效途径。《京都议定书》为工业化国家规定了减排任务。当前，国际上很多国家已把森林资源吸收和固定二氧化碳作为实现降耗减排目标的有效途径。如日本减排指标为6%，其中3.9%通过森林固碳来完成，2.1%通过工业减排来完成。随着我省经济的快速增长，降耗减排的任务越来越重。我省林业间接减排潜力很大,现有森林资源每年可吸收二氧化碳6 897万吨；现有1 100多万亩宜林荒山荒地和“四旁”隙地，通过造林每年可增加吸收二氧化碳1 371万吨；现有林地通过科学经营，单位蓄积量提高至全国平均水平，相当于增加了2 000万亩林地，每年可增加吸收二氧化碳2 493万吨。届时，全省森林年吸收二氧化碳能力可达10 761万吨，相当于燃烧4 410万吨标准煤排放的二氧化碳量。另据测算，我省利用现有林和宜林荒山荒地，可新造和改培生物质能源林562.3万亩，每年可提供生物柴油112.5万吨。通过培育森林资源间接减排，不仅可以在不影响我省工业发展的情况下实现减排目标，而且还可以促进国土绿化，维护生态安全，实现减排、发展、生态三赢的目标。

其四，森林能有效地改善农田小气候，加快林业生态建设是确保我省粮食生产能

力稳定和增长的重要措施。我省农田防护林体系有效改善了农业生态环境，增强了农业生产抵御干旱、风沙、干热风、冰雹、霜冻等自然灾害的能力，促进了农业稳产高产。特别是我省昔日干旱贫瘠的豫东、豫北风沙区，降雨量增加，风沙和干热风明显减少，如今已成为我省重要的粮食和商品林生产基地。据专家测定，其他条件不变，仅农田林网的防护作用，就能使农作物平均增产10%左右，以全省年粮食产量500亿公斤计算，农田防护林体系对我省粮食生产能力的贡献可达50亿公斤。同时，每年600多万吨的林果产品，改善了人们的膳食结构，降低了粮食消耗。

其五，森林资源在我省生态旅游中发挥着基础和骨干作用，加快林业发展是搞好生态旅游的重要载体。在全省已划定的30处国家、省级重点风景名胜区中，有26处在国有林区；15处世界、国家、省级地质公园，有14处分布在林区。自1986年以来，林业系统先后建立了29处国家级、63处省级森林公园和11处自然保护区生态旅游区。全省森林旅游年接待游客由2001年的407万人（次）增加到2006年的1 530万人（次），仅门票收入就达到3.7亿元。嵩山、云台山、白云山、龙峪湾、鸡公山、宝天曼、老界岭等林区已成为我省名牌景区。

正是从这个意义上讲，搞好这次规划编制工作，不仅关系到林业的跨越式发展和历史性转变，而且关系到河南未来发展的大局，关系到全省人民的根本利益。对此,我们一定要有一个清醒的认识。能否站在全局和战略的高度，编制出一个高水平的林业生态建设规划，并通过规划的实施，促进林业的跨越式发展和历史性转变，切实发挥林业在加快和谐中原建设和实现中原崛起中的重要作用，是对我们服从和服务全省工作大局意识和能力的检验和考验。这一点是我们在编制规划时必须首先明确的，而且要切实体现到规划实施的全过程和其他各个方面。

二、规划的总体思路

（一）指导思想

以邓小平理论和“三个代表”重要思想为指导，全面贯彻落实科学发展观，深入贯彻《中共中央　国务院关于加快林业发展的决定》，坚持以生态建设为主的林业发展战略。以创建林业生态县为载体，充分利用现有的土地空间，加快造林绿化步伐，大力培育、保护和合理利用森林资源，发挥森林资源在降耗减排中的重要作用，为促进人与自然和谐、建设社会主义新农村、实现中原崛起作出新的贡献。

（二）建设目标

经过5年至8年奋斗，巩固和完善多功能高效益的农业生产生态防护体系，基本建成城乡宜居生态环境，初步建成国土生态安全体系，使全省的生态环境显著改善，经济社会发展的生态承载能力明显提高，建成林业生态省。

到2012年，全省新增有林地1 350万亩，达到5 404.5万亩；林木覆盖率增长5.4个百分点，达到28%以上（森林覆盖率达到22%以上），其中：山区森林覆盖率达到50%以上（太行山区40%以上），丘陵区森林覆盖率达到25%以上，平原风沙区林木覆盖率

达到20%以上，一般平原农区林木覆盖率达到18%以上。林业年产值达到760亿元。80%的县（市）实现林业生态县。

——全省现有800万亩宜林荒山荒地全部得到绿化；现有28.8万亩流动、半流动沙丘（地）全部固定，806.5万亩沙化土地全面得到治理；现有1 030万亩低质低效林基本得到改造。

——新增用材林和工业原料林420万亩，达到1 167.4万亩；新造生态能源林423.8万亩，改造138.5万亩，达到562.3万亩；新增名优特新经济林基地350万亩，达到1 650万亩；新增苗木花卉基地30万亩，达到110万亩。

——平原区农田防护林网、农林间作控制率95%以上，沟、河、路（铁路、国道、高速公路、省道、景区道路、县乡道、村道等）、渠绿化率95%以上，城镇建成区绿化覆盖率35%以上，平原村庄林木覆盖率40%以上。

——新增森林年吸收二氧化碳能力2 966.8万吨，达到9 863.8万吨。

到"十二五"末，全省林木覆盖率达到30%（森林覆盖率达到24%），林业年产值达到1 000亿元。所有的县（市）实现林业生态县，建成林业生态省。

（三）总体布局

根据我省自然区域特征及决定区域分异的主导因素、林业生态建设现状，规划建设"两区"、"两点"、"一网络"点线面相结合的综合林业生态体系。

两区：指山区（含丘陵区）、平原区。

两点：指城市（含县城）、村镇。

一网络：指生态廊道网络，包括全省所有铁路、公路、河渠及重要堤防。

（四）重点建设工程

继续抓好天然林保护、退耕还林、重点地区防护林（长江中下游及淮河流域防护林、太行山绿化）、野生动植物保护和自然保护区建设、速生丰产用材林基地建设等5个国家重点林业工程，启动山区生态林工程、农田防护林体系改扩建工程、防沙治沙工程、生态廊道网络建设工程、城市林业生态建设工程、村镇绿化工程等6个省级林业重点生态工程。抓好用材林及工业原料林、经济林、苗木花卉、森林生态旅游等4个省级林业产业工程。

（五）支撑体系建设和保障措施

抓好森防、森林资源管理和监测、科技服务和基础设施建设等支撑体系建设。深化集体林权制度改革、加大政府资金投入、坚持依法治林、推进科教兴林、加强组织领导等，确保规划的实施。

三、规划建设的重点

——山（丘）区：加强对天然林和公益林的保护，重点营造水源涵养林、水土保持林、名优特新经济林、生态能源林等。同时加强中幼林抚育、低质低效林改造等森林经营管理。

——平原区：重点是完善提高农田防护林体系，营造防风固沙林，大力发展用材林和工业原料林、苗木花卉基地等。在滩区、滞洪区着力营造用材林和工业原料林。

——城市（含县城）及郊区：按照改善城市生态环境，建设生态文明城市的总体要求，建设以廊道绿化、城中绿岛、环城林带、城郊森林为主要内容的城市森林生态防护体系，提高城市居民的生活环境质量。

——村镇：按照社会主义新农村建设的总体要求，以村镇为基础、以农户为单元，乔灌结合，村庄周围、街道和庭院绿化相结合，扎实抓好围村林、行道树、庭院绿化美化，推进城乡绿化一体化进程。

——生态廊道网络：建设标准视生态廊道级别而定。铁路、高速公路、国道、四大水系干流及一级支流、干渠两侧各栽植10行以上树木（南水北调中线工程干渠两侧各栽植100米以上树木）；省道、景区道路、二级支流、支渠两侧各栽植5行以上树木；县乡道、三级支流两侧各栽植3行以上树木；村级道路、斗渠两侧各栽植至少1行树木。高速公路、国道、省道干线、景区道路、重要堤防等沿线第一层山脊以内宜林荒山荒地全部绿化，重要地段适当提高绿化标准；路（渠）基两侧挖方坡面适度硬化后栽植灌木、藤本或常绿树种进行绿化美化。

四、编制规划的几点意见

（一）坚持统一标准，自下而上搞规划

规划大纲规定了不同区域、不同工程的建设标准，各地都要按照规划大纲确定的技术标准进行规划。规划以县（市）为单位编制。各县规划要做到与省规划大纲确定的建设布局和建设重点相衔接，与省规划大纲确定的技术标准相衔接，与当地林业、土地资源相衔接。各市要加强对县（市）编制规划的指导，及时做好辖区内规划情况的汇总上报工作。这次编制的全省林业生态建设规划，是按照省政府要求编制的全省综合生态建设规划，各级林业部门是生态建设的主力和骨干，要在各级政府的统一领导下，认真履行职责，充分发挥主力作用。同时，要加强与相关部门的沟通和协调，确保编制出符合当地生态建设实际的高水平综合生态建设规划，确保9月15日前完成市级规划汇总上报工作，确保10月底前全省规划上报省政府审定。

（二）坚持因地制宜，科学规划

我省有山区、丘陵、平原等多种地貌类型，分属南北两个气候带，各县（市）立地条件、气候特征和适生林木种类差异较大。各地要在认真调查的基础上，针对县域自然特点，科学划分生态功能区域和规划工程项目，突出地方特色，不搞一刀切，做到适地适树。要在保证发挥生态效益的前提下，尽可能营造速生用材林、经济林和生态用材兼用林，最大限度地发挥林地林木的经济效益、社会效益和生态效益。要坚持分类指导，因害设防。平原沙区要以发挥生态防护功能、控制沙化危害为主。对流动沙地，要营造防风固沙林，尽快锁住流动沙地；对泛风沙地，要采取营造小网格防护林网和农林间作的形式，实行农林复合经营；沙化土地，要营造农田防护林网，改善农

田小气候。对大中型水库周围、低洼易涝地、国家规划的滞洪区等生态区位重要地区和特殊地区，也要区分不同特点，选择不同的工程建设项目。要突出重点，讲求质量。对南水北调干渠沿线、高速公路进出口、城镇和景区周围等重要地段，要适当提高绿化标准，乔灌花草相结合，提高常绿树种比例，突出景观效果。

（三）坚持高起点、高标准规划

新一轮全省生态建设规划，是在科学发展观指导下、在全省经济社会持续高速发展、在我省林业发展具备较好条件和全省人民迫切要求改善生态环境的基础上提高林业生态质量和效益的规划，一定要以现代林业理论为指导，以最大限度地发挥林业的经济效益、社会效益和生态效益与我省有限的土地空间，为全省广大人民创造更多的财富为目标，高起点、高标准规划。总的要求是：全省所有适宜种树的地方全部规划高标准种树，高质量绿化中原大地；已经初步绿化，但达不到规划大纲要求标准的地方，要做好补植、完善规划，提高绿化标准；对虽已达到绿化标准，但质量效益不高的地方，要做好改造和管理规划，提高质量效益。

五、超前准备，切实做好实施规划的准备工作

多树种、高质量和充足的良种壮苗是实施新一轮生态建设规划的物质基础。就地育苗、就地造林，不仅可以节约大量的购苗经费，直接增加农民收入，而且是提高造林绿化质量的重要因素。各地一定要充分认识超前抓种苗和就地育苗对实施规划的重要作用，及早做好今冬明春林业育苗的各项准备工作。集体林权制度改革是调动各种投资主体投身造林绿化积极性的重要举措，是高标准、高质量加快林业生态建设的内在动力。各地在总结前段集体林权制度改革试点经验的基础上，要进一步扩大试点范围。同时，积极做好全面铺开集体林权制度改革的各项准备工作，依靠改革的力量推动林业生态建设的持续、健康、快速发展。

同志们，20世纪90年代，全省大力开展平原绿化和山区灭荒工作，经过10年努力，实现了平原绿化初级达标和山区基本灭荒。进入新世纪，全省平原地区开展了县级平原绿化高级标准建设活动，山区大力实施退耕还林和天然林保护等重点林业生态工程，到2006年底，全省平原半平原县全部达到高级绿化标准，山区植被得到较快恢复。2006年，省政府批转了《河南省创建林业生态县实施方案》，对全省林业建设提出了更高要求，去年已有9个县通过核查验收，达到林业生态县标准（今年预计有15个县可通过核查验收）。这次规划，以提高林业生态质量效益为重点，确立了巩固和完善多功能高效益的农业生产生态防护体系，基本建成城乡宜居生态环境，初步建成国土生态安全体系，使全省的生态环境显著改善，经济社会发展的生态承载能力明显提高，初步建成林业生态省的宏伟目标。在省委、省政府和各级党委、政府的高度重视下，在各有关部门的大力支持下，经过林业战线和全省人民的共同努力和不懈奋斗，我们完全能够把中原大地装扮得更加靓丽，让锦绣河南的宏伟蓝图变成现实。

谢谢大家！

王照平厅长在全省林业生态省（生态河南）建设规划编制工作座谈会上的讲话

(2007年8月17日)

同志们：

这次会议，是按照省政府第十七次全会和李成玉省长在省厅调研时的要求召开的，也是前天省政府召开的全省林业生态省（生态河南）建设规划编制工作电视电话会议的继续。在召开全省电视电话会议就规划编制工作动员之后，紧接着召开这么大规模的会议，充分说明了这次会议的重要性和紧迫性。会议的主要任务是：传达贯彻李成玉省长在省厅调研时的重要讲话精神，根据成玉省长调研时的要求和前天电视电话会议的总体部署，研究讨论林业生态省（生态河南）建设规划编制大纲，安排部署下一步规划编制工作，动员全省林业系统的广大干部职工，明确任务，落实责任，强化措施，努力工作，确保各级林业生态建设规划按省政府的要求，按期高质量完成，为建设生态河南打下坚实的基础。下面，我根据厅长办公会议研究的意见，讲五个问题，供大家讨论。

一、正确认识当前的林业形势

当前，我省林业建设正在进入一个十分重要、十分关键的发展时期。正确认识当前林业形势，抢抓机遇，促进全省林业建设再上新的台阶，十分必要和迫切。

一是党中央、国务院和省委、省政府高度重视林业工作。今年大年初二和4月中旬，胡锦涛总书记先后到甘肃和宁夏考察林业工作；大年三十和4月下旬，温家宝总理先后到辽宁和江西考察林业工作。胡锦涛总书记、温家宝总理在考察期间，都对林业工作作出了重要指示。回良玉副总理先后10次考察林业工作并进行具体安排部署。省委、省政府领导对全省林业工作的重视更是前所未有，在省委常委会和省政府常务会议上，徐光春书记和李成玉省长多次听取省林业厅的工作汇报，研究和安排林业工作。徐光春书记发表了《加快林业发展，建设绿色中原》的署名文章，对省林业厅上报的林业信息专报和重要情况汇报，多次作出重要批示。去年9月份以来，徐书记就对林业工作作出9次重要批示。在《我省超额完成2006年度造林绿化任务》信息专报上，徐书记批示：“2006年全省造林绿化任务很好地完成，说明林业系统的工作是卓有成效的。希望再接再厉，做好新一年的工作，为实现美好中原作出新贡献。”今年以来，李成玉省长先后在三次会议上对林业工作提出要求。8月6日，成玉省长又带领省发改委、财

政厅等7个部门主要负责同志到省林业厅调研，明确指出：全面加强林业生态建设，实现建设锦绣河南的目标，是省委、省政府经过深思熟虑作出的一项重大决策。对林业发展提出的思路十分清晰，要求十分明确。去年9月份以来，省委副书记陈全国、副省长刘新民两次主持召开高规格的全省林业生态建设现场会，全面安排部署林业工作，并多次深入基层检查林业工作，研究林业发展问题，全方位指导林业建设。

二是降耗减排和改善生态环境的新形势对林业工作提出了新任务新要求。气候变暖已成为全球共同关注的焦点和世界各国面临的共同挑战。降耗减排、扩大工业环境容量，已成为我省经济发展面临的重要课题。减少二氧化碳排放量，主要途径有两个：第一是直接减排，即削减工业排放量；第二是间接减排，即通过植树造林吸收和固定二氧化碳。《京都议定书》为工业化国家规定了减排任务。国际上许多国家已经把森林资源吸收和固定二氧化碳作为实现降耗减排目标的有效途径。李成玉省长在省林业厅调研时，明确要求林业要承担起间接减排的重任，为我省工业发展扩大环境容量，为全省经济和社会事业发展作贡献，充分体现了省委、省政府高瞻远瞩、总揽全局的战略眼光，也是对林业在我省经济社会可持续发展中地位和作用的充分肯定。目前,工业减排已作为约束性指标，列入了各级政府的责任目标，是必须完成的硬任务。但是,直接减排又会影响经济发展速度。我国是发展中国家，发展经济是今后相当长时期的首要任务，而我省又处于中原崛起的关键时期，工业化、城镇化进程明显加快，重化工等工业项目增加，原材料、高耗能产品产量增长，加剧了资源的开发利用,环境容量和直接减排的空间十分有限。通过培育森林资源实现间接减排，不仅可以在不影响我省工业发展的情况下实现减排目标，而且还可以促进国土绿化，维护生态安全，实现减排、发展、生态三赢的目标，为我省经济社会发展提供更大的环境容量和生态承载能力。

三是经济社会发展和和谐中原建设对林业生态产品和物质产品的需求日益迫切。以森林、湿地为主要经营对象的林业，通过复杂的循环过程，在生产木材等林产品的同时，也生产出大量的生态产品，包括吸收二氧化碳、制造氧气、涵养水源、保持水土、净化水质、防风固沙、调节气候、清洁空气、减少噪音、吸附粉尘、保护生物多样性、减轻洪涝灾害等。在生态产品供给方面，水土流失、土地荒漠化、水资源短缺、气候变异、灾害频发、物种灭绝等问题依然十分严重，同时，人们崇尚绿色、回归自然的生态需求日益高涨，经济发展对生态环境承载能力的要求日益迫切，生态产品已成为我国乃至我省最短缺、最急需大力发展的产品。在物质产品供给方面，目前，全省每年森林蓄积总消耗达1 400多万立方米，年缺口近900万立方米；预计到2012年年总消耗量达1 700万立方米，年缺口将扩大到1 100多万立方米，全国的木材缺口将高达3.5亿立方米。许多林产品供不应求。同时，在维护全省国土生态安全、保障粮食稳产高产、促进农民增收和就业，以及为全省生态旅游业的发展提供资源和发展载体等方面，对林业生态建设的要求也越来越高。正像回良玉副总理强调的那样，“林业作为重要的公益事业和基础产业，功能在不断拓展、效用在不断延伸、内涵在不断丰富，

在经济社会发展全局中的地位越来越重要，作用越来越突出，任务越来越繁重”。

可以说，我省林业发展正面临着前所未有的大好形势和十分难得的发展机遇，但同时我们也要清醒地认识到所面临的诸多挑战和困难。我省林业建设的现状与现代林业建设和促进中原崛起的要求相比，还有很大差距。

一是我省森林资源总量不足，质量效益不高，森林生态系统的整体功能仍很脆弱。全省有林地面积列全国第22位，人均水平为全国平均水平的1/5；森林覆盖率列全国第21位。由于林业工程建设资金都是补助性质的，标准较低，林业工程建设质量不高。平原地区骨干防护林带尚需完善，抗御自然灾害的能力有待提高；通道绿化树种结构单一，山区森林质量不高，平均每亩森林蓄积仅2.83立方米，为全国平均水平的一半，还有1 030万亩低质低效林需要改造。林业经济效益不够显著，2006年全省林业产值占全省GDP的比重不足3%。

二是林业生态建设投入不足，支撑保障能力较弱。“十五”以来6年间，在我省中央和省级共55.3亿元林业投资中，中央投资占50.2亿元。国家在我省实施的5个林业重点工程，都处在边缘区，不仅规模小，且都已过了投资高峰期。2001~2006年省财政预算内安排专项林业资金5.1亿元，省级林业生态工程启动困难。林业建设投资标准低，建设质量难以保证。每亩仅5元的森林生态效益补偿，尚有380万亩省级公益林没有列入补偿范围。森林资源的监测手段落后,森林火灾、林业有害生物等灾害防控能力弱，滞后的林业基础保障能力与我省艰巨的林业建设任务不相适应。

三是现有宜林地造林难度大，森林资源保护形势严峻。现有宜林荒山荒地，是多年造林绿化剩下的最难啃的“硬骨头”地区。一部分处在立地条件差的浅山丘陵区，造林成本高、成活率低；一部分处在人烟稀少的深山区和山势陡峭的险山区，造林困难大、投资成本高；还有一部分处在人畜活动频繁的村镇和矿区周围，造林损毁率高、保存率低。森林资源保护与开发利用的矛盾日趋尖锐，乱砍滥伐林木、乱征滥占林地的案件呈上升趋势，森林资源保护的难度逐年加大。据统计，上半年全省受理各类破坏森林和野生动植物资源案件8 496起，其中刑事案件715起。

全省林业系统的干部职工，必须清醒认识当前我省林业面临的形势，进一步增强搞好全省林业生态建设的责任感和使命感,以实际行动发展好、维护好林业发展的大好形势，抓住当前难得的发展机遇，以扎实苦干、只争朝夕的精神，规划好林业发展蓝图，高标准、高质量地推进林业生态建设。

二、充分认识编制规划的重要作用

8月6日，李成玉省长在省林业厅调研时，原则同意我厅提出的规划思路和大纲，并对实施规划的突破口的选择、不同区域类型的划分、重点地区建设项目和资金投入等问题，提出了明确要求。这次全省林业生态省建设规划的编制和实施，不仅是我省林业发展史上的一个重要里程碑，而且将成为我省构建和谐中原、实现可持续发展的一个重要标志。

（一）科学编制规划是实现林业生态省建设目标的重要基础

能否实现省委、省政府提出的，通过5~8年努力，建成林业生态省的目标，科学规划是基础。这次林业生态省建设规划，以县（市）为单位，自下而上，分三级编制，构成完整的规划体系，是林业生态省建设的基础。省政府已经明确，各级规划编制后要经政府审核、论证后印发执行，并对省辖市、县（市）政府签订责任状，同时，还将大幅度增加对林业的财政投入，确保规划实施。各级林业部门一定要充分认识这次规划的重要性，认真做好规划编制工作，为建设生态河南作出积极贡献。

（二）科学编制规划是实现我省林业跨越式发展的重要保证

新世纪初，国家六大林业重点工程的启动和林业投资的大幅增加，推动了全国和我省林业建设的快速发展。这次全省林业生态省建设规划的编制和实施，必将进一步推动我省林业实现跨越式发展。从工程建设上讲，除了继续实施好国家五大林业工程外，这次规划新启动了6个省级林业生态工程和4个林业产业工程。从建设范围上讲，国家五大林业工程在我省一部分县的局部地区实施，特别是平原地区工程量很小，这次规划，不仅包括山区、丘陵区和平原地区，而且还涵盖了所有城市、村镇和通道（河、渠）。从建设布局和规模上讲，不仅仅是单个的工程建设，凡是适宜造林的地方都必须纳入规划范围，点、线、面相结合，城乡统筹规划，全省整体推进。从建设内容上讲，不仅仅是单纯的造林绿化，而是以提高质量效益为重点，造林、管理、保护一起上，林业生态建设和产业发展同步推进，构建比较完备的林业生态体系和比较发达的林业产业体系。从投资上讲，我省“十五”期间共完成国家和省林业投资45.02亿元，年均9亿元，是“九五”期间的17.3倍。这次规划，财政投入资金有望达到财政支出能力的2%，各级财政对林业投资的大幅度增加，为林业的跨越式发展提供了资金保证。

（三）科学编制规划是提升林业地位和社会影响的重要手段

有为才有位。省里已明确要求：这次规划是全省林业生态建设的总体规划，各部门、各方面有关生态建设规划全部都要纳入全省林业生态省建设规划，按照各自职责组织实施；年底前完成规划编制工作，明年起开始实施，用5~8年时间建成林业生态省。规划涉及全省所有适宜造林的国土面积和众多行业与部门，需要全省人民共同参与实施,规划实施的成果也由全省人民共同享受。所有这些，不仅确立了林业部门在生态建设中的主体地位,而且标志着林业作为事关经济社会发展全局的基础产业和公益事业，在全省工作大局中的地位和作用越来越重要,并将成为改善民生的热点问题之一，受到社会的广泛关注。

（四）科学编制规划是加强林业自身建设的重要措施

这次规划，把林业基础设施和支撑能力建设作为重要内容，在规划中具体体现，是针对当前林业基础保障能力弱的现实情况设计的，也是对过去历次林业规划经验的总结和完善。通过实施规划，将进一步加强森林防火、林业有害生物防治、森林资源管理和监测、科技服务和基础设施等支撑体系建设，全面提升林业的保障能力。同时，

组织编制和实施全省林业生态省建设规划，也是对全省林业系统干部职工的综合能力的考验，使广大干部职工经受锻炼，提升水平，有利于建设高素质的林业干部职工队伍。

三、准确把握规划的总体要求和建设重点

(一) 总体要求

这次规划,以现代林业理论为指导,以充分利用我省有限的土地空间，最大限度地发挥林业的生态效益、经济效益和社会效益，为全省人民创造更多的财富为目的，高起点、高标准规划。通过5~8年努力，使全省所有适宜种树的地方全部种上树，高质量绿化中原大地；已经初步绿化，但达不到规划大纲要求的地方，要做好补植、完善规划，提高绿化标准；对虽已达到绿化标准，但质量效益不高的地方，要做好改造和管理规划，提高质量效益；各部门开工建设和规划的重点工程，工程建设到哪里，高标准林业生态建设跟进到哪里；进一步巩固和完善多功能高效益的农业生产生态防护体系，基本建成城乡宜居生态环境，初步建成国土生态安全体系，使全省的生态环境显著改善，经济社会发展的生态承载能力明显提高，建成林业生态省。

(二) 建设重点

根据我省自然区域特征、决定区域分异的主导因素、林业生态建设的现状，重点建设“两区”、“两点”、“一网络”点线面相结合的综合林业生态体系。

——山（丘）区：加强对天然林和公益林的保护，重点营造水源涵养林、水土保持林、名优特新经济林、生态能源林等。同时，加强中幼林抚育、低质低效林改造等森林经营管理。

——平原区：重点完善提高农田防护林体系，营造防风固沙林，大力发展用材林和工业原料林、苗木花卉基地等。在滩区、滞洪区着力营造用材林和工业原料林。

——城市（含县城）及郊区：按照改善城市生态环境，建设生态文明城市的总体要求，建设以廊道绿化、城中绿岛、环城林带、城郊森林为主要内容的城市森林生态防护体系，提高城市居民的生活环境质量。

——村镇：按照社会主义新农村建设的总体要求，以村镇为基础、以农户为单元，乔灌结合，村庄周围、街道和庭院绿化相结合，扎实抓好围村林、行道树、庭院绿化美化，推进城乡绿化一体化进程。

——生态廊道网络：建设标准根据生态廊道级别确定。南水北调中线工程干渠两侧各栽植100米以上树木；铁路、高速公路、国道、四大水系干流及一级支流、干渠两侧各栽植10行以上树木；省道、主要景区道路、二级支流、支渠两侧各栽植5行以上树木；县乡道、一般景区道路、三级支流两侧各栽植3行以上树木；村级道路、斗渠两侧各栽植至少1行树木。高速公路、国道、省道干线、主要景区道路、重要堤防等沿线第一层山脊以内的宜林荒山荒地全部绿化，重要地段适当提高绿化标准；路（渠）基两侧挖方坡面适度硬化后栽植灌木、藤本或常绿树种进行绿化美化。

总体要求和建设重点是全省林业生态省建设规划的核心，是大局。全省各级林业生态建设规划，都要围绕省里的总体要求和建设重点来编制。关于规划的其他要求，有富厅长还要具体讲解，请大家认真抓好落实。

四、认真组织编制好规划

（一）明确责任，落实任务

林业是生态建设的主体，林业部门是这次规划编制的责任单位，这是省政府提出的明确要求，既是责任，也是义务。全省各级林业部门的主要领导必须有清醒的认识，林业部门必须扛起全省生态建设的旗帜，认真履行好职责，把省政府交给我们的任务完成好。

这次规划采取自下而上的形式编制。省林业厅是全省规划编制的牵头单位，负责制定规划大纲、技术标准和细则，负责省辖市规划编制的技术指导，负责省级规划的汇总、编制和论证。各省辖市林业局负责本市市辖区农区的规划编制工作，负责指导所属县（市）规划的编制、审查、汇总和市级规划的编制。各县（市）林业局负责本辖区规划的编制。总的要求是：各省辖市规划于9月20日前报省林业厅。全省林业生态省建设规划10月份上报省政府，之后省政府将审定下发，正式动员实施，并对市、县（市）签订责任状。各级林业部门都要按照这个时间要求，抓紧开展工作，确保按期完成规划编制任务。

（二）深入调研，摸清家底

能否把这次规划搞好，准确掌握当地林情、查清家底是关键。当前，全省正在开展的森林资源二类调查，为查清各县（市）林业基本情况、编制好这次规划奠定了良好基础。二类调查能够查清每个小班的基本情况，能够准确提供每个县（市）的林业资源数据，哪一个山头地块还没有绿化？哪一段平原农区存在断网断带？哪一条沟河路渠还没造林？哪一座矿山断面需要植被恢复？哪一处低质低效林需要抚育改造？哪一个县（市）还有多少宜林地等等，都能搞得清清楚楚、明明白白。同时，还能弄清各种宜林地的具体位置和立地条件，为在编制规划时坚持因地制宜、适地适树、科学规划，提供基础数据。搞好二类调查，是确保高质量完成这次全省林业生态省建设规划的基础。据省规划院提供的情况，截至8月15日，全省159个县（市、区）中，已有72个县（市、区）完成了外业调查工作，其中登封、新密已经完成数据输入；64个县（市、区）正在进行外业调查；还有23个县（市、区）尚未开展工作。为此，省林业厅对如何加快二类调查进度进行了专题研究，提出了明确要求。已经完成外业调查的72县（市、区），务必于8月30日前完成数据录入工作；正在进行外业调查的64个县（市、区）和未开展外业调查的23个县（市、区），务于9月20日前完成外业调查和数据录入工作。为确保按期完成二类调查任务，要切实做好以下四项工作：一是加强技术力量。没有完成和尚未开展外业调查的县（市、区），要增加调查工组数量。一方面，由省辖市林业局统一协调，组织已结束外业调查的县（市、区）支援未完成的县（市、区）；

另一方面，由省规划院帮助衔接，聘请河南农大、河南林校的师生参与调查。二是加强后勤技术装备保障。各县（市、区）要集中现有能用的计算机、GPS等技术装备，全力服务于二类调查内外业工作。数量不足的，按省规划院确定的技术指标，抓紧组织购置，尽快投入使用。三是加大资金投入力度。各县（市）林业生态建设规划要充分利用二类调查工作成果，财政安排的规划编制经费可以用于二类调查。四是创新方法。要合理调配技术力量，采取外业调查和数据录入工作同步进行的办法，调查一个村录入一个村，加快工作进度。同时，各地还要结合当地实际，做好编制规划的专题调研工作，最大限度地提高规划编制的科学性和可行性。

（三）建立组织，加强协调

为做好全省林业生态省建设规划编制工作，省林业厅专门成立了由我牵头，各有关处室主要负责同志、在豫林业大专院校和科研院所专家、省林业专家咨询组成员组成的规划编制工作班子。各级林业部门都要成立相应的工作班子，并把规划编制工作纳入重要日程，作为当前的头等大事，加强领导，精心组织，切实抓紧抓好。各市、县（市）林业部门主要领导要亲自挂帅、亲自部署、亲自研究解决规划编制的重大问题。全厅各处室局、单位都要积极支持、配合省、市、县（市）规划编制工作。省林业厅将组成9个督导组，督促指导省辖市的规划编制工作。厅规划院要举办专门培训班，加强对各市、县（市）规划编制人员的业务培训，二类调查人员在各地调查时负责对市、县（市）规划编制工作的指导。为确保按时完成规划编制任务，各地可采取林情调查与规划编制同步进行，边调查边编制规划的基本框架，待林情调查结束时再对规划及时补充和完善，以争取时间。

这次规划，涉及面广、要求标准高，在前天召开的全省电视电话会议上，刘新民副省长对规划编制的责任已提出了明确要求。各级林业部门一定要在当地政府的统一领导下，切实负起组织协调的责任，协调好方方面面的关系，把省政府对规划的要求落到实处，把各级规划编制好。全省各省辖市、县（市、区）的未利用土地，凡是适宜种树的都要规划为宜林地，当地政府批准此次生态建设规划后，即可作为宜林地纳入当地土地利用总体规划。按照省政府要求，省辖市城市规划区内的林业生态建设规划，由各省辖市政府协调城建、林业等部门统筹编制并纳入市级林业生态建设规划。同时，铁路、交通、水利、河务、南水北调等部门管辖范围内的绿化都要纳入全省林业生态省建设规划；环保和水保等方面的生态规划，也要实行资源共享，统一纳入林业生态省建设规划。总之，按照省政府要求，凡涉及生态建设的内容，都要纳入林业生态省建设规划，各部门按职责组织实施。

编制规划要敢于创新，以现代林业理念来指导林业生态省建设规划的编制工作。同时，要加强与各种技术指标体系和当地林业生态建设实际的衔接。一是市、县（市）规划要与省规划大纲确定的建设布局、建设重点、技术标准相衔接，合理确定当地林业生态建设规划的建设目标、重点和任务，自下而上、上下结合，努力构建科学、完善的林业生态省建设规划体系。二是要与正在开展的二类调查成果相衔接，尽量利用

调查成果，使用最新数据，使规划做到客观准确、因地制宜、科学合理；三是要坚持以生态建设为主的林业发展战略，做到生态效益、经济效益和社会效益相统一，生态建设与产业发展相结合，分区域、分类型精心谋划，高质量、高标准完成规划编制工作。

五、超前做好实施规划的准备工作

（一）超前准备，种苗先行

种苗是林业生态建设的物质基础。省种苗站要按照全省林业生态省建设规划大纲要求，及时编制全省林木种苗发展的配套规划，确保满足实施林业生态省建设规划对林木种苗的需求。一是要满足实施规划对林木种苗数量上的要求。要根据未来几年全省规划实施进度，科学测算5年内全省造林绿化所需各树种的年度育苗任务，并层层进行分解，把育苗任务落实到市、县（市）。二是要满足实施规划对林木种苗质量上的要求。规划涉及的各项重点林业工程，对造林苗木的质量要求都很高，要切实抓好国家批复的良种基地、采种基地等种苗工程项目建设，加强优质树种的培育和优良品种的引进；同时，加强林木种苗执法和苗木产地检疫，为工程造林提供充足的良种壮苗。三是要满足实施规划对造林树种多样性的要求。林业生态省建设，必然要求森林生态功能的恢复和森林生态系统的完善，造林树种必须丰富多样、科学搭配。必须改变过去有什么苗就种什么树的做法，做到需要种什么树就育什么苗，从根本上解决树种单一的问题，努力实现全省林业质的飞跃。

（二）找准动力，加快改革

规划的实施，一靠政府主导，二靠吸引社会力量参与。调动社会力量投入林业建设，是市场经济条件下加快林业发展的内在动力。当前，正在全国开展的集体林权制度改革，对加快林业发展产生了巨大的推动力。通过集体林权制度改革，真正落实了各造林主体对林地的使用权、经营权、处置权和受益权，可以引导各种生产要素向林业建设集聚，较好地解决长期以来困绕林业发展的投资问题，为实施我省林业生态省建设规划提供资金支撑。同时，集体林权制度改革，确保了各造林主体林地、林木经营的自主权和受益权，使造林业主真正成为林地的主人，可以充分激发他们创业的积极性和创造性，较好地解决“谁受益，谁管理”的问题，不仅可以为政府省去大量的林木管护经费，而且还能大大提高造林成效，确保造一片、活一片、保一片，切实巩固造林绿化成果。

集体林权制度改革涉及面广，工作量大，必须在各级党委、政府统一领导下稳步推进。目前，省里三个试点的主体改革工作已全部结束，下一步要集中做好三个方面的工作。一是开展林改“回头看”，巩固试点成果。各试点单位要根据自查和省厅检查验收中查找出的问题，认真进行整改。二是及时开展配套改革。各试点单位在确权发证工作基本完成后，要抓紧推进林地林木流转、林权证抵押贷款、林业保险及集体林资源管护综合体系建设等配套改革，使林改试点继续为全省全面铺开林改工作探索路子，

提供经验。三是进一步扩大林改试点范围。目前三个试点县的试点工作要逐步从一个乡扩大到整个县，省林业厅拟分别在豫西、豫南、豫东再各选择一个森林资源比较好、林业收入占比重较大的县作为试点。各省辖市也要进一步强化措施，有重点、分步骤地抓好本级试点，不断把各项林改工作引向深入。

（三）加强宣传，营造氛围

编制和实施林业生态省建设规划，是省委、省政府作出的一项重大决策和部署，必须加大宣传力度，让全社会关注和重视林业生态建设。要大力宣传当前林业的大好形势，鼓舞全省林业干部职工抢抓机遇，再创新业绩；要大力宣传林业在降耗减排，扩大我省工业化、城镇化发展所需的环境容量等方面的新贡献，大力宣传林业在构建和谐社会和社会主义新农村建设等方面的重要作用，使各级领导从新的角度认识林业、重视林业；要大力宣传林业在促进粮食稳产高产、优化农业种植结构、增加农民收入和促进社会就业方面的作用，激发广大农民投身林业建设的积极性；要大力宣传集体林权制度改革的重要意义，吸引社会各阶层投资林业建设，形成全社会办林业的良好局面。要把规划的过程，作为宣传群众的过程，动员和引导广大群众积极参与生态建设，营造全社会支持林业建设的良好氛围。

同志们，林业建设的新高潮即将掀起。全省林业系统的广大干部职工要切实肩负起时代赋予我们的历史重任，以编制和实施全省林业生态省建设规划为契机，振奋精神，统一思想，抓住林业发展难得的历史机遇，乘势而上，开拓创新，为加快林业生态省建设、全面推进和谐中原建设作出新的更大的贡献，以优异的成绩迎接党的十七大胜利召开！

谢谢大家！

王照平厅长在全省市县林业局长电视电话会议上的讲话

（2007年12月21日）

同志们：

这次会议的主要任务是贯彻省委八届五次全会精神和全省林业生态省建设电视电话会议精神，总结前一阶段规划编制工作，安排明年林业生态省建设任务，研究部署集体林权制度改革和当前林业工作，全面推进林业生态省建设。下面，根据省政府领导的要求和厅长办公会议研究的意见，我讲几个问题。

一、关于林业生态建设规划编制工作

今年7月份以来，按照省委、省政府“高标准规划、高水平绿化中原大地”的要求，省林业厅抽调林业系统的专业技术人员和省内有关林业教学、科研和生产单位的专家以及省林业专家咨询组成员，组成规划编制组，在征求国家级林业院校、科研院所专家（院士）、省直有关部门和各省辖市、县（市、区）意见的基础上，经广泛调查、专题调研和反复讨论，拟定了林业生态省规划编制办法和规划大纲。8月6日，李成玉省长带领省直七部门主要负责同志到省林业厅专题调研，听取规划编制准备情况汇报，并对不同区域类型的划分、实施规划突破口的选择、重点地区建设项目、资金投入和规划编制方法等问题，发表了重要讲话，进行了具体指导。8月15日，省政府召开全省规划编制电视电话会议，进行总体动员和部署。按照省政府的要求，采取自下而上、以县为单位的编制方法，结合森林资源二类调查成果，编制了全国一流的兼具科学性、针对性和可操作性的《河南林业生态省建设规划》，省政府邀请部分国内知名专家进行了评审。11月16日，省政府常务会议审议通过了《河南林业生态省建设规划》，并以省政府文件印发全省实施。11月27日，省委、省政府召开省、市、县、乡四级党政主要领导和相关部门负责同志参加的全省林业生态省建设电视电话会议。与此同时，在省规划的控制下，市、县两级都完成了各自的生态建设规划。截至12月18日，全省市、县两级规划已全部上报省林业厅，经初步审查，基本符合要求。省、市、县三级规划的完成，标志着林业生态省建设规划在全省正式启动。《河南林业生态省建设规划》提出了建设林业生态省的新思路，确立了“抓好八大生态工程，建设四大产业工程，实现林业跨越式发展”的林业工作重点，为今后一个时期我省林业发展描绘了宏伟蓝图。

100多天来，全省林业系统解放思想、创新思路，深入实际、广泛调查，上下联动、密切配合，编制完成了国内知名专家一致认为"在全国处于领先水平"、省政府主要领导称之为"全国一流的林业生态省建设规划"，形成了一个比较完备的省、市、县三级林业生态建设规划体系。回顾规划编制过程的各个关键环节，一些做法值得总结并长期坚持。

（一）领导重视，周密部署

各级党委、政府高度重视规划编制工作，主要领导亲自部署，分管领导亲自协调，及时解决规划编制中的重大问题。李成玉省长和刘新民副省长多次亲自指导规划编制工作，国家林业局贾治邦局长、李育材副局长亲率10个司局的主要负责同志专门来河南现场指导。各市、县（市、区）成立了以政府主要领导或分管领导为组长的领导小组，统筹部署规划编制工作。洛阳、新乡、许昌、三门峡、南阳、濮阳、周口、焦作8个市成立了由市长任组长的规划编制领导小组。省政府专门下发了规划编制督察通知，派出厅级干部带队，包片督察。各市、县政府多次召开专题会议，研究、协调、解决规划编制工作中的问题。

（二）夯实基础，确保质量

为提高规划的可操作性和科学性，规划以森林资源二类调查为依据，以小班为单元，以县为单位，分三级编制，规划任务不仅落实到了年度和工程项目，而且落实到了乡、村，落实到了山头地块。省林业厅把二类调查作为编制规划的基础性工作来抓，全省共投入1万多人、资金9 800万元，采用"3S"技术，全面完成了二类调查任务，为规划编制提供了翔实的基础数据。省规划院实行二类调查和规划指导"一岗双责制度"，强化了对全省二类调查和规划工作的指导，全院职工放弃节假日，加班加点，印制了7 000多本《技术操作细则》和80多万张调查表格，及时完成了全省126个县（市、区）78景SPOT5卫星数据影像处理和1.8万多张外业用图的制作工作。从8月18日到9月20日,每天工作基本在16个小时以上，连续奋战33天，指导市、县完成了200多万个小班调查因子数据录入和1.8万多张1:10 000调绘图的村、乡、县及小班界线的录入。省林科院对涉及规划的林业在农业生产和粮食安全、劳动力转移和农民增收以及节能减排中的作用等重大问题进行了专题调研，多次请有关专家进行咨询论证，首次对全省森林生态效益价值进行测算评估，并将评估结果应用到规划中，提高了规划的科学性。规划编制动员了全省林业系统的技术力量，据统计，市、县直接、间接参与规划编制人数达5 880人，其中市级603人，县级5 277人。驻马店、开封等市参与人数均在500人以上，济源市有56人参与了规划编制工作。河南农业大学林学园艺学院和河南省林校的300多名师生也投入规划编制工作。

（三）财政支持，保障有力

在规划编制过程中，全省投入了大量的物力和财力，为规划顺利完成提供了有力的保障。各级林业部门积极争取财政部门的支持，落实规划编制专项经费。据统计，省、市、县三级落实规划编制专项经费1 850.3万元，其中省级300万，市级425万元，

县级1 125.3万元。洛阳市落实市级经费80万元，郑州、商丘等市落实市级经费30万元以上，鹤壁、漯河、平顶山、安阳等市落实市级经费20万元以上。

（四）部门配合，加强协作

这次规划涉及发展改革、财政、建设、水利、铁路、交通、国土、农业、环保、南水北调等部门，在各级政府的领导下，各有关部门协同配合，共同做好规划编制工作。为做到数据准确、规划严谨，各地及时召开协调会议，加强与各有关部门协作，确保了规划的科学性和全面性。据统计，全省市、县级共召开规划协调会889次，其中市级127次，县级762次。

（五）上下联动，步调统一

规划编制时间紧，协调任务重，市、县林业主管部门随时与省规划编制组保持联系，确保重要决策能在最短的时间内传达到各级各关键岗位。省规划编制组三次召开视频会议，在《河南林业信息网》上发布规划编制指导意见30多次，及时讲解有关要求，保持全省规划的范围一致、深度一致和标准一致。各地以规划大纲为指导，严格按照规划编制办法的要求，及时向省规划编制组上报规划工程建设规模，全省建设总规模经省林业厅平衡后反馈给各市，各省辖市把建设任务分解落实到县（市、区），由县（市、区）负责把规划任务落实到山头地块。

总结全省林业生态建设规划编制工作，成效显著，但仍存在一些问题需要完善提高：一是一些市、县规划附图要由手工绘制改为电子地图；二是少部分县的规划图、表还不够详细；三是个别县的规划数据与现状不完全相符，需要把规划内容落实到山头地块。同时，还要加强对规划实施的管理，及时更新规划实施过程的动态信息，确保规划任务的全面落实。

同志们，规划编制的过程，是全省林业系统统一思想、提高认识、开拓创新的过程，是集中智慧、凝聚力量、共谋发展的过程；规划编制的过程，不仅锻炼了林业干部队伍，提高了林业干部队伍的管理和技术水平，而且展现了林业系统“艰苦奋斗、无私奉献”的行业精神，树立了林业部门的良好形象。《河南林业生态省建设规划》是今后5年全省林业发展的总蓝图，是一个适合省情、林情的规划，是一个科学性、可操作性的规划。规划的成功编制，得益于省委、省政府的正确领导，得益于各级党委、政府的高度重视，得益于相关部门的大力支持，更得益于全省林业系统干部职工的辛勤工作和努力。在此，我代表省林业厅党组，对在规划编制工作中作出积极贡献的全省林业系统的广大干部职工表示衷心的感谢！

二、关于2008年林业生态省建设实施意见

建设林业生态省是省委、省政府作出的重大战略决策，刚刚结束的省委八届五次全会强调，要强力推进生态建设，启动实施林业生态省建设规划，实行行政首长负责制，抓好省级重点生态工程和林业产业工程，全面完成2008年度林业生态省投资和建设任务。2008年是实施《河南林业生态省建设规划》的开局之年，如何开好头、起好

步，事关规划实施的成败，必须明确指导思想，落实目标任务，突出建设重点，强化工作措施。

(一) 明确指导思想和目标任务

2008年我省林业生态省建设的指导思想是：以党的十七大精神为指导，认真落实《中共中央　国务院关于加快林业发展的决定》，深入贯彻省委、省政府建设林业生态省的重大决策，按照突出重点、点面结合、确保实效的原则，全面启动8个林业生态工程和4个林业产业工程，重点突破环城防护林和城郊森林、村镇绿化、生态廊道网络体系建设、生态能源林建设工程，圆满完成《河南林业生态省建设规划》确定的年度建设任务。

根据省委八届五次全会的要求和《河南林业生态省建设规划》，2008年全省林业生态省建设的目标任务是：完成造林任务508.41万亩，其中，生态工程443.63万亩，产业工程64.78万亩；森林抚育和改造工程160.08万亩。在造林任务中，国家林业局2008年预计安排我省退耕还林、农业综合开发、天然林保护、重点地区防护林等工程造林任务124.57万亩，均为生态工程。外资造林2008年度日本政府贷款和德国政府赠款造林合计90.52万亩，其中生态工程73.98万亩、产业工程（用材林和工业原料林建设工程）16.54万亩。我省安排造林任务293.32万亩，其中生态工程245.19万亩，分别是：山区生态体系建设工程中的生态能源林工程73.35万亩，农田防护林体系改扩建工程30.11万亩，防沙治沙工程15.28万亩，生态廊道网络体系建设工程35.26万亩，环城防护林及城郊森林建设工程18.40万亩，村镇绿化工程72.79万亩；产业工程48.13万亩，分别是：用材林及工业原料林建设工程9.52万亩，经济林建设工程15.28万亩，园林绿化苗木花卉建设工程23.33万亩。森林抚育和改造工程160.08万亩。

(二) 突出建设重点

2008年林业生态省建设，着重安排林业生态工程建设任务，适当安排产业工程、支撑体系和基础设施建设任务。在林业生态建设工程中，突出环城防护林和城郊森林、村镇绿化、生态廊道网络体系建设、生态能源林工程建设4个重点，适当安排其他工程建设规模。

环城防护林和城郊森林建设工程，省辖市级按规划总任务的1/2安排，县（市）级按规划总任务的1/3安排。

村镇绿化工程，按规划总任务的1/3安排。同时，将村镇绿化工程列入省委、省政府兴办的10件实事，确保完成1万个行政村的绿化任务。

生态廊道网络体系建设工程，重点抓好高速公路和提速铁路的绿化，全面完成1 402公里铁路提速段和3 489公里高速公路的绿化任务。

生态能源林工程，按照规划工程量和各省辖市相对平衡的原则，突出抓好能源树种分布比较集中的10个省辖市的13个重点县的生态能源林建设。

农田防护林体系改扩建工程，按照规划工程量，突出抓好7个省辖市的10个重点县（市）的农田防护林建设。

防沙治沙工程，按照规划工程量，突出抓好6个省辖市的10个县（市、区）的防沙治沙工程建设。

矿区生态修复工程和生态移民工程，今年暂不安排任务，待国家和有关部门政策明晰后再做安排；城市林业生态工程中的建成区绿化，考虑工作职能因素，我们不做安排。

森林抚育和改造工程，按照规划优先安排自然保护区、森林公园和重点景区中的建设任务，全面完成4A级及以上景区内森林抚育和改造任务。

（三）严格执行规划

河南林业生态省建设规划，是一个全方位的林业生态建设规划，全省所有适宜造林的地方已全部分工程纳入规划，要严格按规划实施，“确保规划项目如期启动。要改变传统的投入方式，杜绝‘跑项目’、‘跑资金’等不良现象，引入公开、公正、择优的竞争机制，把项目、资金分配与规划实施情况、验收结果挂钩，采取‘以奖代补’等激励办法”，改工程补助资金为工程奖励资金，改过去下达项目时下达资金为检查验收合格后拨付资金，确保2008年林业生态省建设任务落到实处。

1.生态廊道网络体系建设工程中，现有提速铁路和高速公路绿化，按照提速铁路和高速公路的分布现状，由省把任务直接落实到省辖市及所属县（市、区）。

2.省安排的生态能源林建设工程、农田防护林改扩建工程、防沙治沙工程，除重点县任务由省安排到县外，其余任务省里把计划下达到各省辖市，由省辖市按项目申报程序落实到县（市、区）。

3.省安排的环城防护林及城郊森林建设、村镇绿化，由省里把计划下达到省辖市，由省辖市按项目申报程序落实到县（市、区）。

4.用材林及工业原料林建设工程（含外资项目已下达到各县（市、区）的任务）、经济林建设工程、园林绿化苗木花卉建设工程，省里按规划任务的20%把计划下达到各省辖市，由省辖市将任务分解到县（市、区）。

5.省安排的森林抚育和改造工程，由省将计划下达到省辖市，由省辖市按项目申报程序落实到县（市、区）。

省安排的生态建设工程项目，经省级核查后，按照《河南林业生态省建设规划》确定的各类工程投资标准的20%左右给予工程奖励。在市、县自查、复查结束并将验收材料报省后，拨付工程奖励资金的50%，省核查合格后拨付剩余50%工程奖励资金。奖励资金要全部用于生态工程建设，不得挪作他用。

（四）强化监督管理

林业生态省建设任务重，投资额度大，必须建立监督机制，加强项目管理。

1.加强核查验收。省林业厅正在制定林业生态省检查验收办法，2008年营造林计划任务全部按照国家及省相关规定和标准，纳入核查范围，严格按照规划和工程建设标准进行检查验收和核查。重点林业生态工程实行省、市、县三级检查验收制度。完成项目规定的建设内容后，县级林业行政主管部门组织技术人员对所有工程进行全面自

查，编写自查报告，经省辖市林业行政主管部门复查签署意见后，报省林业厅核查。省林业厅调查规划院于6月底组织年度造林实绩核查，8月15日前核查结束，全部建设项目按照15%的比例核查。之后，由省林业厅组织稽查队伍对核查质量进行稽查，稽查工作于8月底之前结束。

2.实行阳光操作。林业生态省建设任务实施全程“阳光操作”。对于年度计划、工程奖励标准、核查结果、工程奖励资金以及种苗工程的实施范围、育苗补助机制和补助费发放情况等，都要在全系统公开，确保公平、公正，杜绝“跑项目”、“跑资金”，并在河南林业信息网对社会公示，公开举报电话，接受财政、审计、纪检、监察及社会各界的监督。林业生态工程建设中符合招投标条件和政府采购管理范围的项目，都要按规定组织招投标和政府采购。

3.建立奖惩机制。对高标准完成林业重点生态工程建设任务的单位，省将在下一年度的造林任务安排上实行倾斜。对核查结果符合规划要求、达到相关技术质量标准的建设项目，省将按照工程奖励标准及时兑现奖励资金。对核查结果不符合规划要求、达不到相关技术质量标准的建设项目，削减直至取消奖励资金。

三、全面推进集体林权制度改革

省委、省政府对集体林权制度改革高度重视，省政府出台了《关于深化集体林权制度改革的意见》，明确了全省集体林权制度改革的指导思想、基本原则、改革范围、主要任务，并对改革的步骤作了明确安排。要求从2008年开始，用两年左右的时间，完成全省集体林权制度改革任务。各地要进一步提高对深化集体林权制度改革紧迫性、重要性、艰巨性、复杂性的认识，把林改作为推动林业生态省建设的重要突破口，以改革的办法、改革的举措和改革的成效为林业生态省建设提供动力和保障。

（一）借鉴试点经验，理清改革思路

我省集体林权制度改革试点工作，从今年1月起正式启动，经过省、市、县三级林业部门一年的努力，完成了试点任务，并取得了试点经验：首先，领导重视，部门支持，是改革成功的关键。各试点县、乡党委政府把林改作为调整农村生产关系、推动当地经济发展的一项重大举措，摆上重要议事日程，建立健全了领导机构。党政主要领导亲自抓，亲自担任林改工作领导小组组长，亲自作动员报告，亲自部署工作，建立起了政府领导、部门协作的工作机制，保证了林改工作组织领导到位、宣传工作到位、政策落实到位、维护林区稳定的措施到位和经费、物资保障到位，为试点工作的顺利开展提供了保障。其次，依靠群众，尊重民意，是改革成功的基础。各试点单位在改革开始前，通过层层召开动员会、座谈会，在县电视台设立林改专题栏目，印发《公开信》、《林改政策问答》等宣传资料，编排林改戏曲送戏下乡等，多渠道、多角度、全方位进行宣传发动。在改革过程中，切实保证群众对改革的参与权和决策权，集体的林地、林木分不分、怎么分、分多少，承包方式怎么定、承包费收多少等林改重大问题都交给群众，让群众反复讨论、民主决策，坚持走群众路线，尊重群众首创

精神，为改革奠定了坚实的群众基础。第三，摸清家底，制订切实可行的实施方案是改革成功的重要保障。林改工作开始之初，各试点单位林改工作人员就与村组干部一道开展深入细致的调查摸底工作，通过调查林地林木基本情况，征求群众对林改的意见和建议，理出了各村林改工作的思路。在此基础上，召开村民大会或村民代表会议进行充分讨论，制订出了切合本地实际的林改方案，为搞好林改提供了重要保障。第四，依法办事，规范操作是改革成功的保证。在林改工作组进驻各村之前，各试点单位所在县（市、区）林业局对林改工作人员进行了严格的林改政策、操作程序和有关法律知识的培训，使每个工作人员成为懂政策、会操作、能指导的林改明白人。为保证村干部在具体工作中规范操作，各试点县（市）结合各自实际，规范了林改工作程序和工作步骤，并对每个工作步骤的操作方法做了详细的规定，对工作中涉及的表、证、册，统一范本、统一印制。对林改档案的保存、群众大会的记录、招标竞标活动的组织形式等也都进行了规范，使改革工作进行得合法、合理，有条不紊。第五，强化督导，认真检查是搞好林改试点的有效措施。各试点单位成立了林改工作督导组，实行乡镇政府和林业局领导干部包片、一般干部包村的“双包”责任制。督导组通过宣讲林改政策、协助开展摸底调查、指导实施方案制订、参加林改工作会议等措施，全程掌握各村林改工作进度和工作质量，及时发现和解决存在的问题，特别是对工作中出现的勘界不准确、操作不规范、村民会议达不到法定人数、群众意见不一致等问题都及时予以纠正，保证了试点工作的有序开展。

各试点单位从本地实际出发，大胆实践，形成了一些具有本地特色的做法和模式。辉县市根据太行山区林地效益差的特点，采取了“大户连片承包”、“以林养林”的改革措施；桐柏县将改革与解决历史遗留问题相结合，积极探索“分股不分山，分利不分林”、“依法委托，代行权力”的改革办法；尉氏县根据平原农区林地效益好、群众承包积极性高的特点，采取了“林地均分”、“联户发证”的改革模式。各市、县级试点单位也从自身实际出发，探索出了一些行之有效、深受群众欢迎的改革措施。各地一定要结合实际，认真借鉴和推广。

（二）把握政策界限，确保改革成效

集体林权制度改革工作量大、涉及面广、政策性强、时间跨度长，涉及农村集体生产资料使用权及集体财产的分配和农村利益关系的再调整，不仅是一项重要的林业工作，更是深化农村改革的重要组成部分，关系到农村经济的发展和社会的稳定。各地一定要精心组织，强化措施，严格掌握政策，扎实有效地推进集体林权制度改革。

一要把握政策，规范操作。林改是一项法律性、政策性极强的工作，每个工作步骤都有严格的法律规范和政策规定。要坚持依法办事。严格遵守《农村土地承包法》的规定，落实和完善以家庭承包经营为主体、多种形式并存的集体林经营体制，确保集体经济组织内部成员承包经营的优先权，赋予林农和其他林业经营者林地使用权和林木所有权；严格遵守《村民委员会组织法》的规定，改革的重大决策都要经过村民会议或村民代表会议2/3以上通过，做到程序、方案、内容、结果四公开，保证群众的知

情权、参与权与决策权；严格遵守《森林法》的规定，把保护森林资源安全贯穿于改革的全过程，坚决打击借林改之机乱砍滥伐林木、非法占用林地的违法行为，维护林区社会稳定。要规范操作程序，严格按照林改工作步骤和确权发证工作程序的要求开展工作。集体林地基本情况、承包结果、承包收入、分配情况等都向全体村民进行公示。确定宗地面积、四至时，要切实做到林业技术人员、当事人和林地户主都到场，勘察结果经几方签字。要加强档案管理。对林改工作的主要过程要留下详细的记录材料，特别是召开的村民大会或村民代表会议对林改重大决策的表决不仅要保存详细的原始记录及原始表决票，还要将公示的原始材料和图片、音像资料等科学分类，妥善保存。

二要因地制宜，分类指导。山区、丘陵区、平原区地理条件差别很大，各地的村情、林情、民情也大不相同，因此在改革中要坚持因地制宜的原则，不搞一刀切。这次林改是农村土地家庭承包经营制度从耕地向林地的延伸，原则上实行人人参与、户户有份的平均分配方式，充分满足农民群众对土地的要求。对农民家庭承包后仍有剩余的，本着先村内、后村外的原则，在满足本集体经济组织内部成员对林地需求的基础上，可以对外发包，并通过对发包收入的分配，使村民得到一定的经济补偿。对林地效益差、群众不愿承包的，可采取公开竞标的方式对外发包，通过对发包收益的分配，保证村民以货币形式实现对集体林地、林木的权利。对已经流转的集体林地、林木，坚持尊重历史、依法办事的原则，区别不同情况处理。合法合理的，要依法维护承包人的合法权益；手续不完善的，要根据现实情况，完善合同；对“暗箱”操作、侵害大多数群众利益的，要坚决予以纠正。

三要强化质量，注重实效。林改关系农民群众的切身利益，关系农村社会的稳定，关系林业的持续、健康发展。各地要把质量管理贯穿于改革的全过程，坚持进度服从质量，确保改革不走过场，不违反法定程序，不违背农民意愿，不损害农民利益。要注重改革的成效，坚持把是否有利于增加农民收入、是否有利于林业生态建设、是否有利于农村经济社会发展作为检验改革是否成功的标准，切实避免一分了之、一卖了之、一包了之的简单化倾向，避免不顾自身特点、一刀切的绝对化倾向，避免照抄照搬、搞形式主义的浅表化倾向，避免急功近利、一蹴而就的短期化倾向。

（三）强化组织领导，落实督导责任

根据《省政府关于深化集体林权制度改革的意见》的要求，全省争取用2年左右的时间基本完成明晰产权、确权发证的改革任务。各地可根据本地情况，各阶段工作交叉进行，在确保工作质量的前提下，工作进度尽量往前赶。工作基础较好且没有林权争议的地方，要争取用1年左右的时间完成改革任务。各地在制订林改方案时，要充分考虑不同地区的林情、村情、民情，针对不同情况制定相应的工作步骤和工作时间表，确保按时完成改革任务。

一要加强领导，周密部署。各级林业部门要积极向当地党委、政府汇报，争取领导关心林改、重视林改、支持林改，将林改纳入林业生态省建设的总体布局中统筹安排。

要成立集体林权制度改革领导小组，全程指导改革工作。要抽调素质高、懂业务、有农村工作经验的同志充实到林改第一线，专职从事林改工作。要研究探索集体林业发展的新措施，建立“省统一部署，市加强指导，县（市）直接领导，乡（镇）负责组织，村组具体操作，部门搞好服务”的集体林权制度改革工作机制。要按照省政府《关于深化集体林权制度改革的意见》的要求，努力争取将集体林改所需经费纳入同级财政预算，确保林改工作顺利开展。

二要实行目标管理，狠抓工作落实。为确保改革工作扎实推进，省政府要求各级政府把集体林权制度改革纳入年度目标管理，层层签订目标责任书，层层落实领导责任。要把责任目标细化分解到各乡村，全面落实目标责任制和奖惩制度。省林业厅也将把林改列入明年各省辖市林业工作责任目标进行管理。

三是加强督促检查，建立分级督导机制。省集体林权制度改革领导小组成员单位将分包各省辖市进行督促指导，定期公布督察结果，通报进度。各省辖市要加强对林改的工作指导，对县（市、区）的林改进行全程督导。督导工作要重点把握几个方面：一看宣传发动深入不深入，二看林改方案科学不科学，三看改革程序规范不规范，四看勘界工作准确不准确，五看林权证发放及时不及时，六看档案材料完整不完整。各级督导组要将督导检查结果与各级政府的目标责任衔接，作为目标管理的重要依据。市、县级林业部门要在确定权属、外业调查核对、林权证核发、检查验收等重要环节，搞好技术服务和技术培训。

四、着力抓好当前的几项工作

（一）切实抓好今冬明春的造林绿化工作，确保完成年度造林任务

至目前，全省冬季造林共完成成片造林63万亩，加上其他造林，不足100万亩，不到全年造林任务508.41万亩的20%，比正常年份进度偏慢。从天气来看，今年冬季降雨较少、土壤干旱，加大了造林工作的困难，已经栽上的树木，也可能由于干旱而影响成活率；从时间来看，春节前冬季造林时间仅有一个月左右，春节过后到树木发芽，适宜造林的时间也只有一个多月。要在两个多月的时间内，全面完成剩余近80%的造林任务，实现林业生态省建设开局之年开好头、起好步的目标，任务相当艰巨，必须采取有力措施，强力推进。各地要按照2008年林业生态建设任务，尽快安排今冬明春的造林计划，统筹安排国家、省和地方建设任务，并及时分解到县（市、区），落实到乡、村和山头地块。各地要来一次再宣传再发动，调动一切积极因素参与植树造林，迅速在全省掀起冬季植树造林高潮。林业生态省建设是在原有基础上实施的高水平绿化，为此，省林业厅编制了各工程造林绿化模式，供各地作业设计时选择、参考，还下发了《关于做好林业重点生态工程年度造林作业设计工作的通知》，各地要按照《河南林业生态省建设规划》和《关于做好林业重点生态工程年度造林作业设计工作的通知》要求，分工程分别编制造林作业设计，根据每个工程的造林任务和造林方式，科学确定造林模式。环城防护林、围村林、铁路公路防护林建设，要按照省政府81号文

件要求，依照程序召开村民代表大会或村民会议，决定造林宽度。高速公路上下通道和服务区、城市出入口、景区道路，要增加绿化宽度，加大常绿树种比例，乔灌花相结合，绿化彩化相结合，提高绿化标准和水平。要科学选择树种，加大混交林比重。铁路沿线安全保护区不栽植高大乔木。有针对性地做好高速公路借景区段绿化模式的设计工作，并协调高速公路管理部门在借景区段设立标志，努力提高绿化景观效果。质量是林业工作的永恒主题。没有高标准的造林质量，林业工作就失去了“立业之本”。各地一定要树立精品意识，强化营造林质量管理，加大科技支撑力度，活化营造林机制，抓好造林督察和实绩核查，确保高标准、高质量完成2008年的造林任务。

（二）下大力气抓好林木种苗工作，确保林业生态省建设种苗需求

林木种苗是造林的物质基础，是林业工作中带有全局性、超前性的基础工作。种苗数量的多少、质量的优劣直接关系到造林的成败和绿化水平的高低，必须下大力气抓好林木种苗工作。要着力抓好三项工作，一是科学测算实施规划所需种苗数量，超前抓种苗。各地都要测算出未来5年实施规划所需种苗的数量和品种。2008年全省育苗任务30万亩，各地要将省林业厅下达的育苗任务，分解落实到县，引导林农多种形式育苗，确保林业生态省建设种苗的贮备。二是加强对育苗工作的指导和质量监管。要指导林农，大力推广育苗新技术和林木新品种，从根本上做好树种、品种结构调整，逐步扭转造林树种、品种结构不合理的问题。要提高服务意识，切实做好林木种苗生产、流通、使用等全过程服务，及时掌握、上报、公布种苗动态信息，加强种苗信息调度，做好林木种苗调剂工作，确保今冬明春造林种苗供应。要强化种苗质量管理，加强种苗质量监督，坚持实行“一签两证”制度和生产经营许可制度，严把种苗质量关和市场准入关，杜绝使用不合格种子和苗木造林。要加大种苗质量抽检力度，对无证生产经营、没有标签的种子和苗木依法进行处理。凡不具备“一签两证”的种子和苗木，一律不得用于工程造林；凡是没有经过品种审定委员会审定的品种，不得作为良种推广，以确保林业重点工程和造林绿化的种苗质量。三是加大优质林木种苗培育力度，全省明年计划培育优质用材、珍稀濒危树种、优良经济林、优质适生生物质能源树种、彩叶观赏树种、优良乡土树种苗木6 000万株，逐步调节树种结构，不断满足林业生态省建设多样化苗木需求。省林业厅正在根据不同树种繁育难易程度和苗木产量、价格，制定不同的补助标准，实行公平竞争、阳光操作、择优扶持。

（三）切实抓好森林防火、林业有害生物和野生动物疫病防控工作，确保不发生大的森林灾害和野生动物疫情

目前，我省已经进入森林防火紧要期，长期高温无雨，火险等级不断增高，防火形势十分严峻。各地要全面落实森林防火责任制，严格野外火源管理，加强监督检查，对重点林区和重点部位要再进行一次全面检查，消除火灾隐患。要认真做好扑救森林火灾的各项物资准备，认真制订和完善森林防火预案，适时组织扑火演练。要充分发挥航空护林的作用，加强火情监测，对省通报的热点信息，要认真负责地进行核查并及时反馈情况。要加强值班调度，确保信息畅通，一旦发生森林火警火灾，及时组织

扑救，要坚持以人为本，科学扑救，确保扑火人员安全。要抓好冬春季苗木产地检疫和调运检疫，从源头上控制林业有害生物灾害。要搞好林木病虫害越冬期调查，及时准确预测2008年主要林业有害生物发生趋势，及早制订科学合理的防治方案，做好药物药械等各项应急准备，积极开展防治，有效控制重点生态廊道、林业工程项目区、风景名胜区、旅游景区等重点部位的生物灾害，努力降低主要林木病虫害造成的损失。要加强野生动物疫源疫病监测，强化对重点监测区域的巡查，做到勤监测、早发现，确保不发生禽流感等野生动物疫情疫病。

（四）严厉打击乱砍滥伐等涉林违法犯罪活动，确保林区社会和谐稳定

入冬以来，我省一些地方乱砍滥伐、非法占用林地、乱捕滥猎和非法经营野生动物等涉林案件不断发生，新闻媒体多次披露，社会各界高度关注，省委、省政府主要领导也就此作出了批示。省厅从11月20日开始，及时在全省组织开展了以打击破坏野生动物资源为主的“猎鹰二号”行动，近期又发出了明传电报，在沿黄7市组织开展了治理打击侵害野生鸟类专项行动，相继侦破了一大批侵害野生动物案件，取得了显著战果，受到了国家林业局、公安部领导的好评。各地要从促进人与自然和谐的高度，切实加强林地林木和野生动物保护管理，切实组织好打击涉林犯罪活动，严防乱砍滥伐林木、乱批滥占林地、乱捕滥猎和非法经营野生动物案件的发生。要围绕非法猎捕野生动物活动猖獗的沿黄滩区、黄河故道及野生动物的栖息地、迁徙停歇地、迁徙通道，非法运输野生动物及其制品的车站、机场等流通渠道，非法收购、出售野生动物及其制品的市场、窝点，非法经营野生动物的宾馆、饭店等重点区域和部位开展行动，发现案件线索，要一查到底，依法严厉打击。对影响大、危害大、社会各界关注的案件，要组织精兵强将，快侦快破；对查处困难、需要支持的，要及时上报，加强协调督办。要组织森林公安、野生动植物保护和湿地管理等部门执法人员，对野生动物栖息地、湿地等重点区域开展巡防，对非法猎捕、贩运、出售野生动物的重点区域和部位进行全面清理清查，收缴非法猎捕工具，堵塞乱捕滥猎野生动物的源头。要邀请新闻媒体对林业生态建设和林业严打专项行动的成果进行正面宣传报道，大力营造爱护野生动物、保护森林和湿地资源的良好氛围。要加强林业执法队伍的管理，加大明察暗访力度，对林业执法人员执法犯法、监守自盗的，一经查实，坚决予以严肃处理。“双节”即将来临，各地一定要增强大局意识、风险意识和责任意识，切实做好“双节”期间林业平安建设工作，严防安全责任事故的发生。

（五）认真贯彻落实省政府文件精神，加强基层林业技术推广体系建设

最近，省政府出台了《关于深化改革　加强基层农业技术推广体系建设的实施意见》（豫政［2007］78号），明确了基层农业技术推广机构的公益性职能，要求将基层农业技术服务的公益性和经营性彻底分开；明确了县级农业技术推广机构，可按照区域农业产业特色向乡镇派出专业技术人员，直接面向农民开展技术服务；明确了履行公益性职能所需资金全部纳入各级财政预算。我省基层林业技术推广体系，在推动科技与生产结合、加快林业发展、促进林农致富中发挥着重要作用，是完成林业生态省

建设任务的一支基本队伍。各级林业主管部门要按照林业生态省建设规划确定的目标、任务和要求，研究本地深化改革、加强基层林业技术推广体系建设的思路，制订切实可行的实施方案。要积极主动地向当地党委、政府汇报当前林业工作的特殊性和重要性，加强与编制、人事、财政、科技、劳动保障等部门的沟通协调，确保在这次改革中基层林业技术推广体系得到巩固和加强，把林业技术推广体系的末梢神经建设好、建设强。

（六）扎扎实实地搞好本年度目标核查和下年度目标制定工作，确保今年各项目标任务的全面完成和明年各项任务的落实

距春节还有一个多月时间，要抓住这一个月时间，全面总结2007年工作，认真落实2008年的工作任务。厅办公室、人事处和规划院等处室局单位，要认真组织好2007年度省辖市林业局和厅各处室局单位年度责任目标完成情况的考核。要按照谁检查谁负责的要求，严肃认真地按期完成年度责任目标考核任务。退耕中心要组织力量，对退耕还林工程特别是补助到期的退耕地进行一次全面的逐块逐户的检查验收，为下一阶段巩固成果、兑现政策补助奠定基础。厅办公室要在征求各省辖市、厅机关各处室局单位意见的基础上，科学严谨地制定好2008年各省辖市、厅机关各处室局和直属单位的年度责任目标。

在“双节”到来之际，各级林业主管部门要做好帮扶和慰问工作，千方百计地解决好林业困难职工和林业劳模的节日生活问题，使林业系统的广大干部职工过一个祥和、快乐的“双节”。

同志们，建设林业生态省是林业部门的光荣使命，当前和明年的工作任务艰巨、责任重大。全省林业系统的干部职工，必须把思想统一到省委、省政府的决策部署上来，把力量凝聚到落实林业生态省建设规划确定的各项任务上来，进一步增强搞好林业生态省建设的责任感和使命感，全面贯彻落实科学发展观，认真贯彻落实党的十七大和省委八届五次全会精神，开拓奋进，扎实工作，高标准、高质量推进林业生态省建设，为努力建设锦绣中原作出更大贡献！

加快林业发展　建设生态河南

——河南林业情况汇报提纲

（2007年9月25日）

尊敬的贾治邦局长、李育材副局长及国家局的各位领导：

非常感谢国家林业局长期以来对河南林业的关心和支持。热诚欢迎国家林业局的各位领导莅临河南检查指导工作。现将我省林业有关情况汇报如下。

一、今年以来林业工作情况

今年以来，国家林业局贾治邦局长等领导先后7人次到河南考察指导工作，给河南林业工作以极大的支持。省委、省政府高度重视林业工作。徐光春书记、李成玉省长多次深入基层调查研究林业工作，并率省党、政、军领导同志一起参加义务植树。最近，李成玉省长在全省性会议上多次对林业生态建设工作提出明确要求，并带领省直有关部门的主要负责同志到省林业厅调研。陈全国副书记、刘新民副省长主持召开全省植树造林现场会，安排部署植树造林工作。在国家林业局的大力支持下，在各级党委、政府的高度重视下，在全省人民的共同努力下，全省各地以现代林业理论为指导，强化措施，狠抓落实，各项林业工作进展顺利。

（一）生态建设任务超额完成

认真组织实施退耕还林、天然林保护、重点地区防护林、防沙治沙、外资项目等国家和省级林业重点工程建设，积极开展“国家森林城市”和“林业生态县”创建活动。截至8月底，全省共完成大面积造林285.4万亩（不含天然林和退耕还林），为年度任务的126.3%。完成大田育苗40.3万亩，为年度任务的161%，总产苗量21.7亿株；新建和完善农田林网1 233.9万亩，绿化通道3 206公里，中幼林抚育281.9万亩，分别为年度任务的246.8%、106.9%和281.9%。全省参加义务植树4 705.4万人次，占全省适龄公民人数的92.5%；完成义务植树20 230.2万株，占全省应植株数的132.5%，是近几年成效最好的一年。全省有3个省辖市申请创建“国家森林城市”，许昌市通过验收并荣获“国家森林城市”称号；有24县（市、区）申请“林业生态县”验收。

（二）林业产业发展步伐加快

全省三个林纸一体化项目建成投产，年木浆生产能力达到35万吨。省农行对9个林业龙头企业给予授信资金18亿元。配合林纸林板一体化项目建设，全省共营造以杨树为主的速生丰产林43万亩。全省新发展经济林40万亩；园林绿化苗木和花卉生产基地

发展到65万亩。前8个月，全省森林旅游接待游客1 285万人（次），森林旅游业直接收入2.9亿元，比去年同期分别增长18.5%和13.8%。全省完成林业产业总产值275亿元，比去年同期增长18%。

（三）集体林权制度改革试点工作全面完成

按照国家林业局和省政府的要求，制订了集体林权制度改革试点方案，成立了政策咨询专家组，编印了《林改政策100问》手册，开展了千人大调研活动，召开了试点经验交流会。目前，省级试点3个县（市），市级试点10个乡25个村，县级试点6个乡142个村，已全面完成试点任务。《河南省人民政府关于深化集体林权制度改革的意见》（代拟稿）已提交省政府有关部门征求意见，11月底前将在全省全面铺开集体林权制度改革工作。集体林权制度改革，推动了非公有制林业的快速发展，今年以来，全省共吸引各类社会投资5.6亿元，完成非公有制造林186.1万亩，占全省造林总面积的65.2%。

同时，进一步加强了依法治林、科教兴林、林业基础设施建设和生态文化建设。强化了林地林权和林木采伐管理，严厉打击了各类破坏森林和野生动植物资源的违法犯罪行为，全省森林火灾受害率0.3‰，林木病虫害成灾率1.36‰。重点推广了10多项林业新技术和20多个林果新品种。全面加强了森林公安“三基”工程等基础设施建设，建成了河南林业政务专网等现代化林业信息管理系统，林业区划、矿区植被保护及生态恢复工程规划编制工作顺利开展。组织1.8万多名人员、投入9 000多万元资金，开展了森林资源二类调查，全省159个县（市、区）的外业调查任务已基本完成。全省共建立生态文化基地232个，举办生态文化活动157次，鄢陵的花木文化、修武的山水文化、新郑的大枣文化和以森林为背景的《禅宗少林·音乐大典》等已成为著名生态文化品牌。

二、《林业生态省建设规划》(以下简称《规划》）编制情况

（一）编制《规划》的背景

近年来，我省农业生产尤其是粮食生产能力逐年增加，工业化、城镇化进程明显加快，经济持续快速增长，社会事业全面发展，呈现出又好又快的发展态势。这当中，我省林业在切实改善民生、实现经济社会可持续发展中，也作出了重要贡献，起到了不可替代的作用。

一是维护了国土生态安全。据省林科院测算，全省4 054万亩森林生态功能的年价值达4 462.9亿元。全省3 604万亩山区林地每年减少土壤流失总量达7 287万吨，相当于每年避免了2 200万亩以上的土地中度侵蚀；涵养水源49.3亿立方米，相当于我省地方大中型水库总库容144.6亿立方米的34.1%。全省982.8万亩湿地（不含水稻田）每年可净化氮、磷、硫污染物78.6万吨，净化水4.7亿立方米。全省农田防护林体系，使1 000多万亩风起沙扬的沙化土地被改造成良田。林业重点生态工程的实施，使山区森林植被迅速恢复，地质灾害明显减少。据省国土部门统计，2003~2006年我省发生滑坡、崩塌

和泥石流等地质灾害分别为161、151、79、33起，呈逐年下降趋势。

二是促进了经济发展和农民增收。近年来，我省林业每年向社会提供木材1 400多万立方米，有力地支持了全省经济建设和社会事业发展。发展林业拓宽了农民增收的渠道，2006年全省每个农民来自林业的收入平均达到596元。全省1.3万多家林产加工企业，转移了60多万农村剩余劳动力就业。

三是扩大了工业发展的环境容量。据省林科院测算，我省现有森林资源每年可吸收固定二氧化碳5.95亿吨，相当于燃烧2.4亿吨标准煤排放的二氧化碳量。我省林业间接减排潜力很大，现有1 000多万亩宜林荒山荒地和“四旁”隙地，通过造林每年可增加吸收固定二氧化碳能力1亿吨。届时，全省森林年吸收固定二氧化碳能力将达到7亿吨。另据测算，我省利用现有林和宜林荒山荒地，可新造和改培生态能源林455.9万亩，每年可提供生物柴油91.2万吨。

四是保障了粮食生产能力的稳定和增长。我省农田防护林体系有效改善了农业生态环境，增强了农业生产抵御自然灾害的能力，促进了农业稳产高产。特别是我省昔日干旱贫瘠的豫东、豫北风沙区，降雨量增加，风沙和干热风明显减少，如今已成为我省重要的粮食和商品林生产基地。据专家测定，其他条件不变，仅农田林网的防护作用，就能使农作物平均增产10%左右，以全省年粮食产量500亿公斤计算，农田防护林对我省粮食生产能力的贡献可达50亿公斤。同时，每年600多万吨的林果产品，改善了人们的膳食结构，降低了粮食消耗。

五是促进了旅游业发展。在我省已划定的30处国家、省级重点风景名胜区中，有26处在国有林区；15处世界、国家、省级地质公园，有14处分布在林区。林业系统先后建立了29处国家级、63处省级森林公园和11处自然保护区生态旅游区。2006年全省森林旅游仅门票收入就达到3.7亿元。

正是基于林业在经济和社会发展中的重要地位和作用，省委、省政府站在构建和谐中原、实现全省经济社会又好又快发展的高度，贯彻落实科学发展观，作出了高标准规划、高水平绿化、建设生态河南的重大决策。全省自下而上、上下联动，开展了《规划》编制工作。

（二）《规划》编制过程

——省政府高度重视规划编制工作。李成玉省长和刘新民副省长亲自指导规划编制工作。8月6日，李成玉省长带领省直7部门主要负责同志到省林业厅调研，对林业生态省规划进行专题研究，并对不同区域类型的划分、实施规划突破口的选择、重点地区建设项目和资金投入等问题，提出了明确要求。8月15日，刘新民副省长在省政府召开的有各省辖市政府分管领导、各县（市、区）政府主要领导及分管领导、各级绿化委员会成员单位参加的全省电视电话会议上，对规划编制工作进行了部署和总动员。省政府下发通知，抽调9名厅级干部组成9个督察组,分包18个省辖市规划编制的督察工作，每周通报一次规划编制进度，并解决300万元专项经费用于省本级规划编制。

——省林业厅和各地全力以赴编制规划。省林业厅在全省林业系统抽调专业技术人

员和省内有关林业教学、科研和生产单位的专家以及省林业专家咨询组成员，组成规划编制组，经广泛调查、专题研究和反复讨论，征求省直有关部门和国家级林业院校、科研院所专家（院士）的意见，制定了《规划大纲》和《规划编制办法》，作为各地编制规划的指导意见，抽调近100名技术人员赴各地指导规划编制工作。市、县两级政府都成立了规划编制领导小组，投入规划编制专项经费1 252万元。河南农业大学林业园艺学院和河南省林业职业技术学院的300多名师生也投入规划编制工作。目前，市、县两级规划的数据汇总已经完成。

(三)《规划》的总体框架

1. 指导思想。这次河南林业生态省建设规划,以邓小平理论和"三个代表"重要思想为指导，全面贯彻落实科学发展观，深入贯彻《中共中央 国务院关于加快林业发展的决定》，坚持以生态建设为主的林业发展战略，以创建林业生态县为载体，充分利用现有的土地空间，加快造林绿化步伐，大力培育、保护和合理利用森林资源，发挥森林资源在降耗减排中的重要作用，为促进人与自然和谐、建设社会主义新农村、实现中原崛起作出新的贡献。

2. 建设目标。经过5年的奋斗，巩固和完善多功能高效益的农业生产生态防护体系，基本建成城乡宜居的森林生态环境体系，初步建成国土生态安全体系，使全省的生态环境显著改善，经济社会发展的生态承载能力明显提高，初步建成林业生态省。

到2012年，全省新增有林地1 467.6万亩，达到5 522.1万亩；林木覆盖率增长5.8个百分点，达到28%以上（森林覆盖率达到22%以上），其中：山区森林覆盖率达到50%以上（太行山区40%以上），丘陵区森林覆盖率达到25%以上，平原风沙区林木覆盖率达到20%以上，一般平原农区林木覆盖率达到18%以上。林业年产值达到760亿元，森林生态功能的年价值达到5 774.2亿元。80%的县（市）实现林业生态县。

——现有988万亩宜林荒山荒地全部得到绿化；现有28.8万亩流动、半流动沙丘（地）全部固定，806.5万亩沙化土地全面得到治理；现有939.5万亩的低质低效林基本得到改造。

——新增用材林和工业原料林144万亩，达到891.4万亩；新造生态能源林322.1万亩，改造133.8万亩，达到455.9万亩；新增名优特新经济林基地91.1万亩，达到1 391.1万亩；新增园林绿化苗木花卉基地30万亩，达到110万亩。

——平原农区防护林网、农林间作控制率达到95%以上，沟、河、路（铁路、国道、高速公路、省道、景区公路、县乡道、村道等）、渠绿化率达到95%以上，城镇建成区绿化覆盖率达到35%以上，平原村庄林木覆盖率达到40%以上。

——自然保护区占国土面积比例达到4.7%（其中林业系统3.2%）；森林公园占国土面积比例达到2.1%；珍稀濒危动植物物种保护率达到100%。

——新增森林年吸收固定二氧化碳能力2.2亿吨，达到8.1亿吨。

到"十二五"末，全省林木覆盖率达到30%（森林覆盖率达到24%），林业年产值达到1 000亿元，森林生态功能的年价值达到8 110.9亿元。所有的县（市）实现林业生

态县，建成林业生态省。

3. 总体布局。根据我省的自然区域特征及决定区域分异的主导因素、林业建设现状及其主导功能差异，规划构筑“两区”（山地丘陵生态区、平原农业生态区）、“两点”（城市、村镇）、“一网络”（生态廊道网络）点线面相结合的综合林业生态体系。

——山地丘陵生态区，含太行山生态亚区、伏牛山生态亚区、大别山和桐柏山生态亚区。包括我省西北部的太行山、西部的伏牛山以及南部的大别山和桐柏山等山地丘陵区。重点加强对天然林和公益林的保护,营造水源涵养林、水土保持林、名优特新经济林、生态能源林等。在局部地区有步骤地实施生态移民，加速矿区生态修复。同时，加强中幼林抚育和低质低效林改造。

——平原农业生态区，含一般平原农业生态亚区、风沙治理亚区、低洼易涝农业生态亚区。包括黄淮海平原及南阳盆地，涉及13个市94个县（市、区）。重点建设高效的农田防护林体系。大力营造防风固沙林，积极发展用材林及工业原料林、园林绿化苗木花卉基地等。在滩区、蓄洪区着力营造用材林及工业原料林。

——城市（含县城）：按照改善城市生态环境，建设生态文明城市的总体要求，建设以廊道绿化、城中绿岛、环城林带、城郊森林为主要内容的城市森林生态防护体系，提高城市居民的生活环境质量。重点营造环城防护林带及城郊森林。

——村镇：以村镇为基础、以农户为单元，乔灌结合，村庄周围、街道和庭院绿化相结合，抓好围村林、行道树、庭院绿化美化。

——一网络：即生态廊道网络，包括南水北调中线干渠及全省范围内所有铁路（含国铁、地方铁路）、公路（含国道、高速公路、省道、县乡道、村道、景区道路等）、河渠（含黄河、淮河、长江、海河四大流域的干支流河道及灌区干支斗三级渠道）及重要堤防（主要指黄、淮河堤防）。以增加森林植被、构建森林景观为核心，高起点、高标准、高质量地建成绿化景观与廊道级别相匹配，集景观效应、生态效应和社会效应于一体的生态廊道绿化体系。

4. 重点建设工程。配合国家重点林业工程建设，启动8个省级林业生态工程，抓好4个省级林业产业工程。

——山区生态体系建设工程。营造水源涵养林面积200.9万亩、水土保持林面积271万亩、生态能源林面积455.9万亩，生态移民6.8万户25.5万人，矿区生态恢复植被面积81.7万亩。

——农田防护林体系改扩建工程。改扩建农田林网面积5 240万亩，折合林地面积366.9万亩。

——防沙治沙工程。营造小网格农田林网和林粮间作面积260万亩，折合林地面积39万亩。

——生态廊道网络建设工程。总长度35.5万公里，建设标准视生态廊道级别而定。南水北调中线工程干渠两侧各栽植宽度100米以上树木；铁路、高速公路、国道、四大水系干流及一级支流、干渠两侧各栽植10行以上树木；省道、景区道路、二级支流、

支渠两侧各栽植5行以上树木；县乡道、三级支流两侧各栽植3行以上树木；村级道路、斗渠两侧各栽植至少1行树木。在廊道的重要地段，适当增加绿化宽度，乔灌花草相结合，提高常绿树种比例，高标准绿化美化；路（渠）基两侧挖方坡面适度硬化后栽植灌木、藤本或常绿树种进行绿化美化。二级及以上廊道沿线第一层山脊2公里、三级廊道第一层山脊1公里范围以内要高标准绿化。

——城市林业生态建设工程。对18个省辖市和108个县（市）的城市建成区，高标准绿化美化街道及庭院。在城郊营造环城防护林带，城市规划人口在100万以上者，宽度要达到100米以上；人口在50万以上者，宽度要达到50米以上；人口在10万以上者，宽度要达到20米以上。

——村镇绿化工程。对全省1 895个乡（镇）47 667个行政村的建成区，搞好庭院绿化美化，村镇周围建设宽度10米以上的围村林带。

——野生动植物保护和自然保护区建设工程。新建国家级自然保护区1个，省级自然保护区8个，总面积59.1万亩，湿地生态恢复与重建面积11.3万亩。

——森林抚育和改造工程。抚育管理中幼林面积1 425.7万亩，改造低质低效林面积939.5万亩。

——用材林及工业原料林工程。在豫北、豫南发展以杨树、松树等为主的林纸一体化原料林基地，在豫东、中部发展以杨树、泡桐等为主的林纸林板一体化原料林基地，在滩区、蓄洪区发展以杨树为主的速生丰产林基地。全省新发展用材林及工业原料林面积144万亩。

——经济林工程。重点建设大别、桐柏山区的茶叶、板栗基地，伏牛、太行山区的核桃基地，黄土丘陵区的苹果基地，浅山丘陵区的柿子、石榴基地，平原沙区的大枣、梨、葡萄基地和城市郊区的时令鲜果基地等；在伏牛山区建设山茱萸、辛夷、杜仲等森林药材基地。全省新发展经济林面积91.1万亩。

——苗木花卉工程。发展园林绿化苗木和牡丹、月季、菊花等特色花卉30万亩。

——森林生态旅游工程。建成太行山、嵩山、小秦岭—崤山—熊耳山、伏牛山、桐柏—大别山、黄河沿岸及故道、中东部平原等七大森林生态旅游区，年接待游客3 620万人（次），森林旅游年直接收入9.5亿元。

5.支撑体系建设。抓好森林防火、森林公安、林业有害生物防控、森林资源管理和监测、科技服务和基础设施建设等支撑体系建设。

6.保障措施。加强对规划编制和实施的组织领导，加大对林业的投入，深化林权改革，着力推进开放，强化科教兴林，坚持依法治林。

7.投资和效益测算。经初步测算，完成规划任务大约需要投资424.2亿元。资金筹措渠道为国家及地方各级财政投资279亿元、吸引社会资金145.2亿元。

规划任务完成后，每年将增加生态、经济、社会效益总价值2 336.7亿元。

（四）《规划》编制的特点

1.针对性强。这次规划与省政府任期相衔接，就是认真贯彻中央关于实行各级政府

林业建设任期目标管理责任制的要求，一张蓝图绘到底，一届接着一届干，在近几年我省林业快速发展的同时，经过5年的努力，使我省林业建设再上一个新的台阶。这次规划针对我省未来几年经济社会发展的瓶颈，通过大力发展林业，实现降耗减排、提升生态承载能力、改善生态环境的目标，为我省工业化、城镇化和农业现代化提供重要支撑，使我省经济社会保持又好又快的强劲发展势头。

2.操作性强。这次规划以二类调查为依据，林种、树种设计到小班，使规划在实施中做到因地制宜、适地适树、分类施策。规划采取自下而上，以县为单位分级编制，规划任务不仅落实到了年度和工程项目，而且落实到了县、乡、村的山头地块，落实到了小班，便于落实任务和组织实施。

3.坚持高标准。这次规划，全省所有适宜种树的地方，全部高标准绿化，高质量绿化中原大地；已经初步绿化，但达不到规划大纲要求的地方，做好补植、完善规划，提高绿化标准；对虽已达到绿化标准，但质量效益不高的地方，做好改造和管理规划，提高质量效益；各部门开工建设和规划的重点工程，工程建设到哪里，高标准林业生态建设跟进到哪里。

4.坚持民主，注重科学。省里在广泛征求意见、深入调查研究和召开不同类型座谈会的基础上，制定了《规划大纲》和《规划编制办法》，提出了不同区域、不同工程的建设标准，并在河南林业信息网上公开征求社会各界的意见。规划还充分利用了正在进行的全国林业区划、矿区植被保护及生态恢复工程规划和二类调查的成果。对涉及规划的林业在农业生产和粮食安全、劳动力转移和农民增收、节能减排中的作用等三个重大问题进行了专题调研，并多次请有关专家进行论证咨询，广泛吸纳集中了社会各界的智慧。

5.内容全面，重点突出。规划涵盖了全省所有涉及林业生态建设的内容，特别是把城市绿化、村镇绿化、滩区和蓄洪区的绿化等都吸纳进来，并充分利用水利、环保等部门已编制完成和正在编制的相关规划成果，实现了资源共享，体现了协调一致。规划坚持以人为本的理念，在区域布局上，根据立地条件的差异，合理划分了生态功能区，确定了工程建设项目；在发展重点上，坚持分类指导、分区实施，突出了重点部位，突出了区域特色。

6.认定程序合法，实施责任明确。规划始终在法律法规的范围内编制，符合《森林法》、《河南省林地管理条例》等法律法规的要求。规划中的林业用地现状、新增林业用地由规划编制部门提出平衡意见并经过国土部门认定，规划的宜林地由县级人民政府认定，涉及城建、水利、交通等部门的造林绿化任务由相关部门认定。各级规划编制完成后，由同级政府审查论证后印发实施。规划的实施，由省政府对省辖市、县（市）政府签订责任状，涉及城建、水利、交通、环保等部门的，由各部门按职责负责实施。

三、请求国家林业局解决的问题

长期以来，国家林业局对河南林业建设给予了大力支持。为了尽快把河南建设成

林业生态省，请求国家林业局进一步加大对河南的支持力度。

（一）请求国家局加大对河南林业建设的投资力度

1.配合国家重点林业工程建设，完成这次规划任务大约需要投资424.2亿元，其中需各级财政投入279亿元。2002~2006年我省林业支出平均每年占财政一般预算支出的1.3%，从2008年开始今后5年将争取安排到占财政一般预算支出的2%，林业支出占财政一般预算支出的增幅将达到53%。为保证规划的顺利实施，请求国家林业局对河南林业的投资占其支出的份额也相应增加，即从现在安排我省林业投入每年平均占国家局支出的2.17%增加到3.32%。

2.河南地处中原，光热水土资源适合杨树等速生丰产林生产，生长周期短，更新采伐快，为吸引社会资金投入林业建设，请求国家局在今后5年内每年增加河南贴息贷款规模8亿元。

3.今年夏季，我省淮河流域的信阳、驻马店、漯河三市及黄河流域的三门峡市遭受了50年一遇的特大洪涝灾害，灾害造成国有场圃直接经济损失9 000多万元，其中苗木、林木受灾损失2 500多万元，基础设施受灾损失6 500多万元。灾后重建及恢复任务很重，请求国家局解决场圃救灾资金500万元。

（二）请求国家局将我省列为全国高标准平原绿化示范省

20世纪末，我省按照原林业部的要求，实现了全省平原绿化初级达标。2000年省政府印发了《河南省平原绿化高级标准》，在全省开展了高级平原绿化建设活动，到2006年底，我省94个平原、半平原县（市、区）全部达到平原绿化高级标准，形成了点、片、网、带相结合的农田防护林体系，平原地区生态环境得到明显改善，林业为全省粮食生产核心区建设和农业增效、农民增收以及平原农区社会经济发展作出了积极的贡献。这次规划，对平原地区的一般农区、风沙区和低洼易涝区，分别不同类型进行了高标准规划，将进一步提高我省平原绿化的水平。请求国家林业局将我省列为全国高标准平原绿化示范省。

（三）请求在我省成立黄淮海平原林业区域创新中心

我省气候、土壤条件适宜多种树种生长，发展林业具有独特的优势，请求国家林业局在河南省林科院、河南省林木种质资源保护和良种选育重点实验室的基础上，成立黄淮海平原林业区域创新中心，以加强黄淮海区域的林木良种培育，完善林产品质量监督检验体系和森林生态定位站观测体系。

（王照平厅长在贾治邦局长来河南调研时的工作汇报）

河南林业生态省建设规划情况汇报

（2007年11月16日）

《河南林业生态省建设规划》（以下简称《规划》）是今后5年全省林业发展的总蓝图，对推动林业又好又快发展具有重大指导意义，对实现全省经济社会永续发展具有重要推动作用。省政府和国家林业局高度重视，李成玉省长多次听取汇报并作出重要指示，国家林业局贾治邦局长专门来河南调研指导。按照省政府的部署，省林业厅在征求省直有关部门和国家级林业院校、科研院所专家（院士）意见的基础上，编制了《规划》文本，并组织省内外知名专家（院士）进行了论证、评审。现将有关情况汇报如下。

一、《规划》的背景和意义

当前，我省已进入全面建设小康社会、实现中原崛起的关键时期，经济社会发展对林业提出了新的更高要求。实现林业又好又快发展、建设林业生态省，是一项必要而紧迫的任务，必须有指导全局的规划。本次《规划》主要从以下几方面考虑。

（一）加快林业发展是建设生态文明和全面建设小康社会的内在要求

党的十七大报告中把“建设生态文明”提到了发展战略的高度，要求到2020年全面建设小康社会目标实现之时，使我国成为生态环境良好的国家。林业是生态建设的主体，木材等林产品是不可或缺的战略资源。林业是重要的公益事业和基础产业，承担着生态建设和林产品供给的双重任务。大力发展林业，既是改善生态状况、保障国土生态安全的战略举措，也是调整农业结构、实现农民增收、农业增效、农村全面建设小康社会的重要途径，又是绿化美化环境、实现人与自然和谐、建设生态文明社会的客观要求。

（二）加快林业发展是我省经济社会永续发展的现实需要

近年来，我省工业化、城镇化进程明显加快，重化工和原材料、高耗能产业所占比重大，环境压力日趋明显，生态环境问题已成为影响经济发展的重要因素。加快林业生态建设，构建稳定的森林生态系统，不仅可以发挥减少水土流失、涵养水源、净化污染物等保障国土生态安全的作用，而且可以在现有林业资源每年吸收固定二氧化碳6 513.65万吨（相当于燃烧4 071.03万吨标准煤排放的二氧化碳量）的基础上，进一步增加森林的固碳能力，减缓温室效应，实现间接减排，扩大环境容量，提高我省经济社会发展的环境承载能力。

（三）加快林业发展是促进农民增收和经济社会发展的有效措施

我省林业每年向社会提供木材1 400多万立方米，仅林产品加工企业就转移了272万农村

剩余劳动力就业，2006年全省每个农民来自林业的收入平均达到596元。实践证明，加快林业发展，既可进一步扩大木材供给，改善生态环境，又可拉长林产品加工业和生态旅游等二、三产业链条，拓宽农民增收的渠道，增加就业容量，促进经济发展,维护社会稳定。

（四）加快林业发展是稳定和提高粮食生产能力的重要保障

完善的农田防护林体系，能够防风固沙、涵养水源、调节气温，有效改善农业生态环境，增强农业生产抵御干旱、风沙、干热风、冰雹和霜冻等自然灾害的能力，使农作物平均增产10%左右。加快林业发展，不仅能促进农业稳产高产，而且其提供的大量林果产品降低了粮食消耗，从而为维护国家和我省粮食安全提供了重要保障。

（五）加快林业发展是充分发挥我省土地利用空间和林业潜力的重要途径

我省位于黄河中下游，是淮河和南水北调中线工程的源头。特殊的区位优势，影响着全国生态环境的大局。同时，我省气候温和，降雨量充沛，适宜大量的速生、优质树种生长。现在还有大量的宜林荒山荒地、沙化土地和沟河路渠两侧、“四旁”隙地等适宜造林绿化，农田林网完善提高的任务还很重，林业发展的潜力仍很大。

二、《规划》的指导思想和目标任务

（一）指导思想

以党的十七大精神为指导，深入贯彻科学发展观，认真落实《中共中央 国务院关于加快林业发展的决定》，坚持以生态建设为主的林业发展战略，以创建林业生态县为载体，全力推进现代林业建设，充分利用现有的土地空间，加快造林绿化步伐，大力培育、保护和合理利用森林资源，发挥森林资源在经济建设、文化建设、社会建设及生态文明建设中的重要作用，为促进人与自然和谐、建设秀美河南、实现中原崛起作出新的贡献。

（二）目标任务

经过5年奋斗，巩固和完善高效益的农业生产生态防护体系，基本建成城乡宜居的森林生态环境体系，初步建成持续稳定的国土生态安全体系，使全省的生态环境显著改善，经济社会发展的生态承载能力明显提高，初步建成林业生态省。

——916.21万亩宜林荒山荒地、41.54万亩宜林沙荒得到绿化，现有802.38万亩沙化耕地全面得到治理，941.44万亩的低质低效林基本得到改造。

——平原农区防护林网、农林间作控制率达95%以上，沟、河、路（铁路、国道、高速公路、省道、景区公路、县乡道、村道等）、渠绿化率达95%以上，城镇建成区绿化覆盖率达35%以上，平原村庄林木覆盖率达40%以上。

——自然保护区占国土面积比例达到4.7%（其中林业系统3.2%），森林公园占国土面积的比例达到2.1%，珍稀濒危动植物物种保护率达到100%。

——新增用材林和工业原料林130.84万亩，达到878.24万亩；新造生态能源林361.37万亩，改造144.74万亩，达到506.11万亩；新增名优特新经济林基地76.42万亩，达到1 376.42万亩；新增园林绿化苗木花卉基地116.67万亩，达到196.67万亩。

——新增森林和湿地资源年固定二氧化碳能力2 084.45万吨，达到8 598.10万吨。

到2012年，全省新增有林地1 129.79万亩，达到5 468.43万亩；森林覆盖率增长4.51个百分点，达到21.84%（林木覆盖率达到28.29%），其中：山区森林覆盖率达到50%以上（太行山区40%以上），丘陵区森林覆盖率达到25%以上，平原风沙区林木覆盖率达到20%以上，一般平原农区林木覆盖率达到18%以上。林业年产值达到760亿元，林业资源综合效益价值达到5 100.53亿元。80%的县（市、区）实现林业生态县。

到“十二五”末，全省森林覆盖率达到24%以上（林木覆盖率达到30%以上），林业年产值达到1 000亿元，林业资源综合效益价值达到5 736.18亿元。所有的县（市、区）实现林业生态县，建成林业生态省。

三、《规划》的基本原则

（一）合理利用土地资源

规划中新增有林地面积全部安排在宜林荒山荒地（即国土部门控制的荒草地、沙地）和未利用土地中的部分滩涂地、盐碱地、裸土地及建设用地中的废弃独立工矿点用地上，且均经过各级国土资源部门确认。

（二）不占和尽量少占用耕地

规划中的生态能源林、水源涵养林、水土保持林全部规划在宜林荒山荒地等未利用土地上；矿区生态修复工程安排在废弃工矿用地等建设用地上；生态移民工程需恢复植被的，只在移民废弃宅基地和废弃道路、晒谷场等其他农用地上安排造林，均不占用耕地。农田防护林网、防沙治沙工程根据农田防护和沙化土地治理技术规程进行规划，不多占用耕地。环城防护林、围村林、生态廊道工程遇到耕地地段时，按标准下限进行规划，尽量少占用耕地，且这些工程只安排造林规模，不改变土地地类，其林木生长所占用土地仍按耕地管理。

（三）统筹规划，确保整体性

规划中的城市（含县城）建成区绿化采用城建部门的规划；山区水土保持林和水源涵养林规划在吸收水利部门水保规划的基础上进行了完善；廊道绿化依据铁路、交通、水利、河务、南水北调等部门已建和规划的工程，工程建设到哪里，林业生态建设规划跟进到哪里。规划还参考了环保部门的生态功能区划成果，并利用国土部门的土地分类成果控制全省的造林规模。

（四）因地制宜，注重实效

山区、丘陵区坚持生态效益优先，重点营造水源涵养林、水土保持林、名特优经济林和生态能源林。平原农区重点建设高效的农田防护林体系，以保障农业生产能力，同时大力发展工业原料林。生态廊道中的景区道路、南水北调干渠两侧、高速公路出入口等重要地段，实行乔灌花草相结合，提高绿化美化标准和景观效果。

（五）保证质量效益

一方面在全省所有适宜种树的地方，全部高标准绿化，对已经初步绿化但质量效

益不高的中幼林，采用抚育和改造等方式，进一步完善提高，高质量绿化中原大地，维护全省生态安全；另一方面适应现阶段经济技术条件，不规划在裸岩、重石砾地等造林难度大、成本高的地段上安排造林，增强经济可行性。

（六）坚持政府主导和市场调节相结合

重点林业生态工程建设实行政府主导，投资纳入各级政府财政支持体系；林业产业工程建设遵循市场规律，投资实行市场化运作；生态与经济兼顾的生态能源林等建设，注重吸引社会投资，实行政府主导下的政策性引导、扶持机制。

（七）自下而上，统筹安排

为提高可操作性，规划以县为单元，采取自下而上的编制方法，先由各县（市、区）根据当地实际提出各自规划方案，经相关部门认可后逐级上报。省林业厅在汇总、平衡、优化后提出全省方案，并下发省辖市、县（市、区）修订其规划方案，保证全省规划任务落到实处，县级规划落实到山头地块。同时，坚持统筹安排，分区域、分阶段、分年度、分工程规划，扎实推进林业生态省建设目标的实现。

四、《规划》的布局和重点

（一）总体布局

规划按照“两区”、“两点”、“一网络”进行布局，以构筑点、线、面相结合的综合林业生态体系。

“两区”，即：①山地丘陵生态区，含太行山生态亚区、伏牛山生态亚区、大别山和桐柏山生态亚区。包括我省西北部的太行山、西部及西南部的伏牛山以及南部的大别山和桐柏山等山地丘陵区。重点加强对天然林和公益林的保护,营造水源涵养林、水土保持林、名优特新经济林、生态能源林等。在偏远山区的退耕还林农户中有步骤地自愿实施生态移民，加速矿区生态修复。同时，加强中幼林抚育和低质低效林改造。②平原农业生态区，含一般平原农业生态亚区、风沙治理亚区、低洼易涝农业生态亚区。包括黄淮海平原及南阳盆地，涉及17个省辖市131个县（市、区）。重点建设高效的农田防护林体系。大力营造防风固沙林，积极发展用材林及工业原料林、园林绿化苗木花卉基地等。在滩区、蓄洪区着力营造用材林及工业原料林。

“两点”，即：①城市（含县城）：包括18个省辖市和107个县（市）的城市建成区及郊区。按照改善城市生态环境，建设生态文明城市的总体要求，建设以廊道绿化、城中绿岛、环城林带、城郊森林为主要内容的城市森林生态防护体系，提高城市居民的生活环境质量。重点营造环城防护林带及城郊森林。②村镇：包括全省1 895个乡（镇）47 603个行政村的建成区及周围。以村镇为基础、以农户为单元，乔灌结合，村庄周围、街道和庭院绿化相结合，抓好围村林、行道树、庭院绿化美化，推进城乡绿化一体化进程。

“一网络”，即生态廊道网络，包括南水北调中线干渠及全省范围内所有铁路（含国铁、地方铁路）、公路（含国道、高速公路、省道、县乡道、村道、景区道路等）、

河渠（含黄河、淮河、长江、海河四大流域的干支流河道及灌区干支斗三级渠道）及重要堤防（主要指黄、淮河堤防）。以增加森林植被、构建森林景观为核心，高质量地建成绿化景观与廊道级别相匹配，集景观效应、生态效应、经济效应和社会效应于一体的生态廊道绿化体系。

（二）建设重点

重点工程建设是林业建设的主体内容，在继续抓好5个国家重点林业工程的基础上，规划启动8个省级林业生态工程和4个省级林业产业工程。

1.林业生态工程

——山区生态体系建设工程。营造水源涵养林274.07万亩、水土保持林330.78万亩、生态能源林506.11万亩，生态移民1.2万户4.3万人，造林7.2万亩，矿区生态恢复植被76.33万亩。

——农田防护林体系改扩建工程。改扩建农田林网面积2 646万亩，折合造林面积373.63万亩。

——防沙治沙工程。营造小网格农田林网和林粮间作面积460.1万亩，折合造林面积87.6万亩。

——生态廊道网络建设工程。总里程20.2万公里。建设标准视生态廊道级别而定。黄河、淮河干流和南水北调中线工程干渠两侧各栽植宽度100米以上树木；铁路、高速公路、国道、四大水系一级支流、干渠两侧各栽植10行以上树木；省道、景区道路、二级支流、支渠两侧各栽植5行以上树木；县乡道、三级支流两侧各栽植3行以上树木；村级道路、斗渠两侧各栽植至少1行树木。在廊道的重要地段，适当增加绿化宽度，乔灌花草相结合，提高常绿树种比例，高标准绿化美化；路（渠）基两侧挖方坡面适度硬化后栽植灌木、藤本或常绿树种进行绿化美化。三级及以上廊道沿线第一层山脊2公里范围以内要高标准绿化。规划新绿化里程7.0万公里、更新改造3.6万公里、完善提高6.08万公里，折合造林面积444.58万亩（其中：新造242.31万亩、更新改造92.84万亩、完善提高109.43万亩）

——城市林业生态建设工程。在城市建成区，高标准绿化美化街道及庭院。在城郊营造环城防护林带，城市规划人口在100万以上的，宽度要达到100米以上；人口在50万以上的，宽度要达到50米以上；人口在10万以上的，宽度要达到20米以上。在城市周围的风口和水土流失较为严重、生态环境较为脆弱的地方，适当营造城郊森林或建设森林公园。规划任务107.58万亩。

——村镇绿化工程。搞好庭院立体绿化美化，道路两侧至少各栽植1行乔木，村镇周围建设宽度10米以上的围村林带。对不同类型的村镇采用不同的绿化布局，形成生态功能与景观效果具佳的村镇植被生态系统。规划任务218.40万亩。

——野生动植物保护和自然保护区建设工程。新建国家级自然保护区2个，省级自然保护区8个，使全省林业系统自然保护区总面积占全省国土面积的比例达到3.2%。湿地生态恢复与重建15万亩。

——森林抚育和改造工程。抚育管理中幼林面积1 782.8万亩，改造低质低效林面积941.44万亩。

2.林业产业工程

——用材林及工业原料林工程。在豫北、豫南发展以杨树、松树等为主的林纸一体化原料林基地，在豫东、中部发展以杨树、泡桐等为主的林纸林板一体化原料林基地，在滩区、蓄洪区发展以杨树为主的速生丰产林基地。全省新发展130.84万亩。

——经济林工程。重点建设大别、桐柏山区的茶叶、板栗基地，伏牛、太行山区的核桃基地，黄土丘陵区的苹果基地，浅山丘陵区的柿子、石榴基地，平原沙区的大枣、梨、葡萄基地和城市郊区的时令鲜果基地等；在伏牛山区建设山茱萸、辛夷、杜仲等森林药材基地。全省新发展76.42万亩。

——园林绿化苗木花卉工程。发展园林绿化苗木和牡丹、月季、菊花等特色花卉116.67万亩。

——森林生态旅游工程。建成太行山、嵩山、小秦岭—崤山—熊耳山、伏牛山、桐柏—大别山、黄河沿岸及故道、中东部平原等七大森林生态旅游区，新增森林公园面积157.5万亩，年接待游客3 620万人（次），森林旅游年直接收入9.5亿元，带动其他行业收入66.5亿元。

同时，规划还就森林防火、森林公安、林业有害生物防控、森林资源管理和监测、科技服务和基础设施等支撑体系进行了全面规划。

五、投资测算和预期效益

经初步测算，完成规划任务约需投资405.72亿元。资金筹措渠道为国家及地方各级财政投资279亿元（其中：争取国家财政林业投资86.64亿元，省本级财政投资44.1亿元，市级财政投资69.5亿元，县级财政投资78.76亿元），吸引社会资金126.72亿元（其中：外国政府贷款和援助6.4亿元，国内贴息贷款17亿元，林业经营者自筹103.32亿元）。

规划任务完成后，每年增加效益总价值1 206.46亿元，其中：生态效益价值822.40亿元（新增森林每年固定二氧化碳2 077.67万吨，效益价值为68.00亿元；释放氧气1 291.15万吨，效益价值为129.12亿元；减少土壤流失总量5 037.69万吨，减少土壤肥力流失量274.16万吨，保育土壤效益价值为34.25亿元；涵养水源效益价值249.45亿元；增加土壤肥力效益价值6.83亿元；农田防护效益价值为49.89亿元；保护生物多样性效益价值为175.44亿元；森林游憩价值为29.49亿元；吸收二氧化硫、氟化物、氮氧化物等有害气体1.53亿公斤，滞尘184.74亿公斤，增加负离子9 003.39亿个，净化环境效益价值为29.77亿元；新增城镇林木11 352.22万株，节能减排效益价值37.26亿元，含节能效益价值为28.10亿元，减少二氧化碳、二氧化硫排放效益价值9.16亿元；新增湿地每年固定二氧化碳、释放氧气、调蓄洪水、净化水质、保护生物多样性、旅游效益价值为12.9亿元），经济效益价值277.37亿元（年均增加木材价值125.35亿元，年产生物质柴油价值30.37亿元，年增加经济林产品价值22.93亿元，年增加园林绿化苗木花卉价值93.34亿

元，年增加森林公园门票收入5.38亿元），社会效益价值106.69亿元（新增就业岗位88.91万个，价值106.69亿元）。

六、实施《规划》的主要措施

（一）落实任务

把规划的5年任务按15%、20%、25%、25%、15%的比例落实到年度和省辖市、县（市、区），并逐级签订责任状，把任务和责任落实到位。

（二）加大投资

按照规划的不同内容，分别采取相应的政府主导、市场运作和政府引导扶持、吸引社会投资等投资办法，建立多元化的林业发展投资机制。

（三）种苗先行

根据规划实施进度测算出未来5年内全省造林绿化所需各树种的年度育苗任务，并分解落实到市、县。从今冬明春开始，加强优质树种的培育和优良品种的引进，抓好林木种苗基地建设，大力推广苗木快速繁育技术，培育数量充足的良种壮苗，保证规划实施的苗木供应。

（四）科技兴林

大力推广林业新技术、林木新品种和种植新模式，提高林业生态系统的稳定性和林业产业的效益。

（五）深化改革

对全省88个国有林场落实中央分类经营的改革措施；将2 348万亩集体林和宜林地明晰产权，规范林地、林木流转，放活经营，调动林业经营者的积极性。

（六）依法治林

严厉打击各种毁林犯罪行为，切实维护林业经营者的合法权益，巩固林业建设成果。

七、建议

（一）加大林业投入

经初步测算，完成《规划》任务大约需要各级财政投入279亿元。为保障《规划》的顺利实施，除争取国家86.64亿元林业建设投资外，建议从2008年开始，今后5年省本级财政对林业投资44.1亿元，约占省本级财政一般预算支出的2%；市级财政安排林业投资69.5亿元，约占其财政一般预算支出的1.8%；县级财政安排林业投资78.76亿元，约占其财政一般预算支出的1%。

（二）签订责任书

省政府同意批转规划后，为进一步落实责任、明确任务、有效实施，应与各省辖市政府签订责任书。

（王照平厅长在省政府常务会议上的工作汇报）

刘有富副厅长
在全省林业生态省（生态河南）建设规划编制工作座谈会上的讲话

(2007年8月17日)

同志们：

刚才，照平厅长正确分析了当前的林业形势，强调了编制规划的重要作用，提出了规划的总体要求和建设重点，大家要全面领会、贯彻落实。下面我就林业生态省（生态河南）建设规划编制的具体要求谈一些想法，作一些说明，请大家提出意见。

一、关于规划的指导思想和建设目标

省《规划大纲》中对林业现状的主要成就的判断有六条，这是主流，没有这个判断就没法肯定我们一代又一代务林人的贡献，也没法增强我们的信心；问题主要有四个方面，即资源总量不足、森林覆盖率低；生态环境脆弱、建设任务艰巨；森林质量不高、经营管理粗放；资金投入不足，支撑保障能力不强等。

我省地形地势复杂，林业发展的条件各异，各地的工作成就各有优劣，各地的分析判断也不尽相同。有些县林业用地面积较大，要解决的就是如何提高林地质量、更好地发挥林地的多种效益问题；有些县林业用地面积较小，发展空间狭窄，所要解决的就是如何增量提质问题；有的县产业发展较快，要解决的是做大做强问题；有的县产业严重不足，要解决的是环境问题，以促使产业快速发展。做规划的每位同志，应该根据当地的特点、重点和要点，找准当地急需解决的主要矛盾。正确地分析矛盾和问题是解决问题的基础，如果分析不准确、不透彻，就没法产生一个符合当地实际情况的判断，也就不能将当地的林业发展推向一个新的高度。

基于对全省林业形势的分析判断，这次省规划指导思想和建设目标的制定有以下几个特点：

一是时间的针对性。我们已制定了并正在实施“十一五”规划,现在要求制定的是跨“十一五”和“十二五”的规划，从时间段上与省政府任期相衔接，也是下一届省政府关于林业发展的规划，与此同时，展望到“十二五”末，时间针对性很强。

二是空间的拓展性。李成玉省长一直强调河南林业发展有得天独厚的自然优势，应充分利用现有的土地空间，扩大森林资源。河南的整个空间是有限的，林业如何将已有

的林地空间充分利用，将未被利用的空间利用起来，将不是林地除基本农田以外可以利用的空间全部利用起来，我们要在拓展上做文章。我省现有林业用地面积6 846.15万亩，只占全省土地总面积的27.33%，林地资源总量不足，难以满足经济社会发展对林业日益增长的多种需求。这次规划就是充分利用我省现有的土地空间，提高林地质量，扩大森林资源，拓展发展空间。

三是效益的多重性。林业的效益是现实的也是多重的，但由于我们没有注意宣传，没有科学的评估，往往没有被社会认识，特别是没有被党政领导所认识。我们要通过规划的制定，将森林及湿地等的生态、经济、社会等多重效益宣传出去，特别要注重宣传森林及植树造林在降耗减排、扩大工业环境容量方面的重要作用，以及改善生态环境，促进人与自然和谐的首要作用。

四是地区的平衡性。我省山区与山区、平原与平原以及山区与平原环境条件相差很大，林业发展的侧重点各有不同，规划目标对平原、山区的指标有一原则要求，这是全省的平衡点。各市也要找出自己的平衡点，并且这个平衡点要高一些，否则难以达到全省的要求，如有些山区县森林覆盖率达到60%以上，决不能认为超过省大纲要求的50%就满足了。所以，我们制定整体的不同的目标，分区实施，平衡发展。

五是目标的明确性。我们就是要提出明确的目标——建设林业生态省。到2012年，全省确保有80%的县（市）实现林业生态县，初步建成林业生态省。到2015年全省所有县（市）达到林业生态县，建成林业生态省。

二、关于技术标准

1.本次规划基础数据的基准日为2007年6月30日。各市、县的调查和测算都要以这个时间为准。

2.地类分类系统及划分是按二类调查细则执行的。

3.生态廊道建设标准分为五级。一级是南水北调中线工程干渠，两侧各栽植宽度100米以上树木；二级是铁路、高速公路、国道、四大水系干流及一级支流、干渠，两侧各栽植10行以上树木；三级是省道、景区道路、二级支流、支渠，两侧各栽植5行以上树木；四级是县乡道、三级支流，两侧各栽植3行以上树木；五级是村级道路、斗渠，两侧各栽植至少1行树木。树木行距一般应在2米以上。这些指标都是最低的要求，重点地区、重要地段要适当提高标准，加大宽度，达到绿化和美化相结合的效果。三级及以上廊道沿线第一层山脊2公里范围以内要高标准绿化，四级及以下廊道第一层山脊1公里范围以内也要高标准绿化。

4.农田林网的网格面积一般平原农区在300亩以内，稻作区可在400亩以内，风沙区不得超过200亩。

5.中幼龄林抚育是指对林地和中幼龄林木所采取的松土除草、间株定株、割灌修枝、抚育间伐等一系列抚育管理措施。抚育密度过大而分化明显、遭受轻度自然灾害、林木生长发育已不符合特定主体功能的林分。

6.低质低效林改造的对象是：郁闭度小于0.5，自然灾害严重（受害木超过20%），林木生长不良达不到防护效果的林分。

三、关于规划布局

根据我省不同区域的自然条件和决定区域分异主导因素以及林业建设现状，进行林业建设生产力布局优化配置，形成以生态建设为主线、以林业生态县创建为载体、以重点工程建设为依托、发展与保护相协调的林业发展态势，将全省林业建设在地域上按"两区"（山（丘）区，以下简称山区、平原区）、"两点"（城市、村镇）、"一网络"(生态廊道网络）进行总体布局。

这是基于省级规划的布局，各省辖市、县（市）在总体布局时应结合当地的自然地理特征合理布局，全省在总体布局时不可能囊括所有区域。如伏牛山区根据该区的降雨量、气候、植被、土地资源特点等自然条件的差异，还可划分为伏北区和伏南区等。

1.两区，包括山区和平原区

（1）山区。包括太行山区、伏牛山区、大别桐柏山区，其中包含丘陵区。该区是我省林业建设的重点区域，不仅担负着保障全省生态安全的重任，而且是林业产业发展的重要基地。

——太行山区。岩石裸露较多，坡陡顶缓，土壤瘠薄，降水量小，蒸发量大，植被相对较差，在全省来说生态最脆弱、治理难度最大、任务最艰巨。因此，建设重点就是要在对现有森林植被全面加强保护和经营管理的同时，因地制宜、综合治理，多林种、多树种科学配置，实行封飞造一齐上，乔灌草相结合，加快治理速度和提高治理质量，尽快提高森林覆盖率，减少水土流失。

——伏牛山区。自然条件相对太行山区来说要好一些，局部生态也较为脆弱，造林难度也不小，主要因为现有宜林地基本上都是"硬骨头"，当然还有不少陡坡耕地，条件不错。所以，这个区的建设重点是：在抓好资源保护的基础上，加强中幼林（尤其是飞播林）抚育和低质低效林改造，提高林地生产力和防护效能，改善生态环境。

——大别桐柏山区。这里是革命老区，经济发展相对落后，但具有优越的光热水土条件。林业产业发展潜力巨大。其建设重点是：在不断改善生态的前提下，有效提高森林资源质量，调整森林资源结构和林业产业结构，充分发挥森林综合效益。

（2）平原区。主要指我省的黄淮海平原和南阳盆地，为我省粮、棉、油生产基地。包括一般农区、风沙区、低洼易涝区。

——一般农区。这是我省的粮仓，为确保粮食稳产高产，重点要加强农田防护林改扩建工程，大力发展用材林和工业原料林、园林绿化苗木花卉等基地。

——风沙区。河南省第三次沙化土地监测时是44个县（市、区），现在由于开封市郊区被撤销分解到5个区中，因此，省级规划在郑州、开封等10个市的48个沙化土地监测县（市、区）内实施。建设重点是在流动、半流动沙丘（地）上营造防风固沙林，在沙化耕地上高标准建设农田林网和农林间作。

——低洼易涝区。该区是我省林业建设比较薄弱的地区，地势低平，海拔一般为40~50米，多为浅平凹地和湖洼地，河道曲折，排水不畅，容易发生积水的地方。这次主要规划滩区、滞洪区，涉及信阳、驻马店、平顶山、漯河、周口等5个市22个县（市、区）。建设重点是完善提高农田防护林体系，着力营造用材林及工业原料林，造林树种选择上要因地制宜。特别是李成玉省长讲到的老王坡、杨庄等滞洪区要结合实际大胆提出强化生态建设的意见，我们要深刻领会，搞好规划。

2.两点，包括城市和村镇

（1）城市。在城市（含县城）建成区及近郊区规划。重点建设以环城林带、城郊森林为主的城市森林生态防护体系。

（2）村镇。以乡（镇）政府所在地、村庄建成区为单位规划。规划以村镇为基础、以农户为单元，包括村镇周围、街道和庭院绿化。

3.一网络

即生态廊道网络，包括南水北调中线工程干渠、全省所有铁路、公路、河渠及重要堤防绿化。

四、关于重点工程

工程建设是林业生态建设规划的主体内容，是实施规划的重要依托，“以大工程带动大发展”是林业实现跨越式发展的基本战略途径，除了继续实施好天然林保护工程、退耕还林工程、重点地区防护林工程、野生动植物保护和自然保护区建设工程、速生丰产用材林基地建设工程等国家五大林业重点工程外，我省规划新启动6个省级重点生态工程和4个林业产业工程，这些工程是经过我们认真研究、多次整合的基础上确定的，当然还有一些其他的省级工程没有列入，各市、县（市）也可因地制宜进行规划。

1.工程建设内容

包括省级重点生态工程和省级林业产业工程。

（1）六个省级重点生态工程。

——山区生态林建设工程。在全省山区丘陵区重点实施水源涵养林和水土保持林工程、生态能源林工程、生态移民工程、矿区修复工程等。

——农田防护林体系改扩建工程。在一般平原农区、低洼易涝区，对断带和网格较大的地方进行完善提高，积极稳妥地推进成过熟农田防护林更新改造并扩大规模。

——防沙治沙工程。在风沙区，凡流动、半流动沙丘（地）全部营造防风固沙林；在风沙危害程度为轻度和中度的沙化耕地上营造小网格农田林网和林粮间作；在一般泛风沙耕地上营造农田林网。

——生态廊道网络建设工程。对现有已绿化但未达到标准的廊道要完善提高，对现有未绿化和规划期内新增各级廊道进行高标准绿化。

——城市林业生态建设工程。主要在城市建成区以外的农区建设。在生态脆弱或者有些关键部位要结合美化营造城郊森林，距离城市10公里范围内的近郊营造环城防护林

带。现在我提出环城防护林带建设标准供大家讨论：按城市规划人口在100万以上者，规划的环城防护林林带宽度要达到100米以上；规划人口在50万以上者，宽度要达到50米以上；规划人口在10万以上，宽度要达到20米以上。

——村镇绿化工程。重点是搞好围村林、道路及庭院绿化。围村林带建设一般要在10米以上；道路两侧至少各栽植1行乔木，较宽的主要道路要配置灌木花草相搭配的绿化带；庭院要根据实际情况，提倡平面绿化与垂直绿化相结合。

(2) 四个省级林业产业工程。

——用材林及工业原料林。按照“速生、优质、高效”的要求，在豫北、豫南发展以杨树、松树等为主的林纸一体化原料林基地，在豫东、中部发展以杨树、泡桐等为主的林纸林板一体化原料林基地，着力在滩区、滞洪区发展以杨树为主的速生丰产林基地。初步规划建设用材林及工业原料林基地420万亩左右。

——经济林。围绕“绿色”、“有机”，突出名优特新。重点建设大别、桐柏山区的茶叶、板栗基地，伏牛、太行山区的核桃基地，黄土丘陵区的苹果基地，浅山丘陵区的柿子、石榴基地，平原沙区的大枣、梨、葡萄基地和城市郊区的时令鲜果基地等；在伏牛山区建设山茱萸、辛夷、杜仲等森林药材基地。初步规划建设经济林基地350万亩左右。

——园林绿化苗木花卉。初步规划新建园林绿化苗木花卉基地30万亩左右，达到110万亩左右。

——森林生态旅游。以生态观光、休闲度假、科普教育等为主要目标，加强森林公园、自然保护区、国有林场的生态旅游和生态文化基础设施如博物馆、展览馆等建设，建成太行山、嵩山、小秦岭—崤山—熊耳山、伏牛山、桐柏—大别山、黄河沿岸及故道、中东部平原等七大森林旅游区。

产业工程的规划一定要注意以市场为导向，与当地的环境相结合，与当地的特色相结合，与群众的意愿相结合，在实施过程中，绝不能搞强迫命令。

2.要正确处理国家和省级重点工程的关系

在我省正在实施的有天然林保护工程、退耕还林工程、重点地区防护林工程、野生动植物保护和自然保护区建设工程、速生丰产用材林基地建设工程等国家五大林业重点工程，这次规划是在国家林业重点工程的基础上，根据我省实际整合出的十大省级重点工程，这并不冲突，省级工程是对国家工程的补充，将要和国家重点工程同步实施，各市、县（市）在规划制定中要正确处理国家和省级重点工程的关系，不能生拉硬拽，可以根据当地的实际情况因地制宜地进行规划。

五、关于森林经营管理

关于森林经营管理的问题，在以前的不同规划中多次提到，每年的生产计划也都有任务，但考虑到投资的限制，年度核查也没有列入，实施情况省里仅靠统计时掌握了一些数据。据了解，实际情况不是很理想。根据当前林业形势，到了把中幼龄林抚育和低

质低效林改造作为提高我省森林质量的重要手段提上议事日程的时候了。大家知道，我省是全国人口第一大省，人口密度很大，又是全国重要的商品粮基地，发展林业的土地空间潜力比较有限，可我们的经济也要发展，生态需求在不断扩大。李成玉省长也明确指出我们要提高绿化标准，提高森林质量。这就要求我们必须重视中幼龄林抚育，加快低质低效林改造，提高林地生产力。利用我们现有的林地和森林资源，通过森林经营管理，培育多品种、多树种、生物多样性丰富的森林生态网络系统，使之成为布局合理、结构稳定、功能齐全、效益兼备，多层次、复合型森林生态网络体系，充分发挥森林的多种效益，提高其在降耗减排中的作用，扩充生态承载力，为经济社会发展作出新贡献。

应该进行抚育的中幼龄林和应该改造的低质低效林标准已经讲过了，各地在调查时一定要实事求是，严格按照标准，该进行抚育的中幼龄林、该进行改造的低质低效林不要遗漏，争取以行政村（林场以林班）为单位，调查清楚。规划时，根据不同的情况，采取不同的抚育和改造措施。结合我省实际，参照国家有关标准，按照林龄顺序，我省宜采用的主要抚育措施有定株抚育、修枝、疏伐和间伐、卫生伐、景观伐五种。

低质低效林宜采用的主要改造措施有补植改造、封育改造、综合改造三种。

各地在进行中幼龄林抚育和低质低效林改造调查时，要在现地针对具体情况提出具体的措施，编写规划时才能“言之有物”、“言之有据”，才能保证规划的合理性与可行性。

六、关于支撑体系建设

关于支撑体系建设是由省里统一规划，还是“市、县规划，省里汇总”，我认为各有利弊。省里统一规划，好处是便于全省统一布局，弊端是不容易掌握市、县的真实所需。先由市、县规划，好处是容易发现当地的制约瓶颈，弊端是各自为政，不利于全省合理布局，汇总起来难度比较大。我认为采取“上下结合，统筹兼顾”的方法规划还是比较好的。这作为一个问题，请同志们讨论，形成统一意见后，写进规划编制办法印发。

支撑体系的主要建设内容包括以下四个方面：

一是森防体系。过去也叫“三防体系”，包括森林防火、森林公安和林业有害生物防治等三个方面。

森林防火建设具体包括森林火灾预警监测、指挥系统、消防队伍、防扑火物资储备等，目前依托的主要工程有国家重点火险区综合治理、国家级物资储备建设。国家的重点火险区综合治理工程基本是以山系来区划的。在我省，平原林业不但是林木蓄积量增长比较快，而且是拓展林业发展空间的重要方式。我省的农田防护林已经成了全国的典范，为我省争了光。我认为省里规划应该注重在国家工程覆盖不到的平原地区和浅山丘陵地区，但建设内容要切合实际，以配备消防机具为主。同时探索和建立森林防火多层次、多主体的社会化投入机制和森林火灾扑救补偿机制。

森林公安要围绕“由管理型向实战型转变”的总体思路，落实政法编制，抓紧推进“三定”和人员过渡，加强办公设施、通信条件、装备器材和基础设施建设，完善监督机

制、督察机制、教育培训机制，重点落实44个贫困县派出所的基础设施建设。建立各级森林公安指挥中心，达到办案信息化、指挥自动化，提高信息反馈、快速反应和综合破案能力。

有害生物防治体系建设，继续实施好国家杨树天牛、松脂大小蠹、马尾松毛虫等主要林业有害生物治理工程，防止重大危险性有害生物的传入和蔓延。加强林业有害生物监测预警体系、检疫御灾体系、防治减灾体系建设，实现林业有害生物防治规范化、科学化、信息化。重点加强无公害防治、灾害测报、种苗产地检疫等设施建设。

二是森林资源管理和监测体系建设。包括森林资源管理体系和森林资源监测体系。也就是建立以资源行政管理为主体，以资源综合监测和资源监督检查为两翼（简称“一体两翼”）的森林资源管理体系。

森林资源管理体系主要是建立包括林木采伐、林地林权、木材流通等在内的林政信息管理系统，加强市、县级林政机构技术装备和基础设施建设，改善林政管理和林政执法条件。建立和完善森林资源林政案件的举报查处制度和责任追究制度。

加强森林资源监测的基础建设,充分利用这次全省“森林资源规划设计调查”（简称“二类调查”）的成果，建成集森林资源、野生动植物资源、沙化土地监测等为一体的综合森林资源监测体系。加强以县（市）为单位的森林经营方案编制工作，加快基础数表和规程规范的制定与更新。完善营造林综合核查制度，完善和加强森林资源综合监测体系，建立健全包括林地、林木、野生动植物等森林资源的综合监测机构，改善省级和市级森林资源监测机构的设备和设施，提高监测能力。

三是科技服务体系建设。包括林木种质资源保护工程、林木种苗质检体系、重点实验室、基层林业服务体系建设等方面。

林木种质资源保护工程是指通过对具有优良和特异性的个体资源进行观察选择与收集，建立基因库，并对植物的生物学特性及其与环境的关系，以及材质、抗逆性等方面的观察研究，利用选择测定、杂交育种、基因工程等育种手段培育林木新品种的一项科技含量相对较高的基础性工程。各地可根据实际情况进行规划。

林木种苗质检体系建设根据相关规划，优先考虑省辖市和重点县。主要建设内容是加强种子苗木的质量检验设备购置和人员培训。

重点实验室建设优先考虑省林科院、省林校和市级林科所等教学研究机构。建设重点是加强对全省或区域林业发展有重要影响的学科实验室建设，完善实验设备、设施的购置。在稳定现有人才队伍的同时，积极引进博士等高学历人才，省林科院在条件成熟时，要建立我省林业博士后流动站。要提高科技转化和技术服务能力，推进科技进林区工作。

基层林业服务体系建设按照“健全、规范、提高”的建设方针，根据森林资源管护和林业生产任务的实际需要，合理设置、科学定岗，将林业站纳入公益事业管理。以“管理规范、设施完善、队伍精干、办事高效、保障有力”为目标，全面提高基层林业服务站的建设水平，充分发挥其在林业生态建设和社会主义新农村建设中的重要作用。

四是基础设施建设。包括林木种苗基地和林业信息化建设。

林木种苗基地建设，要根据各地林业建设任务，在准确测算林木种苗需要的品种、规格和数量基础上，按照“以县为主，市里平衡”的原则，合理布局优质苗木繁育基地和林木种子基地（含良种基地和采种基地），突出良种壮苗基地化繁育。

林业信息化重点加强信息基础设施建设，首先要解决信息容量问题，没有大量可用信息，就是“空港”；其次要解决全省林业系统信息互联互通问题，否则就是“孤港”；其三要解决信息利用问题，利用不好就是“废港”。建成基本覆盖全省林业系统的办公业务资源网（政务专网）；全面启动和推动林业视频会议系统、林业公文传输系统、林业电子办证系统、林业信息公众服务系统等建设，基本形成林业信息化综合体系，逐步推行网上办公和网上审批，要利用二类调查成果，建立信息平台，实现森林资源管理信息共享，提高林业行政管理和服务效率。

七、关于投资估算与效益分析

投资估算与效益分析是我们规划可批、可行的关键。

一是要科学测定投资标准。省里规划组在编制办法里给定了一些投资标准，是参照去年国家林业局搞的“营造林投资标准”（作为国家标准已经征求过意见，尚未印发），综合了各方面情况测算的。具体标准我不再一一列举，请同志们结合当地实际和全省的情况讨论，如果认为哪些标准定得有些高，或者有些低，讨论时尽管提出来，省规划组将根据讨论意见作进一步修改。

二是要严密估算投资。在投资估算中，要做到“打足”“打实”。所谓“打足”，就是要在科学测定投资标准的基础上，不能遗漏，不但营造林要进行估算，支撑体系等建设也要进行估算，同时要经得起时间考验，要对形势变化及市场调整等因素引起的投资增加或减少有充分的预测。所谓“打实”，就是投资估算要符合实际，不能“冒估”，不能重复，要经得起推敲。不能像以前有些地方，为了争取项目，降低投资，也不能为了争取投资，提高建设标准。大家都知道，市、县级规划要经过多次论证、报请同级政府批准或人大通过，投资估算一定得做到打足打实、规范合理。

三是要保证资金筹措到位。一个规划能否全面实施，很关键的一个问题就是资金筹措。以前有句话叫“规划，规划，墙上挂挂，纸上画画”，形象地说明了规划不能全面实施给人们留下的不良印象。当然造成这种现象有着方方面面的原因，如规划不符合实际、投资计划和规划不衔接等，但我认为最主要的原因是资金筹措方案不当，投资不能按照规划及时足额到位。本次规划的资金筹措，原则上重点生态工程建设以政府投资为主，吸引社会资金为辅；重点产业工程以吸引社会资金为主，政府投入只是作为政策性引导给予扶持。至于重点生态工程建设省、市、县的投资比例按什么比例筹措，重点产业工程是单给予贴息扶持还是给予多高比例的资金扶持，请在座各位讨论并提出意见。

这次规划，省政府主要领导已经明确表态，全省对林业的投资争取占到财政年一般预算支出的2%。我想，省辖市对林业的投入是不是也得争取达到市本级财政支出的2%？

县（市）级财政比较困难，但能不能争取达到1%？比较宽裕的县（市）能否达到3%？请在座各位认真考虑。

为了争取市、县财政对林业的投资，我们要把增加地方财政对生态建设的投资程序化、法律化。在规划项目时，一定要对当地的财力有充分估计，比较困难的市、县级财政，主要财力应放在上级项目配套投资的落实上；财力相对较宽裕的市、县，可以谋划一些本级重点建设项目。另外，对于需要吸收社会投资的一些产业项目，各级林业主管部门一定要从服务的角度，做好行政审批、技术服务等投资环境软件建设，切实树立服务意识，让投资者愿意来、投得放心、有收益。我们正在进行的集体林权制度改革，就是为了从根本上创造适宜的投资环境，吸引社会力量共同办林业。当然，当省规划的目标定了之后，纳入省里投资的项目，省政府也会同意按相应比例投资的。那么应该市、县筹集的资金，在座的各位也要想想办法，主动汇报，积极争取，确保落实。只要投资有保证，再通过强化监督等管理措施，规划目标就能实现。

四是要全面分析规划效益。森林的效益是多方面的。我们在进行效益分析时，一定要全面。不但要测定木材、果品、花卉苗木、生物柴油、旅游等直接的经济收益，而且要分析安排就业等社会效益价值，更重要的是要进行包括减少土壤流失、蓄积养分、涵养水源、吸收二氧化碳、释放氧气、庇护农田、净化环境、保护野生动物、减少地质灾害、森林景观休闲等生态效益价值的测定。最新研究表明，森林的生态效益价值是直接经济价值的13~18倍。只有充分测算森林的各种效益价值，为政府当好参谋，增强社会各界投资林业的决心和信心，才能保证林业建设的投资，才能使我们的规划顺利实施。

八、关于保障措施

保障措施是规划能否顺利实施的关键所在。林业生态省建设规划中提出的保障措施既做到与国家林业局和省委省政府已有的主要政策措施保持一致，又要考虑到在今后5~8年之内加快林业发展的特殊要求，以增强可操作性。针对当前林业发展的环境条件，我们提出六项措施。

一是加强组织领导，落实目标责任。实行政府一把手负责制，组织协调相关部门工作，解决规划编制和实施中的各种问题。按李成玉省长要求，省规划要经过政府通过，要对下签订目标责任制后，将规划目标逐年层层分解到各级政府。把林业发展业绩与领导干部考核紧密地结合起来，切实落实任期目标责任制。

二是加大政府投资，拓宽融资渠道。在林业生态建设方面以政府投入为主、社会投入为辅，各级政府要把公益林建设管理及林业基础设施、服务体系建设投资纳入财政预算，并予优先安排。林业产业发展以市场投资为主，政府投资为辅，充分发挥政府对产业发展的引导作用，引导林业企业向符合国家产业发展政策的方向发展。积极探索吸引社会资金投入林业建设的政策和机制，建立健全适合各种所有制林业发展的政策体系和管理机制，营造各种所有制、各类投资主体公平竞争的“谁投资、谁受益”的林业发展环境。

三是深化林权改革，增强林业活力。以建立“产权归属清晰、经营主体到位、责权划分明确、利益保障严格、流转顺畅规范、监管服务有效”的集体林权制度为目标，在已进行的确权发证为主要内容的试点基础上，扩大试点范围；在10月份左右，全面推进集体林权制度改革，确保2008年底全省集体林地确权发证大头落地。与此同时还要进行综合配套改革试点。不管是公益林还是商品林，不管是防护林、用材林、经济林还是特种用途林，最终都要实现“林有其主、主有其权、权有其责、责有其利”的生产格局。靠机制调动各类主体经营林业、投资林业的积极性，充分挖掘我省林地的生产潜力，全面提升林地的综合效益，为农民创造新的增长途径，实现林业可持续发展。

四是抓好典型示范，推动林业发展。要分区域、分类型、分工程将基础条件好、发展潜力大、积极性高、进步大的县（市）列为示范县。探索新形势下林业发展的新思路，以典型示范作用带动其他县（市）的发展。加快推进林业生态县等创建工作，以林业生态县建设为载体推动林业跨越式发展。对被授予“林业生态县”等称号的单位，省里将给予表彰和奖励。

五是完善政策措施，坚持依法治林。认真贯彻执行《全面推进依法治林实施纲要》及《河南省林业厅关于〈全面推进依法治林实施纲要〉的实施意见》。加强立法工作，争取省人大、省政府制（修）订适合我省实际的推动林业发展的规章和规范性文件。加大林业执法力度，严厉打击破坏森林资源的违法犯罪行为。健全林业执法监管体系，提高执法队伍素质，优化林业执法的环境和条件，增强林业执法能力，建立起一个权威、公正、高效的林业综合执法体系。严格执行森林采伐限额制度和林地征占用审核、审批制度，保护建设成果。

六是实施人才战略，强化科教兴林。通过重点学科、重点实验室建设和重大项目的实施，培养一批养高层次的林业管理人才，提高管理服务林业的能力；加强林业教育培训，完善和提升林业系统专业技术人员的知识结构，提高其技术水平和创造能力；加强林业产业经营管理人才队伍培养，努力造就一批熟悉国内国外市场、具有开拓能力的林业产业经营人才。大力推进林业新科技革命，为林业生态建设和产业发展提供强有力的科技支撑。加强基础研究和高新技术研究，提高林业科技的基础理论水平和自主创新能力；强化科技攻关，突破林业重点工程建设技术瓶颈；加速科技成果和实用技术的推广应用，发展林业科技产业。

九、关于调查统计和规划表的填写

第一，调查统计。调查摸底是科学规划的前提。家底不清，现状不明，科学规划就无从谈起。本次规划需要收集大量的基础数据，各市、县可以通过调查访问、查阅资料等方法从有关部门获得已经调查统计出来的数据，如各市、县（市、区）的基本情况和社会经济情况等；有些数据还需要查找相关部门的规划资料，如廊道建设就要到交通、水利部门查看这次规划期内新增廊道建设情况等；有些必须通过外业调查才能得来，如各县（市、区）林业资源现状、矿区现状、生态移民情况等。

有关林业资源现状的数据要尽量利用二类调查统计结果，不能再像以前那样使用历年上报累计出的数据或者拍脑袋拍出来的数据。大家要认识到这一点，这很重要，像你那个市、县（市、区）共有多少林业用地，其中宜林地有多少？现有廊道有多少公里？多大面积绿化标准不高，有多少还未绿化？农田防护林有多少不完整林网？还需要新建多少林网、间作？需要生态移民多少？移民后能腾出多少土地用于造林？城市、村庄绿化现状如何？还需要增加多少绿地才能达到建设标准？等等，只能从二类调查统计结果中来。规划要有准确数据作支撑，只有大量翔实可靠的数据，才能确保规划的科学性和可操作性。需要注意，有些基础数据省级规划编写组已经收集到，并且统计到县（市、区），下面都可以直接使用，如各沙化土地监测县（市、区）的沙化土地现状；有些数据是依据以往资料进行总体控制的，不能出入过大，如无林地、中幼林抚育、低质低效林面积等。我们靠森清结果最多掌握到省辖市，可能到时候有些县（市、区）二类调查详细结果出不来，但只要我们加快进度，实行卫星图片判读与实地踏查相结合，误差较小的数据还是有的。

第二，规划表的填写。各地要在掌握当地基本情况的基础上，注意搞清表格之间的逻辑关系，因地制宜，实事求是地分区、分工程、分年度进行详细规划，并将规划结果按照要求填入相应表格中。

在规划表填写时要特别注意几个问题。首先，有些工程规划厅里已完成，如生态能源林建设工程、防沙治沙工程等，建设规模已规划到县，这些基础数据都可以直接用于规划。其次，有些表格要求填写较为详细、具体，如生态廊道网络建设工程规划要求具体到某一条廊道，需规划完善多长，规划新绿化多长，其中，现有规划绿化多少，规划期内再新增多少，等等，本次规划都要与相关部门的规划相结合、相统一。至于年度安排问题，厅里已考虑过，尽量往前赶，前三年保证大头落地，后两年扫尾、完善、提高，大致按2:3:3:1:1的比例安排各年度任务。

十、关于规划编制办法

这次规划要求以工程为单元，以县（市）为单位，分省、市、县三级编制，区级规划的编制原则上由市局统一编制，还有些农区占面积较大的区，是单独编制还是统一编制，由各市确定。无论何种方法，要确保不重不漏。由于规划编制时间紧、任务重、标准高、要求严，要编制好规划，必须做到以下几点。

首先要因地制宜、实事求是。要坚持实事求是的思想路线，对你那个辖区里自然条件、资源有什么优势？有什么特点？有多大发展潜力？存在哪些问题？离建设目标还有多大差距？这些问题要研究透彻，拿出符合当地实际的规划思路、建设目标、规划方案、具体规划等。这种规划才科学，才能付诸实施。

其次要自下而上、上下结合。省厅经过近期紧张、忙碌、有序的准备，已经拿出了《河南林业生态省（生态河南）建设规划大纲》（讨论稿）、《河南林业生态省（生态河南）建设规划（市、县）编制办法（讨论稿）》提请大会讨论，形成共识后尽快印发下

去，望各市、县要领会精神，把握标准，依据会议通过的规划大纲及编制办法，按时按要求完成规划材料，并及时上报。上报后还要进行不断的衔接，省级规划编写组要把各市、县规划材料进行审查、整理、汇总。省里在编制省规划过程中，也要不断与市里进行通气、沟通。只有这样，才能确保按时完成《河南林业生态省（生态河南）建设规划》的编制和论证，同时也能确保省、市、县三级规划的一致性。

再次要统筹兼顾、主动协调。要协调整合各方面力量，做好规划编制工作，这不仅是技术问题，也是民主科学的需要。各市、县（市）在规划编制过程中要切实加强与国土、城建、农业、交通、水利、环保等相关部门的沟通和协调，将他们的规划内容纳入各级林业生态建设规划之中，确保全省规划的完整和统一。

最后要依法编制、抓紧实施。由于全省林业生态建设规划10月份必须呈报省政府，年度投资争取纳入明年的财政预算之中，并确保年底前省政府审批后下发，时间很紧，各市、县要迅速行动，精心组织，依据《中华人民共和国森林法》、《中华人民共和国森林法实施条例》、《中华人民共和国防沙治沙法》等法律法规和厅里制定的大纲、编制办法，科学编制。统计表和规划表汇总后，务必于9月15日前报省林业厅。各级规划文本编制也不能懈怠，确保11月份经同级人民政府批准或同级人大通过。同时各级林业主管部门要为同级政府做好明年规划实施的准备当好参谋，争取资金安排早进入预算，力争今冬明春植树造林有一个良好的开端。

同志们，《林业生态省（生态河南）建设规划》编制工作任务艰巨、意义深远。《规划大纲》和《规划编制办法》虽然经过多次讨论，但是由于涉及内容多、编制时间短，有些地方还不够规范、不太准确，深度也不一定符合要求。大家要创新思维、畅所欲言，多提修改完善意见，为今后我省林业的快速发展奠定扎实可靠的规划基础。

谢谢大家！

第二章　重要文件

河南省人民政府办公厅关于在全省开展森林资源规划设计调查的通知

（豫政办〔2007〕59号）

各市、县人民政府，省人民政府有关部门：

为认真贯彻落实省政府第177次常务会议精神，实施更高水平的绿化工程，提高绿化标准，加快和谐中原建设，省政府决定在全省开展森林资源规划设计调查（以下简称二类调查）。现就有关事宜通知如下。

一、充分认识开展二类调查的重要性

二类调查是科学编制林业工程规划和加强森林资源管理的基础，对进一步实施更高水平的绿化工程，提高全省绿化水平，加快社会主义新农村建设具有重要作用。各级政府要从落实科学发展观和建设和谐社会的高度，充分认识森林资源二类调查的重要性，认真履行《中华人民共和国森林法》赋予的职责和义务，切实把这项工作列入重要议事日程，保质保量按时完成任务。

二、进一步明确调查任务和时间要求

（一）调查目标

二类调查按国家制定的统一技术规定，以县级行政区域或国有林场、自然保护区等为调查单位，全面查清全省森林资源的现状与分布；完善全省林地林权登记、变更制度；建设省、市、县三级森林资源数据库及信息化管理系统；满足各级政府编制林业发展和国民经济发展规划及科学经营决策需要。

（二）主要任务

主要采用先进的“3S”技术，以卫星正射影像图为基础，核对森林经营单位的境界

线，室内区划林区、林班和小班，实地逐小班调查各类林地和各森林类别的面积、蓄积、权属，调查与森林资源有关的自然地理环境和生态环境因素，调查森林经营条件、前期经营措施和成效，建立省、市、县三级集影像、图表、数据为一体、互联共享的资源管理数据库。

（三）时间要求

二类调查要按照全省统一部署，有计划分步骤实施。2006年以来，我省结合试点工作，已组织豫北32个县（市、区）完成了外业调查。其余县（市、区）要于2007年10月31日前完成外业调查。全省所有县（市、区）要于2007年12月31日前完成数据录入汇总任务，2008年5月31日前完成二类调查成果整理、验收和审定任务。

三、强化措施，确保调查任务圆满完成

（一）加强组织领导

二类调查业务技术性强、涉及范围广、任务重、时间紧，各级政府要成立以政府分管领导为组长的二类调查领导小组，负责调查的组织领导，协调解决调查中的重大问题。领导小组办公室设在各级林业主管部门，负责二类调查工作的具体指导和督促检查，确保二类调查有序、有效展开。

（二）落实工作经费

二类调查涉及面广、工作量大，使用“3S”先进技术，需要投入一定的人力、物力和财力。按照分级管理、分级负责的原则，本次二类调查所需经费由省、市、县三级按承担的任务共同分担。省级已筹资1 200万元用于购买全省卫星遥感图像和电子地图数据及处理数据的仪器设备等，各省辖市、县（市、区）政府要将此项工作与第二次全国土地调查相结合，统筹安排，拨出专项经费，确保二类调查顺利开展。要严格按照国家和我省有关资金使用管理的规定，加强对工作经费的管理，最大限度地节约经费，提高资金使用效率。

（三）确保调查质量

要层层建立健全目标责任制度、质量监督检查制度、质量追究制度、调查会议制度、调查工作汇报和通报制度等，严格质量检查管理措施，明确相关部门和相关责任人的责任。各级政府要对本地的调查成果质量负责，切实保证调查成果真实、准确，严禁弄虚作假和篡改调查成果。对调查中出现质量问题或弄虚作假、伪造材料的单位和个人，将按照规定追究有关人的责任；对检查验收不合格或影响全省二类调查进度的地方，责令其重新返工，并在全省予以通报批评。

调查成果要严格保密，并按照有关规定进行审核，报省林业主管部门批准后方可使用。

二〇〇七年七月二日

河南省人民政府办公厅关于召开全省林业生态省建设规划编制工作电视电话会议的通知

（豫政办明电〔2007〕171号）

各省辖市人民政府，省人民政府有关部门：

省政府定于8月15日上午9时召开全省林业生态省建设规划编制工作电视电话会议。现就有关事项通知如下。

一、会议内容

安排部署全省林业生态规划编制工作。

二、参加人员

（一）主会场

省绿化委员会成员单位及有关单位（名单附后）负责同志和负责规划（绿化）的处室负责同志各1人。

河南日报社、河南人民广播电台、河南电视台记者。

（二）省辖市、县（市、区）分会场

各省辖市分管副市长，县（市、区）长、分管副县（市、区）长。省辖市、县（市、区）其他与会人员比照主会场确定。

三、会议地点

主会场设在省政府西会议厅，各省辖市、县（市、区）设分会场。

四、其他事宜

（一）各县（市、区）参会事宜由所在省辖市负责通知。

（二）请各省辖市和省直参会单位将参会人员名单于8月14日下午5时前报省绿化委员会办公室。

联系人：吕本超

联系电话：0371-65936122

二〇〇七年八月十四日

附件

省绿化委员会成员单位及有关参会单位名单

省发改委、财政厅、人事厅、农业厅、水利厅、建设厅、林业厅、交通厅、教育厅、国土资源厅、商务厅、南水北调办、环保局、广电局、煤炭局、畜牧局、黄河河务局、省政府发展研究中心、省地方铁路局、郑州新郑国际机场管理有限公司、省军区、省武警总队、省总工会、省妇联、团省委、郑州铁路局

河南省人民政府办公厅关于开展林业生态省建设规划编制督察工作的通知

各省辖市人民政府：

为贯彻落实全省林业生态省建设规划编制工作电视电话会议精神，切实做好林业生态省建设规划编制工作，省政府将派出督察组对各地规划编制工作进行督察。现将有关事宜通知如下。

一、督察时间

2007年8月30日至9月20日。

二、督察内容

(一) 组织领导情况。政府主要领导和分管领导是否亲自部署、亲自协调，及时研究解决规划编制中的重大问题；各相关部门是否切实履行职责，积极支持，协同配合；各规划编制单位是否成立工作班子，迅速全面开展规划编制工作。

(二) 责任制落实情况。是否按照要求落实责任制，将每项任务落实到具体承办单位；各规划编制单位是否明确行政责任人、直接责任人和技术责任人。

(三) 经费落实情况。规划编制经费是否及时足额到位。

(四) 调查调研情况。是否摸清家底，对辖区林情等基本情况认真开展调查；森林资源二类调查工作是否合理调配力量，强力推进；是否结合实际开展规划编制专题调研。

(五) 规划编制情况。是否与省规划大纲确定的建设布局、建设重点、技术标准相衔接，合理确定当地建设目标、重点和任务；与环保、水保、城市园林绿化等各类生态建设规划衔接情况。

(六) 工作进展情况。规划是否按省确定的进度进行；各类调查表、规划表是否实事求是认真填报。

三、督察要求

(一) 各督察组由厅级干部带队，分包各省辖市 (名单附后)，组成人员由省林业厅抽调。

(二) 督察采取听汇报、现场查看、查阅材料等方式进行，要督察到每个规划编制单位。省政府将不定期通报工作情况，对措施不力、行动迟缓的将通报批评，督促整改。

(三) 各督察组要从严要求，轻车简从，不搞接送，廉洁自律；要深入基层，认真督察，督察情况要及时向当地政府反馈；督察结束后，要向省政府形成专题书面报告。

河南省人民政府办公厅

二〇〇七年八月二十八日

督察组人员名单及联系方式

第一组：郑州市、许昌市

组长：刘有富 (省林业厅副厅长)

成员：杨朝兴、技术人员1名

联系人：杨朝兴　13703710335

第二组：洛阳市、三门峡市

组长：丁荣耀 (省林业厅副厅长)

成员：罗襄生、技术人员1名

联系人：罗襄生　13603719756

第三组：开封市、商丘市

组长：谢晓涛 (省林业厅副巡视员)

成员：甘雨、技术人员1名

联系人：甘雨　13803991586

第四组：平顶山市、南阳市

组长：张胜炎 (省林业厅副厅长)

成员：师永全、技术人员1名

联系人：师永全　13903718937

第五组：安阳市、濮阳市

组长：弋振立 (省林业厅副厅长)

成员：刘雪洁、技术人员1名

联系人：刘雪洁　13703935533

第六组：焦作市、济源市

组长：万运龙 (省林业厅副巡视员)

成员：邓建钦、技术人员1名

联系人：邓建钦　13903869837

第七组：新乡市、鹤壁市

组长：宋全胜（省林业厅森林公安局局长）

成员：朱延林、技术人员1名

联系人：朱延林　13803991886

第八组：信阳市、驻马店市

组长：王德启（省林业厅副厅长）

成员：王学会、技术人员1名

联系人：王学会　13703840910

第九组：周口市、漯河市

组长：乔大伟（省林业厅纪检组长）

成员：卓卫华、技术人员1名

联系人：卓卫华　13703718061

河南省人民政府常务会议纪要

（〔2007〕34号）

11月16日，李成玉省长主持召开省政府第201次常务会议，研究《河南林业生态省建设规划（2008~2012年）》、深化集体林权制度改革和几项财政支出等问题。纪要如下。

一、关于研究《河南林业生态省建设规划（2008~2012年）》

会议认真讨论并原则同意省林业厅编制的《河南林业生态省建设规划（2008~2012年）》（以下简称《规划》），研究确定以下意见。

（一）充分认识建设林业生态省的意义

当前，我省已进入全面建设小康社会、实现中原崛起的关键时期，转变发展方式、实现经济社会又快又好发展对林业提出了新的更高要求。建设林业生态省，是贯彻党的十七大精神、落实科学发展观、建设生态文明、实现我省经济社会永续发展的需要，也是促进农民增收的有效措施。目前，我省已具备了大规模林业生态建设的财力、人力和科技水平，条件基本成熟，各级政府必须下大决心，高标准、高起点强力推进林业生态建设。

（二）明确林业生态省建设的布局和任务

按照“两区”（山地丘陵生态区、平原农业生态区）、“两点”（城市、村镇）、“一网络”（生态廊道网络）布局，实现最大限度的植被覆盖。新增林业用地要符合国务院有关要求。要因地制宜选择苗木品种，根据各地的土壤、气候、功能定位精心选择高质量、高水平的品种。到2012年，完成新增林地1 129.79万亩、森林覆盖率达到21.8%的目标任务。

（三）加大投入力度，创新投入机制

完成规划任务约需投资405.72亿元，其中中央及地方各级财政投资279亿元，吸引社会资金126.72亿元。各级财政要加大林业投入力度林业生态省建设。要建立激励机制，财政资金主要采用“以奖代补”的办法分配，尤其是对《规划》中的重点项目和公益项目进展快的要给予奖励，充分发挥财政资金的引导和支撑作用。要引入市场机制，凡是适宜社会资金介入的，都要积极创造条件吸引社会资金投入，依法保护各类投资者的合法权益。有关方面要做好基础工作，积极申报项目，与国家有关部门搞好衔接，争取国家更多的项目和资金支持。

（四）加强科技支撑，提高科技进步对林业的贡献率

要加大林业科研力度，力争在育种、病虫害防治、技术研发等方面有所突破，提高林业生态系统的稳定性和林业产业的效益。对成熟科研成果和实用技术，要积极推广应用，促进科技成果迅速向现实生产力转化。

（五）强化责任，抓好《规划》的实施

要建立行政首长负责制，将规划任务分解到省辖市、县（市、区），逐级签订目标责任书。各级政府要将任务进一步分解细化到具体单位和责任人。林业部门要将林业生态省建设当做今后5年的工作重点，切实抓好《规划》的实施，各级、各部门要相互支持配合，各方面都要积极动员起来，形成强大的工作合力。

（六）同意召开电视电话会议，对林业生态省建设工作进行动员部署

会议开到乡一级。

责成省林业厅根据会议研究意见对《规划》进一步修改，报省政府按程序印发。

二、关于深化集体林权制度改革

会议认真讨论并原则同意省林业厅代拟的《河南省人民政府关于深化集体林权制度改革的意见》，指出，集体林权制度改革是激发林业发展活力的关键，经过试点全面推进的条件已基本成熟，要尽快在全省推开。责成省林业厅进一步修改后报省政府，以省政府文件印发。

河南省人民政府
关于印发《河南林业生态省建设规划》的通知

（豫政办〔2007〕81号）

各市、县人民政府，省人民政府各部门：

《河南林业生态省建设规划》已经省政府批准，现印发给你们，请认真组织实施。

二〇〇七年十一月二十三日

（《河南林业生态省建设规划》此处略，见本书第三章）。

河南省人民政府
关于深化集体林权制度改革的意见

(豫政办〔2007〕82号)

各市、县人民政府，省人民政府各部门：

为深入贯彻《中共中央　国务院关于加快林业发展的决定》(中发〔2003〕9号）和《中共河南省委　河南省人民政府贯彻〈中共中央　国务院关于加快林业发展的决定〉的实施意见》(豫发〔2003〕20号)，全面贯彻落实党的十七大“改革集体林权制度”的要求，进一步解放和发展林业生产力，结合我省实际，现就深化全省集体林权制度改革提出如下意见，请认真贯彻执行。

一、指导思想和基本原则

（一）指导思想

以邓小平理论、三个代表重要思想和党的十七大精神为指导，全面落实科学发展观，坚持农村基本经营制度，确立农民的经营主体地位，明晰林地使用权和林木所有权，放活经营权，落实处置权，保障收益权，规范森林资源流转行为，创新林业发展的体制机制，充分调动广大农民和社会各界参与林业建设的积极性，进一步解放和发展林业生产力，促进传统林业向现代林业转变，加快林业生态省建设步伐，为建设社会主义新农村和构建社会主义和谐社会作出贡献。

（二）基本原则

1.尊重历史，保持政策连续性

稳定林业“三定”（稳定山权林权、划定自留山、确定林业生产责任制）以来落实的林权，不打乱重来，保持林业政策的稳定性和连续性。妥善处理各种历史遗留问题，对权属不清的依法确认、协商解决，确保林区社会稳定。

2.权益平等，尊重群众意愿

充分发挥农民在集体林权制度改革中的主体作用，严格执行《中华人民共和国村民委员会组织法》、《中华人民共和国农村土地承包法》等法律、法规，改革的内容、程序、方法、结果要向群众公开，确保广大群众的知情权、参与权、决策权和监督权，通过多种形式使每个村民平等享有权益。

3.因地制宜，分类指导

各地可根据本地实际情况，通过民主决策，自主选择集体林权制度改革方式，自主

确定经营管理形式。实行分类指导，不搞“一刀切”。

4.综合配套，系统推进

把集体林权制度改革与创新林业管理体制和服务体系有机结合起来，正确处理好改革、发展、稳定的关系，确保改革达到预期目标。

二、范围和主要内容

（一）范围

本次集体林权制度改革的范围包括集体所有的林地林木，重点是林地使用权和林木所有权尚未明晰的集体林以及县级以上政府规划的宜林地。国有林地林木暂不列入本次改革范围。集体林地林木权属有争议的先行调处，再进行集体林权制度改革。

（二）主要内容

1.明晰产权

（1）已划定的自留山由农户继续长期无偿使用，允许继承，并核发或换发林权证；已合法流转的应当完善手续，登记变更，办理林权证。已承包到户经营的责任山由承包户继续承包经营，允许继承和流转，由承包者申请核（换）发林权证。自留山和责任山因抛荒被集体收回统一造林或重新组织承包造林的，落实“谁造谁有”政策，发给林权证，并按原协议的比例分成，没有协议的由双方协商确定分成比例。

（2）尚未确权到户的集体林地林木原则上应确权到户。经本集体经济组织成员的村民会议2/3以上成员或者2/3以上村民代表的同意，集体经营状况好的，可继续由集体统一经营；不宜分户经营的，可采取招标、拍卖等形式转让，落实经营主体。对利用贷款营造的集体林木，在落实经营主体时应按照“债随林权走”的原则，明确债务偿还主体，落实抵押物。

（3）平原地区集体林地上的林木、村庄片林、农田林网及其他农村土地上的林木，按照“树随地走、谁造谁有”的原则落实林木经营主体，核发林权证。通过拍卖、承包、租赁等方式取得沟河路渠或“四荒”等经营权的，也应依法申请登记，核发林权证。

（4）集体所有的宜林荒山荒地可以直接分包到户，也可以在确权到户的基础上采取招标、拍卖等形式确定经营主体，或由集体统一组织开发后再以适当方式确定经营主体；对造林难度大的宜林荒山荒地，可通过公开招标的方式，将一定期限的使用权无偿转让给有能力的单位或个人开发经营，但必须限期达到绿化标准。

（5）产权明晰后，核发全国统一式样的林权证，做到图、表、册一致，人、地、证相符。林业行政主管部门应明确专门的林权管理机构，承办同级政府交办的林权登记造册、核发证书、档案管理、流转管理、林地承包争议仲裁、林权纠纷调处等工作，建立林权登记流转动态网络管理系统。

2.规范流转

（1）按照“依法、自愿、有偿、规范”的原则，鼓励产权明晰的林地使用权和林

木所有权有序流转。林权流转应当向县级林业行政主管部门提出申请，凭林权证和其他相关材料签订林权流转合同。

(2) 集体经营的林地林木，其流转方式、流转基价、流转收入的使用和分配等都要提前向村民公示，经本集体经济组织成员的村民会议2/3以上成员或者2/3以上村民代表同意。其流转的有关合同应当报县级以上政府林业行政主管部门备案。流转的收益大部分用于本集体经济组织成员的分配，其余部分可用于本集体经济组织发展林业和公益事业。

(3) 已确权到户的林地林木，流转时应当签订合同。林地承包经营权采取互换、转让方式流转，当事人要求登记的，应当向县级以上政府申请登记。已流转的林地林木再流转时，必须征得原承包人同意，并不得超过承包期的剩余期限。未取得林权证已经合理流转的林权，只要权属清晰，其林权流转申请和林权登记申请可一并提出，经审查合格后按相应程序办理林权登记或变更手续。

(4) 已经发生流转的林地林木，凡手续完备、程序合法、合同规范的要予以维护。没有违背相关法律、法规，但流转程序不够规范、大多数村民对某些条款有意见的，原则上维护原合同，并在当地乡镇政府和县级林业行政主管部门的指导下，对有争议的部分协商解决；对明显不合理、严重侵害集体和村民利益的，应依法予以纠正。

(5) 县级以上政府和林业行政主管部门要建立完善的流转体系，条件成熟的可以组建林业产权交易市场，及时提供信息发布、政策咨询、资产评估、产权交易、林权变更登记等服务。省林业行政主管部门负责森林资源资产评估机构的业务管理。

3.放活经营

(1) 在保证集体林地所有权性质、林地用途不变的前提下，实行林地所有权与使用权分离和分类经营。自留山和已承包到户的集体林地以及通过合理流转取得使用权的林地，其林业生产经营活动由农户和其他经营者自主确定，并可享受林业相关优惠政策。林地使用权和林木所有权可依法继承、抵押、担保、入股，可作为合资、合作的出资或合作条件。个人或其他经营主体承包、租赁宜林地完成造林绿化后，符合生态公益区划界定标准，自愿按照生态公益林经营的，可享受森林生态效益资金补助。

(2) 在坚持森林采伐限额管理的前提下，放宽对商品林的采伐管理。对农户及其他经营者经营的商品林，在不突破采伐限额的前提下即申即批，采伐年龄和采伐方式由经营者自主确定。对成熟的人工商品用材林，在采伐限额内优先审批；对定向培育的工业原料林和其他商品用材林面积在3 000亩以上的，实行采伐限额单列；对在非林业用地上培育的人工商品林不纳入采伐限额和木材生产计划。在保证生态功能的前提下，允许合理开发公益林林地资源，发展林下经济，对公益林实行科学经营，经批准允许进行抚育和更新性质的采伐。

(3) 积极引导林农在自主自愿和明确利益分配的基础上，采取多种形式组建新的林业经营实体，建立民间护林防火和病虫害防治组织，加强森林灾害应急反应机制和防治网络建设，鼓励兴办多种形式的林业科技咨询、科技服务等中介机构，促进林业

科技成果转化，提高抗灾害、抵御风险和市场竞争能力。

(4) 加强对林业发展的财政金融支持。各级政府要把公益林的建设管理和重大林业基础建设的投资纳入年度投资计划统筹安排，建立长期稳定的投入增长机制。有关部门要加紧制定森林资源抵押贷款办法，开展林权抵押贷款试点，鼓励金融机构对林业实行优惠信贷政策，积极探索开展森林资源财产保险业务。

三、总体目标和工作步骤

（一）总体目标

争取用2年左右的时间基本完成明晰产权、确权发证的改革任务，实现“山有其主、主有其权、权有其责、责有其利”。通过深化改革，完善服务，规范管理，形成集体林业的良性发展机制，逐步实现资源增长、农民增收、生态良好、林区和谐的目标。

（二）工作步骤

在试点工作的基础上，2007年年底前全面推进集体林权制度改革，2009年年底基本完成任务。具体工作步骤包括4个阶段：

一是调查摸底阶段。主要任务是：建立机构，广泛宣传发动，分级开展林改政策和林业业务知识培训，深入开展调查研究，制订切实可行的林改工作方案。

二是勘界确权阶段。主要任务是：核实山林权属、勘定面积和四至界址并进行登记和绘图，公示勘测结果，征求村民意见，召开村民大会或村民代表会议，确定改革方式。

三是建档发证阶段。主要任务是：在对勘界确权结果审核无误的基础上，核发全国统一制式的林权证；建立林改档案。

四是总结验收阶段。主要任务是：在分级全面自查整改的基础上，省里研究出台具体的检查验收标准和办法，对集体林权制度改革的各环节工作进行量化考评，对工作成效显著的单位进行表彰奖励。

四、保障措施

（一）提高认识，加强领导

各级政府要从全局和战略高度充分认识深化集体林权制度改革的重要性、必要性和复杂性，加强领导，成立组织，抽调专门力量，集中时间和精力开展工作。省成立集体林权制度改革领导小组，协调解决改革中的重大问题。各级政府要把集体林权制度改革作为全面实施林业生态省建设的重要突破口，纳入年度目标管理，确保改革工作积极稳妥推进。

（二）明确责任，紧密配合

各级发展改革、监察、民政、司法、财政、人事、国土资源、建设、交通、水利、农业、林业、法制、信访、档案、金融保险、新闻宣传等部门要认真履行职责，相互配合，形成推动集体林权制度改革的整体合力。林业部门要加强对改革的政策研究、

技术指导和检查督促。各级政府要将集体林权制度改革所需经费纳入同级财政预算统筹考虑，确保改革不增加农民负担，不产生新的债务。

（三）严肃纪律，规范操作

集体林权制度改革要严格按照政策规定办事，实行阳光作业，严禁暗箱操作，并把保护森林资源安全贯穿于改革的全过程。各级政府和有关部门要针对改革中出现的新情况，探索森林资源管理的新办法，切实加强林地林木管理，严防借改革之机乱砍滥伐林木、乱批滥占林地。要建立解决林权纠纷的工作机制，及时采取得力措施，把矛盾化解在基层。对发生重大案件、造成严重后果的，要依纪依法追究有关部门和人员的责任。

二〇〇七年十一月二十一日

河南省委办公厅、河南省人民政府办公厅关于召开全省林业生态省建设电视电话会议的通知

(豫机号2509)

各省辖市、县（市、区）党委和人民政府，省委有关部委，省直机关有关单位，各人民团体：

省委、省政府定于11月27日下午2时30分召开全省林业生态省建设电视电话会议。现就有关事项通知如下。

一、会议内容

动员部署全省林业生态省建设工作。省委、省政府主要领导出席会议并作重要讲话。

二、参会人员

（一）主会场：省委有关部委、省直机关有关单位、各人民团体主要负责同志。河南日报社、河南人民广播电台、河南电视台记者。

（二）分会场：各省辖市市委书记、市长，分管副市长；各县（市、区）党委书记、县（市、区）长，分管副县（市、区）长；各乡（镇）党委书记、乡（镇）长，分管副乡（镇）长、农业服务中心主任。市直、县直与会单位和人员参照省直与会单位确定。

三、会议地点

主会场设在省政府西会议厅。各省辖市、县（市、区）设分会场。

四、注意事项

（一）各乡（镇）参会人员到所在县（市、区）分会场参加会议，由县（市、区）党委、政府负责通知。

（二）请各省辖市将参加会议的党委、政府负责同志和分管负责同志名单，省直单位将参加主会场会议人员名单于11月26日上午12时前报省林业厅。

电话（传真）：0371-65956021　65907553　65951067

（三）所有参会人员要按时参加会议，因故不能参加者要提前请假。

（四）参会人员于11月27日下午2时20分入场完毕。

（五）河南日报社、河南人民广播电台、河南电视台负责做好新闻报道。

附：主会场参会单位名单

中共河南省委办公厅
河南省人民政府办公厅
二〇〇七年十一月二十四日

附件

主会场参会单位名单

省委办公厅、省人大办公厅、省政府办公厅、省政协办公厅、省纪委、省委组织部、省委宣传部、省委统战部、省委政法委、省委政研室、省委省直机关工委、省委党校、省信访局、河南日报报业集团、省发展改革委、省教育厅、省科技厅、省国防科工委、省民委、省公安厅、省国家安全厅、省监察厅、省民政厅、省司法厅、省财政厅、省人事厅（省编办）、省劳动和社会保障厅、省国土资源厅、省建设厅、省交通厅、省信息产业厅、省水利厅、省农业厅、省林业厅、省商务厅、省文化厅、省卫生厅、省人口和计生委、省审计厅、省国资委、省地税局、省工商局、省质监局、省环保局、省广电局、省新闻出版局、省体育局、省统计局、省食品药品监管局、省旅游局、省粮食局、省中小企业服务局、省政府外侨办、省政府法制办、省安全生产监管局、省机关事务管理局、省人防办、省农业综合开发办、省科学院、省农科院、省社科院、省供销社、省政府发展研究中心、省有色金属勘探局、省地质矿产勘查开发局、省煤炭工业局、省监狱管理局、省畜牧局、省文物局、省武警总队、郑州铁路局、黄河水利委员会、河南黄河河务局、省国税局、国家统计局河南调查总队、中国银监会河南监管局、省气象局、财政部驻河南专员办公室、审计署驻郑州特派员办事处、华北石油地质局、省军区政治部、省高级法院、省检察院、省总工会、团省委、省妇联、省科协、省社科联、省文联、省残联、省侨联、省农行、省农发行、省电力公司、中国财保河南省分公司、省南水北调办、郑州新郑国际机场管理有限公司、省农信联社、中石油河南分公司、中石化河南分公司、河南人民广播电台、河南电视台、新华社河

南分社、人民日报社驻河南记者站、中央人民广播电台驻河南记者站、经济日报社驻河南记者站、光明日报社驻河南记者站、中国青年报社驻河南记者站、工人日报社驻河南记者站、农民日报社驻河南记者站、科技日报社驻河南记者站、法制日报社驻河南记者站

河南省人民政府办公厅关于加强铁路沿线造林绿化工作的通知

（豫政办〔2007〕123号）

各省辖市人民政府、省人民政府有关部门：

为了加强铁路沿线造林绿化工作，加快我省生态廊道建设，经省政府同意，现就有关问题通知如下。

一、提高认识，增强做好铁路沿线绿化工作的自觉性

铁路沿线造林绿化工作十分重要，做好此项工作是建立良好生态屏障的重要基础，不仅关系到路基安危和铁路交通安全，也关系到沿线地区的形象，对于增加农民收入、促进人与自然和谐、建设文明铁路具有重要意义。铁路沿线各级政府要充分认识此项工作的重要性，精心组织，周密部署，切实做好铁路沿线的造林绿化工作。

二、明确责任，为铁路沿线造林绿化提供有力保障

要根据《河南林业生态省建设规划（2008~2012）》，严格按照铁路沿线每侧栽植10行树木的标准进行造林绿化。对铁路部门征用土地较窄达不到10行树木标准的路段，要做好使用土地的调整工作。需要征用土地的，国土资源管理部门要按照相关规定办理用地手续。铁路部门已征用的土地，由铁路部门按照规划自行种植。对密度达不到造林标准的地段，铁路部门要进行补植补造。对于无法征用土地的造林地段，要组织农户开展造林并负责落实林木产权，铁路部门要无偿提供造林绿化苗木。对于个别村镇和农户在铁路沿线植树区域内已征用土地上种植农作物、搭建违章建筑物、堆放垃圾、挖塘养鱼等行为，要按照《国家土地管理局　铁道部关于颁布〈铁路用地管理办法〉的通知》（〔1992〕国土〔建〕字第144号）、《河南省实施〈土地管理法〉办法》等规定做好清理工作，还地于铁路部门，同时铁路部门要积极配合。省绿化委员会办公室要加强对铁路绿化工作的检查验收。沿线各级林业主管部门要做好技术服务和指导，严厉打击破坏林木资源的违法犯罪行为，巩固绿化工作成果。

三、加强领导，全力推进铁路沿线造林绿化工作

为确保铁路沿线造林绿化工作的顺利实施，沿线各级政府要站在省委、省政府提

出的建设生态河南的战略高度，进一步加强领导，落实责任，采取有力措施，积极推动铁路沿线造林绿化工作的开展。有关地方和部门要分工负责，密切配合，努力做好相关工作，为加快我省林业生态省建设作出新的更大的贡献。

河南省人民政府办公厅

二〇〇七年十二月十三日

第三章　新闻报道

李成玉在省林业厅调研时指出

科学规划　高标准绿化中原大地

□记者　王　磊　田宜龙

8月6日下午，省长李成玉就加快新时期林业发展到省林业厅进行专题调研。他强调，要提高认识，科学规划，高标准地搞好今后一个时期的林业生态建设，打造锦绣河南，为河南工业化、城镇化建设提供生态支撑。省发改委、财政厅、农业厅、水利厅、国土厅、环保局、发展研究中心等部门负责同志参加调研。

在听取了省林业厅关于我省林业发展和建设林业生态省工作汇报后，李成玉对我省林业建设取得的成绩给予了充分肯定。他说，上世纪80年代以来，经过全省上下的共同努力，我省实现了平原绿化达标，基本消灭了宜林荒山，森林资源快速增长，林业产业稳步发展，林业在全省经济和社会发展中发挥着日益重要的作用。

“为什么我们在新的发展阶段又提出高标准建设林业生态的目标？这是河南实现又好又快发展的必然要求。”李成玉说，林业是一项重要的基础产业和公益事业，承担着生态建设和林产品供给的双重任务。大力发展林业，既是改善生态环境、防止水土流失的重要举措，也是调整农业结构、实现农民增收的重要途径。我省位于南北气候过渡地带，适生树种多，物种资源丰富，发展林业具有得天独厚的条件。近年来，尽管我省林业发展较快，但是整体绿化标准还不高，森林资源总量不足，林业产值占国民生产总值的比重较低。当前，我省正在强力推进工业化，工业已成为经济发展的主导力量，但重化工和原材料、高耗能工业比重较大，如果没有相应的生态环境作保障，就难以持久发展下去。减少二氧化碳等有害气体排放，一是靠直接减排即工业减排，二是通过发挥森林固碳的特殊作用实现间接减排。我省工业发展层次不高、结构不优，直接减排的压力很大，我们要提高绿化水平，在间接减排上下更大的工夫，同步实现发展经济和保护环境的目标。

李成玉指出，要实现高标准绿化，必须选准突破口。一是要转变观念，从一开始就要高标准提高绿化水平，按照现有基础，区分不同情况，突出特色，不搞一刀切。二是要继续深化林权制度改革，增强林业发展的活力。当前，我省林权制度改革总体是好的，进展顺利，但还不平衡，全面建立起有利于促进林业发展和森林资源保护的体制机制的任务还很重，必须全面推进各项配套改革，巩固林权制度改革成果。三是要

抓好育苗。大力发展林业，苗木需求量很大，要依靠科技进步，加快育苗工作，解决苗木问题，保证生态建设所用苗木。

李成玉强调，要把我省绿化水平提高到一个更高的标准，关键在于科学规划。要提高规划的针对性、指导性，避免大而化之。要突出重点地区、重点工程、重点环节，尤其是对林业建设水平不高、潜力较大的地方，要通过规划加强指导，明确工作目标；对交通、水利等重点工程，要有针对性地搞好绿化工作，工程建设到哪里，绿化就跟进到哪里；对行滞洪区的绿化，要在充分调研、区分不同情况的基础上，创新思路，科学决策。规划编制要采取自下而上的办法，以县为基础，针对平原地区、低洼易涝地区、山区等不同类型，分别召开座谈会，集思广益，充分吸取市、县的意见。要加强对林业产业发展的引导，根据市场需求、资源条件和产业基础，编制好各地林业产业发展规划，大力培育名牌产品和龙头企业，努力以林业产业的大发展促进林业事业的大繁荣。林业发展规划还要注意与环保、水利等规划相衔接，实现资源共享、协调发展。

李成玉最后强调，林业是一项功在当代、造福子孙的伟大事业。随着我省经济的快速发展和财政实力的不断提升，我们要加大对林业生态建设的投入力度。同时，要按照谁投资、谁受益的原则，鼓励社会资金投入林业发展。希望全省林业部门和广大林业工作者，振奋精神，同心协力，埋头苦干，把中原大地装扮得更加秀美。

（原载2007年8月7日《河南日报》第一版、《河南日报农村版》第一版）

河南省省长李成玉到省林业厅调研时说

工业化城镇化建设要靠生态提供支撑

□徐 忠 杨晓周 王 磊 田宜龙

“为什么在新的发展阶段提出高标准建设林业生态的目标？因为这是河南实现又好又快发展的必然要求。”8月6日，河南省省长李成玉就加快新时期林业发展到省林业厅进行专题调研时强调，要提高认识，科学规划，高标准地搞好今后一个时期的林业生态建设，打造锦绣河南，为河南工业化、城镇化建设提供生态支撑。

李成玉在听取省林业厅厅长王照平关于全省林业发展和建设林业生态省工作汇报后说，上世纪80年代以来，经过全省上下共同努力，河南实现了平原绿化达标，基本消灭了宜林荒山，森林资源快速增长，林业产业稳步发展，林业在全省经济和社会发展中发挥着日益重要的作用。

李成玉说，大力发展林业，既是改善生态环境、防止水土流失的重要举措，也是调整农业结构、实现农民增收的重要途径。河南位于南北气候过渡地带，适生树种多，物

种资源丰富，发展林业有得天独厚的条件。近年来，尽管河南林业发展较快，但是整体绿化标准还不高，森林资源总量不足，林业产值占国民生产总值的比重较低。当前，河南正在强力推进工业化，工业已成为经济发展的主导力量，但重化工和原材料、高耗能工业比重较大，如果没有相应的生态环境作保障，就难以持久发展下去。减少二氧化碳等有害气体排放，一是靠直接减排即工业减排，二是通过发挥森林固碳的特殊作用实现间接减排。河南工业发展层次不高、结构不优，直接减排的压力很大。要提高绿化水平，在间接减排上下更大的功夫，同步实现发展经济和保护环境的目标。

李成玉提出，要实现高标准绿化，必须选准突破口。一是转变观念，从一开始就要高标准提高绿化水平，按照现有基础，区分不同情况，突出特色，不搞一刀切。二是继续深化林权制度改革，增强林业发展的活力。当前，河南林权制度改革总体是好的，进展顺利，但还不平衡，全面建立起有利于促进林业发展和森林资源保护的体制机制的任务还很重，必须全面推进各项配套改革，巩固林权制度改革成果。三是抓好育苗。大力发展林业，苗木需求量很大，要依靠科技进步，加快育苗工作，解决苗木问题，保证生态建设所用苗木。

李成玉说，把河南绿化水平提高到更高的标准，关键在于科学规划。要提高规划的针对性、指导性。要突出重点地区、重点工程、重点环节，尤其是对林业建设水平不高、潜力较大的地方，要通过规划加强指导，明确工作目标；对交通、水利等重点工程，要有针对性地搞好绿化工作，工程建设到哪里，绿化就跟进到哪里；对行滞洪区的绿化，要在充分调研、区分不同情况的基础上，创新思路，科学决策。要加强对林业产业发展的引导，根据市场需求、资源条件和产业基础，编制好各地林业产业发展规划，大力培育名牌产品和龙头企业，努力以林业产业的大发展促进林业事业的大繁荣。

李成玉表示，随着河南经济的快速发展和财政实力的不断提升，将加大对林业生态建设的投入力度。同时，按照谁投资、谁受益的原则，鼓励社会资金投入林业发展。他希望河南林业部门和广大林业工作者振奋精神，同心协力，埋头苦干，把中原大地装扮得更加秀美。

（原载2007年8月9日《中国绿色时报》第一版）

林业生态省建设规划会议提出

5年基本建成林业生态省

□记者　卫　静

省政府昨日召开的林业生态省建设规划会议提出，从明年起到2012年，我省将再增

加林地面积1 350万亩，基本建成林业生态省。

目前我省林地面积4 000余万亩，涵养水源总量达到49.3亿立方米，相当于我省地方大中型水库库容的34.1%。这些林木每年释放的氧气达6 105.6万吨，吸收二氧化碳6 897万吨，相当于燃烧了2 826.5万吨标准煤所排放的二氧化碳。但目前我省林业资源总量不足，森林覆盖率增长5.4%个百分点。

（摘自2007年8月16日《河南工人日报》第一版）

科学规划　高标准建设生态河南

□记者　田宜龙　实习生　彭琼

8月15日，省政府召开了全省林业生态建设规划编制工作会议。副省长刘新民出席会议。他指出，我省林业生态建设的空间、潜力很大，各地要科学编制林业生态建设规划，高标准高质量绿化中原，建设生态河南。

刘新民要求各地各有关部门要明确规划目标，突出规划重点，确保规划编制质量。各地在规划编制中，要按照"两区"(山区、平原区)、"两点"(城市、村镇)、"一网络"(生态廊道网络）的区域布局，认真调查，准确定位，坚持"因地制宜，适地适树"的原则，合理划分生态功能区，科学确定工程项目，明确发展重点和发展方向，突出区域特色、重点部位、重点林种树种。

刘新民强调，坚持"统一标准、自上而下、因地制宜、科学规划、高起点、高标准"的原则，合理分析本地环境承载能力，综合确定规划依据和标准，多措并举，确保高质量按期完成规划编制任务。

（原载2007年8月20日《河南日报》第二版）

郑州森林生态城投入37亿

生态效益已"回收"122亿

总投资37亿元的郑州森林生态城建设工程开建4年，
单生态效益已达122.4亿元

昨天，省林业科学研究院生态林业工程技术研究中心的工作人员，公布了对郑州市森林生态城建设的生态效益的监测评估报告。检测表明，郑州森林生态城建设工程开建4年，单生态效益就已达122.4亿元，还不包括生态环境对房地产增值、对

劳动就业以及郊区旅游业等拉动产生的经济效益。专家还建议在以后的检测评估中，应该侧重市民的感受，让他们感觉到生活的变化，比如说让市民少吸了多少灰尘等。

又讯　国家对郑州创建全国绿化模范城市的检查验收，由原定的10月份提前到了本月下旬。8月18日下午，郑州市政府召开紧急动员会，号召市民迅速行动起来，确保创模取得成功。

（原载2007年8月20日《东方今报》第四版）

坚持科学规划　高标准绿化中原大地

□记者　王四典

近日，省长李成玉就加快新时期林业发展问题到省林业厅进行专题调研。他强调，要提高认识、科学规划，高标准地搞好今后下一个时期的林业生态建设，打造锦绣河南，为河南工业化、城镇化建设提供生态支撑。

在听取了省林业厅关于加快林业发展和建设林业生态省（生态河南）工作汇报后，李成玉对全省林业建设取得的成绩给予了充分肯定。他说，1980年以来，经过全省上下的共同努力，实现了平原绿化达标，基本消灭了宜林荒山，森林资源快速增长，林业产业稳步发展，林业在全省经济和社会发展中发挥着日益重要的作用。

李成玉指出，要实现高标准绿化，必须选准突破口。一是要转变观念，从一开始就要高标准提高绿化水平，按照现有基础，区分不同情况，突出特色，不搞一刀切。二是要继续深化林权制度改革，增强林业发展的活力。当前，河南省林权制度改革总体是好的，进展顺利，但还不平衡，全面建立起有利于促进林业发展和森林资源保护的体制机制的任务还很重，必须全面推进各项配套改革，巩固林权制度改革成果。三是要抓好育苗。大力发展林业苗木工作，解决苗木问题，保证生态建设所用苗木。李成玉强调，要把河南省绿化水平提高到一个更高的标准，关键在于科学规划。要提高规划的针对性、指导性，避免大而化之。

李成玉最后强调，林业是一项功在当代、造福子孙的伟大事业。随着河南省经济的快速发展和财政实力的不断提升，要加大对林业生态建设的投入力度。同时要按照谁投资、谁受益的原则，鼓励社会资金投入林业发展。希望全省林业部门和广大林业工作者，振奋精神，同心协力，埋头苦干，把中原大地装扮得更加秀美。

（原载2007年8月21日《河南科技报》第二版）

绿城郑州名副其实　森林郑州款款走来

昨日，郑州市创建全国绿化模范城市成果展示会在郑州博物馆举行，郑州市林业局用一幅幅生动的画面，向参观者讲述着郑州的“绿岛小夜曲”——从郑州森林到森林郑州。

绿城郑州变得更绿

郑州已经有了很多城市荣誉——中国历史文化名城、中国优秀旅游城市、全国创建文明城市工作先进城市、国家园林城市、国家卫生城市……但是在诸多的荣誉中，以绿城名闻遐迩的郑州，竟然不是全国绿化模范城市。昨天，郑州市创建全国绿化模范城市成果展示会提供的数据表明：绿城郑州正在成为森林郑州。截至目前，郑州市城区绿地率达到33.58%，绿化覆盖率达到36.74%。人均公共绿地面积达9.98平方米，城市郊区丘陵森林覆盖率达49.21%，平原森林覆盖率达25.37%……

绿城郑州理想远大

正在为全国绿化模范城市努力的郑州，其终极目标不是单单停留在全国绿化模范城市的称号上。“成为国家森林城市，才是我们的最终奋斗目标。”郑州市林业局负责人说。

2005年6月22日，郑州市人大常委会第12次会议在听取并审议了郑州市政府关于《郑州森林城市总体规划（2003~2013)》的汇报后，全票通过这个规划，并作出决议：“市人民政府要维护规划的严肃性，严格执行规划，任何人、任何部门不得随意更改规划。”《郑州森林城市总体规划》的目标是：到2010年森林覆盖率达到35%，2013年规划区森林总面积达到173.78万亩，森林覆盖率稳定在40%以上。规划的总体布局为“一屏、二轴、三圈、四带、五组团”。一屏是沿黄河构筑一道绿色生态屏障，有黄河防浪林、黄河风景区、黄河湿地自然保护区、生态观光林和防护林、景观林；“二轴”是在107国道和310国道建成两条森林生态景观主轴线；“三圈”是以市区为核心，沿三条环城路营造三层森林生态防护圈；“四带”是沿贾鲁河、南水北调中线总干渠、连霍高速、京珠高速营造四条大尺度生态型防护林带；“五组团”是在城市近郊西北、东北、西南、南部、东南部，建设五大核心森林组团。通过实施绿色通道工程等十大重点工程，最终把郑州建设成现代化的森林生态城市。

森林郑州款款走来

郑州市今年能否成为全国绿化模范城市虽然是个未知数，但是今年8月由河南省林科院生态林业工程技术研究中心和郑州市林业局发布的《郑州森林生态城建设生态效

益监测评价报告》显示，郑州市有充分的理由成为全国绿化模范城市。

中国林业大学的教授和河南省的林业专家均表示："郑州市针对森林生态城建设的需求，超前性地对整个森林生态建设综合效益进行长期系统监测，初步建立了郑州森林生态城生态效益监测评价体系，并取得了可信的监测评价结果。此成果在国内处于领先地位，对于科学指导森林生态城建设具有重要意义。"

(来源于2007年9月1日《腾讯网》、《大河网》、《河南花木网》)

发挥科研优势　搞好农业技术服务

弘扬太极文化　做强做大太极产业

昨日下午，省委书记、省人大常委会主任徐光春在省委常委、省委秘书长曹维新的陪同下到温县调研。

在温县黄河滩区工业原料林基地，看到温县栽种的16万亩三毛杨速生林长势良好，徐光春称赞温县在滩区建林地的做法好，改善了生态环境，调整了产业结构，增加了农民收入，发展了一方经济。

(来源于2007年9月4日《焦作新闻网》)

李成玉周口调研

抓机遇而上　实现发展新突破

省长李成玉十分关注传统农区的发展，今年春节过后，即在周口召开传统农区发展座谈会，随后我省出台了加快黄淮四市发展的意见。9月4日下午至9月5日，李成玉再次深入周口工厂企业、田间地头和建设工地，察看工农业生产和重点项目建设情况，指导县域经济加快发展。

近年来，鹿邑县创新造林机制，大力推行林权制度改革，造管并重，整体推进，被授予"全国造林绿化百佳县"荣誉称号。目前全县有各种林木3 100万株，林木覆盖率23.4%。

9月5日上午，在鹿邑县邱集乡的农田里，李成玉一行察看了田间林网建设，当了解到当地采取承包经营的办法，明确了林木的收益权，既实现了林木的统一栽植和管护，又兼顾了承包者和农民的利益，十分赞赏地说："过去由于体制机制的原因，树木成活率不高，你们通过林权制度改革，探索出了成功经验，林木覆盖率迅速提升，值得借鉴。"李成玉进一步指出，我省降雨丰沛、光照充足，适合多种树木生长，发展

林业具有得天独厚的条件。加快林业发展，不仅能够有效地降低工业化进程中所造成的环境破坏，促进减排目标的实现，还能为木材加工企业提供充足的原料，增加农民收入。省里正在研究今后一段时期高标准发展林业的规划，大幅度增加投入，进一步深化林权制度改革，努力建设成为高标准的生态省，把中原大地装扮得更加秀丽。希望各市县要抓住机遇，认真做好规划，提高建设标准，充分利用沟渠、路边等闲置土地，增加林网密度，调整林木结构，发展速生丰产林和经济林，绿化家园，造福于民。

（来源于2007年9月6日《大河网》）

最新结果显示

河南现有林地突破4 000万亩

□记者　田宜龙　通讯员　杨晓周

河南省将近1/4的国土面积被绿树、森林覆盖。据最新全国森林资源清查结果显示，到去年底，我省现有林地面积已突破4 000万亩，达到4 054.5万亩，比5年前增加919.4万亩，增幅达29.32%，比全国平均增幅高出19.27个百分点；林木覆盖率达到22.64%（森林覆盖率16.19%），森林覆盖率增加3.67个百分点，比全国平均增幅高出2.01个百分点。

省林业厅负责人介绍，近年来河南省森林资源能实现快速增长，主要得益于围绕打造绿色中原和建设生态河南的目标，大力组织实施退耕还林、天然林保护、重点地区防护林等国家林业重点工程和省级林业项目，高标准进行平原绿化，并在全省广泛开展全民义务植树。“十五”以来，全省累计完成造林1 692万亩，其中工程造林1 275.7万亩。高速公路、县级以上公路及河渠沿岸等绿化水平明显提高，通道沿线森林景观基本形成。

快速增长的森林资源，维护了河南省的生态安全。据测算，我省林地每年减少土壤流失总量达7 287万吨，相当于每年避免了2 200万亩以上的土地中度侵蚀；涵养水源49.3亿立方米，相当于我省地方大中型水库总库容144.6亿立方米的34.1%。在降耗减排方面，林业发挥着间接作用，全省现有森林资源每年可吸收二氧化碳6 897万吨。

据悉，目前，全省已初步建成农田防护林体系，大大改善了农业生态环境，使1 000多万亩风起沙扬的沙化土地被改造成良田。特别是我省昔日干旱贫瘠的豫东、豫北风沙区，降雨量增加，风沙和干热风明显减少，如今已成为我省重要的粮食和商品林生产基地。据专家测定，仅农田林网的防护作用，每年对我省粮食生产能力的贡献就达50亿公斤。

（来源于2007年9月25日《新华网》、《新浪网》、《中国广播网》、《国家生态网》、《中国农业信息网》、《中国新闻网》、《大河网》）

我省实施天保工程效益显现

绿色生态遍山野　清水潺潺林木间

□记者　田宜龙　通讯员　杨晓周　王慈民

于2000年开始在河南省实施的天然林资源保护工程，如今森林综合生态效益已开始显现。一些山区水土流失面积大幅减少，野生动物又频繁出没林间。

来自省林业厅最新发布的统计信息，到2006年底，全省共438.44万亩天然林全面停止了商品性采伐，采取封山育林和飞播造林等方式新造林142.5万亩；1 330万亩天然林、人工林、灌木林等得到有效管护，工程区森林资源持续增加，森林面积7年来增加了19.69%。

据介绍，国家于2000年在长江上游、黄河上中游地区和重点国有林区正式启动天然林资源保护工程，河南省黄河中游地区洛阳、三门峡、济源3市的15个县（市、区）被纳入天保工程实施范围。天保工程实施后，全省各地在积极完成各项建设任务的同时，加大改革力度，加快发展速度，工程区初步实现了由“砍树”向护林的根本性转变。

省林业厅负责人介绍，天然林资源保护工程实施后，由于采取了管护、封育、飞播等营造林措施，使工程区的森林资源快速增长。森林资源清查结果显示，工程区森林蓄积量增加了10%，森林覆盖率增加了4.82%。

随着森林覆盖率的增加，生态环境亦得到明显改善。工程区内降雨量和空气湿度明显增加，水土流失大幅减少。工程区内的水土流失面积由1999年底的1 797.54万亩减少到1 547.34万亩。与此同时，工程区内动物开始重新活跃，红腹锦鸡、斑羚、麝、娃娃鱼等国家重点保护动物的种群和数量不断扩大。

据介绍，天然林资源保护工程还使得河南省林区经济结构渐趋合理。林区经济逐步从采伐和加工木材为主向发展森林旅游、制药、森林食品加工和养殖等方面转移，第三产业得到了长足发展，工程区内现有国家级和省级森林公园22处，仅森林旅游门票收入目前已突破3亿元。第二产业结构也发生了较大变化，木材加工及木、竹、藤等制品所占比例由1999年的61.88%下降到24.39%，非木质林产品加工制造业和其他加工业所占比重逐年增大。通过分流安置，使原来林区4 377名富余人员走上新的工作岗位。

（原载2007年9月20日《河南日报》第一版）

国家林业局局长贾治邦来豫调研

省长李成玉参加汇报会

□记者 朱殿勇 董 娉

9月24日至25日，国家林业局局长贾治邦、副局长李育材一行来河南检查指导林业工作，先后到鄢陵、扶沟、西华、淮阳等地，实地考察平原绿化、苗木花卉基地建设和板材加工等情况，并于25日上午听取了我省林业工作汇报。省长李成玉参加汇报会，副省长刘新民主持。

在听取省林业厅关于我省林业工作情况汇报后，贾治邦对我省林业工作取得的成绩给予了高度评价。他说，通过实地考察，感受到河南林业建设取得了突破性进展，处处呈现出人与自然和谐、林茂粮丰的喜人景象。河南高度重视林业发展，坚持把林业作为实现中原崛起、构建和谐中原、促进新农村建设、推动经济社会可持续发展的五项战略措施来抓，在森林资源增长、平原绿化、林业产业发展等方面取得了重要突破，使林业的生态经济和社会效益得到有效发挥，为全国平原省份绿化树立了样板。贾治邦进一步指出，林业是维护国家木材安全的重要条件，是农民增收致富的重要渠道，是增加经济发展环境容量的重要途径。要通过深化林权制度改革，明晰林地使用权和林木所有权，放活经营权，落实处置权，保障收益权，充分调动广大农民和社会各界参与林业建设的积极性。要大力发展林业新科技，积极选育和引进适应平原地区生长的优良品种，提高木材等林产品的加工水平和附加值。贾治邦表示，河南正在组织编制的林业生态省建设规划，领导重视，思路超前，布局合理，措施得力，在全国起到了示范作用，国家林业局将提供资金和技术支持，为河南的林业发展提供更多的帮助。

李成玉对贾治邦一行来豫检查指导工作表示欢迎，并向他们简要介绍了近年来我省经济社会发展情况。他说，党的十六大以来，我省按照科学发展观的要求，积极推进工业化、城镇化和农业现代化，大力发展县域经济和非公有制经济，经济社会快速发展，实现了速度、结构、质量和效益的统一。工业经济的主导地位日益明显，利润大幅增长，今年有望达到1 700亿元，相当于2002年的近10倍。农业不仅没有削弱，而且得到巩固和加强，在蔬菜、油料、花卉等种植面积不断扩大的情况下，依靠科技进步和灌溉条件的改善，粮食产量连续突破450亿公斤、500亿公斤大关，不仅为培育壮大我省食品工业提供了原料保障，而且确保了国家粮食安全。城镇化步伐不断加快，城镇化率每年提高1.7个百分点左右，城市基础设施和面貌发生了显著变化。

在谈到林业发展时，李成玉说，国家林业局多年来对河南林业建设高度重视，给予

了大力支持，我们深表感谢。林业是生态建设的主体，是一项重要的公益事业和基础产业，承担着生态建设和林产品供给的重要任务，在全省经济社会发展中具有重要作用。我省原材料工业和初级产品所占比重过大，节能减排任务很重。河南光照充足，雨量充沛，资源丰富，加之各级财力不断增强，又拥有科技育林技术，林业发展具备了坚实的基础和条件。为充分利用现有的土地空间，发挥好森林资源吸收固定二氧化碳的作用，我省提出了高标准规划、高水平建设林业生态省的目标任务，计划用5年到8年的时间，把所有的宜林荒山荒地、“四荒”土地全部绿化，进一步提高铁路、公路两侧及平原农田林网绿化标准，对南水北调等重点工程实施生态廊道建设，努力建设一个山清水秀、大地披绿的锦绣河南。希望国家林业局加强对我省林业生态建设规划编制工作的指导，建立完善激励机制，加大对河南的支持力度，推动我省林业又好又快发展。

（摘自2007年9月26日《河南日报》第二版）

贾治邦：平原林业是维护国家木材安全的希望所在

贾治邦指出，平原林业是维护国家木材安全的希望所在，是维护国家粮食安全的重要条件，是农民增收致富的重要渠道，是增加经济发展生态容量的重要途径。发展平原林业，潜力巨大，并且大有希望、大有作为。他说，平原地区是我国重要的粮、棉、油生产基地，在经济社会发展全局中占有十分重要的地位。平原地区非常适宜林木生长，木材生产优势得天独厚，完全可以建设成为重要的木材生产基地，发展平原林业对解决我国木材供给问题具有十分重要的战略意义。广大平原地区，通过建设农田防护林，可以促进木材生产和粮食稳产高产；通过营造速生丰产用材林、名特优经济林和发展杨树木材加工业，可以促进大地增绿、农民增收、企业增效、政府增税；通过增加林木蓄积量和开发利用生物质能源，可以提高森林的固碳能力，充分发挥林业在节能减排中的重要作用，增加经济发展生态容量。

贾治邦强调，要从四个方面充分发挥平原林业的重要作用和巨大潜力。一要靠改革挖潜。深化集体林权制度改革，明晰林地使用权和林木所有权，放活经营权，落实处置权，保障收益权，充分调动广大农民参与平原林业建设的积极性。二要靠科技创新。大力发展林业科技，选育和引进适应平原地区生长的优良品种，缩短速丰林的轮伐周期，提高木材等林产品的加工水平，提高农民发展林业的素质和本领。三要靠集约经营。通过科学选择树种、加强经营管理等方式，提高林地生产力，最大限度地提高林木生长量。四要靠政策支持。要通过贴息贷款等方式，支持广大农民发展林业。

（来源于2007年9月25日《中国网》、《花木信息港》）

贾治邦在考察河南林业时强调

平原林业是维护国家木材安全的希望所在

李成玉强调　河南省要通过发展林业扩大经济发展的生态容量

□记者　叶　智

仲秋的中原大地，绿意浓浓，硕果飘香，一派生机盎然。9月23日至25日，国家林业局局长贾治邦、副局长李育材到河南考察平原林业建设。先后到许昌市鄢陵县，周口市扶沟县、西华县、淮阳县考察了平原绿化、苗木基地建设、木材加工业发展情况，听取了河南省林业建设情况汇报。贾治邦指出，平原林业潜力巨大，发展平原林业是维护国家木材安全的希望所在，大有作为。要靠改革挖潜，靠科技创新，靠集约经营，靠政策支持，大力发展平原林业，充分发挥平原林业的重要作用和巨大潜力，为维护生态安全、木材安全、粮食安全和促进农民增收作出贡献。

河南省省委书记徐光春、省长李成玉、省委副书记陈全国、副省长刘新民分别会见了贾治邦一行，河南省政府省长助理孙泉砀陪同考察。

河南省省长李成玉在谈到林业发展情况时说，近几年来，河南省省委、省政府一直把林业作为实现中原崛起、构建和谐中原、促进新农村建设、推动经济社会可持续发展的一项战略措施来抓，林业建设取得了显著成效。全省94个平原、半平原县全部达到平原绿化高级标准，全省今年为社会提供木材1 400多万立方米，2006年全省林业总产值比上年增长19.7%。平原林业的发展，不仅增加了农民收入，还促进了粮食稳产高产，并在吸收二氧化碳、减少水土流失、涵养水源、防止自然灾害等方面具有十分重要的作用。河南今年国内生产总值可达1.8万亿元，发展速度很快。今后要实现河南经济社会更好更快地发展，必须加快林业发展，扩大经济社会发展的生态容量。目前，河南省正在制定《林业生态省建设规划》，决心在原来的基础上，再向前推进一大步。

贾治邦充分肯定了河南林业建设发生的历史性变化和取得的突破性进展。他说，河南省通过加强林业建设，森林资源增长取得了重要突破，实现了林业用地面积、有林地面积、活立木蓄积量、森林覆盖率较大幅度增长；平原绿化取得了重要突破，为全国平原林业发展树立了样板，展示了平原林业的光明前景；林业产业发展取得了重要突破，速生丰产林、经济林、苗木花卉、森林旅游、木材加工等发展迅猛。河南林业的快速发展，使林业的生态、经济和社会效益得到有效发挥，进一步体现了林业的重要地位和独特作用。

贾治邦指出，平原林业是维护国家木材安全的希望所在，是维护国家粮食安全的重要条件，是农民增收致富的重要渠道，是增加经济发展生态容量的重要途径。发展

平原林业，潜力巨大，并且大有希望、大有作为。他说，平原地区是我国重要的粮、棉、油生产基地，在经济社会发展全局中占有十分重要的地位。平原地区非常适宜林木生长，木材生产优势得天独厚，完全可以建设成为重要的木材生产基地，发展平原林业对解决我国木材供给问题具有十分重要的战略意义。广大平原地区，通过建设农田防护林，可以促进木材生产和粮食稳产高产；通过营造速生丰产用材林、名特优经济林和发展杨树木材加工业，可以促进大地增绿、农民增收、企业增效、政府增税；通过增加林木蓄积量和开发利用生物质能源，可以提高森林的固碳能力，充分发挥林业在节能减排中的重要作用，增加经济发展生态容量。

贾治邦强调，要从四个方面充分发挥平原林业的重要作用和巨大潜力。一要靠改革挖潜。深化集体林权制度改革，明晰林地使用权和林木所有权，放活经营权，落实处置权，保障收益权，充分调动广大农民参与平原林业建设的积极性。二要靠科技创新。大力发展林业科技，选育和引进适应平原地区生长的优良品种，缩短速丰林的轮伐周期，提高木材等林产品的加工水平，提高农民发展林业的素质和本领。三要靠集约经营。通过科学选择树种、加强经营管理等方式，提高林地生产力，最大限度地提高林木生长量。四要靠政策支持。要通过贴息贷款等方式，支持广大农民发展林业。

（摘自2007年9月27日《中国绿色日报》第一版）

国家林业局局长到我省考察指导林业工作

□记者　王四典　通讯员　杨晓周

9月23~25日，国家林业局局长贾治邦、副局长李育材率部分司局负责同志到我省考察林业工作，指导林业生态省规划编制。贾治邦一行在我省期间，省委书记徐光春、省长李成玉、省委副书记陈全国、副省长刘新民分别与贾治邦进行了会见或座谈。

9月25日上午，贾治邦一行听取了我省林业工作情况汇报。省长李成玉参加汇报会，副省长刘新民主持。

在听取省林业厅关于我省林业工作情况汇报后，贾治邦对我省林业工作取得的成绩给予了高度评价。他说，河南林业建设发生了历史性变化，取得了突破性进展。中原大地高标准平原绿化给我们留下了难以磨灭的印象，处处呈现出人与自然和谐、林茂粮丰的喜人景象。特别是近几年来，河南省委、省政府认真落实科学发展观，一直把林业作为实现中原崛起、构建和谐中原、促进新农村建设、推动经济社会可持续发展的一项战略措施来抓，森林资源增长取得了重要突破，实现了林业用地面积、有林地面积、活立木蓄积量、森林覆盖率较大幅度增长；平原绿化取得了重要突破，为全国平原林业发展树立了样板；林业产业发展取得了重要突破，林业已经逐渐发展成为一个重要产业，速生丰产林、经济林、苗木花卉、森林旅游、木材加工等实现了快速

发展。

贾治邦表示，国家林业局将结合正在实施的林业重点工程，从资金和政策上，对实施河南林业生态省建设规划、河南省平原绿化和林业科技创新等方面给予积极支持。

李成玉省长对贾治邦一行来河南检查指导工作表示欢迎，并向他们简要介绍了近年来河南经济社会发展和林业发展情况。

（摘自2007年10月9日《河南科技报》第二版）

河南鄢陵：生态建设成就平原林海

一所远离大都市、又不临名山大川的县级宾馆，平均不到3天就接待一次省部级会议，客房入住率长年保持在90%以上，这样的事情你信吗？

这样的事儿正在河南鄢陵县花都庄园真真切切地上演着。10月26日，该宾馆负责人说，他们每年接待全省、全国行业会议及大公司区域经理会议130多个，全年来客接待量保持在8万人左右。

小小的花都庄园为啥有这么大魅力？鄢陵县县长袁宝根说："魅力在宾馆背后一望无际的平原林海。"

鄢陵"地上无风景、地下无资源"，是个典型的平原农业县。但鄢陵人通过10年坚持不懈的努力，造出了面积达45万亩的花木林海，人工创造出一个独一无二的平原生态环境。这里春天百花齐放，夏季五彩缤纷，秋天黄花遍地，冬日梅香袭人，被人誉为"花的世界、草的海洋、树的故乡、鸟的天堂"。据测算，该县森林覆盖率已达77%，成为一处罕见的平原超级天然氧吧。

为了充分发挥这里的生态效应，该县大力发展会展经济，连续举办了6届中原花木博览会，创立"中国花木第一县"品牌，使数十万亩平原林海成为一个巨大的"绿色聚宝盆"，吸引各种强县富民要素快速汇集，推动县域经济蓬勃发展，县域经济排名位次4年间前移了30多位。

农业强了。花木产销形成了2 600多个品种、20万从业人员、18亿元年产值的支柱产业，鄢陵成为全国最大的花木生产销售基地。全县农民人均纯收入的30.4%来自花木产业，花木主产区农民年人均纯收入达6 500多元。

工业热了。"生态鄢陵"、"绿色鄢陵"，这些金字招牌吸引了来自海内外投资商的目光，一些对自然环境要求较高的高技术和高附加值项目，纷纷落户鄢陵。仅6届花博会就先后引来中外投资项目300多个，总投资50多亿元。

旅游火了。规划建设了以4A级风景名胜"国家花木博览园"为代表的一批精品景点景区，又兴建了一批生态服务型村庄，开展"农家游"、"文化游"、"垂钓游"和"采摘游"。每年吸引200万人（次）前来旅游，实现综合旅游收入2.3亿元。今年春节和

"五一"黄金周，该县花都温泉成为河南旅游市场的一大亮点，平均每天接待量800多人（次），收入达40万元，其中郑州游客占总人数的75%。

县长袁宝根说："'一花带动百花发'，生态是鄢陵发展之本。今后我们将充分发挥平原生态的独特优势，大力发展旅游业、会展业和休闲商业等'特色三产'，真正把鄢陵打造成为一个中原地区的生态明珠。"

（来源于2007年10月30日《新华网》、《中国共产党新闻网》、《中青网》）

牢固树立生态文明观念

□记者 赵 鹏 李忠将

十七大报告提出"建设生态文明，基本形成节约能源资源和保护生态环境的产业结构、增长方式、消费模式"。把生态文明写入党代会报告，这是我党执政兴国理念的新发展，是落实科学发展观、实现全面建设小康社会目标的新要求。

生态文明是人们在改造客观世界的同时，改善和优化人与自然的关系，建设有序的生态运行机制和良好的生态环境所取得的物质、精神、制度成果的总和。它体现了人们尊重自然、利用自然、保护自然，与自然和谐相处的文明形态。

当前，我国发展中的突出矛盾之一，是经济增长的资源环境代价过大。近几年，突发环境污染事件频发，由环境恶化引发的种种问题，成为制约经济社会持续发展、影响社会和谐安定的重大因素之一。导致这种现象产生的重要原因，是一些地方单一追求GDP的畸形发展观，是扭曲的政绩观，是以高污染、高排放、高消耗为代价的粗放增长方式。实践证明，以污染环境和过度消耗自然资源为代价的增长没有前途，加强生态文明建设，实现人与自然和谐相处的可持续发展，是经济社会发展的必由之路。

加快建设生态文明，首要的是在人与自然和谐相处的前提下，紧紧抓住转变经济增长方式这个中心环节，调整产业结构，推进科技进步，走新型工业化道路，大力推进低成本、低代价的绿色产业，实现绿色增长。要执行更为严格的环保政策，千方百计实现节能减排目标。

加快建设生态文明，就要大力加强生态环境建设，推进生态现代化。要从宏观调控手段引导生态建设，加大环境保护和建设投入，着力建设和保护好森林、湿地等生态系统，抓好造林绿化和森林资源保护，不断提高森林覆盖率。从尊重自然规律、尊重科学的角度出发，加强对水土流失、沙漠化等生态问题的治理。

建设生态文明，既是为中国人民谋福祉，也对维护全球生态安全具有重要意义，它是中国共产党人的郑重承诺，必将对中国和全球的生态文明建设产生积极而重大的作用。

（摘自2007年11月2日《河南日报农村版》第三版）

省委、省政府召开全省林业生态省建设电视电话会议，提出

坚持全省动员全民动手全社会办林业 使城乡更秀美人民更富裕社会更和谐

□记者 王四典

11月27日，省委、省政府召开全省林业生态省建设电视电话会议。省委书记徐光春发表重要讲话，省长李成玉作了工作部署。徐光春指出，要认真学习、深入贯彻党的十七大关于建设生态文明的新论断新部署新要求，坚持科学发展、和谐发展、永续发展，坚持全省动员、全民动手、全社会办林业，大力培育、有效保护和合理利用森林资源，使中原大地林更茂、山更青、水更绿、天更蓝、气更爽、城乡更秀美、人民更富裕、社会更和谐。

省领导李克、孔玉芳、李柏拴、刘新民、张大卫、赵江涛等出席会议。

徐光春在讲话中指出，建设生态文明是全面建设小康社会的新要求，是维护生态安全的新举措，是我们党发展理念的新升华。深入贯彻党的十七大精神、建设生态文明，对河南的发展具有特别重要的意义。河南总体上是一个缺林少绿的省份，森林覆盖率居全国第21位，人均林地面积、森林蓄积量只有全国平均水平的1/5、1/7，森林资源质量不高，生态环境十分脆弱。长期以来，我省相对粗放的经济增长方式使我们付出了巨大代价，环境污染、资源短缺问题日趋严重，部分区域生态破坏和退化。随着我省工业化、城镇化进程加快，资源能源消耗还将大大增加，生态环境承载能力面临严峻考验，加快林业生态建设、增加森林资源，扩大环境容量、拓宽减排途径，任务十分艰巨。我们要立足当前、着眼长远，实现河南经济社会全面协调可持续发展，就必须紧紧抓住林业这个生态建设的核心和关键，把建设绿色中原绘入全面建设小康社会的宏伟蓝图，把环境优美作为中原崛起的重要目标，在实现中原崛起的进程中坚定不移地实施林业生态省建设战略。这是我们深入贯彻党的十七大精神，为夺取全面建设小康社会新胜利、开创中原崛起新局面作出的又一重大举措。

徐光春指出，在林业生态省建设中必须正确认识和把握“六大关系”。

第一，正确认识和把握生态建设与加快发展的关系，既要金山银山更要绿水青山。各级党委、政府要把改善生态环境、建设绿水青山作为经济社会发展的重要内容和目标，坚决禁止掠夺性开采、毁灭性砍伐，坚决杜绝只讲索取不讲投入、只讲开发不讲保护，决不能以牺牲资源环境为代价谋求一时的经济发展。要按照国家形成主体功能区的要求，根据各地不同的生态环境状况，合理确定林业在主体功能区建设中的地位，

不断加强林业生态建设，使之与经济社会发展相适应。要坚持环境保护先于一切，严把环境保护关。要积极探索建立健全资源有偿使用制度和生态环境补偿机制。

第二，正确认识和把握林业与农业的关系，实现林茂粮丰。林业与农业互生共促、相互融合，必须协调发展，不可偏废。在确保农业基础地位不动摇、全省基本农田面积不减少，为确保国家粮食安全作出更大贡献的前提下，大力促进林业发展。要紧紧围绕实现林茂粮丰的目标，大力拓展林业的发展空间，为农业发展筑就“绿色屏障”，充分发挥森林的综合利用效率。

第三，正确认识和把握生态建设与产业建设的关系，实现生态效益与经济效益相统一。林业生态与林业产业如“车之两轮、鸟之双翼”，相辅相成、相互促进。必须坚持生态建设和产业建设两手抓、两手都要硬，决不能割裂开来，更不能相互排斥、相互替代。在林业生态省建设中，一方面要坚定不移地实施以生态建设为主的林业发展战略，另一方面要着力拉长林业产业这条“短腿”，努力培育新的经济增长点。要处理好旅游开发和环境保护的关系，在开展森林旅游的过程中，把培育和保护林业生态资源作为生命线，对森林和野生动物类型自然保护区核心区只能搞科学研究，绝不能搞旅游开发，确保森林资源和生态安全。

第四，正确认识和把握植树造林与加强管护的关系，实现林业又好又快发展。植树造林和加强管护，是林业又好又快发展不可分割的两个重要环节。要高度重视、认真解决，使两个环节有效衔接，确保林业又好又快发展。在管护上下大工夫、下真工夫，关键是要做到“三严”，即严防森林火灾，严防病虫害，严厉打击毁林犯罪。

第五，正确认识和把握政府主导与市场调节的关系，形成推动林业生态建设新机制。要把政府主导与市场调节二者有机结合起来，既发挥政府这只有形“手”的作用，又发挥市场这只无形“手”的作用，需要政府做好的一定要坚决做好，需要市场调节的一定要坚决放开，形成适应新时期林业发展要求的新型管理体制、运行机制和发展模式。当前，正确处理政府主导和市场调节的关系，关键是要深化集体林权制度改革。在贯彻落实过程中，要准确把握改革要求，注意方式方法，搞好配套改革，不断增强林业发展的动力、活力和潜力。

第六，正确认识和把握生态建设与民生改善的关系，实现兴林与惠民相统一。推进林业生态省建设的根本目的，是为了改善生态环境，提高人民生活质量。必须把生态建设和民生改善结合起来，实现兴林与惠民的有机统一。兴林惠民，一要着力改善人居环境，在城市见缝插绿、高标准绿化美化，在农村充分利用街道公路、田间地头、房前屋后空地大力植树造林；二要促进农民就业增收，通过开展荒山绿化、发展庭院经济、发展林业产业，挖掘农民增收潜力；三要满足人民消费需求，不断为人民提供更多更好的生态产品、林产品和生态文化产品。

徐光春强调，建设林业生态省，最根本最关键的是各级党委、政府要充分发挥领导者、组织者、推动者的作用，真正做到“四个更加”。位置要更加突出，要把林业生态省建设放到全面建设小康社会、加快中原崛起的全局中来谋划，真正摆上重要议事日

程，做到为官一任、绿化一地、造福一方。投入要更加积极，各地都要下大决心，加大力度，该配套的财政资金必须及时到位，确保林业生态省建设的资金供应。措施要更加得力，各地要建立和完善林业发展规划，明确目标任务，坚决落实目标责任制，狠抓贯彻落实，狠抓督促检查。合力要更加强大，各级农业、水利、交通、土地、城建、环保、财政等有关部门要各负其责、密切配合。全社会要迅速行动起来，自觉履行植树造林、保护环境的义务，努力形成造林绿化人人有责、良好生态人人共享的生动局面。

李成玉就实施林业生态建设规划和当前需要突出抓好的工作作了具体部署。一要进一步优化林业生态建设布局。这次林业生态建设规划，提出了“两区”、“两点”、“一网络”的林业生态建设总体布局。“两区”就是要重点抓好山地丘陵区和平原农区生态体系建设。“两点”就是要突出抓好城市和村镇生态体系建设。“一网络”就是要着力抓好生态廊道网络体系建设。各地要按照全省总体布局，明确发展重点和方向，力争经过几年的努力，使全省所有适宜种树的地方全部形成绿阴。二要规划建设一批重点林业生态工程。要继续抓好天然林保护、退耕还林、重点地区防护林、野生动植物保护和自然保护区、速生丰产用材林基地等五大国家重点生态工程。同时，要抓好山区生态体系建设工程、农田防护林体系改扩建工程、城市林业生态建设工程和村镇绿化工程。要建设和完善一批国家级、省级野生动植物、湿地自然保护区。三要大力提升林业产业竞争力。大力发展林业二、三产业，延长产业链条，力争形成一批竞争力强、带动面广、效益比较好的林业企业集团。要围绕林纸一体化加快发展用材林、工业原料林，加快发展经济林和苗木花卉，加快发展森林生态旅游。建成伏牛山、太行山、嵩山、黄河沿岸及故道、中东部平原等七大森林生态旅游区。四要加快推进林业体制改革。全面推进集体林权制度改革，争取用两年左右时间，完成全省2 348万亩集体林和宜林地明晰产权、确权发证的改革任务。大力发展非公有制林业。五要不断强化林业支撑能力建设。要加大财政资金投入，完成林业生态省建设规划需要各级财政投入279亿元，除争取国家林业投资外，从明年开始，今后5年省本级对林业生态投资44.1亿元。加大林业技术创新，促进科技成果向现实生产力转化，着力抓好林业人才队伍建设。加强优质树种的培育和优良品种的引进，把育苗任务落实到市、县、乡。

(摘自2007年11月3日《河南科技报》第一版)

河南林业生态效益总价值为3 172.08亿元

□记者 郭久辉

“河南省林业生态效益价值评估”项目7日通过专家组评审。中国工程院院士、中国生态学会名誉理事长李文华公布，河南省林业生态效益总价值为3 172.08亿元。这是

中国首次公布对森林、湿地的生态效益价值的评估结果。

由国家林业局中国森林生态系统定位研究网络中心、中国林业科学研究院森林生态环境与保护研究所、河南省林业科学研究院和北京林业大学的专家组成的课题组，利用一年时间，对河南的森林、湿地的生态效益价值进行了评估。

评估项目组从涵养水源、固碳释氧、保护生物多样性、防风固沙等9个方面，从蓄水调洪、净化水质等5个方面，分别阐明了森林和湿地发挥生态服务功能的机制，计算出河南省2006年林业生态效益总价值为3 172.08亿元，其中森林生态效益价值为2 313.62亿元，湿地生态效益价值为858.46亿元。而在森林生态价值中，水源涵养效益最大，为727.91亿元，占森林生态价值的31.47%；其次为固碳制氧，价值为575.15亿元，占24.87%；林木营养物质积累价值最小，为19.93亿元，仅占0.86%。

中国工程院院士李文华指出："过去我们总是讲，森林的生态效益远远大于经济效益，但一直没有系统地、定量地计算出森林的生态价值。这次计算出河南林业生态价值，使人们可以定性、定量地了解青山绿水的生态价值，更加重视林业发展。"

河南省是中国第二阶梯向第三阶梯、北亚热带向北温带过渡地区，生态环境较脆弱，近年来由于重视林业发展，这个省林木覆盖率达到22.64%，尤其是在广大的平原地区建设的平原防护林网居全国前列。

（来源于2007年11月7日《新华网》、《中国广播网》、《新浪网》、《国家生态网》、《天府热线》）

我省林业生态效益价值3 172亿元

□记者　朱殿勇

林业生态能否用经济指标核算出价值来？我省组织开展的"河南省林业生态效益价值评估"项目给出了答案。

由国家林业局中国森林生态系统定位研究网络中心、中国林业科学研究院森林生态环境与保护研究所、河南省林业科学研究院、北京林业大学等共同完成的"河南省林业生态效益价值评估"项目计算出：河南省2006年林业生态效益总价值为3 172.08亿元，其中森林生态效益价值2 313.62亿元，湿地生态效益价值为858.46亿元。

11月7日，省政府在郑州组织召开项目评审会。由中国工程院院士李文华教授等9名专家组成的评审委员会认为这一结论符合河南的实际情况。

（原载2007年11月8日《河南日报》第一版）

“河南省林业生态效益价值评估”项目通过评审

□记者 卫 静

11月7日，省政府在黄河迎宾馆组织召开了“河南省林业生态效益价值评估”项目评审会，包括中国科学院院士、中国工程院院士众多专家组成的评审委员会一致同意该项目通过评审，并建议将这一成果尽快应用到我省林业生态省建设中。

评审委员会认为，河南省林业生态效益价值评估从涵养水源、固碳释氧、保护生物多样性、防风固沙等9个方面，从蓄水调洪、净化水质等5个方面，分别阐明了森林和湿地发挥生态服务功能的机制，并提出了比较系统和完整的森林和湿地生态效益评估指标体系。该项目计算出了河南省2006年林业生态效益总价值为3 172.08亿元，其中森林生态效益价值为2 313.62亿元，湿地生态效益价值为858.46亿元，符合河南省的实际情况。该项目对一个省级区域的林业生态效益价值作出了比较全面的评估，拓展了林业生态效益评价对象的范围，研究具有创新性；对研究方法进行了筛选，在计算上分地区和类型进行评价，具有科学性。

河南省林业生态效益价值评估是由国家林业局中国森林生态系统定位研究网络中心、中国林业科学研究院森林生态环境与保护研究所、河南省林业科学研究院、北京林业大学4家单位于2004年共同发起的。

（摘自2007年11月8日《河南工人日报》第二版）

生态河南初长成

□记者 丁新伟

这些天，王恒瑞——郑州黄河湿地自然保护管理区管理中心主任，一直为自己一个野心勃勃的计划忙得不可开交：制订一个面向全国的招标方案。“我要把郑州黄河湿地建成全国一流的自然保护区，必须向全国招标。”

王恒瑞管辖的郑州黄河湿地自然保护区，长近160公里，面积为50万亩。同全国有名的湿地自然保护区相比，成立只有3年的郑州黄河湿地自然保护区的硬件和软件都只能望其项背。建成全国一流湿地，王恒瑞的野心有政府和主管机关的鼎力支持，“去年，郑州市政府专门为我们的湿地划拨了100多万元的资金，用于购买监测设备等。”

100多万元的资金对于郑州黄河湿地自然保护区而言，虽然谈不上多——该湿地共

有100多个国家级、省级和市（县）级监测站点，但是在省级监测站点每年只有两万元经费的现实下，100多万元的政府拨款无疑是雪中送炭。

事实上，这些年，全省出现了很多像王恒瑞这样重视生态建设的人，他们正在成为一个群体。在省委、省政府作出建设生态河南的决定后，我省各地的林业生态建设已从原来单纯的植树造林，转变为科学指导下的林业生态系统工程。

今年8月，郑州森林生态建设效益监测评价报告通过专家评审。监测报告通过评审后，郑州市在森林生态城建设中遇到的很多难题迎刃而解。

郑州市林业局的一位负责人说，以前植树造林时，很少考虑树种的选择，大家认为只要多种树就能改善环境。现在看到监测报告列出的各种树木对生态改善的不同数据后，对于郑州该种什么树，我们有了正确的选择方向。

不再为该种什么树困惑的，还有省林业厅——生态河南建设的领导者。

前天，来自中科院、国家林业局、北京林业大学、中南林业科技大学、河南省林业调查规划院和河南农业大学的专家，对生态河南建设规划进行最后的论证。省林业厅一位负责人说，经过这次论证后，生态河南建设将走上科学的道路，已通过专家评审的《2006年河南省林业生态效益价值评估报告》，从涵养水源、净化水质、节能减排等15个方面，盘算了河南的林业生态效益。有了评估报告这个坚实的基础，最终定稿的生态河南建设规划，将极具可操作性。“生态河南建设中林业生态是主体，而评估报告将使我们在今后的林业生态建设中，少走和不走弯路，比如景观树该种哪些不该种哪些。”

“项目计算出了河南省2006年林业生态效益总价值为3 172.08亿元，其中森林生态效益价值为2 313.62亿元，湿地生态效益价值为858.46亿元，符合河南省的实际情况。”这是专家组给《2006年河南省林业生态效益价值评估报告》下的结论。

首次货币化的我省林业生态效益价值，对于河南的普通百姓来说听起来很抽象，实际上我们已经在天天受益——日益绿化的山川、不断改善的自然环境……

举一个简单的例子——近些年三门峡黄河湿地出现的天鹅景观。

几年前，飞到三门峡的天鹅只有几十只，而且三门峡当时只是天鹅迁徙的停歇地。因为生态改善，如今到三门峡停歇的天鹅已有上万只，原来的迁徙地已成为天鹅的越冬地。

郑州黄河湿地的成就也正在显现。“由于我们加强了湿地保护，这几年来这里的候鸟越来越多。今年进入候鸟迁徙期以来，郑州黄河湿地已经有国家一级保护动物大鸨、二级保护动物白琵鹭等几十种珍禽出没，有一天我们观测到了3 000多只豆雁聚集在一个滩地上。这在几年前是不可想象的。”王恒瑞说。

“落霞与孤鹜齐飞，秋水共长天一色”，在黄河湿地，当很多游人因不时掠过的鸟群顿生诗意时，生态河南也正在诗意中成长。

（摘自2007年11月10日《大河报》第二版）

河南为林业生态效益"定价"

2006年林业生态效益总价值3 172.08亿元

□记者　曹树林

日前，"河南省林业生态效益价值评估"项目通过专家评审。该项目测算出河南全省2006年林业生态效益总价值为3 172.08亿元。

该项目由河南省林业厅于2005年提出，由中国森林生态系统定位研究网络管理中心、中国林科院等单位派出专家组成项目组具体实施。该项目从涵养水源、固碳释氧、保护生物多样性、防风固沙等9个方面，从蓄水调洪、净化水质等5个方面，分别阐明了森林和湿地发挥生态服务功能的机制，并提出了比较系统和完整的森林和湿地生态效益价值评估指标体系。项目最终计算出河南省2006年林业生态效益总价值为3 172.08亿元，其中森林生态效益价值为2 313.62亿元，湿地生态效益价值为858.46亿元。

河南省林科院院长朱延林告诉记者，河南是第一个采用国家绿色GDP核算方式进行生态效益评估的省份。提供木材只是森林价值的一个方面，森林的生态价值更加重要。对林业生态效益进行"定价"，可以促使人们更加自觉地爱护森林、爱护生态环境。

在评审会上，来自中国科学院、国家林业局等专家组成的评审委员会认为，该项目研究目标明确，符合河南省林业生态建设实际和全面协调可持续发展的要求，技术路线正确，评估方法规范科学，建议将这一成果尽快应用到河南林业生态省建设中。

(原载2007年11月12日《人民日报》第六版)

森林生态城建设每年为郑州增加效益122亿元

记者昨日从市林业局获悉：经过科研人员为时一年的测算评估，郑州森林生态城的"身价价码"为：年度生态服务功能总货币值达122.394亿元！

也许对于大多数市民而言，122.394亿元只是一个天文而抽象的数字。其实不然，郑州森林生态城的这个"价码"在市民生活中可谓无处不在、无时不有。郑州是个气候干旱、多风沙的城市，生态环境的基础比较薄弱。而随着绿地和森林面积的不断扩大，天蓝水清的新郑州日益惠及老百姓。据环保部门检测结果显示，2006年，城区环境空气质量达到优良以上天数为306天，达标率为83.8%，比2004年提高2.4个百分点。此外，生态林在降低噪音、涵养水源诸方面也是功不可没的。

近年来，我市在加快森林生态城建设的同时，通过建立定位、半定位观测站及季节性流动观测站，超前性地对整个森林生态城建设综合效益进行长期系统检测。去年又

邀请河南省林业科学院生态林业工程技术研究中心进行了为期一年的森林生态城建设生态效益检测评价，最终得出年度生态服务功能总货币值122.394亿元的结论报告。经国家、省、市有关专家论证，检测结果科学可信。此成果在生态效益检测指标体系建立、城市森林绿量测算和生态效益货币化计量体系的建立等方面处于国内领先地位。

（来源于2007年11月13日《中原网》、《TOM网》）

李成玉在省政府常务会议上强调

加快林业发展　建设生态河南

□记者　王　磊　田宜龙

在全省深入贯彻十七大精神之际，11月16日下午，省长李成玉主持召开省政府常务会议，专题研究《河南林业生态省建设规划（2008~2012）》。李成玉强调，要按照科学发展观的要求，高标准、高起点，强力推进林业生态省建设，以此带动我省经济发展方式的转变，打造锦绣河南。

省委常委、常务副省长李克，省委常委、宣传部长、副省长孔玉芳，副省长王菊梅、史济春、刘新民、张大卫，省长助理、省政府秘书长卢大伟，省长助理何东成出席会议；省直有关部门主要负责同志参加会议。

省林业厅汇报了河南省林业生态省建设规划的情况和深化林权制度改革的意见。

李成玉说，党的十七大提出了“建设生态文明”的命题，要求到2020年全面建设小康社会目标实现之时，使我国成为生态环境良好的国家。随着我省工业化、城镇化进程明显加快，重化工和原材料、高耗能产业所占比重大，环境压力日趋明显，生态环境问题已成为影响经济社会可持续发展的重要因素。加快林业生态建设，构建稳定的森林生态系统已经到了不能再耽误的时候了。近年来，我省林业生态建设取得了很大的成绩，平原绿化走在了全国的前列，也为我们建设林业生态省打下了良好基础，坚定了我们推进高标准绿化的信心和决心。实施林业生态省建设规划，大规模推进林业生态建设完全符合十七大精神，是我省经济社会永续发展的现实需要，也是促进农民增收和经济社会发展的有效措施。目前，我省已具备了大规模林业生态建设的投入能力、科技水平和人力资源，可以说条件已经成熟，必须下大决心，在林业生态建设上实现新突破。这次规划采取自下而上的编制方法，动员了我省林业科研力量，聘请了国内知名专家参与，广泛吸取了各方面意见，对动员、引导全社会参与林业生态建设具有很好的指导意义。规划提出的“两区”（山地丘陵生态区、平原农业生态区）、“两点”（城市、村镇）、“一网络”（生态廊道网络）基本覆盖了全省的国土面积，具有很强的可操作性。林权制度改革是充分激发林业发展活力的关键，经过试点，我省的林权制度改革方案已基本确定，下一步要尽快在全省推开。

李成玉指出，要实现高标准建设林业生态省的目标，各级政府必须高度重视，下定决心，进一步加大财政投入力度。随着近年来经济的快速发展，我省财政收支规模不断扩大，财政资金调剂余地增加，已经具备了进一步加强林业生态建设的财力基础。各级政府要舍得拿出更多资金，支持林业生态省建设。尤其是对规划中的重点林业工程，必须充分发挥财政资金的引导和支撑作用。国家有关部委也将加大对各地生态建设的支持力度，有关方面要做好基础工作，积极申报项目，搞好衔接，争取国家更多的项目和资金支持。同时，要发挥我省林业科技力量对生态建设的支撑作用，力争在育种、病虫害防治、技术研发等方面有所突破。

李成玉强调指出，要把这项关乎我省经济社会永续发展的重要工作落实好，必须创新体制机制，强化责任，狠抓落实。要建立科学的激励机制和管理机制，充分发挥市场机制的作用，在投入上实施“以奖代补”，充分调动各级各部门和社会各方面的积极性，为企业、集体、个人进入林业生态建设领域创造良好的条件。要建立行政首长负责制，签订目标责任书，把各项任务切实落实到具体单位和责任人。有关部门要加强督促检查，确保各项工作目标落到实处。各级各部门都要积极支持，努力形成强大的工作合力，全面推进林业生态省建设，努力打造大地披绿、山川秀美的新河南。

（摘自2007年11月17日《河南日报》第一版）

河南:建设生态文明　发展循环经济

□记者　游晓玮　党涤寰

“天蓝了，地绿了，风沙少了。”郑州市二七区侯寨乡麦垛沟村，农民赵更新用这10个字描述出生态建设带来的变化。他风趣地说：“以前端碗捞面条，坐在马路边上吃，不一会儿沙子就落满了，现在就是走出二里地也没事。”

“根据规划，到2010年郑州市森林覆盖率将超过40%。过些时候你再来这里看看，生态效益将更加明显。”郑州市林业局副局长楚万青告诉记者。今年河南省林业科学研究院生态林业工程技术研究中心完成了《郑州森林生态城建设生态效益监测评价报告》，结果显示，郑州森林生态城年度生态服务功能总货币值高达122.394亿元，生态建设的经济效益同样可观。

郑州创建森林生态城，是中原大地努力建设资源节约型、环境友好型社会，实现人与自然和谐的一个缩影。

连日来，记者在河南各地的采访中深深地感到，建设生态文明，已成为河南省贯彻落实十七大精神，着力推动科学发展，促进社会和谐，奋力开创中原崛起新局面的一大着力点。

10月30日，中共河南省八届四次全会审议通过《中共河南省委关于认真学习宣传贯

彻落实党的十七大精神 奋力开创中原崛起新局面的决定》，明确指出：着力建设生态文明，认真落实节能减排工作方案和目标责任制，大力发展循环经济和环保产业，提高资源综合利用水平；加强生态环境保护，保护土地和水资源，实施高标准的林业生态建设规划，建设山清水秀的锦绣河南。

11月16日，河南省人民政府常务会议原则通过了《河南林业生态省建设规划(2008~2012年)》，提出到2012年全省新增有林地1 129.79万亩，森林覆盖率达到21.84%，林业资源综合效益价值达到5 100.53亿元，争取早日建成林业生态省。

河南省加快生态文明建设、创建生态大省的号角已经吹响，任务更加明确："十一五"期间，要努力实现生产总值年均增长10%左右，提前实现人均生产总值比2000年翻一番，人均生产总值居中西部地区前列；

资源利用效率显著提高，单位生产总值能耗比"十五"末降低20%左右，生态环境有效改善，资源节约型和环境友好型社会建设取得阶段性成果；

2010年，实现万元生产总值能耗1.26吨标煤；

万元工业增加值用水量66立方米；

工业固体废物预期综合利用率70%；

二氧化硫和化学需氧量排放总量减少10%；

……

推进节能减排 改善生态环境

"党的十六大以来，河南省实现了由传统农业大省向经济大省和新兴工业大省的历史性跨越，踏上了向经济强省和文化强省迈进、加快中原崛起的新征程。但是我们也应该看到，河南省经济增长的资源环境代价过大，节能减排任务十分艰巨。"河南省发展和改革委员会副主任胡五岳指出，河南省目前的能源资源人均占有量低于全国平均水平，而单位GDP能耗、工业增加值能耗均高于全国平均水平，在这种形势下，做好节能减排工作就显得尤为重要、尤为紧迫。

河南省深入贯彻落实科学发展观，推进节能减排的各项措施也很到位：

在关闭小火电方面，今年1月份，河南省在全国率先关停了两台10万千瓦级火电机组，被国家有关部门称为全国"上大压小"的启动性工程。10月26日，新乡辉县市，河南孟庄电厂小火电机组爆破拆除暨全国完成关停1 000万千瓦小火电机组仪式在这里举行。当天，河南省共对新乡、开封等10个市13家企业的54台小火电机组进行了集中爆破拆除，拆除总容量110万千瓦。至此，河南省爆破拆除的小火电机组总容量达到150万千瓦，居全国第一。

河南关闭小火电工作力度之大让人称快，随之产生的效果更令人欣慰。今年1~9月，河南省已有37家电厂109台机组总装机211.2万千瓦的小火电机组实现了发电权指标转让交易，累计完成交易电量33.13亿千瓦时，节约标煤近65万吨，减少二氧化硫排放1.6万吨。

在矿产资源整合方面，截至今年8月底，河南省1 569个小煤矿已关闭1 026个，

144个小铝土矿关闭93个，全省90%以上的煤炭、铝土矿资源集中到了骨干企业，资源集中度和利用效率明显提高。全省煤炭、铝土矿回采率提高20多个百分点。

在淘汰落后产能方面，河南省同样走在全国前列。

11月6日上午，在巩义市米河镇双楼村，伴着几声巨响，华夏水泥厂年产8.8万吨的水泥机械化立窑生产线轰然倒地。40分钟后，巩义市另一家水泥厂——兴华特种水泥厂年产10万吨立窑生产线也被成功爆破。

按照河南省政府的要求，11月底前，全省102家水泥企业168条年产总量达3 500万吨的水泥机械化立窑生产线将全部拆除。

在垃圾和污水处理设施建设方面，河南的亮点也不少：

2003年，河南省率先提出了“到2007年底，全省所有县级以上城市、县城都要建成污水处理厂和垃圾处理场”的奋斗目标。

截至目前，全省累计开工建设城市污水处理项目132个，建设总规模为日处理污水能力590万吨，总投资118.5亿元；全省建成城市生活垃圾无害化处理场104个，日处理垃圾能力达到3.02万吨，总投资29亿元。

注重以人为本　促进农民增收

河南是人口大省、农业大省，农业比重大、农村人口多，要实现中原崛起、全面建设小康社会新目标，重点、难点和关键点都在“农”字上。

可喜的是，在中原大地与生态建设密切相关的花卉、林木等产业，正在成为农民持续增收的有力保障。林业是生态建设的主体。2006年，河南农民人均来自林业的收入达596元，占全省农民人均纯收入的18%。

11月11日，星期天。郑开公交德亿车站车水马龙，人流不息。3岁的郑佳欣小朋友牵着妈妈的手，准备乘坐101路城际公交车去开封逛菊花花会。

随着郑开大道与城际公交的开通，“郑汴一体化”迈出了实质性步伐。作为中原城市群核心城市之一，开封市的旅游产业在“郑汴融城”中受益匪浅。今年1~9月份，开封市共接待中外游客1 742.5万人（次），实现旅游总收入55.76亿元，同比分别增长18.3%和19.7%。

菊花花会火了，种花农民的腰包也鼓了。

目前，开封市菊花种植面积约900亩，年种植菊花260万盆，年产值可达1 200万元，亩均收益6 000元至7 000元。

11月12日中午，许昌市鄢陵县柏梁镇孟家村农民张留祥站在自家地头，指挥吊车将3棵直径超过20厘米的枫杨树装上卡车。张留祥告诉记者，他家种了10多亩绿化苗木，亩均产值2 000元至3 000元。

许昌气候适宜，是南花北移、北花南迁的最佳驯化地，花卉种植历史悠久。目前，全市花卉苗木种植面积达61万亩，其中鄢陵县种植45万亩，产值18亿元。

发展循环经济　实现可持续发展

11月13日，南阳市溧河生态工业园区，河南天冠集团燃料乙醇公司车间内一派繁忙景象。天冠集团是国家循环经济试点企业，年销售收入35亿元，利税2.8亿元。

在镇平县工业园区，投资6 000多万元的南阳天冠生物发酵有限公司年产3 000吨纤维乙醇生产线已经安装完毕，12月份即将投产。依靠循环经济发展壮大的天冠集团，将把节能减排的重点放在废弃物资源化与资源高效利用上。

“今后我们要通过技术创新，把生产成本降下来，把节能减排工作做好、做扎实，真正实现绿色、循环、可持续发展。”天冠集团总工程师杜风光对记者说，按照党的十七大报告中提出的有关发展清洁能源和可再生能源的要求，天冠集团未来将重点发展生物能源以及生物化工。到2012年，力争实现生物能源产业规模205万吨每年，生物化工产业规模28万吨每年，年销售收入超过100亿元。

将煤矸石做砖、瓦斯发电、煤焦油变化工产品……因煤而兴的平顶山市通过拉长煤炭产业链条，发展循环经济，将煤炭、煤矸石、粉煤灰等吃干榨净，实现了资源利用最大化。

豫北畜牧业大市鹤壁，围绕畜牧养殖业和食品加工业产生的粪便、下脚料等综合利用，建设了19家有机肥厂、4个大型沼气站和6座沼气发电站，年产有机肥28万吨、沼气25万立方米，年发电2 200万千瓦时。

“循环经济形成较大规模，可再生能源比重显著上升”——为落实党的十七大报告提出的这一要求，中原大地从南到北、从东到西，发展循环经济已然形成了一道亮丽的风景。

生态文明观念渐渐深入人心，中原大地深入学习贯彻党的十七大精神的热潮涌动。一个“农业先进、工业发达、政治民主、文化繁荣、环境优美、社会和谐、人民富裕”的新河南正在崛起。

(原载2007年11月19日《经济日报》第一版)

建设生态文明既要法治也要德治

□作者　桑景拴

“建设生态文明”作为全面实现小康目标的新要求之一，已被明确写入党的十七大政治报告之中。这是基于对我国生态环境严峻状况的系统分析和科学反映，也是对科学发展观理论的高度诠释和全面升华。生态文明是可持续发展的前提条件之一。因此，落实科学发展观，就要求将生态文明建设摆到重要的战略地位。

建设生态文明，首先要靠法治。人与生态环境的关系，依靠法律调整是基础，要致

力于完善生态法律制度体系。健全的生态法律制度，既是生态文明的标志，也是生态保护的屏障，其作用就在于用刚性的制度约束人的行为。要建立并巩固从源头上解决生态问题的法律体制，以制度调动各地方、各行业进行生态建设的积极性，遏制其污染环境、破坏生态的冲动性，用长效机制从根本上克服“守法成本高、违法成本低”的社会现象。

目前，当务之急是要严格落实生态环境责任追究制度，尤其是刑事责任的追究不能缺位，要加大对违法超标排污主体和生态资源破坏主体的处罚力度，严惩各类针对生态环境的违法犯罪行为。同时，要尽快补充修订相关法律法规，明确界定生态环境产权，克服生态治理中的地方保护干扰。还要建立健全资源有偿使用制度和生态效益补偿机制，以制度规范人与自然的关系，从而保障经济社会的和谐进步、可持续发展。

其次，建设生态文明，也要依靠德治。生态文明体现的正是科学发展观的重要文化内涵和道德内容。从某种意义上来说，文化和道德的力量可能更为强大。要在全社会积极倡导生态伦理道德，树立生态文明观念，提倡人与自然的相互依存和协同发展。要加强生态文明观的宣传教育，增强全民族的生态忧患意识和参与保护的责任意识。要在全社会牢固树立起可持续发展的生态文明观，使之成为社会主义文明体系内容之一，真正让生态文明在促进物质文明和精神文明的发展中发挥作用。

人类受惠于大自然，应该向大自然反哺。要强化社会普遍的生态道德自律感，从公德的角度要求每个人都要以身作则，竭力放缓自然界不断恶化的脚步。在国际上，发达国家和地区必须承担更大的责任，而在国内，政府部门和大企业更是责无旁贷。第一步，人类须将生态破坏和环境污染活动逐步限定在地球可以容忍的范围内；第二步，对自然的索取要给予一定的补偿，每个人都要为保护自然作出贡献，在尽可能短的时间内实现自然生态系统的良性循环。

生态文明作为对农业文明和工业文明的超越，代表了一种更为高级的人类文明的形式。建立人与自然的和谐相处关系，是建设和谐社会的基础和保障。21世纪将是一个生态文明的世纪。随着经济的不断发展，人们将越来越清醒地认识到，以破坏生态和污染环境来换取一时经济繁荣的做法日益不可取。我们要充分地利用法治和德治的双重力量，促使生态文明建设成为当今社会的发展主旋律和时代潮流。

（摘自2007年11月20日《中国绿色时报》第三版）

河南林业生态效益总价值3 172亿元

□陈 卫

河南省政府近日组织专家对全省林业生态效益价值评估项目进行评审。专家确认，河南省去年林业生态效益总价值为3 172.08亿元，其中森林生态效益价值2 313.62亿

元，湿地生态效益价值858.46亿元。

以中国工程院院士、国际欧亚科学院院士李文华为主任，由中国科学院、国家林业局、中国林科院、北京林业大学、中南林业科技大学、河南省林业调查规划院、河南农业大学组成的专家评审委员会一致认为，河南省林业生态效益价值评估项目从涵养水源、固碳释氧、保护生物多样性、防风固沙及蓄水调洪、净化水质等多个方面，分别阐明了森林和湿地的生态服务功能，提出了比较系统和完整的森林和湿地生态效益价值评估指标体系，计算出了河南省林业生态效益总价值，并对此区域的林业生态效益价值作出了比较全面的评估，拓展了林业生态效益评价对象的范围，具有创新意义。

河南省十分重视林业生态效益价值评估工作，自2001年以来，分别在伏牛山区、太行山区、大别山区及平原防护林区建立了4个森林生态系统定位研究站，收集了丰富翔实的林业生态研究数据。为全面推进河南省林业生态建设，自2004年起，河南省组织中国森林系统定位研究网络中心、中国林科院、北京林业大学及河南省林科院的森林生态专家，开展了河南省林业生态效益价值评估项目研究。经过近4年努力，形成了对河南省林业生态效益的价值评估。

据悉，河南省将在林业生态效益静态评估的基础上进一步建立动态评估体系。

（摘自2007年11月21日《中国绿色时报》第一版）

3 100亿元的背后

——解读我省林业生态效益价值

□记者　田宜龙　通讯员　杨晓周

写在前面的话：

近年来，在省委、省政府的高度重视下，在各级林业部门的共同努力下，我省林业快速发展，成绩喜人：森林资源增速高于全国平均水平、平原绿化全国领先、林业产业年均增幅14％以上、全省林业生态效益总价值达3 172亿元……

刚刚闭幕的党的十七大提出了在科学发展观统领下“建设生态文明”。省委、省政府明确提出“建设林业生态省”，并制定了《河南林业生态省建设规划(2008~2012年)》。为深入贯彻十七大精神，进一步做好我省林业生态省建设工作，实现我省林业又好又快发展，本报今起推出系列报道。

两个“第一”

近日，新华社、人民日报等中央媒体报道的一则消息引起了世人的关注：11月7日，“河南省林业生态效益价值评估”项目通过专家组评审。中国工程院院士、中国生态学会名誉理事长李文华公布，河南省林业生态效益总价值为3 172.08亿元！

值得关注的是，“这是我国首次公布对森林、湿地的生态效益价值的评估结果”，“河南是第一个采用国家绿色GDP核算方式进行生态效益评估的省份”。

这3 172亿元的林业生态价值来自于国内权威专家的评估。

由国家林业局中国森林生态系统定位研究网络中心、中国林业科学研究院森林生态环境与保护研究所、河南省林业科学研究院和北京林业大学的专家组成的课题组，利用一年时间，从涵养水源、固碳释氧、保护生物多样性、防风固沙等9个方面，从蓄水调洪、净化水质等5个方面，对我省森林、湿地的生态效益价值进行了评估。

翻开厚厚的评估报告，我们看到了一项项评估内容的“含金量”：森林生态效益价值为2 313.62亿元，湿地生态效益价值为858.46亿元。而在森林生态价值中，水源涵养效益最大，为727.91亿元，占森林生态价值的31.47%；其次为固碳制氧，价值为575.15亿元，占24.87%；林木营养物质积累价值最小，为19.93亿元，仅占0.86%。

据专家介绍，世界范围内森林生态效益价值研究起源于10年前，这种以定量的经济核算的方法计算生态效益，在世界产生震动。

李文华认为，这次河南林业生态效益价值评估，借鉴了国际评估办法，又结合我国地区实际，评估科学，结果可信，具有重要意义。

和谐社会，林字当先

记者采访发现，这次林业生态效益价值评估，不仅让我们了解了身边的树木、花草所蕴含的价值，更让我们看到了林木在我省经济社会发展中所起的重要作用。

和谐社会，林字当先。

省林业厅厅长王照平说，党的十七大报告指出“必须坚持全面协调可持续发展。”河南同全国的总体情况一样，正处于工业文明向生态文明的过渡阶段，脆弱的生态环境和较低的人均资源占有量，承载着庞大的人口和快速的经济建设的重压，经济社会发展与资源环境之间的矛盾十分突出，人与自然的不和谐已经成为落实科学发展观、构建和谐社会的重大问题之一。

“林业是生态建设的主体。”王照平说，加快林业生态建设，构建稳定的林业生态系统，不仅可以发挥减少水土流失、涵养水源、净化环境等保障生态安全的作用，切实肩负起生态文明建设的使命，而且可以减缓温室效应，实现间接减排，扩大环境容量，提高全省经济社会发展的环境承载能力。

据专家测算，仅通过林业节能减排一项，2006年，河南城镇林木用于夏季降温所节约能源的价值为45.41亿元每年，减少二氧化碳排放功能价值13.51亿元。全省村镇林木减少二氧化硫排放功能价值1.30亿元。三者综合，2006年，全省村镇林木节能减排的价值达60.22亿元。

正如中国工程院院士李文华所说：“过去我们总是讲，森林的生态效益远远大于经济效益，但一直没有系统地、定量地计算出森林的生态价值。这次计算出河南林业生

态价值，使人们可以定性、定量地了解青山绿水的生态价值，更加重视林业发展。”

专家说，河南是第一个采用国家绿色GDP核算方式进行生态效益评估的省份。对林业生态效益进行“定价”，可以促使人们更加自觉地爱护森林、爱护生态环境。

构筑农业大省的绿色屏障

我省是全国第一农业大省、第一粮食生产大省，粮食生产在全国具有举足轻重的地位。尤其是近年来我省粮食生产连续4年实现丰收，不仅满足了河南近亿人口的粮食需求和粮食加工企业的原料需求，而且为保障国家粮食安全作出了突出贡献。

“回头看这几年我省的粮食大丰收，也正是我省林业大发展的重要时期。林业为农业大省、粮食生产再上新台阶提供了重要的绿色屏障。”省林业科学院专家说，我省农田防护林体系有效改善了农业生态环境，增强了农业生产抵御干旱、风沙、干热风、冰雹、霜冻等自然灾害的能力，促进了农业稳产高产。特别是我省昔日干旱贫瘠的豫东、豫北风沙区，降雨量增加，风沙和干热风明显减少，如今已成为我省重要的粮食和商品林生产基地。

据专家测定，其他条件不变，仅农田林网的防护作用，就能使农作物平均增产10%左右，以全省年粮食产量1 000亿斤计算，农田防护林对我省粮食生产能力的贡献可达百亿斤。同时，每年600多万吨的林果产品，改善了人们的膳食结构，降低了粮食消耗。

3 172亿元，不仅是一个数字，更是我省近年来林业发展成就的最好诠释。当前，一项林业发展的宏伟蓝图已经绘就，河南林业生态省建设规划即将付诸实施，未来的河南将更加秀美、更加富饶。

（原载2007年11月21日《河南日报》第一版）

建设一个山清水秀的新河南

——我省加快林业发展纪实

□记者　田宜龙　通讯员　杨晓周

林业建设取得突破性进展

“通过实地考察，感受到河南林业建设取得了突破性进展，处处呈现出人与自然和谐、林茂粮丰的喜人景象。”

这是国家林业局局长贾治邦、副局长李育材一行在9月24日至25日实地考察了我省林业后给予的评价。

生态和谐、林茂粮丰是近年来我省林业快速发展的真实写照：

——实现了林业用地面积、有林地面积、活立木蓄积量、森林覆盖率“四增长”。全省林业用地达到6 846.15万亩，有林地达到4 054.5万亩，林木覆盖率达到22.64%，活立木总蓄积1.337亿立方米。目前，我省山区水土流失面积明显减少，平原农田防护林体系蔚为壮观，通道沿线森林景观初步形成。

——平原绿化走在全国前列，对推动我国平原林业发展作出了重要贡献。我省平原面积占全省总面积的55.7%。我省在全国率先实现平原绿化初级达标，目前全省平原县（市、区）已基本达到平原绿化高级标准。

——林业产业发展迅速。近几年，全省林业总产值平均每年以14%以上的速度增长，2006年达到345亿元，比上年增长19.7%。全省形成了以杨树为主的速生丰产林747.4万亩；形成了一批比较集中的人造板等林产品加工区，木材加工企业达1.3万多家，安置了大批人员就业。2006年，全省森林生态旅游收入达3.7亿元。林业已成为促进农民增收、推进我省新农村建设的重要产业。

从战略高度抓林业，以大投入促大发展

山清水秀，林茂粮丰，这一喜人的变化得益于近年来我省高度重视林业发展，坚持把林业作为实现中原崛起、构建和谐中原、促进新农村建设、推动经济社会可持续发展的一项战略措施来抓。

省委书记徐光春、省长李成玉多次听取林业工作汇报，作出重要批示，并深入基层检查指导林业工作。今年省委、省政府三次召开会议，专题安排部署植树造林、森林防火和生态建设工作。多数市、县的主要领导都把林业作为生态建设的主体和经济结构调整的支柱产业来抓，促进了林业快速、健康发展。

我省还坚持实行各级政府林业发展目标责任制，将造林绿化列入省、市、县政府目标管理体系，把林业发展的任务落实到各级政府主要领导的肩上。省、市、县林业部门层层签订目标责任书，组织专门机构和专业技术人员，对各地目标任务的完成情况逐项进行核查，并依据考核结果，由省委、省政府兑现奖惩。

在每年的植树节到来前后，省领导都风雨无阻带头参加义务植树劳动。据统计，从开展义务植树活动以来，全省各级党政军领导累计参加义务植树达2 300多万人（次）。

领导干部的示范带动有力地推动了我省造林绿化工作。据统计，20多年来，全省参加义务植树人数达8.52亿人（次），义务植树27.46亿株；义务植树尽责率连年提高，特别是近年来，每年全省的尽责率都在85%以上。

不仅如此，我省在林业建设的财政投入上也是“大手笔”，启动了一批地方重点造林绿化项目。如郑州市在2005年安排林业投资1.5亿元的基础上，2006年又投入2.5亿元用于森林生态城建设。

2006年全省市、县两级财政安排造林投资6亿多元，为近年来地方财政对林业投资最多的一年。

也难怪，贾治邦局长在实地查看并听取了河南林业情况汇报后感叹：在全国每年

有3 000万亩林地被改变用途和逆转为非林地的情况下，河南省林业用地增加了300多万亩，实属不易。

机制创新，科技兴林

机制活，荒山绿。近年来，我省不断深化林业体制改革，成为加快林业发展的根本动力。

在继续实施并抓好退耕还林、天然林保护、重点地区防护林、野生动植物保护与自然保护区建设、外资造林等重点林业工程的基础上，我省各地还按照“谁投资，谁受益”的原则，重点推广了漯河等地“不栽无主树，不造无主林，造林就发证”的做法和鲁山等地开展宜林“四荒”使用权招标拍卖的经验，大力支持和引导非公有制林业发展。

目前，非公有制造林已成为我省林业发展中的主要力量。5年来，全省已吸引各类社会投资20多亿元，造林900多万亩，占全省人工造林的70%以上。

科技兴，林业旺。我省全面实施科教兴林战略，围绕林业生态建设、森林资源保护和产业发展，狠抓了科教兴林。

到目前，全省已累计落实国家和省科技推广项目209个；累计推广林业新技术81项、林果新品种260多个；制定并发布实施省级地方林业技术标准（规程）56个，培训林农175万多人（次），扶持林业科技示范户9 500多个。良种使用率达80%以上，工程造林良种使用率达90%以上，林业科技成果转化率达到48%，科技进步贡献率达到40%。

作为速生丰产林新品种引进我省的107杨、108杨，如今，不仅为中原增添近千万亩绿色，还解决了长期以来我省林业尤其是工业原料林和生态防护林发展缺乏优良树种的难题，每年为林农创造着数十亿元的价值。

“既要金山银山，更要碧水青山。”林业发展奏出的绿色交响曲，不仅使我省在调整农业结构、培育支柱产业等方面的带动力明显增强，而且使我省经济社会可持续发展的能力不断增强，为我省实现中原崛起提供着良好的生态支撑。

（原载2007年11月22日《河南日报》第一版）

省政府批准《河南林业生态省建设规划》

□记者　宋　朝

11月23日，省政府批准了《河南林业生态省建设规划》。规划显示，从2008年到2012年，我省将累计投资405.72亿元建设系列林业生态工程，构筑山地丘陵和平原农业、城市和村镇以及生态廊道点、线、面相结合的综合林业生态体系。

规划的总体目标是：到2012年，全省新增有林地1 129.79万亩，达到5 468.43万亩；森林覆盖率增长4.51个百分点，达到21.84%；林业年产值达到760亿元；林业资源综合效益价值达到5 100.53亿元；全省80%的县（市）要建成林业生态县。

405.72亿元的资金将用于山区生态体系建设工程、农田防护林体系改扩建工程、防风治沙工程、生态廊道网络建设工程、城市林业生态建设工程、村镇绿化工程、野生动植物保护与自然保护区建设工程、森林抚育和改造工程等13类林业工程建设。全部投资分年度执行。

（来源于2007年11月27日《新华网》）

省委、省政府召开全省林业生态省建设电视电话会议，提出

坚持全省动员全民动手全社会办林业 使城乡更秀美人民更富裕社会更和谐

徐光春发表重要讲话　李成玉作工作部署　李克、孔玉芳等出席

□记者　王　磊　田宜龙

11月27日，省委、省政府召开全省林业生态省建设电视电话会议。省委书记徐光春发表重要讲话，省长李成玉作了工作部署。徐光春指出，要认真学习、深入贯彻党的十七大关于建设生态文明的新论断新部署新要求，坚持科学发展、和谐发展、永续发展，坚持全省动员、全民动手、全社会办林业，大力培育、有效保护和合理利用森林资源，使中原大地林更茂、山更青、水更绿、天更蓝、气更爽、城乡更秀美、人民更富裕、社会更和谐。

这次会议主要是全省动员，全面启动林业生态省建设规划，明确今后一个时期林业生态建设的目标和任务，以实际行动贯彻落实党的十七大提出的生态文明建设要求，为全面建设小康社会、实现中原崛起创造良好的生态环境。

省领导李克、孔玉芳、李柏拴、刘新民、张大卫、赵江涛等出席会议。

徐光春在讲话中指出，党的十七大提出"建设生态文明"，这在我们党的政治报告中是第一次，具有重大现实意义和深远历史意义。建设生态文明的提出，充分体现了我们党对生态建设的高度重视和对全球生态问题的高度负责，是深入贯彻落实科学发展观和构建社会主义和谐社会理念的重要体现，不仅对中国自身发展具有重大而深远的影响，而且对维护全球生态安全具有重要意义。徐光春强调，建设生态文明是全面建设小康社会的新要求，是维护生态安全的新举措，是我们党发展理念的新升华。深入贯彻十七大精神、建设生态文明，对河南的发展具有特别重要的意义。河南总体上是一个缺林少绿的省份，森林覆盖率居全国第21位，人均有林地面积、森林蓄积量只

有全国平均水平的1/5、1/7，森林资源质量不高，生态环境十分脆弱。长期以来，我省相对粗放的经济增长方式使我们付出了巨大代价，环境污染、资源短缺问题日趋严重，部分区域生态破坏和退化；随着我省工业化、城镇化进程加快，资源能源消耗还将大大增加，生态环境承载能力面临严峻考验。加快林业生态建设、增加森林资源，扩大环境容量、拓宽减排途径，任务十分艰巨。我们要立足当前、着眼长远，实现河南经济社会全面协调可持续发展，就必须紧紧抓住林业这个生态建设的核心和关键，把建设绿色中原绘入全面建设小康社会的宏伟蓝图，把环境优美作为中原崛起的重要目标，在实现中原崛起的进程中坚定不移地实施林业生态省建设战略。这是我们深入贯彻十七大精神，为夺取全面建设小康社会新胜利、开创中原崛起新局面作出的又一重大举措。

徐光春指出，在林业生态省建设中必须正确认识和把握“六大关系”。

第一，正确认识和把握生态建设与加快发展的关系，既要金山银山，更要绿水青山。林业生态建设是促进人与自然和谐的关键和纽带，加强林业生态建设、改善生态环境，是全面建设小康社会、实现中原崛起的重要内容和目标任务，是实现又好又快发展的重要前提和有力保障。各级党委、政府要坚持正确的政绩观，把改善生态环境、建设绿水青山作为经济社会发展的重要内容和目标，坚决禁止掠夺性开采、毁灭性砍伐，坚决杜绝只讲索取不讲投入、只讲开发不讲保护，决不能吃祖宗饭、断子孙路，以牺牲资源环境为代价谋求一时的经济发展。要按照国家形成主体功能区的要求，根据各地不同的生态环境状况，合理确定林业在主体功能区建设中的地位，不断加强林业生态建设，使之与经济社会发展相适应。要坚持环境保护先于一切，严把环境保护关。要积极探索建立健全资源有偿使用制度和生态环境补偿机制。

第二，正确认识和把握林业与农业的关系，实现林茂粮丰。林业是农业和农村经济可持续发展的重要保障，能够涵养水源、防风固沙、保护物种、调节气候、维护生态平衡，对农业生产和粮食安全具有直接性、根本性、源头性的不可替代作用；农业发展了、实力增强了，能够为林业发展提供更为广阔的空间。林业与农业互生共促、相互融合，必须协调发展，不可偏废，在确保农业基础地位不动摇、全省基本农田面积不减少，为确保国家粮食安全作出更大贡献的前提下，大力促进林业发展。要紧紧围绕实现林茂粮丰的目标，大力拓展林业的发展空间，为农业发展筑就“绿色屏障”，充分发挥森林的综合利用效率。

第三，正确认识和把握生态建设与产业建设的关系，实现生态效益与经济效益相统一。林业生态与林业产业如“车之两轮、鸟之双翼”，相辅相成、相互促进。必须坚持生态建设和产业建设两手抓、两手都要硬，决不能割裂开来，更不能相互排斥、相互替代。在林业生态省建设中，一方面要坚定不移地实施以生态建设为主的林业发展战略，另一方面要着力拉长林业产业这条“短腿”，努力培育新的经济增长点。要处理好旅游开发和环境保护的关系，在开展森林旅游的过程中，把培育和保护林业生态资源作为生命线，对森林和野生动物类型自然保护区核心区只能搞科学研究，绝不能搞旅游开发，确保森林资源和生态安全。

第四，正确认识和把握植树造林与加强管护的关系，实现林业又好又快发展。植树造林和加强管护，是林业又好又快发展不可分割的两个重要环节。多年的人工造林实践表明，不加强林木管护，林业建设的成果就难以得到巩固和提升。要高度重视、认真解决，使两个环节有效衔接，确保林业又好又快发展。在管护上下大工夫、下真工夫，关键是要做到“三严”，即严防森林火灾、严防病虫害、严厉打击毁林犯罪。

第五，正确认识和把握政府主导与市场调节的关系，形成推动林业生态建设新机制。要把政府主导与市场调节二者有机结合起来，既发挥政府这只有形“手”的作用，又发挥市场这只无形“手”的作用，需要政府做好的一定要坚决做好，需要市场调节的一定要坚决放开，形成适应新时期林业发展要求的新型管理体制、运行机制和发展模式。当前，正确处理政府主导和市场调节的关系，关键是要深化集体林权制度改革。在贯彻落实过程中，要准确把握改革要求，注意方式方法，搞好配套改革，不断增强林业发展的动力、活力和潜力。

第六，正确认识和把握生态建设与民生改善的关系，实现兴林与惠民相统一。推进林业生态省建设的根本目的，是为了改善生态环境，提高人民生活质量。必须把生态建设和民生改善结合起来，实现兴林与惠民的有机统一。兴林惠民，一要着力改善人居环境，在城市见缝插绿、高标准绿化美化，在农村充分利用街道公路、田间地头、房前屋后空地大力植树造林；二要促进农民就业增收，通过开展荒山绿化、发展庭院经济、发展林业产业，挖掘农民增收潜力；三要满足人民消费需求，不断为人民提供更多更好的生态产品、林产品和生态文化产品。

徐光春强调，建设林业生态省，最根本、最关键的是各级党委、政府要充分发挥领导者、组织者、推动者的作用，真正做到“四个更加”。位置要更加突出，要把林业生态省建设放到全面建设小康社会、加快中原崛起的全局中来谋划，真正摆上重要议事日程，做到为官一任、绿化一地、造福一方。投入要更加积极，各地都要下大决心，加大力度，该配套的财政资金必须及时到位，确保林业生态省建设的资金供应。措施要更加得力，各地要建立和完善林业发展规划，明确目标任务，坚决落实目标责任制，狠抓贯彻落实，狠抓督促检查。合力要更加强大，各级农业、水利、交通、土地、城建、环保、财政等有关部门要各负其责、密切配合。全社会要迅速行动起来，自觉履行植树造林、保护环境的义务，努力形成造林绿化人人有责、良好生态人人共享的生动局面。

会议提出，我省林业生态规划建设的基本思路是：深入贯彻落实科学发展观，坚持以生态建设为主的林业发展战略，以创建林业生态县为载体，充分利用现有土地空间，全力推进现代林业建设，加快造林绿化步伐，大力培育、保护和合理利用森林资源，显著改善生态环境，明显提高经济社会发展的生态承载能力。

全省林业生态规划建设的主要目标是：到2012年，新增有林地1 129.8万亩；森林覆盖率达到21.8%，林木覆盖率达到28.3%，其中山区森林覆盖率达50%以上，丘陵区森林覆盖率达25%以上，平原风沙区林木覆盖率达20%以上，一般平原农区林木覆盖率

达18%以上；林业年产值达到760亿元；80%的县（市）建成林业生态县（市），初步建成林业生态省。到“十二五”末，全省森林覆盖率达24%以上，林木覆盖率达30%以上，林业年产值达到1 000亿元，所有的县（市）建成林业生态县（市），全面建成林业生态省。

李成玉就实施林业生态建设规划和当前需要突出抓好的工作作了具体部署。一要进一步优化林业生态建设布局。这次林业生态建设规划，提出了“两区”、“两点”、“一网络”的林业生态建设总体布局。“两区”就是要重点抓好山地丘陵区和平原农区生态体系建设。“两点”就是要突出抓好城市和村镇生态体系建设。“一网络”就是要着力抓好生态廊道网络体系建设。各地要按照全省总体布局，明确发展重点和方向，力争经过几年的努力，使全省所有适宜种树的地方全部形成绿阴。二要规划建设一批重点林业生态工程。要继续抓好天然林保护、退耕还林、重点地区防护林、野生动植物保护和自然保护区、速生丰产用材林基地等五大国家重点生态工程。同时，要抓好山区生态体系建设工程、农田防护林体系改扩建工程、城市林业生态建设工程和村镇绿化工程。要建设和完善一批国家级、省级野生动植物、湿地自然保护区。三要大力提升林业产业竞争力。大力发展林业二、三产业，延长产业链条，力争形成一批竞争力强、带动面广、效益比较好的林业企业集团。要围绕林纸一体化加快发展用材林、工业原料林，加快发展经济林和苗木花卉，加快发展森林生态旅游。建成伏牛山、太行山、嵩山、黄河沿岸及故道、中东部平原等七大森林生态旅游区。四要加快推进林业体制改革。全面推进集体林权制度改革，争取用两年左右时间，完成全省2 348万亩集体林和宜林地明晰产权、确权发证的改革任务。大力发展非公有制林业。深化林业管理体制改革，由主要依靠行政手段向主要依靠市场机制转变。五要不断强化林业支撑能力建设。要加大财政资金投入。完成林业生态省建设规划需要各级财政投入279亿元，除争取国家林业投资外，从明年开始今后5年省本级对林业生态投资44.1亿元。加大林业技术创新，促进科技成果向现实生产力转化，着力抓好林业人才队伍建设。加强优质树种的培育和优良品种的引进，把育苗任务落实到市、县、乡。

会议指出，保护生态环境、建设美好家园是我们的共同心愿，建设生态文明、促进科学发展是我们的共同使命。让我们在以胡锦涛同志为总书记的党中央坚强领导下，认真贯彻落实党的十七大精神，高举中国特色社会主义伟大旗帜，以邓小平理论和“三个代表”重要思想为指导，深入贯彻落实科学发展观，万众一心、开拓奋进，坚定不移地实施林业生态省建设战略，努力建设绿色中原、秀美中原、锦绣中原，共同谱写中原崛起的崭新篇章、创造人民更加幸福的美好生活。

省政府秘书长、省长助理卢大伟，省长助理孙泉砀参加会议。省委有关部委、省直有关单位、各人民团体主要负责同志在主会场参加会议。各省辖市市委书记、市长，分管副市长，各县（市、区）党委书记、县（市、区）长，分管副县（市、区）长，各乡（镇）党委书记、乡（镇）长等在分会场收听收看会议。

（原载2007年11月28日《河南日报》第一版、《河南日报农村版》第一版）

建设山川秀美的新河南

——全省林业生态省建设电视电话会议精神解读

□记者　王　磊　田宜龙

（引言）

5年后的河南，无论是城市还是乡村，无论是高山深谷，还是河流两岸，无论是畅通的高速公路，还是弯曲的乡村小道，都将被一片一片浓浓的绿色所包围。一个山更青、水更秀、天更蓝的新河南将展现在世人面前。

昨日召开的全省林业生态省建设电视电话会议，撩开了河南林业生态省建设规划的“面纱”，更叫响了未来5年的一个“绿色主题”——加快林业生态省建设，打造绿色中原、秀美中原、锦绣中原！

●关键词：17.3%

森林覆盖率年均增幅居中部第一位

在郑州生活了大半辈子的赵女士，发现这几年郑州市的风沙越来越小了，空气也清新了许多。到郊区走一走，大片的森林成了天然氧吧，舒畅宜人。

带来这些变化的是郑州市大力开展的森林生态城建设，锁住了北郊的风沙源，改善了都市生态环境。

不光郑州市，近年来，我省组织实施了重点地区防护林建设、平原绿化、防沙治沙、通道绿化等一批国家和省级林业工程，开展了林业生态县创建活动，使绿色尽染中原大地。

盘点全省林业建设成就，我们欣喜地看到，去年，全省有林地面积达到4 338.6万亩，活立木蓄积量1.36亿立方米；森林覆盖率17.3%，2002年以来年均增长0.5个百分点，增幅居中部第一位。

造林绿化稳步推进。“十五”以来，全省累计完成人工造林2 268万亩，新建和完善农田林网7 600万亩，完成绿化通道6万多公里；有9个县（市、区）建成林业生态县。

林业生态得到有效保护和恢复。通过实施天然林保护工程、退耕还林工程，全面落

实森林资源限额采伐制度，我省沙化土地和水土流失面积逐年减少。

林业产业发展加快。近年来，全省林业总产值年均增长14%以上，2006年达到345亿元，比2002年增长83.5%。全省经济林面积达1 300万亩，年产量665万吨；速生丰产用材林和工业原料林747.4万亩；木材加工经营企业1.3万多家，形成了一批人造板及林产品加工集聚区，木材年加工能力400万立方米。去年全省森林旅游接待游客1 530万人（次），门票收入3.7亿元。

大地披绿，农民变富，成为近年来我省林业建设的又一亮点。

●关键词：生态环境承载能力

生态文明成为最新政策指向

在这次会议上，“生态环境承载能力”与“生态文明”被多次提及。这两个词构成了我省大规模林业生态省建设的“主旋律”。

“林业生态省建设是省委、省政府从全省经济社会长远发展和人民群众切身利益出发、从全局和战略高度考虑作出的重大决策。”有关专家说。

会议认为，党的十七大把“建设生态文明”提到了前所未有的战略高度，要求到2020年全面建设小康社会目标实现之时，使我国成为生态环境良好的国家。目前，我省森林资源总量不足，质量不高，人均有林地面积、森林蓄积量只有全国平均水平的1/5和1/7。全省水土流失面积4 470万亩，每年土壤流失量达1.2亿多吨，相当于每年有100万亩耕地完全丧失耕作层。同时，全省经济发展已进入一个新的阶段，工业化、城镇化进程明显加快，环境容量和直接减排的空间十分有限。因此，加强林业生态建设是新时期生态文明建设的客观要求。

我省是全国第一人口大省、第一农业大省，近70%的人口生活在农村，城乡差距大，二元结构问题突出，实现全面建设小康社会目标的难点和重点都在农村。加强林业生态建设，不仅有利于稳定提高粮食综合生产能力，而且有利于加快农村二、三产业发展，优化农村经济结构，促进农民增收，对推进社会主义新农村建设具有重要意义。

●关键词：每年8亿元

财政投入成“大手笔”

本次会议传出一大喜讯：财政支林投入力度加大！除争取国家林业投资外，从明年开始，今后5年省本级财政对林业生态投资44.1亿元，每年计划投入8亿多元。

省林业厅有关负责人介绍，根据河南林业生态省建设规划，初步测算，完成林业生态建设规划需要各级财政投入279亿元。除争取国家林业投资外，从明年开始，

今后5年省本级对林业生态投资44.1亿元，每年计划投入8亿多元；省以下财政应筹集林业生态投资148.3亿元。“由于我省近年来经济实力不断增强，加大林业投入具备了条件”。

会议明确要求，加大对林业生态建设工程的投入，既是环境保护和生态建设的基本需要，也是我省今后投资结构调整的方向和重点之一。各级政府都要下定决心，积极调整支出结构，多方筹措林业建设资金，确保规划项目如期启动。要改变传统的投入方式，采取“以奖代补”、财政贴息等激励办法，确保财政资金使用效益。

这次会议还提出：林业生态建设实行行政首长负责制，各级政府一把手对本地区林业生态建设负总责，要像抓重点项目建设一样，抓林业生态建设规划的实施，并列入政府目标考评体系。

前不久，国家林业局局长贾治邦在听取了河南林业生态省建设规划的工作汇报后认为：河南省委、省政府对林业重视程度之高、投资力度之大，在河南历史上前所未有，在全国各省（区）前所未有，为全国做出了很好的榜样和示范。

●关键词：重点生态工程

选好“抓手”打造青山碧水

“大投入”、“大手笔”推动一批“大工程”。这次会议提出，要在继续抓好天然林保护、退耕还林、重点地区防护林、野生动植物保护和自然保护区、速生丰产用材林基地等五大国家重点生态工程的同时，突出抓好一批省级重点生态工程建设。

山区生态体系建设工程。在丹江口水源区、小浪底库区等124座大中型水库库区周围，大力营造水源涵养林，构建生态屏障；在水土流失较为严重地段，大力营造水土保持林，减少生态地质灾害；在各类露天采掘矿区、尾矿堆集区、煤矿沉陷区，实施矿区森林植被恢复。

农田防护林体系改扩建工程。积极稳妥地推进农田防护林更新改造，使全省平原农区防护林网、农林间作控制率达95%以上，建成结构合理、功能完善、高效益的综合农田防护林体系，打造农业生态屏障。

生态廊道网络建设工程。把我省20多万公里的廊道沿线建成美丽的风景线。在黄河、淮河干流和南水北调中线工程干渠以及铁路、高速公路、国道、省道、景区道路等廊道重要地段，要高标准绿化美化。

城市林业生态建设工程。加强环城防护林、城区绿化、通道绿化建设。在城市周围的风口和水土流失较为严重、生态环境较为脆弱的地方，要适当营造城郊森林或建设森林公园。

村镇绿化工程。以村镇周围、村内道路两侧和农户房前屋后及庭院为重点，进行立体式绿化美化，使所有乡镇建成区和行政村周围，形成生态功能与景观效果俱佳的村镇植被生态系统。

同时，我省将加大林业技术创新投入和科技成果转化力度，鼓励产学研结合，为林业发展提供科技支撑。还将着力提高优质苗木繁育能力，提高森林火灾扑救、有害生物防治等林业综合管理水平。

●关键词："两区"、"两点"、"一网络"

《规划》绘就生态省建设蓝图

未来5年，河南是个什么样子？

翻开厚厚的一本《河南林业生态省建设规划》，呈现给我们的是：绿色、生态、和谐的新河南。

目标：城乡宜居的生态河南。经过5年奋斗，巩固和完善高效益的农业生产生态防护体系，基本建成城乡宜居的森林生态环境体系，初步建成持续稳定的国土生态安全体系，使全省的生态环境显著改善，经济社会发展的生态承载能力明显提高，初步建成林业生态省。

到2012年，全省新增有林地1 129.79万亩，达到5 468.43万亩；森林覆盖率增长4.51个百分点，达到21.84%（林木覆盖率达到28.29%），其中山区森林覆盖率达50%以上（太行山区40%以上），丘陵区森林覆盖率达25%以上，平原风沙区林木覆盖率达20%以上，一般平原农区林木覆盖率达18%以上。林业年产值达到760亿元，林业资源综合效益价值达到5 100.53亿元。80%的县（市、区）实现林业生态县。

到"十二五"末，全省森林覆盖率达24%以上（林木覆盖率达30%以上），林业年产值达到1 000亿元，林业资源综合效益价值达到5 736.18亿元。所有的县（市、区）实现林业生态县，建成林业生态省。

"点线面"布局大林业：《规划》按照"两区"、"两点"、"一网络"进行布局，以构筑点、线、面相结合的综合林业生态体系，基本覆盖了全省的国土面积。

省林业厅有关负责人介绍，"两区"指的是山地丘陵区和平原农业生态区。山地丘陵区含太行山生态亚区、伏牛山生态亚区、大别山和桐柏山生态亚区。平原农业生态区含一般平原农业生态亚区、风沙治理亚区、低洼易涝农业生态亚区。

"两点"就是要突出抓好城市和村镇生态体系建设。城市（含县城）包括18个省辖市和107个县（市）的城市建成区及郊区。主要建设以廊道绿化、城中绿岛、环城林带、城郊森林为主要内容的城市森林生态防护体系，提高城市居民的生活环境质量。村镇包括全省1 895个乡（镇）和47 603个行政村的建成区及周围，以围村林、行道树、庭院绿化美化，推进城乡绿化一体化进程。

"一网络"，即生态廊道网络，包括南水北调中线干渠及全省范围内所有铁路、公路、河渠及重要堤防。

这次规划提出了坚持"因地制宜、适地适树"原则，突出区域特色、重点部位和重点林种树种，特别注意树种选择的多样性和绿化的层次性，把绿化和美化结合起来，

力争经过多年的努力，使全省所有适宜种树的地方全部形成绿阴。

专家说，这次规划还有一个特殊的原则要求，就是要因地制宜并尽量少占耕地。这是落实科学发展观的具体体现。

（摘自2007年11月28日《河南日报》第三版）

千里中原更秀美

——《河南林业生态省建设规划》解读

□记者　宋　朝

11月23日，省人民政府批准并印发了《河南林业生态省建设规划》，这个80多页沉甸甸的《规划》载明，从2008年开始，我省将在5年时间内投资405.72亿元进行系列的生态体系修复与建设，到2012年把我省初步建成林业生态省。

总体布局：两区、两点、一网络

《规划》的总体布局概括为“两区、两点、一网络”，即山地丘陵生态区、平原农业生态区，城市、村镇，一网络是指生态廊道网络。

山地丘陵生态区包括太行山、伏牛山、大别山、桐柏山等，总面积11 287.25万亩，占全省国土面积的45.40%。这是林业建设的重点区域，除了保护天然林和公益林外，重点营造水源涵养林、水土保持林、名优特经济林、生态能源林，还要进行矿区生态修复和生态移民。平原农业生态区总面积13 577.05万亩，占全省国土面积的54.60%，这里要建设高效的农田防护林体系。

5年后，城市绿化覆盖率要达到24.71%，村镇绿化覆盖率要达到31.30%。

南水北调中线工程干渠、铁路、公路、河渠、堤防等廊道绿化5年后要达到20.17万公里，除了现已绿化达标的4.25万公里外，还有6万公里要达标、6万公里要进行绿化。

建设投资：分年度执行

406.12亿元的资金分年度执行，其中2008年投资61.72亿元，2009年投资79亿元，2010年投资101.43亿元，2011年投资101.43亿元，2012年投资62.54亿元。

总投资406.12亿元中，国家林业建设投资86.64亿元，占总投资的21.31%；省级财政投资44.10亿元，占总投资的10.87%；省辖市财政投资69.50亿元，占总投资的17.13%；县级财政投资78.76亿元，占总投资的19.41%；吸引社会资金及建设单位自筹126.72亿元，占总投资的31.28%。

投资标准：公开透明

《规划》结合我省实际确定了各工程的投资标准。

涉及人工造林的480元/亩，封山育林140元/亩，飞播造林80元/亩，生态能源林改培250元/亩，生态移民12 000元/人，矿区生态修复4 800元/亩。农田防护林改扩建420元/亩。防风固沙林480元/亩，沙化耕地林网间作折合片林420元/亩。生态廊道网络建设折合片林420元/亩。环城防护林带和城郊森林600元/亩，省辖市建成区绿化20 000元/亩，县级市、县城建成区绿化10 000元/亩，村镇绿化420元/亩。中幼林抚育150元/亩，低质低效林改造200元/亩，用材林和工业原料林600元/亩，经济林1 500元/亩，园林苗木和花卉6 000元/亩。

美好前景：人与自然和谐相处

《规划》还对规划任务完成后的效益进行了全面的分析，认定每年将产生综合效益总价值1 206.46亿元。

从生态角度估算，规划任务完成后，新增森林的年生态效益价值为809.50亿元，新增湿地的年生态效益价值为12.90亿元。

从经济效益来看，《规划》完成后，全省年均增加木材价值125.35亿元；506万亩的新建生态能源林进入盛产期后年产值30.37亿元；76.42万亩新建经济林进入盛产期，年新增效益22.93亿元；新建的116.67万亩的苗木花卉基地年增经济效益93.34亿元；新建森林公园的门票收入也将增加5亿元。总之，直接经济效益每年将增加277亿元。

近日，汝州市夏店乡关帝庙村的稻谷坪山上，群众正在搞荒山绿化。

（摘自2007年11月28日《河南日报农村版》第二版）

河南5年投资400亿元建设林业生态省

河南省委书记徐光春、省长李成玉表示要高标准建设林业生态省，带动经济发展方式转变，推进全省生态文明建设

□段　华　徐　忠　杨晓周

河南省委、省政府11月27日召开全省林业生态省建设电视电话会议，宣布全面启动《河南林业生态省建设规划》。规划提出，从2008年到2012年全省将投资405.72亿元，初步建成林业生态省。

从2008年起到2012年，全省新增有林地1 129.79万亩，达到5 468.43万亩；森林覆盖率增加4.51个百分点，达到21.84%；新增森林和湿地资源年固定二氧化碳能力2 084.45万吨，达到8 598.10万吨；林业年产值达到760亿元，林业资源综合效益价值

达到5 100.53亿元；80%的县（市、区）实现林业生态县。"十二五"末，全省森林覆盖率达到24%以上，林业年产值达到1 000亿元，林业资源综合效益价值达到5 736.18亿元；所有县（市、区）实现林业生态县，建成林业生态省。

河南省提出，将规划的5年任务按15%、20%、25%、25%、15%的比例落实到年度和省辖市、县（市、区），并逐级签订责任状。按照规划的不同内容，分别采取相应的政府主导、市场运作和政府引导扶持、吸引社会投资等办法，建立多元化的林业发展投资机制。从2008年起，省、市、县财政每年对林业的投资，分别占同级财政一般预算支出的2%、1.8%、1%。

河南省委书记、省人大常委会主任徐光春，省长李成玉出席会议并讲话。

徐光春说，建设林业生态省是深入贯彻十七大精神，为夺取全面建设小康社会新胜利、开创中原崛起新局面作出的重大举措。河南总体上是一个缺林少绿的省份，生态环境脆弱。河南要实现经济社会全面协调可持续发展，必须紧紧抓住林业这个生态建设的核心和关键，把建设绿色中原绘入全面建设小康社会的宏伟蓝图，把环境优美作为中原崛起的重要目标，坚定不移地实施林业生态省战略。

徐光春指出，在林业生态省建设中，必须正确认识和把握"六个关系"，即生态建设与加快发展、林业与农业、生态建设与产业建设、植树造林与加强管护、政府主导与市场调节、生态建设与民生改善的关系。他强调，建设林业生态省，最根本最关键的是各级党委、政府要充分发挥领导者、组织者、推动者的作用，真正做到"四个更加"。位置要更加突出，要把林业生态省建设放到全面建设小康社会、加快中原崛起的全局中来谋划，真正摆上重要议事日程，做到为官一任、绿化一地、造福一方。投入要更加积极，各地都要下大决心，加大力度，该配套的财政资金必须及时到位，确保林业生态省建设的资金供应。措施要更加得力，各地要建立和完善林业发展规划，明确目标任务，坚决落实目标责任制，狠抓贯彻落实和督促检查。合力要更加强大，各有关部门要各负其责、密切配合。全社会要迅速行动起来，自觉履行植树造林、保护环境的义务，努力形成造林绿化人人有责、良好生态人人共享的生动局面。

李成玉要求各级政府明确林业生态省建设的目标和重点，进一步优化林业生态建设布局，重点抓好山地丘陵区和平原农区生态体系建设，突出抓好城市和村镇生态体系建设，着力抓好生态廊道网络体系建设。要规划建设一批重点林业生态工程，抓好山区生态体系建设工程、农田防护林体系改扩建工程、生态廊道网络建设工程、城市林业生态建设工程、村镇绿化工程等。要大力提升林业产业竞争力，围绕林纸一体化加快发展用材林、工业原料林，加快发展经济林和苗木花卉，加快发展森林生态旅游等。要加快推进林业体制改革，全面推进集体林权制度改革，大力发展非公有制林业，积极推进林业投融资体制改革，深化林业管理体制改革等。

李成玉强调，要实现高标准建设林业生态省的目标，各级政府必须进一步加大财政投入力度；要发挥林业科技支撑作用，力争在育种、病虫害防治、技术研发等方面有所突破；要建立科学的激励机制和管理机制，发挥市场机制作用，在投入上实施

“以奖代补”，充分调动各级各部门和社会各方面的积极性，为企业、集体、个人进入林业生态建设领域创造良好的条件；要建立行政首长负责制，签订目标责任书，把各项任务落实到具体单位和责任人；要加强督促检查，确保各项工作目标落到实处。

河南省委常委、常务副省长李克，省委常委、副省长孔玉芳，省人大副主任李柏拴，副省长刘新民、张大卫，省政协副主席赵江涛等出席会议。

（原载2007年11月29日《中国绿色时报》第一版）

让中原绿起来　让林农富起来

——我省实施平原高标准绿化成效综述

□记者　田宜龙　通讯员　杨晓周

生态建设与产业发展“两翼齐飞”

近年来，不仅我省的林业生态建设大踏步前进，林业用地面积、有林地面积、活立木蓄积量、林木覆盖率实现了“四增长”，而且以木材、果品、花卉、苗木、森林旅游等为主的林业产业，也得到快速发展。2004年以来，全省林业总产值平均每年以14%以上的速度增长，2006年达到345亿元，比2002年增长83.5%。

“生态建设与产业发展的‘两翼齐飞’，这既是我们林业生态建设的思路，也是我们建设的目标。”省林业厅厅长王照平说。

专家指出，无论从全国还是全省来讲，林业在经济社会发展全局中的地位越来越重要，作用越来越突出，任务越来越繁重。新时期的林业，不仅有着巨大的生态功能，还有着巨大的经济功能和社会功能，在保障国家木材供给、促进农民增收、推进新农村建设及增加就业、建设生态文明等方面，承担着重要职责。

林业不仅仅要使中原大地“绿起来”，还要对广大农民实现“富起来”作出更大贡献。

基于此，省委、省政府高度重视林业生态建设和林业产业发展，紧紧围绕构建和谐社会和建设社会主义新农村的总目标，坚持用科学发展观统领林业发展全局，在加强生态建设、维护生态安全的同时，大力发展林业产业，实现了生态建设与产业发展的良性互动和协调发展。

各级党委、政府认真贯彻中央和省委、省政府重要决策部署，把发展林业产业作为促进农民增收、统筹城乡发展、推进社会主义新农村建设的重要抓手，切实加大工作力度，予以大力支持，为确保林业产业发展提供了坚实的组织保障。

以科学规划促发展，以优化结构提升效益

林业产业发展，规划先行。

省政府2004年批转了省林业厅、省发改委、省财政厅等九部门联合制定的《关于加快林业产业发展的意见》，省发改委、省林业厅联合印发《河南省林业产业2020年发展规划纲要》……这一系列政策加大了对林业产业的扶持力度，加快了我省林业产业发展。

优化结构，树品牌，增效益。在第一产业方面，我省重点优化品种、树种结构，增加错季产品、时令产品、保健产品和优势产品的生产。在第二产业方面，重点抓林产品的升级换代、产品质量和市场占有率。引导企业创品牌，培育龙头。在第三产业方面，重点抓好森林疗养、森林旅游业、森林综合服务业的开发。

省林业部门积极引导林业企业开展科技创新，引导其主动适应市场、占领市场。加快工业原料林基地、名特优新经济林基地的建设步伐。同时加强在资金引进、项目合作、信息提供、技术咨询等方面的协调、指导和服务。

各地还积极采取措施，鼓励林业产业发展。漯河、周口、濮阳等市创办加工园区，打造加工基地发展木材加工；邓州市政治上鼓励、经济上奖励发展杨树经济；新乡、濮阳在速生丰产林中林、草、禽、水产、食用菌立体开发，发展林下经济……

在我省广大农村地区，还通过不断深化林业体制改革，采取拍卖、承包、租赁、股份、合作等多种形式，创新造林机制，在适宜地区大力营造杨树、泡洞等工业原料林和经济林。通过合理流转林地、发放林权证等措施，保护了林地所有者和经营者的合法权益，使农民吃上了定心丸，促进了我省速生丰产用材林基建的建设进程。

大地增绿，农民增收，企业增效

“河南林业产业发展迅速，增加了农民就业渠道和经济收入。过去河南是少林地区，现在河南林业已成为促进农民增收、推进新农村建设的重要产业。”国家林业局局长贾治邦这样评价河南林业产业发展。

从少林省份到林业产业成规模，我省在林业生态建设上迈出了可喜的步伐。

目前全省形成了以杨树为主的速生丰产林747.4万亩；全省已建立了名特优经济林基地，经济林产品年产量稳定在665万吨以上；花卉和绿化苗木基地达到80万亩；一批大型林纸一体化项目建成投产，形成了一批比较集中的人造板等林产品加工区，木材加工企业达1.3万多家，安置了大批人员就业。全省森林生态旅游景区达到111处，2006年接待游客1 530万人（次），直接旅游收入3.7亿元。

在全省重点沙区县之一的宁陵县，通过发展农果间作、农条（杆）间作，不但解决了长期以来风沙侵袭的问题，改善了农业生态环境，使农作物产量大幅度增加，粮食油料作物由原来的40多公斤提高到现在的400~500公斤，而且风沙地里长出两大产业——酥梨产业和白蜡条（杆）产业，鼓起了农民的腰包。其中，每亩白蜡条（杆）和农作物的纯收入就达2 000多元，金顶谢花酥梨每年可为农民创收近2亿元。

而在西峡县，宛西制药公司采取“公司+基地+农户”，与农户签订了30年的药材收购合同，在伏牛山建起了数十万亩山茱萸药材基地，不仅每年给当地林农带来近8 000

万元的收入，还引导农民增强了保护生态意识，让伏牛山山更绿了，水更清了，促进了当地旅游业的开发。

省林业厅厅长王照平说："近几年我省林业发展的实践证明，在确保林业生态安全的基础上，大力发展林业产业，把林业资源优势转化为商品优势和经济优势，实现了大地增绿、农民增收、企业增效、政府增税，为全省经济社会又好又快发展作出了重要贡献。"

（原载2007年12月3日《河南日报》第一版）

平原绿化　河南领先

——我省实施平原高标准绿化成效综述

□记者　田宜龙　通讯员　杨晓周

河南平原绿化成为全国样板

"人在林中走，车在林中行。走进了河南平原，就像走进了森林！"

这是近年来许多前来我省参观考察或旅游的人们，对我省的平原绿化的共同印象。

我省的平原绿化正引起越来越多的关注。一些林业发达的省份，如江西、福建、广西、辽宁等省先后组团来参观学习我省高标准平原绿化的先进经验。面对我省高标准平原绿化的成效，不少领导和参观人员则发出了"农区乎，林区乎"的感叹。

今年以来，国家林业局局长贾治邦更是先后两次带领国家林业局有关司、室来我省调研，都对我省的平原绿化给予高度评价："河南平原绿化在全国搞得最好，为全国平原林业发展树立了样板，展示了平原林业的光明前景！"

到2006年底，全省94个平原、半平原县（市、区）全部达到平原绿化高级标准，农田林网控制率及沟河路渠绿化率均达90%以上，村庄绿化覆盖率达40%以上，形成了点、片、带、网相结合的农田防护林体系。

从沙荒造林到"四旁"植树，从营造农田林网、农林间作到建设点、片、网、带相结合的综合防护林体系，从初级平原绿化达标到实现高级平原绿化，我省的平原绿化产生了巨大的生态效益、社会效益和经济效益，成为我省林业生态建设中的一大亮点。

重视程度高，起步早，发展快

作为一个农业大省和人口大省，生态环境建设一直得到省委、省政府的高度重视。正如省委书记徐光春在参加植树活动时所言："河南地处中原，人口密度大，森林资

源相对较少，生态环境相对脆弱，必须通过造林绿化来有效改善河南9 800万人民赖以生存的环境。”

省长李成玉在省林业厅调研时指出，当前，河南正在强力推进工业化，如果没有相应的生态环境作保障，就难以持久发展下去。要通过发展林业扩大经济发展的环境容量。

长期以来，历届省委、省政府都高度重视平原绿化工作。我省先后出台了《关于实施〈河南省十年造林绿化规划（1990~1999年）〉的决定》、《河南省县级平原绿化高级标准》、《绿色中原建设规划》、《河南林业生态省建设规划》等文件，都对平原绿化提出了明确要求。

各级地方党委、政府也都把高标准平原绿化作为一项政治任务、作为农村经济工作的主要组成部分列入重要议事日程，主要领导亲自动员、亲自安排、亲自检查，要求不折不扣地完成任务。

近年来，我省按照大规划、大工程、大发展的战略思路，加大平原绿化建设力度，极大地提升了平原绿化的水平和档次。各地还采取拍卖、承包、租赁、股份、合作等多种形式，不断创新造林机制，积极鼓励和支持社会各界投资林业，增强了我省高标准平原绿化的发展活力。

我省林业工程技术人员和广大人民群众还不断探索实践，在平原绿化建设中总结出六种基本模式，即农田林网、农林间作、村镇林、通道绿化、连片造林、综合防护林体系。

经过多年探索和发展，目前我省平原绿化基本实现了规划科学化、结构立体化、农田林网化、树种多样化、苗木良种化、经营集约化、管理制度化、林业产业化。

平原绿化，彰显四大效益

50多年来的平原绿化，50多年的奋斗历程，取得的丰硕成果，在我省经济社会发展中越来越彰显出巨大的生态功能，创造着越来越多的绿色财富。

——改善了生态环境，提高了粮食产量。

新中国成立初期，我省平原地区仅保存散生树木2.5亿株，林木覆盖率不足1.5%，风沙盐碱地近2 000万亩，小麦平均亩产不到100公斤。经过50多年的平原绿化、林业建设，不仅林木资源显著增加，还显著改善了生态环境，保障了粮食产量的不断增加，呈现出林茂粮丰的喜人景象。在内黄县，防风固沙林建成以后，全县沙暴不再出现，干热风基本消除，灾害天气明显减少，为粮食生产打下了良好基础。

——优化了农业结构，增加了农民收入。

平原绿化的发展逐步调整和优化了平原地区的农业和农村产业结构、经济结构，由单一的粮食生产转变为粮、棉、油、林、果、药等全面发展，开辟了农民收入的新途径。鄢陵县通过加快林木花卉“一廊两带”建设，全县花卉种植面积达40多万亩，产值达17亿元以上，花木主产区人均纯收入达7 000多元。

——提升了林业产业，带动了县域经济。

在平原绿化的过程中，速生丰产林、经济林和林木种苗花卉规模不断扩大，极大地支撑和提升了林业产业，带动了平原地区县域经济社会的发展。目前，全省平原地区果品加工生产线20余条，年加工经济林产品1.5亿公斤。“如今兰考‘吃’泡桐，‘一板一果’富西华”，彰显了林业在县域经济的主导地位。

——改变了平原面貌，促进了新农村建设。

我省的平原地区绝大部分是黄河故道区和黄泛区，风沙盐碱非常严重，危害极大。通过农桐间作、农田林网等措施，昔日的不毛之地，如今林茂粮丰、五业兴旺，出现了生态良好、生产发展、生活宽裕、安居乐业的新局面，有力地促进了社会主义新农村建设。

省林业厅厅长王照平说：“通过发展平原绿化，真正构筑了绿色屏障，优化了绿色环境，培植了绿色资源，发展了绿色产业，弘扬了绿色文化，建设了绿色河南。”

（原载2007年12月5日《河南日报》第一版）

第四章 大事记

《科学的决策——河南林业生态省建设规划编制纪实》大事记

6月28日 李成玉省长在全省农村公路建设现场会上强调要高标准地做好绿化工作，省林业厅要超前谋划，主动工作，切实搞好绿化规划，力争经过3~5年的努力，使我省的绿化水平有个质的飞跃，真正打造一个锦绣中原。

8月6日 李成玉省长带领省直7部门主要负责同志到省林业厅调研，进行专题研究和具体指导，并对不同区域类型的划分、实施规划突破口的选择、重点地区建设项目和资金投入等问题，提出了明确要求。

8月9日 省政府常务会议研究安排300万元专项经费用于省本级规划编制工作。

8月15日 省政府召开由各省辖市政府分管领导、各县（市、区）政府主要领导及分管领导、各级绿化委员会成员单位参加的全省规划编制电视电话会议，对林业生态省建设规划编制工作进行了总体动员和部署，刘新民副省长作重要讲话，王树山副秘书长主持会议。

8月17日 省林业厅召开全省林业生态省建设规划编制规则座谈会，各省辖市、县（市）林业局长和负责规划设计的负责人、省林业专家咨询组成员、厅各处室局和厅直单位处以上干部参加了会议。同时根据全省自然区域特征，召开了山（丘陵）区、平原农区、沙区和低洼易涝区等规划编制座谈会。

8月6～18日 省林业厅在全省林业系统抽调专业技术人员和省内有关林业教学、科研与生产单位的专家以及省林业专家咨询组成员，组成规划编制组，经广泛调查、专题研究和反复讨论，征求省直有关部门和国家级林业院校、科研院所专家（院士）的意见，制定了规划大纲和规划编制办法。

8月18日 省林业厅规划大纲编制组逐条研究了各部门，各市、县（市）和专家提出的意见，对规划编制大纲再次进行了完善。

8月19日 省林业厅召开厅务会议，对规划大纲和编制办法进行了审定。

8月20日 规划大纲和规划编制办法正式印发各市、县（市），作为各地编制规划

的指导意见和技术标准。

8月30日 省政府办公厅下发《关于做好林业生态省规划编制督察工作的通知》，省政府抽调9名厅级干部组成9个督察组，分包18个省辖市规划编制的督察工作，要求每周通报一次规划编制进度。

9月25日 国家林业局贾治邦局长、李育材副局长率10部门负责同志，听取林业厅关于规划编制工作情况的汇报，并给予指导。李成玉省长参加并作重要讲话，刘新民副省长主持汇报会。

10月29日 省政府召开由发改、财政、国土、交通、水利、城建等14部门的协调会议，对规划进行协调修改。

10月30日 中共河南省八届四次全会审议通过《中共河南省委关于认真学习宣传贯彻落实党的十七大精神，奋力开创中原崛起新局面的决定》，明确指出：着力建设生态文明，认真落实节能减排工作方案和目标责任制，大力发展循环经济和环保产业，提高资源综合利用水平；加强生态环境保护，保护土地和水资源，实施高标准的林业生态建设规划，建设山清水秀的锦绣河南。

11月7日 省政府邀请李文华院士等专家对《河南省林业生态效益价值评估》进行了评审。刘新民副省长主持评审会。

11月8日 省政府邀请5位院士和8位国内知名专家，对《河南林业生态省建设规划》进行了评审。刘新民副省长主持评审会。

11月16日 省政府召开常务会议，审议通过了《河南林业生态省建设规划》。

11月20日 李成玉省长在商丘调研时指出，要强力打造林业生态省，把一切宜林的地方都绿化起来，提高河南的环境容量。

11月23日 省政府下发了《河南省人民政府关于印发〈河南林业生态省建设规划〉的通知》(豫政〔2007〕81号)。

11月27日 省委、省政府召开全省林业生态省建设电视电话会议，全省动员，全面启动林业生态省建设规划。徐光春书记、李成玉省长出席会议并作重要讲话。

中篇

调研篇

第一章　河南省林业生态效益价值评估

一、林业生态效益价值评估的目的和意义

（一）是贯彻中央十七大精神的需要

胡锦涛总书记在党的十七大报告中指出：必须坚持全面协调可持续发展。要按照中国特色社会主义事业总体布局，全面推进经济建设、政治建设、文化建设、社会建设，促进现代化建设各个环节、各个方面相协调，促进生产关系与生产力、上层建筑与经济基础相协调。坚持生产发展、生活富裕、生态良好的文明发展道路，建设资源节约型、环境友好型社会，实现速度和结构质量效益相统一、经济发展与人口资源环境相协调，使人民在良好生态环境中生产生活，实现经济社会永续发展。要实现经济社会永续发展必须维护和改善人类赖以生存与发展的自然环境。

经济社会永续发展的物质基础是资源的持续培育与利用，缺乏或失去资源，人类将难以生存，更不可能持续发展。因此，永续发展的关键，就是要合理开发和利用自然资源，使再生性资源能保持其再生能力，非再生性资源不致过度消耗并能得到替代资源的补充，环境自净能力能得以维持。河南同全国的总体情况一样，正处于工业文明向生态文明的过渡阶段，脆弱的生态环境和较低的人均资源占有量，承载着庞大的人口和快速的经济建设的重压，经济社会发展与资源环境之间的矛盾十分突出，人与自然的不和谐已经成为落实科学发展观、构建和谐社会的重大问题之一。以森林、湿地和野生动物植物为主要经营对象的林业，与生态安全、气候安全、能源安全、物种安全、粮食安全、淡水安全、木材安全及劳动、就业和社会和谐稳定等方面关系密切，不仅能产生巨大的经济、社会效益，而且还能产生巨大的生态效益，是实现人与自然和谐的关键和纽带。

（二）是开展绿色GDP核算和生态效益补偿的需要

近年来，中央一再强调要用科学发展观统领经济社会发展全局，各地不可盲目攀比增长速度，地方政府要把精力放到努力开创社会经济全面、协调、可持续发展的局面上来。然而，仍旧有一些地方政府官员不从本地实际出发，盲目扩大建设规模，片面追求经济增长速度，出现了不正常的GDP（国内生产总值）指标崇拜现象。2004年年底有关方面“盘点”的结果表明，我国与物质财富相关的指标增长较快，与人自身发展有关的“民生性”指标（如就业、收入、消费）则增长很慢。

GDP指标的崇拜体现在对经济增长速度不切实际的片面追求以及由此付出不该付出的代价。20多年来我国创造了堪称奇迹的经济增长，增长给国人带来了前所未有的福

利，但是国家也为此付出了沉重的代价。20多年来盛行的高消耗、高污染、低效益的粗放扩张型经济增长方式，也使能源浪费大、环境破坏严重等问题日益凸显。

实践证明，以经济建设为中心不能等同于以经济增长为中心，否则会给经济的健康发展带来危害。要从根本上解决GDP崇拜的问题，需要多管齐下，综合治理：①转变发展观念。要用科学发展观来统领经济社会发展全局，注重以人为本的发展目标，注重人口、资源、环境的协调发展，注重三大文明的整体推进。②完善统计核算体系。采用绿色GDP核算体系，启动以环境核算和污染经济损失调查为内容的绿色GDP试点工作，以更加科学的态度重估GDP，淡化单一对GDP增长数量和增速的追求。可设计一些综合指数来反映社会和谐的实现程度，比如判断城乡差距和地区差距的变化情况与发展趋势，可以运用基尼系数、人文发展指数和经济结构变动系数等指标。③制定新的政绩考核办法。改造以GDP为核心指标的官员政绩评价体系，不再以单纯的GDP论英雄，建立以绿色GDP（名义GDP减去自然资产损失）、就业率、就学率、重大疾病感染率等人性化指标构成的新的政绩评价体系，综合反映一个地区经济发展以及人民生存状况、资源状况和生态环境状况。

森林生态效益补偿，是指国家为保护森林、充分发挥森林在环境保护中的生态效益而建立的，通过国家投资、向森林生态效益受益人收取生态效益补偿费用等途径设立森林生态效益补偿基金，用于提供生态效益的森林的营造、抚育、保护和管理的一种法律制度。森林生态效益补偿机制的建立与发展，从其内在的价值取向而言，正是想协调诸种权利形态之间的冲突。具体而言，主要是协调公民环境权与生存权、发展权之间的冲突。随着环境污染的日益加剧，“生态环境危机”成为威胁人类生存和制约经济发展的直接因素，人类才开始对环境有了比较清醒的认识：生态环境资源是有限的，生态环境与人类的命运息息相关，人类应该尊重自然，与自然和谐相处，只有保护生态环境，才能使人类生活在舒适的环境中。伴随着人类生存危机的日益加剧，人们的生态环境意识作为协调人与环境关系的思想认识，在指导人们改善和合理利用环境中将发挥出越来越重要的作用。在法治社会中，公民环境权和生存权的剥夺与丧失必然意味着权利主体不能继续生存或健康发展，谁侵犯这种权利都应当受到法律的约束。人们普遍认识到，森林兼具有经济效益、社会效益与生态效益等三种效益，其生态效益价值远远超过了森林作为木材等产品的经济价值。森林生态效益补偿机制，正是为了协调处理三者的关系，以及在此基础上协调和解决环境权与生存权、发展权的矛盾而设立的。通过这种机制，国家对生态公益林的经营者的经济利益给予合理的补偿，使经营者的生活和生产经营得以维持和发展，并维护了他们的生存权和发展权；同时，由于林区居民的生存权、发展权得到了保障，生态环境得到了改善，反过来又维护了公民的环境权。森林生态效益补偿机制对改善人民生存环境，提高人民生活质量有重要作用。实行森林生态效益资金补偿，不仅仅是为森林资源的保护管理提供资金来源，实质是对森林生态效益价值的承认，从保护公民权利的角度来说，建立森林生态效益补偿机制，为公民享有环境权、生存权和发展权等基本权利提供了可靠保障，

协调了公民各方面权利的冲突。我国广大的生态公益林区，大多是贫困地区，贫穷依然是一个严峻的问题，生态公益林区居民中的相当一部分人面临着生存危机。这些贫困林区的居民面临着生存危机，为了生存，他们采伐甚至滥伐林木。这在很大程度上破坏了环境，影响了森林生态效益的发挥，最终必然会侵害公民的利益。为了充分发挥森林的生态效益，客观上不允许当地居民通过过度开发森林资源的手段来发展当地的经济，以改善其生存状态。为了解决这种两难困境，唯一合理的方式就是通过国家运用财政补偿的手段扶持。当今世界各国中，往往经济发达国家同时也是林业发达国家，它们一般都很注意发挥森林的生态效益作用，重视对森林生态环境的投入，其主要办法是通过政府对林业的补贴或征收生态效益补偿费。国外的成功经验显示，财政是充分发挥森林生态效益的物质基础。只有国家财政支持，才能真正协调环境与人的关系，实现生态效益与经济效益的双赢。森林生态效益补偿符合价值规律和市场规律的要求。商品有价、服务收费是市场经济的基本特征。用材林、经济林和薪炭林可通过价格得到补偿，防护林和特种用途林等生态林也应该通过其他途径得到补偿。

（三）是河南开展林业生态省建设的需要

当前，河南省已进入全面建设小康社会、实现中原崛起的关键时期，经济社会发展对林业提出了新的更高要求。实现林业又好又快发展是一项必要而紧迫的任务。

从全省经济社会永续发展考虑，近年来全省工业化、城镇化进程明显加快，重化工和原材料、高耗能产业所占比重过大，环境压力日趋明显，生态环境问题已经成为影响经济发展的重要因素。林业是生态建设的主体，加快林业生态建设，构建稳定的林业生态系统，不仅可以发挥减少水土流失、涵养水源、净化环境等保障生态安全的作用，切实肩负起生态文明建设的使命，而且可以在现有吸收固定二氧化碳的基础上，进一步提高固碳能力，减缓温室效应，实现间接减排，扩大环境容量，提高全省经济社会发展的环境承载能力。

从促进经济发展和农民增收考虑，加快林业发展，不仅可以进一步扩大林产品供给，促进全省经济发展，而且可以拉长林业产业和旅游等第二、第三产业链条，拓宽农民增收的渠道，增加就业容量，维护社会稳定。

从保障粮食生产能力的稳定和提高考虑，完善的农田防护林体系，能有效改善农业生态环境，增强农业生产抵御自然灾害的能力，促进农作物增产。加快林业发展，还可以提供大量的林果产品，降低粮食消耗，从而为维护河南作为全国第一粮食大省的地位提供保障。

从全省林业建设的空间考虑，河南是淮河和南水北调中线工程的源头、黄河中下游的过渡地区，区位优势特殊，关系着全国生态环境的大局。同时，全省气候温和，降雨充沛，适宜大量的速生、优质树种成长。全省还有大量的宜林荒山荒地、沙化土地和沟河路渠两侧、“四旁”隙地等适宜造林绿化，还有很多农田林网需要完善提高，造林绿化的潜力很大。

为此，全省计划开展林业生态省建设，经过5年（2008~2012）的奋斗，巩固和完善

高效益的农业生产生态防护体系，基本建成城乡宜居的森林生态环境体系，初步建成持续稳定的国土生态安全体系，使全省的生态环境显著改善，经济社会发展的生态承载能力明显提高，初步建成林业生态省。到2012年，全省新增有林地1 129.79万亩，达到5 468.43万亩；森林覆盖率增长4.51个百分点，达到21.84%（林木覆盖率达到28.29%），其中：山区森林覆盖率达到50%以上（太行山区40%以上），丘陵区森林覆盖率达到25%以上，平原风沙区林木覆盖率达到20%以上，一般平原农区林木覆盖率达到18%以上。林业年产值达到760亿元，林业资源综合效益价值达到5 341.51亿元。80%的县（市）实现林业生态县。掌握河南省林业生态效益价值量对林业生态省建设是非常必要的。但是，到目前为止，其价值评估工作尚未开展。所以，进行该项评估是满足林业生态省建设的需要。通过评估得到的全省林业巨大的生态效益价值总量，能够充分说明开展林业生态省建设是非常有价值的，能够起到促进各级政府部门开展林业生态省建设的作用。另外，还能够与国内其他省（区）进行比较，从中发现有关指标价值量的水平，为全省林业生态省建设应当重点加强的方面提供依据。

（四）与联合国千年生态系统评估和人类福祉的需求相吻合

千年生态系统评估 (Millennium Ecosystem Assessment，MA) 是由联合国秘书长安南宣布，于2001年6月5日正式启动的。这是一个由联合国有关机构及其他组织资助，为期4年的国际合作项目。它是世界上第一个针对全球陆地和水生生态系统开展的多尺度、综合性评估项目，其宗旨是针对生态系统变化与人类福祉间的关系，通过整合现有的生态学和其他学科的数据、资料和知识，为决策者、学者和广大公众提供有关信息，改进生态系统管理水平，以保证社会经济的可持续发展。MA的实施，为在全球范围内推动生态学的发展和改善生态系统管理工作作出了极为重要的贡献，它是生态学发展到一个新阶段的里程碑。MA的贡献主要有以下几个方面：

（1）首次在全球尺度上系统、全面地揭示了各类生态系统的现状和变化趋势、未来变化的情景和应采取的对策，以及它们与人类社会发展之间的相互关系，为在全球范围内落实环境领域的有关国际公约所提出的任务，进而为实现联合国的千年发展目标提供了充分的科学依据。

（2）丰富了生态学的内涵，明确提出了生态系统的状况和变化与人类福祉密切相关，可以预见，“生态系统与人类福祉”将成为现阶段生态学研究的核心内容和引领21世纪生态学发展的新方向。

（3）提出了评估生态系统与人类福祉之间相互关系的框架，并建立了多尺度、综合评估它们各个组分之间相互关系的方法。

通过MA的实施，标志着生态学已经发展到以深入研究生态系统与人类福祉的相互关系，为社会经济的可持续发展服务为主要表征的新阶段。因此，MA的实施受到了各个阶层的广泛关注，其成果在全世界引起强烈的反响。我国目前已经进入到一个以“建设以人为本，社会经济协调发展的和谐社会”为目标的历史新时期。当前我国所面临的情况是，一方面，在经济发展领域取得了举世瞩目的成就；另一方面，由于人口

多、经济结构不尽合理和有些地方对自然资源的掠夺式开发等原因，目前仍然面临着水旱灾害频繁、水土流失严重、荒漠化扩展、水体污染加剧、外来物种入侵以及生物多样性丧失等生态问题，这已成为严重影响我国社会经济可持续发展、构建和谐社会的障碍。生态系统是地球生命支持系统的核心组成部分，健康的生态系统是人类生存和社会经济发展的基本保障。因此，解决我国当前所面临的诸多生态和与此有关的其他问题的根本出路，在于更新观念，改善生态系统的经营管理，稳定并提高生态系统向人类社会提供服务的能力。

二、林业的生态功能机制

森林、湿地和野生动植物资源作为全世界的宝贵财富和人类赖以生存的物质基础，其有效保护和可持续经营已成为国际社会共同关注的重大政治与社会问题，受到各国政府的空前重视。近年来，我国党和政府提出的科学发展观、构建和谐社会和建设社会主义新农村等一系列重大发展战略，是促进林业发展的三大亮点。林业的和谐发展是实现人与自然和谐相处的前提，是弘扬生态文明与构建和谐社会的基础。具有三大效益的林业，在全面建设小康社会、建设社会主义新农村中都可以抓住机遇，充分发展，为实现生产发展、生活富裕、生态良好作出自己特有的贡献。

森林生态系统是陆地生态系统的主体，它为人类提供了自然资源和生存环境两个方面的多种服务功能，是人类生存与现代文明的基础，是陆地生态系统中面积最大、分布最广的自然生态系统，具有物种繁多、结构复杂、类型多样、稳定性强、生产力高、现存量大等特点。森林作为陆地生态系统的主体和重要的可再生资源，既包括有生命的成分，也包含无生命的成分。森林中动物、植物及微生物种类繁多，光、热、水、土壤的作用和功能复杂，结构层次多样。森林在为社会提供木材和竹材、木本粮油、林化产品、药用植物等大量产品的同时，还具有调节气候、涵养水源、保持水土、减少污染、改良土壤、游憩保健以及保护生物多样性等极其重要的生态服务功能，是经济、农业、水利系统和大气环境稳定健康发展的必要条件。湿地是指天然或人工、长期或暂时的沼泽地、湿源、泥炭地或淡水、半咸水、咸水水域地带，包括低潮时水深不超过6米的海域。湿地生态系统也具有多种功能，不仅能够提供大量淡水、农产品、水产品和矿产等大量物质资源，而且具有巨大的生态服务功能，在调节气候、蓄洪防旱、降解污染物、美化环境、改善农牧业生产条件、保护生物多样性和珍稀物种资源等方面发挥着重要作用。

中国林业的历史性使命决定了其在实施宏观决策中的地位，林业在国家经济建设全局中的重要性日益突出，其工作任务日趋繁重。为社会提供一个有理有据的中国森林生态系统服务功能报告，推进现代化林业建设，推进科学技术进步，需要进行精确的计量、深入的思考。

（一）森林生态功能机制

森林的存在，在地质史上已有2亿多年的历史，处于陆地植物群落演替进化的顶极

阶段。森林的个体生长发育时间也很长，如有的乔木可达数十年、几百年，甚至数千年。所以，森林的生态作用是相对稳定的。但作用的大小、强度、范围和深度则依森林生物群体的数量、年龄、质量、分布、代谢功能、每一个生物成分的地位以及环境不同而有变化。森林生物 (包括建群树种、伴生植物和动物) 只有在适宜的环境条件下，其种群数量、分布结构、年龄结构和质量结构等都处于最佳状态时，才能发挥出最大的生态作用。这种状态一旦遭到人为活动（过伐、错误的经营方式等）或自然灾害 (雷火、地震、火山爆发等) 的破坏，其生态功能必然下降。近年来，国内许多学者对森林生态效益的内涵和定义做了探讨，认为森林的生态效益是指在森林生态系统及影响所及范围内，森林改造环境对人类社会有益的全部效用。这里就有关森林生态功能的机制阐述如下。

1.调节气候

气候的形成是诸多因素相互作用、长期积累的结果。在气候的形成过程中森林无疑起着至关重要的作用，森林是陆地生态系统中对气候影响最显著的部分。全球森林约占陆地面积的1/3，在吸收减缓全球温室效应和调节局地气温方面作出了巨大贡献。

1）不同区域森林温、湿度特征

森林对气温的影响。森林是一种特殊的下垫面，不同程度地影响着气温的年季变化。森林庞大的林冠层，在大气与地表之间调节温度和湿度，形成了林内小气候，也影响了周围环境。林冠层繁茂的枝叶可以吸收反射太阳光，削弱太阳辐射，因而林内气温年较差和日较差均小于林地。

寒温带针叶林区夏天林内平均气温比林外低0.6℃，冬天林内平均气温比林外高2.3℃，8月林内最高气温比林外最高气温低7℃，12月林内最低气温比林外最低气温高9.9℃。温带针叶阔叶混交林区年平均气温林外比林内高0.5℃。每年5~9月份气温高，这时林内比林外低0.3~3.5℃；到了冬季，由于林冠的覆被阻缓了炽热的散发，从而使林内气温比林外高1.1~1.5℃。暖温带林区内日平均气温23.3℃，森林降温0.9℃，林内最高气温36.8℃，林外最高气温42.0℃，林内比林外低5.2℃；林内最低气温14.8℃，林外最低气温12.7℃，林内比林外高2.1℃；林内日温差22℃，林外日温差29.3℃，林内比林外少7.3℃。亚热带常绿阔叶林林内年平均气温为18.9℃，比林外低0.5℃；平均最高气温为22.6℃，比林外低1.2℃；年平均最低16.5℃，比林外高0.2℃。一年中林内外平均气温、平均最高气温和平均最低气温都是1月最低，7月最高。月平均气温林内比林外低0.2~0.8℃，夏季温差绝对值最大，平均为0.7℃；春秋次之，为0.4℃；冬季最小，为0.3℃。月平均最高气温，林内都比林外低0.7~1.8℃，也是夏季差值最大 (1.7℃)。热带雨林内太阳辐射只有无林地的4%~9%，从而使林内年均温较无林地低0.3~0.6℃，平均最高气温较无林地低3~4℃，林内气温年较差及气温日较差均小于无林地。

北方和南方虽然植被带及气候有较大差异，但林内外气候变化的规律具有一致性，气温低时具有保温御寒作用，气温高时具有降温避暑作用。一年中，降温避暑作用大于保温御寒作用。另外，由于林区低温高湿的气候特征，森林枝叶的总面积较大造成

夜间强烈辐射冷却，有利于形成雾、露、霜和雾凇等凝结物，增加了水平降水。森林中水平降水比无林地多1~2倍，占林区全年降水量的5%~7%。

2）森林缓解城市热岛效应

森林绿地通过蒸腾作用，可增加大气的相对湿度，通过遮阴作用降低气温，因此城市绿化对调节气候、缓解城市热岛效应、具有十分积极而重要的意义。

绿化区的日平均气温、日最高气温和高温持续时间都低于未绿化区。当太阳辐射热到达叶面时，约有20%的辐射被叶面反射到大气中，70%左右太阳辐射被绿叶吸收，透过叶面的辐射能一般为10%左右，这样到达林冠下面的光照强度大大减弱。所以，绿化区总辐射比非绿化区少88%~94%，到达林地辐射的仅6%~12%。林木的蒸腾作用也可使大气降温，蒸腾量的大小不仅与植物本身的生理特性有关，同时还受环境、叶面积、土壤温度和蒸腾时间的限制。高温酷暑的夏季林内温度比林外低，使人感觉凉爽舒适。李树人（1995）研究表明，郑州市林木覆盖程度不同，对地面太阳辐射量的影响也不同（见表1-1）。由表1-1可知，树冠可以有效地截流夏季太阳的辐射。在林荫道或公园片林内，树冠对可见光辐射的截流率在90%左右。

表1-1　林木不同覆盖程度对太阳辐射强度的影响

（单位：H，$Jm^{-2}\cdot min^{-1}$；p，%）

时间 (t/h)	火车站广场	金水大道			公园片林		
	辐射强度	辐射强度	与广场比	减少率	辐射强度	与广场比	减少率
6	0.11	0.01	–0.10	91.00	0.01	–0.10	91.00
8	0.68	0.05	–0.63	92.60	0.04	–0.64	94.10
10	1.30	0.09	–1.21	93.00	0.09	–1.21	93.10
12	2.07	0.29	–1.78	86.00	0.26	–1.81	87.40
13	1.95	0.19	–1.76	90.30	0.19	–1.76	90.30
15	1.55	0.17	–1.38	89.00	0.16	–1.39	89.70
17	0.15	0.10	–0.05	33.33	0.08	–0.07	46.70
平均	1.12	0.13	–0.99	88.40	0.12	–1.00	89.30

注：引自李树人，1995。

夏季，由于林木遮蔽，阻止太阳辐射，加上林木的蒸腾，大量消耗了太阳能，使气温相应降低，在烈日下林地内的地面温度比无遮蔽地面可降低14℃。林地内产生的这种温差，又可使空气产生轻微对流，形成微风，给人以良好的感觉。另外，由于林木和其他植物的蒸腾作用，城市上空的相对湿度增大，有利于小范围降雨的形成，可有效地缓解城市的热岛效应。城市中的行道树、散生树及片林等，夏日都可以起到降温作用。

2.涵养水源

森林是巨大的绿色宝库，是全球维持生态平衡的主体和人类赖以生存的重要自然资源，对调解生物圈、地圈和大气圈生态平衡具有重要的不可替代的作用。

综合以前诸多学者的研究可知，森林涵养水源功能主要是指由于森林生态系统特

有的水文生态效应，而使森林具有的蓄水、调节径流、缓洪补枯和净化水质等功能，主要表现为：截留降水、涵蓄土壤水分、补充地下水、抑制蒸发、调节河川流量、缓和地表径流、改善水质和调节水温变化等。

1）森林拦蓄降水

（1）林冠层对降雨的截留。森林是拦蓄降水的天然大水库，具有强大的蓄水作用。森林的复杂立体结构能对降水层层截持，不但使降水发生再分配，而且减弱了降水对地面侵蚀的动能；林冠的枝叶可以拦截和保留降落在树冠上的一些雨水，随森林类型和降水量的变化，树冠拦截的雨水量也不同。林冠截留量大小取决于降雨量和降雨强度，并与森林类型、林分组成、林龄、郁闭度等有关。据研究，我国主要森林生态系统年林冠截留量平均值变动在134~626毫米之间，林冠截留率平均值变动在11.4%~34.4%之间，平均为21.64%。

（2）林下灌草和枯落物的截留作用。森林凋落物是森林生态系统的重要组成部分，是森林生态系统物质循环的重要环节，它不仅对森林资源的保护和永续利用起着重大作用，而且还对涵养水源和水土保持具有重要意义。

森林内的灌木与草本植物层拦截并保留的雨水更多，而且对于分散、减弱林内的降雨动能，减缓降水对林内地面的直接冲击有重要的作用，是森林截流降水的重要组成部分。

森林地面的枯枝落叶层处于松软状态，具有很大的孔隙度和持水力，吸收和渗透降水很快。所以，林地枯落物的水分截留功能很强，由于枯落物的存在，不仅能直接截留降水，减少输入林地的雨量，更重要的是它能减少水土流失；枯落物的截持能力和水分蓄持能力取决于枯落物的现存量及其最大持水能力。一个良好的枯枝落叶层能吸持10毫米以上的降水，其下渗力达每小时100毫米以上。通常森林枯枝落叶层吸水的能力是自身重量的40%~400%，森林枯枝落叶层转化成的腐殖质吸水的能力是自身重量的2~4倍。穿过枯枝落叶层的降水又被土壤吸收，枯枝落叶层的持水量和渗透率越大，产生的地表径流就越少。

（3）林下土壤涵养水源作用。土壤是林地水分蓄持的主体。林地土壤多孔疏松，物理性质好，孔隙度高，具有较强的透水性，是森林生态系统截流降水的主要场所。林地土壤的水分蓄持能力与土壤的厚度和土壤的孔隙度状况密切相关。其中，土壤非毛管孔隙度是土壤重力水移动的主要通道，与土壤蓄水能力密切，不同林地蓄水能力差异较大。根据我国森林土壤0~60厘米土层的蓄水量观测结果，非毛管孔隙度变动值在36.42~142.17毫米，平均为89.57毫米，变动系数为31.06%；最大蓄水量相应为286.32~486.6毫米、382.22毫米和17.19%。不同区域森林蓄水量以热带亚热带地区的阔叶林较高，其中非毛管孔隙蓄水量均在100毫米以上。在大雨、暴雨时，土壤的水文性能是以滞留储存水分而体现的，这种特性延长了水分渗透到下层的时间，起到了调蓄径流的作用。

由于森林枯枝落叶层的良好作用（避免雨滴直接击打、增加有机质等），林木根系

对土壤结构的改良（穿插切割、细根死亡、根系分泌物）等，林地表层和深层土壤的孔隙度，特别是非毛管孔隙度均较高，林地土壤有较高的入渗能力。在自然条件下，林地土壤的透水性取决于森林类型、林分组成、林分的年龄等。一般未受干扰的天然林土壤具有最高的水分渗透性，老龄林较幼龄林的土壤渗透率高，未放牧的林地比放牧林地的土壤渗透率高，有林地比无林的农田、牧地、草地的土壤渗透率高。

从以上分析可见，森林以其林冠层、林下灌草层、枯枝落叶层、林地土壤层等通过拦截、吸收、蓄积了降水，并通过“整存零取”的作用，减少地表径流，以水分暂时储存的方式防止水土流失，暂时储存水分的一部分以土内径流的形式或通过渗透以地下水的方式补充给河川，调节河川径流，真正做到“雨多能吞，雨少能吐”，从而产生良好的水源涵养作用。

2）森林调节径流、消洪减灾

森林调节径流、削减洪峰的作用表现在两个方面。其一，当降雨透过林冠后，直接进入枯枝落叶层。枯枝落叶层吸收水分并达到饱和后产生积水，一部分渗入土壤，另一部分沿土壤表面在重力作用下产生流动，形成地表径流。然而这种地表径流不同于裸露地面上的水流，它受到了枯枝落叶的阻拦，不仅减少其量，而且降低了汇流速度。其二，由于森林土壤具有很强的透水性和持水性，所以会对入渗水分进行第二次调蓄。

森林依靠其径流和水源涵养能力，可以削减洪峰流量，推迟洪峰到来时间；增加枯水期流量，推迟枯水期到来时间；减小枯洪比，增加水资源的有效利用效率。研究表明，小流域森林覆盖率每增加2%，约可以削减洪峰1%；当流域森林覆盖率达到最大值100%时，森林削减洪峰极限值为40%~50%。

一般认为，较之无林地，有林地可削减洪水流量70%~95%。森林的综合削洪能力为70~270毫米，这就是说，一场50多毫米的暴雨，森林可轻而易举地吞下去。

3）补给河水

森林可以将涵养的水转变为地下水，防止河流断流。森林通过土壤和生物组织吸收大量降雨来减少多雨季节的水流量，同时又提供持久的溪水来降低旱季时的缺水现象。森林内地表径流量小，大部分降水渗入地下，储存在土壤或岩石中，化为涓涓细流，使水流均匀进入河流或水库，以丰补歉；在枯水期仍能维持一定量的水注入河川，使河川水流量在一年内均匀分配，能增加枯水季节流量，缩短枯水期长度，减小洪枯比，稳定江河一年中的常水位，具有较大的调节地表径流和江河流量的作用。同时，保障了水力发电、居民生活和灌溉用水，从而避免了洪水季节大量降水的无效流失，使更多的降水得到有效的利用，在一定程度上能缓解水资源的短缺，减少旱季缺水造成的损失。

4）森林净化水质

大气降水经过森林的过滤和吸附后，水质得到净化，更适合人或生物饮用，所以净化水质是森林涵养水源的一个重要指标。

对杉木林生态系统净化水质功能研究的结果表明，随着大气降水而进入杉木林生

态系统的物质中，有二氯丁烷、苯等有机污染物，还有铅、钙等重金属元素。经过林冠层、地被物和土壤层的截留作用，这些污染物质不仅种类减少，而且浓度大为降低。

林冠层的作用。大气降水携带着各种物质进入森林生态系统后，所遇到的第一个作用面，就是起伏不平的林冠层。在此作用面，一方面雨水中的物质因树叶的截留作用使其量减少；另一方面，雨水对以沉降方式附着在枝叶表面的大气污染物，及对植物本身分泌物的淋溶作用，使某些物质的量又有所增加。对某一个具体物质而言，其量是增是减，不仅与该物质的性质有关，而且与林冠层的结构、生理特性及降雨时的气象条件等有关。所以林冠层对降水净化的能力是各不相同的。

当降雨到达林地时，一部分因被地物层和土壤截留而失散；另一部分渗入到土壤深层，成为地下水，以地下径流形式输出森林生态系统。当净降水量超过林地土壤的渗透能力时，则还有一部分降水流经地被物与土壤界面后，以地表径流形式输出森林生态系统。携带着各种物质的雨水，流经地被物和土壤层时，也与流经林冠层相似，同样发生着两种相反的结果，即淋溶和截留过滤。地被物和土壤的净化功能主要源于：活地被物和枯枝落叶层的截留；微生物对化合物的分解；对离子的摄取；土壤颗粒的物理吸附作用；土壤对金属元素的化学吸附及沉淀。而土壤层作用的大小，是与土壤结构、温湿条件及地被物种类紧密相关的。因此，有林地与空旷地相比，林地土壤具有良好的团粒结构和利于微生物生长的温湿条件。完整的地被物层，使得森林林地比空旷地具有更强的净化功能。

可见，森林生态系统通过水文过程对水质具有较高的净化效益。

3.保育土壤

森林保育土壤的功能主要是指森林中活地被物和凋落物层层层截留降水、消除水滴对表土的冲击和地表径流的侵蚀作用，以及网状分布的林木根系固持土壤、降低土壤崩塌泻溜，从而减少土壤侵蚀和土壤肥力损失并改善土壤结构的功能。

主要表现为减少土壤侵蚀、保持土壤肥力、防沙治沙、防灾减灾（如山崩、滑坡、泥石流）、改良土壤等方面。水土流失会造成土地资源的破坏，导致农业生态环境恶化，生态平衡失调，从而影响国民经济和社会的发展。

1）森林固土

关于森林在水土保持中的作用，国内外已取得了大量的研究成果，普遍认为，森林调节地表径流、防止土壤侵蚀、减少径流泥沙的效益是显著的。

森林可以通过林地下强壮且成网络的根系，与土壤牢固地盘结在一起，从而起到有效的固土作用。同时，林冠层、枯枝落叶层对大气降水进行截留，减小了进入林地的雨量和雨强，从而直接影响土壤侵蚀的主要动力原因和地表径流的形成及其数量。尤其是林地内的枯枝落叶层，不仅能吸收、涵养大量的水分，而且增加了地表层的粗糙度，因此能够影响地表径流的流动，延缓径流的流出时间。

森林类型对森林水土保持功能有很大影响。杨吉华等（1993）对山东省山丘地区9种主要人工林的水土保持功能的对比分析，周国逸等（1999）对广东省小良水保站的

混交林、桉树人工林与裸地地表侵蚀的对比研究，结果均表明，混交林较纯林对水土保持都更有效益。

相关研究表明，森林植被覆盖度与水土流失面积之间存在着明显的反比关系，森林植被覆盖度越大，水土流失面积占土地面积的比例则越小。大致可分为三个数量级，森林植被覆盖度在30%以下，水土流失面积>30%；森林植被覆盖度在30%~50%，水土流失面积为10%~30%；森林植被覆盖度在55%以上时，水土流失面积<10%。可见，森林植被覆盖度越大，水土保持作用则越显著。

2）森林改良土壤和保肥

林木的根系可以改善土壤结构、孔隙度和通透性等物理形状，有助于土壤形成团粒结构。在养分循环过程中，枯枝落叶层不仅减少了降水的冲刷和径流，而且还是森林生态系统归还的主要途径，可以增加土壤的有机质、营养元素（氮、磷、钾等）和土壤碳库的积累，提高土壤肥力。另外，能够促使土壤孔隙度和入渗率增加，森林使土壤的结构变得更加疏松，因而能够吸收、渗透更多的水分，使更多的地表径流下渗转为地下径流。

4.固碳制氧

1）森林固碳

森林固定并减少大气中的二氧化碳和提高并增加大气中的氧气，这对维持地球大气中二氧化碳和氧气的动态平衡、减少温室效应以及提供人类生存的基础来说，有着巨大和不可替代的作用。工业革命以来，大气中二氧化碳浓度的不断增长，导致大气温室效应增强，全球气候变暖。联合国政府间气候变化委员会（IPCC）的报告指出，近百年来地球已增温0.3~0.6℃，预计到下世纪中期二氧化碳浓度倍增后全球可能增温1.5~4.5℃，这将导致海平面上升，旱涝灾害频繁。因此，控制大气中二氧化碳的浓度已刻不容缓。其主要措施有二：一是提高能源利用率，研究新能源和再生能源；二是保护和发展植被。因第一项措施在技术、资金、时间上有一定限制性，从而使保护和发展植被更为重要。

多项长期研究表明，森林在光合作用下所固定的碳被重新分配到森林生态系统的4个碳库：生物量碳库、土壤有机碳库、枯落物碳库和动物碳库。森林生态系统是地球陆地生态系统的主体，是陆地碳的主要储存库。目前，虽然全球森林面积仅占地球陆地面积的26%左右，但是其有机碳储量却占整个陆地植被碳储量的76%~98%，而且森林每年的碳固定量约占整个陆地生物碳固定量的2/3。因此，森林对现在及未来的气候变化、碳平衡都具有重要影响。1997年联合国气候变化框架公约东京会议以后，已确认二氧化碳排放是温室效应的主要原因之一，二氧化碳的排放和污染也成为国际社会的热点问题之一，各国政府承诺减少导致温室效应的气体二氧化碳的排放。

在以往的森林生态系统固碳研究中，大多忽略了森林土壤固碳一项，而整个森林生态系统的碳大部分是固定在土壤中的，因而土壤固碳占有重要地位，本研究认为森林土壤固碳功能是必不可少的指标。

2）森林制氧

氧气对人类有着巨大的和多用途的使用价值，是人类赖以生存和不可替代的物质。细胞代谢、人类呼吸、燃料燃烧等都需要氧气，它是人类生理活动、日常生活、工业生产活动必不可少的物质。而绿色植物对人类的生存基础——大气中氧气的形成贡献是巨大的。

森林是地球生物圈的支柱，植物通过光合作用吸收空气中的二氧化碳，利用太阳能生成碳水化合物，同时释放出氧气。由光合作用方程式可知，植物利用28.3千焦的太阳能，吸收264克二氧化碳和108克水，产生180克葡萄糖和192克氧气，再以180克葡萄糖转化为162克多糖（纤维素或淀粉）。其呼吸作用正与光合作用相反。其化学反应方程式为：

$$CO_2\text{（264克）}+H_2O\text{（108克）}\rightarrow\text{葡萄糖（180克）}+O_2\text{（192克）}$$

$$\downarrow$$

$$\text{多糖（162克）}$$

由上述方程式可知，林木生长每产生162克干物质，需吸收（固定）264克二氧化碳，并释放192克氧气。则林木每形成1吨干物质，需吸收（固定）1.63吨二氧化碳，释放1.19吨氧气。森林是陆地生态系统的主体，也成为陆地上干物质生产量最大的生态系统，它有着巨大的制氧能力。研究表明，每公顷森林（阔叶林）每天可吸收1 000公斤的二氧化碳，释放730公斤的氧气，也就是说每公顷森林可供1 000人呼吸氧气之用。这一功能对于人类社会、整个生物界以及全球大气平衡，都具有极为重要的意义。

5.积累营养物质

森林植被在其生长过程中不断地从周围环境中吸收氮、磷、钾等营养物质，并储存在体内各器官。这些营养元素一部分通过生物地球化学循环，以枯枝落叶形式归还土壤；一部分以树干淋洗和地表径流等形式流入江河湖泊；另一部分以林产品形式输出生态系统，再以不同形式释放到周围环境中。

植物营养元素含量反映了植物在一定生境下从土壤中吸取和储存矿质养分的能力，它一方面说明了植物的特性，另一方面反映了植物的生境，特别是气候和土壤条件。森林植物营养元素含量的区域分异十分复杂，因为植物营养元素含量决定于植物自身的特性和生长的生境。

根据大量的研究结果（侯学煌，1982），植物体中含量最高、对植物生长最重要的元素是氮、磷、钾、钙、镁、铁。大多数植物叶片中氮含量在1%~3%，磷含量为0.05%~0.2%，钾含量为0.5%~2%，钙含量为0.5%~2%，镁含量为0.2%~0.6%，铁含量为0.005%~0.1%。这一方面说明，不同的植物种对养分吸收的能力不同，另一方面也反映出植物对不同元素具有不同的选择吸收能力。同一植物的不同器官其营养元素的含量也相差甚大，大多数营养元素在生长旺盛的器官中含量都比较高，如植物的叶片、茎、根的幼嫩部分。特别是植物叶片中元素含量往往最具有代表性，最能反映出植物的养分特征。

6.净化大气环境

净化大气环境功能是指森林生态系统通过吸收、过滤、阻隔、分解等过程，将大气中的有毒物质（如二氧化碳、氟化物、氮氧化物、粉尘、重金属等）降解和净化，降低噪音，并提供负离子、萜烯类物质（如芬多精）等的功能。

1）森林提供负离子

空气是由多种气体组成的气体混合物，在正常情况下，气体分子及原子内的正负电荷相等，呈现中性。但在宇宙射线、太阳光线、森林、瀑布以及各种能量作用下，气体分子中某些原子的外层电子会离开轨道。由于组成空气的"捕获"自由电子能力较强的二氧化碳和氧气在空气中所占的比例较大，因此空气电离产生的自由电子大部分被二氧化硫和氧气分子"捕获"，形成负离子。

负离子是一种无色、无味的物质，负离子在不同的环境下存在的"寿命"不等。在洁净空气中，负离子的寿命有几分钟到20多分钟，而在灰尘多的环境中仅有几秒钟。负离子被吸入人体后，能调节神经中枢的兴奋状态，改善肺的换气功能，改善血液循环，促进新陈代谢、增强免疫系统能力、使人精神振奋、提高工作效率等。它还对高血压、气喘、流感、失眠、关节炎等许多疾病有一定的治疗作用，所以人称负离子为"空气中的维生素"。

在有森林和各种绿地的地方，空气负离子浓度会大大提高。这是因为森林多生长在山区，山地岩石中含放射性物质较多；森林的树冠、枝叶的尖端放电以及光合作用过程的光电效应均会促使空气电解，产生大量的空气负离子。研究证明，针叶树种林分中的负离子高于阔叶树种林分中的负离子，针叶树种林分中的负离子每立方厘米平均为1 507个，阔叶树林分中的负离子每立方厘米为1 161个。针叶树种林分中的负离子之所以高于阔叶树种林分中的负离子，是由于树叶呈针状等曲率半径较小的树种，具有"尖端放电"的功能，产生电荷，使空气发生电离，因而能改善空气中的负离子水平。

2）森林吸收污染物

树叶、树枝表面粗糙不平、多绒毛，能分泌黏性油脂和汁液，所以能吸附、黏着一部分粉尘，降低大气中的含尘量。环境科学研究显示，大气中主要存在SO_2、Cl_2、HF、氮氧化物等有毒有害气体，这些污染物直接或间接对人体健康及其生存的环境产生影响。森林可以依靠生态系统其特殊的结构和功能，通过吸收、过滤、阻隔、分解等生理生化过程将人类向环境排放的部分废气物利用或作用后，使之得到降解和净化，从而达到净化环境的目的。

（1）吸收SO_2。SO_2是有害气体中数量最大、分布最广、危害最大的气体，树木对其有一定的吸收作用，从而对空气起到净化作用。首先，硫是树木所需要的营养元素之一，所以树木中都含有一定量的硫，在正常条件下树体中的含量为干重的0.1%~0.3%。当空气被SO_2污染时，树木体内的含量可为正常含量的5~10倍。SO_2被叶片吸收后便形成亚硫酸盐，然后再氧化成硫酸盐。只要大气中SO_2不超过一定的限度（即吸收SO_2的速度

不超过亚硫酸盐转化成硫酸盐的速度），植物就不会被伤害并能不断吸收SO_2。

树木叶片吸收SO_2的能力为其所占土地面积的吸收能力的8倍以上，且随着树木叶片的衰老凋落，它所吸收的SO_2也一同落到地上，树木年年长叶年年落叶，所以它可以不断地净化大气，是大气的天然“净化器”。

（2）吸收氟化物。氟及其化合物是一种毒性较大的污染物，它比SO_2的毒性要大10~100倍。森林对大气中的氟化物净化能力较强。自然界中的绿色植物组织中都含有一定量的氟化物，植物的含氟的质量分数一般为1.0×10^{-5}~2.0×10^{-5}。空气中的氟化物主要被植物叶片所吸收，植物对低浓度的HF具有很强的净化作用。大气中的氟化物通过树木气孔进入叶片组织，以可溶的形式保留下来，再通过扩散由维管束把氟化物从叶肉转移到其他细胞中，随水分的蒸腾转运到叶尖或叶缘积累起来，很少转入到其他组织器官中去。

植物吸收HF的能力和忍受限度各不相同。在正常情况下，树木体中的氟含量为0.5~25毫克/升。但在氟污染地区，树木叶片含氟量可为正常叶片含氟量的几百倍至数千倍，研究表明树木的吸氟能力与抗氟能力是一致的，抗性强的树种有黑松、白皮松、侧柏、冷杉、柑橘、油茶等。

（3）氮氧化物。一氧化氮是燃烧的直接产物，它与空气混合后生成二氧化氮，二氧化氮可以与其他物质生成许多种污染物，树木对其有一定的吸收能力。

3）森林滞尘

粉尘是重要的大气污染物之一，森林对其有很大的阻挡、过滤和吸附作用。森林树木形体高大，枝叶茂盛，具有降低风速的作用，使大颗粒的灰尘因风速减弱在重力作用下沉降于地面，树叶表面因为粗糙不平、多绒毛、有油脂和黏性物质，又能吸附、滞留、黏着一部分粉尘，从而使大气含尘量降低，提高了空气质量，有利于人类健康，因此滞尘功能是森林生态系统中重要的服务功能之一。

7.保护生物多样性

森林保护生物多样性功能是指森林生态系统为生物物种提供生存与繁衍的场所，从而对其起到保育作用的功能。它包括所有不同种类的动物、植物、微生物及其所拥有的基因及生物与生存环境所组成的生态系统。它是人类社会生存和可持续发展的基础。通常分为三个不同的层次：生态系统多样性、物种多样性和遗传（基因）多样性。

维护人类健康的药物大部分来源于植物、动物、微生物。据世界卫生组织统计，发展中国家有80%的人口依靠传统的药物进行治疗；发达国家有40%的药物来源于自然生物资源。生物多样性还为人类提供多种多样的工业原料，如木材、橡胶、纤维、树脂、油脂等。

森林生态系统不仅为各类生物提供繁衍生息的场所，而且还为生物进化及生物多样性的产生与形成提供了条件。多种多样的生物是地球经过40亿年生物进化所留下的最宝贵的财富，它是维持生态平衡的基础，也是人类赖以生存和发展的物质基础。研究表明，由全球生物多样性产生的经济效益每年约为3万亿美元，占全球生态系统提供

的产品和服务总价值（约33×10^{12}美元）的11%。

在各类生态系统中，森林生态系统拥有的生物多样性很高。备受世人瞩目的热带雨林，虽然仅覆盖地球陆地表面的7%，但其包含的生物种类却占全球已知物种的50%~70%。另外还有大量的物种，尤其是昆虫还未被分类，大部分已知物种也还未进行充分的认识，其生物学、生态学、食用或药用以及其他潜在的有益特性从科学的角度仍然未知。在其他地理气候带中各类生态系统进行横向比较时，森林生态系统通常均处于一个重要的位置。因此，当今世界各国在研究生物多样性或保护生物多样性的对象选择或规划措施中，森林生态系统往往处于首要地位（周晓峰，1999）。

联合国粮农组织最近的一项评估指出，1980~1990年全世界每年砍伐森林162万公顷，世界上已有1/2的热带雨林被砍掉，所剩下的亦遭到严重破坏。按此速度发展下去，发展中国家的现有森林将有2/5消失，由此导致千千万万个物种将濒临灭绝的危险。据统计，自1600年以来，有记载的物种已有724个灭绝，2 965个物种濒临灭绝，3 647个物种处于濒危状态，另有7 240个物种因种群骤减而成为稀有种。

森林锐减和物种消失是两个相互关联又十分重要的环境问题。森林减少，致使动植物物种生存的空间、生活栖息与繁衍的环境遭受破坏。联合国环境规划署预测，未来20~30年内将有25%的物种会有灭绝的危险。自从6 500×10^4年前的白垩纪末期大规模物种灭绝以来，现在的灭绝速度是空前的。对于需要几十万年甚至几百万年才能孕育出来的物种在短短的时间内遭到灭绝，其损失难以估计。总之，生物多样性所提供的经济价值、生态效益和社会效益很高，但是过分利用就会导致自然生态环境的破坏，使大量物种的生存受到严重威胁甚至陷入灭绝的境地。

8.森林游憩

我国森林生态旅游起步较晚，1982年建立了第一个国家森林公园——张家界森林公园，此后经历了20世纪80年代初步发展和90年代迅速发展两个阶段。从发展来看，其潜力巨大、前景广阔，无论是供给—资源条件，还是需要—市场条件，以及其他诸多方面都为森林生态旅游业的发展奠定了基础，并将成为21世纪旅游业的一个新热点。

1）自然保护区

1956年我国建立了第一个具有现代意义的自然保护区——鼎湖山自然保护区。到2004年底，全国自然保护区统计：国家级的有226处，省级的有733处，市级的有396处，县级的有839处，合计2 194处，约占全国总面积的14.81%，其中国家级的面积为8 871.3公顷。吉林长白山、广东鼎湖山、四川卧龙山、贵州梵净山、福建武夷山、内蒙古锡林郭勒草原、新疆博格达峰和湖北神农架等8处保护区加入了国际生物保护网。由于建立了一系列的自然保护区，中国的大熊猫、金丝猴、坡鹿、扬子鳄等一些珍贵野生动物已得到初步保护，有些种群并得以逐步发展。如安徽的扬子鳄保护区繁殖研究中心在研究扬子鳄的野外习性、人工饲养和人工孵化等方面取得了突破，使人工繁殖扬子鳄几年内发展到1 600多只。又如曾经一度从故乡流失的珍奇动物麋鹿已重返故土，并在江苏大丰县和北京南苑等地建立了保护区，以便得到驯养和繁殖，现在大丰

县麋鹿保护区拥有的麋鹿群体居世界第三位。此外，在西双版纳自然保护区的原始林中，发现了原始的喜树林。有些珍稀树种和植物在不同的自然保护区中已得到繁殖和推广。

2）森林公园

2001~2005年，全国新建森林公园850处，新增规划面积529.64万公倾，其中新建国家级森林公园283处。到2005年底，我国共建立各类森林公园1 928处，总面积达1 513.42万公倾，占全国林业用地面积5%以上，其中国家级森林公园总数达627处，面积为1 105.15万公顷。全国森林公园的分布范围扩大到除台、港、澳地区以外的31个省、自治区、直辖市，初步形成了我国林区独具特色的以森林景观为主体，地文景观、水体景观、天象景观、人文景观等资源有机结合的多样化的森林风景资源保护管理和开发建设体系。这一体系的建立与发展，不仅使我国林区一大批珍贵的自然文化遗产资源得到有效保护，而且有力地促进了国家生态建设和自然保护事业的发展。到目前，我国已有11处森林公园被联合国列入9处世界自然文化遗产保护名录，7处森林公园被列入世界地质公园。森林公园建设已成为我国自然文化遗产资源保护体系中不可忽视的一支生力军。

森林公园优美的森林风景资源和优良的生态环境，正逐步成为社会公众进行户外游憩、开展生态旅游的理想场所。2003年全国森林公园旅游人数首次突破1亿人（次），2005年旅游人数达到1.74亿人（次），占当年国内旅游总人数的14.3%。据不完全统计，2001~2005年，全国森林公园旅游人数达6.32亿人（次），比“九五”期间旅游人数翻近两番，其中海外旅游人数达到1 816万人（次），比“九五”期间增长2倍。森林公园逐步成为人们休闲度假、游览观光、回归自然等户外活动的首选目的地。同时，森林公园不断挖掘和丰富生态旅游的文化内涵，推出以生态教育、科普教育和爱国主义教育为主题的旅游活动，使人们在寓教于乐中增长了知识，受到了教育，有力地推动了各地精神文明建设和社会文化事业的发展。

森林旅游产业的带动功能得到充分发挥。2001~2005年，平均每年投入到森林公园建设和森林旅游发展的资金数量超过50亿元，平均每年实现森林旅游的社会综合产值近800亿元，直接推动了地方经济的发展，有力地促进了不少边远地区道路、交通、通讯、水电和城镇建设的发展，一些昔日的小山村，如今变成了新兴的森林旅游小城镇。5年来，全国森林公园建设共为社会提供直接就业机会近50万个，不少贫困山区的农民依托森林旅游业摆脱了贫困，走向富裕。

9.防风固沙

含有沙粒的运动气流可以产生风沙危害。起沙风吹经沙质表面时，由于气流冲力的作用，使沙粒脱离地表进入气流中被搬运，导致沙地风蚀的发展。为此，营造防护林很有必要。防护林防护作用的实质就是通过营造具有一定走向、配置结构和宽度的防护林带，来影响气流的运动速度、方向及流场，进而控制流沙，以达到预想防风阻沙的效果。

1）农田防护林

农田防护林是防护林体系的主要组成部分，是人类改造自然的重要生物工程。它的功能具有多样性和稳定性。所谓多样性，是指通过林带的动力作用(对气流的阻挡、抬升、分割)，改变气流的结构，影响水分、热量的分配，从而发挥热力效应、水文效应、生物效应、土壤改良效应，达到提高农业效应的目的。同时，林带本身又是再生的绿色资源，具有生态、经济和社会效益。所谓稳定性，是指林带的多种效益具有长期性和不可变性。农田防护林与其他林种组成一个完整的防护林体系，林种之间、树种之间以及与生态条件之间的相互作用，可以保持生态系统的相对平衡和稳定。

农田防护林的效应主要有两个方面。一是对短时间突发性危害的防护作用。由于林带有减弱风的动力作用，使农田免受风蚀、积沙、积土、作物倒伏等的危害。二是对农作物生长发育环境条件的持续性的防护作用。

河北省丰润县西部的新军屯镇，1989年在原来零星树的基础上营造农田防护林，到1990年全镇建成以原有道路为骨架的防护林体系，有林地面积达到141公顷，使全镇农田全部得到庇护。随着林木的生长，林木的生态效益、经济效益逐步发挥出来，促进了全镇经济的发展。大风次数由1988年以前的每年4次减少到每年1次。生态环境的改善，使农业综合指标有了较大提高。1995年全镇粮食每公顷产量达到10 080公斤，比1988年增长50%；大牲畜存栏数达到4 210头，肉猪存栏数达到18 872头；鲜奶产量达到969吨；禽蛋产量达到1 298吨，都比1988年有较大幅度的增长（王君义，1997）

2）沿海防护林

沿海防护林是林业建设的重要组成部分，它是防止风沙、海啸等自然灾害的屏障，在维持生态平衡与农业建设中具有不可替代的作用。从生态平衡角度来看，沿海防护林具有防御风沙、净化空气、保持水土、改善小气候、保护生物多样性的作用。另外，沿海防护林还能够阻挡海洋来的强风和台风，并且能够提高人们居住、休闲的舒适度。

从农业建设的角度来看，沿海防护林网能够提高土地利用率，使被风沙危害的耕地得到复耕，而其本身的经济效益也随着林种及其树种的多样化得到提高，特别是一些经济林树种、药材在沿海防护林林网建设中的应用，使得沿海防护林的经济效益得到大幅度的提高。

张纪林等（1997）研究了沿海防护林在抗御台风灾害方面的作用，认为在强热带风暴作用下，沿海农田林网的有效防护范围为：南北方向距林带0.42~23.00H，东西方向距林带0.36~23.00H，林带抗御台风的效果十分显著。关德新等采用系留气球探测沿海防护林系对海陆风的影响，结果表明，在垂直高度10~15H范围内，沿海防护林可使风速降低50%~60%；在垂直高度15~70H的范围内，可使风速降低20%~30%；从地面到70H高度范围内，平均降低风速40%以上（李维成，1996）。

在辽宁新金县，防护林可使平坦耕地粮食增产5.0%~18.2%，坡耕地增产48.6%~119.0%；上海市长兴岛水杉、珊瑚树林网使柑橘增产25%；广东斗门县水稻在林网保护下增产14.8%~20.1%，无林区则减产30.2%~40.5%。相比之下，林网起到了增产作

用，增幅为10.1%~25.7%。在江苏沿海地区，把柿、梨、桃、银杏等果树作为副林带，构建林果防护林模型，提高了沿海防护林体系的产出率。

（二）湿地的生态功能机制

湿地的生态功能由湿地水文、湿地生物地球化学循环和生物对湿地的适应与改造构成。各种功能之间相互依赖、相互协调，表现出湿地的整体功能。一个未受异常自然和人类扰动的湿地，因其生物种属的多样性、结构的复杂性、功能的综合性和抵抗外力的稳定性，而处于较好的健康状态。当外力扰动超过湿地的修复能力时，湿地健康就会恶化，功能发生退化，进而对区域环境产生影响。

1.调节气候机制

湿地调节气候功能包括通过湿地的水分循环及湿地植物对大气组分的改变调节局部地区的温度、湿度、风和降水等气候要素，从而减轻干旱和冻灾。芦苇是湿地主要的植物资源，素有“第二森林”之美称。芦苇根系从土壤中吸收大量水分后，大部分通过茎叶的气孔以水汽的形态逸入大气中。其蒸腾系数为637~862，即生产1吨芦苇要蒸腾70吨左右的水分。这一水分生物调节作用能有效地增加区域空气湿度，缓和空气温度变化。湿地水分蒸发可使附近区域的湿度增大，降雨量增加，使区域气候条件稳定，为当地农业生产和人民生活提供良好的气候条件。

湿地中的芦苇和其他植物能够通过光合作用在吸收空气中大量的二氧化碳的同时释放大量的氧气。湿地土壤的温度低，湿度大，微生物活动弱，动植物残体分解缓慢，土壤呼吸释放二氧化碳速率低，形成碳积累。

2.蓄水调洪

湿地能将过量的水分储存起来并缓慢地释放，从而将水分在时间上和空间上进行再分配。过量的水分，如洪水，被储存在土壤（泥炭地）中或以地表水的形式（湖泊、沼泽等）保存着，从而减少下游的洪水量。因此，湿地对河川径流起到重要的调节作用，可以削减洪峰。此外，湿地植被也可减小洪水流速，从而进一步削减洪水的危害。湿地中的沼泽，由于土壤结构的特殊性，具有很强的蓄水性和透水性，被称为蓄水、防洪的天然“海绵”。我国降水的季节分配和年度分配不均匀，通过天然和人工湿地的调节，在丰水期将降雨、河流过多的水量储存起来，可以减轻洪水灾害。热带和亚热带海边湿地的红树林还具有防止海风和海浪对海岸侵蚀的作用，抵御海啸和风暴潮危害，维护沿海地区国土生态安全、人民生命财产安全和工农业生产安全。2004年12月26日，发生在印度洋的海啸灾难，举世震惊，短短数小时内所造成的巨大损失，发人深省。人们发现沿海森林植被和海边湿地红树林对降低海啸的破坏力起到了至关重要的作用。泰国拉廊红树林自然保护区在广袤的红树林保护之下，岸边房屋完好无损，居民生活未受大的影响，而与它相距仅70公里、没有红树林保护的地区，村庄、民宅被夷为平地，70%的居民遇难。印度南部的泰米尔纳德邦是海啸的重灾区，但其中的瑟纳尔索普等4个村子，由于海边有茂密的红树林，400多个家庭安然无恙。

3.平衡供水

湿地是地球上淡水的主要储存库，人类生产和生活用水除少数来自地下水源外，绝大多数来源于湿地。同时湿地还是补充地下水的主要来源，对区域抗旱和减灾、维持区域水平衡起着举足轻重的作用。湿地既可作为地表径流的接收地，也可以是一些河流的发源地，常作为居民用水、工业用水和农业用水的水源。河流、水库、湖泊中的水可直接被利用，而泥炭、沼泽地常成为浅水水井的水源。由于湿地所处的地势不同，一块湿地有可能成为另一块湿地的供给水源地。当水由湿地渗入或流到地下蓄水系统时，蓄水层的水就得到了补充，湿地则成为补给地下水蓄水层的水源。从湿地流入蓄水层的水随后可成为浅水层地下水系统的一部分。浅层地下水可为周围供水，维持水位，或最终流入深层地下水系统成为长期的水源。湿地水源补充地下水，对于依赖中、深度水井作为水源的社区和工农业生产很重要。

4.净化水质

湿地有助于减缓水流的速度，当含有毒物和杂质（农药、生活污水和工业排放物）的流水经过湿地时，流速减慢，有利于毒物和杂质的沉淀。许多污染物质吸附在沉积物的表面，随同沉积物而积累起来，有助于与沉积物结合在一起的污染物储存、转化。在湿地中生长、生活着多种多样的植物、微生物和细菌。生活和生产污水排入湿地后，通过湿地生物地球化学过程的转换，水中污染物可被吸收、沉积、分解或转化，使污染物消失或浓度降低。湿地的许多植物，如挺水、浮水和沉水植物，在组织中富集的重金属浓度比周围水体高出10万倍以上。水浮莲、香蒲和芦苇都已被成功地用来处理污水，其中芦苇对水体中污染物质的吸收、代谢、分解、积累和减轻水体富营养化等具有重要作用，尤其对大肠杆菌、酚、氯化物、有机氯、磷酸盐、高分子物质、重金属盐类、悬浮物等的净化作用尤为明显。湿地对污水中的营养物质氮、磷、钾等有很好的去除能力，如硝酸盐过多时，湿地中细菌通过反硝化过程，把硝酸盐中的氮转变成氮气分子释放于大气中，排除硝酸盐过多造成的水体富营养化。

5.保护生物多样性

由于湿地处于水陆交互作用的区域，因此湿地生态系统具有明显边缘效应的特征。这种边缘效应使湿地生态系统的结构复杂，稳定性相对较高，生物物种十分丰富。虽然湿地仅占地球表面面积的6%，却为世界上20%的生物提供了生境。湿地是许多珍稀濒危物，特别是濒危珍稀水禽所必需的栖息、迁徙、越冬和繁殖的场所，在生物多样性保护方面具有极其重要的价值。我国湿地面积约占国土面积的5%，却为约50%的珍稀鸟类提供栖息场所。

据初步调查统计，全国内陆湿地已知的高等植物有1 548种，高等动物有1 500种；海岸湿地生物物种约有8 200种，其中植物5 000种、动物3 200种。在湿地物种中，淡水鱼类有770多种，鸟类300余种。特别是鸟类在我国和世界都占有重要地位。据资料反映，湿地鸟的种类约占全国的1/3，其中有不少珍稀种。世界166种雁鸭中，我国有50种，占30%；世界15种鹤类，我国有9种，占60%，在鄱阳湖越冬的白鹤，占世界总数

的95%。亚洲57种濒危鸟类中，我国湿地内就有31种，占54%。这些物种不仅具有重要的经济价值，还具有重要的生态价值和科学研究价值。

在保护物种多样性的同时，湿地还是重要的物种基因库，不仅维持了野生物种种群的延续、进化，而且为改善经济物种提供了基因材料。袁隆平院士利用海南湿地的野生稻资源，通过野生稻杂交培养的水稻新品种"籼型杂交水稻"，具备高产、优质、抗病等特性。

6.固碳释氧

生态系统对维持大气中二氧化碳与氧气的动态平衡起着不可替代的作用。湿地由于水分过饱和的厌氧的生态特性，积累了大量的无机碳和有机碳。由于湿地中的微生物活动相对较弱，植物残体分解释放二氧化碳的过程十分缓慢，因此形成了富含有机质的湿地土壤和泥炭层，起到了固定碳的作用。如果湿地遭到破坏，湿地的固定碳功能将减弱，同时湿地中的碳也会氧化分解，湿地将由"碳汇"变成"碳源"，这将加剧全球变暖的进程。

湿地具有调节区域气候的功能。湿地水分蒸发和湿地植被叶面的蒸腾作用，可使附近区域的温度降低、湿度增大、降雨量增加，对周边区域的气候具有明显的调节作用，对当地农业生产和人民生活具有良好的作用。

7.景观游憩

湿地水域辽阔，风光秀丽，苇绿荷红，是旅游、度假之胜地。远离都市喧嚣，融入自然已成为现代人们休闲的时尚。风光旖旎的湖泊、河流、草原湿地等相映成趣，是休闲度假的好场所。湿地以其形态、声韵或习性的优美给人以精神享受，增强生活情趣。湿地生态系统多种多样、千姿百态的风景是人们休闲娱乐和疗养的好地方。湿地具有巨大的景观价值，桂林山水甲天下，没有漓江就没有桂林的美景。九寨沟的美景全在水。滇池、太湖、洱海、杭州西湖等都是著名的风景区。旅游者希望看到原始自然状态和自然生境中野生动物壮观的场面，现在人们崇尚的生态旅游、观鸟等，湿地是理想的场所。

复杂的湿地生态系统、丰富的动植物群落、珍贵的濒危物种、独特的自然景观等，使湿地成为人类休憩旅游以及教育和研究的理想场所。许多湿地自然环境独特，风光秀丽，也不乏人文景观，是人们旅游、度假、疗养的理想之地，发展旅游业大有可为，有些湿地是人类社会文明的发祥地，保留了极具历史价值的文化遗址，有些湿地中的泥炭层保留了过去的生物、地理等方面演化进程的信息。此外，湿地还是进行科学研究、教学实习、科普宣传的重要场所。

三、林业生态效益价值评估指标体系

（一）森林生态效益价值评估指标体系

国内外许多学者对森林生态效益的价值进行过研究，欧阳志云等从有机物质的生产、维持大气二氧化碳与氧气的平衡、营养物质的循环与储存、水土保持、涵养

水源、净化大气等6个方面对全国陆地生态系统的生态经济价值进行了不完全估算；吴钢等从旅游服务、涵养水源、水土保持、净化空气、营养元素循环等5个方面计算了长白山森林生态系统的生态服务价值；郎奎建等从涵养水源、水土保持、抑制风沙、改善小气候、吸收二氧化碳、净化大气、减轻水旱灾害、消除噪声、游憩和野生生物保护等10个方面提出了森林生态效益估算的方法；姜东涛从涵养水源、保持水土、改良土壤、防风固沙、净化水质、固定二氧化碳、释放氧气、净化大气、保护野生动植物、旅游景观、保障农牧业生产和减轻自然灾害等12个方面估测了黑龙江森工林区的森林生态效益价值。日本林野厅对日本森林涵养水源、防止水土流失、防止山石塌方、保健疗养、保护野生动物以及保护大气环境免受污染等公益性功能进行过评估，功能价值约75万亿日元，相当于1998年度日本的国家预算总额。其中，森林防止水土流失功能的价值最大，日本的森林每年可防止水土流失51.61亿立方米，折算成经济效益大约为28万亿日元。从这些研究中不难看出，不同学者所采用的指标体系和方法各有不同，评价结果的全面性和准确性也有待进一步提高。本次评估根据中国森林生态系统定位研究网络中心所采取的研究方法与评价指标体系，在结合河南省森林实际情况的基础上，对森林生态效益价值评估指标体系进行了归纳。

1.水源涵养

水源涵养功能主要是指森林生态系统对大气降水的调节作用，根据其监测和评估的特点，共划分为2个指标，即调节水量指标和净化水质指标。

森林涵养水源价值核算方法较多，根据目前国内外的研究方法和成果，主要有土壤蓄水估算法、水量平衡法、地下径流增长法、多因子回归法、采伐损失法、降水储存法等。非毛管孔隙度蓄水量法反映的是土壤蓄水的最大潜力，而且每一次降水不能保证非毛管孔隙都能全部蓄满，降雨强度大还可能造成超渗产流，一年蓄满几次不好确定，难以反映森林土壤调节水量的真实情况，因此不适合本研究。侯元兆（1995）通过对中国土壤蓄水能力、森林的水源涵养量和森林区域的径流量三种结果的对比得出，水量平衡法的计算结果能够比较准确地反映森林的现实年水源涵养量。因此，本研究采用水量平衡法来计算各森林类型每年涵养水源量。

1）调节水量指标

从水量平衡角度，森林调节水量的总量为降水量与森林蒸发散（蒸腾和蒸发）及其他消耗的差值，即$Y=A(P-E-C)$，式中：Y为森林拦蓄水量；A为森林拦蓄降水面积；P为降水量；E为蒸散量；C为地表径流量，由于林区快速地表径流（即超渗径流）总量很小，可忽略不计。目前，国内外相关研究大多采用此种方法（周冰冰，2000；张颖，2004，等）。

由于森林调节水量与水库蓄水的本质相同，因此根据水库工程的蓄水成本（影子工程法）来确定，以此计算森林生态系统调节水量的价值。公式为：

$$U_{调}=10C_{库}A(P-E-C) \tag{1}$$

式中：

$U_{调}$为森林调节水量价值，单位：元/年；

$C_{库}$为水库建设单位库容投资（占地拆迁补偿、工程造价、维护费用等），单位：元/立方米；

P为林外降水量，单位：毫米/年；

E为林分蒸散量，单位：毫米/年；

A为林分面积，单位：公顷。

C为快速地表径流量，单位：毫米/年。

2）净化水质指标

大气降水经过森林的过滤和吸附后，水质得到净化，更适合人或生物饮用，所以净化水质是森林涵养水源功能的一个主要指标。公式为：

$$U_{水质}=10K_{水质}A\ (P-E-C) \tag{2}$$

式中：

$U_{水质}$为森林净化水质价值，单位：元/年；

$K_{水质}$为水的净化费用，单位：元/吨；

P为林外降水量，单位：毫米/年；

E为林分蒸散量，单位：毫米/年；

A为林分面积，单位：公顷；

C为快速地表径流量，单位：毫米/年。

2.保育土壤

森林保育土壤功能可划分为固土和保肥2个指标。

1）固土指标

因为森林的保土效益是从地表土壤侵蚀程度表现出来的，所以可以通过无林地土壤侵蚀深度和有林地土壤侵蚀深度之差来估算森林的保土量，然后转化为土地面积或其他适当土方工程，再根据相应土地或工程的造价，来计算森林的保持土壤价值。日本在1972年、1978年和1991年评价森林防止土壤泥沙侵蚀效能时，也采取了这种有林地与无林地的侵蚀对比方法（周冰冰，2000）。

本研究采用林地土壤侵蚀模数与无林地土壤侵蚀模数的差值乘以单位土方挖取和运输费用计算固土价值。公式为：

$$U_{固土}=AC_{土}\ (X_2-X_1)\ /\rho \tag{3}$$

式中：

$U_{固土}$为年固土价值，单位：元/年；

X_1为林地土壤侵蚀模数，单位：吨/(公顷·年)；

X_2为无林地土壤侵蚀模数，单位：吨/(公顷·年)；

A为林分面积，单位：公顷；

ρ为土壤平均容重，单位：吨/米^3；

$C_土$为挖取和运输单位体积土方所需费用，单位：元/米^3。

2）保肥指标

同有林地对照，无林地每年随土壤侵蚀不仅会带走大量表土以及表土中的大量营养物质，如氮、磷、钾等，而且也会带走下层土壤中的部分可溶解物质。表土和下层土壤中的营养物质的损失，会引起土壤肥力下降，可以折算成相应的化肥量，根据化肥价格计算森林的保肥价值。

（1）年保肥量。林分年保肥量可用折合为磷酸二铵吨数的方法计算。公式为：

$$G_{磷酸二铵} = (X_2 - X_1)\ N/R_1 \tag{4}$$

式中：

$G_{磷酸二铵}$为折合为磷酸二铵的吨数，单位：吨/(公顷·年)；

X_1为林地土壤侵蚀模数，单位：吨/(公顷·年)；

X_2为无林地土壤侵蚀模数，单位：吨/(公顷·年)；

N为土壤平均含氮量；

R_1为磷酸二铵含氮量。

（2）年保肥价值。本研究中林分年保肥价值采用侵蚀土壤中的氮、磷、钾物质折合成磷酸二铵和氯化钾的价值来体现。公式为：

$$U_{肥} = A(X_2 - X_1)(NC_1/R_1 + PC_1/R_2 + KC_2/R_3 + MC_3) \tag{5}$$

式中：

$U_{肥}$为年保肥价值，单位：元/年；

X_1为林地土壤侵蚀模数，单位：吨/(公顷·年)；

X_2为无林地土壤侵蚀模数，单位：吨/(公顷·年)；

A为林分面积，单位：公顷；

N为林地土壤含氮量；

P为林地土壤含磷量；

K为林地土壤含钾量；

M为林地土壤有机质含量；

R_1为磷酸二铵含氮量；

R_2为磷酸二铵含磷量；

R_3为氯化钾含钾量；

C_1为磷酸二铵价格，单位：元/吨；

C_2为氯化钾价格，单位：元/吨；

C_3为有机质价格，单位：元/吨。

3.固碳制氧

森林的固碳制氧主要是指森林固碳、制氧的功能，因此可划分为2个指标。

目前，国内外固碳制氧的评价方法有：①用温室效应损失法，评价森林的固碳价值；②用造林成本法，评价森林的固碳和制氧价值；③用碳税法，评价森林的固碳价

值；④用工业制氧，评价森林的供氧价值（周冰冰，2000）。

1）固碳指标

碳占有机体干重的49%，是重要的生命物质。除海洋以外，森林对全球碳循环的影响最大。森林生态系统中，树木和土壤是两个重要碳库，为此分别计算。

目前，国内外关于森林固定二氧化碳的量的计算方法有3种。①根据光合作用和呼吸作用方程式计算。例如，日本在1972年、1978年和1991年计算森林固定二氧化碳的效能时，根据光合作用和呼吸作用的方程式可以得出森林每生产1克干物质需要1.6克二氧化碳。②试验测定森林每年固定二氧化碳的量。例如，英国林业委员会1990年计算林地固定二氧化碳的价值时，测定了全国6类主要森林树木年固定二氧化碳的量，得出高地树种*Stik Spruce*，*Scots Pine*和*Birch*年固定二氧化碳的量分别为6.2、5.1、3.7吨/（公顷·年），低地树种*Scots Pine*，*Corsican Pine*，*Oak*和*Popular*等固定二氧化碳的量分别为6.2、9.9、5.53、14.7吨/（公顷·年）。③根据数学模型来求森林年固定二氧化碳的量。

本次评估采用上述的第一种方法，首先根据光合作用和呼吸作用方程式确定森林每生产1吨干物质固定吸收二氧化碳的量，再根据森林各气候带针、阔叶树种年净生产力计算出森林每年固定二氧化碳的总量。

根据光合作用化学反应式，森林植被每积累1克干物质，可以固定1.63克二氧化碳，释放1.19克氧气。在二氧化碳中碳比例为27.29%。林分土壤固碳量即是土壤固碳速率，由森林生态站直接测定获得。

目前欧美发达国家正在实施温室气体排放税收制度，对二氧化碳的排放征税，碳税法已是国内外通用方法，如在《中国生物多样性国情研究报告》中使用了碳税价格。为了与国际接轨，本研究也采用碳税法进行评估。

因此，本次研究森林植被和土壤固碳价值为：

$$U_{碳}=AC_{碳}\ (0.444\ 8B_{年}+F_{土壤碳}) \tag{6}$$

式中：

$U_{碳}$为森林固碳总价值，单位：元/年；

$B_{年}$为林分净生产力，单位：米³/（公顷·年）；

$C_{碳}$为碳税的价格，单位：元/吨；

$F_{土壤碳}$为单位面积林分土壤年固碳量，单位：吨/(公顷·年)；

A为林分面积，单位：公顷；

0.444 8为1.63与27.29%的乘积。

2）制氧指标

根据光合作用化学反应式，森林植被每积累1克干物质，可以固定1.63克二氧化碳，释放1.19克氧气。森林提供氧气的价格可根据造林成本、氧气的商品价格和人工生产氧气的成本等方法来计算。因此，森林生态系统制氧的价值为：

$$U_{氧}=1.19C_{氧}AB_{年} \tag{7}$$

式中：

$U_{氧}$为林分年制氧价值，单位：元/年；

$B_{年}$为年净生产力，单位：米^3/(公顷·年)；

$C_{氧}$为制造氧气的价格，单位：元/吨；

A为林分面积，单位：公顷。

4.营养物质积累

营养物质积累功能选择林木营养积累1个指标。

森林中林木每年从土壤或空气中吸收大量营养物质，如氮、磷、钾等。本研究把营养物质折合成磷酸二铵和氯化钾计算其总价值，采用以下公式计算：

$$U_{营养}=AB\left(N_{营养}C_1/R_1+P_{营养}C_1/R_2+K_{营养}C_2/R_3\right) \tag{8}$$

式中：

$U_{营养}$为林分氮、磷、钾年增加价值，单位：元/年；

$N_{营养}$为林木含氮量，单位：%；

$P_{营养}$为林木含磷量，单位：%；

$K_{营养}$为林木含钾量，单位：%；

R_1为磷酸二铵含氮量，单位：%；

R_2为磷酸二铵含磷量，单位：%；

R_3为氯化钾含钾量，单位：%；

C_1为磷酸二铵价格，单位：元/吨；

C_2为氯化钾价格，单位：元/吨；

B为林分净生产力，单位：吨/(公顷·年)；

A为林分面积，单位：公顷。

5.净化大气环境

考虑到指标测度的可操作性，本次评估主要采用提供负离子、吸收污染物、降低噪音和滞尘4个方面指标进行评估。

1）提供负离子指标

国内外研究（石强，2002；张清杉，2006）证明，当空气中负离子达到每立方厘米600个以上时，才能有益于人体健康，所以本评估中林分年提供负离子价值采用如下公式计算：

$$U_{负离子}=52.56\times10^{14}\times AHK_{负离子}\left(Q_{负离子}-600\right)/L \tag{9}$$

式中：

$U_{负离子}$为林分年提供负离子价值，单位：元/年；

$K_{负离子}$为负离子生产费用，单位：元/(公顷·个)；

$Q_{负离子}$为林分负离子浓度，单位：个/厘米^3；

A为林分面积，单位：公顷；

L为负离子存留时间，单位：分钟。

负离子价格根据台州科利达电子有限公司生产的适用范围30平方米（房间高3米）、功率6瓦、负离子浓度100万每立方厘米、使用寿命为10年、价格65元每个的KLD-2000型负离子发生器而推断获得，负离子寿命为10分钟，电费为0.4元每千瓦时。计算得出生产负离子费用为5.82元/10^{18}个。

2）吸收污染物指标

二氧化硫、氟化物、氮氧化物、重金属是大气污染物中的主要物质，因此本研究选取森林二氧化硫、氟化物、氮氧化物、重金属4个指标评估森林吸收污染物的作用。

（1）吸收二氧化硫。森林对二氧化硫的吸收，可使用面积—吸收能力法、阈值法、叶干质量估算法（周冰冰，2000）。国家环保总局南京环境科学研究所编写组在《中国生物多样性国情研究报告》中，采用二氧化硫的平均治理费用评价我国森林净化二氧化硫的价值。

本次评估采用测定不同树种对二氧化硫的年吸收量，乘以二氧化硫治理价格即可得到森林年吸收二氧化硫的价值。公式为：

$$U_{二氧化硫}=K_{二氧化硫}Q_{二氧化硫}A \tag{10}$$

式中：

$U_{二氧化硫}$为林分年吸收二氧化硫的价值，单位：元/年；

$K_{二氧化硫}$为二氧化硫的治理费用，单位：元/公斤；

$Q_{二氧化硫}$为单位面积森林二氧化硫的吸收量，单位：公斤/(公顷·年)；

A为林分面积，单位：公顷。

（2）吸收氟化物。林分年吸收氟化物价值的公式为：

$$U_{氟}=K_{氟化物}Q_{氟化物}A \tag{11}$$

式中：

$U_{氟}$为森林年吸收氟化物的价值，单位：元/年；

$Q_{氟化物}$为单位面积森林对氟化物的年吸收量，单位：公斤/(公顷·年)；

$K_{氟化物}$为氟化物治理费用，单位：元/公斤；

A为林分面积，单位：公顷。

需要说明的是，树木吸收氟能力=（污染区最高含量值-对照区最低含量值）×干叶重。应该注意到，在植物可以忍受的限度内，污染浓度越大，则叶片吸氟量越大。所以，已有的测定值可能未达到最大值。

（3）吸收氮氧化物。氮氧化物是空气污染的主要物质之一，森林对其吸收分解后，直接用于林木组织生长，因此森林年吸收氮氧化物的总价值采用以下公式计算：

林分年吸收氮氧化物价值的公式为：

$$U_{氮氧化物}=K_{氮氧化物}Q_{氮氧化物}A \tag{12}$$

式中：

$U_{氮氧化物}$为森林年吸收氮氧化物价值，单位：元/年；

$K_{氮氧化物}$为氮氧化物治理费用，单位：元/公斤；

$Q_{氮氧化物}$为单位面积森林对氮氧化物的年吸收量，单位：公斤/(公顷·年)；

A为林分面积，单位：公顷。

3）滞尘指标

森林植被年阻滞降尘价值的公式如下：

$$U_{滞尘}=K_{滞尘}Q_{滞尘}A \tag{13}$$

式中：

$U_{滞尘}$为森林年滞尘价值，单位：元/年；

$K_{滞尘}$为降尘清理费用，单位：元/公斤；

$Q_{滞尘}$为单位面积森林年滞尘量，单位：公斤/(公顷·年)；

A为林分面积，单位：公顷。

6.森林防护

森林防护功能是指农田防护林保护农田免受风沙、干旱、盐碱、霜冻等自然灾害引起的增产效益；水土保持林控制水土流失、涵养水源、改良土壤，减少各种危害的效益；防风固沙林改善沙地生态环境，控制流沙移动，保护农田、牧场、村庄和道路免受沙压，并使粮食、牧草增产的效益；牧场防护林保护牧场免受风沙、干旱等自然灾害，促进牧草粮料生长的效益。由于水土保持林的涵养水源、固土、保肥等效益已计算，所以这里只计算农田防护林、防风固沙林和牧场防护林的效益。森林防护总价值计算公式为：

$$U_{防护}=AQ_{防护}C_{防护} \tag{14}$$

式中：

$U_{防护}$为森林防护价值，单位：元/年；

$Q_{防护}$为由于农田防护林、防风固沙林、牧场防护林等森林的存在而增加的单位面积农作物、牧草等的年产量，单位：公斤/(公顷·年)；

$C_{防护}$为农作物、牧草等的价格，单位：元/公斤；

A为林分面积，单位：公顷。

7.生物多样性保护

生物多样性是指生物及其环境所形成的生态复合体及与此相关的各种生态过程的总和。它包括所有不同种类的动物、植物、微生物及其所拥有的基因和生物与生存环境所组成的生态系统。它是人类社会生存和可持续发展的基础。它通常分为三个不同的层次：生态系统多样性、物种多样性和遗传（基因）多样性。森林生态系统为生物物种提供生存与繁衍的场所，从而对其起到保育作用的功能。这里采用物种保育1个指标来反映森林保护生物多样性的功能。其总价值计算公式为：

$$U_{生物}=S_{生}A \tag{15}$$

式中：

$U_{生物}$为林分年物种保育价值，单位：元/年；

$S_{生}$为单位面积年物种损失的机会成本，单位：元/(公顷·年)；

A为林分面积，单位：公顷。

由于我国纬度跨度大，南北的气温差异明显，形成了不同的森林植被类型，给生物提供了生存和发展的场所与空间。而且从北到南，生物多样性越来越丰富。因此，这里采用生物多样性指数来计算森林生态系统的保护生物多样性功能。

从目前研究结果来看，物种资源最丰富的巴西亚马孙热带雨林，其Shannon-Weiner指数为6.21；海南尖峰岭热带原始林为5.78~6.28，霸王岭沟谷雨林为5.82（李意德，2002）。据国内外研究结果，物种资源最丰富的热带雨林每公顷的生物多样性价值为5.9万元（张颖，2004）左右。薛达元（2000）采用支付意愿方法对长白山生物多样性的价值进行过评估，得出长白山自然保护区生物多样性存在价值、遗传价值和选择价值总和为49.65亿元，平均每公顷生物多样性价值为23 642.86元。因此，本次评估把全国的Shannon-Weiner指数划分为7个等级，每个级别给予一定赋值。划分方法为：

当指数≤1时，$S_{生}$为3 000元/(公顷·年)；

当1≤指数<2时，$S_{生}$为5 000元/(公顷·年)；

当2≤指数<3时，$S_{生}$为10 000元/(公顷·年)；

当3≤指数<4时，$S_{生}$为20 000元/(公顷·年)；

当4≤指数<5时，$S_{生}$为30 000元/(公顷·年)；

当5≤指数<6时，$S_{生}$为40 000元/(公顷·年)；

当指数≥6时，$S_{生}$为50 000元/(公顷·年)。

8.森林游憩

森林游憩是指森林生态系统为人类提供休闲和娱乐场所而产生的价值，包括直接价值和间接价值。本次评估采用森林游憩1个指标来表示。

国外森林游憩的评价已有40多年的历史，其中有代表性的评价方法可分为6类：①政策性评估。它是森林主管单位根据经验对所辖区内的森林作出最佳判断而赋予的价值，其典型的方法有美国的阿特奎逊法和前西德的普罗丹法。②生产性评估。从生产者的角度来说，森林游憩的价值至少为开发，经营和管理游憩区所耗费的成本，其典型方法有直接成本法和平均成本法。③消费性评估。从消费者的角度看，森林游憩的价值至少应该等于游客游憩时的花费，其典型方法有游憩费用法。④替代性评估。它以“其他经营活动”的收益作为森林游憩的价值，其典型方法有机会成本法和市场价值法。⑤间接性评估。它是根据游客支出的费用资料求出游憩商品的消费者剩余，并以消费者剩余作为森林游憩的价值，其典型方法有旅行费用法（TCM）。⑥直接性方法。直接询问游客或公众对“游憩商品”自愿支付（WTP）价格，其典型方法有条件价值法（CVM）(孟永庆，1994)。

本次评估中，森林游憩价值采用评估期内林业系统管辖的自然保护区、森林公园全年旅游门票收入，根据游览在整个旅游中所占的比重，按此比例估算森林游憩价值。

$$U_{游憩}=F/P \tag{16}$$

式中：

$U_{游憩}$为森林游憩价值，单位：元/年；

F为自然保护区、森林公园门票直接收入，单位：元/年；

P为游览在整个旅游中所占的比重，%。

9.节能减排

森林节能减排主要指村镇树木对气候的调节作用减少的居民取暖费和降温费用支出，以及由此而节约能源所减少的发电厂排放CO_2和SO_2的价值。本次评估采用节约能源、减少CO_2排放、减少SO_2排放3个指标来表示。

$$U_{节能减排}=U_1+U_2+U_3 \tag{17}$$

$$U_1=mQY \quad U_2=mT_1C_{碳} \quad U_3=mT_2K_{二氧化硫}$$

式中：

$U_{节能减排}$为森林节能减排价值，单位：元/年；

U_1为节约能源价值，单位：元/年；

U_2为减少CO_2排放价值，单位：元/年；

U_3为减少SO_2排放价值，单位：元/年；

m为村镇林木株数，单位：株；

Q为平均每株林木减少的能耗，单位：千瓦时/年；

Y为河南省电价，单位：元/千瓦时；

T_1为平均每株林木节约能源减少的发电厂排碳量，单位：吨/年；

$C_{碳}$为碳税的价格，单位：元/吨；

T_2为平均一株林木节约能源减少的发电厂SO_2排放量，单位：公斤/年；

$K_{二氧化硫}$为二氧化硫的治理费用，单位：元/公斤。

（二）湿地生态效益价值评估指标体系

1.生物多样性保护

河南省湿地水域辽阔，维管植物计79科176属626种；鸟类共有121种，约占全省鸟类总数的40%，其中被列为国家重点保护的鸟类有36种；湿地两栖类动物有18种，其中大鲵和虎纹蛙为国家二级保护动物。同时，湿地也为其他野生动物提供了生命所必需的饮水场所。湿地内光热适度、水草丰美、诱饵充足，既有利于鱼类的洄游与繁殖，又有利于各种水生植物的栽培与生长。其总价值计算公式为：

$$U_{生物}=S_{生}A \tag{18}$$

式中：

$U_{生物}$为湿地生物多样性保护价值，单位：元/年；

$S_{生}$为单位面积年物种损失的机会成本，单位：元/(公顷·年)；

A为湿地面积，单位：公顷。

2.景观游憩

湿地休闲娱乐价值指湿地生态系统为人类提供观赏、娱乐、旅游场所的功能价值。一般而言，旅行费用越高，来该地游玩的人越少，旅行费用越低，来该地游玩的人越

多。也就是说，旅行费用成了旅游地生态服务功能的替代物。

湿地是颇具魅力的自然景观之一，河南省湿地主要包括三门峡黄河游览区、丹江水库风景区、豫北黄河故道湿地鸟类自然保护区、卢氏西峡大鲵自然保护区等。这些地区景色优美，气候宜人，鸟类、鱼类、各种野生动植物种类繁多，是人们进行自然观光、旅游、娱乐的好地方，每年都吸引了数以万计的游客，不仅为当地群众提供了较多的就业机会和经济收入，也促进了河南旅游业的发展。其总价值计算公式为：

$$U_{游憩}=Q_{客流量}MA \tag{19}$$

式中：

$U_{游憩}$为湿地生态旅游价值，单位：元/年；

$Q_{客流量}$为单位面积湿地年游客量，单位：人次/公顷；

M为游客每人次产生的旅游平均收入，单位：元/人次；

A为湿地面积，单位：公顷。

3.净化水质

湿地具有很强的自净能力，可以去除多种排入水体的污染物。其总价值计算公式为：

$$U_{水质}=W_{水}A \tag{20}$$

式中：

$U_{水质}$为湿地净化水质价值，单位：元/年；

$W_{水}$为单位面积湿地降解污染的费用，单位：元/(公顷·年)；

A为湿地面积，单位：公顷。

4.蓄水调洪

湿地生态系统具有强大的蓄水和补水功能。由于湿地调节水量与水库蓄水的本质类似，采用水库工程的蓄水成本来确定湿地蓄水调洪的经济价值比较合理。因此，本次评估根据水库工程的蓄水成本（替代工程法）来确定，从而计算出湿地生态系统每年调蓄水量的价值。其总价值计算公式为：

$$U_{调}=C_{库}\ (C_1-C_2) \tag{21}$$

式中：

$U_{调}$为湿地蓄水调洪价值，单位：元/年；

$C_{库}$为水库建设单位库容投资，单位：元/米^3；

C_1为河南省湿地平均蓄水量最大值，单位：米^3/年；

C_2为河南省湿地平均蓄水量最小值，单位：米^3/年。

5.固碳释氧

湿地对于大气调节的正效应是通过植物的光合作用固定大气中的CO_2，向大气释放O_2。根据光合作用方程式，生态系统每生产1克植物干物质能固定1.63克CO_2，释放1.19克O_2。其总价值计算公式分别如下。

1）固碳

目前欧美发达国家正在实施温室气体排放税收制度，对CO_2的排放征税，碳税法已是国内外通用方法，如在《中国生物多样性国情研究报告》中使用了碳税价格。为了与国际接轨，本次研究也采用碳税法进行评估。因此，本次研究湿地固碳价值为：

$$U_{碳}=0.444\ 8B_{年}C_{碳}A \tag{22}$$

式中：

$U_{碳}$为湿地年固碳总价值，单位：元/年；

$B_{年}$为芦苇每年新增干物质，单位：吨/(公顷·年)；

$C_{碳}$为碳税的价格，单位：元/吨；

A为湿地中芦苇面积，单位：公顷；

0.444 8为1.63与27.29%的乘积。

2）制氧

湿地提供氧气的价格可根据造林成本、氧气的商品价格和人工生产氧气的成本等方法来计算。因此，湿地生态系统制氧的价值为：

$$U_{氧}=1.19C_{氧}AB_{年} \tag{23}$$

式中：

$U_{氧}$为湿地年制氧价值，单位：元/年；

$B_{年}$为芦苇每年新增干物质，单位：吨/(公顷·年)；

$C_{氧}$为制造氧气的价格，单位：元/吨；

A为湿地中芦苇面积，单位：公顷。

四、河南林业生态资源现状

（一）森林资源

河南省处于我国东部季风区的中部，大致以伏牛山主脊与淮河干流连线为界，界南属北亚热带湿润区，界北属暖温带半湿润区。全省年平均气温稳定在14℃左右，分属于北亚热带范围内的信阳和南阳地区，年平均气温在15℃左右；分属于暖温带范围内的大部分地区，年平均气温在13~14.5℃；豫西山地和豫北太行山地，因地势较高，年平均气温在12.1~12.7℃。全省年平均降水量在600~1 200毫米，淮河以南降水最多达1 000~1 200毫米，黄淮之间为700~900毫米，豫北和豫西丘陵为600~700毫米。全省年平均相对湿度为65%~77%。

河南省主要植被类型以落叶栎林占优势，境内各山区都能不同程度地见到栓皮栎（*Quercus variabilis*）林、麻栎（*Q.acutissima*）林、槲栎（*Q.aliena*）林等，它们不仅相互混交，而且与其他落叶或常绿树种混交成林，有时还与油松（*Pinus tabulaeformis*）、马尾松（*P.massoniana*）、杉木（*Cunninghamia lanceolata*）、黄山松（*P.armandii*）等组成混交林。

全省有陆栖脊椎动物410种以上，其中兽类近60种，鸟类约300种，鸟类中的60%~

70%、兽类中的50%以上均为森林动物。两栖动物有20种左右，爬行动物有30多种，多半分布在林地、林缘、山溪和潭水。国家级重点保护野生动物共85种，隶属于4纲18目27科；省级重点保护野生动物共37种，隶属于5纲16目23科。根据不完全统计，全省维管束植物有3 800余种，分属于199科1 107属。其中蕨类植物29种73属255种；裸子植物10科25属75种；被子植物160科1 009属3 500种。全省共有珍稀濒危植物43种，隶属于28科39属。

河南省地域广阔，南北气候交错，形成南北区域兼容并存的森林植被。分布着暖温带落叶阔叶林和北亚热带落叶与常绿阔叶混交林。截止到2006年年底，全省有林地面积289.24万公顷，疏林9.65万公顷，灌木林59.83万公顷，四旁树木折算林地51.33万公顷，散生木折算林地5.89万公顷。河南省主要森林类型面积如图1–1所示。

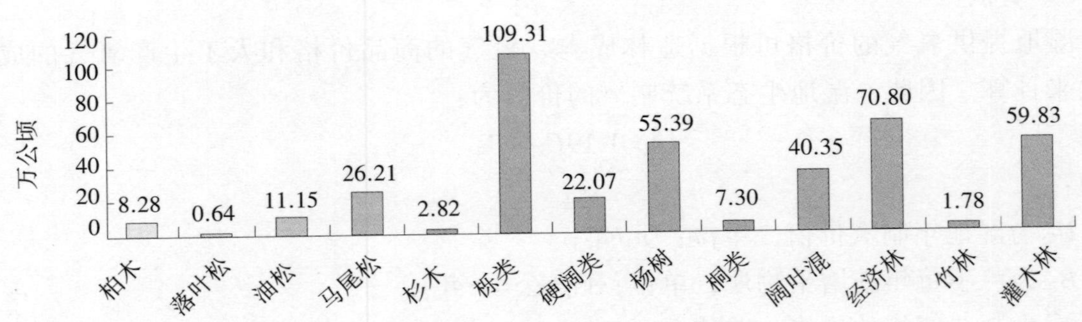

图1–1 2006年河南省主要森林类型面积图

（二）湿地资源

河南省河流水库众多，自1982年建立西峡大鲵省级自然保护区以来，全省范围内已建立国家、省级湿地保护区14个，总面积665 197公顷，其中芦苇面积为106 432公顷。河南省的湿地主要有黄河流域湿地，包括豫北黄河故道沼泽河流湿地区、豫境黄河滩地和背河洼地沼泽湿地区；淮河流域湿地，如淮滨淮南湿地；水库和湖泊湿地，如淅川丹江口库区湿地、汝南宿鸭湖湿地等。豫北黄河故道沼泽河流湿地环境良好，河床洼地常年积水，水生生物生长旺盛，边缘地带有大面积的沼泽，外围为灌木丛生的起伏沙荒地。人烟稀少，是候鸟迁徙、停留和越冬的理想栖息地和旅鸟迁徙的必经之地。黄河滩地和背河洼地沼泽湿地植物茂盛，水质较好，气候适宜，是许多珍稀水禽的重要栖息地，每年都有大批的冬候鸟来此越冬。淮南湿地水资源量大，光热条件优越，物种资源丰富，有各种植物428种、兽类9种、鸟类59种、两栖爬行类4种、昆虫类700余种、鱼类114种，有国家重点保护动物10种、国家重点保护植物2种。宿鸭湖湿地是我国迄今为止最大的平原人工湖泊，由于地处北亚热带向暖温带过渡地带，长年水温平均15℃左右，水中氧、磷、铁含量丰富，是多种鸟类及其他野生动物栖息、繁衍、迁徙的理想之地。

五、河南林业生态效益价值

根据森林和湿地生态系统在CO_2的固定、O_2的释放、重要污染物质降解，以及在涵养水源、保护土壤中的生态功能作用，运用市场价值法、替代市场法、防护费用法、恢复费用法等方法评估其经济价值。

(一) 森林生态效益价值

1.涵养水源

由于森林调节水量与水库蓄水的本质类似，采用水库工程的蓄水成本来确定森林涵养水源的经济价值比较合理。因此，这里根据水库工程的蓄水成本（替代工程法）来确定，水库库容造价$C_{库}$采用水库蓄洪工程投资费用来代替，水库工程单位库容造价为6.110 7元/米^3，根据公式（1）的计算，得到河南省森林生态系统调节水量为88.76亿米^3/年，调节水量价值为542.40亿元/年。

森林生态系统净化水质单位费用采用网格法得到的全国城市居民用水平均价格为2.09元/吨，根据公式（2），从而计算出森林生态系统每年净化水质的价值为185.51亿元。

综合森林调节水量及其净化水质两项价值，得到2006年河南省森林生态系统涵养水源价值为727.91亿元(见表1–2)。

表1–2 2006年河南省森林生态效益–涵养水源功能综合评价

森林植被	林分面积 A（公顷）	调节水量		净化水质		价值合计（元/年）
		功能（吨/年）	价值（元/年）	功能(吨/年)	价值（元/年）	
柏木	82 800	298 041 966	1 821 245 039	298 041 966	622 907 708	2 444 152 747
落叶松	6 412	23 080 255	141 036 512	23 080 255	48 237 732	189 274 244
油松	111 534	401 471 166	2 453 269 857	401 471 166	839 074 738	3 292 344 595
马尾松	262 080	1 129 818 703	6 903 983 149	1 129 818 703	2 361 321 089	9 265 304 238
杉木	28 158	81 044 514	495 238 714	81 044 514	169 383 035	664 621 749
栎类	1 093 132	1 809 995 610	11 060 340 177	1 809 995 610	3 782 890 826	14 843 231 003
硬阔叶类	220 700	824 606 528	5 038 923 113	824 606 528	1 723 427 644	6 762 350 757
杨树	553 900	917 141 360	5 604 375 706	917 141 360	1 916 825 441	7 521 201 147
桐类	73 022	120 909 002	738 838 640	120 909 002	252 699 815	991 538 455
阔叶混交林	403 522	769 821 736	4 704 149 680	769 821 736	1 608 927 428	6 313 077 108
经济林	708 000	1 738 059 799	10 620 762 011	1 738 059 799	3 632 544 979	14 253 306 990
竹林	17 800	44 850 276	274 066 584	44 850 276	93 737 078	367 803 662
灌木林	598 300	717 410 338	4 383 879 352	717 410 338	1 499 387 606	5 883 266 958
合计	4 159 360	8 876 251 253	54 240 108 534	8 876 251 253	18 551 365 119	72 791 473 653

2.保育土壤

1）森林年固土价值

本研究采用无林地土壤侵蚀模数与森林林地土壤侵蚀模数的差值乘以修建水库的

成本来计算森林固土价值，根据公式（3），得到2006年河南省森林生态系统减少土壤侵蚀量1.47亿吨，水库工程库容造价采用6.110 7元/米^3，得到河南省森林生态系统2006年森林固土价值为6.71亿元。

2）森林年保肥价值

本研究森林保肥价值采用侵蚀土壤中的主要营养元素氮、磷、钾和有机质量折合成磷酸二铵、氯化钾和有机质的价值来体现。经计算，磷酸二铵中含氮量14.0%，含磷量15.01%；氯化钾中含钾量为50.0%。本研究，化肥价格根据最近权威部门公布的全国市场行情确定：根据农业部《中国农业信息网》（http：//www.agri.gov.cn/）公布的化肥行情，磷酸二铵平均价格为2 400元/吨；氯化钾平均价格为2 200元/吨；草炭土春季价格为200元/吨，草炭土中含有机质62.5%，折合为有机质价格为320元/吨。根据公式（5），得到河南省森林生态系统保肥的价值为93.21亿元/年。

综合森林生态系统固土与保肥两项价值，得到河南省森林生态系统2006年保育土壤价值为100.01亿元（见表1-3）。

表1-3　2006年河南省森林生态效益-保育土壤功能综合评价

森林植被	林分面积 *A*（公顷）	森林固土效益		森林保肥功能		价值（元/年）
		功能（吨/年）	价值（元/年）	功能（吨/年）	价值（元/年）	
柏木	82 800	13 553 066	151 537	184 255 005	197 808 070	197 959 607
落叶松	6 412	1 049 544	11 735	14 268 636	15 318 181	15 329 916
油松	111 534	18 036 847	201 670	245 212 362	263 249 209	263 450 879
马尾松	262 080	44 008 047	369 411	552 066 059	596 074 107	596 443 518
杉木	28 158	4 727 601	70 587	69 194 936	73 922 537	73 993 124
栎类	1 093 132	178 928 621	2 448 692	2 575 938 657	2 754 867 278	2 757 315 970
硬阔叶类	220 700	36 125 140	494 383	520 074 119	556 199 259	55 669 364
杨树	553 900	90 664 772	1 013 772	1 232 594 772	1 323 259 544	1 324 273 266
桐类	73 022	11 952 560	133 641	162 496 002	174 448 562	174 582 203
阔叶混交林	403 522	66 050 244	836 097	929 187 023	995 237 267	996 073 364
经济林	708 000	114 819 092	1 393 234	1 595 996 563	1 710 815 665	1 712 208 889
竹林	17 800	2 913 582	32 577	39 610 375	42 523 957	42 556 534
灌木林	598 300	88 306 177	987 350	1 200 529 483	1 288 835 660	1 289 823 010
合计	4 159 360	671 135 293	8 144 636	9 321 423 992	9 992 559 286	1 000 703 922

3.固碳制氧

1）森林年固碳价值

根据公式（6）得到河南省森林生态系统年固碳量为0.165 3亿吨。为了与国际接轨，本研究采用碳税法进行评估，碳税率应用环境经济学家们常使用瑞典的碳税率150美元/吨（折合人民币为1 200元/吨）。为此，河南省森林生态系统2006年固碳价值为

198.41亿元。

2）森林年制氧价值

根据公式（7）得到河南省森林生态系统制氧量为0.376 8亿吨。制造氧气价格可根据造林成本、氧气的商品价格和人工生产氧气的成本等方法来计算。本研究认为采用国家权威部门公布的氧气商品价格比较适合，因为价值量的评估是经济的范畴，是市场化、货币化的体现，这样才能体现其经济价值的一面。本研究森林制造氧气的价格采用氧气的商品价格，根据中华人民共和国卫生部网站（http：//www.moh.gov.cn）中的数据，氧气平均价格为1 000元/吨。为此，河南省森林生态系统2006年制氧价值为376.76亿元。

综合以上两项指标，2006年河南森林生态系统固碳制氧价值为575.17亿元（见表1–4）。

表1–4　2006年河南省森林生态效益–固碳制氧功能综合评价

森林植被	林分面积 A（公顷）	固碳能力		释放氧气		价值合计（元/年）
		功能（吨/年）	价值（元/年）	功能（吨/年）	价值（元/年）	
柏木	82 800	196 128	235 354 032	394 128	394 128 000	629 482 032
落叶松	6 412	33 156	39 787 281	78 592	78 591 884	118 379 165
油松	111 534	641 229	769 474 851	1 539 615	1 539 615 336	2 309 090 187
马尾松	262 080	1 280 593	1 536 711 741	3 012 714	3 012 714 432	4 549 426 173
杉木	28 158	83 105	99 726 220	177 928	177 927 586	277 653 806
栎类	1 093 132	4 947 494	5 936 992 283	11 512 320	11 512 319 658	17 449 311 941
硬阔叶类	220 700	644 500	773 399 540	1 376 197	1 376 196 920	2 149 596 460
杨树	553 900	4 115 767	4 938 920 692	10 137 589	10 137 588 580	15 076 509 272
桐类	73 022	598 458	718 149 171	1 485 925	1 485 924 678	2 204 073 849
阔叶混交林	403 522	1 153 258	1 383 909 367	2 448 975	2 448 975 018	3 832 884 385
经济林	708 000	1 425 105	1 710 125 856	2 696 064	2 696 064 000	4 406 189 856
竹林	17 800	96 952	116 341 854	231 307	231 307 440	347 649 294
灌木林	598 300	1 318 727	1 582 472 867	2 584 477	2 584 476 510	4 166 949 377
合计	4 159 360	16 534 472	19 841 365 755	37 675 831	37 675 830 042	57 517 195 797

4.营养物质积累

林木每年从土壤或空气中吸收的大量营养物质（氮、磷、钾）折合成磷酸二铵和氯化钾计算，磷酸二铵中含氮量为14.0%，含磷量为15.01%；氯化钾中含钾量为50.0%。根据公式（8）得到河南省森林生态系统年增加氮量为864.54万吨；年增加磷量为951.73万吨；年增加钾量为815.36万吨。为此，2006年河南省森林林木每年积累营养物

质的总价值19.93亿元（见表1-5）。

表1-5　2006年河南省森林生态效益-营养物质积累功能综合评价

森林植被	林分面积 A (公顷)	森林年总增加氮量		森林年总增加磷量		森林年总增加钾量		价值合计 (元/年)
		功能(吨/年)	价值(元/年)	功能(吨/年)	价值(元/年)	功能(吨/年)	价值(元/年)	
柏木	82 800	83 893	14 381 650	8 711	1 392 761	86 244	3 794 757	19 569 168
落叶松	6 412	16 729	2 867 802	1 737	277 726	17 198	756 701	3 902 229
油松	111 534	632 795	108 479 116	93 089	14 884 238	358 510	15 774 459	139 137 813
马尾松	262 080	962 043	164 921 702	126 585	20 240 049	546 846	24 061 208	209 222 959
杉木	28 158	37 873	6 492 541	3 932	628 757	38 935	1 713 129	8 834 427
栎类	1 093 132	2 450 479	420 082 195	254 432	40 681 989	2 519 166	110 843 322	571 607 506
硬阔叶类	220 700	292 933	50 217 145	30 415	4 863 175	301 144	13 250 348	68 330 668
杨树	553 900	2 157 858	369 918 538	224 049	35 823 994	2 218 343	97 607 088	503 349 620
桐类	73 022	316 290	54 221 088	32 840	5 250 929	325 155	14 306 832	73 778 549
阔叶混交林	403 522	521 282	89 362 599	54 124	8 654 136	535 893	23 579 308	121 596 043
经济林	708 000	573 876	98 378 825	59 585	9 527 293	589 962	25 958 339	133 864 457
竹林	17 800	49 235	8 440 361	5 112	817 389	50 616	2 227 082	11 484 832
灌木林	598 300	550 124	94 307 020	57 119	9 132 968	565 544	24 883 948	128 323 936
合计	4 159 360	8 645 410	1 482 070 582	951 730	152 175 404	8 153 556	358 756 521	1 993 002 509

5.净化大气环境

对森林净化大气环境价值量的计量价格参数，不同研究参照数值各有不同，本研究认为，价格参数应该采用权威机构或部门公布的制造成本、治理费用、清理费用等数据，这样才有一个市场化、价值化的衡量标准。

1）提供负离子

国内外研究证明，当空气中负离子达到每立方厘米600个以上时才有益于人体健康。根据公式（9），得到河南省森林生态系统年提供负氧离子26 271.9亿个。根据中国浙江省台州科利达电子有限公司生产的适用范围30平方米（房间高3米）、功率6瓦、负离子浓度100万个每立方厘米、使用寿命10年、价格65元/个的KLD-2000型负氧离子发生器而推断，最后得到每生产10^{18}个负离子的成本为5.818 5元。为此，得到2006年河南森林生态系统提供负氧离子的价值为0.829 5亿元。

2）吸收污染物指标

（1）吸收二氧化硫。通过测定和计算不同树种对SO_2的年吸收量，乘以SO_2治理价格即可得到森林每年吸收SO_2的总价值。根据公式（10）得到森林生态系统吸收SO_2量为4.14公斤/年，SO_2排污费收费标准采用国家发展与改革委员会等四部委2003年第31号令《排污费征收标准及计算方法》中北京市高硫煤SO_2排污费收费标准，为1.20元/公斤。为此，得到2006年河南森林生态系统吸收SO_2的价值为4.97亿元。

(2) 吸收氟化物。氟在空气中以氟化物形式存在，通过测定和计算不同树种对氟化物的年吸收量，乘以治理价格即可得到森林年吸收氟化物的总价值，根据公式（11）得到森林生态系统年吸收氟化物量为0.123 8公斤。本研究中氟化物治理费用采用国家发展与改革委员会等四部委2003年第31号令《排污费征收标准及计算方法》中氟化物排污费收费标准，为0.69元/公斤。为此，得到2006年河南森林生态系统吸收氟化物的价值为0.085 4亿元。

(3) 吸收氮氧化物。通过测定和计算不同树种对氮氧化物的年吸收量，乘以治理价格即可得到森林每年吸收氮氧化物的总价值。根据公式（12），得到森林生态系统吸收氮氧化物0.209 8公斤/年。氮氧化物治理费用采用国家发展与改革委员会等四部委2003年第31号令《排污费征收标准及计算方法》中氮氧化物排污费收费标准，为0.63元/公斤。为此，得到2006年河南森林生态系统吸收氮氧化物的价值为0.13亿元。

3) 滞尘

通过测定和计算不同树种对氮氧化物的年吸收量，乘以治理价格即可得到森林每年吸收氮氧化物的总价值。根据公式（13），得到森林生态系统滞尘量为539.08公斤/年。降尘清理费用采用国家发展与改革委员会等四部委2003年第31号令《排污费征收标准及计算方法》中一般性粉尘排污费收费标准，为0.15元/公斤。为此，得到2006年河南森林生态系统滞尘的价值为80.86亿元。

综合上述5项价值，得到2006年河南省森林生态系统净化大气环境的价值为86.88亿元（见表1-6）。

6.生物多样性保护

采用本研究提出的方法用森林保育物种指标来反映森林保护生物多样性价值量，即计算研究区域不同森林生态系统的物种丰富度指数（Shannon-Wiener指数），每个级别给予一定赋值后，再乘以林分面积，即可得到2006年河南省森林生态系统保护生物多样性总价值。2006年河南省森林生态系统保护生物多样性的总价值为511.94亿元（见表1-7）。

7.森林防护

以森林植被保护下粮食作物平均增产10%、油料平均增产6.5%、棉花平均增产10.0%、瓜菜类平均增产10%计算，根据2006年河南省的农作物产量和同期农作物市场参考价格，在森林植被保护下全省可增产粮食505.5万吨，价值70.8亿元；增产油料31.2万吨，价值12.48亿元；增产棉花8.3万吨，价值4.98亿元；增产瓜菜类716.67万吨，价值57.333 6亿元。累计增产农作物1 261.67万吨，价值145.27亿元。

8.森林游憩

森林游憩功能是森林的主要功能之一。为了体现由于森林游憩产生的效益或直接价值，国内相关研究采用了林业系统管辖的自然保护区和森林公园全年旅游收入计算。本研究认为，此方法可能低估了森林游憩功能，为此采用当年林业系统管辖的自然保护区和森林公园全年旅游收入除以游览在整个旅游中所占的比重来估算森林游憩价值。

表1-6　河南省森林生态效益-净化环境功能综合评价

森林植被	林业面积A（公顷）	吸收二氧化硫		吸收氟化物		吸收氮氧化物		滞尘		负离子		价值合计(元/年)
		功能(公斤/年)	价值(元/年)	功能(公斤/年)	价值(元/年)	功能(公斤/年)	价值(元/年)	功能(公斤/年)	价值(元/年)	10^8个	价值(元/年)	
柏木	82 800	17 851 680	21 422 016	41 400	28 566	496 800	312 984	2 748 960 000	412 344 000	48 009 605 386	1 167 771	435 275 337
落叶松	6 412	1 382 427	1 658 913	3 206	2 212	38 472	24 237	212 878 400	31 931 760	6 962 769 949	218 433	33 835 555
油松	111 534	24 046 730	28 856 076	55 767	38 479	669 204	421 599	3 702 928 800	555 439 320	95 953 752 903	2 928 678	587 684 152
马尾松	262 080	56 504 448	67 805 338	131 040	90 418	1 572 480	990 662	8 701 056 000	1 305 158 400	272 460 366 055	8 888 353	1 382 933 171
杉木	28 158	6 070 865	7 285 038	14 079	9 215	168 948	106 437	934 845 600	140 226 840	18 401 579 430	490 984	148 119 014
栎类	1 093 132	96 906 152	116 287 382	5 083 064	3 507 314	6 558 792	4 132 039	11 051 564 520	1 657 734 678	1 107 532 227 485	37 744 403	1 819 405 816
硬阔叶类	220 700	19 565 055	23 478 066	1 026 255	708 116	1 324 200	834 246	2231 277 000	334 691 550	180 747 756 918	5 365 118	365 077 096
杨树	553 900	49 103 235	58 923 882	2 575 635	1 777 188	3 323 400	2 093 742	5 599 929 000	839 989 350	371 755 074 053	7 785 159	910 569 321
桐类	73 022	6 473 400	7 768 080	339 552	234 291	438 132	276 023	738 252 420	110 737 863	36 889 166 151	803 150	119 819 407
阔叶混交林	403 522	35 772 225	42 926 670	1 876 377	1 294 700	2 421 132	1 525 313	4 079 607 420	611 941 113	387 421 625 538	14 508 446	672 196 242
经济林	708 000	53 850 480	64 620 576	913 320	630 191	212 4000	1 338 120	7 665 516 000	1 149 827 400	19 861 299 524	363 741	1 216 780 028
竹林	17 800	1 353 868	1 624 642	22 962	15 844	53 400	33 642	192 720 600	28 908 090	33 084 291 596	1 533 593	32 115 811
灌木林	598 300	45 506 698	54 608 038	299 150	206 414	1 794 900	1 130 787	6 048 813 000	907 321 950	48 113 371 440	1 152 726	964 419 915
合计	4 159 360	414 387 263	497 264 717	12 381 807	8 543 448	20 983 860	13 219 831	53 908 348 760	8086252314	2 627 192 886 428	82 950 555	8 688 230 865

表1-7 河南省森林生态效益-生物多样性保护功能综合评价

森林植被	林分面积A（公顷）	功能（SW指数）	价值（元/年）
柏木	82 800	1.87	828 000 000
落叶松	6 412	1.87	64 120 000
油松	111 534	2.93	2 230 680 000
马尾松	262 080	2.93	5 241 600 000
杉木	28 158	1.87	281 580 000
栎类	1 093 132	1.87	10 931 320 000
硬阔叶类	220 700	3.4	6 621 000 000
杨树	553 900	1.87	5 539 000 000
桐类	73 022	1.87	730 220 000
阔叶混交林	403 522	3.4	12 105 660 000
经济林	708 000	0.871	3 540 000 000
竹林	17 800	0.871	89 000 000
灌木林	598 300	0.66	2 991 500 000
合计	4 159 360		51 193 680 000

根据鲁绍伟（2005）对此方面的研究，可知游览在整个旅游中所占的比重为4.3%。2006年河南省森林公园及其自然保护区的门票收入为3.7亿元。因此，2006年河南省森林生态系统提供森林游憩的价值为86.05亿元。

9.节能减排

1）节约能源

美国城市拥有的1亿株树木每年可以减少能耗300亿千瓦时，结合河南省实际情况，用于夏季降温的能耗每株树木为75千瓦时，全省城镇林木有18 347万株，根据公式（17）得到河南省城镇林木节能137.60亿千瓦时/年。河南省2006年电价为0.33元/千瓦时。从而得到2006年河南省城镇林木节约能源的价值为45.41亿元。

2）减少CO_2排放

美国城市拥有的1亿株树木每年可以减少能耗300亿千瓦时，每年可减少发电厂排放的CO_2约9×10^6吨。全省城镇林木有18 347万株，结合河南省每株城镇林木实际节能消耗，每年可减少发电厂排放的碳为112.58万吨。碳税率应用环境经济学家们常使用瑞典的碳税率150美元/吨（折合人民币为1 200元/吨）。为此，2006年河南省城镇林木减少碳排放功能价值为13.51亿元。

3）减少SO_2排放

燃烧1吨标准煤排放2.44吨CO_2和0.064吨SO_2。根据上述林木减少CO_2排放标准、河南省城镇林木减少的C排放量，推算出2006年河南省城镇林木减少的SO_2排放量为10.83万吨。SO_2排污费收费标准采用国家发展与改革委员会等四部委2003年第31号令《排污费征收标准及计算方法》中北京市高硫煤SO_2排污费收费标准，为1.20元/公斤。因此，

2006年河南全省村镇林木减少SO_2排放的功能价值为1.30亿元。

综合上述三项结果，得到2006年河南省村镇林木节能减排的价值60.22亿元/年。

(二) 湿地生态效益价值

1.生物多样性保护

生物多样性价值按Costanza等人对地球湿地生物多样性价值的估计标准，湿地提供避难所这一公益价值为304美元/公顷（折合人民币2 432元/公顷）。目前，河南湿地可供生物栖息的湿地面积665 197公顷。为此，2006年河南省湿地生态系统提供的生物多样性保护价值为16.18亿元。

2.景观游憩

根据李建国（2003）等人对华北湿地的研究，单位面积湿地年游客量为14人次/公顷，游客每人次产生的旅游平均收入为470元。根据公式（19），推算出2006年河南省湿地生态旅游景观游憩的价值为43.77亿元。

3.环境净化

湿地具有很强的自净能力，可以去除多种排入水体的污染物。湿地的降解污染功能采用Costanza的研究成果（崔丽娟，2004），即湿地生态系统的降解污染功能的单位面积价值为4 177美元/(公顷·年)。则有：降解污染功能的价值=4 177美元/(公顷·年) × 665 197公顷×8=222.28亿元/年。为此，2006年河南省湿地生态系统净化环境的价值为222.28亿元/年。

4.蓄水调洪

湿地生态系统具有强大的蓄水和补水功能。根据全省湿地蓄水量的最大值和最小值之差得出全省湿地的蓄水量为86.48亿立方米。由于湿地调节水量与水库蓄水的本质类似，采用水库工程的蓄水成本来确定森林涵养水源的经济价值比较合理。因此，根据水库工程的蓄水成本（替代工程法）来确定，从而计算出森林生态系统每年调节水量的价值。水库工程单位库容造价选取6.110 7元/米^3，计算出2006年河南省湿地调蓄洪水的价值为528.45亿元。

5.固碳制氧

湿地对于大气调节的正效应是通过植物的光合作用固定大气中的CO_2，向大气释放O_2。根据光合作用方程式，生态系统每生产1克植物干物质，能固定1.63克CO_2，释放1.20克O_2。芦苇地上的生物量平均2.59公斤/米^3（干重）（段晓男，王效科，欧阳志云，2004），河南省芦苇面积为106 432公顷，每年新增干物质275.66×10^{4}吨。所以，固定的CO_2为122.54×10^{4}吨/年，释放的O_2为330.79×10^{4}吨/年。固碳价格采用瑞典的碳税率150美元（折合人民币为1 200元/吨），制造氧气价格采用采用中华人民共和国卫生部网站（http://www.moh.gov.cn）中的数据，氧气平均价格1 000元/吨。为此，2006年河南省湿地生态系统固碳价值为14.70亿元，制氧价值为33.08亿元。二者合计为47.78亿元。

综上所述，2006年湿地生态系统生态效益价值为843.76亿元/年。

六、河南林业生态效益分析

（一）森林生态效益价值分析

1.森林生态效益价值构成分析

从表1-8、表1-9及其图1-2不难看出，2006年河南省森林生态效益为2 313.62亿元。其中，水源涵养效益最大为727.91亿元，所占比例为31.47%；其次为固碳制氧价值，为575.15亿元，所占比例为24.87%；林木营养物质积累价值最小，为19.93亿元，所占比例为0.86%。各项生态效益价值排序为：涵养水源>固碳制氧>生物多样性保护>农田防护>保育土壤>净化环境>森林游憩>节能减排>营养物质积累。

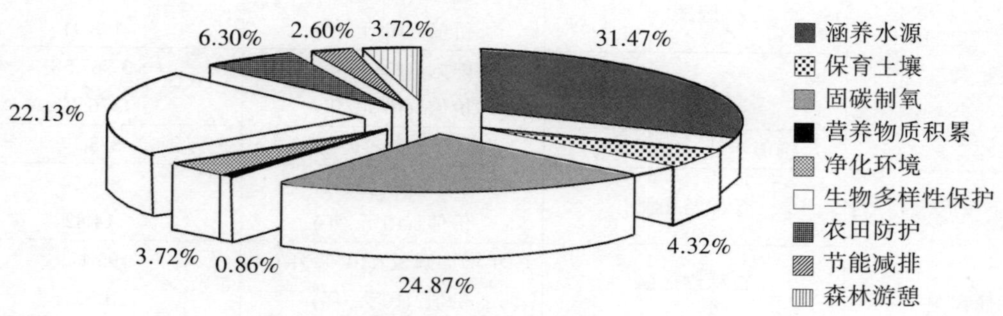

图1-2　2006年河南省森林生态效益构成

2.不同植被类型生态效益价值构成分析

从不同植被类型水源涵养、保育土壤、固碳制氧、营养物质积累、净化环境、生物多样性保护所提供的生态效益来看，栎类提供的生态效益最大，为483.32亿元；其次是杨树，提供的生态效益为308.66亿元；落叶松提供的生态效益价值最小，为4.25亿元。2006年河南省不同植被类型在水源涵养、保育土壤、固碳制氧、营养物质积累、净化环境、生物多样性保护等方面所提供的生态效益价值排序为：栎类>杨树>经济林>阔叶混>马尾松>硬阔类>灌木>油松>柏木>桐类>杉木>竹林>落叶松（见图1-3）。

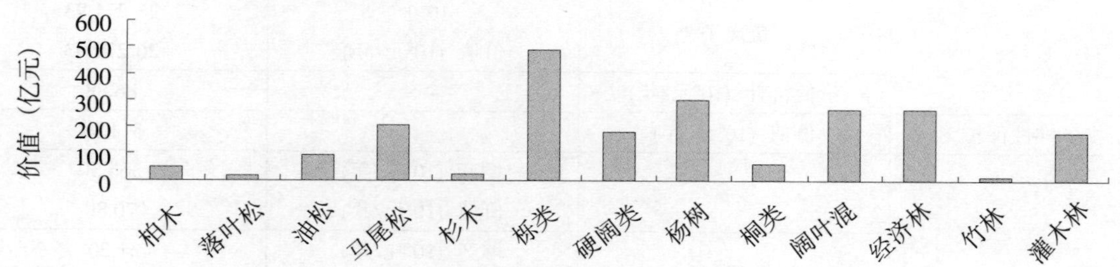

图1-3　不同植被类型的生态价值构成

3.不同植被类型单位面积生态效益价值分析

从不同植被类型水源涵养、保育土壤、固碳制氧、营养物质积累、净化环境、生物多样性保护单位面积所提供的生态效益来看，马尾松提供的生态效益最大，为8.10万元/公顷；其次是油松，提供的生态效益为7.90万元/公顷；灌木提供的生态效益价值最小，

表1-8　2006年河南省森林生态效益质量与价值量

涵养水源	调节水量	功能（10^8米^3/年）	88.76
		价值（10^8元/年）	542.40
	净化水质	价值（10^8元/年）	185.51
	价值合计（10^8元/年）		727.91
保育土壤	森林固土效益	功能（10^8米^3/年）	6.71
		价值（10^8元/年）	0.08
	肥力损失减少	功能（10^8吨/年）	93.21
		价值（10^8元/年）	99.92
	价值合计（10^8元/年）		100.01
固碳制氧	固碳	能力（10^4吨/年）	1 653.45
		价值（10^8元/年）	198.41
	释放氧气	能力（10^4吨/年）	3 767.58
		价值（10^8元/年）	376.76
	价值合计（10^8元/年）		575.17
营养物质积累	森林增加氮	年增加氮量（10^4吨/年）	864.54
		价值（10^8元/年）	14.82
	森林增加磷	年增加磷量（10^4吨/年）	95.17
		价值（10^8元/年）	1.52
	森林增加钾	年增加钾量（10^4吨/年）	815.36
		价值（10^8元/年）	3.59
	价值合计（10^8元/年）		19.93
净化环境	吸收二氧化硫	功能（10^8公斤/年）	4.14
		价值（10^8元/年）	4.97
	吸收氟化物	功能（10^4公斤/年）	1 238.18
		价值（10^8元/年）	0.09
	吸收氮氧化物	功能（10^4公斤/年）	2 098.39
		价值（10^8元/年）	0.13
	滞尘	功能（10^8公斤/年）	539.08
		价值（10^8元/年）	80.86
	负离子	10^8个	26 271.93
		价值（10^8元/年）	26 271.93
	价值合计（10^8元/年）		86.88
生物多样性保护	价值（10^8元/年）		511.94
农田防护	粮食	增产（10^4吨/年）	505.50
		价值（10^8元/年）	70.80
	油料	增产（10^4吨/年）	31.20
		价值（10^8元/年）	12.48
	棉花	增产（10^4吨/年）	8.30
		价值（10^8元/年）	4.98
	瓜菜	增产（10^4吨/年）	716.67
		价值（10^8元/年）	57.33
	价值合计（10^8元/年）		145.59

续表1-8

节能减排	节能	10^8千瓦时/年	137.60
		价值(10^8元/年)	45.41
	减排碳	年减排量（10^4吨/年）	112.58
		价值(10^8元/年)	13.51
	减排SO_2	年减排量（10^4吨/年）	10.83
		价值(10^8元/年)	1.30
	价值合计(10^8元/年)		60.22
森林游憩	价值(10^8元/年)		86.05
	总价值(10^8元/年)		2 313.62

表1-9　2006年河南省森林生态效益类型构成

项目	涵养水源	保育土壤	固碳制氧	营养物质积累	净化环境	生物多样性保护	农田防护	节能减排	森林游憩	合计
价值（亿元）	727.91	99.92	575.17	19.93	86.88	511.94	145.59	60.22	86.05	2 313.62

为2.58万元/公顷。2006年河南省不同植被类型在水源涵养、保育土壤、固碳制氧、营养物质积累、净化环境、生物多样性保护等方面所提供的生态效益价值排序为：马尾松>油松>硬阔类>落叶松>阔叶混>桐类>杨树>柏木>杉木>竹林>栎类>经济林>灌木林（见图1-4）。

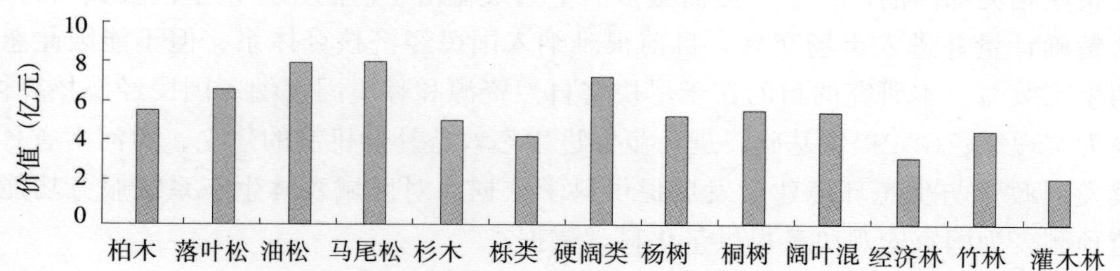

图1-4 不同植被类型单位面积生态效益

（二）湿地生态效益价值分析

从表1-10及图1-5可知，2006年河南省湿地生态系统提供的生态效益为858.46亿元。其中蓄水调洪提供的价值最大，为528.45亿元，占61.56%；生物多样性价值最小，为16.18亿元，占1.88%。各项效益的价值量排序为：蓄水调洪>环境净化>固碳制氧>生态旅游>生物多样性保护。

表1-10　河南省湿地生态效益　　（单位：亿元/年）

生物多样性保护	生态旅游	环境净化	蓄水调洪	固碳制氧	合计
16.18	43.77	222.28	528.45	47.78	858.46

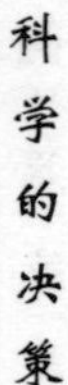

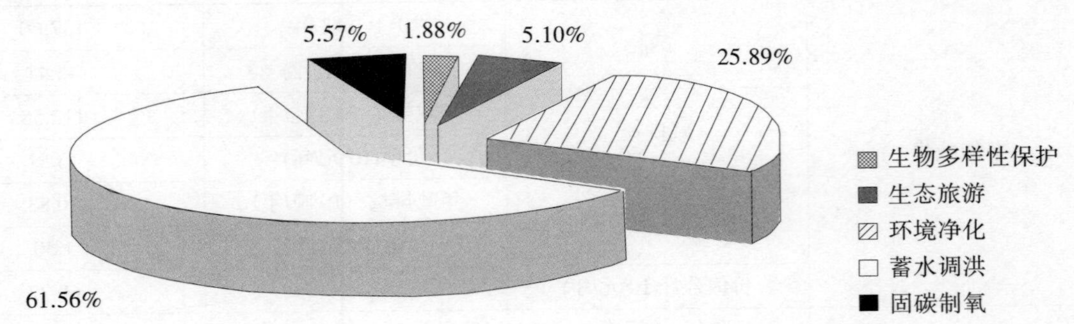

图1–5　河南省湿地生态效益类型构成

（三）河南林业生态效益综合分析

根据以上分析，2006年河南省森林生态效益价值为2 313.62亿元，湿地生态效益为858.46亿元，因此2006年河南省林业生态效益总价值为3 172.08亿元。

应当指出的是，森林、湿地的生态效益是广泛的，由于受科学技术水平、计量方法和监测手段的限制，目前尚无法对森林及其湿地的每项效益都一一计量，其价值体现仍然是不完全的，评价也必然是部分的，但这一数值依然清楚地说明了河南省林业生态系统在维系和促进当地社会经济持续发展与环境保护中的巨大作用。

由于林业生态效益的外部性，森林生态服务价值部分作为相关部门的中间投入，已反映在相关部门的产出中，然而更多的生态效益由于监测、计量手段及其人为因素，无法精确计量并进入市场交易，目前很难纳入国民经济核算体系，但不能因此忽视森林的生态效益。本研究的目的在于尽快将自然资源和环境因素纳入国民经济核算体系，最终为实现绿色GDP提供基础，进一步促进生态效益补偿机制的建立，为河南省林业可持续发展政策与生态环境建设发展提供科学依据。对区域森林生态系统服务功能及其价值预测，为国家宏观决策提供量化科学依据。

参考文献

[1] 河南省林业调查规划院.2003年河南省森林资源清查结果分析报告，2005.

[2] 刘琴.充分发挥林业在应对气候变化和节能减排中的独特作用［N］.北京:中国绿色时报，2007-09-04.

[3] 欧阳志云，王效科，苗鸿.中国陆地生态系统服务功能及其生态经济价值的初步研究［J］.生态学报，1999，19（5）:607-613.

[4] 樊巍，李芳东，孟平.河南平原复合农林业研究［M］.郑州:黄河水利出版社，2000.

[5] 魏克循.河南土壤［M］.郑州:河南科学技术出版社，1979.

[6] 中国水利部.中国水利年鉴［M］.北京:中国水利出版社，1992.

[7] 李有观.1棵树30年获利400美元［N］.北京:中国绿色时报，2005-02-02.

[8] 薛建辉，李苏萍.城市森林效益与可持续性研究展望［J］.南京林业大学学报（人文社会科学版），

2002，2 (1) :31-35.

[9] 河南省综合农业区划编写组.河南省综合农业区划.1980，3.

[10] 崔丽娟.扎龙湿地价值货币化评价 [J] .自然资源学报，2002，17 (4) :451-456

[11] 李建国，李贵宝，王殿武，等.白洋淀湿地生态系统服务功能与价值估算的研究 [J] .南水北调与水利科技，2005，3 (3) :18-21.

[12] Costanza R，et al. The value of the word' s ecosystem services and natural capital [J] . Nature， 1997 (387) : 253-260.

[13] 吕宪国.生态服务功能研究 [M] .北京:气象出版社，2002.

[14] 张敬增.河南平原绿化理论与技术 [M] .郑州:黄河水利出版社，2002.

[15] 贺庆棠.森林环境学 [M] .北京：高等教育出版社，1999.

[16] 黄世典.森林物种生态自然力开发与运用 [M] .北京:科学技术文献出版社，1996.

[17] 周晓峰.中国森林与生态环境 [M] .北京:中国林业出版社，1995.

[18] 侯元兆.中国森林资源核算研究 [M] .北京:中国林业出版社，1995.

[19] 孟宪民.湿地与全球环境变化 [J] .地理科学，1999，19 (5) :385-391.

[20] Allan Crowe. millennium Wetland Event Program with Abstracts [C] .Quebec，Canada. Elizabeth Mackay，2000.

[21] 王宗典.中国南荻和芦苇科技论文集 [C] .北京:中国农业科技出版社，1994.

[22] 赵魁义.中国湿地多样性研究与持续利用 [A] //陈宜瑜.中国湿地研究 [C] .长春:吉林科学出版社，1995.

[23] 中国绿色时报评论员. 加强沿海防护林体系建设意义重大 [N] .中国绿色时报，2005-05-20.

[24] 庄大昌，丁登山，董明辉. 洞庭湖湿地资源退化的生态经济损益评估 [J] .地理科学，2003，23 (6) : 680-685.

[25] 崔保山，杨志峰. 吉林省典型湿地资源效益评价研究 [J] .资源科学，2001，23 (3) :55-61.

[26] 许晓峰，李富强，孟斌. 资源资产化管理与可持续发展 [M] .北京:社会科学文献出版社，1999.

[27] 刘红玉，吕宪国，刘振乾，等.辽河三角洲湿地资源与区域持续发展 [J] .地理科学，2000，20 (6) : 545-551.

[28] 欧阳志云，王如松，赵景柱.生态系统服务功能及其生态经济价值评价 [J] .应用生态学报，1999，10 (5) :635-640.

[29] 刘康，陈一鹤.农田防护林效益及其对农作物产量的影响 [J] .水土保持通报，1993，13 (5) :39-43.

[30] 欧阳志云，王如松.生态系统服务功能、生态价值与可持续发展 [J] .世界科技研究与发展，2003，22 (5) :45-50.

[31] Daily Ged.Nature′s Services: Societal Dependence on Natural Ecosystems [M] . Island Press， Washington D. C. 1997.

[32] Ehrlich P R，Ehrlich A H，Holdren J P. Ecoscience: population， resources， environment [M]，Freeman and Col. San Francisco，1977.

[33] Pimentel D，Harvey C，Resosudarmo P，et al. Environmental and economic costs of soil erosion and conservation benefits [J] . Science，1995 (267) :1117-1123.

[34] 张建国，余建辉.生态林业的效益观−林业综合效益初步 [J] .林业经济问题，1991 (3) :12-28.

[35] Pearce D. Auditing the Earth. Environment， 1998， 40 (2) : 23-28.

[36] http://news.sina.com.cn/c/2007-10-08/031312684483s.shtml.

[37] 梁建辉，田园.7天，河南进账349亿 [N] .大河报，2007-10-08.

[38] 鲁绍伟，毛富玲，靳芳，等.中国森林生态系统水源涵养功能 [J] .水土保持研究，2005，12 (4) : 223-226.

[39] 廖为明.森林综合效益计量评价方法浅析 [J] .江西林业科技，1993 (1) :13-17.

[40] 吴钢，肖寒，赵景柱，等.长白山森林生态系统服务功能 [J] .中国科学 (C辑)，2001，31 (5) :471-450.

[41] 郎奎建，李长胜，殷有，等.林业生态工程10种森林生态效益计量理论和方法 [J] .东北林业大学学报，2000，28 (1) :1-7.

[42] 姜东涛.森林生态效益估测与评价方法的研究 [J] .华东森林经理，2000，14 (4) :14-19.

[43] 薛建辉.森林的功能及其综合效益 [J] .世界林业研究，1992 (2) :1-6.

[44] Guoyi Zhou，Shuguang Liu，Zhian Li，et al. Old-Growth Forests Can Accumulate Carbon in Soils [J] . Science， 2006（314）：1417.

[45] 王礼先，解明曙.山地防护林水土保持生态效益及其信息系统 [M] .北京:中国林业出版社，1997.

[46] 郭玉文，孙翠玲，单卫东.关于森林生态功能评价的探讨 [J] .环境与开发，1997，12 (1) :13-16.

[47] 刘延春，生态·效益林业理论及其在吉林省的应用研究 [D] .哈尔滨：东北林业大学，2005.

[48] 国家统计局.中国统计年鉴 [M] .北京:中国统计出版社，1992.

[49] 赵延茂，宋朝枢.黄河三角洲自然保护区科学考察集 [M] .北京:中国林业出版社，1995.

[50] Robert Costanza.1997.The value of the wodd’s ecosystem services and natural capital [J] .Nature.387 (15)：253-260.

[51] 邢铁牛.河南湿地资源利用与保护对策研究 [J] .河南林业科技，2006，26（3）：29-30，34.

[52] 崔丽娟.鄱阳湖湿地生态系统服务功能价值评估研究 [J] .生态学杂志，2004，23 (4) :47-51.

[53] 李少宁.江西省暨大岗山森林生态系统服务功能研究 [D] .北京:中国林业科学研究院，2007.

[54] 段晓男，王效科，欧阳志云，等.乌梁素海野生芦苇生物量及相关因子分析 [J] .植物生态学报，2004，28 (2) :246-251.

[55] 王兵.中国森林生态系统服务功能报告白皮书 [M] .北京：国家林业局科技司，2007.

[56] 靳芳，余新晓，鲁绍伟.中国森林生态系统服务功能及其评价 [M] .北京：中国林业出版社，2007.

[57] 王兵，陈步峰，杨锋伟，等.森林生态系统定位研究站建设技术要求 [M] .北京：中国标准出版社，2005.

[58] 中华人民共和国农业部《中国农业信息网》(http：//www.agri.gov.cn/）.

[59] 中华人民共和国卫生部网站（http：//www.moh.gov.cn）.

[60] 白顺江，谷建才，毛富玲.雾灵山森林生物多样性及生态服务功能价值仿真研究 [M] .北京：中国农业出版社，2006.

[61] 钟林生，吴楚材，肖笃宁.森林旅游资源评价中的空气负离子研究 [M] .生态学杂志，1998，17（6）：56-60.

[62] 侯学煜.中国植被地理及优势植物化学成分 [M] .北京：科学出版社.1982.

[63] 鲁绍伟.中国森林生态系统服务功能的动态分析与仿真预测 [D] .北京：北京林业大学，2006.

[64] 周冰冰，李忠魁，侯兆元，等.北京市森林资源价值 [M] .北京：中国林业出版社，2000.

[65] 余新晓，鲁绍伟，靳芳，等.中国森林生态系统服务功能价值评估 [J] .生态学报，2005，25（8）：2100-2106.

附

“河南省林业生态效益价值评估”专家评审意见

2007年11月7日，河南省人民政府在郑州组织召开了“河南省林业生态效益价值评估”项目评审会。来自中国科学院、国家林业局、中国林业科学研究院、北京林业大学、中南林业科技大学、河南省林业调查规划院、河南农业大学的专家组成的评审委员会，听取了项目组汇报，经过认真讨论，形成以下评审意见：

1.该项目从涵养水源、固碳释氧、保护生物多样性、防风固沙等9个方面，从蓄水调洪、净化水质等5个方面，分别阐明了森林和湿地发挥生态服务功能的机制，并提出了比较系统和完整的森林和湿地生态效益价值评估指标体系。

2.项目计算出了河南省2006年林业生态效益总价值为3 172.08亿元，其中森林生态效益价值为2313.62亿元，湿地生态效益价值为858.46亿元，符合河南省的实际情况。

3.该项目对一个省级区域的林业生态效益价值作出了比较全面的评估，拓展了林业生态效益评价对象的范围，研究具有创新性；对研究方法进行了筛选，在计算上分地区和类型进行评价，具有科学性。

该项目研究目标明确，符合河南省林业生态建设实际和全面协调可持续发展的要求，技术路线正确，评估方法规范科学，数据翔实可靠。

评审委员会一致同意该项目通过评审，并建议将这一成果尽快应用到河南林业生态省建设中。

评审委员会主任（签章）：

副主任（签章）：

2007年11月7日

《河南省林业生态效益价值评估》评审会专家

姓　名	所在单位、职务、职称	评审会职务	专家签名
李文华	中国科学院地理科学与资源研究所研究员、中国生态学会名誉理事长、中国工程院院长	主任委员	
李怒云	国家林业局造林司副司长、国家林业局碳汇办公室副主任、教授级高级工程师	副主任委员	
孟平	中国林业科学研究院林业研究所所长、研究员	副主任委员	
余新晓	北京林业大学水保学院院长、教授	委员	
田大伦	中南林业科技大学教授、全国人大代表	委员	
张伟民	北京林业大学校长助理、研究员	委员	
李芳东	国家林业局泡桐研究中心副主任、研究员	委员	
赵体顺	河南省林业调查规划院教授级高级工程师、省政府参事	委员	
杨喜田	河南农业大学资源与环境学院院长、教授	委员	

第二章　河南林业在我省农业生产和粮食安全中的地位和作用

我国是一个农业大国，农业和粮食安全是整个国民经济稳定和发展的基础。加快发展现代农业，确保国家粮食安全，扎实推进社会主义新农村建设，是新时期党中央、国务院对“三农”工作的根本要求。河南省地处中原，有着得天独厚的农业生产条件，是我国重要的优质农产品生产基地。2005年全省粮食总产量、小麦产量和油料总产量均居全国第一位，对全国粮食安全起着举足轻重的作用。但是，必须清醒地看到，我省主要农区土壤退化加剧，自然灾害频繁，生物多样性萎缩，非点源污染严重，农田生态系统抗逆功能脆弱，极大地影响了粮食生产和食品安全，影响着农业现代化和社会主义新农村的建设进程。究其原因，农业基础生态工程建设欠账太多、农田防护林体系破坏严重、结构失调、功能单一是一个重要因素。正如回良玉副总理曾经指出的，“当前我国农业生产力低下，农民收入增长缓慢，一个很重要的原因就是农业生态脆弱，自然灾害频繁。生态建设是农业和农村经济可持续发展的重要保障。山青才能水秀，林茂才能粮丰”。农业生态系统是陆地生态系统的重要组成部分，森林是陆地生态系统的主体，林业与农业的关系最为密切，林业对农业生产和粮食安全具有直接性、根本性、源头性的不可替代的作用。

一、保持和提高土地生产力

由于我国土地资源紧张，耕地得不到休养生息，加上坡耕地水土流失、土地沙化和耕地污染等种种原因，导致地力下降，土地退化，这是影响当前农业发展的一个重要问题。据河南省第二次土壤普查资料，河南省能够高产、稳产的第一、第二类土地资源仅占20.07%，而第三类的中产田占49.87%，第四、第五类的低产田占30.06%。河南作为粮食总产量第一的产粮大省，2005年平均单产仅居全国第十三位。而森林对保持和提高土地生产能力，特别是边际土地的生产能力具有独特而持久的作用。

一是保持水土，防止坡耕地水土流失。河南省坡耕地约占耕地总面积的1/4，水土流失十分严重。据测算，全省每年土壤流失量12 000万吨，折算流失氮、磷、钾肥100万吨。以森林植被为主的生物措施是有效治理水土流失的根本措施。根据河南省林业科学研究院在太行山区、豫西黄土丘陵区等天然林保护工程区、退耕还林工程区的多年观测试验，坡地农田防护、梯田地埂造林，可削减径流28.6%~88.7%，减少径流泥沙

量21.4%~76.3%。济源市东沟村小流域经过退耕还林、综合治理，林草覆被率由28%增加到了54%，蓄水达到61.2%，拦沙保土效率达82.8%，年侵蚀模数由治理前的684吨/公顷下降到328吨/公顷，坡耕地产量提高23.4%。

二是减少风蚀、提高土壤肥力，防止土地退化。据河南省林科院在豫东平原多年观测，农田防护林可降低全年大风日数6~8天，风力强度减小30%~40%，土壤风蚀减少20.8%~40.5%，加上对农田良好的水肥效应，可使耕层土壤有机质增加0.3%~0.5%，全氮量增加0.028 5%~0.049 7%，小于0.01毫米的物理性颗粒增加9.8%，从一定程度上提高了土壤肥力，对防止土壤退化起到了显著作用。

三是抑制土壤的返盐，改良盐碱地。在生长季节，树木强大的蒸腾作用使其具有强烈的生物排水作用，对控制地下水位和水盐运动有明显作用，可以有效地抑制土壤返盐；农田防护林带可以有效地抑制土壤蒸发，抑制春季土壤积盐；片林可以改良、加速土体脱盐。河南省沿黄背河洼地，豫东、豫北大面积的盐碱地，正是由于近些年来采用水、田、林、路综合治理，才变成了今日的高产农田。

二、调节气候，改善水资源状况，减轻自然灾害对农业生产的威胁

自然灾害频发是影响当前农业生产的主要因素，在水、旱、风沙、雹、霜等自然灾害中，旱灾和水灾对农业生产造成的影响尤为重要，占所有灾害影响的80%以上，特别是旱灾危害更大。据不完全统计，我国每年因旱灾造成的粮食减产都在200亿公斤以上。森林植被在调节气候，改善水资源状况，缓解干旱、半干旱地区水资源严重短缺的作用是得到人们认同的。首先，森林植被可以调节径流，有效延缓洪水形成时间，削减洪峰，减少水患的发生。其次，森林植被可以涵蓄降水，据测算，1亩森林约可涵蓄降水67吨，对保证江、河、水库的水源起到了重要作用。三是促进降水，森林植被在促进水分大循环和区域小循环方面都有着重要的作用，国内外也有很多森林植被增雨的实证。

森林还可以改善农田小气候。国内外大量的研究证明，农田防护林一般可降低风速20%~56.8%，夏季日平均气温可降低0.4~2.6℃，冬季日平均气温提高0.5~1.5℃，日平均空气相对湿度提高6%~29%；生长季节土壤含水量增加1.5%~3.5%，特别是对极端气象条件如干热风、霜冻、沙尘暴等有显著的减缓作用，有效地减轻自然灾害对粮食生产的威胁。

三、保护农田生态系统生物多样性

农田防护林增加了单一农业生态系统的景观异质性，对保护农田生态系统日益降低的生物多样性有着重要的作用，特别是对保护小型哺乳动物、捕食性昆虫天敌等有着尤为重要的作用。据河南省林科院在豫东平原的多年观测，条农间作区小型哺乳动物数量增加47.6%，土壤节肢动物增加25%，间作麦田瓢虫数量增加17%，蜘蛛数量增加14%，从而提高了生态系统控制害虫的能力。

四、减少农业污染、改善水质、保护食品安全

首先，农田防护林可以减轻非点源污染。农田防护林可以增加土壤渗透性，减少地表径流；同时强大的根系可以拦吸农田渗漏的养分，防止养分的淋失，特别是对硝酸盐的淋失起到“安全网”的作用。因此，农田防护林能减少地表水和地下水中硝酸盐及其他对环境和人体有害物质的污染。根据河南省林科院在郑州市郊区的观测，配置完好的农田防护林带可以减轻农田径流水体污染，使农田径流水体总氮、总磷、COD、硝酸盐和亚硝酸盐分别降低11.9%、23.8%、12.4%、12.12%和21.60%。在化肥、农药滥用的今天，农田防护林改善水质和保护食品安全方面的作用更为重要。

其次，农田防护林还可以吸收有害气体，净化空气，吸滞粉尘，从而起到减少点源污染的作用。特别是公路通道防护林带可以有效控制粉尘、铅、氮化物等各种交通有害物质对农作物的污染。据河南省林科院在郑州的测定，配置良好的公路防护林，可使林后降尘减少27.3%，空气TSP降低35.1%，林后小麦落尘量减少28.6%，光合速率提高31.2%，小麦植株含铅量降低21.8%。

五、护农增产，改善作物品质

由于农田防护林具有改善农田小气候、保持和提高土地生产力、保护农田生态系统生物多样性、减轻农田污染的作用，因此它可以护农增产，提高作物产量和品质。由于土壤类型、耕作程度、经营条件的不同，农田防护林对作物的增产效果也不同。根据河南省林科院最近几年对现代农业管理水平和作物品种条件下不同类型区农田防护林增产效果的研究资料，豫东、豫北沙质平原区一般小麦增产6.8%~17.6%，玉米增产5.5%~13.1%，花生增产4.7%~8.4%，棉花增产8.3%~12.8%，西瓜增产12.4%；高产平原区小麦增产6.2%~14.3%，玉米增产5.8%~10.4%，夏包菜增产9.8%；背河洼地水稻增产11.4%；淮河以南水稻增产8.3%；豫西黄土丘陵区小麦增产7.8%~18.6%，玉米增产6.7%~13.8%。

农田防护林还能改善作物品质。根据河南省林科院的测定，在农田林网保护下，小麦粗蛋白质含量的绝对值增加0.8%，赖氨酸增加0.03%，湿面筋含量增加0.9%；棉花衣分平均增加0.6%，衣指增加0.21%，籽指提高5.8%，纤维细度每克平均增加196米，纤维长平均增加0.7毫米，纤维强力平均提高4.6%，整齐度增加7.5%，明显提高了棉花的等级和使用价值。

综合多方面因素，若以森林植被保护下粮食作物平均增产10%、油料平均增产6.5%、棉花平均增产10%、瓜菜类平均增产10%计算，根据2006年河南省的农作物产量和同期农作物市场参考价格计算，在森林植被保护下，整个河南省可增产粮食505.5万吨，价值70.8亿元；增产油料31.2万吨，价值12.48亿元；增产棉花8.3万吨，价值4.98亿元；增产瓜菜类716.67万吨，价值57.333 6亿元。累计增产农作物1 261.67万吨，价值145.59亿元。对河南省农业生产和粮食安全起到了巨大的作用。

六、促进畜牧业的发展

首先，林业的发展为畜牧业的发展提供了充足的优质饲料资源。据《河南植物志》记载，河南有饲料植物1 538种，绝大多数都分布在山区、林区。特别是木本饲料更是具有营养价值高、喂养效果好的优点。如刺槐叶中的赖氨酸比玉米、高粱多12倍，比米糠多5倍；杨树、泡桐、榆树等树叶蛋白质含量都在15%以上，是优质蛋白补充饲料。利用槐叶粉、松针粉饲养家畜、家禽已取得了很多成功经验。一般添加10%左右，对促进畜禽生长、提高品质都有良好的作用，甚至树枝、树皮、木材加工剩余物经过加工也可变成优质饲料。经测算，河南省每年可利用木本饲料约250亿公斤，若以利用其中10%计，为25亿公斤，可以饲养100万个牛单位；以每个牛单位产值1 200元计，产值可达12亿元。

其次，林业的发展为畜牧业提供了广阔的发展空间。由于禽流感等畜禽病害的时常流行，传统的养殖基地已不适应现代生态养殖的发展需要，很多养殖企业转向山区、林区发展。特别是发展林下生态养殖，林牧结合，互利互惠，已成为当前畜牧业发展的新趋势和新的增长点。如尉氏县的林下养鸭、林下养羊，长垣县的林下养鹅、林下养鸡等，直接经济效益都在每亩3 000元以上。据统计，目前全省共发展林下养殖12万亩，以每亩经济效益3 000元计，直接经济效益可达3.6亿元。河南省可以利用的林下养殖林地约有1 200万亩，若10%用来发展林下养殖，可增加直接经济效益36亿元。

第三章　关于河南林业在促进农村劳动力转移和农民增收中作用的调查报告

河南是农业大省、人口大省，在推进新农村建设和实现中原崛起中面临着巨大的农村劳动力转移与农民增收的压力。林业作为生态建设的主体和国民经济的重要基础产业，不仅在改善生态环境、促进经济社会可持续发展中具有不可替代的作用，而且在增加农村就业、促进农民增收中肩负着十分重要的使命。为了科学评价河南林业在促进农村劳动力转移和农民增收中的作用，河南省林科院根据省林业厅党组的安排，组织有关专家就这一问题进行了调查研究。

一、调查研究的内容与方法

（一）调查研究的内容

1.林业在促进农村劳动力转移方面的作用

主要调查测算2005年、2006年全省林业生态工程建设与公益林保护、林业产业（含一、二、三产业）发展吸纳农村劳动力的情况，预测和分析到“十一五”末林业吸纳劳动力的潜力。

2.林业在增加农民收入方面的作用

调查并测算2005年、2006年度农民在林业生态工程建设与公益林保护中直接获得的补助、林农从事林业产业获得的收益以及林业促进粮食增产所增加的收入情况，预测和分析到“十一五”末林业促进农民增收的潜力。

（二）调查测算方法

1.调查方法

（1）收集利用现有调查统计资料：包括《2005年河南统计年鉴》、《2005年河南林业统计资料》、《2006年河南林业统计资料》、《2003年河南森林资源清查评估报告》、《河南省情简介（2007）》、《河南省林业发展“十一五”规划》等。

（2）专项补充调查：围绕促进农村劳动力转移和增加农民收入两个方面，分2005年度、2006年度、到“十一五”末三个时间段，共列出52个调查项目，依托河南省林业厅16个相关的职能处室和厅直单位，组织调查，提出有关数据。

2.测算方法

（1）对促进农村劳动力转移的作用：2005年、2006年的作用主要依据全省重点林业

生态建设项目和林业产业发展实际完成的用工量及就业人员进行推算。用工量计算标准为：

用材林、防护林造林：8工作日/(亩·年)，1个就业岗位/260工作日（下同）；

经济林造林：20个工作日/(亩·年)；

公益林管护：1个就业岗位/(1 200亩·年)；

用材林、防护林和退耕还林林分抚育管护：4工作日/(亩·年)；

经济林抚育管护：15个工作日/(亩·年)；

造林苗木培育：65个工作日/(亩·年)；

花卉及园林绿化苗木培育：72个工作日/(亩·年)；

森林蔬菜培育：2个岗位/(亩·年)；

林木采运：1个工作日/2.5米^3。

(2) 对促进农民增收的作用：2005年、2006年的作用主要依据全省生态建设项目投资、林业促进粮食增产和涉农林业产业收入的实际数值进行推算，少数没有统计资料的项目依据经验或典型调查结果推算。2005年、2006年全省农业人口基数分别按6 774万人和6 631万人计算，全省农民人均收入分别按2 871元和3 261.03元计算。

(3) 到“十一五”末林业促进农村劳动力转移和农民增收的潜力估算：主要以《河南省“十一五”林业发展规划》为依据，参考各单位提供的预测数据，并考虑了科技进步、林业集约化经营管理水平提高等因素的影响。

二、调查评估结果

（一）林业在促进农村劳动力转移方面的作用

1.林业生态建设与保护对转移农村劳动力的作用

主要调查了退耕还林工程、天然林保护工程、重点地区防护林工程（含长江防护林、淮河防护林、黄河防护林、太行山绿化、防沙治沙、农田防护林等）、生态公益林管护等工程项目为农村劳动力提供的就业岗位情况，调查测算结果汇总于附表3-1。

从附表3-1可以看出：我省林业重点生态工程建设和生态公益林保护项目为农村提供的就业岗位数分别是：2005年28.723 2万个；2006年30.759万个，比2005年增加2.035 8万个；到2010年可达到43.475 2万个，比2005年增加14.752万个。

2.林业产业发展对转移农村劳动力的作用

主要调查了我省林业一、二、三产业提供的就业岗位情况。调查测算结果分别汇总于附表3-2、附表3-3、附表3-4。

从附表3-2可以看出，我省林业第一产业为农村提供的就业岗位数分别是：2005年111.543 3万个；2006年125.368万个，比2005年增加13.824 7万个；到2010年可达到167.128 3万个，比2005年增加55.585万个。以2006年为例，第一产业内各产业类别在提供就业方面的贡献大小依次是：经济林培育占62.81%，花卉苗木业占17.67%，用材林培育占9.91%，林木育苗占8.24%，森林蔬菜培育占0.80%，野生动物繁殖利用占

0.36%，林木种子采集占0.21%。

从附表3-3可以看出，我省林业第二产业为农村提供的就业岗位数分别是：2005年81.611 5万个；2006年84.789 8万个，比2005年增加3.178 3万个；到2010年可达到117.392 3万个，比2005年增加35.780 8万个。第二产业内各产业类别在提供就业方面的贡献大小依次是：林产品加工占74.30%，木材采运占16.10%，林产品储运保鲜占9.60%。

从附表3-4可以看出，我省林业第三产业为农村提供的就业岗位数分别是：2005年8.879万个，2006年10.328 6万个，比2005年增加1.449 6万个；到2010年可达到19.61万个，比2005年增加10.731万个。以2006年为例，第三产业内各产业类别在提供就业方面的贡献大小依次是：技术信息服务占49.38%，森林旅游业占31.65%，林产品市场占17.14%，森林文化产业（动物表演等）占1.83%。

综合附表3-2~附表3-4的测算结果，我省林业产业为农村提供的就业岗位数分别是：2005年202.033 8万个，2006年220.486 4万个，比2005年增加18.452 6万个；到2010年可达到304.103 6万个，比2005年增加102.096 8万个。以2006年为例，林业一、二、三产业在提供就业岗位上的贡献大小顺序依次为：第一产业占68.98%，第二产业占24.87%，第三产业占2.71%。

3.林业在转移农村劳动力方面总的作用

从以上两个方面的调查测算结果可以得出，我省林业建设为农村提供的就业岗位数，2005年为230.757 1万个，2006年为251.245 3万个，预计到“十一五”末可达到347.605 8万个。

（二）林业在促进农民增收方面的作用

1.林业生态建设与保护工程项目投资对促进农民增收的作用

农民通过参与重点林业生态工程建设和公益林管护，可直接获得国家和省级财政补助。这次主要调查测算了退耕还林工程、天然林保护工程、重点地区防护林工程（含长江防护林、淮河防护林、黄河防护林、太行山绿化、防沙治沙、农田防护林等）、公益林管护等国家重点工程项目投资增加农民收入的情况。调查测算结果汇总于附表3-5。

从附表3-5可以看出：我省农民通过参与林业重点生态工程建设和生态公益林保护项目直接获得的国家和省级财政补助分别为：2005年12.030 4亿元；2006年13.387 3亿元，比上年度增加1.356 9亿元；预计到2010年可达到20.872 7亿元，比“十五”末增加8.842 3亿元。

2.林业产业发展对促进农民增收的作用

林业产业发展对促进农民增收的作用主要体现在农民直接参与林业产业的开发经营服务以及林业产业为农民提供就业方面。这次重点调查测算了林业一、二、三产业与农民增收直接相关的项目。结果汇总于附表3-6~附表3-8。

从附表3-6可以看出，我省林业第一产业增加农民收入的数量分别为：2005年245.081 5亿元；2006年273.031 6亿元，比2005年增加27.950 1亿元；到2010年可达到

308.916 8亿元，比2005年增加63.835 3亿元。以2006年为例，第一产业各类别在增加农民收入方面的作用大小依次是：经济林培育占43.35%，用材林培育占33.81%，花卉苗木业占13.02%，林木育苗占7.51%，森林蔬菜培育占1.83%，野生动物繁殖利用占0.42%，林木种子采集占0.06%。

从附表3-7可以看出，我省林业第二产业增加农民收入的数量分别为：2005年94.354 0亿元；2006年98.423 2亿元，比2005年增加4.069 2亿元，到2010年可达到137.3亿元，比2005年增加42.946亿元。以2006年为例，第二产业各类别在增加农民收入方面的作用大小依次是：林产品加工占78.09%，木材采运占14.43%，林产品储运保鲜占7.48%。

从附表3-8可以看出，我省林业第三产业增加农民收入的数量分别为：2005年9.464亿元；2006年10.971亿元，比2005年增加1.507亿元；到2010年可达到20.268亿元，比2005年增加10.804亿元。以2006年为例，第三产业各类别在增加农民收入方面的作用大小依次是：技术信息服务占49.28%，森林旅游占35.75%，林产品市场占12.91%，森林文化产业（动物表演等）占2.06%。

综合附表3-6~附表3-8的调查测算结果，我省林业产业增加农民收入的总额分别为：2005年348.899 5亿元，2006年382.425 8亿元，比2005年增加33.526 3亿元；到2010年可达到466.484 8亿元，比2005年增加117.548 5亿元。以2006年为例，一、二、三产业的贡献大小顺序为：第一产业占总收入的71.39%，第二产业占25.74%，第三产业占2.87%。

3.林业在改善农业生产条件、促进农业增产方面的作用

通过建立农田防护林，可改善农田小气候，促进粮食增产。据河南省平原农田防护林生态定位观测站的调查，在豫东、豫北典型平原农区现代农业生产条件下，农田防护林可使粮食、棉花和瓜菜平均增产10%以上，油料增产6.5%以上。预计通过完善农田林网和农田防护林，还可以进一步提高增产效能。据此，我们对林业促进农业增产增收的作用进行了估算，结果见附表3-9。

从附表3-9可知，我省林业在促进农业增产方面的作用十分明显，2005年新增农作物产量折合人民币137亿元；2006年达到146亿元，比2005年增加9亿元；到2010年可达到149亿元，比2005年增加12亿元。

4.林业在促进农民增收方面的综合作用

综合分析以上三个方面的调查测算结果，可以将林业生态建设与保护投资给农民带来的增收和林业产业带动农民增收这两部分视为林业对农民带来的直接收入，其总额分别为：2005年360.929 9亿元；2006年395.813 1亿元，较2005年增加34.883 2亿元，增长9.66%；2010年可达到487.357 5亿元，较2005年增加126.427 6亿元，增长34.85%。全省农民人均林业直接收入及占农民人均总收入的比重分别为：2005年532.82元，占总收入的18.56%；2006年596.917元，占总收入的18.30%。可以将林业促进农业增产带来的农民增收视为林业给农民带来的间接收入，全省农民人均林业间接收入占农民人均

总收入的比重，2005年为7.04%，2006年为6.75%。

三、结论与讨论

（一）结论

(1) 调查测算结果表明，林业在促进农村劳动力转移方面发挥了重要作用。2005年林业共为农民提供了230.757 1万个折算就业岗位，2006年提供了251.245 4万个折算就业岗位，随着林业生态建设和林业产业的快速发展，林业在促进农村劳动力转移方面的作用会更加明显，预计到“十一五”末，林业可为农民提供347.605 8万个折算就业岗位。

(2) 林业在促进农民增收方面的作用表现在两个方面：一是直接收入。包括国家重点林业工程、生态公益林保护项目的财政补助以及从事林业产业的收入，2005年为360.929 9亿元，人均532.82元，占农民人均总收入的18.56%；2006年为395.813 1亿元，人均596.917元，占农民人均总收入的18.30%；2010年可达到487.357 5亿元。二是间接收入。即通过改善农业生产条件增加农作物产量产生的收入。2005年为137亿元，2006年为146亿元，到2010年可达到149亿元。

(3) 分析林业各产业类别在促进农村劳动力转移和农民增收中发挥的作用可以看出，各产业类别的贡献很不平衡。以2006年度为例，在转移农村劳动力方面的贡献率：第一产业为50%，第二产业为33.75%，生态建设为12.24%，第三产业仅占4.11%；在增加农民收入方面的贡献率：第一产业为68.98%，第二产业为24.87%，生态建设为3.38%，第三产业仅为2.77%。这一方面说明目前我省林业产业结构还不够合理，另一方面也说明林业特别是林业第二、三产业还有很大发展空间。

（二）讨论

(1) 这次调查测算得出的结果，与国家统计部门的统计结果存在一定差异。分析其主要原因：一是部分属于林业方面的产值被统计到其他行业，如经济林中的果品类等；二是有一部分应该统计的项目没有纳入国家统计范围。

(2) 由于个别项目缺乏正式的统计资料，依靠各有关单位调查估算的数据；另外，有的项目在估算产值时，可能没有对属于林业系统的部分进行剥离，故测算结果可能会有稍许偏差。

(3) 在调查估算项目的选择上主要考虑了对促进农民就业与增收有直接影响的项目，一些影响较小或没有直接影响的项目未纳入调查范围，因此在全面性及系统性上尚有需要完善之处，建议组织有关专家进一步进行深入系统研究。

附表3-1 林业生态建设与公益林保护项目对转移农村劳动力作用调查测算表

（单位:万亩、个）

工程项目名称	年度	工作内容	规模	用工标准	岗位数量
退耕还林工程	2005	抚育管护	990.360	4工作日/(亩·年)	152 363
		营造林	246.340	8工作日/(亩·年)	75 797
	2006	抚育管护	1 236.700	4工作日/(亩·年)	190 262
		营造林	70.000	8工作日/(亩·年)	21 538
	2010	抚育管护	1 306.700	4工作日/(亩·年)	201 031
		营造林			
天然林保护工程	2005	抚育管护	1 472.500		3 968
		营造林			
	2006	抚育管护	1 472.500		3 968
		营造林			
	2010	抚育管护	1 472.500		3 968
		营造林			
重点地区防护林工程	2005	抚育管护	258.697	4工作日/(亩·年)	39 799
		营造林	34.304	8工作日/(亩·年)	10 555
	2006	抚育管护	394.420	4工作日/(亩·年)	60 680
		营造林	101.210	8工作日/(亩·年)	31 142
	2010	抚育管护	1 094.000	4工作日/(亩·年)	168 308
		营造林	199.698	8工作日/(亩·年)	61 445
生态公益林保护项目	2005	管护	570.000	1岗/(1 200亩·年)	4 750
	2006	管护	990.650	1岗/(1 200亩·年)	8 255
	2010	管护	1 591.000	1岗/(1 200亩·年)	13 258
合计	2005				287 232
	2006				307 590
	2010				434 752

附表3–2 河南省林业第一产业对转移农村劳动力作用调查测算表

（单位：万亩、万公斤、个）

产业种类	年度	工作内容	规模	用工标准	岗位数量
用材林培育	2005	抚育管护	717.400	4工作日/(亩·年)	110 369
		营造林	30.000	8工作日/(亩·年)	9 231
	2006	抚育管护	747.400	4工作日/(亩·年)	114 985
		营造林	30.000	8工作日/(亩·年)	9 231
	2010	抚育管护	872.400	4工作日/(亩·年)	134 215
		营造林	45.000	8工作日/(亩·年)	13 846
经济林培育	2005	抚育管护	1 225.000	15工作日/(亩·年)	706 731
		营造林	60.000	20工作日/(亩·年)	46 154
	2006	抚育管护	1 285.000	15工作日/(亩·年)	741 346
		营造林	60.000	20工作日/(亩·年)	46 154
	2010	抚育管护	1 530.000	15工作日/(亩·年)	882 692
		营造林	60.000	20工作日/(亩·年)	46 154
生物质能源林培育	2010	抚育管护	215.000	15工作日/(亩·年)	124 038
		营造林	70.000	20工作日/(亩·年)	53 846
林木育苗培育	2005	苗木培育	41.300	65工作日/(亩·年)	103 250
	2006	苗木培养	41.300 65	65工作日/(亩·年)	103 250
	2010	苗木培养	25.000	65工作日/(亩·年)	62 500
林木种子采集	2005	采种	125.000		2 083
	2006	采种	130.000		2 600
	2010	采种	135.000		3 375
花卉与绿化苗木培育	2005	苗木培育	45.000	72工作日/(亩·年)	124 615
	2006	苗木培育	80.000	72工作日/(亩·年)	221 538
	2010	苗木培育	110.000	72工作日/(亩·年)	304 615
野生动植物繁殖利用	2005	种植养殖			4 000
	2006	种植养殖			4 526
	2010	种植养殖			6 000
森林蔬菜培育	2005	栽培采集	0.450	2岗位/(亩·年)	9 000
	2006	栽培采集	0.503	2岗位/(亩·年)	10 050
	2010	栽培采集	2.000	2岗位/(亩·年)	40 000
合计	2005				1 115 433
	2006				1 253 680
	2010				1 671 283

附表3-3　河南省林业第二产业对转移农村劳动力作用调查测算表

（单位：万米³、家、万吨、亿株、个）

产业种类		年度	工作内容	规模、数量	用工标准	岗位数量
木材采运		2005		1 400	2.5日/米³	134 615
		2006		1 420		136 538
		2010		1 450		139 423
林产品加工		2005		13 000		610 000
		2006		13 450		630 000
		2010		18 650		930 000
林产品储运保鲜	小计	2005				71 500
		2006				81 360
		2010				104 500
	经济林产品储存保鲜	2005		2 200		54 000
		2006		2 320		60 000
		2010		2 820		80 000
	经济林产品运输	2005		450		1 500
		2006		500		1 900
		2010		700		2 500
	木材运输	2005		334.49		1 500
		2006		506.284		3 160
		2010		756.284		4 500
	加工产品运输	2005		132		10 000
		2006		144		11 300
		2010		224		16 800
	苗木运输	2005		8.6		4 500
		2006		10		5 000
		2010		15		700
合计		2005				816 115
		2006				847 898
		2010				1 173 923

附表3-4 河南省林业第三产业对转移农村劳动力作用调查测算表

（单位：处、个）

产业种类		年度	工作内容	规模	用工标准	岗位数量
林产品市场		2005		98	统计数	14 700
		2006	营销	118	统计数	17 700
		2010	营销	294	统计数	44 100
技术信息服务	小计	2005	技术指导、培训、咨询和信息服务		统计数	43 590
		2006			统计数	51 013
		2010			统计数	99 000
	技术服务	2005	技术指导、培训、咨询和信息服务		统计数	4 000
		2006			统计数	5 179
		2010			统计数	15 000
	种苗服务	2005	技术指导、培训、咨询和信息服务		统计数	18 000
		2006			统计数	20 000
		2010			统计数	30 000
	森防服务	2005	技术指导、培训、咨询和信息服务		统计数	1 500
		2006			统计数	2 000
		2010			统计数	4 000
	科普示范	2005	技术指导、培训、咨询和信息服务		统计数	20 090
		2006			统计数	23 834
		2010			统计数	50 000
森林旅游		2005	景区建设、管理、营销及餐饮住行接待服务等		统计数	29 000
		2006			统计数	32 688
		2010			统计数	50 000
森林文化		2005	动物表演等		统计数	1 500
		2006			统计数	1 885
		2010			统计数	3 000
合计		2005			统计数	88 790
		2006			统计数	103 286
		2010			统计数	196 100

附表3–5 林业生态建设和公益林项目对农民增收作用调查测算表

（单位：万亩、亿元）

工程项目名称	年度	工作内容	规模	补助标准	总收入
退耕还林工程	2005	抚育管护	990.360 0	退耕还林政策规定	8.589 7
		营造林	246.340 0		
	2006	抚育管护	1 236.700 0	退耕还林政策规定	7.710 0
		营造林	70.000 0		
	2010	抚育管护	1 306.700 0	退耕还林政策规定	7.710 0
		营造林	0.000 0		
天然林保护工程	2005	抚育管护	1 472.500 0	国家有关政策标准	0.225 7
		营造林	0.000 0		
	2006	抚育管护	1 472.500 0	国家有关政策标准	0.225 7
		营造林	0.000 0		
	2010	抚育管护	1 472.500 0	国家有关政策标准	0.225 7
		营造林	0.000 0		
重点地区防护林工程	2005	抚育管护	258.696 5	100元/亩	2.930 0
		营造林	34.303 5	100元/亩	
	2006	抚育管护	394.420 0	100元/亩	4.956 3
		营造林	101.210	100元/亩	
	2010	抚育管护	1 094.000 0	100元/亩	12.937 0
		营造林	199.697 5	100元/亩	
生态公益林保护项目	2005	抚育管护	570.000 0	5元/亩	0.285 0
		营造林	0.000 0		
	2006	抚育管护	990.650 0	5元/亩	0.495 3
		营造林	0.000 0		
	2010	抚育管护	1 591.000.0	5元/亩	0.795 5
		营造林	0.000 0		
合 计	2005				12.030 4
	2006				13.387 3
	2010				20.872 7

附表3–6　河南省林业第一产业对农民增收作用调查测算表

（单位：万亩、米³、吨、亿株、亿元）

产业种类	年度	规模	产量	单价	总收入
用材林培育	2005	717.40	14 000 000	650元/米³	91.000 0
	2006	747.40	14 200 000	650元/米³	92.300 0
	2010	872.40	14 500 000	650元/米³	94.250 0
经济林培育	2005	1 285.00	6 394 230	1.78元/公斤	113.817 3
	2006	1 345.00	6 650 000	1.78元/公斤	118.370 0
	2010	1 590.00	7 481 250	1.78元/公斤	133.166 3
林木育苗	2005	30.50	15.139	1.0元/株	15.139 2
	2006	41.30	20.500	1.0元/株	20.500 0
	2010	25.00	12.409	1.0元/株	12.409 2
林木种子采集	2005		125	10.0元/公斤	0.125 0
	2006		130	12.0元/公斤	0.156 0
	2010		135	15.0元/公斤	0.202 5
花卉苗木培育	2005	45.00	7.000		20.000 0
	2006	80.00	12.444		35.555 6
	2010	110.00	17.111		48.888 9
野生动植物繁殖利用	2005				1.000 0
	2006				1.150 0
	2010				2.000 0
森林蔬菜培育	2005	0.45	40 000	10.0元/公斤	4.000 0
	2006	0.50	50 000	10.0元/公斤	5.000 0
	2010	2.00	180 000	10.0元/公斤	18.000 0
合计	2005				245.081 5
	2006				273.031 6
	2010				308.916 8

附表3-7　河南省林业第二产业对农民增收作用调查测算表

（单位：万个、元、亿元）

产业种类		年度	就业岗位数	人均年收入	总收入
木材采运		2005	13.462	10 400	14.000 0
		2006	13.654	10 400	14.200 0
		2010	13.942	10 400	14.500 0
林产品加工		2005	61.000	12 200	74.420 0
		2006	63.000	12 200	76.860 0
		2010	93.000	12 200	113.460 0
林产品储运保鲜	小计	2005	6.745	12 000	5.934 0
		2006	8.136	12 000	7.363 2
		2010	10.450	12 000	9.340 0
	经济林产品储存保鲜	2005	5.400	8 000	4.320 0
		2006	6.000	8 000	4.800 0
		2010	8.000	8 000	6.400 0
	经济林产品运输	2005	0.150	12 000	0.180 0
		2006	0.190	12 000	0.228 0
		2010	0.250	12 000	0.300 0
	木材运输	2005	0.150	12 000	0.180 0
		2006	0.316	12 000	0.379 2
		2010	0.450	12 000	0.540 0
	加工产品运输	2005	1.000	12 000	1.200 0
		2006	1.130	12 000	1.356 0
		2010	1.680	12 000	2.016 0
	苗木运输	2005	0.045	12 000	0.054 0
		2006	0.500	12 000	0.600 0
		2010	0.070	12 000	0.084 0
合计		2005	81.207		94.354 0
		2006	84.790		98.423 2
		2010	117.392		137.300 0

附表3-8　河南省林业第三产业对农民增收作用调查测算表

（单位：万个、元、亿元）

产业种类		年度	就业人数	人均年收入	总收入
林产品市场		2005	1.470 0	8 000	1.176
		2006	1.770 0	8 000	1.416
		2010	4.410 0	8 000	3.528
技术信息服务	小 计	2005	4.359 0		4.628
		2006	5.101 3		5.406
		2010	9.900 0		10.380
	技术服务	2005	0.400 0	12 000	0.480
		2006	0.517 9	12 000	0.621
		2010	1.500 0	12 000	1.800
	种苗服务	2005	1.800 0	12 000	2.160
		2006	2.000 0	12 000	2.400
		2010	3.000 0	12 000	3.600
	森林防火服务	2005	0.150 0	12 000	0.180
		2006	0.200 0	12 000	0.240
		2010	0.400 0	12 000	0.480
	科普示范	2005	2.009 0	9 000	1.808
		2006	2.383 4	9 000	2.145
		2010	5.000 0	9 000	4.500
森林旅游		2005	2.900 0	12 000	3.480
		2006	3.268 8	12 000	3.923
		2010	5.000 0	12 000	6.000
森林文化产业（动物表演等）		2005	0.150 0	12 000	0.180
		2006	0.188 5	12 000	0.226
		2010	0.300 0	12 000	0.360
合　计		2005	8.879 0		9.464
		2006	10.328 6		10.971
		2010	19.610 0		20.268

附表3-9 我省林业改善生产条件促进农业增产增收作用估算表

（单位:万吨、%、元/公斤、亿元）

年度	作物种类	总产量	增产比例	增产量	单价	折合收入
2005	粮食	4 582	10	458.2	1.4	64
	油料	449.6	6.5	29.224	4.0	12
	棉花	78	10	7.8	6.0	5
	瓜菜	7 015	10	701.5	0.8	56
	合计					137
2006	粮食	5 055	10	505.5	1.4	71
	油料	480	6.5	31.2	4.0	13
	棉花	83	10	8.3	6.0	5
	瓜菜	7 166.7	10	716.67	0.8	57
	合计					146
2010	粮食	5 055	12	515.6	1.4	72
	油料	489.23	8.5	31.8	4.0	13
	棉花	83	12	8.5	6.0	5
	瓜菜	7 166.7	12	730.91	0.8	59
	合计					149

下篇

规 划 篇

河南林业生态省建设规划

第一章 河南概况

一、自然地理概况

（一）地理位置

河南省位于中国中东部、黄河中下游，地理坐标介于北纬31°23′~36°22′、东经110°21′~116°39′之间。东接安徽、山东，北界河北、山西，西连陕西，南临湖北。东西长约580公里，南北相距约530公里，国土总面积16.7万平方公里，占全国总面积的1.73%，居全国第17位。地处沿海开放地区与中西部地区的结合部，是我国经济由东向西推进梯次发展的中间地带，呈承东启西、连南贯北之势，区位优势明显。

（二）地形地势

河南省位于我国第二阶梯和第三阶梯的过渡地带，地势由西向东呈阶梯状下降，高差悬殊，地貌类型复杂多样，由中山、低山、丘陵过渡到平原。灵宝市境内的老鸦岔为全省最高峰，海拔2 413.8米；海拔最低处在固始县的淮河出省处，仅23.2米。北、西、南三面分别为太行山、伏牛山、桐柏—大别山，沿省界呈半环形分布；中、东部为黄淮海冲积平原；西南部为南阳盆地。山地丘陵面积7.4万平方公里、平原盆地面积9.3万平方公里，分别占土地总面积的44.3%、55.7%。

（三）气候、水文

河南省属北亚热带向暖温带过渡的大陆性季风气候，同时具有自东向西由平原向丘陵山地气候过渡的特征。北亚热带和暖温带的地理分界线秦岭—淮河从境内穿过，以南属亚热带湿润气候区，占全省总面积的30%；以北属暖温带半湿润半干旱气候区，占全省总面积的70%。从南向北年平均气温15.7~12.1℃，1月最冷，月平均气温3~-3℃；7月最热，月平均气温29~24℃；无霜期240~189天，≥10℃的有效积温4 000~5 000℃。年降水量1 380.6~532.5毫米，主要集中在6~8月份，占全年降水的50%~60%，年蒸发量1 398~2 138毫米，远大于降水量。全省气候特点可概括为冬长寒冷雨雪少，春短干旱多风沙，夏日炎热雨集中，秋季晴朗日照长。

全省分属黄河、淮河、海河、长江四大水系。其中：黄河水系流域面积3.62万平方公里，占全省面积的21.7%；淮河水系流域面积8.83万平方公里，占全省面积的53.0%；

长江水系流域面积2.72万平方公里，占全省面积的16.3%；海河水系流域面积1.53万平方公里，占全省面积的9.0%。境内1 500多条河流纵横交织，流域面积100平方公里以上的河流有493条。全省水资源总量405亿立方米，居全国第19位。水资源人均占有量420立方米，为全国的1/5，居第22位。

（四）土壤

河南省土壤类型繁多，分为7个土纲、13个亚纲、19个土类、44个亚类、150个土属。分布面积较大，与林业发展关系密切的土壤有褐土、黄褐土、潮土、棕壤、黄棕壤、砂姜黑土、风沙土等。土壤分布具有明显区域性、地带性的特点，山地丘陵区土壤以褐土、黄褐土、棕壤、黄棕壤为主，淮北低洼易涝平原区及南阳盆地土壤以砂姜黑土为主，风沙区土壤以风沙土为主，一般平原区土壤以潮土为主。

（五）生物多样性

过渡性的气候特点、复杂多样的地形地貌孕育了河南省南北兼容、丰富多样的生物物种资源。以伏牛山主脉—淮河干流为界，南部属北亚热带常绿落叶阔叶林带，北部属暖温带落叶阔叶林带。全省分布有高等植物198科3 979种及变种，约占全国植物总数的12.2%；有陆生野生脊椎动物90科522种，占全国总种数的23.9%。在河南分布有国家重点保护野生植物27种，其中列为国家一级重点保护的3种，二级重点保护的24种；列为国家重点保护野生动物94种，其中列入国家一级保护的15种，二级保护的79种。

二、社会经济概况

（一）行政区划

河南省辖郑州、开封、洛阳、平顶山、安阳、鹤壁、新乡、焦作、濮阳、许昌、漯河、三门峡、南阳、商丘、信阳、周口、驻马店、济源共18个省辖市、20个县级市、88个县、50个市辖区、1 895个乡（镇）、460个街道办事处、3 299个社区居委会、47 603个村委会。

（二）社会经济发展

2006年末，全省总人口9 820万人，其中城镇人口3 189万人，占32.5%;乡村人口6 631万，占67.5%。全省人口密度每平方公里588人，是全国人口第一大省。2006年全省粮食产量5 055万吨，占全国粮食总产量的1/10强，已连续7年居全国第1位，是全国重要的商品粮基地。2006年全省生产总值12 495.97亿元，比上一年增长14.4%，经济总量继续保持全国第5位，中西部省份首位；一、二、三产业构成为16.4:53.8:29.8，二、三产业占主导地位，比重达到83.6%。全省城镇居民人均可支配收入9 810元，农民人均纯收入3 261元。

（三）交通、通信

河南省交通方便，通信便捷，是全国重要的铁路、公路大通道和通信枢纽。全省铁路通车里程3 944公里，京广、京九、焦柳与陇海、汤濮、新菏、漯阜在境内交会，形

成三纵四横的铁路网，郑州北站是亚洲最大的编组站，郑州站是全国最大客运站之一；公路通车里程23.5万公里，其中高速公路里程3 439公里（全国第一），形成了以五纵五横国道干线为框架、四通八达的公路交通网络，国家两纵两横高速公路中，京深和连霍一纵一横经过河南；拥有郑州新郑国际机场、洛阳机场和南阳机场三个民用机场，通航10个国家和地区，开辟国际航线8条、国内航线67条，其中郑州新郑国际机场为国内一级航空口岸，改建后年旅客吞吐量将达到800万人（次）；铺设光缆线路24万公里，全国光缆干线“八纵八横”中有“三纵三横”经过河南，省会郑州是我国重要的通信枢纽之一。国家提出促进中部崛起，河南独特的区位优势必将发挥更大的作用。

三、生态环境概况

河南正处于工业化和城镇化加快发展的阶段，生态环境建设取得了很大的成就。随着城市的扩张、工业规模的扩大，环境与发展的矛盾日益突出，自然灾害频繁、水资源匮乏、土壤质量下降等一系列生态环境问题，已成为制约全省经济社会快速发展的重要因素。

（一）自然灾害

由于受季风气候和地形的影响，河南省是干旱、暴雨、干热风、大风和沙暴等自然灾害发生最为频繁的地区之一，各种自然灾害每年均有不同程度的发生。

干旱：干旱是影响河南省农业生产最严重的自然灾害。由于地理位置特殊，降雨在地区、时空分布上极不平衡，大面积、长历时干旱时有发生，素有“十年九旱”之说。新中国成立以来，全省平均每年受灾面积1 890万亩，成灾面积1 181万亩；干旱严重的年份（如1960年、1961年、1978年、1981年、1986年、1987年和1989年），受旱灾减产30%以上的农田均在1 995万亩以上；2005年全省受灾面积615.9万亩，其中140.7万亩绝收。

暴雨：暴雨是河南省主要灾害性天气之一。常造成山前平原及河流两岸排水不良地区的内涝灾害，特别在低洼易涝平原区往往造成严重的经济损失。1998年全省受灾农田面积达4 246.5万亩，其中成灾面积2 656.5万亩；2005年全省受灾农田面积3 167万亩，其中662.3万亩绝收。

干热风：干热风在每年春末夏初出现，对小麦生长发育危害极大，河南省每年都有不同程度的发生，以豫东北平原危害最重。受干热风危害的小麦，轻者减产5%~10%，重者减产50%以上，农谚有“麦怕四月风，风过一场空”的说法。

大风和沙暴：二者都是河南省主要的气象灾害。大风和沙暴发生有明显的季节性，主要集中在3~5月份。大风可吹跑农作物种子，吹断幼苗，造成“缺苗断垄”和高秆作物倒伏，引起减产。沙暴吹走土壤中最有养分价值的黏粒，使土地沙化、利用价值下降，不仅破坏土地本身，而且会埋没良田，毁坏农作物。

（二）水土流失

根据河南省《2006年水土保持监测公报》，全省现有水土流失面积4 470万亩，占全

省土地总面积的16.93%。其中：年土壤侵蚀模数1 000~2 500吨/公里^{2}的轻度侵蚀面积达3 360万亩，占水土流失总面积的75.2%；年土壤侵蚀模数2 500~5 000吨/公里^{2}的中度侵蚀面积达1 050万亩，占水土流失总面积的23.5%；年土壤侵蚀模数>5 000吨/公里^{2}的强度侵蚀面积达60万亩，占水土流失总面积的1.3%。

水土流失主要发生在坡耕地相对集中的黄土丘陵沟壑区，植被稀少、人口稠密的低山丘陵区，采矿作业较集中的地区，人为活动频繁的乡（镇）、居民点周围及道路两侧。水土流失造成土地贫瘠，河流、水库淤积，贫困加剧，全省贫困人口相当部分分布在水土流失严重或比较严重的地区。

（三）环境概况

据《2006年河南省环境状况公报》：全省共排放工业和生活废水27.8亿吨，其中工业废水排放量为13.01亿吨，城镇生活废水排放量为14.79亿吨；工业废气排放量为16 770亿立方米，主要污染物二氧化硫排放158.88万吨，烟尘排放79.67万吨，工业粉尘排放56.39万吨；工业固体废物产生量为7 463.62万吨，其中危险废物产生量15.23万吨。

地表水污染较重，全省河流Ⅳ类水质以上河段占50.5%，其中劣Ⅴ类水质的河段达到29.2%；许多河道已丧失包括水生生物生境、农灌、景观等所有的生态功能，并威胁到附近的地下水水质，部分湿地面积萎缩；全省四大流域中，海河流域为中度污染，黄河、淮河、长江流域为轻度污染。土壤污染的影响日渐突出，农村生活污水、垃圾及畜禽养殖废弃物排放量逐年增大。

第二章　林业现状

一、林业资源现状

根据2003年河南省森林资源连续清查第四次复查成果及2004年以来河南省林业生产统计资料和2006~2007年进行的森林资源二类调查，截至2006年底，全省现有林业用地面积7 053.03万亩，其中有林地4 338.64万亩（包括用材林1 408.78万亩，防护林1 520.23万亩，薪炭林95.87万亩，特用林150.14万亩，经济林1 136.92万亩，竹林26.70万亩），疏林地面积135.45万亩，灌木林地面积897.45万亩，未成林造林地面积534.60万亩，苗圃地面积46.05万亩，无林地面积1 100.84万亩。森林覆盖率17.32%（林木覆盖率23.77%）。

全省活立木蓄积量为13 569.90万立方米，其中林分、疏林、散生木和“四旁”树蓄积量分别为7 316.35万立方米、62.38万立方米、577.13万立方米和5 614.04万立方米。

全省有湿地（不包括水稻田）面积982.8万亩。

二、主要成就

（一）森林资源持续增长

2003年与1998年全省森林资源连续清查结果相比：有林地面积增加919.4万亩，增幅达29.32%，比全国同期平均增幅高出19.27个百分点；森林覆盖率增加3.67个百分点，比全国同期平均增幅高出2.01个百分点；活立木蓄积量净增203万立方米。近三年来全省有林地面积增加284.14万亩，净增7.01%；森林覆盖率增加了1.13个百分点，活立木蓄积量净增199.39万立方米。“十五”以来，全省累计完成人工造林2 268万亩。高速公路、县级以上公路及河渠沿岸等绿化水平明显提高，通道沿线森林景观基本形成。

随着河南林业生态建设的进一步深入，林种结构改善，特别是公益林比例增加。生态公益林面积由1998年的611.85万亩增加至2003年的1 423.65万亩，增长了132.7%，占全省有林地面积的比例由19.5%上升至39.8%，占林分面积的比例由27.2%上升至56.3%。

（二）区域生态明显改善

平原地区形成了网、带、点、片相结合的综合防护林体系，有效抑制了干热风等自然灾害的危害，许多过去林木稀少、灾害频繁的不毛之地，如今变成了林茂粮丰的高产田。沙化土地面积逐年减少，根据河南省林业调查规划院的监测结果，1995年至2004年10年间，全省沙化土地面积减少36.9万亩，占全省沙化土地总面积的3.7%；沙化程

度减轻，监测期内流动、半流动沙丘（地）减少32.7万亩，减少率为53.1%；沙区那种风起沙扬、遮天蔽日、沙进人退的态势总体上得到有效遏制。随着山区森林植被的恢复，水土流失面积逐步减小，强度减轻，地质灾害明显减少，据省国土部门统计，2003~2006年我省发生滑坡、崩塌和泥石流等地质灾害分别为161、151、79、33起，呈逐年下降趋势。城镇绿化水平进一步提高，城乡人居环境进一步好转。

（三）重点工程成效显著

组织实施了退耕还林、天然林保护、重点地区防护林体系建设、野生动植物保护及自然保护区建设、重点地区速生丰产用材林基地建设等一批国家林业重点工程和高标准平原绿化、防沙治沙、通道绿化等省级林业工程以及创建林业生态县活动。“十五”以来，全省共完成工程造林面积1 732.8万亩，占同期全省造林面积的近80%，工程造林已成为全省人工造林的主体；新建和完善农田林网7 600.05万亩，94个平原县（市、区）全部达到平原绿化高级标准，农田林网、间作控制率达到90%以上；完成绿化通道6万多公里，平原区沟河路渠绿化率达到90%以上；有9个县（市、区）建成林业生态县。

（四）林业产业初见成效

全省经济林总面积达1 300万亩，年产量达到665万吨；发展速生丰产用材林和工业原料林面积747.4万亩，濮阳、焦作、新乡三个林纸一体化项目一期工程建成投产；木材加工经营企业发展到1.3万多家，形成了一批比较集中的人造板及林产品加工区，木材年加工能力达到400万立方米；每年林业育苗面积稳定在25万亩以上；花卉和绿化苗木种植面积增加到80万亩，销售额达14.13亿元；先后建立了29处国家级、63处省级森林公园和11处自然保护区生态旅游区，接待游客人数由2001年的407万人（次）增加到2006年的1 530万人（次），实现门票收入3.7亿元，嵩山、云台山、白云山、龙峪湾、鸡公山、宝天曼、老界岭等林区已成为我省名牌景区。近几年，全省林业总产值平均每年以14%以上的速度增长，2006年达到345亿元，比2005年增长19.7%。

（五）森林资源得到有效保护

区划界定国家级重点公益林面积1 891万亩（其中870万亩已得到补偿，不含天然林保护工程区724万亩享受政策的天然林），省级公益林面积480万亩（其中120万亩已得到补偿）；在洛阳、三门峡和济源三市实施天然林保护工程，保护森林面积1 330.35万亩，全面停止天然林商品性采伐，山区自然植被得到初步恢复；建立各类自然保护区22处，面积达735.8万亩，占全省土地总面积的2.94%，75%受国家保护的野生动植物物种资源和80%的典型生态系统得到了有效保护；林地林权、林木采伐利用和木材运输管理日趋规范；森林火灾受害率一直控制在0.3‰以下；有害生物防治率达到81.8%。

（六）基础设施建设得到加强

实施国家林木种苗工程项目122个，林业工程良种壮苗供给能力进一步提高；建扑火物资储备库140座、各类防火设施442座，森林火灾预测预防扑救能力得到增强；建立了1个省级林业重点实验室和11个林业科技示范园，促进了科技创新和成果转化；建

立国家级、省级标准化森防站60个，野生动物疫源疫病监测站点251个，森林病虫害预测预报和防治能力显著提高，有效保护了林木资源和野生动物资源。

（七）科教兴林成效明显

“十五”以来，全省林业科研机构承担国家科技攻关项目10多项，省各类科技计划项目60多项，选育林果优良新品种110多个，取得林业科技成果90多项，其中获得省级以上科技进步奖40项。参与制定国家林业行业标准和省地方标准40项。共培养大中专毕业生近6 000名，共培训林农约84万人（次），有2 000多人通过了林业行业职业技能鉴定考核。工程造林良种使用率达80%以上，林业科技成果转化率达46%以上，林业科技进步贡献率达36%以上。

三、林业在河南经济和社会发展中的作用

森林是陆地生态系统的主体，是人类发展不可缺少的自然资源，在为社会提供木材和竹材、木本粮油、林化产品、药用植物等大量产品的同时，还具有调节气候、涵养水源、保持水土、减少污染、改良土壤、游憩保健以及保护生物多样性等极其重要的生态服务功能，对维持陆地生态系统的平衡起着不可替代的作用，是经济社会可持续发展的必要条件；湿地也是具有多种功能的生态系统，不仅包括淡水、农产品、水产品等大量物质资源，而且具有巨大的生态服务功能，在调节气候、蓄洪防旱、降解污染物、美化环境、改善农牧生产条件、保护生物多样性和珍稀物种资源等方面发挥着重要作用，享有“地球之肾”的美誉。

河南林业的综合效益包括森林的综合效益和湿地的综合效益两部分。据测算，河南省森林资源及湿地系统每年的综合效益达3 894.07亿元，其中森林资源年综合效益3 035.61亿元（包括：生态效益2 313.62亿元，经济收益395.21亿元，社会效益326.78亿元），湿地年生态效益858.46亿元。

（一）生态效益

1.蓄水净水作用

森林的复杂立体结构能对降水层层截持，不但使降水发生再分配，而且减弱了降水对地面的侵蚀。通过林下枯枝落叶层的吸持和过滤，然后缓慢释放出来，提高降水的利用率。河南森林年涵养水源总量88.76亿立方米，相当于我省地方大中型水库总库容144.6亿立方米的61.38%，年调节水量、净化水质效益价值达727.91亿元。

湿地能将过量的水分储存起来并缓慢释放，从而将水分在时间上和空间上进行再分配，减少洪涝灾害。全省湿地（不包括水稻田）可调蓄洪水86.48亿立方米，年效益价值528.45亿元；当水进入湿地后，由于水生植物的阻挡作用，流速减缓，有利于氮、磷、硫、重金属盐等污染物的沉淀、储存、转化，从而达到净水的目的，全省湿地每年净化水质的效益价值为222.28亿元。

2.固土保肥作用

土壤是土地的根本，保护土壤就是保护土地生产力，全省森林每年固土保肥效益

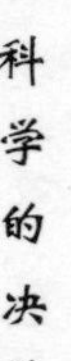

价值为119.86亿元。包括：全省森林每年减少土壤流失量1.47亿吨，减少土地面积和土壤肥力损失、减少河床淤积、保护水利设施年效益价值99.93亿元；全省森林年增加土壤氮、磷、钾含量分别为864.54万吨、95.17万吨和815.36万吨，年蓄积养分效益价值19.93亿元。

3.固碳释氧作用

气候变暖已成为全球共同关注的焦点和世界各国面临的共同挑战，《京都议定书》为工业化国家规定了减排任务。通过森林资源吸收和固定二氧化碳，已成为国际上许多国家实现降耗减排目标的有效途径。目前，工业减排已成为约束指标，列入了各级政府的责任目标，是必须完成的硬任务。2006年河南省的GDP超过1.2万亿元。随着经济的增长，二氧化碳的排放量不断增加，节能减排任务越来越重。河南省森林资源通过光合作用每年固定二氧化碳6 062.65万吨，全省湿地植物年固定二氧化碳451.00万吨，相当于燃烧4 071.03万吨标准煤排放的二氧化碳量。在不影响我省工业发展的情况下实现减排目标，扩大了我省工业发展的环境容量。全省森林、湿地年固定二氧化碳效益价值为213.17亿元。

在固定二氧化碳的同时，全省林木资源、湿地植物每年还释放氧气4 097.78万吨（其中森林资源年释放氧气3 767.58万吨，湿地植物年释放氧气330.20万吨），可满足1.5亿成年人呼吸用氧，有效改善大气质量，维护大气平衡，年效益价值达409.78亿元。

4.净化环境作用

全省森林每年可吸收有害气体二氧化硫、氟化物、氮氧化物分别为4.14亿公斤、1 238.18万公斤和2 098.39万公斤，滞尘539.08亿公斤，增加空气负离子26 271.93亿个，年效益价值达86.88亿元。随着经济社会的发展、城市和工业生产规模的扩大、人口的增加，人们对森林净化环境功能的需求会越来越迫切。

5.庇护农田作用

林业是保障农牧业生产的生态屏障，能有效降低田间风速、减少蒸发、增加湿度、调节温度，为农作物生长发育创造良好的生态环境，有效避免或减轻干旱、风沙、干热风、冰雹、霜冻等自然灾害对农业的危害，促进农作物高产稳产。全省森林资源年增加农作物产量1 261.67万吨，年效益价值达145.59亿元。

6.其他作用

1）保护生物多样性

物种是最珍贵的自然遗产和人类未来的财富，森林和湿地是野生动植物的家园，全世界一半以上的生物物种生活在森林里，1/5以上的物种生活在湿地里。全省森林资源和湿地系统每年保护生物多样性效益价值达528.12亿元。

2）旅游及休闲娱乐

森林是生态旅游的主体，林区是发展生态旅游的重要载体。在全省已划定的30处国家、省级重点风景名胜区中，有26处在国有林区；15处世界、国家、省级地质公园，有14处分布在林区。全省森林年旅游效益价值为86.05亿元。

湿地生态系统多种多样、风光秀丽，碧水青山、林水相依，是人们休闲娱乐、疗养的好地方。全省湿地年休闲娱乐效益价值为43.77亿元。

3）节能减排

种植在城镇的林木可有效减少居民能源消耗，节约电力，进而减少电厂二氧化碳、二氧化硫排放。全省城镇有1.83亿株树木，每年节能减排效益价值达60.22亿元。

（二）经济效益

全省林业每年向社会提供木材1 400多万立方米，有力地支持了全省经济建设和社会事业的发展。年产林果产品665万吨，改善了人民的膳食结构，提高了生活质量，为省内药、果、茶、油等加工企业提供了主要原材料。拓宽了农民增收渠道，2006年全省来自林业一、二、三产业的收益为395.21亿元，每个农民来自林业的收入平均达到596元。

（三）社会效益

据测算，全省6 000多万亩集体林地和分布各地的1.3万家林产加工经营企业每年可为农村劳力提供272.32万个就业岗位，其中生态建设与保护工程可提供36.68万个、林业第一产业可提供149.30万个、林业第二产业可提供76.00万个、林业第三产业可提供10.34万个，效益价值达326.78亿元。林业已成为农村产业结构调整、促进农民增收、推进新农村建设的重要产业。

退耕还林工程使农民不但提高了生态建设和保护意识，还从中得到了较大实惠。至2006年，全省退耕还林国家政策性投资达到37.61亿元，有129.08万户488.9万农民从中直接受益。

四、存在的主要问题

（一）资源总量不足，森林覆盖率低

据2003年全国森林资源连续清查结果，河南省有林地面积在全国31个省（自治区、直辖市）中列第22位，人均有林地面积只有全国平均水平的1/5；森林覆盖率在全国排名第21位，人均占有森林蓄积相当于全国平均水平的1/7。林业用地面积占全省土地总面积的比例只有27.33%，林地资源总量不足，发展空间有限，难以满足经济发展对生态环境质量不断增长的需求。

森林资源分布极不均衡。豫西伏牛山区林业用地面积、有林地面积、活立木蓄积分别占全省的68.3%、68.2%、57.4%，其中卢氏、栾川、嵩县、西峡、南召和内乡6县有林地面积占全省有林地面积的1/3；立地条件较差的太行山区，林业用地面积、有林地面积、活立木蓄积分别只有全省的10.3%、6.8%和8.8%。森林资源少且分布不均，造成河南省森林生态系统整体功能脆弱，对自然灾害的防御能力较差。

（二）生态环境脆弱，建设任务艰巨

各种自然灾害每年均有不同程度的发生，影响农业生产，每年造成的经济损失平均达30亿~40亿元，受灾最严重的年份高达70亿~80亿元。全省4 470万亩水土流失面

积，每年土壤流失量达1.2亿多吨，相当于每年有100万亩耕地完全丧失耕作层，每年水土流失带走的氮、磷、钾养分相当于100万吨标准化肥；黄河中游地区、丹江口水库水源区水土流失面积分别占区域面积的60%以上和41.51%，严重威胁国家重点水利枢纽工程和南水北调中线工程的安全。山区还有1 100多万亩立地条件差、绿化难度大的宜林荒山荒地，是多年造林绿化剩下的“难啃的硬骨头”。平原区802.38万亩沙化土地，特别是42.06万亩宜林沙荒地急需治理。

（三）机制转换较慢，森林质量不高

部分国有林场以分类经营为主体的改革措施不到位，生产经营困难；部分集体山林归属不清、责权不明、经营机制不活、产权流转不规范等深层次的问题和矛盾，严重制约林业的进一步发展。

全省有林地以纯林为主，混交林比例偏低，结构简单；林分龄组结构不合理，幼、中龄林面积、蓄积分别占全省林分面积、蓄积的87.19%和77.06%，近、成、过熟林资源严重不足；单位面积蓄积量低，平均每亩蓄积量仅为2.83立方米，只有全国平均水平（5.2立方米/亩）的一半。平原地区骨干防护林带尚需完善，抗御自然灾害的能力有待提高。山区还有大量残次林分，防护效能低下，经济效益不高；由于缺乏抚育管理，400万亩飞播林因密度过大分化严重、生长缓慢；平原绿化树种单调，结构单一，局部通道绿化标准低。

（四）资金投入不足，支撑保障能力不强

多年来，林业建设投资一直是补助形式，单位面积投资标准较低，不能满足市场经济条件下造林成本的需求，建设质量难以保证，局部造林质量不高。每亩5元的森林生态补偿，尚有360万亩省级公益林没有列入补偿范围。林业资源的监测手段落后，林业科技成果储备不足，科研成果转化率不高，产业化水平较低。滞后的林业基础保障能力与我省艰巨的林业建设和资源保护任务不相适应。

第三章 规划的背景和必要性

一、规划的背景

当前，河南省已进入全面建设小康社会、实现中原崛起的关键时期，经济社会发展对林业提出了新的更高要求。实现林业又好又快发展，是一项必要而紧迫的任务。一是森林资源总量不足，质量不高，生态系统的整体功能仍很脆弱；二是全省经济发展已进入一个新的阶段，工业化、城镇化进程明显加快，环境容量和直接减排的空间十分有限；三是随着我省全面建设小康社会的步伐加快，城乡居民对生态产品和木材等林产品的需求越来越大，供需矛盾日益突出；四是我省作为一个拥有近亿人口的发展中大省，人口增长、经济发展与资源和生态环境的矛盾日渐突出；五是我省近年来经济实力不断增强，具备了加大林业投入的条件。这就要求我们必须加快林业发展，进一步提高生态建设标准和质量。省委、省政府从全省经济社会长远发展和人民群众切身利益出发，从全局和战略高度出发，作出了建设林业生态省的重大决策。林业生态省是指以林业为生态建设的主体，建成高效益的农业生产生态防护体系、城乡宜居的森林生态环境体系、持续稳定的国土生态安全体系，使生态承载能力满足经济社会可持续发展要求的生态文明社会。编制实施本规划对我省实现经济、社会、生态环境良性循环和协调发展，构建和谐中原，具有重大的现实意义和深远的历史意义。

二、建设的必要性

（一）是全面建设小康社会和生态文明建设的内在要求

党的十七大把“建设生态文明”提到了发展战略的高度，要求到2020年全面建设小康社会目标实现之时，使我国成为生态环境良好的国家。林业是生态建设的主体，木材等林产品是不可或缺的战略资源。林业是重要的公益事业和基础产业，承担着生态建设和林产品供给的双重任务。大力发展林业，既是改善生态状况、保障国土生态安全的战略举措，也是调整农业结构，实现农民增收、农业增效，农村全面建设小康社会的重要途径，又是绿化美化环境、实现人与自然和谐、建设生态文明社会的客观要求。

（二）是我省经济社会永续发展的现实需要

近年来，我省工业化、城镇化进程明显加快，重化工和原材料、高耗能产业所占比重大，环境压力日趋明显，生态环境问题已成为影响经济发展的重要因素。加快林业生态建设，构建稳定的森林生态系统，不仅可以发挥减少水土流失、涵养水源、净化污染物等保障国土生态安全的作用，而且能够进一步增加森林的固碳能力，减缓温室

效应，实现间接减排，扩大环境容量，提高我省经济社会发展的环境承载能力。

（三）是促进经济发展和农民增收的有效措施

加快林业发展，不仅可以进一步扩大木材等林产品的供给，促进全省经济的发展，而且可以拉长木浆造纸、人造板、林药、森林食品、野生动植物驯养繁殖（培植）、苗木花卉、森林生态旅游等二、三产业链条，增加就业容量，拓宽农民增收的渠道。

（四）是稳定和提高粮食生产能力的重要保障

完善的农田防护林体系，能够防风固沙、涵养水源、调节气温，有效改善农业生态环境，增强农业生产抵御干旱、风沙、干热风、冰雹和霜冻等自然灾害的能力，使农作物平均增产10%左右。加快林业发展，不仅能促进农业稳产高产，而且其提供的大量林果产品降低了粮食消耗，从而为维护我省全国第一粮食大省的地位提供保障。

（五）是充分发挥我省土地利用空间和林业潜力的重要途径

我省是淮河和南水北调中线工程的源头、黄河中下游的过渡地区，区位优势十分明显，关系着全国生态的大局。同时，我省气候温和，降雨量充沛，适宜大量的速生、优质树种生长。现在还有大量的宜林荒山荒地、沙化土地和沟河路渠两侧、“四旁”隙地等适宜造林绿化，农田林网完善提高的任务还很重，林业发展的潜力很大。

（六）是实现我省林业跨越式发展的根本保证

林业生态省建设，不仅注重高标准造林绿化，扩大林业发展空间，而且把中幼林抚育、低质低效林改造、农田防护林完善提高等纳入规划，着力提高森林质量和林地生产力。同时，注重加强森林防火、林业有害生物防控、森林资源管理和监测、科技服务和基础设施等支撑体系建设，全面提升林业发展的保障能力，促进我省林业跨越式发展。

第四章　指导思想、基本原则与建设目标

一、指导思想

以党的十七大精神为指导，深入贯彻落实科学发展观，认真落实《中共中央　国务院关于加快林业发展的决定》，坚持以生态建设为主的林业发展战略，以创建林业生态县为载体，全力推进现代林业建设，充分利用现有的土地空间，加快造林绿化步伐，大力培育、保护和合理利用森林资源，发挥森林资源在物质、精神、社会及生态文明中的重要作用，为促进人与自然和谐，建设秀美河南，实现中原崛起作出新的贡献。

二、基本原则

（一）合理利用土地资源，尽量少占用耕地

新增有林地全部安排在宜林荒山荒地（即国土部门控制的荒草地、沙地）和未利用土地中的部分滩涂地、盐碱地、裸土地及建设用地中的废弃矿山上。生态能源林、水源涵养林、水土保持林全部规划在宜林荒山荒地等未利用土地上；矿区生态修复工程安排在废弃工矿用地等建设用地上；生态移民工程需恢复植被的，主要在移民废弃宅基地和废弃道路、晒谷场等其他农用地上安排造林，均不占用耕地。农田防护林网、防沙治沙工程根据农田防护和沙化土地治理技术规程进行规划，不多占用耕地。环城防护林、围村林、生态廊道工程遇到耕地地段时，按标准下限进行规划，尽量少占用耕地，且这些工程只安排造林规模，不改变土地地类，其林木生长所占用土地仍按耕地管理。合理利用土地资源，维持全省耕地总量动态平衡。

（二）相互协调，整体推进

充分吸纳和利用相关规划成果。城市（含县城）建成区绿化采用城建部门的规划；山区水土保持林和水源涵养林规划在吸收水利部门水保规划的基础上进行了完善；廊道绿化依据铁路、交通、水利、河务、南水北调等部门已建和规划的工程，工程建设到哪里，林业生态建设规划跟进到哪里。参考环保部门的生态功能区划成果划分生态功能区，并利用国土部门的土地分类成果控制全省的造林规模。

（三）因地制宜，注重实效

山区、丘陵区坚持生态效益优先，重点营造水源涵养林、水土保持林、名特优经济林和生态能源林。平原农区重点建设高效的农田防护林体系，以保障农业生产能力，同时大力发展工业原料林。生态廊道中的景区道路、南水北调干渠两侧、高速公路出入口等重要地段，实行乔灌花草相结合，扩大常绿树种比例，提高绿化美化标准和景观效果。

（四）注重质量，提高效益

在全省所有适宜种树的地方，全部高标准绿化，对已经初步绿化但质量效益不高的中幼林，采用抚育和改造等方式，进一步完善提高，高质量绿化中原大地，维护全省生态安全；同时适应现阶段经济技术条件，不规划在裸岩、重石砾地等造林难度大、成本高的地段上安排造林，增强经济可行性。

（五）政府主导，市场调节

重点林业生态工程建设实行政府主导，投资纳入各级政府财政支持体系；林业产业工程建设遵循市场规律，投资实行市场化运作；生态与经济兼顾的生态能源林等建设，注重吸引社会投资，实行政府主导下的政策性引导、扶持机制。

（六）自下而上，统筹安排

采取自下而上、上下结合的编制方法，先由各县（市）根据当地实际提出规划方案，经相关部门认可后逐级上报，省林业厅在论证后提出全省方案，并下发基层修订市、县（市）规划方案，保证全省各级规划任务落实到山头地块。同时，坚持统筹安排，分区域、分阶段、分年度、分工程规划，扎实推进林业生态省建设目标的实现。

三、建设目标

经过5年（2008~2012年）的奋斗，巩固和完善高效益的农业生产生态防护体系，基本建成城乡宜居的森林生态环境体系，初步建成持续稳定的国土生态安全体系，使全省的生态环境显著改善，经济社会发展的生态承载能力明显提高，初步建成林业生态省。

（一）总体目标

到2012年，全省新增有林地面积1 129.79万亩，达到5 468.43万亩；森林覆盖率增长4.51个百分点，达到21.84%（林木覆盖率达到28.29%），其中：山区森林覆盖率达到50%以上（太行山区40%以上），丘陵区森林覆盖率达到25%以上，平原风沙区林木覆盖率达到20%以上，一般平原农区林木覆盖率达到18%以上。林业年产值达到760亿元，林业资源综合效益价值达到5 100.53亿元。80%的县（市、区）实现林业生态县。

（二）具体目标

——916.21万亩宜林荒山荒地、41.54万亩宜林沙荒得到绿化；现有802.38万亩沙化耕地全面得到治理，941.44万亩的低质低效林基本得到改造。

——平原农区防护林网、农林间作控制率达到95%以上，沟、河、路（铁路、国道、高速公路、省道、景区公路、县乡道、村道等）、渠绿化率达到95%以上，城镇建成区绿化覆盖率35%以上，平原村庄林木覆盖率达到40%以上。

——自然保护区占国土面积比例达到4.7%（其中林业系统3.2%）；森林公园占国土面积的比例达到2.1%；珍稀濒危动植物物种保护率达到100%。

——新增用材林和工业原料林面积130.84万亩，达到878.24万亩；新造生态能源林面积361.37万亩，改造生态能源林面积144.74万亩，使生态能源林总面积达到506.11万

亩；新增名、优、特新经济林基地76.42万亩，达到1 376.42万亩；新增园林绿化苗木花卉基地116.67万亩，达到196.67万亩。

——新增森林和湿地资源年固定二氧化碳能力2 084.45万吨，达到8 598.10万吨。

到“十二五”末，全省森林覆盖率达到24%以上（林木覆盖率达到30%以上），林业年产值达到1 000亿元，林业资源综合效益价值达到5 736.18亿元。所有的县（市、区）实现林业生态县，建成林业生态省。

第五章　总体布局

根据河南省的地形地貌、气候、植被、土壤等自然区域特征及决定区域分异的主导因素、林业建设现状及其主导功能差异，参照全国及河南省生态功能区划结果，规划以“两区”（山地丘陵生态区、平原农业生态区）、“两点”（城市、村镇）、“一网络”（生态廊道网络）构筑点线面相结合的综合林业生态体系。

一、两区

（一）山地丘陵生态区

1.基本情况

本区包括河南省西北部的太行山、西部的伏牛山以及南部的大别山和桐柏山等山地丘陵区，担负着保持水土、涵养水源和保障生态安全的重任。涉及郑州、洛阳、平顶山、安阳、鹤壁、新乡、焦作、许昌、三门峡、驻马店、南阳、信阳、济源13个省辖市81个县（市、区）。总面积为11 287.25万亩，占全省国土面积的45.40%。详见附表1、附表2。

该区地貌以山地、丘陵为主，地势自西向东呈阶梯状下降，中山一般海拔1 000米以上，高者超过2 000米；低山500~1 000米；丘陵低于500米。气候属北亚热带和暖温带气候区，具有明显的过渡性特征，多年平均降水量600~1 200毫米。土壤类型主要有棕壤、黄棕壤、黄褐土、褐土等。区内植被类型多样，汇聚了极其丰富的植物资源，是河南省生物多样性最丰富的地区。

该区现有林业用地5 525.24万亩，其中有林地3 341.70万亩，疏林地108.96万亩，灌木林地721.94万亩，未成林造林地430.05万亩，苗圃地37.04万亩，无林地885.55万亩。在有林地中，林分2 445.46万亩，经济林875.68万亩，竹林20.56万亩。林分按林种划分，用材林1 085.07万亩，防护林1 170.91万亩，特用林115.64万亩，薪炭林73.84万亩。森林覆盖率29.61%。

2.存在问题

该区森林资源分布不均，水土流失严重；天然次生林较多，林地生产力较低；局部无规划采石采矿较为严重；植被破坏后难以恢复。

3.建设重点

该区是河南省林业建设的重点区域，要大力加强对天然林和公益林的保护，重点营造水源涵养林、水土保持林、名优特新经济林、生态能源林等。在局部地区有步骤地实施生态移民，加速矿区生态修复，同时加强中幼林抚育和低质低效林改造。

4.功能亚区

1）太行山生态亚区

——基本情况。

本亚区位于河南省的西北部，属太行山的南麓和东坡，构成黄淮海平原西北部的天然屏障，在全省国民经济和社会发展中具有较为重要的战略地位。涉及安阳、鹤壁、新乡、焦作、济源5个省辖市21个县（市、区）。总面积为1 156.39万亩，占山区土地面积的10.25%。

该亚区矗立在晋、冀、豫三省交界上，地理位置十分重要，可御西北寒流袭击，可纳东南暖湿气流。区内山势雄伟，坡陡顶缓，沟壑纵横，主体山系呈东西向展布，坡度多在30°以上。海拔多在600~1 200米之间，年均气温14.3℃，年均降水量695毫米，降雨年相对变率16.9%。日照时数2 367.7小时，年均太阳辐射量118.25千卡/厘米^2。土壤类型以棕壤、褐土类为主。植被属暖温带落叶阔叶林，区内植物类群有163科734属1 689种。

该亚区现有林业用地598.72万亩，其中有林地248.47万亩，疏林地17.48万亩，灌木林地115.80万亩，未成林造林地68.98万亩，苗圃地5.94万亩，无林地142.05万亩。在有林地中，林分181.82万亩，经济林65.11万亩，竹林1.53万亩。林分按林种划分，用材林80.67万亩，防护林87.06万亩，特用林8.60万亩，薪炭林5.49万亩。森林覆盖率21.49%。

——存在问题。

该亚区多为基岩裸露的石质山地，生境破碎、植被覆盖率低；降雨量少、蒸发量大，土壤瘠薄，植被恢复困难，林木生长缓慢，生态环境极为脆弱，是全省治理难度最大、任务最艰巨的地区。

——建设重点。

在保护好现有森林资源的基础上，注重提高生态系统的自我修复能力，重点对浅山、丘陵立地条件差、植被破坏严重的地段，因地制宜、综合治理，多林种、多树种科学配置，实行封、飞、造一齐上，加快治理速度和提高治理质量，有步骤地实施生态移民，有效遏制生态环境恶化的趋势，使生态环境、生存环境步入良性发展的轨道。

2）伏牛山生态亚区

——基本情况。

本亚区位于河南省的西部，包括黄河以南、京广线以西及南阳盆地以北山丘区的大部分地区。涉及郑州、洛阳、平顶山、许昌、三门峡、驻马店、南阳7个省辖市48个县（市、区）。总面积为7 436.33万亩，占山区土地面积的65.88%。

该亚区是秦岭山脉西部的延伸，主要有小秦岭、崤山、外方山、伏牛山和嵩山，主要山脉之间有相对独立的水系分布，山脉与水系相间排列。海拔一般在1 000~2 000米之间，部分山峰海拔超过2 000米。年均气温13.1~15.8℃，降水量500~1 100毫米，日照时数1 495~2 217小时，年均太阳辐射量为108.83~120.186千卡/厘米^2。土壤主要有棕壤、黄棕壤、黄褐土、山地草甸土等。区内植被类群丰富，广泛分布有南北

过渡带物种，主要植被类型有以栎类为主的落叶阔叶林、针叶林、针阔混交林、灌丛植被、草甸、竹林以及人工栽培植被等。

该亚区现有林业用地3 744.59万亩，其中有林地2 337.87万亩，疏林地70.20万亩，灌木林地465.10万亩，未成林造林地277.05万亩，苗圃地23.87万亩，无林地570.50万亩。在有林地中，林分1 710.86万亩，经济林612.63万亩，竹林14.39万亩。林分按林种划分，用材林759.12万亩，防护林819.18万亩，特用林80.90万亩，薪炭林51.66万亩。森林覆盖率31.44%。

——存在问题。

该亚区总体生态状况良好，南北生态环境存在明显差异。现有宜林地基本上都是“硬骨头”，造林难度较大；旅游和矿山等开发对生态环境造成不良影响，水土保持、水源涵养功能降低。

——建设重点。

重点保护好现有森林资源，搞好中幼林（尤其是飞播林）抚育和低质低效林改造。有步骤地实施生态移民，以减轻生态压力。加快林业重点工程建设，提高林地生产力和防护效能，改善生态环境，充分发挥森林的综合效益。

3）大别—桐柏山生态亚区

——基本情况。

本亚区位于河南省的南部、秦岭淮河以南地区，涉及驻马店、南阳、信阳3个省辖市14个县（市、区）。总面积为2 694.53万亩，占山区土地面积的23.87%。

该亚区为大别山的西北部分，桐柏山和大别山脉分布在河南省南部边境地带，自西北向东南延伸。桐柏山脉主要由低山和丘陵组成，海拔多在400~800米。大别山脉近东西向延伸，地势自山脉主脊向北逐渐降低，海拔多在800~1 000米之间。气候属北亚热带湿润季风气候，阳光充足，年均日照时数1 990~2 173小时，年均气温15.1~15.5℃。年均降水量900~1 200毫米，降雨年相对变率14%~20%，年蒸发量1 355~1 650毫米。地带性土壤为黄棕壤，土壤类型主要有黄褐土、棕壤、砂姜黑土、水稻土等。植被类型属北亚热带常绿落叶、阔叶混交林。

该亚区现有林业用地1 181.93万亩，其中有林地755.36万亩，疏林地21.29万亩，灌木林地141.03万亩，未成林造林地84.01万亩，苗圃地7.24万亩，无林地173.00万亩。在有林地中，林分552.78万亩，经济林197.94万亩，竹林4.65万亩。林分按林种划分，用材林245.27万亩，防护林264.68万亩，特用林26.14万亩，薪炭林16.69万亩。森林覆盖率28.03%。

——存在问题。

该亚区森林资源分布不均，林种结构不合理，难以发挥森林的防护效能，后继资源严重不足。旱涝等自然灾害及人为活动频繁，水土流失日趋严重，对当地和下游的生态环境及经济社会的发展构成较大的威胁。

——建设重点。

重点实行综合治理，结合森林资源结构和林业产业结构的调整，在充分利用现有宜林地的基础上，积极拓展可利用空间，加快山区生态体系建设，尽快恢复和扩大森林资源，有效提高涵养水源和保持水土能力，确保区域生态安全。

（二）平原农业生态区

1.基本情况

本区包括黄淮海平原及南阳盆地，是我省重要的粮、棉、油生产基地和经济作物的重要产区。涉及郑州、开封、洛阳、平顶山、安阳、鹤壁、新乡、焦作、濮阳、许昌、漯河、南阳、商丘、信阳、周口、驻马店、济源17个省辖市131个县（市、区）。总面积为13 577.05万亩，占全省国土面积的54.60%。

该区地域辽阔，地形、地貌较为复杂，大致划分为堆积平原、沙丘、堆积盆地三种地貌类型。地势起伏不大，海拔一般在40~200米之间。季风性气候特征明显，干旱、暴雨、干热风、大风与沙暴等自然灾害较为严重。年均气温13~15℃，光、热、水资源充足，年降水量一般为600~1 000毫米，年蒸发量为1 500~2 100毫米。主要土壤种类有潮土、砂姜黑土、风沙土、黄褐土、盐碱土、水稻土等，土层深厚，肥力较高。

该区现有林业用地1 527.79万亩，其中有林地996.94万亩，疏林地26.49万亩，灌木林地175.51万亩，未成林造林地104.55万亩，苗圃地9.01万亩，无林地215.29万亩。在有林地中，林分729.56万亩，经济林261.24万亩，竹林6.14万亩。林分按林种划分，用材林323.71万亩，防护林349.32万亩，特用林34.50万亩，薪炭林22.03万亩。森林覆盖率7.34%。

2.存在问题

该区森林资源总量少，林业发展不能满足区域经济社会发展的需要。生物多样性低，抗逆性差；针阔混交、乔灌（花）结合的林带比例较低，已建的农田林网局部不够完整，部分林带残缺不全，特别是在县与县、乡与乡结合部；缺乏有效的管护机制。

3.建设重点

按照“配网格、改品种、调结构、强产业、增效益”的要求，建设高效的农田防护林体系。通过完善政策机制，拓展林业发展的领域和空间，大力营造防风固沙林，积极发展用材林及工业原料林、园林绿化苗木花卉基地等。在低洼易涝区着力营造用材林及工业原料林。

4.功能亚区

1）一般平原农业生态亚区

——基本情况。

本亚区是指淮河以北，基本上是京广铁路线以东的广大平原地区及南阳盆地，涉及郑州、开封、洛阳、平顶山、安阳、鹤壁、新乡、焦作、濮阳、许昌、漯河、南阳、商丘、信阳、周口、驻马店、济源17个省辖市131个县（市、区）。总面积为11 788.27万亩，占平原区土地面积的86.82%。

该亚区淮河以北地势平坦，属暖温带气候区；南阳盆地由边缘向中心和缓倾斜，地

势具有明显的环状和梯级状特征，属北亚热带气候区，海拔在80~200米之间，年日照时数1 945.5~2 100小时，年均气温14.5~15.5℃，年均降水量790~1 100毫米。区内土壤类型主要有潮土、砂姜黑土、黄褐土、褐土等。

该亚区现有林业用地1 188.45万亩，其中有林地789.53万亩，疏林地19.91万亩，灌木林地131.89万亩，未成林造林地78.57万亩，苗圃地6.77万亩，无林地161.78万亩。在有林地中，林分577.79万亩，经济林206.90万亩，竹林4.86万亩。林分按林种划分，用材林256.37万亩，防护林276.65万亩，特用林27.32万亩，薪炭林17.45万亩。森林覆盖率6.7%。

——存在问题。

该区森林植被较少，部分农田林网进入成过熟期，网格不完整，断带现象严重，防护效能低下。局部地区起步较晚，绿化标准不高，树种单一，病虫害严重，个别地方管护不到位。

——建设重点。

重点抓好农田防护林体系建设，大力发展用材林及工业原料林、经济林、苗木花卉等基地，高标准建设生态廊道，提升绿化的档次和质量。大力推进城乡绿化一体化进程，改善城乡宜居环境。全面提高绿化美化水平，实现生态、社会和经济效益的稳步增长。

2）风沙治理亚区

——基本情况。

本亚区主要分布在豫北黄河故道区及豫东黄河泛淤区，是河南省主要的农业低产区，涉及郑州、开封、安阳、鹤壁、新乡、焦作、濮阳、许昌、商丘、周口10个省辖市48个县（市、区）。总面积为1 240.57万亩，占平原区土地面积的9.14%。

该亚区系黄河历史决口和改道时，沉积的大量泥沙在风力作用下形成的一种特殊风沙地貌。沙丘一般高3~5米，最高可达10米。区内分布有波状沙地、平沙地和丘间洼地，风沙和盐碱危害较为严重。年均降水量600~700毫米，年蒸发量2 000毫米左右。大风日数多在20天以上，且多集中在冬春旱季。土壤类型主要有风沙土、潮土、盐碱土。

该亚区现有林业用地269.15万亩，其中有林地157.85万亩，疏林地5.55万亩，灌木林地36.80万亩，未成林造林地21.92万亩，苗圃地1.89万亩，无林地45.14万亩。在有林地中，林分115.50万亩，经济林41.36万亩，竹林0.97万亩。林分按林种划分，用材林51.25万亩，防护林55.30万亩，特用林5.46万亩，薪炭林3.49万亩。森林覆盖率12.72%。

——存在问题。

部分地区重治理、轻保护，对防沙治沙的重要性、紧迫性、艰巨性认识不足。小树多，大树少，现有森林植被的屏障作用和防护效能日趋低下，自然灾害频繁，严重制约着当地工农业生产的发展。

——建设重点。

大力营造防风固沙林，在沙化耕地上高标准建设农田林网和农林间作，拓展生存与发展空间；积极发展用材林及工业原料林、经济林，着力改善生态环境，促进沙区经济发展，维护沙区社会稳定。

3）低洼易涝农业生态亚区

——基本情况。

本亚区是全省最低的地区，涉及新乡、濮阳、许昌、漯河、信阳、周口、驻马店7个省辖市25个县（市、区）。总面积为548.21万亩，占平原区土地面积的4.04%。

该亚区是由近代河流冲积物和第四纪上更新统湖积物堆积形成的一种低缓平原，海拔一般为40~50米，新蔡、淮滨一带的东北部，海拔只有33米，坡降大部分为1/6 000~1/8 000。土壤主要为砂姜黑土，质地黏重，潜在肥力较高，土地利用潜力很大。

该亚区现有林业用地70.19万亩，其中有林地49.56万亩，疏林地1.03万亩，灌木林地6.82万亩，未成林造林地4.06万亩，苗圃地0.35万亩，无林地8.37万亩。在有林地中，林分36.27万亩，经济林12.99万亩，竹林0.31万亩。林分按林种划分，用材林16.08万亩，防护林17.37万亩，特用林1.72万亩，薪炭林1.10万亩。森林覆盖率9.04%。

——存在问题。

该亚区经济发展相对滞后，加之地势多为浅平洼地和湖洼地，河道曲折，排水不畅，容易发生水涝灾害。平原林业建设基础比较薄弱，局部农田林网不完整，绿化水平不高。

——建设重点。

结合农田水利基本建设，实施农田防护林体系改扩建工程。在河道两岸结合护岸固堤，着力营造用材林及工业原料林、经济林。

二、两点

（一）城市绿化美化

1.基本情况

全省18个省辖市和107个县（市）城市建成区总面积460.51万亩，其中已绿化面积113.81万亩，城市绿化覆盖率24.71%。各省辖市城市建成区绿化现状详见附表11。

2.存在问题

可绿化用地规模有限，城市森林总量不足，植物配置和结构层次单一，没有构成复合稳定的植物群落，绿化美化水平不高。城市周围的森林公园、环城防护林带及城郊森林较少，且发展不平衡。

3.建设重点

按照改善城市生态环境，建设生态文明城市的总体要求，建设以廊道绿化、城中绿岛、环城林带、城郊森林为主要内容的城市森林生态防护体系，提高城市居民的生活环境质量。

在城市建成区内，高标准绿化美化街道及庭院，扩大街头公园、滨河公园、植物

园、休闲游憩园等城中绿岛建设规模；在城郊生态环境较脆弱的地段营造城郊森林和环城防护林带。

（二）村镇绿化美化

1.基本情况

全省1 895个乡（镇）和47 603个行政村的建成区总面积2 199.13万亩，其中已绿化面积688.26万亩，村镇绿化覆盖率31.30%。各省辖市村镇绿化现状详见附表11。

2.存在问题

村镇绿化大多尚可，但由于缺乏统一规划，整体绿化质量、档次不高。局部存在绿化“盲点”，区域绿化水平不平衡。村镇中心建筑密集，绿地不足，绿化标准有待进一步提高。

3.建设重点

以县（市、区）为单位、以村镇为基础、以农户为单元，乔灌结合，村庄周围、街道和庭院绿化相结合，扎实抓好围村林、行道树、庭院绿化美化，推进城乡绿化一体化进程。

根据分类指导的原则，对不同类型的村镇采用不同的绿化布局和绿化重点。抓好围村林建设，采用混交、多层的树种配置模式，形成复杂多样、生态功能与景观效果具佳的村镇植被生态系统。

三、一网络

即生态廊道网络，包括南水北调中线干渠及全省范围内所有铁路（含国铁、地方铁路）、公路（含国道、高速公路、省道、县乡道、村道、景区道路等）、河渠（含黄河、淮河、长江、海河四大流域的干支流河道及灌区干支斗三级渠道）及重要堤防（主要指黄河、淮河堤防）。

（一）基本情况

河南省各级廊道总里程20.17万公里，其中现有廊道里程19.15万公里，规划期内新增廊道里程1.01万公里。在现有廊道里程中，适宜绿化里程16.32万公里，已达标绿化里程4.25万公里，已绿化但未达标里程6.08万公里，未绿化里程5.99万公里。各省辖市廊道分级现状详见附表5。

（二）存在问题

投入不足，政策、机制不完善，各地建设进展不平衡，缺乏科学规划设计，造林树种单一，配置不合理，廊道建设质量较低，景观效果较差。

（三）建设重点

以增加森林植被、构建森林景观为核心，高起点、高标准、高质量地建成绿化景观与廊道级别相匹配，绿化布局与城乡人文环境相协调，集景观效应、生态效应和社会效应于一体的生态廊道。

第六章 林业重点建设工程

在继续实施五大国家重点工程的同时，建设省级重点生态工程和林业产业工程。省级重点工程建设总规模5 474.46万亩，其中规划新造面积2 138.25万亩（含新建园林绿化苗木花卉基地116.67万亩），农田防护林和廊道完善提高折合面积199.48万亩，农田防护林和廊道更新造林折合面积267.75万亩，生态能源林改培面积144.74万亩，中幼林抚育面积1 782.8万亩，低质低效林改造面积941.44万亩。

一、国家重点工程

（一）天然林保护工程

按照国家批复的《天然林保护工程河南省实施方案》（林函计字［2001］229号），在黄河中游的洛阳、三门峡、济源3市的15个县（市、区）继续扎实推进工程建设。全面停止天然林采伐，对天然林保护区内1 330万亩的天然林和其他森林实行全面有效的管护。

（二）退耕还林工程

按照《国务院关于完善退耕还林政策的通知》（国发［2007］25号）精神，将巩固退耕还林成果、确保退耕农户长远生计作为近期工作的重点。同时进一步摸清25°以上坡耕地情况，实事求是制定河南省下一阶段的总体规划，在暂不安排新的退耕地还林任务的情况下，突出重点、稳步推进，继续有计划、分步骤地实施荒山荒地造林和封山育林。

（三）重点地区防护林工程

进一步加强防护林体系建设，突出重点治理区域，强化植被恢复，努力建设生态经济型防护林体系。

——长江中下游、淮河流域防护林体系建设工程。

遵循国家生态环境建设规划和可持续发展战略，保护和发展森林资源，改善流域生态环境，促进流域国民经济和社会可持续发展。范围包括南阳、信阳、驻马店、洛阳、平顶山、郑州、开封、周口、商丘、漯河、许昌等11个市的90个县（市、区）。

——太行山绿化工程。

为使太行山的生态环境适应区域经济的可持续发展和保卫京津地区及华北平原安全的要求，遵循“因地制宜、因害设防、突出重点、分期实施、稳步推进”的原则，建设太行山生态治理工程。范围包括安阳、鹤壁、新乡、焦作等4个市的20个县（市、区）。

（四）野生动植物保护和自然保护区建设工程

建立健全野生动植物保护和自然保护区建设的管理体系，完善和新建一批自然保护区、种源基地和珍稀植物培育基地，拯救和恢复一批珍稀濒危物种（含湿地保护与恢复工程）。

（五）速生丰产用材林基地建设工程

按照国务院批准的《林纸一体化工程规划》和原国家计委批复的《重点地区速生丰产用材林基地规划》积极推进。在黄淮海平原及南阳盆地发展速生丰产用材林基地。

二、省级重点生态工程

为改善城乡宜居生态环境，确保国土生态安全，提高经济社会发展的生态承载能力，规划重点实施山区生态体系建设工程等八大林业生态工程。

规划总任务5 150.53万亩，各工程建设规模详见附表26。

（一）山区生态体系建设工程

重点实施水源涵养林、水土保持林和生态能源林工程，进一步加大矿区生态修复、生态移民力度，建成以森林植被为主体的稳定、安全、高效的生态屏障。

规划任务1 194.48万亩，占省级重点生态工程总任务的23.2%。其中新造面积1 049.74万亩，改培面积144.74万亩。

1.水源涵养林工程

1）建设范围

涉及郑州、洛阳、平顶山、安阳、鹤壁、新乡、焦作、许昌、三门峡、南阳、信阳、驻马店、济源13个省辖市53个县（市、区）。详见附表6。

2）建设内容

在水源地和库塘周围汇水区，采用封山育林、人工造林和飞播造林方式，大力营造乔灌结合的水源涵养林，提高森林涵养水源和调节地表径流的生态防护功能。重点加强丹江口水源区和小浪底库区等23座大型水库及香山、尖岗、常庄、青天河等101座中型水库库区周围的水源涵养林建设。

3）建设任务

规划任务274.07万亩，占山区生态体系建设工程总任务的22.95%。按造林方式分，人工造林235.94万亩，封山育林13.35万亩，飞播造林24.78万亩。按造林年度分，2008年41.11万亩，占规划总任务的15%；2009年54.81万亩，占规划总任务的20%；2010年68.52万亩，占规划总任务的25%；2011年68.52万亩，占规划总任务的25%；2012年41.11万亩，占规划总任务的15%。各省辖市分年度规划任务详见附表13。

2.水土保持林工程

1）建设范围

涉及郑州、洛阳、平顶山、安阳、鹤壁、新乡、焦作、许昌、三门峡、南阳、信阳、驻马店、济源13个省辖市73个县（市、区）。详见附表6。

2）建设内容

在水土流失较为严重，易发生沟蚀、崩塌的黄土丘陵区和石质山区沟坡以及地质结构疏松等易发生泥石流地段，采用封山育林、人工造林和飞播造林方式，通过强化综合治理，大力营造水土保持林，逐步恢复区域地带性森林植被，为经济社会的可持续发展提供生态安全保障。

3）建设任务

规划任务330.78万亩，占山区生态体系建设工程总任务的27.69%。按造林方式分，人工造林277.01万亩，封山育林41.29万亩，飞播造林12.48万亩。按造林年度分，2008年49.62万亩，占规划总任务的15%；2009年66.16万亩，占规划总任务的20%；2010年82.69万亩，占规划总任务的25%；2011年82.69万亩，占规划总任务的25%；2012年49.62万亩，占15%。各省辖市分年度规划任务详见附表14。

3.生态能源林工程

1）建设范围

涉及郑州、洛阳、平顶山、安阳、鹤壁、新乡、焦作、许昌、三门峡、南阳、信阳、驻马店、济源13个省辖市64个县（市、区）。详见附表6。

2）建设内容

为适应国家能源战略需求，采用集约经营的方式，大力营造速生丰产含油率高的木本油料林基地，推动现有资源开发利用，努力缓解我省能源短缺的局面，形成从资源培育到开发利用林油一体化的能源产业。

3）建设任务

规划任务506.11万亩，占山区生态体系建设工程总任务的42.37%。按造林方式分，新造361.37万亩，改培面积144.74万亩。按造林年度分，2008年75.92万亩，占规划总任务的15%；2009年101.22万亩，占规划总任务的20%；2010年126.53万亩，占规划总任务的25%；2011年126.53万亩，占规划总任务的25%；2012年75.91万亩，占规划总任务的15%。各省辖市分年度规划任务详见附表15。

4.生态移民工程

1）建设范围及现状

建设范围：涉及郑州、洛阳、平顶山、安阳、鹤壁、新乡、许昌、三门峡、南阳、信阳、驻马店、济源12个省辖市44个县（市、区）。详见附表6。

现状：在退耕还林工程范围内，生活在干旱缺水、生态环境恶劣的偏远山区的深山独居户、散居户居民，为了生存竭力开发本已十分脆弱的自然生态资源，造成对生态环境的巨大威胁。经调查统计，需移民11 517户，共43 089人，将有弃耕地面积5.94万亩。各省辖市生态移民现状详见附表7。

2）建设内容

规划在退耕还林工程范围内逐步实施生态移民工程。将符合生态移民条件的居民迁出，统一规划，集中安置，逐步实施自愿生态移民工程。因地制宜，通过植树造林，

恢复植被，彻底改善移民地生态环境，促进人与自然环境的协调发展。

3）建设任务

规划安置移民43 089人；规划造林任务7.19万亩，占山区生态体系建设工程总任务的0.6%。按年度分，2008年规划安置移民6 463人，造林任务1.08万亩，均占规划总任务的15%；2009年规划安置移民8 618人，造林任务1.43万亩，占规划总任务的20%；2010年规划安置移民10 772人，造林任务1.80万亩，占规划总任务的25%；2011规划安置移民10 772人，造林任务1.80万亩，占规划总任务的25%；2012年规划安置移民6 464人，造林任务1.08万亩，占规划总任务的15%。各省辖市分年度规划任务详见附表16。

5.矿区生态修复工程

1）建设范围及现状

建设范围：涉及郑州、洛阳、平顶山、安阳、鹤壁、新乡、焦作、许昌、三门峡、南阳、信阳、驻马店、济源13个省辖市69个县（市、区）。详见附表6。

现状：由于矿产资源的开发利用，致使植被受到破坏，水土流失加重，生物栖息环境恶化，严重威胁矿区及周边地区国土生态安全。经调查统计，全省现有矿区总面积253.04万亩，其中需恢复植被面积76.33万亩。各省辖市矿区现状详见附表7。

2）建设内容

按照“因地制宜、分类施策”的原则，在各类露天采掘矿区、尾矿堆集区、煤矿沉陷区等，全面实施矿区生态修复工程，恢复矿区森林植被和生态系统，改善矿区生态和人居环境，促进区域经济可持续发展。

3）建设任务

规划任务76.33万亩，占山区生态体系建设工程总任务的6.39%。按造林年度分，2008年11.45万亩，占规划总任务的15%；2009年15.27万亩，占规划总任务的20%；2010年19.08万亩，占规划总任务的25%；2011年19.08万亩，占规划总任务的25%；2012年11.45万亩，占规划总任务的15%。各省市分年度规划任务情况详见附表17。

（二）农田防护林体系改扩建工程

1.建设范围及现状

建设范围：涉及郑州、开封、洛阳、平顶山、安阳、鹤壁、新乡、焦作、濮阳、许昌、漯河、南阳、商丘、信阳、周口、驻马店、济源17个省辖市118个县（市、区）。详见附表6。

现状：现有农田总面积8 188.09万亩，适宜农田林网间作面积7 343.46万亩。其中已林网间作面积3 590.08万亩，不完整林网面积2 214.65万亩；未林网间作面积1 538.73万亩。林网间作控制率64.0%。各省辖市农田防护林体系建设现状详见附表8。

2.建设内容

加大针阔及乔灌结合的林带比例，提高绿化标准，对断带和网格较大的地方进行完善提高，积极稳妥地推进成、过熟农田防护林更新改造，逐步建立起稳固的农林复

合生态系统，提高综合防护功能。

3.建设任务

规划任务373.63万亩，占省级重点生态工程总任务的7.25%。其中完善提高农田林网2 214.65万亩，折合片林77.91万亩；更新农田林网2 347.20万亩，折合片林162.72万亩；新建林网间作1538.71万亩，折合片林133.00万亩。按造林年度分，2008年56.04万亩，占规划总任务的15%；2009年74.73万亩，占规划总任务的20%；2010年93.41万亩，占规划总任务的25%；2011年93.41万亩，占规划总任务的25%；2012年56.04万亩，占规划总任务的15%。各省辖市分年度规划任务详见附表18。

（三）防沙治沙工程

1.建设范围及现状

建设范围：涉及郑州、开封、安阳、鹤壁、新乡、焦作、濮阳、许昌、商丘、周口10个省辖市47个县（市、区）。详见附表6。

现状：由于多种因素所致，局部地区沙地的生态状况仍呈加剧扩展之势，土地沙化形势依然十分严峻。据统计，全省现有宜林沙荒地42.06万亩；沙化耕地802.38万亩，其中轻度635.81万亩，中度163.82万亩，重度2.75万亩。各省辖市沙化土地现状详见附表9。

2.建设内容

本着因地制宜，因害设防，保护优先的原则，凡宜林沙荒地全部营造防风固沙林；在沙化耕地上营造小网格农田林网和林粮间作。

3.建设任务

规划任务87.60万亩，占省级重点生态工程总任务的1.70%。其中防风固沙林36.81万亩，农田林网间作折合片林面积50.79万亩（包括完善农田林网间作折合片林12.14万亩，更新农田林网12.19万亩，新建农田林网间作26.46万亩）。按造林年度分，2008年13.14万亩，占规划总任务的15%；2009年17.52万亩，占规划总任务的20%；2010年21.90万亩，占规划总任务的25%；2011年21.90万亩，占规划总任务的25%；2012年13.14万亩，占规划总任务的15%。各省辖市分年度规划任务详见附表19。

（四）生态廊道网络建设工程

1.建设范围及现状

建设范围：现有廊道及规划期内新增廊道两侧。

现状：河南省各级廊道总里程20.17万公里，其中现有廊道里程19.15万公里，规划期内新增廊道里程1.01万公里。在现有廊道里程中，适宜绿化里程16.32万公里，已达标绿化里程4.25万公里，已绿化但未达标里程6.08万公里，未绿化里程5.99万公里。各省辖市廊道分级现状详见附表5。

2.建设内容

根据河南省实际情况，规划将按照以下标准建设生态廊道（河道植树范围为干支流堤防背水侧以外，无堤段河道管理范围以外）。

Ⅰ级：黄河、淮河干流和南水北调中线工程干渠，两侧各栽植宽度100米以上树木；

Ⅱ级：铁路、高速公路、国道、四大水系一级支流、干渠，两侧各栽植10行以上树木；

Ⅲ级：省道、景区道路、二级支流、支渠，两侧各栽植5行以上树木；

Ⅳ级：县乡道、三级支流，两侧各栽植3行以上树木；

Ⅴ级：村级道路、斗渠，两侧各栽植至少1行树木。

在廊道的重要地段，适当增加绿化宽度，乔灌花草相结合，提高常绿树种比例，高标准绿化美化；路（渠）基两侧挖方坡面适度硬化后栽植灌木、藤本或常绿树种进行绿化美化。三级及以上廊道沿线第一层山脊2公里范围以内要高标准绿化。

3.建设任务

规划任务444.58万亩，占省级重点生态工程总任务的8.63%。其中新绿化里程70 043.18公里，造林面积242.31万亩（其中：线路绿化折合196.89万亩，宜林荒山荒地绿化45.42万亩）；完善提高60 792.71公里，造林面积109.43万亩（其中：线路绿化折合95.47万亩，宜林荒山荒地绿化13.96万亩）；更新造林36 004.28公里，折合造林面积92.84万亩。

按造林年度分，2008年规划66.69万亩，占规划总任务的15%；2009年规划88.92万亩，占规划总任务的20%；2010年规划111.14万亩，占规划总任务的25%；2011年规划111.14万亩，占规划总任务的25%；2012年规划66.69万亩，占规划总任务的15%。各省辖市分年度规划任务详见附表20。

（五）城市林业生态建设工程

1.建设范围及现状

建设范围：包括全省18个省辖市和107个县（市）的城市建成区及郊区。

现状：城市建成区总面积460.51万亩，其中已绿化面积113.81万亩；城市绿化覆盖率24.71%。各省辖市城市建成区绿化现状详见附表11。

2.建设内容

通过创建森林城市等活动，适当增加常绿树种比例，采取平面绿化与立体绿化相配合，绿化、彩化与美化相结合，城区与郊区相衔接，加强环城防护林、城区绿化、通道绿化、森林公园建设，构筑以城区、近郊区为重点，近远郊协调配置，融城区公园、绿地和廊道绿化等相结合的城市森林。按照以下标准建设环城防护林带：城市规划人口在100万以上者，规划宽度达到100米以上；规划人口在50万以上者，宽度达到50米以上；规划人口在10万以上者，宽度达到20米以上。

在城市周围，要因地制宜，因害设防。除建设环城防护林带外，还要在风口、水土流失较为严重、生态环境较为脆弱的地方适当营造城郊森林，或建设大面积的森林公园、游乐园等休闲游憩活动场所，提高人民群众的生存、生活及工作环境质量。

3.建设任务

规划任务107.60万亩，占省级重点生态工程总任务的2.09%。其中环城防护林带

27.46万亩，城郊森林17.08万亩，省辖市建成区绿化22.29万亩，县级市、县城建成区绿化40.77万亩。按造林年度分，2008年16.14万亩，占规划总任务的15%；2009年21.52万亩，占规划总任务的20%；2010年26.90万亩，占规划总任务的25%；2011年26.90万亩，占规划总任务的25%；2012年16.14万亩，占规划总任务的15%。各省辖市分年度规划任务详见附表21。

（六）村镇绿化工程

1.建设范围及现状

建设范围：涉及全省1 895个乡（镇）和47 603个行政村的建成区及周围。

现状：乡镇、办事处政府所在地、村庄建成区总面积2 199.13万亩，其中已绿化面积688.26万亩；村镇绿化覆盖率31.30%。各省辖市村镇绿化现状详见附表11。

2.建设内容

围绕社会主义新农村建设，结合街道和建筑物布局特点，以村镇周围、村内道路两侧和农户房前屋后及庭院为重点进行立体式绿化、美化，以改善农村居民的生活环境，提高生活质量。按照以下标准搞好庭院绿化美化，围村、乡镇林带建设一般要在10米以上；道路两侧至少各栽植1行乔木。

3.建设任务

规划任务218.40万亩，占省级重点生态工程任务的4.24%。按造林年度分，2008年43.68万亩，占规划总任务的20%；2009年43.68万亩，占规划总任务的20%；2010年54.60万亩，占规划总任务的25%；2011年54.60万亩，占规划总任务的25%；2012年21.84万亩，占规划总任务的10%。各省辖市分年度规划任务详见附表22。

（七）野生动植物保护和自然保护区建设工程

1.现状

全省有国家一级重点保护野生动物15种，国家二级重点保护野生动物79种，省重点保护野生动物35种；国家一级重点保护植物3种，国家二级重点保护野生植物24种，省重点保护野生植物98种。近几十年来，我省人口的快速增长及经济的发展，人口与资源、经济建设与生态保护的矛盾日益突出。濒危物种的恢复进展缓慢，部分物种减少的势头尚未得到有效遏制。

全省林业系统共建立森林类型、湿地类型和野生动植物类型自然保护区22处，其中国家级9处、省级13处，总面积735.8万亩，占全省国土面积的2.94%。我省森林生态系统、湿地生态系统和野生动植物资源主要分布在太行山、伏牛山、大别山、桐柏山四大山系，以及黄河、淮河、长江干支流区域。通过自然保护区的建立，使全省75%的国家一、二级重点保护野生动植物物种和80%的典型生态系统纳入到自然保护区范围，野生动植物资源和生态系统得到了有效保护。通过多年来的建设，自然保护区的交通、通信、管护、监测、科研等基础设施状况有了一定改善，保护手段得到加强，管理水平明显提高。省级自然保护区基础设施普遍较差，建设的任务仍很重。特别是省级自然保护区建设没有列入中央财政投入范畴，而省本级基本建设投资至今没把省级自然

保护区列入预算，制约了省级自然保护区建设。

2.建设内容

重点建设和完善国家级、省级自然保护区，实施濒危野生动植物拯救工程；建立健全野生动植物救护繁育中心、野生动物疫源疫病监测中心等。有计划地开展湿地生态恢复与重建，重点加强保护和监测能力，全面提高野生动植物、自然保护区和湿地管理水平。

3.建设任务

新建汝南宿鸭湖、淮河源2个国家级自然保护区，固始淮河湿地、白龟山库区湿地、濮阳县黄河湿地、舞阳泥河洼湿地、南召鸭河口湿地、温武黄河滩区湿地、卢氏天然次生林、豫东黄河故道湿地8个省级自然保护区，使全省林业系统自然保护区数量达到28个，其中国家级11个、省级17个。总面积达到810万亩，占全省国土面积的比例达到3.23%。湿地生态恢复与重建15万亩。

加强野生动植物保护管理监管体系、野生动物疫源疫病监测站、濒危野生动植物拯救工程建设。加强省级野生动植物保护管理站建设，完善18个省辖市野生动植物保护管理站，新建省野生动物疫源疫病监测中心和35个野生动物疫源疫病监测站。建立7处濒危野生动植物保护小区或保护点、9处野生动物救护繁育中心和2处鸟类环志站。

（八）森林抚育和改造工程

1.建设范围

涉及全省18个省辖市147个县（市、区）。详见附表6。

2.建设内容

加强对现有森林的经营管理，不断提高林分质量，充分发挥森林的综合效益。对郁闭度0.8以上的中幼林进行抚育；对疏林地、无培育前途的林分或灾害危害严重的低质低效林进行改造。对生态区位重要的低质低效林，通过加大培育、科学改造，使其逐步形成树种多样、层次复杂、结构稳定、功能完备的公益林；对水热资源丰富、生态条件较好地区的低质低效林，通过加大投入、集约经营，使其形成速生、丰产、高效的商品林；对郁闭度小于0.5的低质低效林实施封山育林，通过封禁、适当补植改造等措施，充分发挥生态系统的自我修复能力，提高林分质量。

3.建设任务

规划任务2 724.24万亩，占省级重点生态工程任务的52.89%。其中中幼龄林抚育1 782.80万亩（含飞播林65.38万亩），低质低效林改造941.44万亩。按年度分，2008年408.64万亩，占规划总任务的15%；2009年544.84万亩，占规划总任务的20%；2010年681.06万亩，占规划总任务的25%；2011年681.06万亩，占规划总任务的25%；2012年408.64万亩，占规划总任务的15%。各省辖市森林抚育和改造工程分年度规划任务详见附表23。

环城防护林、围村林、铁路公路防护林建设，需要在耕地上造林时，按照《国务院关于坚决制止占用基本农田进行植树等行为的紧急通知》（国发明电［2004］1号）和《村民委员会组织法》的相关规定实施。

三、省级林业产业工程

为加快我省林业产业发展，促进林农脱贫致富，发挥林业基础产业作用，规划实施用材林及工业原料林、经济林等四大林业产业工程。

规划总任务323.93万亩，各工程建设规模详见附表26。

（一）用材林及工业原料林建设工程

1.建设范围

涉及开封、洛阳、平顶山、安阳、鹤壁、新乡、焦作、濮阳、漯河、三门峡、南阳、商丘、信阳、周口、驻马店15个省辖市83个县（市、区）。详见附表6。

2.建设内容

按照"速生、优质、高效"的要求，合理调整林种、树种结构，实行高度集约化经营，促进工业原料林培育。在豫北、豫南发展以杨树、松树等为主的林纸一体化原料林基地，在豫东、中部发展以杨树、泡桐等为主的林纸林板一体化原料林基地，在滩区、蓄洪区（按防洪标准）发展以杨树为主的速生丰产林基地。

3.建设任务

规划任务130.84万亩，占省级林业产业工程总任务的40.39%。按造林年度分，2008年19.63万亩，占规划总任务的15%；2009年26.16万亩，占规划总任务的20%；2010年32.71万亩，占规划总任务的25%；2011年32.71万亩，占规划总任务的25%；2012年19.63万亩，占规划总任务的15%。各省辖市分年度规划任务详见附表24。

（二）经济林建设工程

1.建设范围

涉及洛阳、平顶山、安阳、鹤壁、新乡、焦作、濮阳、漯河、三门峡、南阳、商丘、信阳、驻马店、济源14个省辖市69个县（市、区）。详见附表6。

2.建设内容

经济林发展围绕"绿色"、"有机"，突出名优特新，按照适地适树、规模发展的原则，重点建设大别、桐柏山区的茶叶、板栗基地，伏牛、太行山区的核桃基地，黄土丘陵区的苹果基地，浅山丘陵区的柿子、石榴基地，平原区的大枣、梨、葡萄基地和城市郊区的时令鲜果基地等；在伏牛山区建设山茱萸、辛夷、杜仲等森林药材基地。

3.建设任务

规划任务76.42万亩，占省级林业产业工程总任务的23.59%。按造林年度分，2008年11.46万亩，占规划总任务的15%；2009年15.28万亩，占规划总任务的20%；2010年19.11万亩，占规划总任务的25%；2011年19.11万亩，占规划总任务的25%；2012年11.46万亩，占规划总任务的15%。各省辖市分年度规划任务详见附表25。

（三）园林绿化苗木花卉建设工程

1.建设范围

涉及全省18个省辖市138个县（市、区）。详见附表6。

2.建设内容

以现有园林绿化苗木和洛阳牡丹、南阳月季、开封菊花等特色花卉为依托，大力发展名特优鲜切花、盆花植物和观赏苗木，积极开发、引进和培育新品种，打造名牌产品、特色产品，促进产业升级，提高我省苗木花卉产品的竞争力。

3.建设任务

规划任务116.67万亩，占省级林业产业工程总任务的36.02%。按造林年度分，2008年17.50万亩，占规划总任务的15%；2009年23.33万亩，占规划总任务的20%；2010年29.17万亩，占规划总任务的25%；2011年29.17万亩，占规划总任务的25%；2012年17.50万亩，占规划总任务的15%。各省辖市分年度规划任务情况详见附表25。

（四）森林生态旅游设施建设工程

1.建设范围及现状

建设范围：涉及全省18个省辖市。

现状：全省共有森林公园92个、自然保护区生态旅游区11个，森林旅游出游人数以每年22%的速度递增，全省森林公园年接待旅游人数1 530万人（次）左右，年直接收入3.7亿元。森林旅游业快速发展还带动了服务业、运输业等相关产业的发展。

2.建设内容

以生态观光、休闲度假、科普教育等为主要目标，加强森林公园、自然保护区、国有林场的生态旅游和生态文化基础设施如博物馆、展览馆等建设，重点开发独具特色的森林生态旅游景区、景点及森林旅游精品线路，优化和提升森林旅游区的品位，建成具有国内影响力的生态旅游胜地。

3.建设任务

到2012年，规划建成太行山、嵩山、小秦岭—崤山—熊耳山、伏牛山、桐柏—大别山、黄河沿岸及故道、中东部平原等七大森林生态旅游区。对现有的森林公园整合资源，完善布局，加快市、县级森林公园建设步伐，新增森林公园面积157.5万亩，年接待游客将达到3 620万人（次），森林旅游业年直接收入9.5亿元，带动其他行业收入66.5亿元。

推进林业产业化经营，走优质、高产、高效生态林业经营之路。除重点建设用材林及工业原料林、经济林、园林绿化苗木花卉、森林生态旅游等省级林业产业工程外，大力培植发展木材加工业、经济林产品贮藏与加工业，逐步形成以骨干企业为龙头，以林产品基地为依托，资源培育、加工利用和市场开拓相衔接的林业产业体系，培育新的林业经济增长点。鉴于省政府下发了《河南省人民政府关于批转省林业厅等部门关于加快林业产业发展的意见的通知》(豫政［2004］57号)，省林业厅和发展改革委又批转了《河南省林业产业2020年发展规划纲要》(豫林产［2004］157号)，因此本规划中不再赘述。

第七章　支撑体系建设

一、森防体系建设

（一）森林防火

在继续实施好国家重点火险区综合治理工程的基础上，注重森林防火培训和野外演练，加大森林防火入山检查、宣传标示牌的密度等，完善全省火源管理系统；在Ⅰ类、Ⅱ类火险区，建设简易林区防火道路，修复林区断头路、损毁路，开设生物防火林带（防火线），健全阻火隔离系统；建设完成全省火险预警监测系统，完善瞭望台、电子监控台（站）等基础设施建设，购置相关设备，使重点火险县的瞭望覆盖率达到95%以上，一般山区县达到80%以上，基本形成全省监测瞭望网。建成省和重点火险县防火指挥中心，形成全省通信和指挥调度系统；加强森林火灾扑救队伍与后勤保障系统建设；建立健全专业、半专业森林消防队，建设必要的防扑火物资储备库，配置必需的防扑火机具、装备和运兵车辆，提高防扑控能力；建设完善省森林航空消防站，加强重点地区流动航空消防设施建设，提高航空直接灭火和航空巡护的能力，基本实现重点区域航空巡护和航空灭火的全覆盖，以弥补我省人力和地面交通难以到达的深山林区火情监测、巡护和火灾扑救的不足。

（二）森林公安

在继续完善森林派出所基础设施建设的基础上，建设完善省、市、重点县森林公安指挥系统，提高省林业刑事案件技术鉴定能力，加强警务区建设。按照相关标准配备交通工具、勘察取证器材、民警防护器材、通信设备、警用器械及管理器材，完善询问室、留置室、警械库监控（报警）设备配备。省林业刑事案件技术鉴定中心装备按公安部《公安刑事科学技术装备配备标准》地市级标准配备。

（三）林业有害生物防控

监测预警体系建设。着力加强重点县森防站和国家级中心测报站点监测预报基础设施和能力建设。更新完善国家级测报站点硬软件设备，配备现代化信息采集和交通通信工具。完善省级林业有害生物预测预报中心的硬件设施和软件建设。建立林业有害生物遥感监测系统，配置1套遥感监测设备。完善18个市级森防机构的测报设施，配备测报交通工具。建设必要的基层监测点，优先为国家级中心测报站点配备野外调查、信息采集等测报设施和交通工具。

检疫御灾体系建设。建设和完善检疫隔离试种苗圃、检疫除害处理设施和检疫检查站。完善林业有害生物检疫鉴定、风险评估设施设备。建设省、市、县三级检疫信息网络系统和国内外林业有害生物发生危害的资料数据库。强化省级森防检疫机构林

业有害生物评估鉴定和远程诊断系统建设，配备诊断设施设备和疫情发布信息传输设备。建立省级检疫实验室和重点县检疫实验室。为森防机构配置统一标识的检疫执法专用车辆，装备小型检疫检验设备和通信工具。建设必要的检疫隔离试种苗圃、检疫检查站和检疫除害处理基地，配备除害处理设备。

防治减灾体系建设。以县级基层防控常规性基础设施和配置能够满足大面积防治所需的现代化机械施药器械为建设重点，加强重点县森防站防治减灾设施设备建设。重点配置防治作业车、防治施药器械、野外作业工具、防护设施、交通工具。

应急控灾体系建设。以快速提高基层防控和应急救灾能力为重点，建立省、市、县上下贯通的应急信息体系和决策指挥体系。组建应急专业队伍，开展实战演练，提高应急防控能力。

建设省级林业有害生物防控实验室。在18个市级森防站和重点县森防站新建和完善综合防控实验室。建立省级林业有害生物标本室1个、市级标本室18个。新建和改扩建1个省级天敌资源培育基地、2个区域性天敌繁育场和1个灭虫粉炮厂。开展监测调查和监测技术规范化示范工作。积极推行森林健康理念，采取营林性防控措施，大力开展促进森林健康的各种技术示范工作。

二、森林资源管理和监测体系建设

（一）森林资源管理体系建设

稳定森林资源行政管理机构，合理布置人力资源，加强设施装备建设。维持全省木材检查站总数不变，调整和完善提高部分木材检查站，使其全部达到国家级木材检查站建设管理示范站标准。加强林政稽查队伍建设，稳定人员，配备必要设施设备。

（二）森林资源监测体系建设

进一步加强我省森林资源调查监测队伍和能力建设，提高监测深度和广度。加强林业调查规划设计队伍建设。按照资质单位建设标准配备监测设备，并对监测人员进行学历、学位培训和规划设计与资源监测岗位培训，使各省辖市和重点的县（市、区）以及国有林场都具备规划设计和森林资源综合监测的能力，形成以河南省林业调查规划院（河南省森林资源监测中心）为中心的、覆盖全省的森林资源监测网络。

三、科技服务体系建设

（一）林业重点工程科技支撑体系建设

紧紧围绕“实现林业科技成果转化率达到55%以上、工程建设林木良种使用率达到95%以上、林业科技进步贡献率45%达到以上”的目标，重点抓好以下几项工作：

建设八项重点林业科技工程，不断提高科技创新能力。优化林种、树种、品种结构，大幅度提高林业建设质量和效益，建设生态建设与生态安全科技工程、林业生物技术及良种战略科技工程、森林生物种质资源保护与利用科技工程、林业产业发展科技工程、林业信息技术科技工程、林业科技推广示范与科普科技工程、林业标准化科

技工程、林业科技创新能力建设科技工程等8项重点林业科技工程。通过整合科技资源，利用省院、省内外和国内外科研机构的交流与合作，突出抓好林业生物技术，多林种、多树种优化配置技术，困难立地条件区植被恢复技术，生态能源林培育等130项技术研究，选育林木优良新品种（无性系）30个，引进林木新品种100个，开展50项“省院”、“市院”合作和国外智力引进。

大力推广先进适用技术，促进林业生态建设快速发展。对现有林业科研成果、技术进行认真筛选和组装配套，开展抗旱保湿造林技术、干旱裸露地造林技术、新品种培育及快繁技术、各类立地类型的造林模式研究、生态廊道的造林模式探讨、提高植物固碳能力的营林技术、重大病虫害的防控技术科研项目等150项先进技术，建立各项林业重点工程科技支撑项目基地90万亩。

加快数字林业技术体系建设，全面提升林业宏观决策和科学管理水平。抓好“河南省重点林业工程应用系统”、“河南省森林灾害监测管理信息系统”等方面的建设，实现遥感、地理信息系统、全球定位系统一体化与分析处理技术在林业生产中的应用。着力推进航空护林、机械化防治林业有害生物等建设步伐。

切实建设好林业科技示范体系，带动广大群众发展高效林业。围绕重点林业生态工程建设，分区建立一批显示度高、辐射面广的科技示范区、示范基地，形成点、面结合的林业科技示范体系。

大力推进林业标准化工作，提高林业建设的质量和效益。制（修）订国家、行业和地方林业标准124项，建立国家和省级林业标准化示范区（县、项目）15个；建立大枣、核桃、柿、板栗等名特优新无公害果品基地50个，创建一批“中国名牌”和“河南名牌”。推进林业地理标志产品保护工作，积极申报和保护我省林业地理标志产品。

（二）林木种质资源保护体系建设

依据“全面调查、重点收集、有效保护、科学评价、合理利用”的方针，全面实施特有、珍稀、濒危、重要的乔木、灌木、经济林、花卉的种质资源保存。建设必要的种质资源原地保存库和异地保存库；建立河南省林木种质资源设施保存库；适当引进优良种质；建立必需的测定林；通过选种、育种、繁育及建立示范林等形式创新性地利用林木种质资源。

建立大别山、桐柏山、小秦岭、伏牛山北坡、伏牛山南坡、太行山林木种质资源原地保存库。建设省林木种质资源保存中心库和豫东、豫西、豫南、豫北、中部5个区域保存库；建设一批具有我省特色的优良种质资源专项保存库。对在原地和异地保存有一定困难或有特殊价值的林木种质资源的种子、花粉、芽、根、枝等繁殖材料离开母体，利用设备进行储藏保存。建立必需的主要造林树种的测定林，主要包括种源试验林、引种试验林、优树子代测定林、杂种选育子代测定林和无性系测定林等。

（三）林木种苗质检体系建设

加强林木种苗质量监督检验，使工程造林种苗受检率达100%，一般造林种苗受检率达80%，工程造林种苗质量合格率达100%，一般造林种苗合格率达90%以上。在改造现有种子储备库的基础上，着重扶持生态建设任务重、种子产量大的重点县（市、

区）的种子储备库建设。

（四）基层林业服务体系建设

巩固和完善林业技术服务推广体系，按照“健全、规范、提高”的建设方针，着力加强基层技术推广服务基础设施和能力建设。更新完善推广服务业务设备，配备必要的通信和交通工具。在部分市建设省级区域性中间试验基地。建立与完善推广示范基地。重点工程与技术推广“三同步”建设。

四、基础设施建设

（一）林木种苗基地建设

经测算，完成规划任务约需苗木30亿株。在完善现有林木种苗基地的基础上，加大优质苗木繁育基地建设，为规划实施提供充足的良种壮苗。

建设必要的良种基地。包括生态治理、用材树种、经济林树种、木本药材和生物能源树种。以生态用材林、经济林树种良种为建设重点，完善基础设施。力争在建设期内把良种使用率从现在的58%提高到65%。

建设必要的采种基地。主要建在种子资源丰富的地区，加强对母树的管理和采收水平，合理利用种子资源，配套必要的采收、加工设备，建设储藏晾晒设施。

建设必要的优质苗木繁育基地。依托现有国有苗圃，加强水、电、路和设备建设，加大优良品种的引进，大力推广苗木快速繁育和标准化育苗技术，分别建设一批省、市、县级示范苗圃。

（二）林业信息化建设

基本建成基于互联网的省、市、县三级林业门户网站群（外网），增强各级林业部门的对外宣传和公共服务能力。初步建成连接省、市、县三级林业主管部门，集语音、数据、图像于一体的宽带综合业务网络体系，为实现林业政务、业务信息化提供共享网络平台。

建立以林业地理信息系统为主体的林业信息化基础平台和森林资源、林业统计、工程项目等林业数据库体系，建成省林业数据交换中心。

建立林业应急指挥（含森林火灾抢险、重大破坏森林资源与生态环境案件、重大有害生物灾害及重大野生动物疫情防控等）、森林资源和野生动物疫病疫情监测与管理、工程项目管理、林政资源管理、森林公安网络执法与业务管理、造林质量监测等应用系统和网上行政审批等电子政务系统。

初步建立较为完善的林业信息化和电子政务标准体系、管理制度及工作体系与运行机制。基本完善林业网络及信息安全设施和防范保障措施，确保不发生大的信息安全事故。

（三）重点实验室、林产品质检站和森林生态定位站建设

建设必要的省级重点实验室，完善省级林产品质检站；支持国家生态定位站建设，依托河南省林科院，建立省级森林生态定位观测系统，形成省、市、县三级监测网络，并实现与国家监测站信息共享。建立河南森林生态效益评价指标体系，定期发布森林资源生态效益监测成果。

第八章 投资估算与效益分析

一、投资估算

（一）估算依据

1.《防护林造林工程投资估算指标》，国家林业局，2006年；

2.《自然保护区工程项目建设标准》，国家林业局，2004年；

3.《森林重点火险区综合治理工程项目建设标准》，国家林业局，2004年；

4.《公安派出所正规化建设规范》（公通字（2007）29号），公安部；

5.《森林病虫害综合治理工程项目建设标准》，国家林业局，2004年；

6.《林木种苗工程项目建设标准》，国家林业局，2004年；

7.《河南省2020年林业科技创新规划》，河南省林业厅，2005年。

（二）投资标准

根据相关标准，结合我省实际，确定各工程投资标准。

1. 山区生态体系建设工程：水源涵养林和水土保持林人工造林480元/亩，封山育林140元/亩，飞播造林80元/亩；生态能源林人工造林480元/亩，改培250元/亩；生态移民工程人工造林480元/亩，移民12 000元/人；矿区生态修复4 800元/亩。

2. 农田防护林体系改扩建工程：按折合片林面积420元/亩。

3. 防沙治沙工程：防风固沙林480元/亩，沙化耕地林网间作按折合片林面积420元/亩。

4. 生态廊道网络建设：按折合片林面积420元/亩。

5. 城市林业生态建设工程：环城防护林带600元/亩，城郊森林600元/亩，省辖市建成区绿化20 000元/亩，县级市、县城建成区绿化10 000元/亩。

6. 村镇绿化工程：420元/亩。

7. 森林抚育和改造工程：中幼林抚育150元/亩，低质低效林改造200元/亩。

8. 用材林及工业原料林：600元/亩。

9. 经济林，1 500元/亩。

10. 园林绿化苗木及花卉，6 000元/亩。

野生动植物保护与自然保护区建设、森林生态旅游、支撑体系建设等非营造林项目根据各自建设特点结合国家相关标准确定单位建设投资标准。

（三）投资估算

经估算，规划总投资405.72亿元。

1.山区生态体系建设工程：总投资88.80亿元。其中，人工造林78.95亿元，封山育林0.76亿元，飞播造林0.30亿元，生态能源林改培3.62亿元，生态移民5.17亿元。

按工程分，水源涵养林工程投资11.71亿元（其中人工造林11.32亿元，封山育林0.19亿元，飞播造林0.20亿元），水土保持林工程投资13.97亿元（其中人工造林13.30亿元，封山育林0.57亿元，飞播造林0.10亿元），生态能源林工程投资20.96亿元（其中人工造林13.74亿元，改培3.62亿元），生态移民工程投资5.52亿元（其中人工造林0.35亿元，移民5.17亿元），矿区生态修复工程投资36.64亿元。

2. 农田防护林体系改扩建工程：总投资15.69亿元。其中新建农田林网间作5.59亿元，完善提高3.27亿元，更新造林6.83亿元。

3. 防沙治沙工程：总投资3.90亿元。其中防风固沙林1.77亿元，沙化耕地新建林网间作1.11亿元，完善提高0.51亿元，更新0.51亿元。

4. 生态廊道网络建设工程：总投资18.67亿元。其中新建10.17亿元，完善提高4.60亿元，更新3.90亿元。

5.城市林业生态建设工程：总投资88.02亿元。其中环城防护林带1.65亿元，城郊森林1.02亿元，省辖市建成区绿化44.58亿元，县级市、县城建成区绿化40.77亿元。

6. 村镇绿化工程：总投资9.17亿元。

7. 野生动植物保护与自然保护区建设：总投资2.00亿元。其中野生动植物保护监管体系建设工程投资0.15亿元，野生动物疫源疫病监测体系建设工程0.24亿元，濒危野生动植物种拯救建设工程0.20亿元，自然保护区建设1.01亿元，湿地恢复与重建0.40亿元。

8. 森林抚育和改造工程：总投资45.57亿元。其中中幼林抚育26.74亿元，低质低效林改造18.83亿元。

9. 用材林及工业原料林总投资7.85亿元。

10. 经济林总投资11.46亿元。

11. 园林绿化苗木及花卉总投资70.00亿元。

12. 森林生态旅游工程总投资2.10亿元。

13. 支撑体系建设：总投资42.47亿元。其中森林防火6.86亿元，森林公安2.42亿元，林业有害生物防控8.47亿元，森林资源管理体系1.21亿元，森林资源监测体系2.42亿元，林业重点工程科技支撑体系4.84亿元，林木种质资源保护体系4.03亿元，林木种苗质检体系1.61亿元，基层林业服务体系2.42亿元，林木种苗基地建设6.05亿元，林业信息化建设1.16亿元，重点实验室林产品质检站生态定位站0.42亿元，林业教育、文化基地建设0.56亿元。详见附表27。

（四）年度投资计划

规划总投资405.72亿元。其中2008年投资61.32亿元，2009年投资79.00亿元，2010年投资101.43亿元，2011年投资101.43亿元，2012年投资62.54亿元。分工程年度投资详见附表28。

二、资金筹措

（一）各级财政对规划建设的投资预测

2002年到2006年河南各级财政总支出4 783.4亿元，年均递增幅度为23.0%。2007年河南各级财政总支出预计达到1 800亿元，以此为基数，考虑到各种因素，财政支出能力年均递增率按2002~2006年的年均递增率（23.0%）的65%，即15%，预测今后5年河南各级财政的总支出为13 957亿元。从2008年开始，今后5年河南财政对林业的支出将争取安排到全省财政支出的2%，今后5年财政对规划建设的投资总额将达到279亿元（见表8-1）。

表8－1 河南各级财政对规划建设的投资预测

年度	预计财政支出数额（亿元）	对林业的支出（亿元）
2007	1 800	
2008	2 070	41
2009	2 381	48
2010	2 738	55
2011	3 149	63
2012	3 619	72
合计	13 957	279

1.国家林业局对规划建设的投资预测

2002年到2006年国家林业总投资1 865.54亿元，年均递增幅度为10.77%。2007年国家林业总投资预计达到480亿元，以此为基数，考虑到各种因素，国家林业建设总投资年均递增率按2002~2006年的年均递增率的65%，即7.0%，预测今后5年国家林业建设的总投资为2 956亿元。从2008年开始今后5年，争取国家对河南林业的投资占到国家林业建设投资的比例在2002~2006年平均比例2.17%的基础上增加35%，即达到2.93%。今后5年国家林业建设对规划建设的投资总额将达到86.64亿元（见表8-2）。

表8－2 国家林业建设投资对规划建设的投资预测

年度	国家林业总投资（亿元）	河南投资所占比重	河南林业总投资（亿元）
2007	480		
2008	514	2.93	15.06
2009	550		16.12
2010	589		17.25
2011	630		18.46
2012	673		19.75
合计	2 956		86.64

2.省本级财政对规划建设的投资

2007年省本级财政一般预算支出预计285亿元，按照全省一般财政预算支出的增幅计算，2008~2012年省本级财政一般预算支出预计达到2 202亿元。按照2%的比例，省本级对规划建设的投资将达到44.10亿元。

3.省辖市以下各级财政投资

2006年全省省辖市本级财政一般预算支出为405.89亿元，按照2002~2006年全省财政支出平均增幅23%计算，2007年省辖市本级财政一般预算支出为498.15亿元。2007年以后省辖市本级财政一般预算支出按全省目前递增率的65%，即15%，预测今后5年省辖市本级支出为3 862.52亿元，按照1.8%的比例，省辖市本级对规划建设的投资将达到69.50亿元。县（市、区）应筹集78.76亿元，占县（市、区）财政一般预算支出的1%（全省县级预算单位按同上口径和比例计算，2008~2012年其财政一般预算支出为7 887.50亿元）。省辖市、县（市、区）两级财政对规划建设的投资将达到148.26亿元。

（二）吸引社会资金

完成规划建设任务，除各级财政投资279亿元外，需吸引社会资金126.72亿元。其中，已经签约实施的日本政府贷款和中德合作项目，5年投资6.40亿元；国内贴息贷款，5年预计可达17亿元；通过林权制度改革、政府资金扶持等政策和经济措施，吸引林农、社会团体、企事业单位等建设单位（个人）自筹资金103.32亿元。

综上所述，总投资405.72亿元中，国家林业建设投资86.64亿元，占总投资的21.31%；省级财政投资44.10亿元，占总投资的10.87%；省辖市财政投资69.50亿元，占总投资的17.13%；县级财政投资78.76亿元，占总投资的19.41%；吸引社会资金及建设单位自筹126.72亿元，占总投资的31.28%。

三、效益分析

规划任务完成后，每年将产生综合效益总价值1 206.46亿元。其中生态效益价值为822.40亿元，经济效益价值为277.37亿元，社会效益可计算价值为106.69亿元。

（一）生态效益

规划任务完成后，新增森林每年可固定二氧化碳2 077.67万吨，效益价值为68.00亿元；释放氧气1 291.15万吨，效益价值为129.12亿元；减少土壤流失总量5 037.69万吨，减少土壤肥力流失量274.16万吨，保育土壤效益价值为34.25亿元；涵养水源效益价值为249.45亿元；增加土壤肥力效益价值为6.83亿元；农田防护效益价值为49.89亿元；保护生物多样性效益价值为175.44亿元；森林游憩价值为29.49亿元；吸收二氧化硫、氟化物、氮氧化物等有害气体分别为1.42亿公斤、424.32万公斤、719.12万公斤，滞尘184.74亿公斤，增加负离子9 003.39亿个，净化环境效益价值为29.77亿元；城市林业生态工程建设中省辖市、县（市、区）建成区绿化规模63.06万亩，村镇绿化工程规模218.40万亩，将新增城镇林木11 352.22万株，节能减排效益价值为37.26亿元（其中节能效益价值为28.10亿元；减少发电厂排放的二氧化碳255.42万吨，效益

价值为8.36亿元；减少二氧化硫排放量6.70万吨，效益价值为0.80亿元）。

新增湿地每年可固定二氧化碳6.78万吨，效益价值为0.22亿元；释放氧气4.98万吨，效益价值为0.50亿元；调蓄洪水效益价值为7.94亿元；净化水质效益价值为3.34亿元；保护生物多样性效益价值为0.24亿元；旅游效益价值为0.66亿元。

综上所述，规划任务完成后，新增森林年生态效益价值为809.50亿元，新增湿地年生态效益价值为12.90亿元，将产生生态效益价值为822.40亿元。

（二）经济效益

1.木材价值

山区生态林体系建设工程、防沙治沙工程中，人工造林地年均蓄积生长量0.6米³/亩，封山育林和飞播造林地年均蓄积生长量0.2米³/亩。农田防护林体系改扩建工程、生态廊道网络建设工程、城市林业生态工程的环城防护林带和城郊森林、村镇绿化工程中，林地年均蓄积生长量0.8米³/亩。中幼林经抚育后年均蓄积生长量增加0.2米³/亩，低质低效林改造后年均蓄积生长量增加0.4米³/亩。用材林及工业原料林年均蓄积生长量1.35米³/亩。出材率按平均65%，木材平均价格610元/米³，薪材价格300元/米³。

根据以上标准推算，则规划完成后，年均增加木材价值125.35亿元。

2.生态能源林生物柴油价值

新建生态能源林506.11万亩，进入盛产期后，年产生物质柴油67.49万吨，年产值30.37亿元。

3.经济林产品价值

新建经济林基地76.42万亩，进入盛产期后，则年新增经济效益22.93亿元。

4.园林绿化苗木及花卉价值

新建园林绿化苗木花卉基地116.67万亩，建成后，则新增经济效益93.34亿元。

5.森林生态旅游门票收入

新建森林公园面积157.5万亩，同时对现有森林公园的基础设施进行完善后，年均门票收入将增加5.38亿元左右。

综上所述，规划任务完成后，将增加直接经济效益277.37亿元。同时将促进林下产品、林副产品及二、三产业发展，产生巨大的间接经济效益。

（三）社会效益

规划全面实施后，将新增就业岗位88.91万个，按年人均工资1.2万元计算，新增就业价值达到106.69亿元。同时，在规划实施过程中，加强了森林博物馆、自然保护区、城市园林等一批森林文化设施的建设，保护好旅游风景林和革命纪念林，为人们了解森林、认识生态自然提供场所和条件，让更多的人知道森林、湿地、野生动植物、生物圈等对人类生存发展的重要性，增强全民生态文明意识和责任意识，使人与自然和谐相处的重要价值观深入人心。

第九章　保障措施

一、加强组织领导，落实目标责任

各级政府要把林业生态建设摆上重要议事日程，切实加强对规划实施的领导。规划经政府或人大通过后，将规划目标逐年层层分解到各级政府，确保规划落到实处。政府一把手要担负起第一责任人的职责，组织协调相关部门工作，解决规划实施中出现的各种问题。分管领导要切实负起主要责任人的责任，亲自安排部署，亲自督促检查，务必抓出成效。各有关部门要按照分工和职责，密切配合，通力协作，大力支持林业生态建设。切实落实任期目标责任制，严格考核，兑现奖惩，并由同级人民代表大会常委会和上级政府监督执行，形成强有力的激励机制。各级党委组织部门和纪检监察机关，要把责任制的落实情况作为干部政绩考核、选拔任用和奖惩的重要依据。目标责任制的考核办法由省林业厅会同有关部门研究制定，报省人民政府批准后实施。

保持林业机构的稳定，充分发挥林业部门的职能作用。各级林业部门要切实做好种苗培育、工程规划设计等工作，为工程建设提供种苗和技术支持。要根据规划实施进度及测算出的未来5年内需苗量，统筹安排年度育苗任务。从今冬明春开始，加强优质树种的培育和优良品种的引进，抓好林木种苗基地建设，大力推广苗木快速繁育技术，培育数量充足的良种壮苗，保证规划实施的苗木供应。要严格按照设计施工，确保工程建设科学合理。要认真组织好检查验收，确保工程质量。

二、加大政府投资，拓宽融资渠道

坚持政府和企业、社会并重的原则，在林业生态建设方面以政府投入为主、社会投入为辅，充分发挥政府投入的主渠道作用，各级政府要把公益林建设管理及林业基础设施、服务体系建设投资纳入财政预算，予以优先安排并逐年增加。在林业产业发展方面，遵循市场规律，投资实行市场化运作，生态与经济兼顾的生态能源林等建设，注重吸引社会投资，实行政府主导下的政策性引导、扶持机制。

积极探索吸引社会资金投入林业建设的政策和机制，建立健全适合各种所有制林业发展的政策体系和管理机制，营造各种所有制、各类投资主体公平竞争的林业发展环境。按照“谁投资、谁受益”的原则，采取股份制、股份合作制和承包、租赁、兼并、收购、出售等经营方式，鼓励各种社会主体跨所有制、跨行业、跨地区投资发展林业。大力发展非公有制林业。严格执行国家已出台的各类林业税费减免优惠政策。积极争取信贷支持，切实落实林业建设的信贷扶持政策，加大贴息扶持力度。

强化工程投资管理，严格投资决策责任制，实行“谁决策、谁负责”，建立有效的投资评估制度和专家参与制度。建立投资竞争机制、招标代理、验收拨付等制度，发挥政府投资的激励机制，充分利用政府投资补偿、以奖代补、政府贴息等投资分类机制。建立健全项目资金管理责任体系，强化资金使用管理和稽查、监督力度，从项目立项、计划安排、资金使用、竣工验收到后期评估进行全过程监督，层层落实责任，发现问题逐级追究责任。

三、深化林权制度改革，增强林业活力

开展以“明晰产权、放活经营、减轻税费、规范流转”为主要内容的集体林权制度改革，在保证集体林地所有权不变的前提下，让农民依法享有对林木的所有权、处置权、收益权。以建立“产权归属清晰、经营主体到位、责权划分明确、利益保障严格、流转顺畅规范、监管服务有效”的集体林权制度为目标，在已进行的确权发证为主要内容的试点基础上，扩大试点范围，全面推进集体林权制度改革，确保2009年年底全省集体林确权基本完成，最终实现“山有其主、主有其权、权有其责、责有其利”的生产格局。2009年年底以前，完成生态型林场和商品经营型林场的界定工作，按照责、权、利相统一，管资产、管人、管事相结合的原则，理顺国有林场管理体制和运行机制。促进我省林业发展动力由以“投资推动”为主向“投资推动”和“改革拉动”并重转变，发展模式由粗放式经营向集约型经营转变。靠机制调动各类主体经营林业、投资林业的积极性，充分挖掘我省林地的生产潜力，全面提升林地的综合效益，为农民增收创造新的途径，实现林业可持续发展。

四、着力推进开放，发挥示范效益

充分利用有利时机，扩大河南林业开放步伐。不断拓宽与国际及省内外大专院校和科研机构、其他相关行业的交流领域，在资金、技术、人才、管理等方面展开全方位合作。通过交流与合作，引进先进技术、管理经验和资金，为河南林业生态省建设创造良好的外部环境。充分利用外国政府贷款、国际金融组织贷款、外商直接投资和无偿援助，做到无偿援助项目和低息贷款项目并举。坚持引进来与走出去相结合，引进省外、国外专家和科技成果，加大林业生产的科技含量，支持林业企业跨省、跨国经营，开展对外造林、林产品加工等合作。

分区域、分类型、分工程和林业生态县建设将基础条件好、发展潜力大、积极性高、进步大的县（市、区）列为示范县，将每一工程实施好的地区作为示范工程，探索新形势下林业发展的新思路，研究不同区域、不同立地条件下林业发展的最佳模式，以典型示范作用带动林业生态建设的发展。有计划地推进林业生态县等创建工作，以创建林业生态县为载体推动林业生态省建设的快速发展。对被授予“林业生态县”、“国家森林城市”的单位，给予表彰和奖励。

五、实施人才战略，强化科教兴林

着力抓好林业人才“四支队伍”建设，即建设一支贯彻落实科学发展观、促进林业发展的党政人才队伍，一支推动林业科技创新和推广的专业技术人才队伍，一支具有创新精神和创业能力的企业管理人才队伍，一支适应科技转化和林业生产需要的城乡技能人才队伍。力争到2012年，全省副高级职称层次专业技术人才和博士、硕士人数达到1 000人以上，使人才结构和分布更加合理。分批选派高层次林业专业人才到市、县挂职锻炼，磨炼意志，提高综合素质；充分发挥省内大中专院校的作用，加强培训基地建设和职业教育，不断为林业生产一线输送急需的专业人才；推进继续教育，完善林业系统技术人员的知识结构，提高生产管理水平；健全人才激励机制，逐步实现高层次人才福利货币化；制订优惠政策，引进高层次人才、紧缺人才、海外人才来河南就业，实现人尽其才、才尽其用。

扎实推进“六个一”工程（即：每年推广一批林业新技术、推广一批林果新品种、制（修）订一批林业技术标准、建设一批科技示范基地、组织开展一次科技下乡活动、培训一批林业干部职工和林农）。加强基础研究和高新技术研究，不断提高行业持续创新能力，集中力量针对影响林业发展的难点问题、热点问题和林业重点工程的技术瓶颈重点突破，为林业生态建设和产业发展提供强有力的科技支撑；对现有成熟的科技成果和实用技术进行认真筛选和组装配套，积极组织推广应用，促进科技成果迅速向现实生产力转化；通过开展“送科技下乡”、“林业科技周”等活动，加强科普与培训，每年培训林农100万人（次），解决林业技术的“棚架”问题；强化林业标准化工作，形成国家标准、行业标准、地方标准、企业标准相配套的林业标准体系，为规范林产品生产和进入市场提供条件。

六、完善政策体系，坚持依法治林

认真贯彻执行《森林法》、《野生动物保护法》、《防沙治沙法》等法律法规及《河南省林地保护管理条例》、《河南省义务植树条例》等地方性法规。加强立法工作，适时制（修）订适合河南省林业发展的法规和政府规章。建立规范林木、林地流转制度，研究出台森林生态效益补偿、森林资源资产评估、森林资源资产产权变更等方面的政策意见。严格执行森林采伐限额制度和林地征占用审核、审批制度，加大对破坏森林和野生动植物资源案件的查处力度，严厉打击乱砍滥伐林木、乱垦滥占林地、乱捕滥猎野生动物等违法犯罪行为。进一步深化林业综合执法改革，整合执法力量，规范执法行为，建设廉洁务实、业务精通、素质过硬的行政执法队伍，为林业生态省建设提供全方位的法制保障。

附表 1

生态功能分区一览表

生态功能区	功能亚区	省辖市		县(市、区)	
		个数	名称	个数	名称
山地丘陵生态区	太行山生态亚区	5	安阳市	21	龙安区、安阳县、汤阴县、林州市
			鹤壁市		鹤山区、山城区、淇滨区、浚县、淇县
			新乡市		凤泉区、卫辉市、辉县市
			焦作市		解放区、中站区、马村区、山阳区、修武县、博爱县、沁阳市、孟州市
			济源市		济源市
	伏牛山生态亚区	7	郑州市	48	二七区、上街区、惠济区、巩义市、荥阳市、新密市、新郑市、登封市
			洛阳市		孟津县、新安县、栾川县、嵩县、汝阳县、宜阳县、洛宁县、伊川县、偃师市
			平顶山市		新华区、卫东区、石龙区、湛河区、宝丰县、叶县、鲁山县、郏县、舞钢市、汝州市
			许昌市		襄城县、禹州市、长葛市
			三门峡市		湖滨区、渑池县、陕县、卢氏县、义马市、灵宝市
			驻马店市		驿城区、西平县、泌阳县、遂平县
			南阳市		卧龙区、南召县、方城县、西峡县、镇平县、内乡县、淅川县、邓州市
	大别—桐柏山生态亚区	3	驻马店市	14	确山县、泌阳县
			南阳市		方城县、社旗县、唐河县、桐柏县
			信阳市		浉河区、平桥区、罗山县、光山县、新县、商城县、固始县、潢川县
平原农业生态区	一般平原农业生态亚区	17	郑州市	131	中原区、管城区、金水区、上街区、惠济区、中牟县、荥阳市、新密市、新郑市
			开封市		龙亭区、顺河回族区、鼓楼区、禹王台区、金明区、杞县、通许县、尉氏县、开封县、兰考县
			洛阳市		老城区、西工区、廛河区、涧西区、吉利区、洛龙区、孟津县、汝阳县、洛宁县、偃师市
			平顶山市		新华区、卫东区、湛河区、宝丰县、叶县、鲁山县、郏县、舞钢市、汝州市
			安阳市		文峰区、北关区、殷都区、龙安区、安阳县、汤阴县、滑县、内黄县
			鹤壁市		淇滨区、浚县、淇县
			新乡市		红旗区、卫滨区、凤泉区、牧野区、新乡县、获嘉县、原阳县、延津县、封丘县、长垣县、卫辉市、辉县市
			焦作市		解放区、中站区、马村区、山阳区、修武县、博爱县、武陟县、温县、沁阳市、孟州市
			濮阳市		华龙区、清丰县、南乐县、范县、台前县、濮阳县
			许昌市		魏都区、许昌县、鄢陵县、襄城县、禹州市、长葛市
			漯河市		源汇区、郾城区、召陵区、舞阳县、临颍县
			商丘市		梁园区、睢阳区、民权县、睢县、宁陵县、柘城县、虞城县、夏邑县、永城市
			周口市		川汇区、扶沟县、西华县、商水县、沈丘县、郸城县、淮阳县、太康县、鹿邑县、项城市
			驻马店市		驿城区、西平县、上蔡县、平舆县、正阳县、确山县、汝南县、遂平县、新蔡县
			南阳市		宛城区、卧龙区、方城县、镇平县、社旗县、唐河县、新野县、邓州市
			信阳市		平桥区、罗山县、固始县、潢川县、淮滨县、息县
			济源市		济源市

续附表 1

生态功能区	功能亚区	省辖市		县(市、区)	
		个数	名称	个数	名称
平原农业生态区	风沙治理亚区	10	郑州市	48	管城区、惠济区、中牟县、新郑市
			开封市		龙亭区、顺河回族区、鼓楼区、禹王台区、金明区、杞县、通许县、尉氏县、开封县、兰考县
			安阳市		滑县、内黄县
			鹤壁市		浚县、淇县
			新乡市		凤泉区、新乡县、原阳县、延津县、封丘县、长垣县、卫辉市、辉县市
			焦作市		武陟县、温县、孟州市
			濮阳市		华龙区、清丰县、南乐县、范县、台前县、濮阳县
			许昌市		鄢陵县
			商丘市		梁园区、睢阳区、民权县、睢县、宁陵县、虞城县、夏邑县
			周口市		扶沟县、西华县、商水县、淮阳县、太康县
	低洼易涝农业生态亚区	7	濮阳市	25	范县、台前县、濮阳县
			新乡市		原阳县、封丘县、长垣县
			许昌市		襄城县
			漯河市		源汇区、郾城区、召陵区、舞阳县、临颍县
			周口市		商水县、沈丘县、鹿邑县
			驻马店市		驿城区、西平县、上蔡县、平舆县、正阳县、遂平县、新蔡县
			信阳市		固始县、淮滨县、息县

附表2

分区面积统计表

（单位：万亩）

统计单位	国土总面积	山地丘陵生态区				平原农业生态区			
		小计	太行山生态亚区	伏牛山生态亚区	大别—桐柏山生态亚区	小计	一般平原农业生态亚区	风沙治理亚区	低洼易涝农业生态亚区
1	2	3	4	5	6	7	8	9	10
河南省	24864.30	11287.25	1156.39	7436.33	2694.53	13577.05	11788.27	1240.57	548.21
郑州市	1131.97	574.07		574.07		557.90	483.08	74.82	
开封市	936.39					936.39	379.39	557.00	
洛阳市	2287.41	2076.79		2076.79		210.62	210.62		
平顶山市	1197.89	690.17		690.17		507.72	507.72		
安阳市	1111.95	429.28	429.28			682.67	611.90	70.77	
鹤壁市	323.45	138.59	138.59			184.86	147.70	37.16	
新乡市	1238.11	186.39	186.39			1051.72	781.96	158.29	111.47
焦作市	603.92	159.97	159.97			443.95	401.15	42.80	
濮阳市	628.20					628.20	521.65	69.00	37.55
许昌市	749.40	172.13		172.13		577.27	521.24	14.03	42.00
漯河市	405.84					405.84	296.58		109.26
三门峡市	1490.50	1490.50		1490.50					
商丘市	1603.83					1603.83	1490.47	113.36	
周口市	1796.01					1796.01	1661.58	103.34	31.09
驻马店市	2263.33	666.31		333.79	332.52	1597.02	1453.41		143.61
南阳市	3974.79	2659.17		2098.88	560.29	1315.62	1315.62		
信阳市	2837.25	1801.72			1801.72	1035.53	962.30		73.23
济源市	284.06	242.16	242.16			41.90	41.90		

附表3

林业用地现状统计表

（单位：万亩）

统计单位	生态功能区	总面积	林业用地														非林业用地	森林覆盖率（%）
			林业用地合计	有林地								疏林地	灌木林地	未成林造林地	苗圃地	无林地		
				有林地合计	林分					经济林	竹林							
					合计	用材林	防护林	特用林	薪炭林									
1	2	3	4	5	6	7	8	9	10	11	12	13	14	15	16	17	18	19
河南省	总计	24864.30	7053.03	4338.64	3175.02	1408.78	1520.23	150.14	95.87	1136.92	26.70	135.45	897.45	534.60	46.05	1100.84	17811.27	17.32
	山地丘陵生态区	11287.25	5525.24	3341.70	2445.46	1085.07	1170.91	115.64	73.84	875.68	20.56	108.96	721.94	430.05	37.04	885.55	5762.01	29.61
	太行山生态亚区	1156.39	598.72	248.46	181.82	80.68	87.06	8.60	5.49	65.11	1.53	17.48	115.80	68.98	5.94	142.05	557.67	21.49
	其中：小浪底库区	90.53	47.31	23.78	17.40	7.72	8.33	0.82	0.53	6.23	0.15	1.17	7.78	4.63	0.40	9.54	43.22	26.26
	伏牛山生态亚区	7436.33	3744.59	2337.87	1710.86	759.12	819.18	80.90	51.66	612.63	14.39	70.20	465.10	277.05	23.87	570.50	3691.74	31.44
	其中：小浪底库区	81.04	54.35	23.70	17.34	7.70	8.30	0.82	0.52	6.21	0.15	1.53	10.13	6.04	0.52	12.43	26.69	29.25
	丹江口水源区	1182.21	732.52	502.31	367.59	163.10	176.01	17.38	11.10	131.63	3.09	11.49	76.11	45.34	3.91	93.36	449.69	42.49
	大别—桐柏山生态亚区	2694.53	1181.93	755.37	552.78	245.27	264.68	26.14	16.69	197.94	4.65	21.29	141.03	84.01	7.24	173.00	1512.59	28.03
	平原农业生态区	13577.05	1527.79	996.94	729.56	323.71	349.32	34.50	22.03	261.24	6.14	26.49	175.51	104.55	9.01	215.29	12049.26	7.34
	一般平原农业生态亚区	11788.27	1188.45	789.54	577.79	256.37	276.65	27.32	17.45	206.90	4.86	19.91	131.89	78.57	6.77	161.78	10599.81	6.70
	风沙治理亚区	1240.57	269.15	157.83	115.50	51.25	55.30	5.46	3.49	41.36	0.97	5.55	36.80	21.92	1.89	45.14	971.43	12.72
	低洼易涝农业生态亚区	548.21	70.19	49.56	36.27	16.09	17.37	1.72	1.10	12.99	0.31	1.03	6.82	4.06	0.35	8.37	478.02	9.04
郑州市		1131.98	354.16	184.09	135.50	60.12	64.88	6.41	4.09	48.52	0.06	6.12	42.66	45.10	2.62	73.57	777.82	16.26
开封市		936.39	101.19	70.29	51.69	22.93	24.75	2.44	1.56	18.51	0.10	1.47	0.72	24.51	1.43	2.77	835.20	7.51
洛阳市		2287.40	1014.45	672.68	493.64	219.03	236.36	23.34	14.91	176.76	2.28	11.45	141.55	42.49	1.38	144.90	1272.96	29.41
平顶山市		1197.89	274.26	198.72	146.21	64.87	70.01	6.91	4.41	52.35	0.16	13.21	6.85	26.19	0.41	28.89	923.63	16.59
安阳市		1111.95	297.14	117.86	86.78	38.51	41.55	4.10	2.62	31.07	0.00	13.27	34.07	40.28	1.32	90.35	814.81	10.60
鹤壁市		323.44	92.52	19.68	14.49	6.43	6.94	0.69	0.44	5.19	0.00	0.80	20.42	7.54	0.09	44.01	230.92	6.08
新乡市		1238.10	266.26	128.35	94.49	41.92	45.24	4.47	2.85	33.83	0.03	2.56	73.69	25.14	1.67	34.85	971.84	10.37
焦作市		603.92	166.06	61.16	43.47	19.29	20.81	2.06	1.31	15.57	2.13	0.25	59.53	14.51	0.50	30.12	437.86	10.13
濮阳市		628.20	90.94	60.29	44.39	19.70	21.25	2.10	1.34	15.90	0.00	0.00	1.01	20.80	0.40	8.44	537.27	9.60
许昌市		749.40	137.75	64.44	47.22	20.95	22.61	2.23	1.43	16.91	0.32	6.83	2.52	16.77	17.28	29.90	611.65	8.60
漯河市		405.84	32.03	25.00	18.41	8.17	8.82	0.87	0.56	6.59	0.00	0.00	1.49	3.92	0.37	1.25	373.81	6.16
三门峡市		1490.50	962.45	477.94	351.90	156.14	168.49	16.64	10.63	126.01	0.03	12.88	216.56	56.61	0.32	198.15	528.05	32.07
商丘市		1603.83	192.25	164.34	120.98	53.68	57.93	5.72	3.65	43.32	0.03	3.56	7.86	13.88	0.63	1.99	1411.58	10.25
周口市		1796.01	135.99	106.46	78.39	34.78	37.53	3.71	2.37	28.07	0.00	0.09	1.99	20.16	2.15	5.15	1660.03	5.93
驻马店市		2263.33	372.11	249.08	182.80	81.11	87.53	8.64	5.52	65.46	0.82	5.40	14.47	26.04	2.70	74.42	1891.22	11.00
南阳市		3974.79	1495.38	1050.39	767.54	340.56	367.50	36.30	23.18	274.84	8.01	40.76	109.03	88.81	1.79	204.59	2479.41	26.43
信阳市		2837.25	907.73	603.02	434.64	192.85	208.11	20.55	13.12	155.64	12.74	16.54	116.66	57.80	10.76	102.95	1929.52	21.25
济源市		284.06	160.35	84.87	62.49	27.73	29.92	2.96	1.89	22.38	0.00	0.27	46.37	4.07	0.22	24.55	123.71	29.88

附表4

河南省未利用地现状面积统计表(2006年)

（单位:万亩）

统计单位	未利用地														
	合计	未利用土地								其他土地					
		小计	荒草地	盐碱地	沼泽地	沙地	裸土地	裸岩石砾地	其他未利用	小计	河流水面	湖泊水面	苇地	滩涂	冰川及永久积雪
1	2	3	4	5	6	7	8	9	10	11	12	13	14	15	16
河南省	3152.4530	2291.5415	1218.8986	7.0573	8.6638	49.4050	95.2411	665.5955	246.6801	860.9116	374.6397	4.9612	12.2027	469.1079	
郑州市	189.3687	133.0940	82.4861	0.1830	0.2315	3.9863	3.5984	25.3060	17.3027	56.2747	33.1397		1.6056	21.5294	
开封市	53.2398	13.1265	1.0764	0.4439	0.1005	1.6175			9.8881	40.1133	18.8862	0.8150	0.9708	19.4414	
洛阳市	439.0425	369.9470	256.7239		0.1833	0.1924	10.2377	54.4314	48.1783	69.0955	17.2928	0.0071	0.8324	50.9631	
平顶山市	261.3443	209.6783	50.1390		0.1044	0.3826	6.0658	130.1324	22.8541	51.6660	16.5172	0.0029	0.3392	34.8067	
安阳市	166.7497	147.6088	52.1313	0.0033	0.0134	13.4260	0.0753	70.2816	11.6780	19.1409	9.3459	0.0037	0.3012	9.4901	
鹤壁市	57.7024	51.9147	9.2065	0.0149	0.0016	1.2748	0.3403	28.5228	12.5539	5.7876	2.0549		0.0689	3.6638	
新乡市	193.8091	123.7319	19.0895	0.9134	5.8953	16.8273	0.7067	68.5494	11.7503	70.0773	31.9370	0.0029	2.0092	36.1283	
焦作市	95.8099	44.7286	14.5687	0.1031	0.0109	0.0619	1.0595	24.6144	4.3100	51.0813	18.3038		0.4829	32.2946	
濮阳市	47.3207	15.9698	3.3134	2.1440	0.0444	4.3943	0.0028		6.0709	31.3509	13.8059		0.9125	16.6326	
许昌市	46.3518	34.4136	3.4847	1.4802	0.0061	0.1738	0.0150	22.4294	6.8243	11.9382	9.3668	0.0294	0.2031	2.3389	
漯河市	10.5709	2.6133	0.0229	0.0038	0.0078	0.0152			2.5637	7.9576	4.4546	0.0458	0.0495	3.4077	
三门峡市	395.8776	356.9748	300.1267	0.0002	0.0047	0.1395	13.9811	29.5524	13.1702	38.9028	15.0985		0.2460	23.5583	
商丘市	55.3555	15.2702	0.3551	1.5125	0.4748	0.8471	0.1370	0.1318	11.8120	40.0852	12.0191	0.2967	1.2760	26.4934	
周口市	58.5707	8.7634	0.6862	0.1893	0.0026	0.1385	0.2224		7.5244	49.8073	37.7505	0.9783	0.7446	10.3339	
驻马店市	221.8848	149.5652	79.0606	0.0581	0.9136	0.7372	30.3243	31.6307	6.8408	72.3196	34.5330	0.0835	0.4623	37.2408	
南阳市	522.5361	400.1855	217.2392	0.0077	0.2802	1.8068	22.1041	136.2001	22.5474	122.3507	38.9344	0.0156	1.1849	82.2157	
信阳市	255.2195	139.8480	100.5248		0.3346	3.0883	1.7310	3.3895	30.7798	115.3714	55.6216	2.6778	0.2917	56.7803	
济源市	81.6992	74.1079	28.6638		0.0540	0.2953	4.6397	40.4238	0.0313	7.5913	5.5778	0.0026	0.2220	1.7889	

附表 5

生态廊道网络建设现状统计表

（单位：公里）

统计单位	廊道名称	总里程			现有廊道建设															规划期内新增里程		
					总里程			适宜绿化里程			已达标绿化里程			已绿化但未达标里程			未绿化里程					
		小计	山区	平原区	小计	山区	平原区	小计	山区	平原区	小计	山区	平原区	小计	山区	平原区	小计	山区	平原区	小计	山区	平原区
1	2	3	4	5	6	7	8	9	10	11	12	13	14	15	16	17	18	19	20	21	22	23
河南省	合计	201663.97	98207.83	103456.14	191552.44	93000.07	98552.37	163238.46	77462.72	85775.74	42514.10	12465.95	30048.15	60792.71	23238.23	37554.48	59931.65	41758.54	18173.11	10111.53	5207.76	4903.77
	Ⅰ级廊道合计	2151.48	551.70	1599.78	1561.68	433.10	1128.58	1460.60	383.90	1076.70	496.33	80.70	415.63	416.36	121.50	294.86	547.91	181.70	366.21	589.80	118.60	471.20
	黄河、淮河干流	1419.98	410.80	1009.18	1419.98	410.80	1009.18	1334.43	361.80	972.63	494.33	80.70	413.63	414.56	121.50	293.06	425.54	159.60	265.94			
	南水北调干渠	731.50	140.90	590.60	141.70	22.30	119.40	126.17	22.10	104.07	2.00		2.00	1.80		1.80	122.37	22.10	100.27	589.80	118.60	471.20
	Ⅱ级廊道合计	23205.76	8926.94	14278.82	19849.83	7197.98	12651.85	17319.17	5615.14	11704.03	4146.76	974.29	3172.48	7942.76	2243.15	5699.61	5229.65	2397.70	2831.95	3355.92	1728.96	1626.96
	铁路小计	4591.92	1817.76	2774.16	4115.66	1598.76	2516.90	3507.61	1187.00	2320.61	427.75	128.60	299.15	1222.92	250.60	972.32	1856.94	807.80	1049.14	476.26	219.00	257.26
	高速小计	6254.21	2360.65	3893.56	3437.68	894.09	2543.59	3275.51	826.79	2448.72	876.40	234.27	642.13	1431.02	412.51	1018.51	968.09	180.01	788.08	2816.53	1466.56	1349.97
	国道小计	3726.93	1583.11	2143.82	3691.20	1567.11	2124.09	3072.98	1234.35	1838.63	894.17	272.28	621.89	1836.55	765.06	1071.49	342.26	197.02	145.25	35.73	16.00	19.73
	一级支流小计	4021.77	1729.10	2292.67	3994.37	1701.70	2292.67	3341.73	1176.30	2165.43	1052.33	238.10	814.23	1318.14	355.62	962.52	971.26	582.58	388.68	27.40	27.40	
	干渠小计	4610.93	1436.32	3174.61	4610.93	1436.32	3174.61	4121.34	1190.70	2930.64	896.11	101.04	795.07	2134.13	459.36	1674.77	1091.10	630.30	460.80			
	Ⅲ级廊道合计	35466.60	13829.37	21637.23	34588.84	13444.57	21144.27	29813.79	10454.33	19359.45	9992.30	2709.28	7283.01	12681.52	4029.24	8652.27	7139.97	3715.81	3424.17	877.76	384.80	492.96
	省道小计	14631.44	5257.32	9374.12	14177.64	5082.22	9095.43	12418.53	4225.82	8192.71	4456.73	1168.20	3288.53	5557.82	1883.82	3673.99	2403.99	1173.80	1230.18	453.80	175.10	278.70
	景区道路小计	1843.20	1537.40	305.80	1641.00	1365.90	275.10	1325.52	1067.33	258.19	295.47	236.02	59.45	592.35	439.71	152.64	437.70	391.61	46.09	202.20	171.50	30.70
	二级支流小计	11417.71	5321.38	6096.33	11245.95	5283.18	5962.77	9156.09	3468.93	5687.16	3840.03	1229.35	2610.68	3063.38	1066.52	1996.86	2252.68	1173.06	1079.62	171.76	38.20	133.56
	支渠小计	7574.24	1713.27	5860.97	7524.24	1713.27	5810.97	6913.65	1692.25	5221.40	1400.07	75.72	1324.35	3467.98	639.20	2828.78	2045.60	977.33	1068.27	50.00		50.00
	Ⅳ级廊道合计	76410.56	23987.27	52423.29	73141.91	23012.27	50129.64	66469.51	18702.47	47767.04	22567.14	4097.89	18469.25	26794.52	6143.08	20651.44	17107.84	8461.49	8646.35	3268.65	975.00	2293.65
	县乡道小计	50432.25	16624.34	33807.91	47467.00	15753.84	31713.16	43150.93	13280.67	29870.26	13496.83	2983.24	10513.59	18693.35	4736.48	13956.87	10960.75	5560.94	5399.81	2965.25	870.50	2094.75
	三级支流小计	25978.31	7362.93	18615.38	25674.91	7258.43	18416.48	23318.58	5421.80	17896.78	9070.31	1114.65	7955.66	8101.17	1406.60	6694.57	6147.09	2900.55	3246.54	303.40	104.50	198.90
	Ⅴ级廊道合计	64429.58	50912.56	13517.02	62410.18	48912.16	13498.02	48175.39	42306.89	5868.51	5311.57	4603.79	707.78	12957.55	10701.25	2256.29	29906.27	27001.84	2904.44	2019.40	2000.40	19.00
	村级道路小计	56839.03	45358.87	11480.16	54819.63	43358.47	11461.16	41142.24	37284.79	3857.45	4582.62	3946.34	636.28	11123.34	9675.82	1447.51	25436.28	23662.63	1773.66	2019.40	2000.40	19.00
	斗渠小计	7590.55	5553.69	2036.86	7590.55	5553.69	2036.86	7033.15	5022.09	2011.06	728.95	657.45	71.50	1834.21	1025.43	808.78	4469.99	3339.21	1130.78			
郑州市	合计	10344.75	5661.80	4682.95	9251.50	4813.00	4438.50	7705.20	3775.50	3929.70	1390.20	977.30	412.90	3502.20	539.50	2962.70	2812.80	2258.70	554.10	1093.25	848.80	244.45
	Ⅰ级廊道合计	249.10	74.20	174.90	122.50	57.10	65.40	120.50	55.10	65.40	30.40	5.00	25.40				90.10	50.10	40.00	126.60	17.10	109.50
	黄河干流	122.50	57.10	65.40	122.50	57.10	65.40	120.50	55.10	65.40	30.40	5.00	25.40				90.10	50.10	40.00			
	南水北调干渠	126.60	17.10	109.50																126.60	17.10	109.50
	Ⅱ级廊道合计	1653.35	604.50	1048.85	1422.00	503.30	918.70	1188.40	375.50	812.90	113.20	31.50	81.70	710.10	103.00	607.10	365.10	241.00	124.10	231.35	101.20	130.15
	铁路小计	491.55	234.30	257.25	439.80	219.40	220.40	337.50	150.00	187.50	5.00		5.00	77.60		77.60	254.90	150.00	104.90	51.75	14.90	36.85
	高速小计	529.50	194.80	334.70	349.90	108.50	241.40	349.90	108.50	241.40	79.70	31.50	48.20	270.20	77.00	193.20				179.60	86.30	93.30
	国道小计	271.30	90.40	180.90	271.30	90.40	180.90	155.90	39.00	116.90	14.50		14.50	128.40	26.00	102.40	13.00	13.00				
	一级支流小计	141.40	67.00	74.40	141.40	67.00	74.40	128.50	63.00	65.50	14.00		14.00	32.30		32.30	82.20	63.00	19.20			
	干渠小计	219.60	18.00	201.60	219.60	18.00	201.60	216.60	15.00	201.60				201.60		201.60	15.00	15.00				
	Ⅲ级廊道合计	1442.90	696.10	746.80	1410.90	664.10	746.80	1243.00	552.70	690.30	87.40	22.00	65.40	530.80	91.10	439.70	624.80	439.60	185.20	32.00	32.00	
	省道小计	537.00	259.40	277.60	537.00	259.40	277.60	440.80	200.00	240.80	31.00	19.00	12.00	208.00	85.00	123.00	201.80	96.00	105.80			
	景区道路小计	122.60	117.60	5.00	90.60	85.60	5.00	36.60	33.60	3.00				9.10	6.10	3.00	27.50	27.50		32.00	32.00	
	二级支流小计	377.60	181.90	195.70	377.60	181.90	195.70	360.10	181.90	178.20	56.40	3.00	53.40	45.40		45.40	258.30	178.90	79.40			
	支渠小计	405.70	137.20	268.50	405.70	137.20	268.50	405.50	137.20	268.30				268.30		268.30	137.20	137.20				
	Ⅳ级廊道合计	4587.50	1905.80	2681.70	4473.80	1796.90	2676.90	3594.40	1239.50	2354.90	953.80	719.60	234.20	2120.30	204.40	1915.90	520.30	315.50	204.80	113.70	108.90	4.80
	县乡道小计	4119.80	1824.80	2295.00	4006.10	1715.90	2290.20	3177.20	1158.50	2018.70	818.60	638.60	180.00	2009.30	204.40	1804.90	349.30	315.50	33.80	113.70	108.90	4.80
	三级支流小计	467.70	81.00	386.70	467.70	81.00	386.70	417.20	81.00	336.20	135.20	81.00	54.20	111.00		111.00	171.00		171.00			
	Ⅴ级廊道合计	2411.90	2381.20	30.70	1822.30	1791.60	30.70	1558.90	1552.70	6.20	205.40	199.20	6.20	141.00	141.00		1212.50	1212.50		589.60	589.60	
	村级道路小计	2411.90	2381.20	30.70	1822.30	1791.60	30.70	1558.90	1552.70	6.20	205.40	199.20	6.20	141.00	141.00		1212.50	1212.50		589.60	589.60	
	斗渠小计																					

续附表5

统计单位	廊道名称	总里程			现有廊道建设															规划期内新增里程		
					总里程			适宜绿化里程			已达标绿化里程			已绿化但未达标里程			未绿化里程					
		小计	山区	平原区	小计	山区	平原区	小计	山区	平原区	小计	山区	平原区	小计	山区	平原区	小计	山区	平原区	小计	山区	平原区
1	2	3	4	5	6	7	8	9	10	11	12	13	14	15	16	17	18	19	20	21	22	23
开封市	合计	8101.87		8101.87	7600.47		7600.47	7600.47		7600.47	2044.81		2044.81	3122.35		3122.35	2433.32		2433.32	501.40		501.40
	Ⅰ级廊道合计	87.67		87.67	87.67		87.67	87.67		87.67	61.17		61.17	25.00		25.00	1.50		1.50			
	黄河干流	87.67		87.67	87.67		87.67	87.67		87.67	61.17		61.17	25.00		25.00	1.50		1.50			
	Ⅱ级廊道合计	1188.94		1188.94	1180.94		1180.94	1180.94		1180.94	186.74		186.74	614.48		614.48	379.73		379.73	8.00		8.00
	铁路小计	213.45		213.45	205.45		205.45	205.45		205.45	11.20		11.20	47.05		47.05	147.20		147.20	8.00		8.00
	高速小计	264.61		264.61	264.61		264.61	264.61		264.61	46.91		46.91	86.00		86.00	131.70		131.70			
	国道小计	209.43		209.43	209.43		209.43	209.43		209.43	45.00		45.00	155.80		155.80	8.63		8.63			
	一级支流小计	258.26		258.26	258.26		258.26	258.26		258.26	0.63		0.63	196.63		196.63	61.00		61.00			
	干渠小计	243.20		243.20	243.20		243.20	243.20		243.20	83.00		83.00	129.00		129.00	31.20		31.20			
	Ⅲ级廊道合计	1916.84		1916.84	1743.44		1743.44	1743.44		1743.44	679.50		679.50	807.64		807.64	256.30		256.30	173.40		173.40
	省道小计	468.27		468.27	456.27		456.27	456.27		456.27	244.80		244.80	185.47		185.47	26.00		26.00	12.00		12.00
	景区道路小计	88.55		88.55	77.15		77.15	77.15		77.15	11.80		11.80	57.35		57.35	8.00		8.00	11.40		11.40
	二级支流小计	638.71		638.71	538.71		538.71	538.71		538.71	195.90		195.90	238.41		238.41	104.40		104.40	100.00		100.00
	支渠小计	721.31		721.31	671.31		671.31	671.31		671.31	227.00		227.00	326.41		326.41	117.90		117.90	50.00		50.00
	Ⅳ级廊道合计	4908.42		4908.42	4588.42		4588.42	4588.42		4588.42	1117.40		1117.40	1675.23		1675.23	1795.79		1795.79	320.00		320.00
	县乡道小计	2458.77		2458.77	2238.77		2238.77	2238.77		2238.77	468.20		468.20	678.78		678.78	1091.79		1091.79	220.00		220.00
	三级支流小计	2449.65		2449.65	2349.65		2349.65	2349.65		2349.65	649.20		649.20	996.45		996.45	704.00		704.00	100.00		100.00
洛阳市	合计	22840.72	19338.54	3502.18	22531.02	19088.15	3442.87	18647.86	15553.54	3094.32	4928.73	4396.55	532.18	7858.80	6190.07	1668.73	5860.33	4966.92	893.41	309.70	250.39	59.31
	Ⅰ级廊道合计	30.30	30.30		30.30	30.30		30.30	30.30		30.30	30.30										
	黄河干流	30.30	30.30		30.30	30.30		30.30	30.30		30.30	30.30										
	Ⅱ级廊道合计	1539.88	1180.89	358.99	1411.28	1090.60	320.68	1085.22	831.80	253.42	270.98	239.68	31.30	452.64	287.02	165.62	361.60	305.10	56.50	128.60	90.29	38.31
	铁路小计	338.71	247.70	91.01	237.30	173.60	63.70	193.00	140.30	52.70	37.80	33.50	4.30	43.90	17.80	26.10	111.30	89.00	22.30	101.41	74.10	27.31
	高速小计	246.95	188.15	58.80	219.76	171.96	47.80	182.00	143.20	38.80	83.20	66.70	16.50	59.60	41.60	18.00	39.20	34.90	4.30	27.19	16.19	11.00
	国道小计	229.99	197.30	32.69	229.99	197.30	32.69	187.64	166.10	21.54	67.18	67.18		120.46	98.92	21.54						
	一级支流小计	409.80	315.70	94.10	409.80	315.70	94.10	256.28	189.80	66.48	82.80	72.30	10.50	101.98	50.60	51.38	71.50	66.90	4.60			
	干渠小计	314.43	232.04	82.39	314.43	232.04	82.39	266.30	192.40	73.90				126.70	78.10	48.60	139.60	114.30	25.30			
	Ⅲ级廊道合计	3381.28	2932.82	448.46	3270.08	2842.62	427.46	2612.66	2242.50	370.16	1065.57	962.55	103.03	1284.23	1047.72	236.51	262.86	232.24	30.63	111.20	90.20	21.00
	省道小计	1550.00	1392.95	157.05	1479.30	1343.25	136.05	1291.23	1187.96	103.27	532.59	463.50	69.10	651.53	617.36	34.17	107.10	107.10		70.70	49.70	21.00
	景区道路小计	277.70	271.50	6.20	237.20	231.00	6.20	205.60	200.40	5.20	73.50	73.50		94.40	89.20	5.20	37.70	37.70		40.50	40.50	
	二级支流小计	1156.19	1022.70	133.49	1156.19	1022.70	133.49	730.25	615.47	114.78	443.08	410.55	32.53	218.96	155.34	63.62	68.21	49.58	18.63			
	支渠小计	397.39	245.67	151.72	397.39	245.67	151.72	385.59	238.67	146.92	16.40	15.00	1.40	319.34	185.82	133.52	49.85	37.85	12.00			
	Ⅳ级廊道合计	4852.55	4256.97	595.59	4794.55	4198.97	595.59	3947.05	3422.07	524.98	1801.95	1687.47	114.49	1408.28	1099.42	308.86	736.82	635.19	101.63	58.00	58.00	
	县乡道小计	3040.05	2624.97	415.09	2982.05	2566.97	415.09	2724.75	2368.07	356.68	1185.05	1098.37	86.69	1087.58	869.02	218.56	452.12	400.69	51.43	58.00	58.00	
	三级支流小计	1812.50	1632.00	180.50	1812.50	1632.00	180.50	1222.30	1054.00	168.30	616.90	589.10	27.80	320.70	230.40	90.30	284.70	234.50	50.20			
	Ⅴ级廊道合计	13036.71	10937.56	2099.15	13024.81	10925.66	2099.15	10972.64	9026.87	1945.77	1759.93	1476.56	283.37	4713.66	3755.91	957.74	4499.05	3794.40	704.66	11.90	11.90	
	村级道路小计	12054.36	10467.07	1587.29	12042.46	10455.17	1587.29	10037.49	8603.58	1433.91	1649.73	1366.36	283.37	4257.55	3574.28	683.26	4130.21	3662.94	467.28	11.90	11.90	
	斗渠小计	982.35	470.49	511.86	982.35	470.49	511.86	935.15	423.29	511.86	110.20	110.20		456.11	181.63	274.48	368.84	131.46	237.38			

续附表 5

统计单位	廊道名称	总里程			现有廊道建设															规划期内新增里程		
					总里程			适宜绿化里程			已达标绿化里程			已绿化但未达标里程			未绿化里程					
		小计	山区	平原区	小计	山区	平原区	小计	山区	平原区	小计	山区	平原区	小计	山区	平原区	小计	山区	平原区	小计	山区	平原区
1	2	3	4	5	6	7	8	9	10	11	12	13	14	15	16	17	18	19	20	21	22	23
平顶山市	合计	6859.36	2578.11	4281.25	6254.65	2369.52	3885.13	5675.14	2109.22	3565.92	1911.36	749.67	1161.69	1853.00	557.89	1295.10	1910.78	801.65	1109.13	604.71	208.59	396.12
	Ⅰ级廊道合计	115.20	40.00	75.20																115.20	40.00	75.20
	南水北调干渠	115.20	40.00	75.20																115.20	40.00	75.20
	Ⅱ级廊道合计	1322.09	430.94	891.15	863.58	272.35	591.23	849.99	270.56	579.43	191.70	60.50	131.20	286.91	75.24	211.67	371.38	134.815	236.56	458.51	158.59	299.92
	铁路小计	223.55	37.80	185.75	199.05	37.80	161.25	199.05	37.80	161.25	15.60	1.00	14.60	44.80	0.50	44.30	138.65	36.30	102.35	24.50		24.50
	高速小计	613.01	221.38	391.63	179.00	62.79	116.21	165.41	61.00	104.41	2.50		2.50	101.70	25.00	76.70	61.21	36.00	25.21	434.01	158.59	275.42
	国道小计	247.36	124.26	123.10	247.36	124.26	123.10	247.36	124.26	123.10	75.10	22.00	53.10	117.74	49.74	68.00	54.52	52.515	2.00			
	一级支流小计	158.00	47.50	110.50	158.00	47.50	110.50	158.00	47.50	110.50	98.50	37.50	61.00	21.50		21.50	38.00	10.00	28.00			
	干渠小计	80.17		80.17	80.17		80.17	80.17		80.17				1.17		1.17	79.00		79.00			
	Ⅲ级廊道合计	1786.84	722.22	1064.62	1776.84	712.22	1064.62	1527.50	593.68	933.82	727.68	389.50	338.18	449.88	77.05	372.83	349.94	127.135	222.807	10.00	10.00	
	省道小计	793.74	207.72	586.02	793.74	207.72	586.02	611.40	130.18	481.22	147.28	8.00	139.28	299.38	71.05	228.33	164.74	51.135	113.607			
	景区道路小计	54.90	30.00	24.90	44.90	20.00	24.90	30.90	8.00	22.90	12.70	4.00	8.70	1.00		1.00	17.20	4.00	13.20	10.00	10.00	
	二级支流小计	684.90	473.50	211.40	684.90	473.50	211.40	646.90	447.50	199.40	465.40	377.50	87.90	72.50	2.00	70.50	109.00	68.00	41.00			
	支渠小计	253.30	11.00	242.30	253.30	11.00	242.30	238.30	8.00	230.30	102.30		102.30	77.00	4.00	73.00	59.00	4.00	55.00			
	Ⅳ级廊道合计	3166.03	1042.75	2123.28	3145.03	1042.75	2102.28	2828.46	902.78	1925.67	924.18	272.57	651.61	936.01	311.71	624.30	968.26	318.50	649.764	21.00		21.00
	县乡道小计	2594.03	909.38	1684.65	2573.03	909.38	1663.65	2289.16	783.28	1505.87	708.18	240.07	468.11	690.21	248.71	441.50	890.76	294.50	596.264	21.00		21.00
	三级支流小计	572.00	133.37	438.63	572.00	133.37	438.63	539.30	119.50	419.80	216.00	32.50	183.50	245.80	63.00	182.80	77.50	24.00	53.50			
	Ⅴ级廊道合计	469.20	342.20	127.00	469.20	342.20	127.00	469.20	342.20	127.00	67.80	27.10	40.70	180.20	93.90	86.30	221.20	221.20				
	村级道路小计	454.90	340.10	114.80	454.90	340.10	114.80	454.90	340.10	114.80	64.80	27.10	37.70	168.90	91.80	77.10	221.20	221.20				
	斗渠小计	14.30	2.10	12.20	14.30	2.10	12.20	14.30	2.10	12.20	3.00		3.00	11.30	2.10	9.20						
安阳市	合计	12099.12	6917.06	5182.06	11713.94	6682.25	5031.69	10319.67	5665.78	4653.89	2745.01	888.75	1856.27	3007.50	932.01	2075.50	4567.15	3845.03	722.13	385.18	234.81	150.37
	Ⅰ级廊道合计	66.50	32.10	34.40	41.50	7.10	34.40	30.14	7.10	23.04							30.14	7.10	23.04	25.00	25.00	
	南水北调干渠	66.50	32.10	34.40	41.50	7.10	34.40	30.14	7.10	23.04							30.14	7.10	23.04	25.00	25.00	
	Ⅱ级廊道合计	1224.10	600.29	623.81	942.52	452.08	490.44	809.79	347.20	462.59	159.90	74.60	85.30	333.79	55.30	278.49	316.10	217.30	98.80	281.58	148.21	133.37
	铁路小计	278.50	128.10	150.40	179.50	74.10	105.40	149.50	53.30	96.20	43.00	18.10	24.90	59.20	13.50	45.70	47.30	21.70	25.60	99.00	54.00	45.00
	高速小计	342.58	146.09	196.49	160.00	51.88	108.12	148.89	34.50	114.39	32.90	6.50	26.40	76.49	28.00	48.49	39.50		39.50	182.58	94.21	88.37
	国道小计	68.12		68.12	68.12		68.12	60.00		60.00	17.00		17.00	43.00		43.00						
	一级支流小计	144.70	53.20	91.50	144.70	53.20	91.50	111.50	20.00	91.50	9.00		9.00	82.50		82.50	20.00	20.00				
	干渠小计	390.20	272.90	117.30	390.20	272.90	117.30	339.90	239.40	100.50	58.00	50.00	8.00	72.60	13.80	58.80	209.30	175.60	33.70			
	Ⅲ级廊道合计	1939.25	1156.17	783.08	1891.25	1125.17	766.08	1759.27	1105.93	653.34	299.77	121.62	178.15	749.00	393.71	355.29	710.50	590.61	119.89	48.00	31.00	17.00
	省道小计	860.30	406.67	453.63	812.30	375.67	436.63	697.50	279.80	417.70	157.50	86.50	71.00	472.90	160.10	312.80	67.10	33.20	33.90	48.00	31.00	17.00
	景区道路小计	84.35	74.10	10.25	84.35	74.10	10.25	74.17	64.53	9.64	33.77	31.12	2.65	18.30	15.71	2.59	22.10	17.71	4.39			
	二级支流小计	250.80	77.50	173.30	250.80	77.50	173.30	223.50	64.00	159.50	104.50	4.00	100.50	31.40		31.40	87.60	60.00	27.60			
	支渠小计	743.80	597.90	145.90	743.80	597.90	145.90	764.10	697.60	66.50	4.00		4.00	226.40	217.90	8.50	533.70	479.70	54.00			
	Ⅳ级廊道合计	4495.83	1596.50	2899.33	4465.23	1565.90	2899.33	3999.53	1206.70	2792.83	1689.82	133.30	1556.52	1134.71	189.60	945.11	1175.00	883.80	291.20	30.60	30.60	
	县乡道小计	3833.47	1347.10	2486.37	3802.87	1316.50	2486.37	3383.17	1005.30	2377.87	1505.09	133.30	1371.79	946.98	170.90	776.08	931.10	701.10	230.00	30.60	30.60	
	三级支流小计	662.36	249.40	412.96	662.36	249.40	412.96	616.36	201.40	414.96	184.72		184.72	187.73	18.70	169.03	243.91	182.70	61.21			
	Ⅴ级廊道合计	4373.45	3532.01	841.44	4373.45	3532.01	841.44	3720.94	2998.85	722.09	595.53	559.23	36.30	790.00	293.40	496.60	2335.41	2146.22	189.19			
	村级道路小计	2533.98	2114.64	419.34	2533.98	2114.64	419.34	2089.27	1763.48	325.79	377.08	353.48	23.60	463.90	230.10	233.80	1248.29	1179.90	68.39			
	斗渠小计	1839.47	1417.37	422.10	1839.47	1417.37	422.10	1631.67	1235.37	396.30	218.45	205.75	12.70	326.10	63.30	262.80	1087.12	966.32	120.80			

续附表5

统计单位	廊道名称	总里程			现有廊道建设															规划期内新增里程		
					总里程			适宜绿化里程			已达标绿化里程			已绿化但未达标里程			未绿化里程					
		小计	山区	平原区	小计	山区	平原区	小计	山区	平原区	小计	山区	平原区	小计	山区	平原区	小计	山区	平原区	小计	山区	平原区
1	2	3	4	5	6	7	8	9	10	11	12	13	14	15	16	17	18	19	20	21	22	23
鹤壁市	合计	6949.45	3109.28	3840.17	6659.49	2967.69	3691.80	6659.49	2967.69	3691.80	80.10	25.80	54.30	1825.96	1020.76	805.20	4753.44	1921.14	2832.30	289.96	141.59	148.37
	Ⅰ级廊道合计	27.80	22.00	5.80																27.80	22.00	5.80
	南水北调干渠	27.80	22.00	5.80																27.80	22.00	5.80
	Ⅱ级廊道合计	366.86	98.99	267.87	260.10	45.60	214.50	260.10	45.60	214.50	22.70		22.70	63.80	7.20	56.60	173.60	38.40	135.20	106.76	53.39	53.37
	铁路小计	113.40	30.10	83.30	77.30	30.10	47.20	77.30	30.10	47.20	3.30		3.30	16.80		16.80	57.20	30.10	27.10	36.10		36.10
	高速小计	143.96	65.19	78.77	73.30	11.80	61.50	73.30	11.80	61.50	10.80		10.80	8.00	3.50	4.50	54.50	8.30	46.20	70.66	53.39	17.27
	国道小计	33.50		33.50	33.50		33.50	33.50		33.50	8.60		8.60	10.00		10.00	14.90		14.90			
	一级支流小计	76.00	3.70	72.30	76.00	3.70	72.30	76.00	3.70	72.30				29.00	3.70	25.30	47.00		47.00			
	干渠小计																					
	Ⅲ级廊道合计	636.78	381.88	254.90	622.78	381.88	240.90	622.78	381.88	240.90	29.90	25.80	4.10	282.36	223.46	58.90	310.53	132.63	177.90	14.00		14.00
	省道小计	287.88	137.88	150.00	273.88	137.88	136.00	273.88	137.88	136.00	5.00	5.00		119.32	85.42	33.90	149.57	47.47	102.10	14.00		14.00
	景区道路小计	81.50	80.00	1.50	81.50	80.00	1.50	81.50	80.00	1.50				56.00	56.00		25.50	24.00	1.50			
	二级支流小计	267.40	164.00	103.40	267.40	164.00	103.40	267.40	164.00	103.40	24.90	20.80	4.10	107.04	82.04	25.00	135.46	61.16	74.30			
	支渠小计																					
	Ⅳ级廊道合计	1843.00	804.10	1038.90	1731.60	767.90	963.70	1731.60	767.90	963.70	3.20		3.20	396.70	239.60	157.10	1331.70	528.30	803.40	111.40	36.20	75.20
	县乡道小计	1424.60	711.80	712.80	1313.20	675.60	637.60	1313.20	675.60	637.60	3.20		3.20	277.90	207.20	70.70	1032.10	468.40	563.70	111.40	36.20	75.20
	三级支流小计	418.40	92.30	326.10	418.40	92.30	326.10	418.40	92.30	326.10				118.80	32.40	86.40	299.60	59.90	239.70			
	Ⅴ级廊道合计	4075.01	1802.31	2272.70	4045.01	1772.31	2272.70	4045.01	1772.31	2272.70	24.30		24.30	1083.10	550.50	532.60	2937.61	1221.81	1715.80	30.00	30.00	
	村级道路小计	2533.51	1256.81	1276.70	2503.51	1226.81	1276.70	2503.51	1226.81	1276.70	24.30		24.30	663.60	378.00	285.60	1815.61	848.81	966.80	30.00	30.00	
	斗渠小计	1541.50	545.50	996.00	1541.50	545.50	996.00	1541.50	545.50	996.00				419.50	172.50	247.00	1122.00	373.00	749.00			
新乡市	合计	9286.78	2189.03	7097.75	8901.09	2080.48	6820.61	8241.93	1994.38	6247.55	3249.15	211.60	3037.55	2552.42	113.60	2438.82	2440.36	1669.18	771.18	385.69	108.55	277.14
	Ⅰ级廊道合计	328.56	1.50	327.06	272.06		272.06	264.26		264.26	144.96		144.96	39.70		39.70	79.60		79.60	56.50	1.50	55.00
	黄河干流	250.86		250.86	250.86		250.86	244.26		244.26	144.96		144.96	37.90		37.90	61.40		61.40			
	南水北调干渠	77.70	1.50	76.20	21.20		21.20	20.00		20.00				1.80		1.80	18.20		18.20	56.50	1.50	55.00
	Ⅱ级廊道合计	1117.26	98.75	1018.51	915.97	17.10	898.87	833.09	14.00	819.09	444.43		444.43	262.16		262.16	126.50	14.00	112.50	201.29	81.65	119.64
	铁路小计	198.80		198.80	182.80		182.80	156.35		156.35	36.75		36.75	89.80		89.80	29.80		29.80	16.00		16.00
	高速小计	376.32	98.75	277.57	191.03	17.10	173.93	165.50	14.00	151.50	66.44		66.44	43.16		43.16	55.90	14.00	41.90	185.29	81.65	103.64
	国道小计	79.00		79.00	79.00		79.00	76.72		76.72	66.12		66.12	10.60		10.60						
	一级支流小计	108.70		108.70	108.70		108.70	93.70		93.70	73.30		73.30	18.40		18.40	2.00		2.00			
	干渠小计	354.44		354.44	354.44		354.44	340.82		340.82	201.82		201.82	100.20		100.20	38.80		38.80			
	Ⅲ级廊道合计	2431.41	85.70	2345.71	2355.01	60.30	2294.71	2144.77	82.10	2062.67	833.57	44.70	788.87	1053.08	9.00	1044.08	258.12	28.40	229.72	76.40	25.40	51.00
	省道小计	1016.84	62.60	954.24	940.44	37.20	903.24	897.22	59.00	838.22	434.10	21.60	412.50	299.10	9.00	290.10	164.02	28.40	135.62	76.40	25.40	51.00
	景区道路小计	30.10	23.10	7.00	30.10	23.10	7.00	28.10	23.10	5.00	23.10	23.10		5.00		5.00						
	二级支流小计	62.60		62.60	62.60		62.60	51.30		51.30	35.10		35.10	8.60		8.60	7.60		7.60			
	支渠小计	1321.87		1321.87	1321.87		1321.87	1168.15		1168.15	341.27		341.27	740.38		740.38	86.50		86.50			
	Ⅳ级廊道合计	3627.91	305.45	3322.46	3576.41	305.45	3270.96	3271.37	253.85	3017.52	1734.48	75.20	1659.28	1078.68	29.60	1049.08	458.21	149.05	309.16	51.50		51.50
	县乡道小计	2293.39	165.55	2127.84	2265.39	165.55	2099.84	2031.02	122.05	1908.97	912.88	29.60	883.28	842.57	24.60	817.97	275.57	67.85	207.72	28.00		28.00
	三级支流小计	1334.52	139.90	1194.62	1311.02	139.90	1171.12	1240.35	131.80	1108.55	821.60	45.60	776.00	236.11	5.00	231.11	182.64	81.20	101.44	23.50		23.50
	Ⅴ级廊道合计	1781.63	1697.63	84.00	1781.63	1697.63	84.00	1728.43	1644.43	84.00	91.70	91.70		118.80	75.00	43.80	1517.93	1477.73	40.20			
	村级道路小计	1141.70	1057.70	84.00	1141.70	1057.70	84.00	1113.00	1029.00	84.00	55.80	55.80		117.80	74.00	43.80	939.40	899.20	40.20			
	斗渠小计	639.93	639.93		639.93	639.93		615.43	615.43		35.90	35.90		1.00	1.00		578.53	578.53				

续附表 5

统计单位	廊道名称	总里程			现有廊道建设																		规划期内新增里程		
					总里程			适宜绿化里程			已达标绿化里程			已绿化但未达标里程			未绿化里程					
		小计	山区	平原区	小计	山区	平原区	小计	山区	平原区	小计	山区	平原区	小计	山区	平原区	小计	山区	平原区	小计	山区	平原区
1	2	3	4	5	6	7	8	9	10	11	12	13	14	15	16	17	18	19	20	21	22	23
焦作市	合计	13011.94	1396.86	11615.08	12887.04	1396.86	11490.18	4166.16	554.96	3611.19	1630.10	184.77	1445.33	1615.20	157.80	1457.40	920.86	212.39	708.47	124.90		124.90
	Ⅰ级廊道合计	181.20		181.20	128.80		128.80	124.83		124.83	68.60		68.60	6.60		6.60	49.63		49.63	52.40		52.40
	黄河干流	103.00		103.00	103.00		103.00	100.20		100.20	66.60		66.60	6.60		6.60	27.00		27.00			
	南水北调干渠	78.20		78.20	25.80		25.80	24.63		24.63	2.00		2.00				22.63		22.63	52.40		52.40
	Ⅱ级廊道合计	928.67	157.16	771.50	928.67	157.16	771.50	834.41	115.38	719.03	357.63	18.47	339.16	228.55	21.90	206.65	248.24	75.01	173.23			
	铁路小计	154.65	42.00	112.65	154.65	42.00	112.65	129.15	37.00	92.15	24.00		24.00	48.00	19.00	29.00	57.15	18.00	39.15			
	高速小计	164.00	13.80	150.20	164.00	13.80	150.20	155.49	11.88	143.61	12.23	1.87	10.36	47.05	0.80	46.25	96.21	9.21	87.00			
	国道小计	7.97	7.97		7.97	7.97		5.70	5.70		1.60	1.60		2.10	2.10		2.00	2.00				
	一级支流小计	435.00	32.30	402.70	435.00	32.30	402.70	394.38	11.80	382.58	234.60		234.60	124.40		124.40	35.38	11.80	23.58			
	干渠小计	167.05	61.10	105.95	167.05	61.10	105.95	149.70	49.00	100.70	85.20	15.00	70.20	7.00		7.00	57.50	34.00	23.50			
	Ⅲ级廊道合计	1060.87	174.24	886.62	1053.37	174.24	879.12	877.31	120.90	756.41	436.85	55.70	381.15	312.45	28.30	284.15	128.00	36.90	91.10	7.50		7.50
	省道小计	603.57	61.14	542.42	596.07	61.14	534.92	515.21	62.30	452.91	274.35	45.00	229.35	143.75	3.30	140.45	97.10	14.00	83.10	7.50		7.50
	景区道路小计	59.60	52.60	7.00	59.60	52.60	7.00	59.60	52.60	7.00	10.70	10.70		29.00	25.00	4.00	19.90	16.90	3.00			
	二级支流小计	233.00	51.50	181.50	233.00	51.50	181.50	148.70	6.00	142.70	63.20		63.20	74.50		74.50	11.00	6.00	5.00			
	支渠小计	164.70	9.00	155.70	164.70	9.00	155.70	153.80		153.80	88.60		88.60	65.20		65.20						
	Ⅳ级廊道合计	2756.01	315.94	2440.07	2691.01	315.94	2375.07	2157.29	171.47	1985.82	735.42	104.10	631.32	987.00	27.00	960.00	434.87	40.37	394.50	65.00		65.00
	县乡道小计	2441.71	314.94	2126.77	2376.71	314.94	2061.77	1899.14	171.47	1727.67	601.12	104.10	497.02	883.00	27.00	856.00	415.02	40.37	374.65	65.00		65.00
	三级支流小计	314.30	1.00	313.30	314.30	1.00	313.30	258.15		258.15	134.30		134.30	104.00		104.00	19.85		19.85			
	Ⅴ级廊道合计	8085.20	749.52	7335.68	8085.20	749.52	7335.68	172.32	147.22	25.10	31.60	6.50	25.10	80.60	80.60		60.12	60.12				
	村级道路小计	8085.20	749.52	7335.68	8085.20	749.52	7335.68	172.32	147.22	25.10	31.60	6.50	25.10	80.60	80.60		60.12	60.12				
濮阳市	合计	5330.20		5330.20	5109.78		5109.78	4865.94		4865.94	1108.92		1108.92	2182.32		2182.32	1574.70		1574.70	220.42		220.42
	Ⅰ级廊道合计	151.40		151.40	151.40		151.40	151.40		151.40				94.90		94.90	56.50		56.50			
	黄河干流	151.40		151.40	151.40		151.40	151.40		151.40				94.90		94.90	56.50		56.50			
	Ⅱ级廊道合计	937.47		937.47	792.56		792.56	761.63		761.63	191.63		191.63	400.90		400.90	169.10		169.10	144.90		144.90
	铁路小计	107.80		107.80	107.80		107.80	95.00		95.00	7.00		7.00	2.50		2.50	85.50		85.50			
	高速小计	198.55		198.55	60.78		60.78	60.83		60.83	43.13		43.13	13.60		13.60	4.10		4.10	137.77		137.77
	国道小计	99.21		99.21	92.08		92.08	92.10		92.10	29.60		29.60	33.60		33.60	28.90		28.90	7.13		7.13
	一级支流小计	97.60		97.60	97.60		97.60	95.30		95.30	41.20		41.20	54.10		54.10						
	干渠小计	434.30		434.30	434.30		434.30	418.40		418.40	70.70		70.70	297.10		297.10	50.60		50.60			
	Ⅲ级廊道合计	1350.18		1350.18	1277.46		1277.46	1196.46		1196.46	314.09		314.09	366.87		366.87	515.50		515.50	72.72		72.72
	省道小计	563.28		563.28	496.06		496.06	496.06		496.06	166.99		166.99	194.07		194.07	135.00		135.00	67.22		67.22
	景区道路小计	40.70		40.70	35.20		35.20	33.30		33.30	20.30		20.30	9.50		9.50	3.50		3.50	5.50		5.50
	二级支流小计	7.00		7.00	7.00		7.00	7.00		7.00							7.00		7.00			
	支渠小计	739.20		739.20	739.20		739.20	660.10		660.10	126.80		126.80	163.30		163.30	370.00		370.00			
	Ⅳ级廊道合计	2891.15		2891.15	2888.35		2888.35	2756.45		2756.45	603.20		603.20	1319.65		1319.65	833.60		833.60	2.80		2.80
	县乡道小计	2101.05		2101.05	2098.25		2098.25	1998.30		1998.30	382.55		382.55	1070.05		1070.05	545.70		545.70	2.80		2.80
	三级支流小计	790.10		790.10	790.10		790.10	758.15		758.15	220.65		220.65	249.60		249.60	287.90		287.90			

续附表5

统计单位	廊道名称	总里程			现有廊道建设															规划期内新增里程		
					总里程			适宜绿化里程			已达标绿化里程			已绿化但未达标里程			未绿化里程					
		小计	山 区	平原区	小计	山 区	平原区	小计	山 区	平原区	小计	山 区	平原区	小计	山 区	平原区	小计	山 区	平原区	小计	山 区	平原区
1	2	3	4	5	6	7	8	9	10	11	12	13	14	15	16	17	18	19	20	21	22	23
许昌市	合计	6065.90	856.80	5209.10	5307.20	832.60	4474.60	5043.60	800.80	4242.80	2382.40	50.20	2332.20	1741.90	477.90	1264.00	919.30	272.70	646.60	758.70	24.20	734.50
	Ⅰ级廊道合计	54.10	8.20	45.90																54.10	8.20	45.90
	南水北调干渠	54.10	8.20	45.90																54.10	8.20	45.90
	Ⅱ级廊道合计	934.70	132.70	802.00	769.10	116.70	652.40	698.00	100.70	597.30	287.50	8.30	279.20	194.30	23.10	171.20	216.20	69.30	146.90	165.60	16.00	149.60
	铁路小计	263.30	58.10	205.20	230.30	53.10	177.20	205.80	44.10	161.70	36.00		36.00	68.40	5.20	63.20	101.40	38.90	62.50	33.00	5.00	28.00
	高速小计	256.10	20.50	235.60	126.00	9.50	116.50	120.90	9.50	111.40	70.90		70.90	20.00		20.00	30.00	9.50	20.50	130.10	11.00	119.10
	国道小计	146.30	10.00	136.30	143.80	10.00	133.80	108.90	5.00	103.90	102.90	4.30	98.60	4.00	0.40	3.60	2.00	0.30	1.70	2.50		2.50
	一级支流小计	100.00		100.00	100.00		100.00	97.00		97.00	52.30		52.30	20.90		20.90	23.80		23.80			
	干渠小计	169.00	44.10	124.90	169.00	44.10	124.90	165.40	42.10	123.30	25.40	4.00	21.40	81.00	17.50	63.50	59.00	20.60	38.40			
	Ⅲ级廊道合计	589.50	73.20	516.30	589.50	73.20	516.30	552.30	68.40	483.90	270.80	1.90	268.90	161.80	32.60	129.20	119.70	33.90	85.80			
	省道小计	503.00	56.30	446.70	503.00	56.30	446.70	469.60	53.30	416.30	234.90		234.90	125.70	22.00	103.70	109.00	31.30	77.70			
	景区道路小计	15.90	8.90	7.00	15.90	8.90	7.00	13.90	7.10	6.80	3.90	1.90	2.00	7.30	5.00	2.30	2.70	0.20	2.50			
	二级支流小计	44.00		44.00	44.00		44.00	42.00		42.00	32.00		32.00	10.00		10.00						
	支渠小计	26.60	8.00	18.60	26.60	8.00	18.60	26.80	8.00	18.80				18.80	5.60	13.20	8.00	2.40	5.60			
	Ⅳ级廊道合计	4487.60	642.70	3844.90	3948.60	642.70	3305.90	3793.30	631.70	3161.60	1824.10	40.00	1784.10	1385.80	422.20	963.60	583.40	169.50	413.90	539.00		539.00
	县乡道小计	3185.60	458.90	2726.70	2646.60	458.90	2187.70	2532.20	450.90	2081.30	1304.50	40.00	1264.50	933.60	295.10	638.50	294.10	115.80	178.30	539.00		539.00
	三级支流小计	1302.00	183.80	1118.20	1302.00	183.80	1118.20	1261.10	180.80	1080.30	519.60		519.60	452.20	127.10	325.10	289.30	53.70	235.60			
	Ⅴ级廊道合计																					
	村级道路小计																					
	斗渠小计																					
漯河市	合计	3042.04		3042.04	2762.31		2762.31	2768.51		2768.51	1250.80		1250.80	1248.20		1248.20	269.51		269.51	279.73		279.73
	Ⅱ级廊道合计	336.25		336.25	326.15		326.15	326.15		326.15	61.97		61.97	208.26		208.26	55.92		55.92	10.10		10.10
	铁路小计	120.69		120.69	120.69		120.69	120.69		120.69	2.40		2.40	65.06		65.06	53.23		53.23			
	高速小计	111.00		111.00	111.00		111.00	111.00		111.00	12.70		12.70	97.80		97.80	0.50		0.50			
	国道小计	63.76		63.76	53.66		53.66	53.66		53.66	25.47		25.47	26.90		26.90	1.29		1.29	10.10		10.10
	一级支流小计	40.80		40.80	40.80		40.80	40.80		40.80	21.40		21.40	18.50		18.50	0.90		0.90			
	干渠小计																					
	Ⅲ级廊道合计	535.80		535.80	485.44		485.44	485.44		485.44	294.41		294.41	141.59		141.59	49.44		49.44	50.36		50.36
	省道小计	334.01		334.01	283.65		283.65	283.65		283.65	158.17		158.17	100.08		100.08	25.40		25.40	50.36		50.36
	二级支流小计	201.79		201.79	201.79		201.79	201.79		201.79	136.24		136.24	41.51		41.51	24.04		24.04			
	支渠小计																					
	Ⅳ级廊道合计	2169.99		2169.99	1950.72		1950.72	1956.92		1956.92	894.42		894.42	898.35		898.35	164.15		164.15	219.27		219.27
	县乡道小计	1597.92		1597.92	1378.65		1378.65	1384.85		1384.85	567.15		567.15	701.79		701.79	115.91		115.91	219.27		219.27
	三级支流小计	572.07		572.07	572.07		572.07	572.07		572.07	327.27		327.27	196.56		196.56	48.24		48.24			

续附表5

统计单位	廊道名称	总里程			现有廊道建设															规划期内新增里程		
					总里程			适宜绿化里程			已达标绿化里程			已绿化但未达标里程			未绿化里程					
		小计	山区	平原区	小计	山区	平原区	小计	山区	平原区	小计	山区	平原区	小计	山区	平原区	小计	山区	平原区	小计	山区	平原区
1	2	3	4	5	6	7	8	9	10	11	12	13	14	15	16	17	18	19	20	21	22	23
三门峡市	合计	14095.80	14095.80		13503.20	13503.20		10940.90	10940.90		637.70	637.70		3674.25	3674.25		6628.95	6628.95		592.60	592.60	
	Ⅰ级廊道合计	94.10	94.10		94.10	94.10		94.10	94.10					13.50	13.50		80.60	80.60				
	黄河干流	94.10	94.10		94.10	94.10		94.10	94.10					13.50	13.50		80.60	80.60				
	Ⅱ级廊道合计	1672.60	1672.60		1423.50	1423.50		1065.90	1065.90		166.50	166.50		523.20	523.20		376.20	376.20		249.10	249.10	
	铁路小计	438.00	438.00		412.00	412.00		299.30	299.30		26.60	26.60		63.80	63.80		208.90	208.90		26.00	26.00	
	高速小计	373.50	373.50		166.40	166.40		157.20	157.20		99.00	99.00		55.70	55.70		2.50	2.50		207.10	207.10	
	国道小计	421.00	421.00		405.00	405.00		343.60	343.60		32.90	32.90		308.40	308.40		2.30	2.30		16.00	16.00	
	一级支流小计	295.30	295.30		295.30	295.30		155.00	155.00		8.00	8.00		57.00	57.00		90.00	90.00				
	干渠小计	144.80	144.80		144.80	144.80		110.80	110.80					38.30	38.30		72.50	72.50				
	Ⅲ级廊道合计	2227.40	2227.40		2072.30	2072.30		1217.40	1217.40		29.50	29.50		487.10	487.10		700.80	700.80		155.10	155.10	
	省道小计	755.50	755.50		689.40	689.40		584.20	584.20		26.50	26.50		234.00	234.00		323.70	323.70		66.10	66.10	
	景区道路小计	454.60	454.60		365.60	365.60		279.50	279.50		3.00	3.00		88.10	88.10		188.40	188.40		89.00	89.00	
	二级支流小计	918.60	918.60		918.60	918.60		255.00	255.00					165.00	165.00		90.00	90.00				
	支渠小计	98.70	98.70		98.70	98.70		98.70	98.70								98.70	98.70				
	Ⅳ级廊道合计	4489.50	4489.50		4336.10	4336.10		3664.70	3664.70		74.80	74.80		1470.05	1470.05		2119.85	2119.85		153.40	153.40	
	县乡道小计	3040.40	3040.40		2887.00	2887.00		2647.00	2647.00		74.80	74.80		1149.80	1149.80		1422.40	1422.40		153.40	153.40	
	三级支流小计	1449.10	1449.10		1449.10	1449.10		1017.70	1017.70					320.25	320.25		697.45	697.45				
	Ⅴ级廊道合计	5612.20	5612.20		5577.20	5577.20		4898.80	4898.80		366.90	366.90		1180.40	1180.40		3351.50	3351.50		35.00	35.00	
	村级道路小计	5372.20	5372.20		5337.20	5337.20		4658.80	4658.80		366.90	366.90		1060.40	1060.40		3231.50	3231.50		35.00	35.00	
	斗渠小计	240.00	240.00		240.00	240.00		240.00	240.00					120.00	120.00		120.00	120.00				
商丘市	合计	10885.24		10885.24	10791.49		10791.49	10666.58		10666.58	4702.67		4702.67	4537.43		4537.43	1426.48		1426.48	93.75		93.75
	Ⅱ级廊道合计	993.63		993.63	907.88		907.88	856.36		856.36	265.30		265.30	426.73		426.73	164.33		164.33	85.75		85.75
	铁路小计	252.43		252.43	216.93		216.93	200.79		200.79	37.40		37.40	119.16		119.16	44.23		44.23	35.50		35.50
	高速小计	353.67		353.67	303.42		303.42	301.90		301.90	150.80		150.80	84.68		84.68	66.42		66.42	50.25		50.25
	国道小计	258.52		258.52	258.52		258.52	224.66		224.66	69.10		69.10	140.38		140.38	15.18		15.18			
	一级支流小计	90.01		90.01	90.01		90.01	90.01		90.01	8.00		8.00	61.51		61.51	20.50		20.50			
	干渠小计	39.00		39.00	39.00		39.00	39.00		39.00				21.00		21.00	18.00		18.00			
	Ⅲ级廊道合计	1980.48		1980.48	1980.48		1980.48	1940.67		1940.67	845.87		845.87	721.22		721.22	373.58		373.58			
	省道小计	1145.28		1145.28	1145.28		1145.28	1125.87		1125.87	510.61		510.61	532.43		532.43	82.83		82.83			
	景区道路小计	61.40		61.40	61.40		61.40	54.20		54.20	14.00		14.00	30.20		30.20	10.00		10.00			
	二级支流小计	693.30		693.30	693.30		693.30	680.10		680.10	309.86		309.86	115.89		115.89	254.35		254.35			
	支渠小计	80.50		80.50	80.50		80.50	80.50		80.50	11.40		11.40	42.70		42.70	26.40		26.40			
	Ⅳ级廊道合计	7911.13		7911.13	7903.13		7903.13	7869.55		7869.55	3591.50		3591.50	3389.48		3389.48	888.57		888.57	8.00		8.00
	县乡道小计	4215.53		4215.53	4207.53		4207.53	4184.57		4184.57	1428.78		1428.78	2257.71		2257.71	498.08		498.08	8.00		8.00
	三级支流小计	3695.60		3695.60	3695.60		3695.60	3684.98		3684.98	2162.72		2162.72	1131.77		1131.77	390.49		390.49			

续附表5

统计单位	廊道名称	总里程			现有廊道建设															规划期内新增里程		
		小计	山区	平原区	总里程			适宜绿化里程			已达标绿化里程			已绿化但未达标里程			未绿化里程			小计	山区	平原区
					小计	山区	平原区	小计	山区	平原区	小计	山区	平原区	小计	山区	平原区	小计	山区	平原区			
1	2	3	4	5	6	7	8	9	10	11	12	13	14	15	16	17	18	19	20	21	22	23
周口市	合计	8623.68		8623.68	8402.57		8402.57	8149.86		8149.86	2391.08		2391.08	4517.45		4517.45	1241.33		1241.33	221.11		221.11
	Ⅱ级廊道合计	1551.54		1551.54	1445.39		1445.39	1354.59		1354.59	197.52		197.52	624.97		624.97	532.10		532.10	106.15		106.15
	铁路小计	306.43		306.43	306.43		306.43	292.93		292.93	6.00		6.00	124.63		124.63	162.30		162.30			
	高速小计	439.38		439.38	333.23		333.23	325.04		325.04	27.00		27.00	93.32		93.32	204.72		204.72	106.15		106.15
	国道小计	308.17		308.17	308.17		308.17	278.57		278.57	8.50		8.50	224.07		224.07	46.00		46.00			
	一级支流小计	284.30		284.30	284.30		284.30	264.30		264.30	91.10		91.10	86.10		86.10	87.10		87.10			
	干渠小计	213.25		213.25	213.25		213.25	193.75		193.75	64.92		64.92	96.85		96.85	31.98		31.98			
	Ⅲ级廊道合计	2367.11		2367.11	2325.55		2325.55	2233.54		2233.54	798.41		798.41	1263.16		1263.16	171.97		171.97	41.56		41.56
	省道小计	1080.21		1080.21	1072.21		1072.21	1013.30		1013.30	211.08		211.08	754.22		754.22	48.00		48.00	8.00		8.00
	二级支流小计	1057.10		1057.10	1023.54		1023.54	1003.14		1003.14	520.60		520.60	382.44		382.44	100.10		100.10	33.56		33.56
	支渠小计	229.80		229.80	229.80		229.80	217.10		217.10	66.73		66.73	126.50		126.50	23.87		23.87			
	Ⅳ级廊道合计	4705.03		4705.03	4631.63		4631.63	4561.73		4561.73	1395.15		1395.15	2629.32		2629.32	537.26		537.26	73.40		73.40
	县乡道小计	2228.53		2228.53	2212.13		2212.13	2156.23		2156.23	618.65		618.65	1316.22		1316.22	221.36		221.36	16.40		16.40
	三级支流小计	2476.50		2476.50	2419.50		2419.50	2405.50		2405.50	776.50		776.50	1313.10		1313.10	315.90		315.90	57.00		57.00
驻马店市	合计	10465.68	3134.20	7331.48	10030.59	2953.30	7077.29	9555.50	2860.00	6695.50	3745.17	483.40	3261.77	2471.33	247.26	2224.07	3338.99	2129.34	1209.65	435.09	180.90	254.19
	Ⅰ级廊道合计	54.00		54.00	54.00		54.00	54.00		54.00	16.20		16.20	21.60		21.60	16.20		16.20			
	淮河干流	54.00		54.00	54.00		54.00	54.00		54.00	16.20		16.20	21.60		21.60	16.20		16.20			
	Ⅱ级廊道合计	858.37	223.70	634.67	496.88	45.70	451.18	417.25	35.80	381.45	150.01		150.01	205.70	27.50	178.20	61.54	8.30	53.24	361.49	178.00	183.49
	铁路小计	102.70		102.70	102.70		102.70	89.60		89.60	33.00		33.00	47.30		47.30	9.30		9.30			
	高速小计	514.49	184.00	330.49	153.00	6.00	147.00	140.00	6.00	134.00	62.00		62.00	47.00		47.00	31.00	6.00	25.00	361.49	178.00	183.49
	国道合计	156.38	39.70	116.68	156.38	39.70	116.68	110.35	29.80	80.55	39.91		39.91	63.70	27.50	36.20	6.74	2.30	4.44			
	一级支流小计																					
	干渠小计	84.80		84.80	84.80		84.80	77.30		77.30	15.10		15.10	47.70		47.70	14.50		14.50			
	Ⅲ级廊道合计	2479.66	303.10	2176.56	2446.14	300.20	2145.94	2219.67	259.20	1960.47	989.98	113.80	876.18	831.18	80.30	750.88	398.50	65.10	333.40	33.52	2.90	30.62
	省道小计	1219.82	303.10	916.72	1186.30	300.20	886.10	979.73	259.20	720.53	387.29	113.80	273.49	346.01	80.30	265.71	246.42	65.10	181.32	33.52	2.90	30.62
	景区道路小计	26.00		26.00	26.00		26.00	26.00		26.00				26.00		26.00						
	二级支流小计	944.84		944.84	944.84		944.84	933.94		933.94	534.69		534.69	335.17		335.17	64.08		64.08			
	支渠小计	289.00		289.00	289.00		289.00	280.00		280.00	68.00		68.00	124.00		124.00	88.00		88.00			
	Ⅳ级廊道合计	4444.90	456.90	3988.00	4404.82	456.90	3947.92	4276.83	445.20	3831.63	2230.17	241.60	1988.57	1257.44	98.60	1158.84	789.22	105.00	684.22	40.08		40.08
	县乡道小计	2404.80	349.20	2055.60	2383.12	349.20	2033.92	2314.48	341.60	1972.88	1114.19	177.90	936.29	779.07	89.50	689.57	421.22	74.20	347.02	21.68		21.68
	三级支流小计	2040.10	107.70	1932.40	2021.70	107.70	1914.00	1962.35	103.60	1858.75	1115.98	63.70	1052.28	478.37	9.10	469.27	368.00	30.80	337.20	18.40		18.40
	Ⅴ级廊道合计	2628.75	2150.50	478.25	2628.75	2150.50	478.25	2587.75	2119.80	467.95	358.81	128.00	230.81	155.41	40.86	114.55	2073.53	1950.94	122.59			
	村级道路小计	2330.65	1947.10	383.55	2330.65	1947.10	383.55	2289.65	1916.40	373.25	263.71	88.70	175.01	140.11	40.86	99.25	1885.83	1786.84	98.99			
	斗渠小计	298.10	203.40	94.70	298.10	203.40	94.70	298.10	203.40	94.70	95.10	39.30	55.80	15.30		15.30	187.70	164.10	23.60			

续附表5

统计单位	廊道名称	总里程			现有廊道建设															规划期内新增里程		
					总里程			适宜绿化里程			已达标绿化里程			已绿化但未达标里程			未绿化里程					
		小计	山 区	平原区	小计	山 区	平原区	小计	山 区	平原区	小计	山 区	平原区	小计	山 区	平原区	小计	山 区	平原区	小计	山 区	平原区
1	2	3	4	5	6	7	8	9	10	11	12	13	14	15	16	17	18	19	20	21	22	23
南阳市	合计	24604.92	16994.20	7610.72	21792.08	15212.27	6579.81	18223.16	12106.43	6116.73	5106.95	2319.91	2787.04	7433.76	4972.02	2461.74	5682.45	4814.50	867.95	2812.84	1781.93	1030.91
	Ⅰ级廊道合计	238.90	73.50	165.40	106.70	68.70	38.00	104.90	68.50	36.40	2.00	2.00		51.50	51.50		51.40	15.00	36.40	132.20	4.80	127.40
	淮河干流	53.50	53.50		53.50	53.50		53.50	53.50		2.00	2.00		51.50	51.50							
	南水北调干渠	185.40	20.00	165.40	53.20	15.20	38.00	51.40	15.00	36.40							51.40	15.00	36.40	132.20	4.80	127.40
	Ⅱ级廊道合计	2909.24	1779.19	1130.05	2541.20	1492.06	1049.14	2119.70	1138.91	980.79	613.06	205.64	407.42	832.75	420.37	412.38	673.89	512.90	160.99	368.04	287.13	80.91
	铁路小计	464.86	270.96	193.90	419.86	225.96	193.90	317.10	134.90	182.20	41.20	8.50	32.70	120.60	37.00	83.60	155.30	89.40	65.90	45.00	45.00	
	高速小计	562.99	277.14	285.85	267.35	62.41	204.94	267.35	62.41	204.94	30.80		30.80	151.46	54.91	96.55	85.09	7.50	77.59	295.64	214.73	80.91
	国道小计	640.96	468.29	172.67	640.96	468.29	172.67	474.15	330.10	144.05	164.39	71.80	92.59	214.66	163.20	51.46	95.10	95.10				
	一级支流小计	773.80	648.00	125.80	746.40	620.60	125.80	627.00	505.20	121.80	183.30	98.30	85.00	182.70	152.10	30.60	261.00	254.80	6.20	27.40	27.40	
	干渠小计	466.63	114.80	351.83	466.63	114.80	351.83	434.10	106.30	327.80	193.37	27.04	166.33	163.33	13.16	150.17	77.40	66.10	11.30			
	Ⅲ级廊道合计	4688.56	2448.69	2239.87	4640.36	2410.49	2229.87	4000.86	2000.32	2000.54	1551.69	559.22	992.47	1683.47	889.50	793.97	765.70	551.60	214.10	48.20	38.20	10.00
	省道小计	1672.95	874.75	798.20	1672.95	874.75	798.20	1328.52	709.30	619.22	590.46	198.70	391.76	478.16	273.10	205.06	259.90	237.50	22.40			
	景区道路小计	188.00	178.00	10.00	178.00	178.00		132.20	132.20		55.30	55.30		39.90	39.90		37.00	37.00		10.00		10.00
	二级支流小计	2065.24	1292.24	773.00	2027.04	1254.04	773.00	1825.34	1062.14	763.20	615.06	261.00	354.06	870.48	555.44	315.04	339.80	245.70	94.10	38.20	38.20	
	支渠小计	762.37	103.70	658.67	762.37	103.70	658.67	714.80	96.68	618.12	290.87	44.22	246.65	294.93	21.06	273.87	129.00	31.40	97.60			
	Ⅳ级廊道合计	7236.20	3408.90	3827.30	5974.70	2941.00	3033.70	5193.00	2311.70	2881.30	1744.30	418.15	1326.15	2411.24	1180.55	1230.69	1037.46	713.00	324.46	1261.50	467.90	793.60
	县乡道小计	4639.50	2131.10	2508.40	3482.50	1767.70	1714.80	2951.60	1302.60	1649.00	1018.28	175.90	842.38	1227.56	627.40	600.16	705.76	499.30	206.46	1157.00	363.40	793.60
	三级支流小计	2596.70	1277.80	1318.90	2492.20	1173.30	1318.90	2241.40	1009.10	1232.30	726.02	242.25	483.77	1183.68	553.15	630.53	331.70	213.70	118.00	104.50	104.50	
	Ⅴ级廊道合计	9532.02	9283.92	248.10	8529.12	8300.02	229.10	6804.70	6587.00	217.70	1195.90	1134.90	61.00	2454.80	2430.10	24.70	3154.00	3022.00	132.00	1002.90	983.90	19.00
	村级道路小计	9104.02	8855.92	248.10	8101.12	7872.02	229.10	6450.60	6232.90	217.70	1047.70	986.70	61.00	2277.40	2252.70	24.70	3125.50	2993.50	132.00	1002.90	983.90	19.00
	斗渠小计	428.00	428.00		428.00	428.00		354.10	354.10		148.20	148.20		177.40	177.40		28.50	28.50				
信阳市	合计	26480.83	19961.15	6519.68	26346.13	19878.35	6467.78	22576.69	17180.22	5396.47	3128.15	1540.30	1587.85	6365.75	3466.98	2898.77	13082.79	12172.94	909.85	134.70	82.80	51.90
	Ⅰ级廊道合计	414.65	117.80	296.85	414.65	117.80	296.85	385.50	115.80	269.70	142.70	43.40	99.30	150.56	43.50	107.06	92.24	28.90	63.34			
	淮河干流	414.65	117.80	296.85	414.65	117.80	296.85	385.50	115.80	269.70	142.70	43.40	99.30	150.56	43.50	107.06	92.24	28.90	63.34			
	Ⅱ级廊道合计	3123.43	1486.54	1636.89	2988.73	1403.74	1584.99	2568.85	1213.30	1355.55	451.10	169.10	282.00	1524.62	680.82	843.80	593.13	363.38	229.75	134.70	82.80	51.90
	铁路小计	451.10	270.70	180.40	451.10	270.70	180.40	393.10	219.20	173.90	61.50	40.90	20.60	182.32	93.80	88.52	149.28	84.50	64.78			
	高速小计	434.70	283.66	151.04	300.00	200.86	99.14	271.30	195.70	75.60	45.40	28.70	16.70	160.36	114.90	45.46	65.54	52.10	13.44	134.70	82.80	51.90
	国道小计	456.27	216.80	239.47	456.27	216.80	239.47	381.05	183.40	197.65	111.40	72.50	38.90	217.94	81.40	136.54	51.71	29.50	22.21			
	一级支流小计	566.10	234.80	331.30	566.10	234.80	331.30	485.30	180.30	305.00	134.20	22.00	112.20	220.22	92.22	128.00	130.88	66.08	64.80			
	干渠小计	1215.26	480.58	734.68	1215.26	480.58	734.68	1038.10	434.70	603.40	98.60	5.00	93.60	743.78	298.50	445.28	195.72	131.20	64.52			
	Ⅲ级廊道合计	4203.14	2372.44	1830.70	4203.14	2372.44	1830.70	3098.42	1680.42	1418.00	671.40	383.00	288.40	1306.40	543.62	762.78	1120.62	753.80	366.82			
	省道小计	996.00	627.90	368.10	996.00	627.90	368.10	740.30	481.30	259.00	278.20	180.60	97.60	288.90	184.90	104.00	173.20	115.80	57.40			
	景区道路小计	184.50	184.50		184.50	184.50		153.80	153.80		33.40	33.40		82.20	82.20		38.20	38.20				
	二级支流小计	1814.64	1139.44	675.20	1814.64	1139.44	675.20	1240.92	672.92	568.00	303.10	152.50	150.60	346.08	106.70	239.38	591.74	413.72	178.02			
	支渠小计	1208.00	420.60	787.40	1208.00	420.60	787.40	963.40	372.40	591.00	56.70	16.50	40.20	589.22	169.82	419.40	317.48	186.08	131.40			
	Ⅳ级廊道合计	7109.61	4354.36	2755.25	7109.61	4354.36	2755.25	5750.72	3397.50	2353.22	1249.25	331.10	918.15	1768.09	582.96	1185.13	2733.38	2483.44	249.94			
	县乡道小计	4084.90	2338.80	1746.10	4084.90	2338.80	1746.10	3397.10	1966.90	1430.20	785.60	270.60	515.00	1313.04	535.46	777.58	1298.46	1160.84	137.62			
	三级支流小计	3024.71	2015.56	1009.15	3024.71	2015.56	1009.15	2353.62	1430.60	923.02	463.65	60.50	403.15	455.05	47.50	407.55	1434.92	1322.60	112.32			
	Ⅴ级廊道合计	11630.01	11630.01		11630.01	11630.01		10773.20	10773.20		613.70	613.70		1616.08	1616.08		8543.42	8543.42				
	村级道路小计	10023.11	10023.11		10023.11	10023.11		9370.30	9370.30		495.60	495.60		1308.58	1308.58		7566.12	7566.12				
	斗渠小计	1606.90	1606.90		1606.90	1606.90		1402.90	1402.90		118.10	118.10		307.50	307.50		977.30	977.30				

续附表 5

统计单位	廊道名称	总里程			现有廊道建设															规划期内新增里程		
					总里程			适宜绿化里程			已达标绿化里程			已绿化但未达标里程			未绿化里程					
		小计	山区	平原区	小计	山区	平原区	小计	山区	平原区	小计	山区	平原区	小计	山区	平原区	小计	山区	平原区	小计	山区	平原区
1	2	3	4	5	6	7	8	9	10	11	12	13	14	15	16	17	18	19	20	21	22	23
济源市	合计	2575.70	1975.00	600.70	1707.90	1222.40	485.50	1431.80	953.30	478.50	80.80		80.80	1282.90	888.20	394.70	68.10	65.10	3.00	867.80	752.60	115.20
	Ⅰ级廊道合计	58.00	58.00		58.00	58.00		13.00	13.00					13.00	13.00							
	黄河干流	58.00	58.00		58.00	58.00		13.00	13.00					13.00	13.00							
	Ⅱ级廊道合计	547.40	460.70	86.70	233.40	178.10	55.30	108.80	60.50	48.30	14.90		14.90	48.90	18.50	30.40	45.00	42.00	3.00	314.00	282.60	31.40
	铁路小计	72.00	60.00	12.00	72.00	60.00	12.00	46.00	41.00	5.00				2.00		2.00	44.00	41.00	3.00			
	高速小计	328.90	293.70	35.20	14.90	11.10	3.80	14.90	11.10	3.80				14.90	11.10	3.80				314.00	282.60	31.40
	国道小计	29.70	7.40	22.30	29.70	7.40	22.30	29.70	7.40	22.30	14.90		14.90	14.80	7.40	7.40						
	一级支流小计	42.00	31.60	10.40	42.00	31.60	10.40	10.40		10.40				10.40		10.40						
	干渠小计	74.80	68.00	6.80	74.80	68.00	6.80	7.80	1.00	6.80				6.80		6.80	1.00	1.00				
	Ⅲ级廊道合计	448.60	255.40	193.20	444.80	255.40	189.40	338.30	148.90	189.40	65.90		65.90	249.30	125.80	123.50	23.10	23.10		3.80		3.80
	省道小计	243.80	111.40	132.40	243.80	111.40	132.40	213.80	81.40	132.40	65.90		65.90	124.80	58.30	66.50	23.10	23.10				
	景区道路小计	72.80	62.50	10.30	69.00	62.50	6.50	39.00	32.50	6.50				39.00	32.50	6.50				3.80		3.80
	支渠小计	132.00	81.50	50.50	132.00	81.50	50.50	85.50	35.00	50.50				85.50	35.00	50.50						
	Ⅳ级廊道合计	728.20	407.40	320.80	528.20	287.40	240.80	528.20	287.40	240.80				528.20	287.40	240.80				200.00	120.00	80.00
	县乡道小计	728.20	407.40	320.80	528.20	287.40	240.80	528.20	287.40	240.80				528.20	287.40	240.80				200.00	120.00	80.00
	Ⅴ级廊道合计	793.50	793.50		443.50	443.50		443.50	443.50					443.50	443.50					350.00	350.00	
	村级道路小计	793.50	793.50		443.50	443.50		443.50	443.50					443.50	443.50					350.00	350.00	

附表 6

工程建设范围一览表

工程名称	省辖市		县(市、区)	
	个数	名称	个数	名称
水源涵养林工程	13	郑州市	53	上街区、巩义市、荥阳市、新密市、登封市
		洛阳市		孟津县、新安县、嵩县、汝阳县、宜阳县、伊川县、偃师市
		平顶山市		宝丰县、叶县、鲁山县、郏县、汝州市
		安阳市		安阳县、林州市
		鹤壁市		淇滨区
		新乡市		卫辉市、辉县市
		焦作市		修武县、博爱县
		许昌市		禹州市
		三门峡市		湖滨区、渑池县、卢氏县、灵宝市
		驻马店市		驿城区、确山县、泌阳县、汝南县
		南阳市		卧龙区、南召县、方城县、西峡县、镇平县、内乡县、淅川县、唐河县、桐柏县、邓州市
		信阳市		浉河区、平桥区、罗山县、光山县、新县、商城县、固始县、潢川县、息县
		济源市		济源市
水土保持林工程	13	郑州市	73	惠济区、巩义市、荥阳市、新密市、新郑市、登封市
		洛阳市		吉利区、孟津县、新安县、嵩县、汝阳县、洛宁县、伊川县、偃师市
		平顶山市		卫东区、石龙区、湛河区、宝丰县、郏县、汝州市
		安阳市		龙安区、安阳县、林州市、汤阴县
		鹤壁市		鹤山区、山城区、淇滨区、浚县、淇县
		新乡市		凤泉区、卫辉市、辉县市
		焦作市		解放区、中站区、马村区、山阳区、修武县、博爱县、沁阳市、孟州市
		许昌市		襄城县、禹州市、长葛市
		三门峡市		湖滨区、渑池县、陕县、卢氏县、义马市、灵宝市
		驻马店市		驿城区、西平县、确山县、泌阳县、遂平县
		南阳市		卧龙区、南召县、方城县、西峡县、镇平县、内乡县、淅川县、唐河县、桐柏县
		信阳市		浉河区、平桥区、罗山县、光山县、新县、商城县、固始县、潢川县、息县
		济源市		济源市

续附表 6

工程名称	省辖市		县(市、区)	
	个数	名称	个数	名称
生态能源林工程	13	郑州市	63	二七区、惠济区、巩义市、荥阳市、新密市、新郑市、登封市
		洛阳市		孟津县、新安县、栾川县、嵩县、汝阳县、宜阳县、洛宁县、伊川县、偃师市
		平顶山市		新华区、卫东区、宝丰县、叶县、鲁山县、郏县、舞钢市、汝州市
		安阳市		安阳县、林州市
		鹤壁市		鹤山区、山城区、淇滨区、淇县
		新乡市		卫辉市、辉县市
		焦作市		中站区、修武县、博爱县、沁阳市
		许昌市		襄城县、禹州市
		三门峡市		湖滨区、渑池县、陕县、卢氏县、义马市、灵宝市
		驻马店市		确山县、泌阳县、遂平县
		南阳市		南召县、方城县、西峡县、镇平县、内乡县、淅川县、社旗县、唐河县、桐柏县
		信阳市		浉河区、平桥区、罗山县、光山县、新县、商城县、固始县
		济源市		济源市
生态移民工程	12	郑州市	44	上街区、巩义市、荥阳市、新密市、新郑市、登封市
		洛阳市		新安县、栾川县、嵩县、汝阳县、宜阳县、洛宁县、伊川县、偃师市
		平顶山市		叶县、鲁山县
		安阳市		安阳县、林州市
		鹤壁市		山城区、淇滨区、淇县
		新乡市		卫辉市
		许昌市		禹州市
		三门峡市		湖滨区、渑池县、陕县、卢氏县、灵宝市
		驻马店市		泌阳县
		南阳市		南召县、方城县、西峡县、镇平县、内乡县、淅川县、桐柏县、邓州市
		信阳市		浉河区、平桥区、光山县、新县、商城县
		济源市		济源市

续附表 6

工程名称	省辖市		县(市、区)	
	个数	名称	个数	名称
矿区生态修复工程	13	郑州市	69	二七区、上街区、巩义市、荥阳市、新密市、新郑市、登封市
		洛阳市		孟津县、新安县、栾川县、嵩县、汝阳县、宜阳县、洛宁县、伊川县、偃师市
		平顶山市		新华区、卫东区、石龙区、湛河区、宝丰县、叶县、鲁山县、郏县、舞钢市、汝州市
		安阳市		安阳县、林州市
		鹤壁市		鹤山区、山城区、淇滨区、浚县、淇县
		新乡市		凤泉区、辉县市
		焦作市		中站区、马村区、山阳区、修武县、博爱县
		许昌市		襄城县、禹州市、长葛市
		三门峡市		湖滨区、渑池县、陕县、卢氏县、义马市、灵宝市
		驻马店市		确山县、泌阳县
		南阳市		宛城区、卧龙区、南召县、方城县、西峡县、镇平县、内乡县、淅川县、社旗县、桐柏县、邓州市
		信阳市		平桥区、罗山县、光山县、新县、商城县、息县
		济源市		济源市
农田防护林体系改扩建工程	17	郑州市	118	中原区、管城区、金水区、上街区、惠济区、中牟县、荥阳市、新密市、新郑市
		开封市		龙亭区、顺河回族区、禹王台区、金明区、杞县、通许县、尉氏县、开封县、兰考县
		洛阳市		孟津县、汝阳县、洛宁县、偃师市
		平顶山市		卫东区、湛河区、宝丰县、叶县、鲁山县、郏县、舞钢市、汝州市
		安阳市		安阳县、汤阴县、滑县、内黄县
		鹤壁市		淇滨区、浚县、淇县
		新乡市		红旗区、卫滨区、凤泉区、牧野区、新乡县、获嘉县、原阳县、延津县、封丘县、长垣县、卫辉市、辉县市
		焦作市		中站区、马村区、山阳区、修武县、博爱县、武陟县、温县、沁阳市、孟州市
		濮阳市		华龙区、清丰县、南乐县、范县、台前县、濮阳县
		许昌市		魏都区、许昌县、鄢陵县、襄城县、禹州市、长葛市
		漯河市		源汇区、郾城区、召陵区、舞阳县、临颍县
		商丘市		梁园区、睢阳区、民权县、睢县、宁陵县、柘城县、虞城县、夏邑县、永城市
		周口市		川汇区、扶沟县、西华县、商水县、沈丘县、郸城县、淮阳县、太康县、鹿邑县、项城市
		驻马店市		驿城区、西平县、上蔡县、平舆县、正阳县、确山县、汝南县、遂平县、新蔡县
		南阳市		宛城区、卧龙区、方城县、镇平县、社旗县、唐河县、新野县、邓州市
		信阳市		平桥区、罗山县、固始县、潢川县、淮滨县、息县
		济源市		济源市

续附表6

工程名称	省辖市		县(市、区)	
	个数	名称	个数	名称
防沙治沙工程	10	郑州市	47	管城区、惠济区、中牟县、新郑市
		开封市		龙亭区、顺河回族区、鼓楼区、禹王台区、金明区、杞县、通许县、尉氏县、开封县、兰考县
		安阳市		滑县、内黄县
		鹤壁市		浚县、淇县
		新乡市		新乡县、原阳县、延津县、封丘县、长垣县、卫辉市、辉县市
		焦作市		武陟县、温县、孟州市
		濮阳市		华龙区、清丰县、南乐县、范县、台前县、濮阳县
		许昌市		鄢陵县
		商丘市		梁园区、睢阳区、民权县、睢县、宁陵县、虞城县、夏邑县
		周口市		川汇区、扶沟县、西华县、淮阳县、太康县
森林抚育和改造工程	18	郑州市	147	二七区、上街区、惠济区、中牟县、巩义市、荥阳市、新密市、新郑市、登封市
		开封市		龙亭区、顺河回族区、鼓楼区、禹王台区、金明区、杞县、通许县、尉氏县、开封县、兰考县
		洛阳市		吉利区、洛龙区、孟津县、新安县、栾川县、嵩县、汝阳县、宜阳县、洛宁县、伊川县、偃师市
		平顶山市		新华区、石龙区、湛河区、宝丰县、叶县、鲁山县、舞钢市、汝州市
		安阳市		龙安区、安阳县、汤阴县、滑县、内黄县、林州市
		鹤壁市		鹤山区、山城区、淇滨区、浚县、淇县
		新乡市		红旗区、卫滨区、凤泉区、牧野区、新乡县、获嘉县、原阳县、延津县、封丘县、长垣县、卫辉市、辉县市
		焦作市		解放区、中站区、马村区、山阳区、修武县、博爱县、武陟县、温县、沁阳市、孟州市
		濮阳市		华龙区、清丰县、南乐县、范县、台前县、濮阳县
		许昌市		魏都区、许昌县、鄢陵县、襄城县、禹州市、长葛市
		漯河市		源汇区、郾城区、召陵区、舞阳县、临颍县
		三门峡市		湖滨区、渑池县、陕县、卢氏县、义马市、灵宝市
		商丘市		梁园区、睢阳区、民权县、睢县、宁陵县、柘城县、虞城县、夏邑县、永城市
		周口市		川汇区、扶沟县、西华县、商水县、沈丘县、郸城县、淮阳县、太康县、鹿邑县、项城市
		驻马店市		驿城区、西平县、上蔡县、平舆县、正阳县、确山县、泌阳县、汝南县、遂平县、新蔡县
		南阳市		宛城区、卧龙区、南召县、方城县、西峡县、镇平县、内乡县、淅川县、社旗县、唐河县、新野县、桐柏县、邓州市
		信阳市		浉河区、平桥区淮滨县、罗山县、光山县、新县、商城县、固始县、潢川县、息县
		济源市		济源市

续附表6

工程名称	省辖市		县(市、区)	
	个数	名称	个数	名称
用材林及工业原料林建设工程	15	开封市	83	龙亭区、顺河区、鼓楼区、禹王台区、金明区、开封县
		洛阳市		孟津县、嵩县、汝阳县、洛宁县、伊川县、偃师市
		平顶山市		宝丰县、叶县、鲁山县、郏县、汝州市
		安阳市		安阳县、汤阴县
		鹤壁市		浚县、淇县
		新乡市		原阳县、封丘县、长垣县
		焦作市		山阳区、武陟县、温县、孟州市
		濮阳市		清丰县、南乐县、范县、台前县、濮阳县
		漯河市		源汇区、郾城区、召陵区、舞阳县、临颍县
		三门峡市		卢氏县、灵宝市
		商丘市		梁园区、睢阳区、民权县、睢县、宁陵县、柘城县、虞城县、夏邑县、永城市
		周口市		川汇区、扶沟县、西华县、商水县、沈丘县、郸城县、淮阳县、太康县、鹿邑县、项城市
		驻马店市		驿城区、西平县、上蔡县、平舆县、正阳县、汝南县、遂平县、新蔡县
		南阳市		宛城区、卧龙区、南召县、方城县、西峡县、内乡县、淅川县、新野县、桐柏县
		信阳市		浉河区、平桥区、罗山县、新县、固始县、淮滨县、息县
经济林建设工程	14	洛阳市	69	西工区、孟津县、嵩县、汝阳县、伊川县
		平顶山市		卫东区、宝丰县、叶县、鲁山县、舞钢市、汝州市
		安阳市		安阳县、滑县、内黄县、林州市
		鹤壁市		淇滨区、淇县
		新乡市		红旗区、凤泉区、新乡县、延津县、卫辉市、辉县市
		焦作市		中站区、马村区、山阳区、武陟县、温县、沁阳市、孟州市
		濮阳市		清丰县、南乐县、范县、台前县、濮阳县
		漯河市		源汇区、郾城区、召陵区、舞阳县、临颍县
		三门峡市		湖滨区、渑池县、陕县、卢氏县
		商丘市		宁陵县、虞城县、夏邑县、永城市
		驻马店市		驿城区、西平县、上蔡县、平舆县、正阳县、确山县、泌阳县、汝南县、遂平县、新蔡县
		南阳市		卧龙区、西峡县、淅川县、新野县、桐柏县
		信阳市		浉河区、平桥区、罗山县、固始县、潢川县
		济源市		济源市

续附表6

工程名称	省辖市		县(市、区)	
	个数	名称	个数	名称
园林绿化苗木花卉建设工程	18	郑州市	138	二七区、惠济区、中牟县、巩义市、荥阳市、新密市、新郑市、登封市
		开封市		龙亭区、顺河区、鼓楼区、禹王台区、金明区、杞县、通许县、尉氏县、开封县、兰考县
		洛阳市		吉利区、洛龙区、孟津县、新安县、栾川县、嵩县、汝阳县、宜阳县、洛宁县、伊川县、偃师市
		平顶山市		新华区、卫东区、石龙区、湛河区、宝丰县、叶县、鲁山县、郏县、舞钢市、汝州市
		安阳市		文峰区、北关区、龙安区、安阳县、汤阴县、滑县、内黄县、林州市
		鹤壁市		鹤山区、山城区、淇滨区、浚县、淇县
		新乡市		红旗区、凤泉区、新乡县、获嘉县、原阳县、延津县、长垣县、卫辉市
		焦作市		解放区、中站区、马村区、山阳区、修武县、博爱县、武陟县、温县、沁阳市、孟州市
		濮阳市		清丰县、南乐县、濮阳县
		许昌市		魏都区、许昌县、鄢陵县、襄城县、禹州市、长葛市
		漯河市		源汇区、郾城区、召陵区、舞阳县、临颍县
		三门峡市		湖滨区、渑池县、陕县、卢氏县、义马市、灵宝市
		商丘市		梁园区、睢阳区、民权县、睢县、宁陵县、柘城县、虞城县、夏邑县、永城市
		周口市		川汇区、扶沟县、西华县、商水县、淮阳县、太康县、鹿邑县、项城市
		驻马店市		驿城区、上蔡县、平舆县、正阳县、确山县、汝南县、遂平县、新蔡县
		南阳市		宛城区、卧龙区、南召县、方城县、西峡县、镇平县、内乡县、淅川县、社旗县、唐河县、新野县、桐柏县、邓州市
		信阳市		浉河区、平桥区、罗山县、光山县、新县、固始县、潢川县、淮滨县、息县
		济源市		济源市

附表7

山区生态体系建设工程规划表

（单位:万亩）

统计单位	总计					水源涵养林工程				水土保持林工程				生态能源林工程			生态移民工程	矿区生态恢复工程	备注			
	合计	人工造林	封山育林	飞播造林	生态能源林改培	合计	人工造林	封山育林	飞播造林	合计	人工造林	封山育林	飞播造林	合计	人工造林	改培	人工造林	人工造林	需移民户数	需移民人数	移民弃耕面积	矿区总面积
1	2	3	4	5	6	7	8	9	10	11	12	13	14	15	16	17	18	19	20	21	22	23
河南省	1194.48	957.84	54.64	37.26	144.74	274.07	235.94	13.35	24.78	330.78	277.01	41.29	12.48	506.11	361.37	144.74	7.19	76.33	11517	43089	5.94	253.04
郑州市	57.27	48.92	5.00		3.35	18.56	15.56	3.00		17.67	15.67	2.00		12.85	9.50	3.35	0.25	7.94	1076	4282	0.26	44.92
洛阳市	156.04	117.29	37.11	1.64		35.45	26.43	8.60	0.42	67.88	38.15	28.51	1.22	45.63	45.63		1.55	5.53	2246	8745	0.50	46.54
平顶山市	65.66	56.66			9.00	9.48	9.48			8.93	8.93			26.71	17.71	9.00	0.10	20.44	303	1144	0.10	35.87
安阳市	60.53	53.53			7.00	7.62	7.62			13.75	13.75			37.00	30.00	7.00	0.21	1.95	1044	3156	0.19	5.77
鹤壁市	37.33	33.13	2.20		2.00	0.24	0.24			9.18	6.98	2.20		21.24	19.24	2.00	0.10	6.57	96	368	0.04	19.35
新乡市	33.75	29.68		2.57	1.50	3.30	3.16		0.14	17.77	15.34		2.43	8.00	6.50	1.50		4.68	72	323		4.90
焦作市	35.26	20.56	2.20	4.50	8.00	5.00	2.00	1.00	2.00	13.20	9.50	1.20	2.50	13.50	5.50	8.00		3.56				7.85
许昌市	37.07	34.57			2.50	17.80	17.80			6.10	6.10			7.60	5.10	2.50	0.32	5.25	407	1645	0.21	18.41
三门峡市	230.26	195.15	2.70	22.41	10.00	58.10	37.07	0.75	20.28	80.78	76.70	1.95	2.13	80.19	70.19	10.00	0.70	10.49	1784	6846	0.69	51.61
驻马店市	49.84	43.15			6.69	9.85	9.85			16.18	16.18			23.39	16.70	6.69	0.06	0.36	312	833	0.06	0.43
南阳市	264.92	183.22			81.70	46.91	46.91			22.50	22.50			186.00	104.30	81.70	2.20	7.31	2860	10709	3.24	8.05
信阳市	147.16	131.73	5.43		10.00	55.01	55.01			51.14	45.71	5.43		38.00	28.00	10.00	1.31	1.70	799	2954	0.28	6.15
济源市	19.39	10.25		6.14	3.00	6.75	4.81		1.94	5.70	1.50		4.20	6.00	3.00	3.00	0.39	0.55	522	2084	0.39	3.19

附表 8

农田防护林体系改扩建工程规划表

（单位：万亩）

统计单位	农田总面积	适宜林网间作面积	已林网间作面积		完善提高面积		更新造林		新建面积					
											农田林网		农林间作	
			小计	折合片林面积	小计	折合片林面积	小计	折合片林面积	小计	折合片林面积	小计	折合片林面积	小计	折合片林面积
1	2	3	4	5	6	7	8	9	10	11	12	13	14	15
河南省	8188.09	7343.46	3590.08	248.55	2214.65	77.91	2347.20	162.72	1538.73	133.00	1433.27	96.27	105.46	36.73
郑州市	252.95	164.67	78.88	5.52	79.51	2.79	57.72	4.05	6.28	0.47	6.11	0.41	0.17	0.06
开封市	341.70	338.93	137.78	15.80	122.04	4.27	99.40	6.96	79.11	15.70	42.82	3.00	36.29	12.70
洛阳市	132.63	84.93	23.55	0.82	24.08	0.84	17.80	1.25	37.30	1.75	37.30	1.75		
平顶山市	381.75	241.34	97.30	6.81	78.09	2.73	68.17	4.77	65.95	5.62	62.35	4.36	3.60	1.26
安阳市	373.32	350.23	235.02	13.82	48.56	1.70	129.65	9.08	66.65	3.86	66.65	3.86		
鹤壁市	106.57	103.21	7.26	0.51	11.19	0.39	6.43	0.45	84.76	7.89	77.75	5.44	7.01	2.45
新乡市	640.52	586.95	333.01	19.64	135.37	4.86	200.35	14.03	118.57	8.39	117.61	8.23	0.96	0.16
焦作市	242.42	218.15	114.43	8.01	69.41	2.43	74.57	5.22	34.31	3.11	31.81	2.23	2.50	0.88
濮阳市	353.46	351.96	68.50	4.27	100.36	3.52	59.35	4.15	183.10	19.77	158.27	11.08	24.83	8.69
许昌市	402.15	402.15	330.48	23.13	13.80	0.48	168.71	11.81	57.87	8.81	40.87	2.86	17.00	5.95
漯河市	263.42	259.46	176.69	12.86	66.81	2.34	105.04	7.36	15.96	1.96	12.96	0.91	3.00	1.05
商丘市	949.79	860.36	559.40	39.16	206.62	7.23	331.35	23.19	94.34	8.87	86.25	6.04	8.09	2.83
周口市	1084.91	967.77	370.44	30.25	461.02	16.14	300.48	21.03	136.31	9.54	136.31	9.54		
驻马店市	1077.71	1058.13	524.16	28.63	284.32	10.23	333.20	23.33	249.65	15.10	249.65	15.10		
南阳市	1009.06	887.77	373.42	26.15	315.04	11.02	265.49	18.58	199.31	13.95	199.31	13.95		
信阳市	539.18	431.97	149.82	10.49	183.54	6.42	120.80	6.85	98.61	7.46	96.61	6.76	2.00	0.70
济源市	36.55	35.49	9.94	2.67	14.90	0.52	8.69	0.61	10.65	0.75	10.65	0.75		

附表 9

防沙治沙工程规划表

（单位：万亩）

统计单位	沙化土地现状						工程规划													
	合计	宜林沙荒地	沙化耕地				合计	造林规模			已林网间作面积		完善农田林网		更新造林		新建农田林网		新建农林间作	
			合计	轻度	中度	重度		小计	防风固沙林	林网间作折合片林面积	小计	折合片林面积	小计	折合片林面积	小计	折合片林面积	小计	折合片林面积	小计	折合片林面积
1	2	3	4	5	6	7	8	9	10	11	12	13	14	15	16	17	18	19	20	21
河南省	844.45	42.06	802.38	635.81	163.82	2.75	839.68	87.60	36.81	50.79	200.44	12.50	284.76	12.14	166.98	12.19	314.24	25.25	3.51	1.21
郑州市	34.11	3.99	30.12	25.49	3.71	0.92	34.11	5.11	3.99	1.12	15.59	1.09	13.28	0.47	7.94	0.56	1.25	0.09		
开封市	217.67	1.59	216.07	198.31	17.29	0.47	216.62	13.33	1.59	11.74	54.48	3.81	86.92	3.04	48.97	3.43	73.17	5.12	0.47	0.15
安阳市	64.51	13.40	51.11	51.11			59.75	11.53	8.64	2.89			38.94	1.36	9.73	0.68	12.17	0.85		
鹤壁市	32.30	1.27	31.03	29.21	0.47	1.35	32.30	4.91	1.27	3.64	1.50	0.11	2.00	1.00	1.25	0.30	26.18	1.87	1.35	0.47
新乡市	113.51	16.83	96.68	50.15	46.52	0.01	113.02	23.63	16.34	7.29	16.31	0.80	40.36	1.72	18.26	1.36	38.32	3.62	1.69	0.59
焦作市	28.73	0.06	28.67		28.67		31.26	4.47	0.06	4.41	1.38	0.21	4.59	0.34	1.84	0.28	25.29	3.79		
濮阳市	117.76	4.39	113.37	110.81	2.56		117.76	12.24	4.39	7.85	5.67	0.40	5.67	0.20	4.25	0.30	102.04	7.35		
许昌市	13.68	0.16	13.52	13.52			13.68	0.92	0.16	0.76	5.20	0.36			2.60	0.18	8.32	0.58		
商丘市	92.96	0.23	92.73	86.56	6.17		92.96	5.44	0.23	5.21	16.04	1.15	57.42	2.25	22.43	1.61	19.27	1.35		
周口市	129.22	0.14	129.08	70.65	58.43		128.22	6.02	0.14	5.88	84.27	4.57	35.58	1.76	49.71	3.49	8.23	0.63		

附表 10

生态廊道网络建设工程规划表

（单位:公里、亩）

统计单位	廊道名称	合计								规划完善提高里程								规划更新造林						规划新绿化里程							
		小计			山区			平原区		小计			山区			平原区		小计		山区		平原区		小计			山区			平原区	
		长度	折算面积	宜荒面积	长度	折算面积	宜荒面积	长度	折算面积	长度	折算面积	宜荒面积	长度	折算面积	宜荒面积	长度	折算面积	长度	折算面积	长度	折算面积	长度	折算面积	长度	折算面积	宜荒面积	长度	折算面积	宜荒面积	长度	折算面积
1	2	3	4	5	6	7	8	9	10	11	12	13	14	15	16	17	18	19	20	21	22	23	24	25	26	27	28	29	30	31	32
河南省	合计	130835.89	3851924.19	593839.38	70204.53	1592477.60	593839.38	60631.36	2259446.59	60792.71	954787.16	139603.21	23238.23	293059.23	139603.21	37554.48	661727.93	36004.28	928161.66	11775.98	244493.85	24228.30	683667.82	70043.18	1968975.37	454236.17	46966.30	1054924.53	454236.17	23076.88	914050.84
	Ⅰ级廊道合计	1554.07	288088.06	8682.00	421.80	61445.02	8682.00	1132.27	226643.04	416.36	20159.80		121.50	7290.00		294.86	12869.80	344.53	20709.02	60.38	3418.50	284.16	17289.88	1137.71	247219.88	8682.00	300.30	50736.52	8682.00	837.41	196483.36
	黄河、淮河干流	840.10	85037.88	6682.00	281.10	23526.50	6682.00	559.00	61511.38	414.56	20024.80		121.50	7290.00		293.06	12734.80	343.03	20374.02	60.38	3418.50	282.66	16954.88	425.54	44639.71	6682.00	159.60	12818.00	6682.00	265.94	31821.71
	南水北调干渠	713.97	203050.17		140.70	37918.52		573.27	165131.65	1.80	135.00					1.80	135.00	1.45	335.00			1.45	335.00	712.17	202580.17		140.70	37918.52		571.47	164661.65
	Ⅱ级廊道合计	16528.33	1327078.42	192484.59	6369.81	542859.57	192484.59	10158.52	784218.85	7942.76	337226.92	42159.73	2243.15	92304.99	42159.73	5699.61	244921.92	4004.67	269428.36	1048.73	70917.47	2955.94	198510.89	8585.57	720423.11	150324.86	4126.66	379637.11	150324.86	4458.91	340786.01
	铁路小计	3556.12	282498.87	27750.00	1277.40	114940.20	27750.00	2278.72	167558.67	1222.92	51713.57	5558.00	250.60	8311.69	5558.00	972.32	43401.87	496.94	29894.38	122.35	6694.11	374.59	23200.27	2333.20	200890.92	22192.00	1026.80	99934.39	22192.00	1306.40	100956.53
	高速小计	5215.64	483714.21	74710.00	2059.08	203935.22	74710.00	3156.56	279779.00	1431.02	90177.45	6326.00	412.51	29938.85	6326.00	1018.51	60238.61	781.06	70929.99	221.71	21309.21	559.35	49620.78	3784.62	322606.77	68384.00	1646.57	152687.16	68384.00	2138.06	169919.61
	国道小计	2214.54	158721.24	23797.78	978.07	63893.03	23797.78	1236.47	94828.21	1836.55	75601.30	15594.78	765.06	28136.92	15594.78	1071.49	47464.38	895.61	54979.72	324.40	18635.41	571.21	36344.31	377.99	28140.22	8203.00	213.02	17120.70	8203.00	164.98	11019.52
	一级支流小计	2316.80	196476.64	26558.81	965.60	98909.75	26558.81	1351.20	97566.88	1318.14	45033.55	14430.95	355.62	14743.60	14430.95	962.52	30289.95	849.93	50562.93	214.96	15788.55	634.97	34774.38	998.66	100880.16	12127.86	609.98	68377.61	12127.86	388.68	32502.56
	干渠小计	3225.23	205667.42	3668.00	1089.66	61181.37	3668.00	2135.57	144486.05	2134.13	74701.05	250.00	459.36	11173.93	250.00	1674.77	63527.12	981.66	63061.34	165.31	8490.19	816.35	54571.15	1091.10	67905.04	3418.00	630.30	41517.25	3418.00	460.80	26387.78
	Ⅲ级廊道合计	20699.25	884985.82	250310.63	8129.85	362857.78	250310.63	12569.40	522128.04	12681.52	255028.60	74279.43	4029.24	84905.22	74279.43	8652.27	170123.38	8046.26	265344.79	2277.19	70265.28	5769.08	195079.51	8017.73	364612.42	176031.20	4100.61	207687.28	176031.20	3917.12	156925.14
	省道小计	8415.60	365048.66	146974.16	3232.73	150266.42	146974.16	5182.87	214782.24	5557.82	115883.43	47469.30	1883.82	45675.32	47469.30	3673.99	70208.11	3575.52	118778.06	1014.98	33835.08	2560.54	84942.99	2857.79	130387.16	99504.86	1348.90	70756.03	99504.86	1508.88	59631.14
	景区道路小计	1232.25	49572.41	59727.31	1002.81	42488.16	59727.31	229.44	7084.25	592.35	15400.90	22229.31	439.71	12672.93	22229.31	152.64	2727.97	280.42	9517.52	212.36	7420.94	68.06	2096.58	639.90	24653.98	37498.00	563.11	22394.29	37498.00	76.79	2259.69
	二级支流小计	5487.82	263668.68	30251.52	2277.78	104552.94	30251.52	3210.04	159115.74	3063.38	57306.74	4558.15	1066.52	18077.10	4558.15	1996.86	39229.64	2622.42	82166.29	852.19	22960.33	1770.23	59205.95	2424.44	124195.66	25693.37	1211.26	63515.51	25693.37	1213.18	60680.15
	支渠小计	5563.58	206696.06	13357.64	1616.53	65550.25	13357.64	3947.05	141145.81	3467.98	66437.53	22.67	639.20	8479.87	22.67	2828.78	57957.66	1567.90	54882.92	197.66	6048.93	1370.25	48833.99	2095.60	85375.61	13334.97	977.33	51021.45	13334.97	1118.27	34354.16
	Ⅳ级廊道合计	47171.01	994605.93	141876.88	15579.58	302677.65	141876.88	31591.44	691928.28	26794.52	290968.82	23065.12	6143.08	65904.13	23065.12	20651.44	225064.69	17840.76	329901.27	3485.38	63144.34	14355.38	266756.93	20376.49	373735.84	118811.76	9436.49	173629.18	118811.76	10940.00	200106.66
	县乡道小计	32619.36	670160.78	138161.57	11167.93	228105.21	138161.57	21451.43	442055.57	18693.35	200645.38	22760.46	4736.48	51968.44	22760.46	13956.87	148676.94	11323.78	208892.35	2579.77	49164.85	8744.01	159727.50	13926.00	260623.05	115401.11	6431.44	126971.91	115401.11	7494.56	133651.13
	三级支流小计	14551.66	324445.15	3715.31	4411.65	74572.45	3715.31	10140.01	249872.71	8101.17	90323.44	304.66	1406.60	13935.69	304.66	6694.57	76387.75	6516.98	121008.92	905.61	13979.49	5611.37	107029.43	6450.49	113112.79	3410.65	3005.05	46657.27	3410.65	3445.44	66455.53
	Ⅴ级廊道合计	44883.23	357165.93	38485.28	39703.50	322637.57	38485.28	5179.73	34528.36	12957.55	51403.02	98.93	10701.25	42654.88	98.93	2256.29	8748.14	5767.57	42778.80	4904.31	36748.26	863.26	6030.54	31925.68	262984.12	38386.35	29002.24	243234.44	38386.35	2923.44	19749.67
	村级道路小计	38579.02	310909.31	37155.18	35338.85	289060.54	37155.18	3240.17	21848.77	11123.34	44390.77	68.83	9675.82	38807.19	68.83	1447.51	5583.58	4944.54	36690.28	4319.23	32391.31	625.32	4298.96	27455.68	229828.27	37086.35	25663.03	217862.04	37086.35	1792.66	11966.23
	斗渠小计	6304.20	46256.62	1330.10	4364.64	33577.04	1330.10	1939.56	12679.58	1834.21	7012.25	30.10	1025.43	3847.69	30.10	808.78	3164.56	823.03	6088.52	585.08	4356.94	237.95	1731.58	4469.99	33155.85	1300.00	3339.21	25372.40	1300.00	1130.78	7783.44
郑州市	合计	7408.25	672061.81	82780.00	3647.00	370815.87	82780.00	3761.25	301245.94	3502.20	193007.86	10600.00	539.50	49076.42	10600.00	2962.70	143931.44	1442.15	87070.60	570.98	28870.10	871.18	58200.50	3906.05	391983.35	72180.00	3107.50	292869.35	72180.00	798.55	99114.00
	Ⅰ级廊道合计	216.70	47580.00		67.20	12644.00		149.50	34936.00									15.20	912.00			15.20	912.00	216.70	46668.00		67.20	12644.00		149.50	34024.00
	黄河干流	90.10	14433.00		50.10	7515.00		40.00	6918.00									15.20	912.00			15.20	912.00	90.10	13521.00		50.10	7515.00		40.00	6006.00
	南水北调干渠	126.60	33147.00		17.10	5129.00		109.50	28018.00															126.60	33147.00		17.10	5129.00		109.50	28018.00
	Ⅱ级廊道合计	1306.55	322027.62	40080.00	445.20	164518.05	40080.00	861.35	157509.57	710.10	102119.94	3400.00	103.00	20708.00	3400.00	607.10	81411.94	203.28	41069.13	42.25	10126.50	161.03	30942.63	596.45	178838.55	36680.00	342.20	133683.55	36680.00	254.25	45155.00
	铁路小计	384.25	87753.20	6500.00	164.90	47615.00	6500.00	219.35	40138.20	77.60	12668.95					77.60	12668.95	15.25	1799.25			15.25	1799.25	306.65	73285.00	6500.00	164.90	47615.00	6500.00	141.75	25670.00
	高速小计	449.80	128286.76	19680.00	163.30	71453.05	19680.00	286.50	56833.71	270.20	44004.33	2600.00	77.00	16308.00	2600.00	193.20	27696.33	98.78	21018.88	37.25	9476.50	61.53	11542.38	179.60	63263.55	17080.00	86.30	45668.55	17080.00	93.30	17595.00
	国道小计	141.40	31917.16	4600.00	39.00	12750.00	4600.00	102.40	19167.16	128.40	18759.16	800.00	26.00	4400.00	800.00	102.40	14359.16	30.30	5458.00	5.00	650.00	25.30	4808.00	13.00	7700.00	3800.00	13.00	7700.00	3800.00		
	一级支流小计	114.50	33243.50	9300.00	63.00	28200.00	9300.00	51.50	5043.50	32.30	2470.50					32.30	2470.50	8.55	683.00			8.55	683.00	82.20	30090.00	9300.00	63.00	28200.00	9300.00	19.20	1890.00
	干渠小计	216.60	40827.00		15.00	4500.00		201.60	36327.00	201.60	24217.00					201.60	24217.00	50.40	12110.00			50.40	12110.00	15.00	4500.00		15.00	4500.00			
	Ⅲ级廊道合计	1187.60	180119.75	41700.00	562.70	120802.75	41700.00	624.90	59317.00	530.80	52076.00	6200.00	91.10	21721.00	6200.00	439.70	30355.00	143.88	19002.75	33.08	6204.75	110.80	12798.00	656.80	109041.00	35500.00	471.60	92877.00	35500.00	185.20	16164.00
	省道小计	409.80	72048.25	20200.00	181.00	52014.50	20200.00	228.80	20033.75	208.00	24711.00	1400.00	85.00	16628.00	1400.00	123.00	8083.00	61.75	8154.25	30.80	5706.50	30.95	2447.75	201.80	39183.00	18800.00	96.00	29680.00	18800.00	105.80	9503.00
	景区道路小计	68.60	12025.25	5400.00	65.60	11665.25	5400.00	3.00	360.00	9.10	5363.00	4800.00	6.10	5093.00	4800.00	3.00	270.00	1.78	363.25	0.78	273.25	1.00	90.00	59.50	6299.00	600.00	59.50	6299.00	600.00		
	二级支流小计	303.70	41386.75	16100.00	178.90	32427.00	16100.00	124.80	8959.75	45.40	2056.00					45.40	2056.00	12.65	467.75	1.50	225.00	11.15	242.75	258.30	38863.00	16100.00	178.90	32202.00	16100.00	79.40	6661.00
	支渠小计	405.50	54659.50		137.20	24696.00		268.30	29963.50	268.30	19946.00					268.30	19946.00	67.70	10017.50			67.70	10017.50	137.20	24696.00		137.20	24696.00			
	Ⅳ级廊道合计	2754.30	82740.43	1000.00	628.80	33257.05	1000.00	2125.50	49483.38	2120.30	37129.15	1000.00	204.40	4964.65	1000.00	1915.90	32164.50	967.05	24496.08	382.90	10948.20	584.15	13547.88	634.00	21115.20		424.40	17344.20		209.60	3771.00
	县乡道小计	2472.30	75384.05	1000.00	628.80	32042.05	1000.00	1843.50	43342.00	2009.30	34701.65	1000.00	204.40	4964.65	1000.00	1804.90	29737.00	902.68	22135.20	342.40	9733.20	560.28	12402.00	463.00	18547.20		424.40	17344.20		38.60	1203.00
	三级支流小计	282.00	7356.38			1215.00		282.00	6141.38	111.00	2427.50					111.00	2427.50	64.38	2360.88	40.50	1215.00	23.88	1145.88	171.00	2568.00					171.00	2568.00
	Ⅴ级廊道合计	1943.10	39594.02		1943.10	39594.02				141.00	1682.77		141.00	1682.77				112.75	1590.65	112.75	1590.65			1802.10	36320.60		1802.10	36320.60			
	村级道路小计	1943.10	39594.02		1943.10	39594.02				141.00	1682.77		141.00	1682.77				112.75	1590.65	112.75	1590.65			1802.10	36320.60		1802.10	36320.60			
	斗渠小计																														

续附表10

统计单位	廊道名称	合计								规划完善提高里程								规划更新造林						规划新绿化里程							
		小计			山区			平原区		小计			山区			平原区		小计		山区		平原区		小计			山区			平原区	
		长度	折算面积	宜荒面积	长度	折算面积	宜荒面积	长度	折算面积	长度	折算面积	宜荒面积	长度	折算面积	宜荒面积	长度	折算面积	长度	折算面积	长度	折算面积	长度	折算面积	长度	折算面积	宜荒面积	长度	折算面积	宜荒面积	长度	折算面积
1	2	3	4	5	6	7	8	9	10	11	12	13	14	15	16	17	18	19	20	21	22	23	24	25	26	27	28	29	30	31	32
开封市	合计	6057.06	171579.17					6057.06	171579.17	3122.35	46376.01					3122.35	46376.01	1802.99	50874.32			1802.99	50874.32	2934.72	74328.84					2934.72	74328.84
	Ⅰ级廊道合计	26.50	3050.10					26.50	3050.10	25.00	750.00					25.00	750.00	36.84	2210.10			36.84	2210.10	1.50	90.00					1.50	90.00
	黄河干流	26.50	3050.10					26.50	3050.10	25.00	750.00					25.00	750.00	36.84	2210.10			36.84	2210.10	1.50	90.00					1.50	90.00
	Ⅱ级廊道合计	1002.21	56517.33					1002.21	56517.33	614.48	18434.40					614.48	18434.40	246.99	14819.31			246.99	14819.31	387.73	23263.62					387.73	23263.62
	铁路小计	202.25	11765.25					202.25	11765.25	47.05	1411.50					47.05	1411.50	17.36	1041.75			17.36	1041.75	155.20	9312.00					155.20	9312.00
	高速小计	217.70	13179.21					217.70	13179.21	86.00	2580.00					86.00	2580.00	44.95	2697.21			44.95	2697.21	131.70	7902.00					131.70	7902.00
	国道小计	164.43	8878.62					164.43	8878.62	155.80	4674.00					155.80	4674.00	61.45	3687.00			61.45	3687.00	8.63	517.62					8.63	517.62
	一级支流小计	257.63	12527.25					257.63	12527.25	196.63	5898.90					196.63	5898.90	49.47	2968.35			49.47	2968.35	61.00	3660.00					61.00	3660.00
	干渠小计	160.20	10167.00					160.20	10167.00	129.00	3870.00					129.00	3870.00	73.75	4425.00			73.75	4425.00	31.20	1872.00					31.20	1872.00
	Ⅲ级廊道合计	1237.34	41255.31					1237.34	41255.31	807.64	12114.54					807.64	12114.54	541.66	16249.77			541.66	16249.77	429.70	12891.00					429.70	12891.00
	省道小计	223.47	8984.99					223.47	8984.99	185.47	2781.99					185.47	2781.99	168.77	5063.00			168.77	5063.00	38.00	1140.00					38.00	1140.00
	景区道路小计	76.75	2049.38					76.75	2049.38	57.35	860.25					57.35	860.25	20.24	607.13			20.24	607.13	19.40	582.00					19.40	582.00
	二级支流小计	442.81	14434.73					442.81	14434.73	238.41	3576.15					238.41	3576.15	157.55	4726.58			157.55	4726.58	204.40	6132.00					204.40	6132.00
	支渠小计	494.31	15786.23					494.31	15786.23	326.41	4896.15					326.41	4896.15	195.10	5853.08			195.10	5853.08	167.90	5037.00					167.90	5037.00
	Ⅳ级廊道合计	3791.02	70756.43					3791.02	70756.43	1675.23	15077.07					1675.23	15077.07	977.51	17595.14			977.51	17595.14	2115.79	38084.22					2115.79	38084.22
	县乡道小计	1990.57	36989.55					1990.57	36989.55	678.78	6109.02					678.78	6109.02	403.80	7268.31			403.80	7268.31	1311.79	23612.22					1311.79	23612.22
	三级支流小计	1800.45	33766.88					1800.45	33766.88	996.45	8968.05					996.45	8968.05	573.71	10326.83			573.71	10326.83	804.00	14472.00					804.00	14472.00
洛阳市	合计	14028.83	228365.87	29132.38	11407.38	187847.67	29132.38	2621.46	40518.20	7858.80	62314.23	7121.21	6190.07	46203.82	7121.21	1668.73	16110.42	4429.07	68769.15	3745.79	57922.95	683.27	10846.20	6170.03	97282.48	22011.17	5217.31	83720.91	22011.17	952.72	13561.57
	Ⅰ级廊道合计		234.00			234.00												7.30	234.00	7.30	234.00										
	黄河干流		234.00			234.00												7.30	234.00	7.30	234.00										
	Ⅱ级廊道合计	942.84	59806.21	2878.59	682.41	46033.70	2878.59	260.43	13772.50	452.64	13701.27	566.73	287.02	7853.57	566.73	165.62	5847.70	256.50	12339.80	199.44	10029.68	57.06	2310.11	490.20	33765.14	2311.86	395.39	28150.45	2311.86	94.81	5614.69
	铁路小计	256.61	16962.41	1309.00	180.90	12743.07	1309.00	75.71	4219.34	43.90	1412.95		17.80	534.00		26.10	878.95	29.88	1580.94	21.20	1254.75	8.68	326.19	212.71	13968.52	1309.00	163.10	10954.32	1309.00	49.61	3014.20
	高速小计	125.99	9889.27	715.00	92.69	7747.83	715.00	33.30	2141.44	59.60	1973.25		41.60	1404.00		18.00	569.25	56.50	3360.91	43.75	2706.73	12.75	654.19	66.39	4555.10	715.00	51.09	3637.10	715.00	15.30	918.00
	国道合计	120.46	6010.62	3.78	98.92	5042.93	3.78	21.54	967.69	120.46	3029.57	3.78	98.92	2269.82	3.78	21.54	759.75	63.70	2981.05	58.32	2773.11	5.39	207.94								
	一级支流小计	173.48	13593.66	600.81	117.50	10815.87	600.81	55.98	2777.79	101.98	3030.75	312.95	50.60	1104.00	312.95	51.38	1926.75	74.75	3150.90	56.65	2472.35	18.10	678.55	71.50	7412.01	287.86	66.90	7239.52	287.86	4.60	172.49
	干渠小计	266.30	13350.25	250.00	192.40	9684.00	250.00	73.90	3666.25	126.70	4254.75	250.00	78.10	2541.75	250.00	48.60	1713.00	31.68	1266.00	19.53	822.75	12.15	443.25	139.60	7829.50		114.30	6319.50		25.30	1510.00
	Ⅲ级廊道合计	1658.29	56270.88	20693.63	1370.15	47512.70	20693.63	288.14	8758.18	1284.23	18823.62	5410.43	1047.72	15255.51	5410.43	236.51	3568.10	853.84	22779.15	743.20	19303.68	110.64	3475.47	374.06	14668.12	15283.20	322.44	12953.51	15283.20	51.63	1714.61
	省道小计	829.33	26197.49	13744.16	774.16	23726.50	13744.16	55.17	2470.99	651.53	8719.59	662.30	617.36	8207.05	662.30	34.17	512.54	429.18	11362.86	386.09	10097.42	43.09	1265.45	177.80	6115.04	13081.86	156.80	5422.04	13081.86	21.00	693.00
	景区道路小计	172.60	8072.06	3061.31	167.40	7955.06	3061.31	5.20	117.00	94.40	1802.50	1367.31	89.20	1724.50	1367.31	5.20	78.00	60.35	2813.68	59.05	2774.68	1.30	39.00	78.20	3455.88	1694.00	78.20	3455.88	1694.00		
	二级支流小计	287.17	11471.52	3811.52	204.92	8846.69	3811.52	82.25	2624.83	218.96	3283.54	3358.15	155.34	2327.58	3358.15	63.62	955.97	276.28	5415.14	244.11	4347.90	32.17	1067.25	68.21	2772.84	453.37	49.58	2171.22	453.37	18.63	601.62
	支渠小计	369.19	10529.81	76.64	223.67	6984.45	76.64	145.52	3545.36	319.34	5017.98	22.67	185.82	2996.38	22.67	133.52	2021.60	88.03	3187.46	53.95	2083.69	34.08	1103.77	49.85	2324.36	53.97	37.85	1904.37	53.97	12.00	419.99
	Ⅳ级廊道合计	2203.09	47415.00	4684.88	1792.60	40542.15	4684.88	410.49	6872.85	1408.28	12761.40	1045.12	1099.42	10010.70	1045.12	308.86	2750.70	1253.05	19392.85	1118.59	17275.04	134.46	2117.81	794.82	15260.76	3639.76	693.19	13256.42	3639.76	101.63	2004.34
	县乡道小计	1597.69	34518.27	4077.57	1327.70	29763.12	4077.57	269.99	4755.15	1087.58	9857.08	740.46	869.02	7919.08	740.46	218.56	1938.00	864.42	14786.53	766.44	13070.12	97.98	1716.41	510.12	9874.66	3337.11	458.69	8773.92	3337.11	51.43	1100.74
	三级支流小计	605.40	12896.73	607.31	464.90	10779.03	607.31	140.50	2117.70	320.70	2904.31	304.66	230.40	2091.61	304.66	90.30	812.70	388.63	4606.32	352.15	4204.92	36.48	401.40	284.70	5386.10	302.65	234.50	4482.50	302.65	50.20	903.60
	Ⅴ级廊道合计	9224.61	64639.77	875.28	7562.21	53525.11	875.28	1662.40	11114.66	4713.66	17027.95	98.93	3755.91	13084.03	98.93	957.74	3943.91	2058.38	14023.36	1677.26	11080.54	381.12	2942.81	4510.95	33588.47	776.35	3806.30	29360.54	776.35	704.66	4227.93
	村级道路小计	8399.66	59495.57	845.18	7249.12	51605.54	845.18	1150.54	7890.03	4257.55	15208.36	68.83	3574.28	12470.95	68.83	683.26	2737.41	1889.25	12848.60	1576.75	10499.64	312.50	2348.96	4142.11	31438.60	776.35	3674.84	28634.95	776.35	467.28	2803.65
	斗渠小计	824.95	5144.21	30.10	313.09	1919.58	30.10	511.86	3224.63	456.11	1819.59	30.10	181.63	613.09	30.10	274.48	1206.50	169.13	1174.75	100.51	580.90	68.62	593.85	368.84	2149.87		131.46	725.59		237.38	1424.28

续附表10

统计单位	廊道名称	合计								规划完善提高里程								规划更新造林						规划新绿化里程							
		小计			山区			平原区		小计			山区			平原区		小计		山区		平原区		小计			山区			平原区	
		长度	折算面积	宜荒面积	长度	折算面积	宜荒面积	长度	折算面积	长度	折算面积	宜荒面积	长度	折算面积	宜荒面积	长度	折算面积	长度	折算面积	长度	折算面积	长度	折算面积	长度	折算面积	宜荒面积	长度	折算面积	宜荒面积	长度	折算面积
1	2	3	4	5	6	7	8	9	10	11	12	13	14	15	16	17	18	19	20	21	22	23	24	25	26	27	28	29	30	31	32
平顶山市	合计	4368.49	161398.53		1568.13	47486.24		2800.35	113912.29	1853.00	24320.15		557.89	6499.96		1295.10	17820.20	1418.93	37347.27	514.31	13441.94	904.62	23905.33	2515.49	99731.11		1010.24	27544.35		1505.25	72186.76
	Ⅰ级廊道合计	115.20	28440.00		40.00	7200.00		75.20	21240.00															115.20	28440.00		40.00	7200.00		75.20	21240.00
	南水北调干渠	115.20	28440.00		40.00	7200.00		75.20	21240.00															115.20	28440.00		40.00	7200.00		75.20	21240.00
	Ⅱ级廊道合计	1116.80	60020.85		368.65	14370.90		748.15	45649.95	286.91	8607.30		75.24	2257.20		211.67	6350.10	167.58	10054.65	49.06	2943.60	118.52	7111.05	829.89	41358.90		293.41	9170.10		536.48	32188.80
	铁路小计	207.95	11523.00		36.80	1480.50		171.15	10042.50	44.80	1344.00		0.50	15.00		44.30	1329.00	19.00	1140.00	0.63	37.50	18.38	1102.50	163.15	9039.00		36.30	1428.00		126.85	7611.00
	高速小计	596.92	28577.70		219.59	7013.40		377.33	21564.30	101.70	3051.00		25.00	750.00		76.70	2301.00	26.68	1600.50	6.25	375.00	20.43	1225.50	495.22	23926.20		194.59	5888.40		300.63	18037.80
	国道小计	172.26	8925.00		102.26	4152.00		70.00	4773.00	117.74	3532.20		49.74	1492.20		68.00	2040.00	66.99	4019.10	23.44	1406.10	43.55	2613.00	54.52	1373.70		52.52	1253.70		2.00	120.00
	一级支流小计	59.50	6202.50		10.00	1725.00		49.50	4477.50	21.50	645.00					21.50	645.00	54.63	3277.50	18.75	1125.00	35.88	2152.50	38.00	2280.00		10.00	600.00		28.00	1680.00
	干渠小计	80.17	4792.65					80.17	4792.65	1.17	35.10					1.17	35.10	0.29	17.55			0.29	17.55	79.00	4740.00					79.00	4740.00
	Ⅲ级廊道合计	809.82	31835.67		214.18	11690.06		595.64	20145.61	449.88	6748.17		77.05	1155.68		372.83	5592.50	476.31	14289.24	214.01	6420.34	262.30	7868.90	359.94	10798.26		137.14	4114.05		222.81	6684.21
	省道小计	464.12	13887.42		122.18	3252.56		341.94	10634.86	299.38	4490.67		71.05	1065.68		228.33	3425.00	148.48	4454.49	21.76	652.84	126.72	3801.65	164.74	4942.26		51.14	1534.05		113.61	3408.21
	景区道路小计	28.20	1029.00		14.00	480.00		14.20	549.00	1.00	15.00					1.00	15.00	6.60	198.00	2.00	60.00	4.60	138.00	27.20	816.00		14.00	420.00		13.20	396.00
	二级支流小计	181.50	11882.25		70.00	7747.50		111.50	4134.75	72.50	1087.50		2.00	30.00		70.50	1057.50	250.83	7524.75	189.25	5677.50	61.58	1847.25	109.00	3270.00		68.00	2040.00		41.00	1230.00
	支渠小计	136.00	5037.00		8.00	210.00		128.00	4827.00	77.00	1155.00		4.00	60.00		73.00	1095.00	70.40	2112.00	1.00	30.00	69.40	2082.00	59.00	1770.00		4.00	120.00		55.00	1650.00
	Ⅳ级廊道合计	1925.27	38760.51		630.21	12394.23		1295.06	26366.28	936.01	8424.08		311.71	2805.38		624.30	5618.70	696.09	12529.68	214.21	3855.85	481.88	8673.83	989.26	17806.75		318.50	5733.00		670.76	12073.75
	县乡道小计	1601.97	32103.21		543.21	10819.23		1058.76	21283.98	690.21	6211.88		248.71	2238.38		441.50	3973.50	526.64	9479.58	182.21	3279.85	344.43	6199.73	911.76	16411.75		294.50	5301.00		617.26	11110.75
	三级支流小计	323.30	6657.30		87.00	1575.00		236.30	5082.30	245.80	2212.20		63.00	567.00		182.80	1645.20	169.45	3050.10	32.00	576.00	137.45	2474.10	77.50	1395.00		24.00	432.00		53.50	963.00
	Ⅴ级廊道合计	401.40	2341.50		315.10	1831.05		86.30	510.45	180.20	540.60		93.90	281.70		86.30	258.90	78.95	473.70	37.03	222.15	41.93	251.55	221.20	1327.20		221.20	1327.20			
	村级道路小计	390.10	2281.65		313.00	1821.60		77.10	460.05	168.90	506.70		91.80	275.40		77.10	231.30	74.63	447.75	36.50	219.00	38.13	228.75	221.20	1327.20		221.20	1327.20			
	斗渠小计	11.30	59.85		2.10	9.45		9.20	50.40	11.30	33.90		2.10	6.30		9.20	27.60	4.33	25.95	0.53	3.15	3.80	22.80								
安阳市	合计	7959.83	187896.79	44368.00	5011.84	101706.62	44368.00	2947.99	86190.17	3007.50	33829.41		932.01	10150.68		2075.50	23678.74	2124.38	43201.82	677.37	12014.63	1447.01	31187.19	4952.33	110865.55	44368.00	4079.84	79541.31	44368.00	872.50	31324.24
	Ⅰ级廊道合计	55.14	16541.17		32.10	9629.52		23.04	6911.65															55.14	16541.17		32.10	9629.52		23.04	6911.65
	南水北调干渠	55.14	16541.17		32.10	9629.52		23.04	6911.65															55.14	16541.17		32.10	9629.52		23.04	6911.65
	Ⅱ级廊道合计	931.47	55675.57	12600.00	420.81	26655.77	12600.00	510.66	29019.80	333.79	10013.20		55.30	1658.92		278.49	8354.28	163.40	9803.36	51.13	3067.35	112.27	6736.01	597.68	35859.01	12600.00	365.51	21929.50	12600.00	232.17	13929.50
	铁路小计	205.50	12731.36	3400.00	89.20	5692.22	3400.00	116.30	7039.15	59.20	1775.91		13.50	404.98		45.70	1370.93	36.30	2177.89	12.43	745.46	23.88	1432.43	146.30	8777.56	3400.00	75.70	4541.77	3400.00	70.60	4235.79
	高速小计	298.57	17752.96	4700.00	122.21	7107.24	4700.00	176.36	10645.72	76.49	2294.59		28.00	839.96		48.49	1454.63	35.57	2134.24	10.25	614.97	25.32	1519.27	222.08	13324.13	4700.00	94.21	5652.32	4700.00	127.87	7671.82
	国道合计	43.00	2444.88					43.00	2444.88	43.00	1289.94					43.00	1289.94	19.25	1154.94			19.25	1154.94								
	一级支流小计	102.50	5182.24	1900.00	20.00	1199.94	1900.00	82.50	3982.30	82.50	2474.88					82.50	2474.88	25.13	1507.42			25.13	1507.42	20.00	1199.94	1900.00	20.00	1199.94	1900.00		
	干渠小计	281.90	17564.12	2600.00	189.40	12656.37	2600.00	92.50	4907.75	72.60	2177.89		13.80	413.98		58.80	1763.91	47.15	2828.86	28.45	1706.91	18.70	1121.94	209.30	12557.37	2600.00	175.60	10535.47	2600.00	33.70	2021.90
	Ⅲ级廊道合计	1507.50	44101.80	17468.00	1015.31	29329.33	17468.00	492.19	14772.47	749.00	11234.44		393.71	5905.29		355.29	5329.15	337.13	10113.50	159.23	4776.81	177.90	5336.69	758.50	22753.86	17468.00	621.61	18647.24	17468.00	136.89	4106.63
	省道小计	588.00	16454.93	10168.00	224.30	6825.41	10168.00	363.70	9629.52	472.90	7093.15		160.10	2401.38		312.80	4691.77	196.98	5908.95	83.28	2498.13	113.70	3410.83	115.10	3452.83	10168.00	64.20	1925.90	10168.00	50.90	1526.92
	景区道路小计	40.40	1581.17		33.41	1351.23		6.99	229.94	18.30	274.49		15.71	235.57		2.59	38.91	21.46	643.72	19.48	584.51	1.97	59.21	22.10	662.97		17.71	531.14		4.39	131.83
	二级支流小计	119.00	4901.75	5900.00	60.00	1859.91	5900.00	59.00	3041.85	31.40	470.98					31.40	470.98	60.10	1802.91	2.00	60.00	58.10	1742.91	87.60	2627.87	5900.00	60.00	1799.91	5900.00	27.60	827.96
	支渠小计	760.10	21163.94	1400.00	697.60	19292.79	1400.00	62.50	1871.16	226.40	3395.83		217.90	3268.34		8.50	127.49	58.60	1757.91	54.48	1634.17	4.13	123.74	533.70	16010.20	1400.00	479.70	14390.28	1400.00	54.00	1619.92
	Ⅳ级廊道合计	2340.31	52225.17	9000.00	1104.00	20217.49	9000.00	1236.31	32007.68	1134.71	10211.90		189.60	1706.31		945.11	8505.58	1128.59	20313.52	114.05	2052.80	1014.54	18260.73	1205.60	21699.75	9000.00	914.40	16458.38	9000.00	291.20	5241.38
	县乡道小计	1908.68	43638.42	6000.00	902.60	16676.62	6000.00	1006.08	26961.80	946.98	8522.40		170.90	1538.02		776.08	6984.38	989.29	17806.35	109.38	1968.65	879.92	15837.70	961.70	17309.66	6000.00	731.70	13169.94	6000.00	230.00	4139.72
	三级支流小计	431.64	8586.75	3000.00	201.40	3540.87	3000.00	230.24	5045.88	187.73	1689.49		18.70	168.29		169.03	1521.20	139.29	2507.17	4.68	84.15	134.62	2423.03	243.91	4390.09	3000.00	182.70	3288.44	3000.00	61.21	1101.65
	Ⅴ级廊道合计	3125.41	19353.08	5300.00	2439.62	15874.52	5300.00	685.79	3478.57	790.00	2369.88		293.40	880.16		496.60	1489.73	495.27	2971.44	352.97	2117.68	142.30	853.76	2335.41	14011.76	5300.00	2146.22	12876.68	5300.00	189.19	1135.08
	村级道路小计	1712.19	10707.99	4000.00	1410.00	9174.83	4000.00	302.19	1533.16	463.90	1391.63		230.10	690.27		233.80	701.36	304.52	1827.00	234.27	1405.52	70.25	421.48	1248.29	7489.37	4000.00	1179.90	7079.05	4000.00	68.39	410.32
	斗渠小计	1413.22	8645.09	1300.00	1029.62	6699.69	1300.00	383.60	1945.40	326.10	978.25		63.30	189.89		262.80	788.36	190.75	1144.44	118.70	712.16	72.05	432.28	1087.12	6522.39	1300.00	966.32	5797.63	1300.00	120.80	724.76

续附表 10

统计单位	廊道名称	合计								规划完善提高里程								规划更新造林						规划新绿化里程							
		小计			山区			平原区		小计			山区			平原区		小计		山区		平原区		小计			山区			平原区	
		长度	折算面积	宜荒面积	长度	折算面积	宜荒面积	长度	折算面积	长度	折算面积	宜荒面积	长度	折算面积	宜荒面积	长度	折算面积	长度	折算面积	长度	折算面积	长度	折算面积	长度	折算面积	宜荒面积	长度	折算面积	宜荒面积	长度	折算面积
1	2	3	4	5	6	7	8	9	10	11	12	13	14	15	16	17	18	19	20	21	22	23	24	25	26	27	28	29	30	31	32
鹤壁市	合计	6869.35	108383.51	114556.00	3083.48	58000.91	114556.00	3785.87	50382.60	1825.96	20219.19	38496.00	1020.76	12901.19	38496.00	805.20	7318.00	273.00	3682.18	121.60	1566.68	151.40	2115.50	5043.40	84482.15	76060.00	2062.73	43533.05	76060.00	2980.67	40949.10
	Ⅰ级廊道合计	27.80	8884.00		22.00	7110.00		5.80	1774.00															27.80	8884.00		22.00	7110.00		5.80	1774.00
	南水北调干渠	27.80	8884.00		22.00	7110.00		5.80	1774.00															27.80	8884.00		22.00	7110.00		5.80	1774.00
	Ⅱ级廊道合计	344.16	20491.70	15898.00	98.99	5833.30	15898.00	245.17	14658.40	63.80	3215.00	2898.00	7.20	327.00	2898.00	56.60	2888.00	4.40	264.00			4.40	264.00	280.36	17012.70	13000.00	91.79	5506.30	13000.00	188.57	11506.40
	铁路小计	110.10	6635.60	2898.00	30.10	1805.10	2898.00	80.00	4830.50	16.80	745.00	2898.00			2898.00	16.80	745.00	2.53	151.50			2.53	151.50	93.30	5739.10		30.10	1805.10		63.20	3934.00
	高速小计	133.16	7901.60	13000.00	65.19	3806.20	13000.00	67.97	4095.40	8.00	341.00		3.50	105.00		4.50	236.00							125.16	7560.60	13000.00	61.69	3701.20	13000.00	63.47	3859.40
	国道合计	24.90	1396.50					24.90	1396.50	10.00	390.00					10.00	390.00	1.88	112.50			1.88	112.50	14.90	894.00					14.90	894.00
	一级支流小计	76.00	4558.00		3.70	222.00		72.30	4336.00	29.00	1739.00		3.70	222.00		25.30	1517.00							47.00	2819.00					47.00	2819.00
	干渠小计																														
	Ⅲ级廊道合计	606.88	19308.35	44958.00	356.08	12754.10	44958.00	250.80	6554.25	282.36	7948.91	15098.00	223.46	7066.41	15098.00	58.90	882.50	26.95	808.75	13.50	405.00	13.45	403.75	324.53	10550.69	29860.00	132.63	5282.69	29860.00	191.90	5268.00
	省道小计	282.88	8692.89	37698.00	132.88	4449.64	37698.00	150.00	4243.25	119.32	3323.18	13198.00	85.42	2815.68	13198.00	33.90	507.50	15.45	463.75	7.00	210.00	8.45	253.75	163.57	4905.95	24500.00	47.47	1423.95	24500.00	116.10	3482.00
	景区道路小计	81.50	2732.26	3260.00	80.00	2732.26	3260.00	1.50		56.00	1585.00	700.00	56.00	1585.00	700.00			4.75	142.50	4.75	142.50			25.50	1004.76	2560.00	24.00	1004.76	2560.00	1.50	
	二级支流小计	242.50	7883.20	4000.00	143.20	5572.20	4000.00	99.30	2311.00	107.04	3040.72	1200.00	82.04	2665.72	1200.00	25.00	375.00	6.75	202.50	1.75	52.50	5.00	150.00	135.46	4639.98	2800.00	61.16	2853.98	2800.00	74.30	1786.00
	Ⅳ级廊道合计	1839.80	32154.16	53700.00	804.10	20291.26	53700.00	1035.70	11862.90	396.70	4651.54	20500.00	239.60	3339.54	20500.00	157.10	1312.00	48.28	869.05	20.98	377.55	27.30	491.50	1443.10	26633.57	33200.00	564.50	16574.17	33200.00	878.60	10059.40
	县乡道小计	1421.40	24874.39	53700.00	711.80	18719.39	53700.00	709.60	6155.00	277.90	3369.55	20500.00	207.20	2935.55	20500.00	70.70	434.00	24.50	441.00	16.00	288.00	8.50	153.00	1143.50	21063.84	33200.00	504.60	15495.84	33200.00	638.90	5568.00
	三级支流小计	418.40	7279.77		92.30	1571.87		326.10	5707.90	118.80	1281.99		32.40	403.99		86.40	878.00	23.78	428.05	4.98	89.55	18.80	338.50	299.60	5569.73		59.90	1078.33		239.70	4491.40
	Ⅴ级廊道合计	4050.71	27545.31		1802.31	12012.26		2248.40	15533.05	1083.10	4403.75		550.50	2168.25		532.60	2235.50	193.38	1740.38	87.13	784.13	106.25	956.25	2967.61	21401.18		1251.81	9059.88		1715.80	12341.30
	村级道路小计	2509.21	16290.68		1256.81	7964.88		1252.40	8325.80	663.60	2516.00		378.00	1392.00		285.60	1124.00	88.50	796.50	44.00	396.00	44.50	400.50	1845.61	12978.18		878.81	6176.88		966.80	6801.30
	斗渠小计	1541.50	11254.63		545.50	4047.38		996.00	7207.25	419.50	1887.75		172.50	776.25		247.00	1111.50	104.88	943.88	43.13	388.13	61.75	555.75	1122.00	8423.00		373.00	2883.00		749.00	5540.00
新乡市	合计	5378.47	200496.89		1891.33	29321.38		3487.14	171175.51	2552.42	45181.16		113.60	909.11		2438.82	44272.05	2262.93	62108.54	134.20	2205.26	2128.73	59903.28	2826.05	93207.19		1777.73	26207.01		1048.32	67000.18
	Ⅰ级廊道合计	175.80	48322.38	2000.00	1.50	450.00	2000.00	174.30	47872.38	39.70	5215.00					39.70	5215.00	82.48	5053.02			82.48	5052.38	136.10	38055.00	2000.00	1.50	450.00	2000.00	134.60	37605.00
	黄河干流	99.30	25942.38					99.30	25942.38	37.90	5080.00					37.90	5080.00	81.98	4918.02			81.98	4917.38	61.40	15945.00					61.40	15945.00
	南水北调干渠	76.50	22380.00		1.50	450.00		75.00	21930.00	1.80	135.00					1.80	135.00	0.45	135.00			0.45	135.00	74.70	22110.00		1.50	450.00		73.20	21660.00
	Ⅱ级廊道合计	589.95	42872.81	36000.00	95.65	7164.00	36000.00	494.30	35708.81	262.16	8325.31					262.16	8325.31	287.20	16381.88			287.20	16381.88	327.79	18165.58	36000.00	95.65	7164.00	36000.00	232.14	11001.58
	铁路小计	135.60	7076.50					135.60	7076.50	89.80	2058.50					89.80	2058.50	40.83	2270.10			40.83	2270.10	45.80	2747.90					45.80	2747.90
	高速小计	284.35	18292.05		95.65	7164.00		188.70	11128.05	43.16	1705.15					43.16	1705.15	44.01	2616.62			44.01	2616.62	241.19	13970.28		95.65	7164.00		145.54	6806.28
	国道小计	10.60	2452.00					10.60	2452.00	10.60	710.00					10.60	710.00	35.71	1742.00			35.71	1742.00								
	一级支流小计	20.40	3094.23					20.40	3094.23	18.40	567.00					18.40	567.00	41.23	2407.23			41.23	2407.23	2.00	120.00					2.00	120.00
	干渠小计	139.00	11958.00					139.00	11958.00	100.20	3284.66					100.20	3284.66	125.96	7345.94			125.96	7345.94	38.80	1327.40					38.80	1327.40
	Ⅲ级廊道合计	1387.60	56087.46		62.80	3846.50		1324.80	52240.96	1053.08	20811.03		9.00	135.00		1044.08	20676.03	680.31	20798.83	24.60	1111.50	655.71	19687.33	334.52	14477.60		53.80	2600.00		280.72	11877.60
	省道小计	539.52	29736.72		62.80	3500.00		476.72	26236.72	299.10	7968.15		9.00	135.00		290.10	7833.15	291.83	9478.57	13.05	765.00	278.78	8713.57	240.42	12290.00		53.80	2600.00		186.62	9690.00
	景区道路小计	5.00	459.00			346.50		5.00	112.50	5.00	75.00					5.00	75.00	12.80	384.00	11.55	346.50	1.25	37.50								
	二级支流小计	16.20	887.90					16.20	887.90	8.60	111.00					8.60	111.00	19.70	548.90			19.70	548.90	7.60	228.00					7.60	228.00
	支渠小计	826.88	25003.84					826.88	25003.84	740.38	12656.88					740.38	12656.88	355.98	10387.36			355.98	10387.36	86.50	1959.60					86.50	1959.60
	Ⅳ级廊道合计	1588.39	38569.58		178.65	4012.25		1409.74	34557.33	1078.68	10081.91		29.60	506.20		1049.08	9575.71	1136.91	19484.77	45.00	823.15	1091.91	18661.62	509.71	9002.90		149.05	2682.90		360.66	6320.00
	县乡道小计	1146.14	24775.64		92.45	2072.75		1053.69	22702.89	842.57	7903.70		24.60	461.20		817.97	7442.50	667.08	11418.19	20.95	390.25	646.13	11027.94	303.57	5453.75		67.85	1221.30		235.72	4232.45
	三级支流小计	442.25	13793.94		86.20	1939.50		356.05	11854.44	236.11	2178.21		5.00	45.00		231.11	2133.21	469.83	8066.58	24.05	432.90	445.78	7633.68	206.14	3549.16		81.20	1461.60		124.94	2087.56
	Ⅴ级廊道合计	1636.73	14644.63		1552.73	13848.63		84.00	796.00	118.80	747.91		75.00	267.91		43.80	480.00	75.55	390.61	64.60	270.61	10.95	120.00	1517.93	13506.11		1477.73	13310.11		40.20	196.00
	村级道路小计	1057.20	9215.25		973.20	8419.25		84.00	796.00	117.80	743.36		74.00	263.36		43.80	480.00	57.35	225.16	46.40	105.16	10.95	120.00	939.40	8246.73		899.20	8050.73		40.20	196.00
	斗渠小计	579.53	5429.38		579.53	5429.38				1.00	4.55		1.00	4.55				18.20	165.45	18.20	165.45			578.53	5259.38		578.53	5259.38			

续附表 10

统计单位	廊道名称	合计								规划完善提高里程								规划更新造林						规划新绿化里程							
		小计			山区			平原区		小计			山区			平原区		小计		山区		平原区		小计			山区			平原区	
		长度	折算面积	宜荒面积	长度	折算面积	宜荒面积	长度	折算面积	长度	折算面积	宜荒面积	长度	折算面积	宜荒面积	长度	折算面积	长度	折算面积	长度	折算面积	长度	折算面积	长度	折算面积	宜荒面积	长度	折算面积	宜荒面积	长度	折算面积
1	2	3	4	5	6	7	8	9	10	11	12	13	14	15	16	17	18	19	20	21	22	23	24	25	26	27	28	29	30	31	32
焦作市	合计	2660.95	107056.01	12556.00	370.19	9616.31	12556.00	2290.76	97439.69	1615.20	20791.92	5000.00	157.80	1626.00	5000.00	1457.40	19165.93	1138.45	33881.09	65.61	1342.93	1072.84	32538.16	1045.76	52383.00	7556.00	212.39	6647.39	7556.00	833.37	45735.60
	Ⅰ级廊道合计	108.63	26629.00					108.63	26629.00	6.60	198.00					6.60	198.00	36.00	2297.00			36.00	2297.00	102.03	24134.00					102.03	24134.00
	黄河干流	33.60	3915.00					33.60	3915.00	6.60	198.00					6.60	198.00	35.00	2097.00			35.00	2097.00	27.00	1620.00					27.00	1620.00
	南水北调干渠	75.03	22714.00					75.03	22714.00									1.00	200.00			1.00	200.00	75.03	22514.00					75.03	22514.00
	Ⅱ级廊道合计	476.78	35617.15	5116.00	96.91	5752.75	5116.00	379.88	29864.39	228.55	6855.64	2000.00	21.90	656.70	2000.00	206.65	6198.94	231.13	13870.03	9.96	597.34	221.17	13272.69	248.24	14891.48	3116.00	75.01	4498.71	3116.00	173.23	10392.77
	铁路小计	105.15	6029.02	4000.00	37.00	1649.72	4000.00	68.15	4379.30	48.00	1439.66	2000.00	19.00	569.72	2000.00	29.00	869.94	19.35	1160.97			19.35	1160.97	57.15	3428.40	2000.00	18.00	1080.00	2000.00	39.15	2348.40
	高速小计	143.26	8254.04	1116.00	10.01	644.14	1116.00	133.25	7609.90	47.05	1411.33		0.80	23.99		46.25	1387.34	17.85	1070.95	1.14	68.07	16.72	1002.89	96.21	5771.76	1116.00	9.21	552.08	1116.00	87.00	5219.68
	国道小计	4.10	262.50		4.10	262.50				2.10	63.00		2.10	63.00				1.33	79.50	1.33	79.50			2.00	120.00		2.00	120.00			
	一级支流小计	159.78	14751.84		11.80	707.65		147.98	14044.19	124.40	3731.66					124.40	3731.66	148.25	8897.84			148.25	8897.84	35.38	2122.34		11.80	707.65		23.58	1414.70
	干渠小计	64.50	6319.76		34.00	2488.76		30.50	3831.00	7.00	210.00					7.00	210.00	44.35	2660.78	7.50	449.78	36.85	2211.00	57.50	3448.98		34.00	2038.98		23.50	1410.00
	Ⅲ级廊道合计	447.95	16488.39	7440.00	65.20	1598.58	7440.00	382.75	14889.81	312.45	4604.21	3000.00	28.30	424.29	3000.00	284.15	4179.92	267.29	7927.34	5.85	175.50	261.44	7751.84	135.50	3956.84	4440.00	36.90	998.79	4440.00	98.60	2958.05
	省道小计	248.35	9758.78	3800.00	17.30	469.48	3800.00	231.05	9289.31	143.75	2133.39	1800.00	3.30	49.48	1800.00	140.45	2083.92	149.59	4487.34			149.59	4487.34	104.60	3138.05	2000.00	14.00	420.00	2000.00	90.60	2718.05
	景区道路小计	48.90	1219.10	3200.00	41.90	1039.10	3200.00	7.00	180.00	29.00	434.81	1200.00	25.00	374.81	1200.00	4.00	60.00	6.85	205.50	5.85	175.50	1.00	30.00	19.90	578.79	2000.00	16.90	488.79	2000.00	3.00	90.00
	二级支流小计	85.50	2714.50	440.00	6.00	90.00	440.00	79.50	2624.50	74.50	1058.00					74.50	1058.00	50.25	1416.50			50.25	1416.50	11.00	240.00	440.00	6.00	90.00	440.00	5.00	150.00
	支渠小计	65.20	2796.00					65.20	2796.00	65.20	978.00					65.20	978.00	60.60	1818.00			60.60	1818.00								
	Ⅳ级廊道合计	1486.87	27488.29		67.37	1431.79		1419.50	26056.49	987.00	8831.98		27.00	242.91		960.00	8589.07	580.98	9697.91	26.75	481.27	554.23	9216.63	499.87	8958.40		40.37	707.62		459.50	8250.79
	县乡道小计	1363.02	24528.21		67.37	1431.79		1295.65	23096.42	883.00	7898.18		27.00	242.91		856.00	7655.27	487.89	8022.31	26.75	481.27	461.14	7541.04	480.02	8607.72		40.37	707.62		439.65	7900.10
	三级支流小计	123.85	2960.08					123.85	2960.08	104.00	933.80					104.00	933.80	93.09	1675.59			93.09	1675.59	19.85	350.68					19.85	350.68
	Ⅴ级廊道合计	140.72	833.19		140.72	833.19				80.60	302.10		80.60	302.10				23.05	88.81	23.05	88.81			60.12	442.27		60.12	442.27			
	村级道路小计	140.72	833.19		140.72	833.19				80.60	302.10		80.60	302.10				23.05	88.81	23.05	88.81			60.12	442.27		60.12	442.27			
濮阳市	合计	3977.44	119142.06					3977.44	119142.06	2182.32	32237.57					2182.32	32237.57	1100.04	31999.96			1100.04	31999.96	1795.12	54904.53					1795.12	54904.53
	Ⅰ级廊道合计	151.40	7658.81					151.40	7658.81	94.90	2847.00					94.90	2847.00	23.73	1423.50			23.73	1423.50	56.50	3388.31					56.50	3388.31
	黄河干流	151.40	7658.81					151.40	7658.81	94.90	2847.00					94.90	2847.00	23.73	1423.50			23.73	1423.50	56.50	3388.31					56.50	3388.31
	Ⅱ级廊道合计	714.90	42606.17					714.90	42606.17	400.90	12019.57					400.90	12019.57	196.04	11755.81			196.04	11755.81	314.00	18830.80					314.00	18830.80
	铁路小计	88.00	5449.78					88.00	5449.78	2.50	74.96					2.50	74.96	4.13	247.38			4.13	247.38	85.50	5127.44					85.50	5127.44
	高速小计	155.47	10413.12					155.47	10413.12	13.60	407.80					13.60	407.80	24.97	1497.15			24.97	1497.15	141.87	8508.17					141.87	8508.17
	国道小计	69.63	4559.50					69.63	4559.50	33.60	1007.50					33.60	1007.50	23.20	1391.30			23.20	1391.30	36.03	2160.70					36.03	2160.70
	一级支流小计	54.10	3666.53					54.10	3666.53	54.10	1620.77					54.10	1620.77	34.13	2045.77			34.13	2045.77								
	干渠小计	347.70	18517.24					347.70	18517.24	297.10	8908.55					297.10	8908.55	109.63	6574.21			109.63	6574.21	50.60	3034.48					50.60	3034.48
	Ⅲ级廊道合计	955.09	30596.94					955.09	30596.94	366.87	5500.09					366.87	5500.09	248.76	7459.10			248.76	7459.10	588.22	17637.75					588.22	17637.75
	省道小计	396.29	12931.27					396.29	12931.27	194.07	2909.39					194.07	2909.39	132.01	3958.35			132.01	3958.35	202.22	6063.54					202.22	6063.54
	景区道路小计	18.50	787.86					18.50	787.86	9.50	142.43					9.50	142.43	12.53	375.56			12.53	375.56	9.00	269.87					9.00	269.87
	二级支流小计	7.00	209.90					7.00	209.90															7.00	209.90					7.00	209.90
	支渠小计	533.30	16667.92					533.30	16667.92	163.30	2448.28					163.30	2448.28	104.23	3125.19			104.23	3125.19	370.00	11094.45					370.00	11094.45
	Ⅳ级廊道合计	2156.05	38280.13					2156.05	38280.13	1319.65	11870.91					1319.65	11870.91	631.51	11361.54			631.51	11361.54	836.40	15047.68					836.40	15047.68
	县乡道小计	1618.55	27747.75					1618.55	27747.75	1070.05	9625.64					1070.05	9625.64	458.79	8254.05			458.79	8254.05	548.50	9868.07					548.50	9868.07
	三级支流小计	537.50	10532.38					537.50	10532.38	249.60	2245.28					249.60	2245.28	172.73	3107.50			172.73	3107.50	287.90	5179.61					287.90	5179.61

续附表 10

统计单位	廊道名称	合计								规划完善提高里程								规划更新造林						规划新绿化里程							
		小计			山区			平原区		小计			山区			平原区		小计		山区		平原区		小计			山区			平原区	
		长度	折算面积	宜荒面积	长度	折算面积	宜荒面积	长度	折算面积	长度	折算面积	宜荒面积	长度	折算面积	宜荒面积	长度	折算面积	长度	折算面积	长度	折算面积	长度	折算面积	长度	折算面积	宜荒面积	长度	折算面积	宜荒面积	长度	折算面积
1	2	3	4	5	6	7	8	9	10	11	12	13	14	15	16	17	18	19	20	21	22	23	24	25	26	27	28	29	30	31	32
许昌市	合计	3419.90	137761.00		774.80	23267.00		2645.10	114494.00	1741.90	23528.00		477.90	7754.00		1264.00	15774.00	1626.00	49021.00	144.00	3751.00	1482.00	45270.00	1678.00	65212.00		296.90	11762.00		1381.10	53450.00
	Ⅰ级廊道合计	54.10	15864.00		8.20	2460.00		45.90	13404.00															54.10	15864.00		8.20	2460.00		45.90	13404.00
	南水北调干渠	54.10	15864.00		8.20	2460.00		45.90	13404.00															54.10	15864.00		8.20	2460.00		45.90	13404.00
	Ⅱ级廊道合计	576.10	45365.00		108.40	7255.00		467.70	38110.00	194.30	6499.00		23.10	1372.00		171.20	5127.00	192.30	14124.00	9.80	573.00	182.50	13551.00	381.80	24742.00		85.30	5310.00		296.50	19432.00
	铁路小计	202.80	12433.00		49.10	2947.00		153.70	9486.00	68.40	2146.00		5.20	250.00		63.20	1896.00	35.10	2223.00	1.30	63.00	33.80	2160.00	134.40	8064.00		43.90	2634.00		90.50	5430.00
	高速小计	180.10	15725.00		20.50	1383.00		159.60	14342.00	20.00	600.00					20.00	600.00	40.40	4469.00			40.40	4469.00	160.10	10656.00		20.50	1383.00		139.60	9273.00
	国道小计	8.50	4229.00		0.70	156.00		7.80	4073.00	4.00	100.00		0.40	6.00		3.60	94.00	52.40	3778.00	2.20	132.00	50.20	3646.00	4.50	351.00		0.30	18.00		4.20	333.00
	一级支流小计	44.70	3874.00					44.70	3874.00	20.90	632.00					20.90	632.00	31.40	1454.00			31.40	1454.00	23.80	1788.00					23.80	1788.00
	干渠小计	140.00	9104.00		38.10	2769.00		101.90	6335.00	81.00	3021.00		17.50	1116.00		63.50	1905.00	33.00	2200.00	6.30	378.00	26.70	1822.00	59.00	3883.00		20.60	1275.00		38.40	2608.00
	Ⅲ级廊道合计	281.50	14945.00		66.50	2049.00		215.00	12896.00	161.80	2735.00		32.60	802.00		129.20	1933.00	176.20	7109.00	9.20	231.00	167.00	6878.00	119.70	5101.00		33.90	1016.00		85.80	4085.00
	省道小计	234.70	12131.00		53.30	1704.00		181.40	10427.00	125.70	2164.00		22.00	612.00		103.70	1552.00	149.20	5186.00	5.50	153.00	143.70	5033.00	109.00	4781.00		31.30	939.00		77.70	3842.00
	景区道路小计	10.00	298.00		5.20	147.00		4.80	151.00	7.30	125.00		5.00	90.00		2.30	35.00	3.80	92.00	2.30	52.00	1.50	40.00	2.70	81.00		0.20	5.00		2.50	76.00
	二级支流小计	10.00	1895.00					10.00	1895.00	10.00	150.00					10.00	150.00	18.50	1745.00			18.50	1745.00								
	支渠小计	26.80	621.00		8.00	198.00		18.80	423.00	18.80	296.00		5.60	100.00		13.20	196.00	4.70	86.00	1.40	26.00	3.30	60.00	8.00	239.00		2.40	72.00		5.60	167.00
	Ⅳ级廊道合计	2508.20	61587.00		591.70	11503.00		1916.50	50084.00	1385.80	14294.00		422.20	5580.00		963.60	8714.00	1257.50	27788.00	125.00	2947.00	1132.50	24841.00	1122.40	19505.00		169.50	2976.00		952.90	16529.00
	县乡道小计	1766.70	37674.00		410.90	9136.00		1355.80	28538.00	933.60	10119.00		295.10	4398.00		638.50	5721.00	884.20	16169.00	93.50	2654.00	790.70	13515.00	833.10	11386.00		115.80	2084.00		717.30	9302.00
	三级支流小计	741.50	23913.00		180.80	2367.00		560.70	21546.00	452.20	4175.00		127.10	1182.00		325.10	2993.00	373.30	11619.00	31.50	293.00	341.80	11326.00	289.30	8119.00		53.70	892.00		235.60	7227.00
漯河市	合计	1797.44	57180.82					1797.44	57180.82	1248.20	17369.26					1248.20	17369.26	914.65	21423.02			914.65	21423.02	549.24	18388.54					549.24	18388.54
	Ⅱ级廊道合计	274.28	15295.05					274.28	15295.05	208.26	6814.50					208.26	6814.50	75.52	4531.35			75.52	4531.35	66.02	3949.20					66.02	3949.20
	铁路小计	118.29	5689.50					118.29	5689.50	65.06	1951.80					65.06	1951.80	9.27	555.90			9.27	555.90	53.23	3181.80					53.23	3181.80
	高速小计	98.30	5386.20					98.30	5386.20	97.80	3500.70					97.80	3500.70	30.93	1855.50			30.93	1855.50	0.50	30.00					0.50	30.00
	国道小计	38.29	2677.35					38.29	2677.35	26.90	807.00					26.90	807.00	19.78	1186.95			19.78	1186.95	11.39	683.40					11.39	683.40
	一级支流小计	19.40	1542.00					19.40	1542.00	18.50	555.00					18.50	555.00	15.55	933.00			15.55	933.00	0.90	54.00					0.90	54.00
	Ⅲ级廊道合计	241.39	10876.95					241.39	10876.95	141.59	2471.40					141.59	2471.40	182.09	5066.55			182.09	5066.55	99.80	3339.00					99.80	3339.00
	省道小计	175.84	6966.90					175.84	6966.90	100.08	1737.90					100.08	1737.90	100.24	2611.20			100.24	2611.20	75.76	2617.80					75.76	2617.80
	二级支流小计	65.55	3910.05					65.55	3910.05	41.51	733.50					41.51	733.50	81.85	2455.35			81.85	2455.35	24.04	721.20					24.04	721.20
	Ⅳ级廊道合计	1281.77	31008.82					1281.77	31008.82	898.35	8083.36					898.35	8083.36	657.04	11825.12			657.04	11825.12	383.42	11100.34					383.42	11100.34
	县乡道小计	1036.97	24587.20					1036.97	24587.20	701.79	6314.44					701.79	6314.44	446.79	8040.64			446.79	8040.64	335.18	10232.12					335.18	10232.12
	三级支流小计	244.80	6421.62					244.80	6421.62	196.56	1768.93					196.56	1768.93	210.26	3784.48			210.26	3784.48	48.24	868.21					48.24	868.21

续附表10

统计单位	廊道名称	合计								规划完善提高里程								规划更新造林						规划新绿化里程							
		小计			山区			平原区		小计			山区			平原区		小计		山区		平原区		小计			山区			平原区	
		长度	折算面积	宜荒面积	长度	折算面积	宜荒面积	长度	折算面积	长度	折算面积	宜荒面积	长度	折算面积	宜荒面积	长度	折算面积	长度	折算面积	长度	折算面积	长度	折算面积	长度	折算面积	宜荒面积	长度	折算面积	宜荒面积	长度	折算面积
1	2	3	4	5	6	7	8	9	10	11	12	13	14	15	16	17	18	19	20	21	22	23	24	25	26	27	28	29	30	31	32
三门峡市	合计	10895.80	202390.00	228248.00	10895.80	202390.00	228248.00			3674.25	58785.00	51268.00	3674.25	58785.00	51268.00			1236.70	27292.00	1236.70	27292.00			7221.55	116313.00	176980.00	7221.55	116313.00	176980.00		
	Ⅰ级廊道合计	94.10	7821.50	6682.00	94.10	7821.50	6682.00			13.50	4050.00		13.50	4050.00				3.38	202.50	3.38	202.50			80.60	3569.00	6682.00	80.60	3569.00	6682.00		
	黄河干流	94.10	7821.50	6682.00	94.10	7821.50	6682.00			13.50	4050.00		13.50	4050.00				3.38	202.50	3.38	202.50			80.60	3569.00	6682.00	80.60	3569.00	6682.00		
	Ⅱ级廊道合计	1148.50	68346.50	51210.00	1148.50	68346.50	51210.00			523.20	22396.00	30348.00	523.20	22396.00	30348.00			212.93	12825.50	212.93	12825.50			625.30	33125.00	20862.00	625.30	33125.00	20862.00		
	铁路小计	298.70	19832.00	8916.00	298.70	19832.00	8916.00			63.80	3925.00	660.00	63.80	3925.00	660.00			29.40	1764.00	29.40	1764.00			234.90	14143.00	8256.00	234.90	14143.00	8256.00		
	高速小计	265.30	17010.00	10471.00	265.30	17010.00	10471.00			55.70	3758.00	3726.00	55.70	3758.00	3726.00			63.50	3860.00	63.50	3860.00			209.60	9392.00	6745.00	209.60	9392.00	6745.00		
	国道小计	326.70	17996.00	17735.00	326.70	17996.00	17735.00			308.40	11854.00	13332.00	308.40	11854.00	13332.00			92.10	5526.00	92.10	5526.00			18.30	616.00	4403.00	18.30	616.00	4403.00		
	一级支流小计	147.00	7869.50	13270.00	147.00	7869.50	13270.00			57.00	1710.00	12630.00	57.00	1710.00	12630.00			18.33	1099.50	18.33	1099.50			90.00	5060.00	640.00	90.00	5060.00	640.00		
	干渠小计	110.80	5639.00	818.00	110.80	5639.00	818.00			38.30	1149.00		38.30	1149.00				9.60	576.00	9.60	576.00			72.50	3914.00	818.00	72.50	3914.00	818.00		
	Ⅲ级廊道合计	1343.00	38960.00	71638.00	1343.00	38960.00	71638.00			487.10	9357.00	20920.00	487.10	9357.00	20920.00			136.70	4101.00	136.70	4101.00			855.90	25502.00	50718.00	855.90	25502.00	50718.00		
	省道小计	623.80	20552.00	40994.00	623.80	20552.00	40994.00			234.00	5381.00	20920.00	234.00	5381.00	20920.00			71.80	2154.00	71.80	2154.00			389.80	13017.00	20074.00	389.80	13017.00	20074.00		
	景区道路小计	365.50	10221.00	30644.00	365.50	10221.00	30644.00			88.10	1502.00		88.10	1502.00				23.60	708.00	23.60	708.00			277.40	8011.00	30644.00	277.40	8011.00	30644.00		
	二级支流小计	255.00	5226.00		255.00	5226.00				165.00	2474.00		165.00	2474.00				41.30	1239.00	41.30	1239.00			90.00	1513.00		90.00	1513.00			
	支渠小计	98.70	2961.00		98.70	2961.00																		98.70	2961.00		98.70	2961.00			
	Ⅳ级廊道合计	3743.30	61495.00	70981.00	3743.30	61495.00	70981.00			1470.05	18750.00		1470.05	18750.00				405.10	7291.00	405.10	7291.00			2273.25	35454.00	70981.00	2273.25	35454.00	70981.00		
	县乡道小计	2725.60	44840.00	70981.00	2725.60	44840.00	70981.00			1149.80	14541.00		1149.80	14541.00				325.00	5850.00	325.00	5850.00			1575.80	24449.00	70981.00	1575.80	24449.00	70981.00		
	三级支流小计	1017.70	16655.00		1017.70	16655.00				320.25	4209.00		320.25	4209.00				80.10	1441.00	80.10	1441.00			697.45	11005.00		697.45	11005.00			
	Ⅴ级廊道合计	4566.90	25767.00	27737.00	4566.90	25767.00	27737.00			1180.40	4232.00		1180.40	4232.00				478.60	2872.00	478.60	2872.00			3386.50	18663.00	27737.00	3386.50	18663.00	27737.00		
	村级道路小计	4326.90	24507.00	27737.00	4326.90	24507.00	27737.00			1060.40	3872.00		1060.40	3872.00				448.60	2692.00	448.60	2692.00			3266.50	17943.00	27737.00	3266.50	17943.00	27737.00		
	斗渠小计	240.00	1260.00		240.00	1260.00				120.00	360.00		120.00	360.00				30.00	180.00	30.00	180.00			120.00	720.00		120.00	720.00			
商丘市	合计	6057.66	231852.71					6057.66	231852.71	4537.43	85953.01					4537.43	85953.01	3491.13	82266.06			3491.13	82266.06	1520.23	63633.64					1520.23	63633.64
	Ⅱ级廊道合计	676.81	49940.09					676.81	49940.09	426.73	18914.97					426.73	18914.97	244.89	13623.56			244.89	13623.56	250.08	17401.56					250.08	17401.56
	铁路小计	198.89	14123.56					198.89	14123.56	119.16	6028.50					119.16	6028.50	48.50	2348.25			48.50	2348.25	79.73	5746.81					79.73	5746.81
	高速小计	201.35	16403.85					201.35	16403.85	84.68	3190.80					84.68	3190.80	97.58	5430.31			97.58	5430.31	116.67	7782.74					116.67	7782.74
	国道小计	155.56	11558.67					155.56	11558.67	140.38	6110.67					140.38	6110.67	74.19	4442.00			74.19	4442.00	15.18	1006.00					15.18	1006.00
	一级支流小计	82.01	4659.00					82.01	4659.00	61.51	2325.00					61.51	2325.00	19.38	1088.00			19.38	1088.00	20.50	1246.00					20.50	1246.00
	干渠小计	39.00	3195.00					39.00	3195.00	21.00	1260.00					21.00	1260.00	5.25	315.00			5.25	315.00	18.00	1620.00					18.00	1620.00
	Ⅲ级廊道合计	1094.80	66220.55					1094.80	66220.55	721.22	18970.68					721.22	18970.68	603.09	21963.82			603.09	21963.82	373.58	25286.05					373.58	25286.05
	省道小计	615.26	27126.00					615.26	27126.00	532.43	10676.30					532.43	10676.30	395.76	13580.57			395.76	13580.57	82.83	2869.13					82.83	2869.13
	景区道路小计	40.20	1402.32					40.20	1402.32	30.20	665.88					30.20	665.88	14.55	436.44			14.55	436.44	10.00	300.00					10.00	300.00
	二级支流小计	370.24	34731.98					370.24	34731.98	115.89	6347.50					115.89	6347.50	176.40	7455.55			176.40	7455.55	254.35	20928.93					254.35	20928.93
	支渠小计	69.10	2960.25					69.10	2960.25	42.70	1281.00					42.70	1281.00	16.38	491.25			16.38	491.25	26.40	1188.00					26.40	1188.00
	Ⅳ级廊道合计	4286.05	115692.07					4286.05	115692.07	3389.48	48067.35					3389.48	48067.35	2643.15	46678.68			2643.15	46678.68	896.57	20946.04					896.57	20946.04
	县乡道小计	2763.79	64231.65					2763.79	64231.65	2257.71	29193.37					2257.71	29193.37	1283.32	22569.75			1283.32	22569.75	506.08	12468.52					506.08	12468.52
	三级支流小计	1522.26	51460.42					1522.26	51460.42	1131.77	18873.98					1131.77	18873.98	1359.83	24108.93			1359.83	24108.93	390.49	8477.51					390.49	8477.51

续附表 10

统计单位	廊道名称	合计								规划完善提高里程								规划更新造林						规划新绿化里程							
		小计			山区			平原区		小计			山区			平原区		小计		山区		平原区		小计			山区			平原区	
		长度	折算面积	宜荒面积	长度	折算面积	宜荒面积	长度	折算面积	长度	折算面积	宜荒面积	长度	折算面积	宜荒面积	长度	折算面积	长度	折算面积	长度	折算面积	长度	折算面积	长度	折算面积	宜荒面积	长度	折算面积	宜荒面积	长度	折算面积
1	2	3	4	5	6	7	8	9	10	11	12	13	14	15	16	17	18	19	20	21	22	23	24	25	26	27	28	29	30	31	32
周口市	合计	5979.89	264337.43					5979.89	264337.43	4517.45	86895.24					4517.45	86895.24	2324.90	84784.00			2324.90	84784.00	1462.44	92658.18					1462.44	92658.18
	Ⅱ级廊道合计	1263.22	112330.78					1263.22	112330.78	624.97	25815.91					624.97	25815.91	255.00	19512.28			255.00	19512.28	638.25	67002.59					638.25	67002.59
	铁路小计	286.93	21555.88					286.93	21555.88	124.63	5314.24					124.63	5314.24	34.16	2564.04			34.16	2564.04	162.30	13677.60					162.30	13677.60
	高速小计	404.19	42913.01					404.19	42913.01	93.32	4364.31					93.32	4364.31	36.83	5256.27			36.83	5256.27	310.87	33292.42					310.87	33292.42
	国道小计	270.07	14580.57					270.07	14580.57	224.07	8764.96					224.07	8764.96	60.27	2503.61			60.27	2503.61	46.00	3312.00					46.00	3312.00
	一级支流小计	173.20	21788.92					173.20	21788.92	86.10	3250.40					86.10	3250.40	67.08	4139.96			67.08	4139.96	87.10	14398.57					87.10	14398.57
	干渠小计	128.83	11492.40					128.83	11492.40	96.85	4122.00					96.85	4122.00	56.67	5048.40			56.67	5048.40	31.98	2322.00					31.98	2322.00
	Ⅲ级廊道合计	1476.69	64917.54					1476.69	64917.54	1263.16	25685.61					1263.16	25685.61	715.00	28487.98			715.00	28487.98	213.53	10743.95					213.53	10743.95
	省道小计	810.22	29541.79					810.22	29541.79	754.22	14024.36					754.22	14024.36	294.10	12925.43			294.10	12925.43	56.00	2592.00					56.00	2592.00
	二级支流小计	516.10	27490.39					516.10	27490.39	382.44	8795.10					382.44	8795.10	355.91	11997.35			355.91	11997.35	133.66	6697.95					133.66	6697.95
	支渠小计	150.37	7885.36					150.37	7885.36	126.50	2866.16					126.50	2866.16	64.99	3565.20			64.99	3565.20	23.87	1454.00					23.87	1454.00
	Ⅳ级廊道合计	3239.98	87089.10					3239.98	87089.10	2629.32	35393.72					2629.32	35393.72	1354.91	36783.74			1354.91	36783.74	610.66	14911.64					610.66	14911.64
	县乡道小计	1553.98	40797.11					1553.98	40797.11	1316.22	15955.48					1316.22	15955.48	638.38	18783.99			638.38	18783.99	237.76	6057.64					237.76	6057.64
	三级支流小计	1686.00	46291.99					1686.00	46291.99	1313.10	19438.24					1313.10	19438.24	716.53	17999.75			716.53	17999.75	372.90	8854.00					372.90	8854.00
驻马店市	合计	6245.42	132208.23	20950.00	2557.50	29748.59	20950.00	3687.92	102459.64	2471.33	27142.22	5120.00	247.26	2702.82	5120.00	2224.07	24439.40	2490.42	47505.80	303.52	4764.01	2186.91	42741.79	3774.08	57560.21	15830.00	2310.24	22281.76	15830.00	1463.84	35278.45
	Ⅰ级廊道合计	37.80	2430.00					37.80	2430.00	21.60	648.00					21.60	648.00	13.50	810.00			13.50	810.00	16.20	972.00					16.20	972.00
	淮河干流	37.80	2430.00					37.80	2430.00	21.60	648.00					21.60	648.00	13.50	810.00			13.50	810.00	16.20	972.00					16.20	972.00
	Ⅱ级廊道合计	628.73	39138.60	6369.00	213.80	12415.50	6369.00	414.93	26723.10	205.70	6171.00	1459.00	27.50	825.00	1459.00	178.20	5346.00	126.43	7585.80	6.88	412.50	119.56	7173.30	423.03	25381.80	4910.00	186.30	11178.00	4910.00	236.73	14203.80
	铁路小计	56.60	3676.50					56.60	3676.50	47.30	1419.00					47.30	1419.00	28.33	1699.50			28.33	1699.50	9.30	558.00					9.30	558.00
	高速小计	439.49	27524.40	4910.00	184.00	11040.00	4910.00	255.49	16484.40	47.00	1410.00					47.00	1410.00	42.75	2565.00			42.75	2565.00	392.49	23549.40	4910.00	184.00	11040.00	4910.00	208.49	12509.40
	国道小计	70.44	4468.20	1459.00	29.80	1375.50	1459.00	40.64	3092.70	63.70	1911.00	1459.00	27.50	825.00	1459.00	36.20	1086.00	35.88	2152.80	6.88	412.50	29.01	1740.30	6.74	404.40		2.30	138.00		4.44	266.40
	一级支流小计																														
	干渠小计	62.20	3469.50					62.20	3469.50	47.70	1431.00					47.70	1431.00	19.48	1168.50			19.48	1168.50	14.50	870.00					14.50	870.00
	Ⅲ级廊道合计	1263.21	46512.08	7497.00	148.30	5553.75	7497.00	1114.91	40958.33	831.18	12467.76	3141.00	80.30	1204.50	3141.00	750.88	11263.26	702.79	21083.63	76.98	2309.25	625.81	18774.38	432.02	12960.69	4356.00	68.00	2040.00	4356.00	364.02	10920.69
	省道小计	625.96	21993.00	7497.00	148.30	5553.75	7497.00	477.66	16439.25	346.01	5190.21	3141.00	80.30	1204.50	3141.00	265.71	3985.71	280.15	8404.50	76.98	2309.25	203.18	6095.25	279.94	8398.29	4356.00	68.00	2040.00	4356.00	211.94	6358.29
	景区道路小计	26.00	585.00					26.00	585.00	26.00	390.00					26.00	390.00	6.50	195.00			6.50	195.00								
	二级支流小计	399.25	17484.08					399.25	17484.08	335.17	5027.55					335.17	5027.55	351.14	10534.13			351.14	10534.13	64.08	1922.40					64.08	1922.40
	支渠小计	212.00	6450.00					212.00	6450.00	124.00	1860.00					124.00	1860.00	65.00	1950.00			65.00	1950.00	88.00	2640.00					88.00	2640.00
	Ⅳ级廊道合计	2086.74	34649.58	2511.00	203.60	3597.00	2511.00	1883.14	31052.58	1257.44	7544.64	520.00	98.60	591.60	520.00	1158.84	6953.04	1429.45	17153.34	145.45	1745.40	1284.00	15407.94	829.30	9951.60	1991.00	105.00	1260.00	1991.00	724.30	8691.60
	县乡道小计	1221.97	19011.57	2403.00	163.70	2763.30	2403.00	1058.27	16248.27	779.07	4674.42	520.00	89.50	537.00	520.00	689.57	4137.42	751.86	9022.35	111.33	1335.90	640.54	7686.45	442.90	5314.80	1883.00	74.20	890.40	1883.00	368.70	4424.40
	三级支流小计	864.77	15638.01	108.00	39.90	833.70	108.00	824.87	14804.31	478.37	2870.22		9.10	54.60		469.27	2815.62	677.58	8130.99	34.13	409.50	643.46	7721.49	386.40	4636.80	108.00	30.80	369.60	108.00	355.60	4267.20
	Ⅴ级廊道合计	2228.94	9477.97	4573.00	1991.80	8182.34	4573.00	237.14	1295.63	155.41	310.82		40.86	81.72		114.55	229.10	218.26	873.03	74.22	296.86	144.04	576.17	2073.53	8294.12	4573.00	1950.94	7803.76	4573.00	122.59	490.36
	村级道路小计	2025.94	8491.07	4573.00	1827.70	7447.34	4573.00	198.24	1043.73	140.11	280.22		40.86	81.72		99.25	198.50	166.88	667.53	54.57	218.26	112.32	449.27	1885.83	7543.32	4573.00	1786.84	7147.36	4573.00	98.99	395.96
	斗渠小计	203.00	986.90		164.10	735.00		38.90	251.90	15.30	30.60					15.30	30.60	51.38	205.50	19.65	78.60	31.73	126.90	187.70	750.80		164.10	656.40		23.60	94.40

续附表 10

统计单位	廊道名称	合计									规划完善提高里程									规划更新造林						规划新绿化里程							
		小计			山区			平原区		小计			山区			平原区		小计		山区		平原区		小计			山区			平原区	
		长度	折算面积	宜荒面积	长度	折算面积	宜荒面积	长度	折算面积	长度	折算面积	宜荒面积	长度	折算面积	宜荒面积	长度	折算面积	长度	折算面积	长度	折算面积	长度	折算面积	长度	折算面积	宜荒面积	长度	折算面积	宜荒面积	长度	折算面积
1	2	3	4	5	6	7	8	9	10	11	12	13	14	15	16	17	18	19	20	21	22	23	24	25	26	27	28	29	30	31	32
南阳市	合计	15929.05	456286.00		11568.45	249733.00		4360.60	206553.00	7433.76	91344.00		4972.02	51531.00		2461.74	39813.00	4411.92	109868.00	2402.96	49254.00	2008.96	60614.00	8495.29	255074.00		6596.43	148948.00		1898.86	106126.00
	Ⅰ级廊道合计	235.10	57457.50		71.30	8317.50		163.80	49140.00	51.50	1545.00		51.50	1545.00				13.88	832.50	13.88	832.50			183.60	55080.00		19.80	5940.00		163.80	49140.00
	淮河干流	51.50	2377.50		51.50	2377.50				51.50	1545.00		51.50	1545.00				13.88	832.50	13.88	832.50										
	南水北调干渠	183.60	55080.00		19.80	5940.00		163.80	49140.00															183.60	55080.00		19.80	5940.00		163.80	49140.00
	Ⅱ级廊道合计	1874.68	164259.50		1220.40	96796.50		654.28	67463.00	832.75	31798.00		420.37	15082.00		412.38	16716.00	514.72	35679.50	207.91	13711.50	306.81	21968.00	1041.93	96782.00		800.03	68003.00		241.90	28779.00
	铁路小计	320.90	18681.00		171.40	9984.00		149.50	8697.00	120.60	3618.00		37.00	1110.00		83.60	2508.00	50.75	3045.00	13.50	810.00	37.25	2235.00	200.30	12018.00		134.40	8064.00		65.90	3954.00
	高速小计	532.19	76460.00		277.14	39513.00		255.05	36947.00	151.46	11359.00		54.91	4118.00		96.55	7241.00	53.27	7991.00	13.73	2060.00	39.54	5931.00	380.73	57110.00		222.23	33335.00		158.50	23775.00
	国道小计	309.76	20298.00		258.30	15204.00		51.46	5094.00	214.66	6440.00		163.20	4896.00		51.46	1544.00	135.86	8152.00	76.70	4602.00	59.16	3550.00	95.10	5706.00		95.10	5706.00			
	一级支流小计	471.10	31024.50		434.30	26725.50		36.80	4299.00	182.70	5481.00		152.10	4563.00		30.60	918.00	137.33	8239.50	87.18	5230.50	50.15	3009.00	288.40	17304.00		282.20	16932.00		6.20	372.00
	干渠小计	240.73	17796.00		79.26	5370.00		161.47	12426.00	163.33	4900.00		13.16	395.00		150.17	4505.00	137.52	8252.00	16.81	1009.00	120.71	7243.00	77.40	4644.00		66.10	3966.00		11.30	678.00
	Ⅲ级廊道合计	2497.37	85574.00		1479.30	46098.00		1018.07	39476.00	1683.47	25254.00		889.50	13344.00		793.97	11910.00	1196.71	35903.00	501.99	15060.00	694.73	20843.00	813.90	24417.00		589.80	17694.00		224.10	6723.00
	省道小计	738.06	27414.00		510.60	16251.00		227.46	11163.00	478.16	7173.00		273.10	4097.00		205.06	3076.00	414.77	12444.00	167.63	5029.00	247.15	7415.00	259.90	7797.00		237.50	7125.00		22.40	672.00
	景区道路小计	86.90	3138.00		76.90	2838.00		10.00	300.00	39.90	599.00		39.90	599.00				37.63	1129.00	37.63	1129.00			47.00	1410.00		37.00	1110.00		10.00	300.00
	二级支流小计	1248.48	40153.00		839.34	24930.00		409.14	15223.00	870.48	13058.00		555.44	8332.00		315.04	4726.00	525.15	15755.00	269.36	8081.00	255.79	7674.00	378.00	11340.00		283.90	8517.00		94.10	2823.00
	支渠小计	423.93	14869.00		52.46	2079.00		371.47	12790.00	294.93	4424.00		21.06	316.00		273.87	4108.00	219.17	6575.00	27.38	821.00	191.79	5754.00	129.00	3870.00		31.40	942.00		97.60	2928.00
	Ⅳ级廊道合计	4710.20	89631.00		2361.45	40957.00		2348.75	48674.00	2411.24	21701.00		1180.55	10625.00		1230.69	11076.00	1474.96	26548.00	504.21	9075.00	970.75	17473.00	2298.96	41382.00		1180.90	21257.00		1118.06	20125.00
	县乡道小计	3090.32	59266.00		1490.10	25582.00		1600.22	33684.00	1227.56	11048.00		627.40	5647.00		600.16	5401.00	816.03	14688.00	244.80	4406.00	571.23	10282.00	1862.76	33530.00		862.70	15529.00		1000.06	18001.00
	三级支流小计	1619.88	30365.00		871.35	15375.00		748.53	14990.00	1183.68	10653.00		553.15	4978.00		630.53	5675.00	658.93	11860.00	259.41	4669.00	399.52	7191.00	436.20	7852.00		318.20	5728.00		118.00	2124.00
	Ⅴ级廊道合计	6611.70	59364.00		6436.00	57564.00		175.70	1800.00	2454.80	11046.00		2430.10	10935.00		24.70	111.00	1211.65	10905.00	1174.98	10575.00	36.68	330.00	4156.90	37413.00		4005.90	36054.00		151.00	1359.00
	村级道路小计	6405.80	57243.00		6230.10	55443.00		175.70	1800.00	2277.40	10248.00		2252.70	10137.00		24.70	111.00	1093.20	9839.00	1056.53	9509.00	36.68	330.00	4128.40	37156.00		3977.40	35797.00		151.00	1359.00
	斗渠小计	205.90	2121.00		205.90	2121.00				177.40	798.00		177.40	798.00				118.45	1066.00	118.45	1066.00			28.50	257.00		28.50	257.00			
信阳市	合计	19583.24	366523.69		15722.72	247991.35		3860.52	118532.34	6365.75	73812.11		3466.98	38170.14		2898.77	35641.97	3155.51	79790.98	1636.90	38693.81	1518.62	41097.17	13217.49	212920.60		12255.74	171127.40		961.75	41793.20
	Ⅰ级廊道合计	242.80	16590.60		72.40	4993.50		170.40	11597.10	150.56	4516.80		43.50	1305.00		107.06	3211.80	108.99	6539.40	32.58	1954.50	76.42	4584.90	92.24	5534.40		28.90	1734.00		63.34	3800.40
	淮河干流	242.80	16590.60		72.40	4993.50		170.40	11597.10	150.56	4516.80		43.50	1305.00		107.06	3211.80	108.99	6539.40	32.58	1954.50	76.42	4584.90	92.24	5534.40		28.90	1734.00		63.34	3800.40
	Ⅱ级廊道合计	2252.45	112580.00		1127.00	67409.10		1125.45	45170.90	1524.62	34058.90		680.82	18613.60		843.80	15445.30	606.71	30007.90	254.76	16353.00	351.95	13654.90	727.83	48513.20		446.18	32442.50		281.65	16070.70
	铁路小计	331.60	17851.32		178.30	8731.60		153.30	9119.72	182.32	4319.60		93.80	1503.00		88.52	2816.60	76.33	4094.92	43.90	2019.40	32.43	2075.52	149.28	9436.80		84.50	5209.20		64.78	4227.60
	高速小计	360.60	20234.55		249.80	12597.85		110.80	7636.70	160.36	3779.20		114.90	2298.90		45.46	1480.30	62.79	3282.95	43.08	1981.45	19.72	1301.50	200.24	13172.40		134.90	8317.50		65.34	4854.90
	国道小计	269.65	14953.66		110.90	6621.10		158.75	8332.56	217.94	5714.30		81.40	2108.90		136.54	3605.40	110.19	5943.96	56.60	2943.20	53.59	3000.76	51.71	3295.40		29.50	1569.00		22.21	1726.40
	一级支流小计	351.10	28430.96		158.30	21444.30		192.80	6986.66	220.22	8589.70		92.22	7144.60		128.00	1445.10	122.16	8514.96	34.06	5861.20	88.10	2653.76	130.88	11326.30		66.08	8438.50		64.80	2887.80
	干渠小计	939.50	31109.51		429.70	18014.25		509.80	13095.26	743.78	11656.10		298.50	5558.20		445.28	6097.90	235.25	8171.11	77.13	3547.75	158.12	4623.36	195.72	11282.30		131.20	8908.30		64.52	2374.00
	Ⅲ级廊道合计	2427.02	73510.40		1297.42	39139.51		1129.60	34370.90	1306.40	14486.65		543.62	6647.55		762.78	7839.10	662.30	19343.15	327.41	9222.96	334.90	10120.20	1120.62	39680.60		753.80	23269.00		366.82	16411.60
	省道小计	462.10	16141.74		300.70	9962.84		161.40	6178.90	288.90	3534.16		184.90	2204.06		104.00	1330.10	211.33	6216.30	136.53	3822.70	74.80	2393.60	173.20	6391.28		115.80	3936.08		57.40	2455.20
	景区道路小计	120.40	2981.51		120.40	2981.51				82.20	981.54		82.20	981.54				37.25	931.25	37.25	931.25			38.20	1068.72		38.20	1068.72			
	二级支流小计	937.82	37005.69		520.42	17853.64		417.40	19152.05	346.08	6037.20		106.70	2247.80		239.38	3789.40	238.07	8879.89	102.93	3277.44	135.15	5602.45	591.74	22088.60		413.72	12328.40		178.02	9760.20
	支渠小计	906.70	17381.47		355.90	8341.52		550.80	9039.95	589.22	3933.75		169.82	1214.15		419.40	2719.60	175.66	3315.72	50.71	1191.57	124.95	2124.15	317.48	10132.00		186.08	5935.80		131.40	4196.20
	Ⅳ级廊道合计	4501.47	74332.98		3066.40	46939.53		1435.07	27393.44	1768.09	13341.02		582.96	4195.25		1185.13	9145.77	1066.65	17715.96	311.29	4978.78	755.36	12737.17	2733.38	43276.00		2483.44	37765.50		249.94	5510.50
	县乡道小计	2611.50	44463.06		1696.30	28219.06		915.20	16244.01	1313.04	9846.77		535.46	3959.05		777.58	5887.72	721.06	11780.19	269.17	4414.31	451.90	7365.89	1298.46	22836.10		1160.84	19845.70		137.62	2990.40
	三级支流小计	1889.97	29869.91		1370.10	18720.48		519.87	11149.44	455.05	3494.25		47.50	236.20		407.55	3258.05	345.59	5935.76	42.13	564.48	303.46	5371.29	1434.92	20439.90		1322.60	17919.80		112.32	2520.10
	Ⅴ级廊道合计	10159.50	89509.71		10159.50	89509.71				1616.08	7408.74		1616.08	7408.74				710.87	6184.57	710.87	6184.57			8543.42	75916.40		8543.42	75916.40			
	村级道路小计	8874.70	78154.14		8874.70	78154.14				1308.58	6309.12		1308.58	6309.12				574.95	5002.02	574.95	5002.02			7566.12	66843.00		7566.12	66843.00			
	斗渠小计	1284.80	11355.57		1284.80	11355.57				307.50	1099.62		307.50	1099.62				135.93	1182.55	135.93	1182.55			977.30	9073.40		977.30	9073.40			

续附表 10

统计单位	廊道名称	合计								规划完善提高里程								规划更新造林						规划新绿化里程							
		小计			山区			平原区		小计			山区			平原区		小计		山区		平原区		小计			山区			平原区	
		长度	折算面积	宜荒面积	长度	折算面积	宜荒面积	长度	折算面积	长度	折算面积	宜荒面积	长度	折算面积	宜荒面积	长度	折算面积	长度	折算面积	长度	折算面积	长度	折算面积	长度	折算面积	宜荒面积	长度	折算面积	宜荒面积	长度	折算面积
1	2	3	4	5	6	7	8	9	10	11	12	13	14	15	16	17	18	19	20	21	22	23	24	25	26	27	28	29	30	31	32
济源市	合计	2218.80	47003.70	61249.00	1705.90	34552.65	61249.00	512.90	12451.05	1282.90	11680.80	21998.00	888.20	6749.10	21998.00	394.70	4931.70	361.13	7275.90	222.05	3374.55	139.08	3901.35	935.90	28047.00	39251.00	817.70	24429.00	39251.00	118.20	3618.00
	Ⅰ级廊道合计	13.00	585.00		13.00	585.00				13.00	390.00		13.00	390.00				3.25	195.00	3.25	195.00										
	黄河干流	13.00	585.00		13.00	585.00				13.00	390.00		13.00	390.00				3.25	195.00	3.25	195.00										
	Ⅱ级廊道合计	407.90	24187.50	22333.00	343.10	20308.50	22333.00	64.80	3879.00	48.90	1467.00	1488.00	18.50	555.00	1488.00	30.40	912.00	19.68	1180.50	4.63	277.50	15.05	903.00	359.00	21540.00	20845.00	324.60	19476.00	20845.00	34.40	2064.00
	铁路小计	46.00	2730.00	727.00	41.00	2460.00	727.00	5.00	270.00	2.00	60.00					2.00	60.00	0.50	30.00			0.50	30.00	44.00	2640.00	727.00	41.00	2460.00	727.00	3.00	180.00
	高速小计	328.90	19510.50	20118.00	293.70	17455.50	20118.00	35.20	2055.00	14.90	447.00		11.10	333.00		3.80	114.00	3.73	223.50	2.78	166.50	0.95	57.00	314.00	18840.00	20118.00	282.60	16956.00	20118.00	31.40	1884.00
	国道小计	14.80	1113.00		7.40	333.00		7.40	780.00	14.80	444.00		7.40	222.00		7.40	222.00	11.15	669.00	1.85	111.00	9.30	558.00								
	一级支流小计	10.40	468.00	1488.00			1488.00	10.40	468.00	10.40	312.00	1488.00			1488.00	10.40	312.00	2.60	156.00			2.60	156.00								
	干渠小计	7.80	366.00		1.00	60.00		6.80	306.00	6.80	204.00					6.80	204.00	1.70	102.00			1.70	102.00	1.00	60.00		1.00	60.00			
	Ⅲ级廊道合计	276.20	7404.75	38916.00	148.90	3523.50	38916.00	127.30	3881.25	249.30	3739.50	20510.00	125.80	1887.00	20510.00	123.50	1852.50	95.28	2858.25	31.45	943.50	63.83	1914.75	26.90	807.00	18406.00	23.10	693.00	18406.00	3.80	114.00
	省道小计	147.90	4489.50	12873.00	81.40	2004.75	12873.00	66.50	2484.75	124.80	1872.00	6348.00	58.30	874.50	6348.00	66.50	997.50	64.15	1924.50	14.58	437.25	49.58	1487.25	23.10	693.00	6525.00	23.10	693.00	6525.00		
	景区道路小计	42.80	991.50	14162.00	32.50	731.25	14162.00	10.30	260.25	39.00	585.00	14162.00	32.50	487.50	14162.00	6.50	97.50	9.75	292.50	8.13	243.75	1.63	48.75	3.80	114.00					3.80	114.00
	支渠小计	85.50	1923.75	11881.00	35.00	787.50	11881.00	50.50	1136.25	85.50	1282.50		35.00	525.00		50.50	757.50	21.38	641.25	8.75	262.50	12.63	378.75			11881.00			11881.00		
	Ⅳ级廊道合计	728.20	10730.70		407.40	6039.90		320.80	4690.80	528.20	4753.80		287.40	2586.60		240.80	2167.20	132.05	2376.90	71.85	1293.30	60.20	1083.60	200.00	3600.00		120.00	2160.00		80.00	1440.00
	县乡道小计	728.20	10730.70		407.40	6039.90		320.80	4690.80	528.20	4753.80		287.40	2586.60		240.80	2167.20	132.05	2376.90	71.85	1293.30	60.20	1083.60	200.00	3600.00		120.00	2160.00		80.00	1440.00
	Ⅴ级廊道合计	793.50	4095.75		793.50	4095.75				443.50	1330.50		443.50	1330.50				110.88	665.25	110.88	665.25			350.00	2100.00		350.00	2100.00			
	村级道路小计	793.50	4095.75		793.50	4095.75				443.50	1330.50		443.50	1330.50				110.88	665.25	110.88	665.25			350.00	2100.00		350.00	2100.00			

附表 11

城市林业生态建设、村镇绿化、森林抚育和改造工程规划表

（单位:万亩）

统计单位	城市林业生态建设工程					村镇绿化工程			森林抚育和改造工程			
	规划绿化面积合计	建成区			城郊森林及环城防护林	建成区面积			合计	中幼龄林抚育		改造低质低效林
		总面积	已绿化面积	规划绿化面积		合计	已绿化面积	规划绿化面积		小计	其中:飞播林	
1	2	3	4	5	6	7	8	9	10	11	12	13
河南省	107.60	460.51	113.81	63.06	44.54	2199.13	688.26	218.40	2724.24	1782.80	65.38	941.44
郑州市	9.79	59.46	18.71	2.82	6.97	125.44	29.07	14.04	122.02	95.53	0.00	26.49
开封市	5.16	20.95	2.40	2.77	2.39	89.97	34.42	7.41	77.05	57.32	0.00	19.73
洛阳市	5.17	36.61	13.14	2.77	2.40	101.33	35.43	8.07	380.52	306.97	5.25	73.55
平顶山市	2.86	27.02	5.66	1.68	1.18	45.48	16.64	3.71	61.10	32.30	0.00	28.80
安阳市	4.65	20.56	4.76	3.05	1.60	120.94	32.92	13.43	95.04	38.31	3.25	56.73
鹤壁市	4.06	11.55	2.63	2.66	1.40	38.05	3.82	3.53	18.92	16.34	1.80	2.58
新乡市	7.80	34.00	7.34	5.20	2.60	104.95	42.70	12.00	95.10	84.41	28.66	10.69
焦作市	3.93	23.86	6.69	3.28	0.65	54.21	13.26	4.78	62.60	33.62	7.06	28.98
濮阳市	3.69	15.94	4.33	2.73	0.96	76.88	16.35	8.79	106.63	85.63	0.00	21.00
许昌市	6.73	27.53	7.33	2.97	3.76	88.26	37.00	13.87	63.00	37.00	0.00	26.00
漯河市	4.67	10.23	3.14	1.91	2.76	62.32	28.41	7.12	29.92	24.72	0.00	5.20
三门峡市	3.78	13.08	3.33	2.03	1.75	47.81	11.54	3.97	281.97	227.44	19.26	54.53
商丘市	9.73	27.83	3.90	7.54	2.19	350.86	93.37	28.00	93.82	61.11	0.00	32.71
周口市	9.57	30.25	5.38	6.80	2.77	194.50	80.43	22.24	78.69	56.21	0.00	22.48
驻马店市	5.39	30.16	6.47	4.17	1.22	228.82	79.28	28.40	154.00	123.02	0.00	30.98
南阳市	13.67	41.08	10.85	5.92	7.75	199.44	62.55	16.59	503.53	193.13	0.10	310.40
信阳市	6.59	26.76	6.34	4.47	2.12	251.73	68.35	20.94	452.84	281.18	0.00	171.66
济源市	0.36	3.64	1.41	0.29	0.07	18.14	2.72	1.51	47.49	28.56	0.00	18.93

附表 12

林业产业工程规划表

（单位：万亩）

统计单位	合 计	用材林及工业原料林建设工程	经济林建设工程	园林绿化苗木花卉建设工程
1	2	3	4	5
河南省	323.93	130.84	76.42	116.67
郑州市	8.09			8.09
开封市	2.81	0.83		1.98
洛阳市	21.93	7.15	6.50	8.28
平顶山市	20.08	7.00	10.65	2.43
安阳市	9.27	1.60	2.86	4.81
鹤壁市	5.54	2.94	1.64	0.96
新乡市	23.01	11.00	7.30	4.71
焦作市	12.59	7.50	3.50	1.59
濮阳市	22.19	19.99	0.44	1.76
许昌市	39.20			39.20
漯河市	14.25	7.66	2.54	4.05
三门峡市	14.89	2.66	9.66	2.57
商丘市	13.39	8.79	3.14	1.46
周口市	5.18	0.75		4.43
驻马店市	15.46	11.34	1.80	2.32
南阳市	44.01	25.06	14.40	4.55
信阳市	41.00	16.57	3.45	20.98
济源市	11.04		8.54	2.50

附表 13　　水源涵养林工程造林面积分年度规划表　　（单位：万亩）

统计单位	合计				2008 年				2009 年				2010 年				2011 年				2012 年			
	小计	人工造林	封山育林	飞播造林	小计	人工造林	封山育林	飞播造林	小计	人工造林	封山育林	飞播造林	小计	人工造林	封山育林	飞播造林	小计	人工造林	封山育林	飞播造林	小计	人工造林	封山育林	飞播造林
1	2	3	4	5	6	7	8	9	10	11	12	13	14	15	16	17	18	19	20	21	22	23	24	25
河南省	274.07	235.94	13.35	24.78	41.11	35.39	2.00	3.72	54.81	47.19	2.67	4.96	68.52	58.99	3.34	6.20	68.52	58.99	3.34	6.20	41.11	35.39	2.00	3.72
郑州市	18.56	15.56	3.00		2.78	2.33	0.45		3.71	3.11	0.60		4.64	3.89	0.75		4.64	3.89	0.75		2.78	2.33	0.45	
洛阳市	35.45	26.43	8.60	0.42	5.32	3.96	1.29	0.06	7.09	5.29	1.72	0.08	8.86	6.61	2.15	0.11	8.86	6.61	2.15	0.11	5.32	3.96	1.29	0.06
平顶山市	9.48	9.48			1.42	1.42			1.90	1.90			2.37	2.37			2.37	2.37			1.42	1.42		
安阳市	7.62	7.62			1.14	1.14			1.52	1.52			1.91	1.91			1.91	1.91			1.14	1.14		
鹤壁市	0.24	0.24			0.04	0.04			0.05	0.05			0.06	0.06			0.06	0.06			0.04	0.04		
新乡市	3.30	3.16		0.14	0.50	0.47		0.02	0.66	0.63		0.03	0.83	0.79		0.04	0.83	0.79		0.04	0.50	0.47		0.02
焦作市	5.00	2.00	1.00	2.00	0.75	0.30	0.15	0.30	1.00	0.40	0.20	0.40	1.25	0.50	0.25	0.50	1.25	0.50	0.25	0.50	0.75	0.30	0.15	0.30
许昌市	17.80	17.80			2.67	2.67			3.56	3.56			4.45	4.45			4.45	4.45			2.67	2.67		
三门峡市	58.10	37.07	0.75	20.28	8.72	5.56	0.11	3.04	11.62	7.41	0.15	4.06	14.53	9.27	0.19	5.07	14.53	9.27	0.19	5.07	8.72	5.56	0.11	3.04
驻马店市	9.85	9.85			1.48	1.48			1.97	1.97			2.46	2.46			2.46	2.46			1.48	1.48		
南阳市	46.91	46.91			7.04	7.04			9.38	9.38			11.73	11.73			11.73	11.73			7.04	7.04		
信阳市	55.01	55.01			8.25	8.25			11.00	11.00			13.75	13.75			13.75	13.75			8.25	8.25		
济源市	6.75	4.81		1.94	1.01	0.72		0.29	1.35	0.96		0.39	1.69	1.20		0.49	1.69	1.20		0.49	1.01	0.72		0.29

附表 14

水土保持林工程造林面积分年度规划表

（单位：万亩）

统计单位	合计				2008 年				2009 年				2010 年				2011 年				2012 年			
	合计	人工造林	封山育林	飞播造林	合计	人工造林	封山育林	飞播造林	合计	人工造林	封山育林	飞播造林	合计	人工造林	封山育林	飞播造林	合计	人工造林	封山育林	飞播造林	合计	人工造林	封山育林	飞播造林
1	2	3	4	5	6	7	8	9	10	11	12	13	14	15	16	17	18	19	20	21	22	23	24	25
河南省	330.78	277.01	41.29	12.48	49.62	41.55	6.19	1.87	66.16	55.40	8.26	2.50	82.69	69.25	10.32	3.12	82.69	69.25	10.32	3.12	49.62	41.55	6.19	1.87
郑州市	17.67	15.67	2.00		2.65	2.35	0.30		3.53	3.13	0.40		4.42	3.92	0.50		4.42	3.92	0.50		2.65	2.35	0.30	
洛阳市	67.88	38.16	28.51	1.22	10.18	5.72	4.28	0.18	13.58	7.63	5.70	0.24	16.97	9.54	7.13	0.30	16.97	9.54	7.13	0.30	10.18	5.72	4.28	0.18
平顶山市	8.93	8.93			1.34	1.34			1.79	1.79			2.23	2.23			2.23	2.23			1.34	1.34		
安阳市	13.75	13.75			2.06	2.06			2.75	2.75			3.44	3.44			3.44	3.44			2.06	2.06		
鹤壁市	9.18	6.98	2.20		1.38	1.05	0.33		1.84	1.40	0.44		2.30	1.75	0.55		2.30	1.75	0.55		1.38	1.05	0.33	
新乡市	17.77	15.34		2.43	2.67	2.30		0.36	3.55	3.07		0.49	4.44	3.84		0.61	4.44	3.84		0.61	2.67	2.30		0.36
焦作市	13.20	9.50	1.20	2.50	1.98	1.43	0.18	0.38	2.64	1.90	0.24	0.50	3.30	2.38	0.30	0.63	3.30	2.38	0.30	0.63	1.98	1.43	0.18	0.38
许昌市	6.10	6.10			0.92	0.92			1.22	1.22			1.53	1.53			1.53	1.53			0.92	0.92		
三门峡市	80.78	76.70	1.95	2.13	12.12	11.51	0.29	0.32	16.16	15.34	0.39	0.43	20.20	19.18	0.49	0.53	20.20	19.18	0.49	0.53	12.12	11.51	0.29	0.32
驻马店市	16.18	16.18			2.43	2.43			3.24	3.24			4.05	4.05			4.05	4.05			2.43	2.43		
南阳市	22.50	22.50			3.38	3.38			4.50	4.50			5.63	5.63			5.63	5.63			3.38	3.38		
信阳市	51.14	45.71	5.43		7.67	6.86	0.81		10.23	9.14	1.09		12.79	11.43	1.36		12.79	11.43	1.36		7.67	6.86	0.81	
济源市	5.70	1.50		4.20	0.86	0.23		0.63	1.14	0.30		0.84	1.43	0.38		1.05	1.43	0.38		1.05	0.86	0.23		0.63

附表 15

生态能源林工程造林面积分年度规划表

（单位:万亩）

统计单位	合计			2008 年			2009 年			2010 年			2011 年			2012 年		
	小计	新造	改培	小计	新造	改培	小计	新造	改培	小计	新造	改培	小计	新造	改培	小计	新造	改培
1	2	3	4	5	6	7	8	9	10	11	12	13	14	15	16	17	18	19
河南省	506.11	361.37	144.74	75.92	54.21	21.71	101.22	72.27	28.95	126.53	90.34	36.19	126.53	90.34	36.19	75.91	54.20	21.71
郑州市	12.85	9.50	3.35	1.93	1.43	0.50	2.57	1.90	0.67	3.21	2.38	0.84	3.21	2.38	0.84	1.93	1.42	0.51
洛阳市	45.63	45.63		6.84	6.84		9.13	9.13		11.41	11.41		11.41	11.41		6.85	6.85	
平顶山市	26.71	17.71	9.00	4.01	2.66	1.35	5.34	3.54	1.80	6.68	4.43	2.25	6.68	4.43	2.25	4.00	2.65	1.35
安阳市	37.00	30.00	7.00	5.55	4.50	1.05	7.40	6.00	1.40	9.25	7.50	1.75	9.25	7.50	1.75	5.55	4.50	1.05
鹤壁市	21.24	19.24	2.00	3.19	2.89	0.30	4.25	3.85	0.40	5.31	4.81	0.50	5.31	4.81	0.50	3.18	2.88	0.30
新乡市	8.00	6.50	1.50	1.20	0.98	0.23	1.60	1.30	0.30	2.00	1.63	0.38	2.00	1.63	0.38	1.20	0.97	0.22
焦作市	13.50	5.50	8.00	2.03	0.83	1.20	2.70	1.10	1.60	3.38	1.38	2.00	3.38	1.38	2.00	2.02	0.82	1.20
许昌市	7.60	5.10	2.50	1.14	0.77	0.38	1.52	1.02	0.50	1.90	1.28	0.63	1.90	1.28	0.63	1.14	0.76	0.37
三门峡市	80.19	70.19	10.00	12.03	10.53	1.50	16.04	14.04	2.00	20.05	17.55	2.50	20.05	17.55	2.50	12.03	10.53	1.50
驻马店市	23.39	16.70	6.69	3.51	2.51	1.00	4.68	3.34	1.34	5.85	4.18	1.67	5.85	4.18	1.67	3.51	2.50	1.01
南阳市	186.00	104.30	81.70	27.90	15.65	12.26	37.20	20.86	16.34	46.50	26.08	20.43	46.50	26.08	20.43	27.90	15.64	12.25
信阳市	38.00	28.00	10.00	5.70	4.20	1.50	7.60	5.60	2.00	9.50	7.00	2.50	9.50	7.00	2.50	5.70	4.20	1.50
济源市	6.00	3.00	3.00	0.90	0.45	0.45	1.20	0.60	0.60	1.50	0.75	0.75	1.50	0.75	0.75	0.90	0.45	0.45

附表 16

生态移民工程分年度规划表

（单位：户、人、亩）

统计单位	合计		2008 年		2009 年		2010 年		2011 年		2012 年	
	移民人数	人工造林	移民人数	人工造林	移民人数	人工造林	移民人数	人工造林	移民人数	人工造林	移民人数	人工造林
1	2	3	4	5	6	7	8	9	10	11	12	13
河南省	43089	71900	6463	10786	8618	14380	10772	17976	10772	17975	6464	10786
郑州市	4282	2545	642	382	856	509	1071	636	1071	636	643	382
洛阳市	8745	15537	1312	2331	1749	3107	2186	3884	2186	3884	1312	2331
平顶山市	1144	975	172	146	229	195	286	244	286	244	171	146
安阳市	3156	2087	473	313	631	417	789	522	789	522	474	313
鹤壁市	368	1010	55	152	74	202	92	253	92	253	55	151
新乡市	323		48		65		81		81		49	
许昌市	1645	3215	247	482	329	643	411	804	411	804	247	483
三门峡市	6846	7005	1027	1051	1369	1401	1712	1751	1712	1751	1027	1051
驻马店市	833	562	125	84	167	112	208	141	208	141	125	85
南阳市	10709	22001	1606	3300	2142	4400	2677	5500	2677	5500	1607	3300
信阳市	2954	13050	443	1958	591	2610	739	3263	739	3263	443	1957
济源市	2084	3913	313	587	417	783	521	978	521	978	312	587

附表 17

矿区生态修复工程分年度规划表

（单位:万亩）

统计单位	矿区总面积	人工造林植被恢复面积	2008 年	2009 年	2010 年	2011 年	2012 年
1	2	3	4	5	6	7	8
河南省	253.04	76.33	11.45	15.27	19.08	19.08	11.45
郑州市	44.92	7.94	1.19	1.59	1.99	1.99	1.19
洛阳市	46.54	5.53	0.83	1.11	1.38	1.38	0.83
平顶山市	35.87	20.44	3.07	4.09	5.11	5.11	3.07
安阳市	5.77	1.95	0.29	0.39	0.49	0.49	0.29
鹤壁市	19.35	6.57	0.99	1.31	1.64	1.64	0.99
新乡市	4.90	4.68	0.70	0.94	1.17	1.17	0.70
焦作市	7.85	3.56	0.53	0.71	0.89	0.89	0.53
许昌市	18.41	5.25	0.79	1.05	1.31	1.31	0.79
三门峡市	51.61	10.49	1.57	2.10	2.62	2.62	1.57
驻马店市	0.43	0.36	0.05	0.07	0.09	0.09	0.05
南阳市	8.05	7.31	1.10	1.46	1.83	1.83	1.10
信阳市	6.15	1.70	0.26	0.34	0.43	0.43	0.26
济源市	3.19	0.55	0.08	0.11	0.14	0.14	0.08

附表 18

农田防护林体系改扩建工程分年度规划表

（单位：万亩）

统计单位	合计		完善提高面积		更新造林		新建面积						2008 年											
									农田林网		农林间作		合计		完善提高面积		更新造林		新建面积					
																					农田林网		农林间作	
	农田林网间作	折合片林面积	农田林网	折合片林面积	农田林网	折合片林面积	小计	折合片林面积	小计	折合片林面积	小计	折合片林面积	农田林网间作	折合片林面积	农田林网	折合片林面积	农田林网	折合片林面积	小计	折合片林面积	小计	折合片林面积	小计	折合片林面积
1	2	3	4	5	6	7	8	9	10	11	12	13	14	15	16	17	18	19	20	21	22	23	24	25
河南省	6100.58	373.63	2214.65	77.91	2347.20	162.72	1538.73	133.00	1433.27	96.27	105.46	36.73	915.09	56.04	332.20	11.69	352.08	24.41	230.81	19.95	214.99	14.44	15.82	5.51
郑州市	143.51	7.31	79.51	2.79	57.72	4.05	6.28	0.47	6.11	0.41	0.17	0.06	21.527	1.097	11.927	0.419	8.658	0.608	0.942	0.071	0.917	0.062	0.026	0.009
开封市	300.55	26.93	122.04	4.27	99.40	6.96	79.11	15.70	42.82	3.00	36.29	12.70	45.083	4.040	18.306	0.641	14.910	1.044	11.867	2.355	6.423	0.450	5.444	1.905
洛阳市	79.18	3.84	24.08	0.84	17.80	1.25	37.30	1.75	37.30	1.75			11.877	0.576	3.612	0.126	2.670	0.188	5.595	0.263	5.595	0.263		
平顶山市	212.21	13.12	78.09	2.73	68.17	4.77	65.95	5.62	62.35	4.36	3.60	1.26	31.832	1.968	11.714	0.410	10.226	0.716	9.893	0.843	9.353	0.654	0.540	0.189
安阳市	244.86	14.64	48.56	1.70	129.65	9.08	66.65	3.86	66.65	3.86			36.729	2.196	7.284	0.255	19.448	1.362	9.998	0.579	9.998	0.579		
鹤壁市	102.38	8.73	11.19	0.39	6.43	0.45	84.76	7.89	77.75	5.44	7.01	2.45	15.357	1.310	1.679	0.059	0.965	0.068	12.714	1.184	11.663	0.816	1.052	0.368
新乡市	454.29	27.28	135.37	4.86	200.35	14.03	118.57	8.39	117.61	8.23	0.96	0.16	68.144	4.092	20.306	0.729	30.053	2.105	17.786	1.259	17.642	1.235	0.144	0.024
焦作市	178.29	10.76	69.41	2.43	74.57	5.22	34.31	3.11	31.81	2.23	2.50	0.88	26.744	1.614	10.412	0.365	11.186	0.783	5.147	0.467	4.772	0.335	0.375	0.132
濮阳市	342.81	27.44	100.36	3.52	59.35	4.15	183.10	19.77	158.27	11.08	24.83	8.69	51.422	4.116	15.054	0.528	8.903	0.623	27.465	2.966	23.741	1.662	3.725	1.304
许昌市	240.38	21.10	13.80	0.48	168.71	11.81	57.87	8.81	40.87	2.86	17.00	5.95	36.057	3.165	2.070	0.072	25.307	1.772	8.681	1.322	6.131	0.429	2.550	0.893
漯河市	187.81	11.66	66.81	2.34	105.04	7.36	15.96	1.96	12.96	0.91	3.00	1.05	28.172	1.749	10.022	0.351	15.756	1.104	2.394	0.294	1.944	0.137	0.450	0.158
商丘市	632.31	39.29	206.62	7.23	331.35	23.19	94.34	8.87	86.25	6.04	8.09	2.83	94.847	5.894	30.993	1.085	49.703	3.479	14.151	1.331	12.938	0.906	1.214	0.425
周口市	897.81	46.71	461.02	16.14	300.48	21.03	136.31	9.54	136.31	9.54			134.672	7.007	69.153	2.421	45.072	3.155	20.447	1.431	20.447	1.431		
驻马店市	867.17	48.66	284.32	10.23	333.20	23.33	249.65	15.10	249.65	15.10			130.076	7.299	42.648	1.535	49.980	3.500	37.448	2.265	37.448	2.265		
南阳市	779.84	43.55	315.04	11.02	265.49	18.58	199.31	13.95	199.31	13.95			116.976	6.533	47.256	1.653	39.824	2.787	29.897	2.093	29.897	2.093		
信阳市	402.95	20.73	183.54	6.42	120.80	6.85	98.61	7.46	96.61	6.76	2.00	0.70	60.443	3.110	27.531	0.963	18.120	1.028	14.792	1.119	14.492	1.014	0.300	0.105
济源市	34.24	1.88	14.90	0.52	8.69	0.61	10.65	0.75	10.65	0.75			5.136	0.282	2.235	0.078	1.304	0.092	1.598	0.113	1.598	0.113		

续附表 18

统计单位	2009年												2010年											
	合计		完善提高面积		更新造林		新建面积						合计		完善提高面积		更新造林		新建面积					
									农田林网		农林间作										农田林网		农林间作	
	农田林网间作	折合片林面积	农田林网	折合片林面积	农田林网	折合片林面积	小计	折合片林面积	小计	折合片林面积	小计	折合片林面积	农田林网间作	折合片林面积	农田林网	折合片林面积	农田林网	折合片林面积	小计	折合片林面积	小计	折合片林面积	小计	折合片林面积
1	26	27	28	29	30	31	32	33	34	35	36	37	38	39	40	41	42	43	44	45	46	47	48	49
河南省	1220.12	74.73	442.93	15.58	469.44	32.54	307.75	26.60	286.65	19.25	21.09	7.35	1525.15	93.41	553.66	19.48	586.80	40.68	384.68	33.25	358.32	24.07	26.37	9.18
郑州市	28.702	1.462	15.902	0.558	11.544	0.810	1.256	0.094	1.222	0.082	0.034	0.012	35.878	1.828	19.878	0.698	14.430	1.013	1.570	0.118	1.528	0.103	0.043	0.015
开封市	60.110	5.386	24.408	0.854	19.880	1.392	15.822	3.140	8.564	0.600	7.258	2.540	75.138	6.733	30.510	1.068	24.850	1.740	19.778	3.925	10.705	0.750	9.073	3.175
洛阳市	15.836	0.768	4.816	0.168	3.560	0.250	7.460	0.350	7.460	0.350			19.795	0.960	6.020	0.210	4.450	0.313	9.325	0.438	9.325	0.438		
平顶山市	42.442	2.624	15.618	0.546	13.634	0.954	13.190	1.124	12.470	0.872	0.720	0.252	53.053	3.280	19.523	0.683	17.043	1.193	16.488	1.405	15.588	1.090	0.900	0.315
安阳市	48.972	2.928	9.712	0.340	25.930	1.816	13.330	0.772	13.330	0.772			61.215	3.660	12.140	0.425	32.413	2.270	16.663	0.965	16.663	0.965		
鹤壁市	20.476	1.746	2.238	0.078	1.286	0.090	16.952	1.578	15.550	1.088	1.402	0.490	25.595	2.183	2.798	0.098	1.608	0.113	21.190	1.973	19.438	1.360	1.753	0.613
新乡市	90.858	5.456	27.074	0.972	40.070	2.806	23.714	1.678	23.522	1.646	0.192	0.032	113.573	6.820	33.843	1.215	50.088	3.508	29.643	2.098	29.403	2.058	0.240	0.040
焦作市	35.658	2.152	13.882	0.486	14.914	1.044	6.862	0.622	6.362	0.446	0.500	0.176	44.573	2.690	17.353	0.608	18.643	1.305	8.578	0.778	7.953	0.558	0.625	0.220
濮阳市	68.562	5.488	20.072	0.704	11.870	0.830	36.620	3.954	31.654	2.216	4.966	1.738	85.703	6.860	25.090	0.880	14.838	1.038	45.775	4.943	39.568	2.770	6.208	2.173
许昌市	48.076	4.220	2.760	0.096	33.742	2.362	11.574	1.762	8.174	0.572	3.400	1.190	60.095	5.275	3.450	0.120	42.178	2.953	14.468	2.203	10.218	0.715	4.250	1.488
漯河市	37.562	2.332	13.362	0.468	21.008	1.472	3.192	0.392	2.592	0.182	0.600	0.210	46.953	2.915	16.703	0.585	26.260	1.840	3.990	0.490	3.240	0.228	0.750	0.263
商丘市	126.462	7.858	41.324	1.446	66.270	4.638	18.868	1.774	17.250	1.208	1.618	0.566	158.078	9.823	51.655	1.808	82.838	5.798	23.585	2.218	21.563	1.510	2.023	0.708
周口市	179.562	9.342	92.204	3.228	60.096	4.206	27.262	1.908	27.262	1.908			224.453	11.678	115.255	4.035	75.120	5.258	34.078	2.385	34.078	2.385		
驻马店市	173.434	9.732	56.864	2.046	66.640	4.666	49.930	3.020	49.930	3.020			216.793	12.165	71.080	2.558	83.300	5.833	62.413	3.775	62.413	3.775		
南阳市	155.968	8.710	63.008	2.204	53.098	3.716	39.862	2.790	39.862	2.790			194.960	10.888	78.760	2.755	66.373	4.645	49.828	3.488	49.828	3.488		
信阳市	80.590	4.146	36.708	1.284	24.160	1.370	19.722	1.492	19.322	1.352	0.400	0.140	100.738	5.183	45.885	1.605	30.200	1.713	24.653	1.865	24.153	1.690	0.500	0.175
济源市	6.848	0.376	2.980	0.104	1.738	0.122	2.130	0.150	2.130	0.150			8.560	0.470	3.725	0.130	2.173	0.153	2.663	0.188	2.663	0.188		

续附表 18

统计单位	2011 年												2012 年											
	合计		完善提高面积		更新造林		新建面积						合计		完善提高面积		更新造林		新建面积					
									农田林网		农林间作										农田林网		农林间作	
	农田林网间作	折合片林面积	农田林网	折合片林面积	农田林网	折合片林面积	小计	折合片林面积	小计	折合片林面积	小计	折合片林面积	农田林网间作	折合片林面积	农田林网	折合片林面积	农田林网	折合片林面积	小计	折合片林面积	小计	折合片林面积	小计	折合片林面积
1	50	51	52	53	54	55	56	57	58	59	60	61	62	63	64	65	66	67	68	69	70	71	72	73
河南省	1525.15	93.41	553.66	19.48	586.80	40.68	384.68	33.25	358.32	24.07	26.37	9.18	915.09	56.04	332.20	11.69	352.08	24.41	230.81	19.95	214.99	14.44	15.82	5.51
郑州市	35.878	1.828	19.878	0.698	14.430	1.013	1.570	0.118	1.528	0.103	0.043	0.015	21.527	1.097	11.927	0.419	8.658	0.608	0.942	0.071	0.917	0.062	0.026	0.009
开封市	75.138	6.733	30.510	1.068	24.850	1.740	19.778	3.925	10.705	0.750	9.073	3.175	45.083	4.040	18.306	0.641	14.910	1.044	11.867	2.355	6.423	0.450	5.444	1.905
洛阳市	19.795	0.960	6.020	0.210	4.450	0.313	9.325	0.438	9.325	0.438			11.877	0.576	3.612	0.126	2.670	0.188	5.595	0.263	5.595	0.263		
平顶山市	53.053	3.280	19.523	0.683	17.043	1.193	16.488	1.405	15.588	1.090	0.900	0.315	31.832	1.968	11.714	0.410	10.226	0.716	9.893	0.843	9.353	0.654	0.540	
安阳市	61.215	3.660	12.140	0.425	32.413	2.270	16.663	0.965	16.663	0.965			36.729	2.196	7.284	0.255	19.448	1.362	9.998	0.579	9.998	0.579		
鹤壁市	25.595	2.183	2.798	0.098	1.608	0.113	21.190	1.973	19.438	1.360	1.753	0.613	15.357	1.310	1.679	0.059	0.964	0.068	12.714	1.184	11.663	0.816	1.052	0.368
新乡市	113.573	6.820	33.843	1.215	50.088	3.508	29.643	2.098	29.403	2.058	0.240	0.040	68.144	4.092	20.306	0.729	30.053	2.105	17.786	1.259	17.642	1.235	0.144	0.024
焦作市	44.573	2.690	17.353	0.608	18.643	1.305	8.578	0.778	7.953	0.558	0.625	0.220	26.744	1.614	10.412	0.365	11.186	0.783	5.147	0.467	4.772	0.335	0.375	0.132
濮阳市	85.703	6.860	25.090	0.880	14.838	1.038	45.775	4.943	39.568	2.770	6.208	2.173	51.422	4.116	15.054	0.528	8.903	0.623	27.465	2.966	23.741	1.662	3.725	1.304
许昌市	60.095	5.275	3.450	0.120	42.178	2.953	14.468	2.203	10.218	0.715	4.250	1.488	36.057	3.165	2.070	0.072	25.307	1.772	8.681	1.322	6.131	0.429	2.550	0.893
漯河市	46.953	2.915	16.703	0.585	26.260	1.840	3.990	0.490	3.240	0.228	0.750	0.263	28.172	1.749	10.022	0.351	15.756	1.104	2.394	0.294	1.944	0.137	0.450	0.158
商丘市	158.078	9.823	51.655	1.808	82.838	5.798	23.585	2.218	21.563	1.510	2.023	0.708	94.847	5.894	30.993	1.085	49.703	3.479	14.151	1.331	12.938	0.906	1.214	0.425
周口市	224.453	11.678	115.255	4.035	75.120	5.258	34.078	2.385	34.078	2.385			134.672	7.007	69.153	2.421	45.072	3.155	20.447	1.431	20.447	1.431		
驻马店市	216.793	12.165	71.080	2.558	83.300	5.833	62.413	3.775	62.413	3.775			130.076	7.299	42.648	1.535	49.980	3.500	37.448	2.265	37.448	2.265		
南阳市	194.960	10.888	78.760	2.755	66.373	4.645	49.828	3.488	49.828	3.488			116.976	6.533	47.256	1.653	39.824	2.787	29.897	2.093	29.897	2.093		
信阳市	100.738	5.183	45.885	1.605	30.200	1.713	24.653	1.865	24.153	1.690	0.500	0.175	60.443	3.110	27.531	0.963	18.120	1.028	14.792	1.119	14.492	1.014	0.300	0.105
济源市	8.560	0.470	3.725	0.130	2.173	0.153	2.663	0.188	2.663	0.188			5.136	0.282	2.235	0.078	1.304	0.092	1.598	0.113	1.598	0.113		

附表 19

防沙治沙工程分年度规划表

（单位:万亩）

统计单位	合计	防风固沙林	折合片林面积	完善农田林网		更新造林		新建农田林网		新建农林间作		2008 年										
												合计	防风固沙林	折合片林面积	完善农田林网		更新造林		新建农田林网		新建农林间作	
				小计	折合片林面积	小计	折合片林面积	小计	折合片林面积	小计	折合片林面积				小计	折合片林面积	小计	折合片林面积	小计	折合片林面积	小计	折合片林面积
1	2	3	4	5	6	7	8	9	10	11	12	13	14	15	16	17	18	19	20	21	22	23
河南省	87.60	36.81	50.79	284.76	12.14	166.98	12.19	314.24	25.25	3.51	1.21	13.14	5.52	7.62	42.71	1.82	25.05	1.83	47.14	3.79	0.53	0.18
郑州市	5.11	3.99	1.12	13.28	0.47	7.94	0.56	1.25	0.09			0.767	0.599	0.168	1.992	0.071	1.191	0.084	0.188	0.014		
开封市	13.33	1.59	11.74	86.92	3.04	48.97	3.43	73.17	5.12	0.47	0.15	2.000	0.239	1.761	13.038	0.456	7.346	0.515	10.976	0.768	0.071	0.023
安阳市	11.53	8.64	2.89	38.94	1.36	9.73	0.68	12.17	0.85			1.730	1.296	0.434	5.841	0.204	1.460	0.102	1.826	0.128		
鹤壁市	4.91	1.27	3.64	2.00	1.00	1.25	0.30	26.18	1.87	1.35	0.47	0.737	0.191	0.546	0.300	0.150	0.188	0.045	3.927	0.281	0.203	0.071
新乡市	23.63	16.34	7.29	40.36	1.72	18.26	1.36	38.32	3.62	1.69	0.59	3.545	2.451	1.094	6.054	0.258	2.739	0.204	5.748	0.543	0.254	0.089
焦作市	4.47	0.06	4.41	4.59	0.34	1.84	0.28	25.29	3.79			0.671	0.009	0.662	0.689	0.051	0.276	0.042	3.794	0.569		
濮阳市	12.24	4.39	7.85	5.67	0.20	4.25	0.30	102.04	7.35			1.836	0.659	1.178	0.851	0.030	0.638	0.045	15.306	1.103		
许昌市	0.92	0.16	0.76			2.60	0.18	8.32	0.58			0.138	0.024	0.114			0.390	0.027	1.248	0.087		
商丘市	5.44	0.23	5.21	57.42	2.25	22.43	1.61	19.27	1.35			0.816	0.035	0.782	8.613	0.338	3.365	0.242	2.891	0.203		
周口市	6.02	0.14	5.88	35.58	1.76	49.71	3.49	8.23	0.63			0.903	0.021	0.882	5.337	0.264	7.457	0.524	1.235	0.095		

续附表 19

统计单位	2009 年											2010 年										
	合计	防风固沙林	折合片林面积	完善农田林网		更新造林		新建农田林网		新建农林间作		合计	防风固沙林	折合片林面积	完善农田林网		更新造林		新建农田林网		新建农林间作	
				小计	折合片林面积	小计	折合片林面积	小计	折合片林面积	小计	折合片林面积				小计	折合片林面积	小计	折合片林面积	小计	折合片林面积	小计	折合片林面积
1	24	25	26	27	28	29	30	31	32	33	34	35	36	37	38	39	40	41	42	43	44	45
河南省	17.52	7.36	10.16	56.95	2.43	33.40	2.44	62.85	5.05	0.70	0.24	21.90	9.20	12.70	71.19	3.04	41.75	3.05	78.56	6.31	0.88	0.30
郑州市	1.022	0.798	0.224	2.656	0.094	1.588	0.112	0.250	0.018			1.278	0.998	0.280	3.320	0.118	1.985	0.140	0.313	0.023		
开封市	2.666	0.318	2.348	17.384	0.608	9.794	0.686	14.634	1.024	0.094	0.030	3.333	0.398	2.935	21.730	0.760	12.243	0.858	18.293	1.280	0.118	0.038
安阳市	2.306	1.728	0.578	7.788	0.272	1.946	0.136	2.434	0.170			2.883	2.160	0.723	9.735	0.340	2.433	0.170	3.043	0.213		
鹤壁市	0.982	0.254	0.728	0.400	0.200	0.250	0.060	5.236	0.374	0.270	0.094	1.228	0.318	0.910	0.500	0.250	0.313	0.075	6.545	0.468	0.338	0.118
新乡市	4.726	3.268	1.458	8.072	0.344	3.652	0.272	7.664	0.724	0.338	0.118	5.908	4.085	1.823	10.090	0.430	4.565	0.340	9.580	0.905	0.423	0.148
焦作市	0.894	0.012	0.882	0.918	0.068	0.368	0.056	5.058	0.758			1.118	0.015	1.103	1.148	0.085	0.460	0.070	6.323	0.948		
濮阳市	2.448	0.878	1.570	1.134	0.040	0.850	0.060	20.408	1.470			3.060	1.098	1.963	1.418	0.050	1.063	0.075	25.510	1.838		
许昌市	0.184	0.032	0.152			0.520	0.036	1.664	0.116			0.230	0.040	0.190			0.650	0.045	2.080	0.145		
商丘市	1.088	0.046	1.042	11.484	0.450	4.486	0.322	3.854	0.270			1.360	0.058	1.303	14.355	0.563	5.608	0.403	4.818	0.338		
周口市	1.204	0.028	1.176	7.116	0.352	9.942	0.698	1.646	0.126			1.505	0.035	1.470	8.895	0.440	12.428	0.873	2.058	0.158		

续附表 19

统计单位	2011年											2012年										
	合计	防风固沙林	折合片林面积	完善农田林网		更新造林		新建农田林网		新建农林间作		合计	防风固沙林	折合片林面积	完善农田林网		更新造林		新建农田林网		新建农林间作	
				小计	折合片林面积	小计	折合片林面积	小计	折合片林面积	小计	折合片林面积				小计	折合片林面积	小计	折合片林面积	小计	折合片林面积	小计	折合片林面积
1	46	47	48	49	50	51	52	53	54	55	56	57	58	59	60	61	62	63	64	65	66	67
河南省	21.90	9.20	12.70	71.19	3.04	41.75	3.05	78.56	6.31	0.88	0.30	13.14	5.52	7.62	42.71	1.82	25.05	1.83	47.14	3.79	0.53	0.18
郑州市	1.278	0.998	0.280	3.320	0.118	1.985	0.140	0.313	0.023			0.767	0.599	0.168	1.992	0.071	1.191	0.084	0.188	0.014		
开封市	3.333	0.398	2.935	21.730	0.760	12.243	0.858	18.293	1.280	0.118	0.038	2.000	0.239	1.761	13.038	0.456	7.346	0.515	10.976	0.768	0.071	0.023
安阳市	2.883	2.160	0.723	9.735	0.340	2.433	0.170	3.043	0.213			1.730	1.296	0.434	5.841	0.204	1.460	0.102	1.826	0.128		
鹤壁市	1.228	0.318	0.910	0.500	0.250	0.313	0.075	6.545	0.468	0.338	0.118	0.736	0.191	0.546	0.300	0.150	0.188	0.045	3.927	0.281	0.203	0.071
新乡市	5.908	4.085	1.823	10.090	0.430	4.565	0.340	9.580	0.905	0.423	0.148	3.545	2.451	1.094	6.054	0.258	2.739	0.204	5.748	0.543	0.254	0.089
焦作市	1.118	0.015	1.103	1.148	0.085	0.460	0.070	6.323	0.948			0.671	0.009	0.662	0.689	0.051	0.276	0.042	3.794	0.569		
濮阳市	3.060	1.098	1.963	1.418	0.050	1.063	0.075	25.510	1.838			1.836	0.659	1.178	0.850	0.030	0.638	0.045	15.306	1.103		
许昌市	0.230	0.040	0.190			0.650	0.045	2.080	0.145			0.138	0.024	0.114			0.390	0.027	1.248	0.087		
商丘市	1.360	0.058	1.303	14.355	0.563	5.608	0.403	4.818	0.338			0.816	0.035	0.782	8.613	0.338	3.365	0.242	2.891	0.203		
周口市	1.505	0.035	1.470	8.895	0.440	12.428	0.873	2.058	0.158			0.903	0.021	0.882	5.337	0.264	7.457	0.524	1.235	0.095		

附表 20　　生态廊道网络建设工程分年度规划表　　（单位：公里、亩）

统计单位	廊道名称	规划里程								2008年								2009年							
		小计			山区			平原区		小计			山区			平原区		小计			山区			平原区	
		长度	折算面积	宜荒面积	长度	折算面积	宜荒面积	长度	折算面积	长度	折算面积	宜荒面积	长度	折算面积	宜荒面积	长度	折算面积	长度	折算面积	宜荒面积	长度	折算面积	宜荒面积	长度	折算面积
1	2	3	4	5	6	7	8	9	10	11	12	13	14	15	16	17	18	19	20	21	22	23	24	25	26
河南省	合计	130835.89	3851924.19	593839.38	70204.53	1592477.60	593839.38	60631.36	2259446.59	19625.38	577788.63	89075.91	10530.68	238871.64	89075.91	9094.70	338916.99	26167.18	770384.84	118767.88	14040.91	318495.52	118767.88	12126.27	451889.32
	Ⅰ级廊道合计	1554.07	288088.06	8682.00	421.80	61445.02	8682.00	1132.27	226643.04	233.11	43213.21	1302.30	63.27	9216.75	1302.30	169.84	33996.46	310.81	57617.61	1736.40	84.36	12289.00	1736.40	226.45	45328.61
	黄河、淮河干流	840.10	85037.88	6682.00	281.10	23526.50	6682.00	559.00	61511.38	126.02	12755.68	1002.30	42.17	3528.98	1002.30	83.85	9226.71	168.02	17007.58	1336.40	56.22	4705.30	1336.40	111.80	12302.28
	南水北调干渠	713.97	203050.17		140.70	37918.52		573.27	165131.65	107.10	30457.53		21.11	5687.78		85.99	24769.75	142.79	40610.03		28.14	7583.70		114.65	33026.33
	Ⅱ级廊道合计	16528.33	1327078.42	192484.59	6369.81	542859.57	192484.59	10158.52	784218.85	2479.25	199061.76	28872.69	955.47	81428.94	28872.69	1523.78	117632.83	3305.67	265415.68	38496.92	1273.96	108571.91	38496.92	2031.70	156843.77
	铁路小计	3556.12	282498.87	27750.00	1277.40	114940.20	27750.00	2278.72	167558.67	533.42	42374.83	4162.50	191.61	17241.03	4162.50	341.81	25133.80	711.22	56499.77	5550.00	255.48	22988.04	5550.00	455.74	33511.73
	高速小计	5215.64	483714.21	74710.00	2059.08	203935.22	74710.00	3156.56	279779.00	782.35	72557.13	11206.50	308.86	30590.28	11206.50	473.48	41966.85	1043.13	96742.84	14942.00	411.82	40787.04	14942.00	631.31	55955.80
	国道小计	2214.54	158721.24	23797.78	978.07	63893.03	23797.78	1236.47	94828.21	332.18	23808.19	3569.67	146.71	9583.95	3569.67	185.47	14224.23	442.91	31744.25	4759.56	195.61	12778.61	4759.56	247.29	18965.64
	一级支流小计	2316.80	196476.64	26558.81	965.60	98909.75	26558.81	1351.20	97566.88	347.52	29471.50	3983.82	144.84	14836.46	3983.82	202.68	14635.03	463.36	39295.33	5311.76	193.12	19781.95	5311.76	270.24	19513.38
	干渠小计	3225.23	205667.42	3668.00	1089.66	61181.37	3668.00	2135.57	144486.05	483.78	30850.11	550.20	163.45	9177.21	550.20	320.34	21672.91	645.05	41133.48	733.60	217.93	12236.27	733.60	427.11	28897.21
	Ⅲ级廊道合计	20699.25	884985.82	250310.63	8129.85	362857.78	250310.63	12569.40	522128.04	3104.89	132747.87	37546.59	1219.48	54428.67	37546.59	1885.41	78319.21	4139.85	176997.16	50062.13	1625.97	72571.56	50062.13	2513.88	104425.61
	省道小计	8415.60	365048.66	146974.16	3232.73	150266.42	146974.16	5182.87	214782.24	1262.34	54757.30	22046.12	484.91	22539.96	22046.12	777.43	32217.34	1683.12	73009.73	29394.83	646.55	30053.28	29394.83	1036.57	42956.45
	景区道路小计	1232.25	49572.41	59727.31	1002.81	42488.16	59727.31	229.44	7084.25	184.84	7435.86	8959.10	150.42	6373.22	8959.10	34.42	1062.64	246.45	9914.48	11945.46	200.56	8497.63	11945.46	45.89	1416.85
	二级支流小计	5487.82	263668.68	30251.52	2277.78	104552.94	30251.52	3210.04	159115.74	823.17	39550.30	4537.73	341.67	15682.94	4537.73	481.51	23867.36	1097.56	52733.74	6050.30	455.56	20910.59	6050.30	642.01	31823.15
	支渠小计	5563.58	206696.06	13357.64	1616.53	65550.25	13357.64	3947.05	141145.81	834.54	31004.41	2003.65	242.48	9832.54	2003.65	592.06	21171.87	1112.72	41339.21	2671.53	323.31	13110.05	2671.53	789.41	28229.16
	Ⅳ级廊道合计	47171.01	994605.93	141876.88	15579.58	302677.65	141876.88	31591.44	691928.28	7075.65	149190.89	21281.53	2336.94	45401.65	21281.53	4738.72	103789.24	9434.20	198921.19	28375.38	3115.92	60535.53	28375.38	6318.29	138385.66
	县乡道小计	32619.36	670160.78	138161.57	11167.93	228105.21	138161.57	21451.43	442055.57	4892.90	100524.12	20724.24	1675.19	34215.78	20724.24	3217.71	66308.34	6523.87	134032.16	27632.31	2233.59	45621.04	27632.31	4290.29	88411.11
	三级支流小计	14551.66	324445.15	3715.31	4411.65	74572.45	3715.31	10140.01	249872.71	2182.75	48666.77	557.30	661.75	11185.87	557.30	1521.00	37480.91	2910.33	64889.03	743.06	882.33	14914.49	743.06	2028.00	49974.54
	Ⅴ级廊道合计	44883.23	357165.93	38485.28	39703.50	322637.57	38485.28	5179.73	34528.36	6732.48	53574.89	5772.79	5955.52	48395.64	5772.79	776.96	5179.25	8976.65	71433.19	7697.06	7940.70	64527.51	7697.06	1035.95	6905.67
	村级道路小计	38579.02	310909.31	37155.18	35338.85	289060.54	37155.18	3240.17	21848.77	5786.85	46636.40	5573.28	5300.83	43359.08	5573.28	486.03	3277.32	7715.80	62181.86	7431.04	7067.77	57812.11	7431.04	648.03	4369.75
	斗渠小计	6304.20	46256.62	1330.10	4364.64	33577.04	1330.10	1939.56	12679.58	945.63	6938.49	199.52	654.70	5036.56	199.52	290.93	1901.94	1260.84	9251.32	266.02	872.93	6715.41	266.02	387.91	2535.92
郑州市	合计	7408.25	672061.81	82780.00	3647.00	370815.87	82780.00	3761.25	301245.94	1111.24	100809.27	12417.00	547.05	55622.38	12417.00	564.19	45186.89	1481.65	134412.36	16556.00	729.40	74163.17	16556.00	752.25	60249.19
	Ⅰ级廊道合计	216.70	47580.00		67.20	12644.00		149.50	34936.00	32.51	7137.00		10.08	1896.60		22.43	5240.40	43.34	9516.00		13.44	2528.80		29.90	6987.20
	黄河干流	90.10	14433.00		50.10	7515.00		40.00	6918.00	13.52	2164.95		7.52	1127.25		6.00	1037.70	18.02	2886.60		10.02	1503.00		8.00	1383.60
	南水北调干渠	126.60	33147.00		17.10	5129.00		109.50	28018.00	18.99	4972.05		2.57	769.35		16.43	4202.70	25.32	6629.40		3.42	1025.80		21.90	5603.60
	Ⅱ级廊道合计	1306.55	322027.62	40080.00	445.20	164518.05	40080.00	861.35	157509.57	195.98	48304.14	6012.00	66.78	24677.71	6012.00	129.20	23626.43	261.31	64405.52	8016.00	89.04	32903.61	8016.00	172.27	31501.91
	铁路小计	384.25	87753.20	6500.00	164.90	47615.00	6500.00	219.35	40138.20	57.64	13162.98	975.00	24.74	7142.25	975.00	32.90	6020.73	76.85	17550.64	1300.00	32.98	9523.00	1300.00	43.87	8027.64
	高速小计	449.80	128286.76	19680.00	163.30	71453.05	19680.00	286.50	56833.71	67.47	19243.01	2952.00	24.50	10717.96	2952.00	42.98	8525.06	89.96	25657.35	3936.00	32.66	14290.61	3936.00	57.30	11366.74
	国道小计	141.40	31917.16	4600.00	39.00	12750.00	4600.00	102.40	19167.16	21.21	4787.57	690.00	5.85	1912.50	690.00	15.36	2875.07	28.28	6383.43	920.00	7.80	2550.00	920.00	20.48	3833.43
	一级支流小计	114.50	33243.50	9300.00	63.00	28200.00	9300.00	51.50	5043.50	17.18	4986.53	1395.00	9.45	4230.00	1395.00	7.73	756.53	22.90	6648.70	1860.00	12.60	5640.00	1860.00	10.30	1008.70
	干渠小计	216.60	40827.00		15.00	4500.00		201.60	36327.00	32.49	6124.05		2.25	675.00		30.24	5449.05	43.32	8165.40		3.00	900.00		40.32	7265.40
	Ⅲ级廊道合计	1187.60	180119.75	41700.00	562.70	120802.75	41700.00	624.90	59317.00	178.14	27017.96	6255.00	84.41	18120.41	6255.00	93.74	8897.55	237.52	36023.95	8340.00	112.54	24160.55	8340.00	124.98	11863.40
	省道小计	409.80	72048.25	20200.00	181.00	52014.50	20200.00	228.80	20033.75	61.47	10807.24	3030.00	27.15	7802.18	3030.00	34.32	3005.06	81.96	14409.65	4040.00	36.20	10402.90	4040.00	45.76	4006.75
	景区道路小计	68.60	12025.25	5400.00	65.60	11665.25	5400.00	3.00	360.00	10.29	1803.79	810.00	9.84	1749.79	810.00	0.45	54.00	13.72	2405.05	1080.00	13.12	2333.05	1080.00	0.60	72.00
	二级支流小计	303.70	41386.75	16100.00	178.90	32427.00	16100.00	124.80	8959.75	45.56	6208.01	2415.00	26.84	4864.05	2415.00	18.72	1343.96	60.74	8277.35	3220.00	35.78	6485.40	3220.00	24.96	1791.95
	支渠小计	405.50	54659.50		137.20	24696.00		268.30	29963.50	60.83	8198.93		20.58	3704.40		40.25	4494.53	81.10	10931.90		27.44	4939.20		53.66	5992.70
	Ⅳ级廊道合计	2754.30	82740.43	1000.00	628.80	33257.05	1000.00	2125.50	49483.38	413.15	12411.06	150.00	94.32	4988.56	150.00	318.83	7422.51	550.86	16548.09	200.00	125.76	6651.41	200.00	425.10	9896.68
	县乡道小计	2472.30	75384.05	1000.00	628.80	32042.05	1000.00	1843.50	43342.00	370.85	11307.61	150.00	94.32	4806.31	150.00	276.53	6501.30	494.46	15076.81	200.00	125.76	6408.41	200.00	368.70	8668.40
	三级支流小计	282.00	7356.38			1215.00		282.00	6141.38	42.30	1103.46			182.25		42.30	921.21	56.40	1471.28			243.00		56.40	1228.28
	Ⅴ级廊道合计	1943.10	39594.02		1943.10	39594.02				291.47	5939.10		291.47	5939.10				388.62	7918.80		388.62	7918.80			
	村级道路小计	1943.10	39594.02		1943.10	39594.02				291.47	5939.10		291.47	5939.10				388.62	7918.80		388.62	7918.80			
	斗渠小计																								

续附表20

统计单位	廊道名称	规划里程								2008年								2009年							
		小计			山区			平原区		小计			山区			平原区		小计			山区			平原区	
		长度	折算面积	宜荒面积	长度	折算面积	宜荒面积	长度	折算面积	长度	折算面积	宜荒面积	长度	折算面积	宜荒面积	长度	折算面积	长度	折算面积	宜荒面积	长度	折算面积	宜荒面积	长度	折算面积
1	2	3	4	5	6	7	8	9	10	11	12	13	14	15	16	17	18	19	20	21	22	23	24	25	26
开封市	合计	6057.06	171579.17					6057.06	171579.17	908.56	25736.87					908.56	25736.87	1211.41	34315.83					1211.41	34315.83
	Ⅰ级廊道合计	26.50	3050.10					26.50	3050.10	3.98	457.52					3.98	457.52	5.30	610.02					5.30	610.02
	黄河干流	26.50	3050.10					26.50	3050.10	3.98	457.52					3.98	457.52	5.30	610.02					5.30	610.02
	Ⅱ级廊道合计	1002.21	56517.33					1002.21	56517.33	150.33	8477.60					150.33	8477.60	200.44	11303.47					200.44	11303.47
	铁路小计	202.25	11765.25					202.25	11765.25	30.34	1764.79					30.34	1764.79	40.45	2353.05					40.45	2353.05
	高速小计	217.70	13179.21					217.70	13179.21	32.66	1976.88					32.66	1976.88	43.54	2635.84					43.54	2635.84
	国道小计	164.43	8878.62					164.43	8878.62	24.66	1331.79					24.66	1331.79	32.89	1775.72					32.89	1775.72
	一级支流小计	257.63	12527.25					257.63	12527.25	38.64	1879.09					38.64	1879.09	51.53	2505.45					51.53	2505.45
	干渠小计	160.20	10167.00					160.20	10167.00	24.03	1525.05					24.03	1525.05	32.04	2033.40					32.04	2033.40
	Ⅲ级廊道合计	1237.34	41255.31					1237.34	41255.31	185.60	6188.30					185.60	6188.30	247.47	8251.06					247.47	8251.06
	省道小计	223.47	8984.99					223.47	8984.99	33.52	1347.75					33.52	1347.75	44.69	1797.00					44.69	1797.00
	景区道路小计	76.75	2049.38					76.75	2049.38	11.51	307.41					11.51	307.41	15.35	409.88					15.35	409.88
	二级支流小计	442.81	14434.73					442.81	14434.73	66.42	2165.21					66.42	2165.21	88.56	2886.95					88.56	2886.95
	支渠小计	494.31	15786.23					494.31	15786.23	74.15	2367.93					74.15	2367.93	98.86	3157.25					98.86	3157.25
	Ⅳ级廊道合计	3791.02	70756.43					3791.02	70756.43	568.65	10613.46					568.65	10613.46	758.20	14151.29					758.20	14151.29
	县乡道小计	1990.57	36989.55					1990.57	36989.55	298.59	5548.43					298.59	5548.43	398.11	7397.91					398.11	7397.91
	三级支流小计	1800.45	33766.88					1800.45	33766.88	270.07	5065.03					270.07	5065.03	360.09	6753.38					360.09	6753.38
洛阳市	合计	14028.83	228365.87	29132.38	11407.38	187847.67	29132.38	2621.46	40518.20	2104.32	34254.88	4369.86	1711.11	28177.15	4369.86	393.22	6077.73	2805.77	45673.17	5826.48	2281.48	37569.53	5826.48	524.29	8103.64
	Ⅰ级廊道合计		234.00			234.00					35.10			35.10					46.80			46.80			
	黄河干流		234.00			234.00					35.10			35.10					46.80			46.80			
	Ⅱ级廊道合计	942.84	59806.21	2878.59	682.41	46033.70	2878.59	260.43	13772.50	141.43	8970.93	431.79	102.36	6905.06	431.79	39.06	2065.88	188.57	11961.24	575.72	136.48	9206.74	575.72	52.09	2754.50
	铁路小计	256.61	16962.41	1309.00	180.90	12743.07	1309.00	75.71	4219.34	38.49	2544.36	196.35	27.14	1911.46	196.35	11.36	632.90	51.32	3392.48	261.80	36.18	2548.61	261.80	15.14	843.87
	高速小计	125.99	9889.27	715.00	92.69	7747.83	715.00	33.30	2141.44	18.90	1483.39	107.25	13.90	1162.17	107.25	5.00	321.22	25.20	1977.85	143.00	18.54	1549.57	143.00	6.66	428.29
	国道合计	120.46	6010.62	3.78	98.92	5042.93	3.78	21.54	967.69	18.07	901.59	0.57	14.84	756.44	0.57	3.23	145.15	24.09	1202.12	0.76	19.78	1008.59	0.76	4.31	193.54
	一级支流小计	173.48	13593.66	600.81	117.50	10815.87	600.81	55.98	2777.79	26.02	2039.05	90.12	17.63	1622.38	90.12	8.40	416.67	34.70	2718.73	120.16	23.50	2163.17	120.16	11.20	555.56
	干渠小计	266.30	13350.25	250.00	192.40	9684.00	250.00	73.90	3666.25	39.95	2002.54	37.50	28.86	1452.60	37.50	11.09	549.94	53.26	2670.05	50.00	38.48	1936.80	50.00	14.78	733.25
	Ⅲ级廊道合计	1658.29	56270.88	20693.63	1370.15	47512.70	20693.63	288.14	8758.18	248.74	8440.63	3104.04	205.52	7126.90	3104.04	43.22	1313.73	331.66	11254.18	4138.73	274.03	9502.54	4138.73	57.63	1751.64
	省道小计	829.33	26197.49	13744.16	774.16	23726.50	13744.16	55.17	2470.99	124.40	3929.62	2061.62	116.12	3558.98	2061.62	8.28	370.65	165.87	5239.50	2748.83	154.83	4745.30	2748.83	11.03	494.20
	景区道路小计	172.60	8072.06	3061.31	167.40	7955.06	3061.31	5.20	117.00	25.89	1210.81	459.20	25.11	1193.26	459.20	0.78	17.55	34.52	1614.41	612.26	33.48	1591.01	612.26	1.04	23.40
	二级支流小计	287.17	11471.52	3811.52	204.92	8846.69	3811.52	82.25	2624.83	43.08	1720.73	571.73	30.74	1327.00	571.73	12.34	393.72	57.43	2294.30	762.30	40.98	1769.34	762.30	16.45	524.97
	支渠小计	369.19	10529.81	76.64	223.67	6984.45	76.64	145.52	3545.36	55.38	1579.47	11.50	33.55	1047.67	11.50	21.83	531.80	73.84	2105.96	15.33	44.73	1396.89	15.33	29.10	709.07
	Ⅳ级廊道合计	2203.09	47415.00	4684.88	1792.60	40542.15	4684.88	410.49	6872.85	330.46	7112.25	702.73	268.89	6081.32	702.73	61.57	1030.93	440.62	9483.00	936.98	358.52	8108.43	936.98	82.10	1374.57
	县乡道小计	1597.69	34518.27	4077.57	1327.70	29763.12	4077.57	269.99	4755.15	239.65	5177.74	611.64	199.16	4464.47	611.64	40.50	713.27	319.54	6903.65	815.51	265.54	5952.62	815.51	54.00	951.03
	三级支流小计	605.40	12896.73	607.31	464.90	10779.03	607.31	140.50	2117.70	90.81	1934.51	91.10	69.74	1616.85	91.10	21.08	317.66	121.08	2579.35	121.46	92.98	2155.81	121.46	28.10	423.54
	Ⅴ级廊道合计	9224.61	64639.77	875.28	7562.21	53525.11	875.28	1662.40	11114.66	1383.69	9695.97	131.29	1134.33	8028.77	131.29	249.36	1667.20	1844.92	12927.95	175.06	1512.44	10705.02	175.06	332.48	2222.93
	村级道路小计	8399.66	59495.57	845.18	7249.12	51605.54	845.18	1150.54	7890.03	1259.95	8924.33	126.78	1087.37	7740.83	126.78	172.58	1183.50	1679.93	11899.11	169.04	1449.82	10321.11	169.04	230.11	1578.01
	斗渠小计	824.95	5144.21	30.10	313.09	1919.58	30.10	511.86	3224.63	123.74	771.63	4.52	46.96	287.94	4.52	76.78	483.69	164.99	1028.84	6.02	62.62	383.92	6.02	102.37	644.93

续附表20

统计单位	廊道名称	规划里程								2008年								2009年							
		小计			山区			平原区		小计			山区			平原区		小计			山区			平原区	
		长度	折算面积	宜荒面积	长度	折算面积	宜荒面积	长度	折算面积	长度	折算面积	宜荒面积	长度	折算面积	宜荒面积	长度	折算面积	长度	折算面积	宜荒面积	长度	折算面积	宜荒面积	长度	折算面积
1	2	3	4	5	6	7	8	9	10	11	12	13	14	15	16	17	18	19	20	21	22	23	24	25	26
平顶山市	合计	4368.49	161398.53		1568.13	47486.24		2800.35	113912.29	655.27	24209.78		235.22	7122.94		420.05	17086.84	873.70	32279.71		313.63	9497.25		560.07	22782.46
	Ⅰ级廊道合计	115.20	28440.00		40.00	7200.00		75.20	21240.00	17.28	4266.00		6.00	1080.00		11.28	3186.00	23.04	5688.00		8.00	1440.00		15.04	4248.00
	南水北调干渠	115.20	28440.00		40.00	7200.00		75.20	21240.00	17.28	4266.00		6.00	1080.00		11.28	3186.00	23.04	5688.00		8.00	1440.00		15.04	4248.00
	Ⅱ级廊道合计	1116.80	60020.85		368.65	14370.90		748.15	45649.95	167.52	9003.13		55.30	2155.64		112.22	6847.49	223.36	12004.17		73.73	2874.18		149.63	9129.99
	铁路小计	207.95	11523.00		36.80	1480.50		171.15	10042.50	31.19	1728.45		5.52	222.08		25.67	1506.38	41.59	2304.60		7.36	296.10		34.23	2008.50
	高速小计	596.92	28577.70		219.59	7013.40		377.33	21564.30	89.54	4286.66		32.94	1052.01		56.60	3234.65	119.38	5715.54		43.92	1402.68		75.47	4312.86
	国道小计	172.26	8925.00		102.26	4152.00		70.00	4773.00	25.84	1338.75		15.34	622.80		10.50	715.95	34.45	1785.00		20.45	830.40		14.00	954.60
	一级支流小计	59.50	6202.50		10.00	1725.00		49.50	4477.50	8.93	930.38		1.50	258.75		7.43	671.63	11.90	1240.50		2.00	345.00		9.90	895.50
	干渠小计	80.17	4792.65					80.17	4792.65	12.03	718.90					12.03	718.90	16.03	958.53					16.03	958.53
	Ⅲ级廊道合计	809.82	31835.67		214.18	11690.06		595.64	20145.61	121.47	4775.35		32.13	1753.51		89.35	3021.84	161.96	6367.13		42.84	2338.01		119.13	4029.12
	省道小计	464.12	13887.42		122.18	3252.56		341.94	10634.86	69.62	2083.11		18.33	487.88		51.29	1595.23	92.82	2777.48		24.44	650.51		68.39	2126.97
	景区道路小计	28.20	1029.00		14.00	480.00		14.20	549.00	4.23	154.35		2.10	72.00		2.13	82.35	5.64	205.80		2.80	96.00		2.84	109.80
	二级支流小计	181.50	11882.25		70.00	7747.50		111.50	4134.75	27.23	1782.34		10.50	1162.13		16.73	620.21	36.30	2376.45		14.00	1549.50		22.30	826.95
	支渠小计	136.00	5037.00		8.00	210.00		128.00	4827.00	20.40	755.55		1.20	31.50		19.20	724.05	27.20	1007.40		1.60	42.00		25.60	965.40
	Ⅳ级廊道合计	1925.27	38760.51		630.21	12394.23		1295.06	26366.28	288.79	5814.08		94.53	1859.13		194.26	3954.94	385.05	7752.10		126.04	2478.85		259.01	5273.26
	县乡道小计	1601.97	32103.21		543.21	10819.23		1058.76	21283.98	240.30	4815.48		81.48	1622.88		158.81	3192.60	320.39	6420.64		108.64	2163.85		211.75	4256.80
	三级支流小计	323.30	6657.30		87.00	1575.00		236.30	5082.30	48.50	998.60		13.05	236.25		35.45	762.35	64.66	1331.46		17.40	315.00		47.26	1016.46
	Ⅴ级廊道合计	401.40	2341.50		315.10	1831.05		86.30	510.45	60.21	351.23		47.27	274.66		12.95	76.57	80.28	468.30		63.02	366.21		17.26	102.09
	村级道路小计	390.10	2281.65		313.00	1821.60		77.10	460.05	58.52	342.25		46.95	273.24		11.57	69.01	78.02	456.33		62.60	364.32		15.42	92.01
	斗渠小计	11.30	59.85		2.10	9.45		9.20	50.40	1.70	8.98		0.32	1.42		1.38	7.56	2.26	11.97		0.42	1.89		1.84	10.08
安阳市	合计	7959.83	187896.79	44368.00	5011.84	101706.62	44368.00	2947.99	86190.17	1193.98	28184.52	6655.20	751.78	15255.99	6655.20	442.20	12928.53	1591.97	37579.36	8873.60	1002.37	20341.32	8873.60	589.60	17238.03
	Ⅰ级廊道合计	55.14	16541.17		32.10	9629.52		23.04	6911.65	8.27	2481.18		4.82	1444.43		3.46	1036.75	11.03	3308.23		6.42	1925.90		4.61	1382.33
	南水北调干渠	55.14	16541.17		32.10	9629.52		23.04	6911.65	8.27	2481.18		4.82	1444.43		3.46	1036.75	11.03	3308.23		6.42	1925.90		4.61	1382.33
	Ⅱ级廊道合计	931.47	55675.57	12600.00	420.81	26655.77	12600.00	510.66	29019.80	139.72	8351.33	1890.00	63.12	3998.37	1890.00	76.60	4352.97	186.29	11135.11	2520.00	84.16	5331.15	2520.00	102.13	5803.96
	铁路小计	205.50	12731.36	3400.00	89.20	5692.22	3400.00	116.30	7039.15	30.83	1909.70	510.00	13.38	853.83	510.00	17.45	1055.87	41.10	2546.27	680.00	17.84	1138.44	680.00	23.26	1407.83
	高速小计	298.57	17752.96	4700.00	122.21	7107.24	4700.00	176.36	10645.72	44.79	2662.94	705.00	18.33	1066.09	705.00	26.45	1596.86	59.71	3550.59	940.00	24.44	1421.45	940.00	35.27	2129.14
	国道合计	43.00	2444.88					43.00	2444.88	6.45	366.73					6.45	366.73	8.60	488.98					8.60	488.98
	一级支流小计	102.50	5182.24	1900.00	20.00	1199.94	1900.00	82.50	3982.30	15.38	777.34	285.00	3.00	179.99	285.00	12.38	597.35	20.50	1036.45	380.00	4.00	239.99	380.00	16.50	796.46
	干渠小计	281.90	17564.12	2600.00	189.40	12656.37	2600.00	92.50	4907.75	42.29	2634.62	390.00	28.41	1898.46	390.00	13.88	736.16	56.38	3512.82	520.00	37.88	2531.27	520.00	18.50	981.55
	Ⅲ级廊道合计	1507.50	44101.80	17468.00	1015.31	29329.33	17468.00	492.19	14772.47	226.13	6615.27	2620.20	152.30	4399.40	2620.20	73.83	2215.87	301.50	8820.36	3493.60	203.06	5865.87	3493.60	98.44	2954.49
	省道小计	588.00	16454.93	10168.00	224.30	6825.41	10168.00	363.70	9629.52	88.20	2468.24	1525.20	33.65	1023.81	1525.20	54.56	1444.43	117.60	3290.99	2033.60	44.86	1365.08	2033.60	72.74	1925.90
	景区道路小计	40.40	1581.17		33.41	1351.23		6.99	229.94	6.06	237.18		5.01	202.68		1.05	34.49	8.08	316.23		6.68	270.25		1.40	45.99
	二级支流小计	119.00	4901.75	5900.00	60.00	1859.91	5900.00	59.00	3041.85	17.85	735.26	885.00	9.00	278.99	885.00	8.85	456.28	23.80	980.35	1180.00	12.00	371.98	1180.00	11.80	608.37
	支渠小计	760.10	21163.94	1400.00	697.60	19292.79	1400.00	62.50	1871.16	114.02	3174.59	210.00	104.64	2893.92	210.00	9.38	280.67	152.02	4232.79	280.00	139.52	3858.56	280.00	12.50	374.23
	Ⅳ级廊道合计	2340.31	52225.17	9000.00	1104.00	20217.49	9000.00	1236.31	32007.68	351.05	7833.78	1350.00	165.60	3032.62	1350.00	185.45	4801.15	468.06	10445.03	1800.00	220.80	4043.50	1800.00	247.26	6401.54
	县乡道小计	1908.68	43638.42	6000.00	902.60	16676.62	6000.00	1006.08	26961.80	286.30	6545.76	900.00	135.39	2501.49	900.00	150.91	4044.27	381.74	8727.68	1200.00	180.52	3335.32	1200.00	201.22	5392.36
	三级支流小计	431.64	8586.75	3000.00	201.40	3540.87	3000.00	230.24	5045.88	64.75	1288.01	450.00	30.21	531.13	450.00	34.54	756.88	86.33	1717.35	600.00	40.28	708.17	600.00	46.05	1009.18
	Ⅴ级廊道合计	3125.41	19353.08	5300.00	2439.62	15874.52	5300.00	685.79	3478.57	468.81	2902.96	795.00	365.94	2381.18	795.00	102.87	521.78	625.08	3870.62	1060.00	487.92	3174.90	1060.00	137.16	695.71
	村级道路小计	1712.19	10707.99	4000.00	1410.00	9174.83	4000.00	302.19	1533.16	256.83	1606.20	600.00	211.50	1376.22	600.00	45.33	229.97	342.44	2141.60	800.00	282.00	1834.97	800.00	60.44	306.63
	斗渠小计	1413.22	8645.09	1300.00	1029.62	6699.69	1300.00	383.60	1945.40	211.98	1296.76	195.00	154.44	1004.95	195.00	57.54	291.81	282.64	1729.02	260.00	205.92	1339.94	260.00	76.72	389.08

续附表20

统计单位	廊道名称	规划里程								2008年								2009年							
		小计			山区			平原区		小计			山区			平原区		小计			山区			平原区	
		长度	折算面积	宜荒面积	长度	折算面积	宜荒面积	长度	折算面积	长度	折算面积	宜荒面积	长度	折算面积	宜荒面积	长度	折算面积	长度	折算面积	宜荒面积	长度	折算面积	宜荒面积	长度	折算面积
1	2	3	4	5	6	7	8	9	10	11	12	13	14	15	16	17	18	19	20	21	22	23	24	25	26
鹤壁市	合计	6869.35	108383.51	114556.00	3083.48	58000.91	114556.00	3785.87	50382.60	1030.40	16257.53	17183.40	462.52	8700.14	17183.40	567.88	7557.39	1373.87	21676.70	22911.20	616.70	11600.18	22911.20	757.17	10076.52
	Ⅰ级廊道合计	27.80	8884.00		22.00	7110.00		5.80	1774.00	4.17	1332.60		3.30	1066.50		0.87	266.10	5.56	1776.80		4.40	1422.00		1.16	354.80
	南水北调干渠	27.80	8884.00		22.00	7110.00		5.80	1774.00	4.17	1332.60		3.30	1066.50		0.87	266.10	5.56	1776.80		4.40	1422.00		1.16	354.80
	Ⅱ级廊道合计	344.16	20491.70	15898.00	98.99	5833.30	15898.00	245.17	14658.40	51.62	3073.75	2384.70	14.85	874.99	2384.70	36.78	2198.76	68.83	4098.34	3179.60	19.80	1166.66	3179.60	49.03	2931.68
	铁路小计	110.10	6635.60	2898.00	30.10	1805.10	2898.00	80.00	4830.50	16.52	995.34	434.70	4.52	270.76	434.70	12.00	724.58	22.02	1327.12	579.60	6.02	361.02	579.60	16.00	966.10
	高速小计	133.16	7901.60	13000.00	65.19	3806.20	13000.00	67.97	4095.40	19.97	1185.24	1950.00	9.78	570.93	1950.00	10.20	614.31	26.63	1580.32	2600.00	13.04	761.24	2600.00	13.59	819.08
	国道合计	24.90	1396.50					24.90	1396.50	3.74	209.48					3.74	209.48	4.98	279.30					4.98	279.30
	一级支流小计	76.00	4558.00		3.70	222.00		72.30	4336.00	11.40	683.70		0.56	33.30		10.85	650.40	15.20	911.60		0.74	44.40		14.46	867.20
	Ⅲ级廊道合计	606.88	19308.35	44958.00	356.08	12754.10	44958.00	250.80	6554.25	91.03	2896.25	6743.70	53.41	1913.12	6743.70	37.62	983.14	121.38	3861.67	8991.60	71.22	2550.82	8991.60	50.16	1310.85
	省道小计	282.88	8692.89	37698.00	132.88	4449.64	37698.00	150.00	4243.25	42.43	1303.93	5654.70	19.93	667.45	5654.70	22.50	636.49	56.58	1738.58	7539.60	26.58	889.93	7539.60	30.00	848.65
	景区道路小计	81.50	2732.26	3260.00	80.00	2732.26	3260.00	1.50		12.23	409.84	489.00	12.00	409.84	489.00	0.23		16.30	546.45	652.00	16.00	546.45	652.00	0.30	
	二级支流小计	242.50	7883.20	4000.00	143.20	5572.20	4000.00	99.30	2311.00	36.38	1182.48	600.00	21.48	835.83	600.00	14.90	346.65	48.50	1576.64	800.00	28.64	1114.44	800.00	19.86	462.20
	Ⅳ级廊道合计	1839.80	32154.16	53700.00	804.10	20291.26	53700.00	1035.70	11862.90	275.97	4823.12	8055.00	120.62	3043.69	8055.00	155.36	1779.44	367.96	6430.83	10740.00	160.82	4058.25	10740.00	207.14	2372.58
	县乡道小计	1421.40	24874.39	53700.00	711.80	18719.39	53700.00	709.60	6155.00	213.21	3731.16	8055.00	106.77	2807.91	8055.00	106.44	923.25	284.28	4974.88	10740.00	142.36	3743.88	10740.00	141.92	1231.00
	三级支流小计	418.40	7279.77		92.30	1571.87		326.10	5707.90	62.76	1091.97		13.85	235.78		48.92	856.19	83.68	1455.95		18.46	314.37		65.22	1141.58
	Ⅴ级廊道合计	4050.71	27545.31		1802.31	12012.26		2248.40	15533.05	607.61	4131.80		270.35	1801.84		337.26	2329.96	810.14	5509.06		360.46	2402.45		449.68	3106.61
	村级道路小计	2509.21	16290.68		1256.81	7964.88		1252.40	8325.80	376.38	2443.60		188.52	1194.73		187.86	1248.87	501.84	3258.14		251.36	1592.98		250.48	1665.16
	斗渠小计	1541.50	11254.63		545.50	4047.38		996.00	7207.25	231.23	1688.19		81.83	607.11		149.40	1081.09	308.30	2250.93		109.10	809.48		199.20	1441.45
新乡市	合计	5378.47	200496.89		1891.33	29321.38		3487.14	171175.51	806.77	30074.53		283.70	4398.21		523.07	25676.33	1075.69	40099.38		378.27	5864.28		697.43	34235.10
	Ⅰ级廊道合计	175.80	48322.38	2000.00	1.50	450.00	2000.00	174.30	47872.38	26.37	7248.36	300.00	0.23	67.50	300.00	26.15	7180.86	35.16	9664.48	400.00	0.30	90.00	400.00	34.86	9574.48
	黄河干流	99.30	25942.38					99.30	25942.38	14.90	3891.36					14.90	3891.36	19.86	5188.48					19.86	5188.48
	南水北调干渠	76.50	22380.00		1.50	450.00		75.00	21930.00	11.48	3357.00		0.23	67.50		11.25	3289.50	15.30	4476.00		0.30	90.00		15.00	4386.00
	Ⅱ级廊道合计	589.95	42872.81	36000.00	95.65	7164.00	36000.00	494.30	35708.81	88.49	6430.92	5400.00	14.35	1074.60	5400.00	74.15	5356.32	117.99	8574.56	7200.00	19.13	1432.80	7200.00	98.86	7141.76
	铁路小计	135.60	7076.50					135.60	7076.50	20.34	1061.47					20.34	1061.47	27.12	1415.30					27.12	1415.30
	高速小计	284.35	18292.05		95.65	7164.00		188.70	11128.05	42.65	2743.81		14.35	1074.60		28.31	1669.21	56.87	3658.41		19.13	1432.80		37.74	2225.61
	国道小计	10.60	2452.00					10.60	2452.00	1.59	367.80					1.59	367.80	2.12	490.40					2.12	490.40
	一级支流小计	20.40	3094.23					20.40	3094.23	3.06	464.13					3.06	464.13	4.08	618.85					4.08	618.85
	干渠小计	139.00	11958.00					139.00	11958.00	20.85	1793.70					20.85	1793.70	27.80	2391.60					27.80	2391.60
	Ⅲ级廊道合计	1387.60	56087.46		62.80	3846.50		1324.80	52240.96	208.14	8413.12		9.42	576.98		198.72	7836.14	277.52	11217.49		12.56	769.30		264.96	10448.19
	省道小计	539.52	29736.72		62.80	3500.00		476.72	26236.72	80.93	4460.51		9.42	525.00		71.51	3935.51	107.90	5947.34		12.56	700.00		95.34	5247.34
	景区道路小计	5.00	459.00			346.50		5.00	112.50	0.75	68.85			51.98		0.75	16.88	1.00	91.80			69.30		1.00	22.50
	二级支流小计	16.20	887.90					16.20	887.90	2.43	133.19					2.43	133.19	3.24	177.58					3.24	177.58
	支渠小计	826.88	25003.84					826.88	25003.84	124.03	3750.58					124.03	3750.58	165.38	5000.77					165.38	5000.77
	Ⅳ级廊道合计	1588.39	38569.58		178.65	4012.25		1409.74	34557.33	238.26	5785.44		26.80	601.84		211.46	5183.60	317.68	7713.92		35.73	802.45		281.95	6911.47
	县乡道小计	1146.14	24775.64		92.45	2072.75		1053.69	22702.89	171.92	3716.35		13.87	310.91		158.05	3405.43	229.23	4955.13		18.49	414.55		210.74	4540.58
	三级支流小计	442.25	13793.94		86.20	1939.50		356.05	11854.44	66.34	2069.09		12.93	290.93		53.41	1778.17	88.45	2758.79		17.24	387.90		71.21	2370.89
	Ⅴ级廊道合计	1636.73	14644.63		1552.73	13848.63		84.00	796.00	245.51	2196.69		232.91	2077.29		12.60	119.40	327.35	2928.93		310.55	2769.73		16.80	159.20
	村级道路小计	1057.20	9215.25		973.20	8419.25		84.00	796.00	158.58	1382.29		145.98	1262.89		12.60	119.40	211.44	1843.05		194.64	1683.85		16.80	159.20
	斗渠小计	579.53	5429.38		579.53	5429.38				86.93	814.41		86.93	814.41				115.91	1085.88		115.91	1085.88			

续附表 20

统计单位	廊道名称	规划里程								2008 年								2009 年							
		小计			山区			平原区		小计			山区			平原区		小计			山区			平原区	
		长度	折算面积	宜荒面积	长度	折算面积	宜荒面积	长度	折算面积	长度	折算面积	宜荒面积	长度	折算面积	宜荒面积	长度	折算面积	长度	折算面积	宜荒面积	长度	折算面积	宜荒面积	长度	折算面积
1	2	3	4	5	6	7	8	9	10	11	12	13	14	15	16	17	18	19	20	21	22	23	24	25	26
焦作市	合计	2660.95	107056.01	12556.00	370.19	9616.31	12556.00	2290.76	97439.69	399.14	16058.40	1883.40	55.53	1442.45	1883.40	343.61	14615.95	532.19	21411.20	2511.20	74.04	1923.26	2511.20	458.15	19487.94
	Ⅰ级廊道合计	108.63	26629.00					108.63	26629.00	16.29	3994.35					16.29	3994.35	21.73	5325.80					21.73	5325.80
	黄河干流	33.60	3915.00					33.60	3915.00	5.04	587.25					5.04	587.25	6.72	783.00					6.72	783.00
	南水北调干渠	75.03	22714.00					75.03	22714.00	11.25	3407.10					11.25	3407.10	15.01	4542.80					15.01	4542.80
	Ⅱ级廊道合计	476.78	35617.15	5116.00	96.91	5752.75	5116.00	379.88	29864.39	71.52	5342.57	767.40	14.54	862.91	767.40	56.98	4479.66	95.36	7123.43	1023.20	19.38	1150.55	1023.20	75.98	5972.88
	铁路小计	105.15	6029.02	4000.00	37.00	1649.72	4000.00	68.15	4379.30	15.77	904.35	600.00	5.55	247.46	600.00	10.22	656.90	21.03	1205.80	800.00	7.40	329.94	800.00	13.63	875.86
	高速小计	143.26	8254.04	1116.00	10.01	644.14	1116.00	133.25	7609.90	21.49	1238.11	167.40	1.50	96.62	167.40	19.99	1141.49	28.65	1650.81	223.20	2.00	128.83	223.20	26.65	1521.98
	国道小计	4.10	262.50		4.10	262.50				0.62	39.38		0.62	39.38				0.82	52.50		0.82	52.50			
	一级支流小计	159.78	14751.84		11.80	707.65		147.98	14044.19	23.97	2212.78		1.77	106.15		22.20	2106.63	31.96	2950.37		2.36	141.53		29.60	2808.84
	干渠小计	64.50	6319.76		34.00	2488.76		30.50	3831.00	9.68	947.96		5.10	373.31		4.58	574.65	12.90	1263.95		6.80	497.75		6.10	766.20
	Ⅲ级廊道合计	447.95	16488.39	7440.00	65.20	1598.58	7440.00	382.75	14889.81	67.19	2473.26	1116.00	9.78	239.79	1116.00	57.41	2233.47	89.59	3297.68	1488.00	13.04	319.72	1488.00	76.55	2977.96
	省道小计	248.35	9758.78	3800.00	17.30	469.48	3800.00	231.05	9289.31	37.25	1463.82	570.00	2.60	70.42	570.00	34.66	1393.40	49.67	1951.76	760.00	3.46	93.90	760.00	46.21	1857.86
	景区道路小计	48.90	1219.10	3200.00	41.90	1039.10	3200.00	7.00	180.00	7.34	182.87	480.00	6.29	155.87	480.00	1.05	27.00	9.78	243.82	640.00	8.38	207.82	640.00	1.40	36.00
	二级支流小计	85.50	2714.50	440.00	6.00	90.00	440.00	79.50	2624.50	12.83	407.18	66.00	0.90	13.50	66.00	11.93	393.68	17.10	542.90	88.00	1.20	18.00	88.00	15.90	524.90
	支渠小计	65.20	2796.00					65.20	2796.00	9.78	419.40					9.78	419.40	13.04	559.20					13.04	559.20
	Ⅳ级廊道合计	1486.87	27488.29		67.37	1431.79		1419.50	26056.49	223.03	4123.24		10.11	214.77		212.93	3908.47	297.37	5497.66		13.47	286.36		283.90	5211.30
	县乡道小计	1363.02	24528.21		67.37	1431.79		1295.65	23096.42	204.45	3679.23		10.11	214.77		194.35	3464.46	272.60	4905.64		13.47	286.36		259.13	4619.28
	三级支流小计	123.85	2960.08					123.85	2960.08	18.58	444.01					18.58	444.01	24.77	592.02					24.77	592.02
	Ⅴ级廊道合计	140.72	833.19		140.72	833.19				21.11	124.98		21.11	124.98				28.14	166.64		28.14	166.64			
	村级道路小计	140.72	833.19		140.72	833.19				21.11	124.98		21.11	124.98				28.14	166.64		28.14	166.64			
濮阳市	合计	3977.44	119142.06					3977.44	119142.06	596.62	17871.31					596.62	17871.31	795.49	23828.41					795.49	23828.41
	Ⅰ级廊道合计	151.40	7658.81					151.40	7658.81	22.71	1148.82					22.71	1148.82	30.28	1531.76					30.28	1531.76
	黄河干流	151.40	7658.81					151.40	7658.81	22.71	1148.82					22.71	1148.82	30.28	1531.76					30.28	1531.76
	Ⅱ级廊道合计	714.90	42606.17					714.90	42606.17	107.24	6390.93					107.24	6390.93	142.98	8521.23					142.98	8521.23
	铁路小计	88.00	5449.78					88.00	5449.78	13.20	817.47					13.20	817.47	17.60	1089.96					17.60	1089.96
	高速小计	155.47	10413.12					155.47	10413.12	23.32	1561.97					23.32	1561.97	31.09	2082.62					31.09	2082.62
	国道小计	69.63	4559.50					69.63	4559.50	10.44	683.93					10.44	683.93	13.93	911.90					13.93	911.90
	一级支流小计	54.10	3666.53					54.10	3666.53	8.12	549.98					8.12	549.98	10.82	733.31					10.82	733.31
	干渠小计	347.70	18517.24					347.70	18517.24	52.16	2777.59					52.16	2777.59	69.54	3703.45					69.54	3703.45
	Ⅲ级廊道合计	955.09	30596.94					955.09	30596.94	143.26	4589.54					143.26	4589.54	191.02	6119.39					191.02	6119.39
	省道小计	396.29	12931.27					396.29	12931.27	59.44	1939.69					59.44	1939.69	79.26	2586.25					79.26	2586.25
	景区道路小计	18.50	787.86					18.50	787.86	2.78	118.18					2.78	118.18	3.70	157.57					3.70	157.57
	二级支流小计	7.00	209.90					7.00	209.90	1.05	31.48					1.05	31.48	1.40	41.98					1.40	41.98
	支渠小计	533.30	16667.92					533.30	16667.92	80.00	2500.19					80.00	2500.19	106.66	3333.58					106.66	3333.58
	Ⅳ级廊道合计	2156.05	38280.13					2156.05	38280.13	323.41	5742.02					323.41	5742.02	431.21	7656.03					431.21	7656.03
	县乡道小计	1618.55	27747.75					1618.55	27747.75	242.78	4162.16					242.78	4162.16	323.71	5549.55					323.71	5549.55
	三级支流小计	537.50	10532.38					537.50	10532.38	80.63	1579.86					80.63	1579.86	107.50	2106.48					107.50	2106.48

续附表20

统计单位	廊道名称	规划里程									2008年									2009年							
		小计			山区			平原区		小计			山区			平原区		小计			山区			平原区	
		长度	折算面积	宜荒面积	长度	折算面积	宜荒面积	长度	折算面积	长度	折算面积	宜荒面积	长度	折算面积	宜荒面积	长度	折算面积	长度	折算面积	宜荒面积	长度	折算面积	宜荒面积	长度	折算面积
1	2	3	4	5	6	7	8	9	10	11	12	13	14	15	16	17	18	19	20	21	22	23	24	25	26
许昌市	合计	3419.90	137761.00		774.80	23267.00		2645.10	114494.00	512.99	20664.15		116.22	3490.05		396.77	17174.10	683.98	27552.20		154.96	4653.40		529.02	22898.80
	Ⅰ级廊道合计	54.10	15864.00		8.20	2460.00		45.90	13404.00	8.12	2379.60		1.23	369.00		6.89	2010.60	10.82	3172.80		1.64	492.00		9.18	2680.80
	南水北调干渠	54.10	15864.00		8.20	2460.00		45.90	13404.00	8.12	2379.60		1.23	369.00		6.89	2010.60	10.82	3172.80		1.64	492.00		9.18	2680.80
	Ⅱ级廊道合计	576.10	45365.00		108.40	7255.00		467.70	38110.00	86.42	6804.75		16.26	1088.25		70.16	5716.50	115.22	9073.00		21.68	1451.00		93.54	7622.00
	铁路小计	202.80	12433.00		49.10	2947.00		153.70	9486.00	30.42	1864.95		7.37	442.05		23.06	1422.90	40.56	2486.60		9.82	589.40		30.74	1897.20
	高速小计	180.10	15725.00		20.50	1383.00		159.60	14342.00	27.02	2358.75		3.08	207.45		23.94	2151.30	36.02	3145.00		4.10	276.60		31.92	2868.40
	国道小计	8.50	4229.00		0.70	156.00		7.80	4073.00	1.28	634.35		0.11	23.40		1.17	610.95	1.70	845.80		0.14	31.20		1.56	814.60
	一级支流小计	44.70	3874.00					44.70	3874.00	6.71	581.10					6.71	581.10	8.94	774.80					8.94	774.80
	干渠小计	140.00	9104.00		38.10	2769.00		101.90	6335.00	21.00	1365.60		5.72	415.35		15.29	950.25	28.00	1820.80		7.62	553.80		20.38	1267.00
	Ⅲ级廊道合计	281.50	14945.00		66.50	2049.00		215.00	12896.00	42.23	2241.75		9.98	307.35		32.25	1934.40	56.30	2989.00		13.30	409.80		43.00	2579.20
	省道小计	234.70	12131.00		53.30	1704.00		181.40	10427.00	35.21	1819.65		8.00	255.60		27.21	1564.05	46.94	2426.20		10.66	340.80		36.28	2085.40
	景区道路小计	10.00	298.00		5.20	147.00		4.80	151.00	1.50	44.70		0.78	22.05		0.72	22.65	2.00	59.60		1.04	29.40		0.96	30.20
	二级支流小计	10.00	1895.00					10.00	1895.00	1.50	284.25					1.50	284.25	2.00	379.00					2.00	379.00
	支渠小计	26.80	621.00		8.00	198.00		18.80	423.00	4.02	93.15		1.20	29.70		2.82	63.45	5.36	124.20		1.60	39.60		3.76	84.60
	Ⅳ级廊道合计	2508.20	61587.00		591.70	11503.00		1916.50	50084.00	376.23	9238.05		88.76	1725.45		287.48	7512.60	501.64	12317.40		118.34	2300.60		383.30	10016.80
	县乡道小计	1766.70	37674.00		410.90	9136.00		1355.80	28538.00	265.01	5651.10		61.64	1370.40		203.37	4280.70	353.34	7534.80		82.18	1827.20		271.16	5707.60
	三级支流小计	741.50	23913.00		180.80	2367.00		560.70	21546.00	111.23	3586.95		27.12	355.05		84.11	3231.90	148.30	4782.60		36.16	473.40		112.14	4309.20
漯河市	合计	1797.44	57180.82					1797.44	57180.82	269.62	8577.12					269.62	8577.12	359.49	11436.16					359.49	11436.16
	Ⅱ级廊道合计	274.28	15295.05					274.28	15295.05	41.14	2294.26					41.14	2294.26	54.86	3059.01					54.86	3059.01
	铁路小计	118.29	5689.50					118.29	5689.50	17.74	853.42					17.74	853.42	23.66	1137.90					23.66	1137.90
	高速小计	98.30	5386.20					98.30	5386.20	14.75	807.93					14.75	807.93	19.66	1077.24					19.66	1077.24
	国道小计	38.29	2677.35					38.29	2677.35	5.74	401.60					5.74	401.60	7.66	535.47					7.66	535.47
	一级支流小计	19.40	1542.00					19.40	1542.00	2.91	231.30					2.91	231.30	3.88	308.40					3.88	308.40
	Ⅲ级廊道合计	241.39	10876.95					241.39	10876.95	36.21	1631.54					36.21	1631.54	48.28	2175.39					48.28	2175.39
	省道小计	175.84	6966.90					175.84	6966.90	26.38	1045.03					26.38	1045.03	35.17	1393.38					35.17	1393.38
	二级支流小计	65.55	3910.05					65.55	3910.05	9.83	586.51					9.83	586.51	13.11	782.01					13.11	782.01
	Ⅳ级廊道合计	1281.77	31008.82					1281.77	31008.82	192.27	4651.32					192.27	4651.32	256.35	6201.76					256.35	6201.76
	县乡道小计	1036.97	24587.20					1036.97	24587.20	155.55	3688.08					155.55	3688.08	207.39	4917.44					207.39	4917.44
	三级支流小计	244.80	6421.62					244.80	6421.62	36.72	963.24					36.72	963.24	48.96	1284.32					48.96	1284.32

续附表20

统计单位	廊道名称	规划里程								2008年								2009年							
		小计			山区			平原区		小计			山区			平原区		小计			山区			平原区	
		长度	折算面积	宜荒面积	长度	折算面积	宜荒面积	长度	折算面积	长度	折算面积	宜荒面积	长度	折算面积	宜荒面积	长度	折算面积	长度	折算面积	宜荒面积	长度	折算面积	宜荒面积	长度	折算面积
1	2	3	4	5	6	7	8	9	10	11	12	13	14	15	16	17	18	19	20	21	22	23	24	25	26
三门峡市	合计	10895.80	202390.00	228248.00	10895.80	202390.00	228248.00			1634.37	30358.50	34237.20	1634.37	30358.50	34237.20			2179.16	40478.00	45649.60	2179.16	40478.00	45649.60		
	Ⅰ级廊道合计	94.10	7821.50	6682.00	94.10	7821.50	6682.00			14.12	1173.23	1002.30	14.12	1173.23	1002.30			18.82	1564.30	1336.40	18.82	1564.30	1336.40		
	黄河干流	94.10	7821.50	6682.00	94.10	7821.50	6682.00			14.12	1173.23	1002.30	14.12	1173.23	1002.30			18.82	1564.30	1336.40	18.82	1564.30	1336.40		
	Ⅱ级廊道合计	1148.50	68346.50	51210.00	1148.50	68346.50	51210.00			172.28	10251.98	7681.50	172.28	10251.98	7681.50			229.70	13669.30	10242.00	229.70	13669.30	10242.00		
	铁路小计	298.70	19832.00	8916.00	298.70	19832.00	8916.00			44.81	2974.80	1337.40	44.81	2974.80	1337.40			59.74	3966.40	1783.20	59.74	3966.40	1783.20		
	高速小计	265.30	17010.00	10471.00	265.30	17010.00	10471.00			39.80	2551.50	1570.65	39.80	2551.50	1570.65			53.06	3402.00	2094.20	53.06	3402.00	2094.20		
	国道小计	326.70	17996.00	17735.00	326.70	17996.00	17735.00			49.01	2699.40	2660.25	49.01	2699.40	2660.25			65.34	3599.20	3547.00	65.34	3599.20	3547.00		
	一级支流小计	147.00	7869.50	13270.00	147.00	7869.50	13270.00			22.05	1180.43	1990.50	22.05	1180.43	1990.50			29.40	1573.90	2654.00	29.40	1573.90	2654.00		
	干渠小计	110.80	5639.00	818.00	110.80	5639.00	818.00			16.62	845.85	122.70	16.62	845.85	122.70			22.16	1127.80	163.60	22.16	1127.80	163.60		
	Ⅲ级廊道合计	1343.00	38960.00	71638.00	1343.00	38960.00	71638.00			201.45	5844.00	10745.70	201.45	5844.00	10745.70			268.60	7792.00	14327.60	268.60	7792.00	14327.60		
	省道小计	623.80	20552.00	40994.00	623.80	20552.00	40994.00			93.57	3082.80	6149.10	93.57	3082.80	6149.10			124.76	4110.40	8198.80	124.76	4110.40	8198.80		
	景区道路小计	365.50	10221.00	30644.00	365.50	10221.00	30644.00			54.83	1533.15	4596.60	54.83	1533.15	4596.60			73.10	2044.20	6128.80	73.10	2044.20	6128.80		
	二级支流小计	255.00	5226.00		255.00	5226.00				38.25	783.90		38.25	783.90				51.00	1045.20		51.00	1045.20			
	支渠小计	98.70	2961.00		98.70	2961.00				14.81	444.15		14.81	444.15				19.74	592.20		19.74	592.20			
	Ⅳ级廊道合计	3743.30	61495.00	70981.00	3743.30	61495.00	70981.00			561.50	9224.25	10647.15	561.50	9224.25	10647.15			748.66	12299.00	14196.20	748.66	12299.00	14196.20		
	县乡道小计	2725.60	44840.00	70981.00	2725.60	44840.00	70981.00			408.84	6726.00	10647.15	408.84	6726.00	10647.15			545.12	8968.00	14196.20	545.12	8968.00	14196.20		
	三级支流小计	1017.70	16655.00		1017.70	16655.00				152.66	2498.25		152.66	2498.25				203.54	3331.00		203.54	3331.00			
	Ⅴ级廊道合计	4566.90	25767.00	27737.00	4566.90	25767.00	27737.00			685.04	3865.05	4160.55	685.04	3865.05	4160.55			913.38	5153.40	5547.40	913.38	5153.40	5547.40		
	村级道路小计	4326.90	24507.00	27737.00	4326.90	24507.00	27737.00			649.04	3676.05	4160.55	649.04	3676.05	4160.55			865.38	4901.40	5547.40	865.38	4901.40	5547.40		
	斗渠小计	240.00	1260.00		240.00	1260.00				36.00	189.00		36.00	189.00				48.00	252.00		48.00	252.00			
商丘市	合计	6057.66	231852.71					6057.66	231852.71	908.65	34777.91					908.65	34777.91	1211.53	46370.54					1211.53	46370.54
	Ⅱ级廊道合计	676.81	49940.09					676.81	49940.09	101.52	7491.01					101.52	7491.01	135.36	9988.02					135.36	9988.02
	铁路小计	198.89	14123.56					198.89	14123.56	29.83	2118.53					29.83	2118.53	39.78	2824.71					39.78	2824.71
	高速小计	201.35	16403.85					201.35	16403.85	30.20	2460.58					30.20	2460.58	40.27	3280.77					40.27	3280.77
	国道小计	155.56	11558.67					155.56	11558.67	23.33	1733.80					23.33	1733.80	31.11	2311.73					31.11	2311.73
	一级支流小计	82.01	4659.00					82.01	4659.00	12.30	698.85					12.30	698.85	16.40	931.80					16.40	931.80
	干渠小计	39.00	3195.00					39.00	3195.00	5.85	479.25					5.85	479.25	7.80	639.00					7.80	639.00
	Ⅲ级廊道合计	1094.80	66220.55					1094.80	66220.55	164.22	9933.08					164.22	9933.08	218.96	13244.11					218.96	13244.11
	省道小计	615.26	27126.00					615.26	27126.00	92.29	4068.90					92.29	4068.90	123.05	5425.20					123.05	5425.20
	景区道路小计	40.20	1402.32					40.20	1402.32	6.03	210.35					6.03	210.35	8.04	280.46					8.04	280.46
	二级支流小计	370.24	34731.98					370.24	34731.98	55.54	5209.80					55.54	5209.80	74.05	6946.40					74.05	6946.40
	支渠小计	69.10	2960.25					69.10	2960.25	10.37	444.04					10.37	444.04	13.82	592.05					13.82	592.05
	Ⅳ级廊道合计	4286.05	115692.07					4286.05	115692.07	642.91	17353.81					642.91	17353.81	857.21	23138.41					857.21	23138.41
	县乡道小计	2763.79	64231.65					2763.79	64231.65	414.57	9634.75					414.57	9634.75	552.76	12846.33					552.76	12846.33
	三级支流小计	1522.26	51460.42					1522.26	51460.42	228.34	7719.06					228.34	7719.06	304.45	10292.08					304.45	10292.08

续附表20

统计单位	廊道名称	规划里程								2008年								2009年							
		小计			山区			平原区		小计			山区			平原区		小计			山区			平原区	
		长度	折算面积	宜荒面积	长度	折算面积	宜荒面积	长度	折算面积	长度	折算面积	宜荒面积	长度	折算面积	宜荒面积	长度	折算面积	长度	折算面积	宜荒面积	长度	折算面积	宜荒面积	长度	折算面积
1	2	3	4	5	6	7	8	9	10	11	12	13	14	15	16	17	18	19	20	21	22	23	24	25	26
周口市	合计	5979.89	264337.43					5979.89	264337.43	896.98	39650.61					896.98	39650.61	1195.98	52867.49					1195.98	52867.49
	Ⅱ级廊道合计	1263.22	112330.78					1263.22	112330.78	189.48	16849.62					189.48	16849.62	252.64	22466.16					252.64	22466.16
	铁路小计	286.93	21555.88					286.93	21555.88	43.04	3233.38					43.04	3233.38	57.39	4311.18					57.39	4311.18
	高速小计	404.19	42913.01					404.19	42913.01	60.63	6436.95					60.63	6436.95	80.84	8582.60					80.84	8582.60
	国道小计	270.07	14580.57					270.07	14580.57	40.51	2187.09					40.51	2187.09	54.01	2916.11					54.01	2916.11
	一级支流小计	173.20	21788.92					173.20	21788.92	25.98	3268.34					25.98	3268.34	34.64	4357.78					34.64	4357.78
	干渠小计	128.83	11492.40					128.83	11492.40	19.32	1723.86					19.32	1723.86	25.77	2298.48					25.77	2298.48
	Ⅲ级廊道合计	1476.69	64917.54					1476.69	64917.54	221.50	9737.63					221.50	9737.63	295.34	12983.51					295.34	12983.51
	省道小计	810.22	29541.79					810.22	29541.79	121.53	4431.27					121.53	4431.27	162.04	5908.36					162.04	5908.36
	二级支流小计	516.10	27490.39					516.10	27490.39	77.42	4123.56					77.42	4123.56	103.22	5498.08					103.22	5498.08
	支渠小计	150.37	7885.36					150.37	7885.36	22.56	1182.80					22.56	1182.80	30.07	1577.07					30.07	1577.07
	Ⅳ级廊道合计	3239.98	87089.10					3239.98	87089.10	486.00	13063.36					486.00	13063.36	648.00	17417.82					648.00	17417.82
	县乡道小计	1553.98	40797.11					1553.98	40797.11	233.10	6119.57					233.10	6119.57	310.80	8159.42					310.80	8159.42
	三级支流小计	1686.00	46291.99					1686.00	46291.99	252.90	6943.80					252.90	6943.80	337.20	9258.40					337.20	9258.40
驻马店	合计	6245.42	132208.23	20950.00	2557.50	29748.59	20950.00	3687.92	102459.64	936.81	19831.23	3142.50	383.63	4462.29	3142.50	553.19	15368.95	1249.08	26441.65	4190.00	511.50	5949.72	4190.00	737.58	20491.93
	Ⅰ级廊道合计	37.80	2430.00					37.80	2430.00	5.67	364.50					5.67	364.50	7.56	486.00					7.56	486.00
	淮河干流	37.80	2430.00					37.80	2430.00	5.67	364.50					5.67	364.50	7.56	486.00					7.56	486.00
	Ⅱ级廊道合计	628.73	39138.60	6369.00	213.80	12415.50	6369.00	414.93	26723.10	94.31	5870.79	955.35	32.07	1862.33	955.35	62.24	4008.47	125.75	7827.72	1273.80	42.76	2483.10	1273.80	82.99	5344.62
	铁路小计	56.60	3676.50					56.60	3676.50	8.49	551.48					8.49	551.48	11.32	735.30					11.32	735.30
	高速小计	439.49	27524.40	4910.00	184.00	11040.00	4910.00	255.49	16484.40	65.92	4128.66	736.50	27.60	1656.00	736.50	38.32	2472.66	87.90	5504.88	982.00	36.80	2208.00	982.00	51.10	3296.88
	国道小计	70.44	4468.20	1459.00	29.80	1375.50	1459.00	40.64	3092.70	10.57	670.23	218.85	4.47	206.33	218.85	6.10	463.91	14.09	893.64	291.80	5.96	275.10	291.80	8.13	618.54
	干渠小计	62.20	3469.50					62.20	3469.50	9.33	520.43					9.33	520.43	12.44	693.90					12.44	693.90
	Ⅲ级廊道合计	1263.21	46512.08	7497.00	148.30	5553.75	7497.00	1114.91	40958.33	189.48	6976.81	1124.55	22.25	833.06	1124.55	167.24	6143.75	252.64	9302.42	1499.40	29.66	1110.75	1499.40	222.98	8191.67
	省道小计	625.96	21993.00	7497.00	148.30	5553.75	7497.00	477.66	16439.25	93.89	3298.95	1124.55	22.25	833.06	1124.55	71.65	2465.89	125.19	4398.60	1499.40	29.66	1110.75	1499.40	95.53	3287.85
	景区道路小计	26.00	585.00					26.00	585.00	3.90	87.75					3.90	87.75	5.20	117.00					5.20	117.00
	二级支流小计	399.25	17484.08					399.25	17484.08	59.89	2622.61					59.89	2622.61	79.85	3496.82					79.85	3496.82
	支渠小计	212.00	6450.00					212.00	6450.00	31.80	967.50					31.80	967.50	42.40	1290.00					42.40	1290.00
	Ⅳ级廊道合计	2086.74	34649.58	2511.00	203.60	3597.00	2511.00	1883.14	31052.58	313.01	5197.44	376.65	30.54	539.55	376.65	282.47	4657.89	417.35	6929.92	502.20	40.72	719.40	502.20	376.63	6210.52
	县乡道小计	1221.97	19011.57	2403.00	163.70	2763.30	2403.00	1058.27	16248.27	183.30	2851.74	360.45	24.56	414.50	360.45	158.74	2437.24	244.39	3802.31	480.60	32.74	552.66	480.60	211.65	3249.65
	三级支流小计	864.77	15638.01	108.00	39.90	833.70	108.00	824.87	14804.31	129.72	2345.70	16.20	5.99	125.06	16.20	123.73	2220.65	172.95	3127.60	21.60	7.98	166.74	21.60	164.97	2960.86
	Ⅴ级廊道合计	2228.94	9477.97	4573.00	1991.80	8182.34	4573.00	237.14	1295.63	334.34	1421.70	685.95	298.77	1227.35	685.95	35.57	194.34	445.79	1895.59	914.60	398.36	1636.47	914.60	47.43	259.13
	村级道路小计	2025.94	8491.07	4573.00	1827.70	7447.34	4573.00	198.24	1043.73	303.89	1273.66	685.95	274.16	1117.10	685.95	29.74	156.56	405.19	1698.21	914.60	365.54	1489.47	914.60	39.65	208.75
	斗渠小计	203.00	986.90		164.10	735.00		38.90	251.90	30.45	148.04		24.62	110.25		5.84	37.79	40.60	197.38		32.82	147.00		7.78	50.38

续附表 20

统计单位	廊道名称	规划里程								2008 年								2009 年							
		小计			山区			平原区		小计			山区			平原区		小计			山区			平原区	
		长度	折算面积	宜荒面积	长度	折算面积	宜荒面积	长度	折算面积	长度	折算面积	宜荒面积	长度	折算面积	宜荒面积	长度	折算面积	长度	折算面积	宜荒面积	长度	折算面积	宜荒面积	长度	折算面积
1	2	3	4	5	6	7	8	9	10	11	12	13	14	15	16	17	18	19	20	21	22	23	24	25	26
南阳市	合计	15929.05	456286.00		11568.45	249733.00		4360.60	206553.00	2389.36	68442.90		1735.27	37459.95		654.09	30982.95	3185.81	91257.20		2313.69	49946.60		872.12	41310.60
	Ⅰ级廊道合计	235.10	57457.50		71.30	8317.50		163.80	49140.00	35.27	8618.63		10.70	1247.63		24.57	7371.00	47.02	11491.50		14.26	1663.50		32.76	9828.00
	淮河干流	51.50	2377.50		51.50	2377.50				7.73	356.63		7.73	356.63				10.30	475.50		10.30	475.50			
	南水北调干渠	183.60	55080.00		19.80	5940.00		163.80	49140.00	27.54	8262.00		2.97	891.00		24.57	7371.00	36.72	11016.00		3.96	1188.00		32.76	9828.00
	Ⅱ级廊道合计	1874.68	164259.50		1220.40	96796.50		654.28	67463.00	281.20	24638.93		183.06	14519.48		98.14	10119.45	374.94	32851.90		244.08	19359.30		130.86	13492.60
	铁路小计	320.90	18681.00		171.40	9984.00		149.50	8697.00	48.14	2802.15		25.71	1497.60		22.43	1304.55	64.18	3736.20		34.28	1996.80		29.90	1739.40
	高速小计	532.19	76460.00		277.14	39513.00		255.05	36947.00	79.83	11469.00		41.57	5926.95		38.26	5542.05	106.44	15292.00		55.43	7902.60		51.01	7389.40
	国道小计	309.76	20298.00		258.30	15204.00		51.46	5094.00	46.46	3044.70		38.75	2280.60		7.72	764.10	61.95	4059.60		51.66	3040.80		10.29	1018.80
	一级支流小计	471.10	31024.50		434.30	26725.50		36.80	4299.00	70.67	4653.68		65.15	4008.83		5.52	644.85	94.22	6204.90		86.86	5345.10		7.36	859.80
	干渠小计	240.73	17796.00		79.26	5370.00		161.47	12426.00	36.11	2669.40		11.89	805.50		24.22	1863.90	48.15	3559.20		15.85	1074.00		32.29	2485.20
	Ⅲ级廊道合计	2497.37	85574.00		1479.30	46098.00		1018.07	39476.00	374.61	12836.10		221.90	6914.70		152.71	5921.40	499.47	17114.80		295.86	9219.60		203.61	7895.20
	省道小计	738.06	27414.00		510.60	16251.00		227.46	11163.00	110.71	4112.10		76.59	2437.65		34.12	1674.45	147.61	5482.80		102.12	3250.20		45.49	2232.60
	景区道路小计	86.90	3138.00		76.90	2838.00		10.00	300.00	13.04	470.70		11.54	425.70		1.50	45.00	17.38	627.60		15.38	567.60		2.00	60.00
	二级支流小计	1248.48	40153.00		839.34	24930.00		409.14	15223.00	187.27	6022.95		125.90	3739.50		61.37	2283.45	249.70	8030.60		167.87	4986.00		81.83	3044.60
	支渠小计	423.93	14869.00		52.46	2079.00		371.47	12790.00	63.59	2230.35		7.87	311.85		55.72	1918.50	84.79	2973.80		10.49	415.80		74.29	2558.00
	Ⅳ级廊道合计	4710.20	89631.00		2361.45	40957.00		2348.75	48674.00	706.53	13444.65		354.22	6143.55		352.31	7301.10	942.04	17926.20		472.29	8191.40		469.75	9734.80
	县乡道小计	3090.32	59266.00		1490.10	25582.00		1600.22	33684.00	463.55	8889.90		223.52	3837.30		240.03	5052.60	618.06	11853.20		298.02	5116.40		320.04	6736.80
	三级支流小计	1619.88	30365.00		871.35	15375.00		748.53	14990.00	242.98	4554.75		130.70	2306.25		112.28	2248.50	323.98	6073.00		174.27	3075.00		149.71	2998.00
	Ⅴ级廊道合计	6611.70	59364.00		6436.00	57564.00		175.70	1800.00	991.76	8904.60		965.40	8634.60		26.36	270.00	1322.34	11872.80		1287.20	11512.80		35.14	360.00
	村级道路小计	6405.80	57243.00		6230.10	55443.00		175.70	1800.00	960.87	8586.45		934.52	8316.45		26.36	270.00	1281.16	11448.60		1246.02	11088.60		35.14	360.00
	斗渠小计	205.90	2121.00		205.90	2121.00				30.89	318.15		30.89	318.15				41.18	424.20		41.18	424.20			
信阳市	合计	19583.24	366523.69		15722.72	247991.35		3860.52	118532.34	2937.49	54978.55		2358.41	37198.70		579.08	17779.85	3916.65	73304.74		3144.54	49598.27		772.10	23706.47
	Ⅰ级廊道合计	242.80	16590.60		72.40	4993.50		170.40	11597.10	36.42	2488.59		10.86	749.03		25.56	1739.57	48.56	3318.12		14.48	998.70		34.08	2319.42
	淮河干流	242.80	16590.60		72.40	4993.50		170.40	11597.10	36.42	2488.59		10.86	749.03		25.56	1739.57	48.56	3318.12		14.48	998.70		34.08	2319.42
	Ⅱ级廊道合计	2252.45	112580.00		1127.00	67409.10		1125.45	45170.90	337.87	16887.00		169.05	10111.36		168.82	6775.64	450.49	22516.00		225.40	13481.82		225.09	9034.18
	铁路小计	331.60	17851.32		178.30	8731.60		153.30	9119.72	49.74	2677.70		26.75	1309.74		23.00	1367.96	66.32	3570.26		35.66	1746.32		30.66	1823.94
	高速小计	360.60	20234.55		249.80	12597.85		110.80	7636.70	54.09	3035.18		37.47	1889.68		16.62	1145.51	72.12	4046.91		49.96	2519.57		22.16	1527.34
	国道小计	269.65	14953.66		110.90	6621.10		158.75	8332.56	40.45	2243.05		16.64	993.17		23.81	1249.88	53.93	2990.73		22.18	1324.22		31.75	1666.51
	一级支流小计	351.10	28430.96		158.30	21444.30		192.80	6986.66	52.67	4264.64		23.75	3216.64		28.92	1048.00	70.22	5686.19		31.66	4288.86		38.56	1397.33
	干渠小计	939.50	31109.51		429.70	18014.25		509.80	13095.26	140.93	4666.43		64.46	2702.14		76.47	1964.29	187.90	6221.90		85.94	3602.85		101.96	2619.05
	Ⅲ级廊道合计	2427.02	73510.40		1297.42	39139.51		1129.60	34370.90	364.05	11026.56		194.61	5870.93		169.44	5155.63	485.40	14702.08		259.48	7827.90		225.92	6874.18
	省道小计	462.10	16141.74		300.70	9962.84		161.40	6178.90	69.32	2421.26		45.11	1494.43		24.21	926.84	92.42	3228.35		60.14	1992.57		32.28	1235.78
	景区道路小计	120.40	2981.51		120.40	2981.51				18.06	447.23		18.06	447.23				24.08	596.30		24.08	596.30			
	二级支流小计	937.82	37005.69		520.42	17853.64		417.40	19152.05	140.67	5550.85		78.06	2678.05		62.61	2872.81	187.56	7401.14		104.08	3570.73		83.48	3830.41
	支渠小计	906.70	17381.47		355.90	8341.52		550.80	9039.95	136.01	2607.22		53.39	1251.23		82.62	1355.99	181.34	3476.29		71.18	1668.30		110.16	1807.99
	Ⅳ级廊道合计	4501.47	74332.98		3066.40	46939.53		1435.07	27393.44	675.22	11149.95		459.96	7040.93		215.26	4109.02	900.29	14866.60		613.28	9387.91		287.01	5478.69
	县乡道小计	2611.50	44463.06		1696.30	28219.06		915.20	16244.01	391.73	6669.46		254.45	4232.86		137.28	2436.60	522.30	8892.61		339.26	5643.81		183.04	3248.80
	三级支流小计	1889.97	29869.91		1370.10	18720.48		519.87	11149.44	283.50	4480.49		205.52	2808.07		77.98	1672.42	377.99	5973.98		274.02	3744.10		103.97	2229.89
	Ⅴ级廊道合计	10159.50	89509.71		10159.50	89509.71				1523.93	13426.46		1523.93	13426.46				2031.90	17901.94		2031.90	17901.94			
	村级道路小计	8874.70	78154.14		8874.70	78154.14				1331.21	11723.12		1331.21	11723.12				1774.94	15630.83		1774.94	15630.83			
	斗渠小计	1284.80	11355.57		1284.80	11355.57				192.72	1703.34		192.72	1703.34				256.96	2271.11		256.96	2271.11			

续附表20

统计单位	廊道名称	规划里程								2008年								2009年							
		小计			山区			平原区		小计			山区			平原区		小计			山区			平原区	
		长度	折算面积	宜荒面积	长度	折算面积	宜荒面积	长度	折算面积	长度	折算面积	宜荒面积	长度	折算面积	宜荒面积	长度	折算面积	长度	折算面积	宜荒面积	长度	折算面积	宜荒面积	长度	折算面积
1	2	3	4	5	6	7	8	9	10	11	12	13	14	15	16	17	18	19	20	21	22	23	24	25	26
济源市	合计	2218.80	47003.70	61249.00	1705.90	34552.65	61249.00	512.90	12451.05	332.82	7050.56	9187.35	255.89	5182.90	9187.35	76.94	1867.66	443.76	9400.74	12249.80	341.18	6910.53	12249.80	102.58	2490.21
	Ⅰ级廊道合计	13.00	585.00		13.00	585.00				1.95	87.75		1.95	87.75				2.60	117.00		2.60	117.00			
	黄河干流	13.00	585.00		13.00	585.00				1.95	87.75		1.95	87.75				2.60	117.00		2.60	117.00			
	Ⅱ级廊道合计	407.90	24187.50	22333.00	343.10	20308.50	22333.00	64.80	3879.00	61.19	3628.13	3349.95	51.47	3046.28	3349.95	9.72	581.85	81.58	4837.50	4466.60	68.62	4061.70	4466.60	12.96	775.80
	铁路小计	46.00	2730.00	727.00	41.00	2460.00	727.00	5.00	270.00	6.90	409.50	109.05	6.15	369.00	109.05	0.75	40.50	9.20	546.00	145.40	8.20	492.00	145.40	1.00	54.00
	高速小计	328.90	19510.50	20118.00	293.70	17455.50	20118.00	35.20	2055.00	49.34	2926.58	3017.70	44.06	2618.33	3017.70	5.28	308.25	65.78	3902.10	4023.60	58.74	3491.10	4023.60	7.04	411.00
	国道小计	14.80	1113.00		7.40	333.00		7.40	780.00	2.22	166.95		1.11	49.95		1.11	117.00	2.96	222.60		1.48	66.60		1.48	156.00
	一级支流小计	10.40	468.00	1488.00			1488.00	10.40	468.00	1.56	70.20	223.20			223.20	1.56	70.20	2.08	93.60	297.60			297.60	2.08	93.60
	干渠小计	7.80	366.00		1.00	60.00		6.80	306.00	1.17	54.90		0.15	9.00		1.02	45.90	1.56	73.20		0.20	12.00		1.36	61.20
	Ⅲ级廊道合计	276.20	7404.75	38916.00	148.90	3523.50	38916.00	127.30	3881.25	41.43	1110.71	5837.40	22.34	528.53	5837.40	19.10	582.19	55.24	1480.95	7783.20	29.78	704.70	7783.20	25.46	776.25
	省道小计	147.90	4489.50	12873.00	81.40	2004.75	12873.00	66.50	2484.75	22.19	673.43	1930.95	12.21	300.71	1930.95	9.98	372.71	29.58	897.90	2574.60	16.28	400.95	2574.60	13.30	496.95
	景区道路小计	42.80	991.50	14162.00	32.50	731.25	14162.00	10.30	260.25	6.42	148.73	2124.30	4.88	109.69	2124.30	1.55	39.04	8.56	198.30	2832.40	6.50	146.25	2832.40	2.06	52.05
	支渠小计	85.50	1923.75	11881.00	35.00	787.50	11881.00	50.50	1136.25	12.83	288.56	1782.15	5.25	118.13	1782.15	7.58	170.44	17.10	384.75	2376.20	7.00	157.50	2376.20	10.10	227.25
	Ⅳ级廊道合计	728.20	10730.70		407.40	6039.90		320.80	4690.80	109.23	1609.61		61.11	905.99		48.12	703.62	145.64	2146.14		81.48	1207.98		64.16	938.16
	县乡道小计	728.20	10730.70		407.40	6039.90		320.80	4690.80	109.23	1609.61		61.11	905.99		48.12	703.62	145.64	2146.14		81.48	1207.98		64.16	938.16
	Ⅴ级廊道合计	793.50	4095.75		793.50	4095.75				119.03	614.36		119.03	614.36				158.70	819.15		158.70	819.15			
	村级道路小计	793.50	4095.75		793.50	4095.75				119.03	614.36		119.03	614.36				158.70	819.15		158.70	819.15			

续附表 20

统计单位	廊道名称	2010年								2011年								2012年							
		小计			山区			平原区		小计			山区			平原区		小计			山区			平原区	
		长度	折算面积	宜荒面积	长度	折算面积	宜荒面积	长度	折算面积	长度	折算面积	宜荒面积	长度	折算面积	宜荒面积	长度	折算面积	长度	折算面积	宜荒面积	长度	折算面积	宜荒面积	长度	折算面积
1	2	27	28	29	30	31	32	33	34	35	36	37	38	39	40	41	42	43	44	45	46	47	48	49	50
河南省	合计	32708.97	962981.05	148459.85	17551.13	398119.40	148459.85	15157.84	564861.65	32708.97	962981.05	148459.85	17551.13	398119.40	148459.85	15157.84	564861.65	19625.38	577788.63	89075.91	10530.68	238871.64	89075.91	9094.70	338916.99
	Ⅰ级廊道合计	388.52	72022.01	2170.50	105.45	15361.25	2170.50	283.07	56660.76	388.52	72022.01	2170.50	105.45	15361.25	2170.50	283.07	56660.76	233.11	43213.21	1302.30	63.27	9216.75	1302.30	169.84	33996.46
	黄河、淮河干流	210.03	21259.47	1670.50	70.28	5881.63	1670.50	139.75	15377.85	210.03	21259.47	1670.50	70.28	5881.63	1670.50	139.75	15377.85	126.02	12755.68	1002.30	42.17	3528.98	1002.30	83.85	9226.71
	南水北调干渠	178.49	50762.54		35.18	9479.63		143.32	41282.91	178.49	50762.54		35.18	9479.63		143.32	41282.91	107.10	30457.53		21.11	5687.78		85.99	24769.75
	Ⅱ级廊道合计	4132.08	331769.61	48121.15	1592.45	135714.89	48121.15	2539.63	196054.71	4132.08	331769.61	48121.15	1592.45	135714.89	48121.15	2539.63	196054.71	2479.25	199061.76	28872.69	955.47	81428.94	28872.69	1523.78	117632.83
	铁路小计	889.03	70624.72	6937.50	319.35	28735.05	6937.50	569.68	41889.67	889.03	70624.72	6937.50	319.35	28735.05	6937.50	569.68	41889.67	533.42	42374.83	4162.50	191.61	17241.03	4162.50	341.81	25133.80
	高速小计	1303.91	120928.55	18677.50	514.77	50983.80	18677.50	789.14	69944.75	1303.91	120928.55	18677.50	514.77	50983.80	18677.50	789.14	69944.75	782.35	72557.13	11206.50	308.86	30590.28	11206.50	473.48	41966.85
	国道小计	553.64	39680.31	5949.45	244.52	15973.26	5949.45	309.12	23707.05	553.64	39680.31	5949.45	244.52	15973.26	5949.45	309.12	23707.05	332.18	23808.19	3569.67	146.71	9583.95	3569.67	185.47	14224.23
	一级支流小计	579.20	49119.16	6639.70	241.40	24727.44	6639.70	337.80	24391.72	579.20	49119.16	6639.70	241.40	24727.44	6639.70	337.80	24391.72	347.52	29471.50	3983.82	144.84	14836.46	3983.82	202.68	14635.03
	干渠小计	806.31	51416.86	917.00	272.42	15295.34	917.00	533.89	36121.51	806.31	51416.86	917.00	272.42	15295.34	917.00	533.89	36121.51	483.78	30850.11	550.20	163.45	9177.21	550.20	320.34	21672.91
	Ⅲ级廊道合计	5174.81	221246.45	62577.66	2032.46	90714.44	62577.66	3142.35	130532.01	5174.81	221246.45	62577.66	2032.46	90714.44	62577.66	3142.35	130532.01	3104.89	132747.87	37546.59	1219.48	54428.67	37546.59	1885.41	78319.21
	省道小计	2103.90	91262.17	36743.54	808.18	37566.61	36743.54	1295.72	53695.56	2103.90	91262.17	36743.54	808.18	37566.61	36743.54	1295.72	53695.56	1262.34	54757.30	22046.12	484.91	22539.96	22046.12	777.43	32217.34
	景区道路小计	308.06	12393.10	14931.83	250.70	10622.04	14931.83	57.36	1771.06	308.06	12393.10	14931.83	250.70	10622.04	14931.83	57.36	1771.06	184.84	7435.86	8959.10	150.42	6373.22	8959.10	34.42	1062.64
	二级支流小计	1371.95	65917.17	7562.88	569.45	26138.24	7562.88	802.51	39778.94	1371.95	65917.17	7562.88	569.45	26138.24	7562.88	802.51	39778.94	823.17	39550.30	4537.73	341.67	15682.94	4537.73	481.51	23867.36
	支渠小计	1390.90	51674.02	3339.41	404.13	16387.56	3339.41	986.76	35286.45	1390.90	51674.02	3339.41	404.13	16387.56	3339.41	986.76	35286.45	834.54	31004.41	2003.65	242.48	9832.54	2003.65	592.06	21171.87
	Ⅳ级廊道合计	11792.75	248651.48	35469.22	3894.89	75669.41	35469.22	7897.86	172982.07	11792.75	248651.48	35469.22	3894.89	75669.41	35469.22	7897.86	172982.07	7075.65	149190.89	21281.53	2336.94	45401.65	21281.53	4738.72	103789.24
	县乡道小计	8154.84	167540.19	34540.39	2791.98	57026.30	34540.39	5362.86	110513.89	8154.84	167540.19	34540.39	2791.98	57026.30	34540.39	5362.86	110513.89	4892.90	100524.12	20724.24	1675.19	34215.78	20724.24	3217.71	66308.34
	三级支流小计	3637.91	81111.29	928.83	1102.91	18643.11	928.83	2535.00	62468.18	3637.91	81111.29	928.83	1102.91	18643.11	928.83	2535.00	62468.18	2182.75	48666.77	557.30	661.75	11185.87	557.30	1521.00	37480.91
	Ⅴ级廊道合计	11220.81	89291.48	9621.32	9925.87	80659.39	9621.32	1294.93	8632.09	11220.81	89291.48	9621.32	9925.87	80659.39	9621.32	1294.93	8632.09	6732.48	53574.89	5772.79	5955.52	48395.64	5772.79	776.96	5179.25
	村级道路小计	9644.76	77727.33	9288.80	8834.71	72265.13	9288.80	810.04	5462.19	9644.76	77727.33	9288.80	8834.71	72265.13	9288.80	810.04	5462.19	5786.85	46636.40	5573.28	5300.83	43359.08	5573.28	486.03	3277.32
	斗渠小计	1576.05	11564.16	332.53	1091.16	8394.26	332.53	484.89	3169.90	1576.05	11564.16	332.53	1091.16	8394.26	332.53	484.89	3169.90	945.63	6938.49	199.52	654.70	5036.56	199.52	290.93	1901.94
郑州市	合计	1852.06	168015.45	20695.00	911.75	92703.97	20695.00	940.31	75311.49	1852.06	168015.45	20695.00	911.75	92703.97	20695.00	940.31	75311.49	1111.24	100809.27	12417.00	547.05	55622.38	12417.00	564.19	45186.89
	Ⅰ级廊道合计	54.18	11895.00		16.80	3161.00		37.38	8734.00	54.18	11895.00		16.80	3161.00		37.38	8734.00	32.51	7137.00		10.08	1896.60		22.43	5240.40
	黄河干流	22.53	3608.25		12.53	1878.75		10.00	1729.50	22.53	3608.25		12.53	1878.75		10.00	1729.50	13.52	2164.95		7.52	1127.25		6.00	1037.70
	南水北调干渠	31.65	8286.75		4.28	1282.25		27.38	7004.50	31.65	8286.75		4.28	1282.25		27.38	7004.50	18.99	4972.05		2.57	769.35		16.43	4202.70
	Ⅱ级廊道合计	326.64	80506.90	10020.00	111.30	41129.51	10020.00	215.34	39377.39	326.64	80506.90	10020.00	111.30	41129.51	10020.00	215.34	39377.39	195.98	48304.14	6012.00	66.78	24677.71	6012.00	129.20	23626.43
	铁路小计	96.06	21938.30	1625.00	41.23	11903.75	1625.00	54.84	10034.55	96.06	21938.30	1625.00	41.23	11903.75	1625.00	54.84	10034.55	57.64	13162.98	975.00	24.74	7142.25	975.00	32.90	6020.73
	高速小计	112.45	32071.69	4920.00	40.83	17863.26	4920.00	71.63	14208.43	112.45	32071.69	4920.00	40.83	17863.26	4920.00	71.63	14208.43	67.47	19243.01	2952.00	24.50	10717.96	2952.00	42.98	8525.06
	国道小计	35.35	7979.29	1150.00	9.75	3187.50	1150.00	25.60	4791.79	35.35	7979.29	1150.00	9.75	3187.50	1150.00	25.60	4791.79	21.21	4787.57	690.00	5.85	1912.50	690.00	15.36	2875.07
	一级支流小计	28.63	8310.88	2325.00	15.75	7050.00	2325.00	12.88	1260.88	28.63	8310.88	2325.00	15.75	7050.00	2325.00	12.88	1260.88	17.18	4986.53	1395.00	9.45	4230.00	1395.00	7.73	756.53
	干渠小计	54.15	10206.75		3.75	1125.00		50.40	9081.75	54.15	10206.75		3.75	1125.00		50.40	9081.75	32.49	6124.05		2.25	675.00		30.24	5449.05
	Ⅲ级廊道合计	296.90	45029.94	10425.00	140.68	30200.69	10425.00	156.23	14829.25	296.90	45029.94	10425.00	140.68	30200.69	10425.00	156.23	14829.25	178.14	27017.96	6255.00	84.41	18120.41	6255.00	93.73	8897.55
	省道小计	102.45	18012.06	5050.00	45.25	13003.63	5050.00	57.20	5008.44	102.45	18012.06	5050.00	45.25	13003.63	5050.00	57.20	5008.44	61.47	10807.24	3030.00	27.15	7802.18	3030.00	34.32	3005.06
	景区道路小计	17.15	3006.31	1350.00	16.40	2916.31	1350.00	0.75	90.00	17.15	3006.31	1350.00	16.40	2916.31	1350.00	0.75	90.00	10.29	1803.79	810.00	9.84	1749.79	810.00	0.45	54.00
	二级支流小计	75.93	10346.69	4025.00	44.73	8106.75	4025.00	31.20	2239.94	75.93	10346.69	4025.00	44.73	8106.75	4025.00	31.20	2239.94	45.56	6208.01	2415.00	26.84	4864.05	2415.00	18.72	1343.96
	支渠小计	101.38	13664.88		34.30	6174.00		67.08	7490.88	101.38	13664.88		34.30	6174.00		67.08	7490.88	60.83	8198.93		20.58	3704.40		40.25	4494.53
	Ⅳ级廊道合计	688.58	20685.11	250.00	157.20	8314.26	250.00	531.38	12370.84	688.58	20685.11	250.00	157.20	8314.26	250.00	531.38	12370.84	413.15	12411.06	150.00	94.32	4988.56	150.00	318.83	7422.51
	县乡道小计	618.08	18846.01	250.00	157.20	8010.51	250.00	460.88	10835.50	618.08	18846.01	250.00	157.20	8010.51	250.00	460.88	10835.50	370.85	11307.61	150.00	94.32	4806.31	150.00	276.53	6501.30
	三级支流小计	70.50	1839.09			303.75		70.50	1535.34	70.50	1839.09			303.75		70.50	1535.34	42.30	1103.46			182.25		42.30	921.21
	Ⅴ级廊道合计	485.78	9898.51		485.78	9898.51				485.78	9898.51		485.78	9898.51				291.47	5939.10		291.47	5939.10			
	村级道路小计	485.78	9898.51		485.78	9898.51				485.78	9898.51		485.78	9898.51				291.47	5939.10		291.47	5939.10			

续附表20

统计单位	廊道名称	2010年								2011年								2012年							
		小计			山区			平原区		小计			山区			平原区		小计			山区			平原区	
		长度	折算面积	宜荒面积	长度	折算面积	宜荒面积	长度	折算面积	长度	折算面积	宜荒面积	长度	折算面积	宜荒面积	长度	折算面积	长度	折算面积	宜荒面积	长度	折算面积	宜荒面积	长度	折算面积
1	2	27	28	29	30	31	32	33	34	35	36	37	38	39	40	41	42	43	44	45	46	47	48	49	50
开封市	合计	1514.27	42894.79					1514.27	42894.79	1514.27	42894.79					1514.27	42894.79	908.56	25736.87					908.56	25736.87
	Ⅰ级廊道合计	6.63	762.53					6.63	762.53	6.63	762.53					6.63	762.53	3.98	457.52					3.98	457.52
	黄河干流	6.63	762.53					6.63	762.53	6.63	762.53					6.63	762.53	3.98	457.52					3.98	457.52
	Ⅱ级廊道合计	250.55	14129.33					250.55	14129.33	250.55	14129.33					250.55	14129.33	150.33	8477.60					150.33	8477.60
	铁路小计	50.56	2941.31					50.56	2941.31	50.56	2941.31					50.56	2941.31	30.34	1764.79					30.34	1764.79
	高速小计	54.43	3294.80					54.43	3294.80	54.43	3294.80					54.43	3294.80	32.66	1976.88					32.66	1976.88
	国道小计	41.11	2219.66					41.11	2219.66	41.11	2219.66					41.11	2219.66	24.66	1331.79					24.66	1331.79
	一级支流小计	64.41	3131.81					64.41	3131.81	64.41	3131.81					64.41	3131.81	38.64	1879.09					38.64	1879.09
	干渠小计	40.05	2541.75					40.05	2541.75	40.05	2541.75					40.05	2541.75	24.03	1525.05					24.03	1525.05
	Ⅲ级廊道合计	309.33	10313.83					309.33	10313.83	309.33	10313.83					309.33	10313.83	185.60	6188.30					185.60	6188.30
	省道小计	55.87	2246.25					55.87	2246.25	55.87	2246.25					55.87	2246.25	33.52	1347.75					33.52	1347.75
	景区道路小计	19.19	512.34					19.19	512.34	19.19	512.34					19.19	512.34	11.51	307.41					11.51	307.41
	二级支流小计	110.70	3608.68					110.70	3608.68	110.70	3608.68					110.70	3608.68	66.42	2165.21					66.42	2165.21
	支渠小计	123.58	3946.56					123.58	3946.56	123.58	3946.56					123.58	3946.56	74.15	2367.93					74.15	2367.93
	Ⅳ级廊道合计	947.76	17689.11					947.76	17689.11	947.76	17689.11					947.76	17689.11	568.65	10613.46					568.65	10613.46
	县乡道小计	497.64	9247.39					497.64	9247.39	497.64	9247.39					497.64	9247.39	298.59	5548.43					298.59	5548.43
	三级支流小计	450.11	8441.72					450.11	8441.72	450.11	8441.72					450.11	8441.72	270.07	5065.03					270.07	5065.03
洛阳市	合计	3507.21	57091.47	7283.10	2851.84	46961.92	7283.10	655.36	10129.55	3507.21	57091.47	7283.10	2851.84	46961.92	7283.10	655.36	10129.55	2104.32	34254.88	4369.86	1711.11	28177.15	4369.86	393.22	6077.73
	Ⅰ级廊道合计		58.50			58.50					58.50			58.50					35.10			35.10			
	黄河干流		58.50			58.50					58.50			58.50					35.10			35.10			
	Ⅱ级廊道合计	235.71	14951.55	719.65	170.60	11508.43	719.65	65.11	3443.13	235.71	14951.55	719.65	170.60	11508.43	719.65	65.11	3443.13	141.43	8970.93	431.79	102.36	6905.06	431.79	39.06	2065.88
	铁路小计	64.15	4240.60	327.25	45.23	3185.77	327.25	18.93	1054.83	64.15	4240.60	327.25	45.23	3185.77	327.25	18.93	1054.83	38.49	2544.36	196.35	27.14	1911.46	196.35	11.36	632.90
	高速小计	31.50	2472.32	178.75	23.17	1936.96	178.75	8.33	535.36	31.50	2472.32	178.75	23.17	1936.96	178.75	8.33	535.36	18.90	1483.39	107.25	13.90	1162.17	107.25	5.00	321.22
	国道合计	30.11	1502.66	0.95	24.73	1260.73	0.95	5.39	241.92	30.11	1502.66	0.95	24.73	1260.73	0.95	5.39	241.92	18.07	901.59	0.57	14.84	756.44	0.57	3.23	145.15
	一级支流小计	43.37	3398.42	150.20	29.38	2703.97	150.20	14.00	694.45	43.37	3398.42	150.20	29.38	2703.97	150.20	14.00	694.45	26.02	2039.05	90.12	17.63	1622.38	90.12	8.40	416.67
	干渠小计	66.58	3337.56	62.50	48.10	2421.00	62.50	18.48	916.56	66.58	3337.56	62.50	48.10	2421.00	62.50	18.48	916.56	39.95	2002.54	37.50	28.86	1452.60	37.50	11.09	549.94
	Ⅲ级廊道合计	414.57	14067.72	5173.41	342.54	11878.17	5173.41	72.03	2189.55	414.57	14067.72	5173.41	342.54	11878.17	5173.41	72.03	2189.55	248.74	8440.63	3104.04	205.52	7126.90	3104.04	43.22	1313.73
	省道小计	207.33	6549.37	3436.04	193.54	5931.63	3436.04	13.79	617.75	207.33	6549.37	3436.04	193.54	5931.63	3436.04	13.79	617.75	124.40	3929.62	2061.62	116.12	3558.98	2061.62	8.28	370.65
	景区道路小计	43.15	2018.01	765.33	41.85	1988.76	765.33	1.30	29.25	43.15	2018.01	765.33	41.85	1988.76	765.33	1.30	29.25	25.89	1210.81	459.20	25.11	1193.26	459.20	0.78	17.55
	二级支流小计	71.79	2867.88	952.88	51.23	2211.67	952.88	20.56	656.21	71.79	2867.88	952.88	51.23	2211.67	952.88	20.56	656.21	43.08	1720.73	571.73	30.74	1327.00	571.73	12.34	393.72
	支渠小计	92.30	2632.45	19.16	55.92	1746.11	19.16	36.38	886.34	92.30	2632.45	19.16	55.92	1746.11	19.16	36.38	886.34	55.38	1579.47	11.50	33.55	1047.67	11.50	21.83	531.80
	Ⅳ级廊道合计	550.77	11853.75	1171.22	448.15	10135.54	1171.22	102.62	1718.21	550.77	11853.75	1171.22	448.15	10135.54	1171.22	102.62	1718.21	330.46	7112.25	702.73	268.89	6081.32	702.73	61.57	1030.93
	县乡道小计	399.42	8629.57	1019.39	331.93	7440.78	1019.39	67.50	1188.79	399.42	8629.57	1019.39	331.93	7440.78	1019.39	67.50	1188.79	239.65	5177.74	611.64	199.16	4464.47	611.64	40.50	713.27
	三级支流小计	151.35	3224.18	151.83	116.23	2694.76	151.83	35.13	529.43	151.35	3224.18	151.83	116.23	2694.76	151.83	35.13	529.43	90.81	1934.51	91.10	69.73	1616.85	91.10	21.08	317.66
	Ⅴ级廊道合计	2306.15	16159.94	218.82	1890.55	13381.28	218.82	415.60	2778.67	2306.15	16159.94	218.82	1890.55	13381.28	218.82	415.60	2778.67	1383.69	9695.97	131.29	1134.33	8028.77	131.29	249.36	1667.20
	村级道路小计	2099.92	14873.89	211.30	1812.28	12901.38	211.30	287.64	1972.51	2099.92	14873.89	211.30	1812.28	12901.38	211.30	287.64	1972.51	1259.95	8924.33	126.78	1087.37	7740.83	126.78	172.58	1183.50
	斗渠小计	206.24	1286.05	7.53	78.27	479.89	7.53	127.97	806.16	206.24	1286.05	7.53	78.27	479.89	7.53	127.97	806.16	123.74	771.63	4.52	46.96	287.94	4.52	76.78	483.69

续附表 20

统计单位	廊道名称	2010年								2011年								2012年							
		小计			山区			平原区		小计			山区			平原区		小计			山区			平原区	
		长度	折算面积	宜荒面积	长度	折算面积	宜荒面积	长度	折算面积	长度	折算面积	宜荒面积	长度	折算面积	宜荒面积	长度	折算面积	长度	折算面积	宜荒面积	长度	折算面积	宜荒面积	长度	折算面积
1	2	27	28	29	30	31	32	33	34	35	36	37	38	39	40	41	42	43	44	45	46	47	48	49	50
平顶山市	合计	1092.12	40349.63		392.03	11871.56		700.09	28478.07	1092.12	40349.63		392.03	11871.56		700.09	28478.07	655.27	24209.78		235.22	7122.94		420.05	17086.84
	Ⅰ级廊道合计	28.80	7110.00		10.00	1800.00		18.80	5310.00	28.80	7110.00		10.00	1800.00		18.80	5310.00	17.28	4266.00		6.00	1080.00		11.28	3186.00
	南水北调干渠	28.80	7110.00		10.00	1800.00		18.80	5310.00	28.80	7110.00		10.00	1800.00		18.80	5310.00	17.28	4266.00		6.00	1080.00		11.28	3186.00
	Ⅱ级廊道合计	279.20	15005.21		92.16	3592.73		187.04	11412.49	279.20	15005.21		92.16	3592.73		187.04	11412.49	167.52	9003.13		55.30	2155.64		112.22	6847.49
	铁路小计	51.99	2880.75		9.20	370.13		42.79	2510.63	51.99	2880.75		9.20	370.13		42.79	2510.63	31.19	1728.45		5.52	222.08		25.67	1506.38
	高速小计	149.23	7144.43		54.90	1753.35		94.33	5391.08	149.23	7144.43		54.90	1753.35		94.33	5391.08	89.54	4286.66		32.94	1052.01		56.60	3234.65
	国道小计	43.06	2231.25		25.56	1038.00		17.50	1193.25	43.06	2231.25		25.56	1038.00		17.50	1193.25	25.84	1338.75		15.34	622.80		10.50	715.95
	一级支流小计	14.88	1550.63		2.50	431.25		12.38	1119.38	14.88	1550.63		2.50	431.25		12.38	1119.38	8.93	930.38		1.50	258.75		7.43	671.63
	干渠小计	20.04	1198.16					20.04	1198.16	20.04	1198.16					20.04	1198.16	12.03	718.90					12.03	718.90
	Ⅲ级廊道合计	202.46	7958.92		53.55	2922.52		148.91	5036.40	202.46	7958.92		53.55	2922.52		148.91	5036.40	121.47	4775.35		32.13	1753.51		89.35	3021.84
	省道小计	116.03	3471.86		30.55	813.14		85.49	2658.71	116.03	3471.86		30.55	813.14		85.49	2658.71	69.62	2083.11		18.33	487.88		51.29	1595.23
	景区道路小计	7.05	257.25		3.50	120.00		3.55	137.25	7.05	257.25		3.50	120.00		3.55	137.25	4.23	154.35		2.10	72.00		2.13	82.35
	二级支流小计	45.38	2970.56		17.50	1936.88		27.88	1033.69	45.38	2970.56		17.50	1936.88		27.88	1033.69	27.23	1782.34		10.50	1162.13		16.73	620.21
	支渠小计	34.00	1259.25		2.00	52.50		32.00	1206.75	34.00	1259.25		2.00	52.50		32.00	1206.75	20.40	755.55		1.20	31.50		19.20	724.05
	Ⅳ级廊道合计	481.32	9690.13		157.55	3098.56		323.77	6591.57	481.32	9690.13		157.55	3098.56		323.77	6591.57	288.79	5814.08		94.53	1859.13		194.26	3954.94
	县乡道小计	400.49	8025.80		135.80	2704.81		264.69	5321.00	400.49	8025.80		135.80	2704.81		264.69	5321.00	240.30	4815.48		81.48	1622.88		158.81	3192.60
	三级支流小计	80.83	1664.33		21.75	393.75		59.08	1270.58	80.83	1664.33		21.75	393.75		59.08	1270.58	48.50	998.60		13.05	236.25		35.45	762.35
	Ⅴ级廊道合计	100.35	585.38		78.78	457.76		21.58	127.61	100.35	585.38		78.78	457.76		21.58	127.61	60.21	351.23		47.27	274.66		12.95	76.57
	村级道路小计	97.53	570.41		78.25	455.40		19.28	115.01	97.53	570.41		78.25	455.40		19.28	115.01	58.52	342.25		46.95	273.24		11.57	69.01
	斗渠小计	2.83	14.96		0.53	2.36		2.30	12.60	2.83	14.96		0.53	2.36		2.30	12.60	1.70	8.98		0.32	1.42		1.38	7.56
安阳市	合计	1989.96	46974.20	11092.00	1252.96	25426.66	11092.00	737.00	21547.54	1989.96	46974.20	11092.00	1252.96	25426.66	11092.00	737.00	21547.54	1193.98	28184.52	6655.20	751.78	15255.99	6655.20	442.20	12928.53
	Ⅰ级廊道合计	13.79	4135.29		8.03	2407.38		5.76	1727.91	13.79	4135.29		8.03	2407.38		5.76	1727.91	8.27	2481.18		4.82	1444.43		3.46	1036.75
	南水北调干渠	13.79	4135.29		8.03	2407.38		5.76	1727.91	13.79	4135.29		8.03	2407.38		5.76	1727.91	8.27	2481.18		4.82	1444.43		3.46	1036.75
	Ⅱ级廊道合计	232.87	13918.89	3150.00	105.20	6663.94	3150.00	127.67	7254.95	232.87	13918.89	3150.00	105.20	6663.94	3150.00	127.67	7254.95	139.72	8351.33	1890.00	63.12	3998.37	1890.00	76.60	4352.97
	铁路小计	51.38	3182.84	850.00	22.30	1423.05	850.00	29.08	1759.79	51.38	3182.84	850.00	22.30	1423.05	850.00	29.08	1759.79	30.83	1909.70	510.00	13.38	853.83	510.00	17.45	1055.87
	高速小计	74.64	4438.24	1175.00	30.55	1776.81	1175.00	44.09	2661.43	74.64	4438.24	1175.00	30.55	1776.81	1175.00	44.09	2661.43	44.79	2662.94	705.00	18.33	1066.09	705.00	26.45	1596.86
	国道合计	10.75	611.22					10.75	611.22	10.75	611.22					10.75	611.22	6.45	366.73					6.45	366.73
	一级支流小计	25.63	1295.56	475.00	5.00	299.99	475.00	20.63	995.58	25.63	1295.56	475.00	5.00	299.99	475.00	20.63	995.58	15.38	777.34	285.00	3.00	179.99	285.00	12.38	597.35
	干渠小计	70.48	4391.03	650.00	47.35	3164.09	650.00	23.13	1226.94	70.48	4391.03	650.00	47.35	3164.09	650.00	23.13	1226.94	42.29	2634.62	390.00	28.41	1898.46	390.00	13.88	736.16
	Ⅲ级廊道合计	376.88	11025.45	4367.00	253.83	7332.33	4367.00	123.05	3693.12	376.88	11025.45	4367.00	253.83	7332.33	4367.00	123.05	3693.12	226.13	6615.27	2620.20	152.30	4399.40	2620.20	73.83	2215.87
	省道小计	147.00	4113.73	2542.00	56.08	1706.35	2542.00	90.93	2407.38	147.00	4113.73	2542.00	56.08	1706.35	2542.00	90.93	2407.38	88.20	2468.24	1525.20	33.65	1023.81	1525.20	54.56	1444.43
	景区道路小计	10.10	395.29		8.35	337.81		1.75	57.49	10.10	395.29		8.35	337.81		1.75	57.49	6.06	237.18		5.01	202.68		1.05	34.49
	二级支流小计	29.75	1225.44	1475.00	15.00	464.98	1475.00	14.75	760.46	29.75	1225.44	1475.00	15.00	464.98	1475.00	14.75	760.46	17.85	735.26	885.00	9.00	278.99	885.00	8.85	456.28
	支渠小计	190.03	5290.99	350.00	174.40	4823.20	350.00	15.63	467.79	190.03	5290.99	350.00	174.40	4823.20	350.00	15.63	467.79	114.02	3174.59	210.00	104.64	2893.92	210.00	9.38	280.67
	Ⅳ级廊道合计	585.08	13056.29	2250.00	276.00	5054.37	2250.00	309.08	8001.92	585.08	13056.29	2250.00	276.00	5054.37	2250.00	309.08	8001.92	351.05	7833.78	1350.00	165.60	3032.62	1350.00	185.45	4801.15
	县乡道小计	477.17	10909.60	1500.00	225.65	4169.15	1500.00	251.52	6740.45	477.17	10909.60	1500.00	225.65	4169.15	1500.00	251.52	6740.45	286.30	6545.76	900.00	135.39	2501.49	900.00	150.91	4044.27
	三级支流小计	107.91	2146.69	750.00	50.35	885.22	750.00	57.56	1261.47	107.91	2146.69	750.00	50.35	885.22	750.00	57.56	1261.47	64.75	1288.01	450.00	30.21	531.13	450.00	34.54	756.88
	Ⅴ级廊道合计	781.35	4838.27	1325.00	609.91	3968.63	1325.00	171.45	869.64	781.35	4838.27	1325.00	609.91	3968.63	1325.00	171.45	869.64	468.81	2902.96	795.00	365.94	2381.18	795.00	102.87	521.78
	村级道路小计	428.05	2677.00	1000.00	352.50	2293.71	1000.00	75.55	383.29	428.05	2677.00	1000.00	352.50	2293.71	1000.00	75.55	383.29	256.83	1606.20	600.00	211.50	1376.22	600.00	45.33	229.97
	斗渠小计	353.31	2161.27	325.00	257.41	1674.92	325.00	95.90	486.35	353.31	2161.27	325.00	257.41	1674.92	325.00	95.90	486.35	211.98	1296.76	195.00	154.44	1004.95	195.00	57.54	291.81

续附表20

统计单位	廊道名称	2010年								2011年								2012年							
		小计			山区			平原区		小计			山区			平原区		小计			山区			平原区	
		长度	折算面积	宜荒面积	长度	折算面积	宜荒面积	长度	折算面积	长度	折算面积	宜荒面积	长度	折算面积	宜荒面积	长度	折算面积	长度	折算面积	宜荒面积	长度	折算面积	宜荒面积	长度	折算面积
1	2	27	28	29	30	31	32	33	34	35	36	37	38	39	40	41	42	43	44	45	46	47	48	49	50
鹤壁市	合计	1717.34	27095.88	28639.00	770.87	14500.23	28639.00	946.47	12595.65	1717.34	27095.88	28639.00	770.87	14500.23	28639.00	946.47	12595.65	1030.40	16257.53	17183.40	462.52	8700.14	17183.40	567.88	7557.39
	Ⅰ级廊道合计	6.95	2221.00		5.50	1777.50		1.45	443.50	6.95	2221.00		5.50	1777.50		1.45	443.50	4.17	1332.60		3.30	1066.50		0.87	266.10
	南水北调干渠	6.95	2221.00		5.50	1777.50		1.45	443.50	6.95	2221.00		5.50	1777.50		1.45	443.50	4.17	1332.60		3.30	1066.50		0.87	266.10
	Ⅱ级廊道合计	86.04	5122.92	3974.50	24.75	1458.32	3974.50	61.29	3664.60	86.04	5122.92	3974.50	24.75	1458.32	3974.50	61.29	3664.60	51.62	3073.75	2384.70	14.85	874.99	2384.70	36.78	2198.76
	铁路小计	27.53	1658.90	724.50	7.53	451.27	724.50	20.00	1207.63	27.53	1658.90	724.50	7.53	451.27	724.50	20.00	1207.63	16.52	995.34	434.70	4.52	270.76	434.70	12.00	724.58
	高速小计	33.29	1975.40	3250.00	16.30	951.55	3250.00	16.99	1023.85	33.29	1975.40	3250.00	16.30	951.55	3250.00	16.99	1023.85	19.97	1185.24	1950.00	9.78	570.93	1950.00	10.20	614.31
	国道合计	6.23	349.13					6.23	349.13	6.23	349.13					6.23	349.13	3.74	209.48					3.74	209.48
	一级支流小计	19.00	1139.50		0.93	55.50		18.08	1084.00	19.00	1139.50		0.93	55.50		18.08	1084.00	11.40	683.70		0.56	33.30		10.85	650.40
	干渠小计																								
	Ⅲ级廊道合计	151.72	4827.09	11239.50	89.02	3188.53	11239.50	62.70	1638.56	151.72	4827.09	11239.50	89.02	3188.53	11239.50	62.70	1638.56	91.03	2896.25	6743.70	53.41	1913.12	6743.70	37.62	983.14
	省道小计	70.72	2173.22	9424.50	33.22	1112.41	9424.50	37.50	1060.81	70.72	2173.22	9424.50	33.22	1112.41	9424.50	37.50	1060.81	42.43	1303.93	5654.70	19.93	667.45	5654.70	22.50	636.49
	景区道路小计	20.38	683.07	815.00	20.00	683.07	815.00	0.38		20.38	683.07	815.00	20.00	683.07	815.00	0.38		12.23	409.84	489.00	12.00	409.84	489.00	0.23	
	二级支流小计	60.63	1970.80	1000.00	35.80	1393.05	1000.00	24.83	577.75	60.63	1970.80	1000.00	35.80	1393.05	1000.00	24.83	577.75	36.38	1182.48	600.00	21.48	835.83	600.00	14.90	346.65
	支渠小计																								
	Ⅳ级廊道合计	459.95	8038.54	13425.00	201.03	5072.81	13425.00	258.93	2965.73	459.95	8038.54	13425.00	201.03	5072.81	13425.00	258.93	2965.73	275.97	4823.12	8055.00	120.62	3043.69	8055.00	155.36	1779.44
	县乡道小计	355.35	6218.60	13425.00	177.95	4679.85	13425.00	177.40	1538.75	355.35	6218.60	13425.00	177.95	4679.85	13425.00	177.40	1538.75	213.21	3731.16	8055.00	106.77	2807.91	8055.00	106.44	923.25
	三级支流小计	104.60	1819.94		23.08	392.97		81.53	1426.98	104.60	1819.94		23.08	392.97		81.53	1426.98	62.76	1091.97		13.85	235.78		48.92	856.19
	Ⅴ级廊道合计	1012.68	6886.33		450.58	3003.06		562.10	3883.26	1012.68	6886.33		450.58	3003.06		562.10	3883.26	607.61	4131.80		270.35	1801.84		337.26	2329.96
	村级道路小计	627.30	4072.67		314.20	1991.22		313.10	2081.45	627.30	4072.67		314.20	1991.22		313.10	2081.45	376.38	2443.60		188.52	1194.73		187.86	1248.87
	斗渠小计	385.38	2813.66		136.38	1011.84		249.00	1801.81	385.38	2813.66		136.38	1011.84		249.00	1801.81	231.23	1688.19		81.83	607.11		149.40	1081.09
新乡市	合计	1344.62	50124.22		472.83	7330.35		871.79	42793.88	1344.62	50124.22		472.83	7330.35		871.79	42793.88	806.77	30074.53		283.70	4398.21		523.07	25676.33
	Ⅰ级廊道合计	43.95	12080.59	500.00	0.38	112.50	500.00	43.58	11968.09	43.95	12080.59	500.00	0.38	112.50	500.00	43.58	11968.09	26.37	7248.36	300.00	0.23	67.50	300.00	26.15	7180.86
	黄河干流	24.83	6485.59					24.83	6485.59	24.83	6485.59					24.83	6485.59	14.90	3891.36					14.90	3891.36
	南水北调干渠	19.13	5595.00		0.38	112.50		18.75	5482.50	19.13	5595.00		0.38	112.50		18.75	5482.50	11.48	3357.00		0.23	67.50		11.25	3289.50
	Ⅱ级廊道合计	147.49	10718.20	9000.00	23.91	1791.00	9000.00	123.58	8927.20	147.49	10718.20	9000.00	23.91	1791.00	9000.00	123.58	8927.20	88.49	6430.92	5400.00	14.35	1074.60	5400.00	74.15	5356.32
	铁路小计	33.90	1769.12					33.90	1769.12	33.90	1769.12					33.90	1769.12	20.34	1061.47					20.34	1061.47
	高速小计	71.09	4573.01		23.91	1791.00		47.18	2782.01	71.09	4573.01		23.91	1791.00		47.18	2782.01	42.65	2743.81		14.35	1074.60		28.31	1669.21
	国道小计	2.65	613.00					2.65	613.00	2.65	613.00					2.65	613.00	1.59	367.80					1.59	367.80
	一级支流小计	5.10	773.56					5.10	773.56	5.10	773.56					5.10	773.56	3.06	464.13					3.06	464.13
	干渠小计	34.75	2989.50					34.75	2989.50	34.75	2989.50					34.75	2989.50	20.85	1793.70					20.85	1793.70
	Ⅲ级廊道合计	346.90	14021.87		15.70	961.63		331.20	13060.24	346.90	14021.87		15.70	961.63		331.20	13060.24	208.14	8413.12		9.42	576.98		198.72	7836.14
	省道小计	134.88	7434.18		15.70	875.00		119.18	6559.18	134.88	7434.18		15.70	875.00		119.18	6559.18	80.93	4460.51		9.42	525.00		71.51	3935.51
	景区道路小计	1.25	114.75			86.63		1.25	28.13	1.25	114.75			86.63		1.25	28.13	0.75	68.85			51.98		0.75	16.88
	二级支流小计	4.05	221.98					4.05	221.98	4.05	221.98					4.05	221.98	2.43	133.19					2.43	133.19
	支渠小计	206.72	6250.96					206.72	6250.96	206.72	6250.96					206.72	6250.96	124.03	3750.58					124.03	3750.58
	Ⅳ级廊道合计	397.10	9642.39		44.66	1003.06		352.44	8639.33	397.10	9642.39		44.66	1003.06		352.44	8639.33	238.26	5785.44		26.80	601.84		211.46	5183.60
	县乡道小计	286.54	6193.91		23.11	518.19		263.42	5675.72	286.54	6193.91		23.11	518.19		263.42	5675.72	171.92	3716.35		13.87	310.91		158.05	3405.43
	三级支流小计	110.56	3448.48		21.55	484.88		89.01	2963.61	110.56	3448.48		21.55	484.88		89.01	2963.61	66.34	2069.09		12.93	290.93		53.41	1778.17
	Ⅴ级廊道合计	409.18	3661.16		388.18	3462.16		21.00	199.00	409.18	3661.16		388.18	3462.16		21.00	199.00	245.51	2196.69		232.91	2077.29		12.60	119.40
	村级道路小计	264.30	2303.81		243.30	2104.81		21.00	199.00	264.30	2303.81		243.30	2104.81		21.00	199.00	158.58	1382.29		145.98	1262.89		12.60	119.40
	斗渠小计	144.88	1357.35		144.88	1357.35				144.88	1357.35		144.88	1357.35				86.93	814.41		86.93	814.41			

续附表 20

统计单位	廊道名称	2010年								2011年								2012年							
		小计			山区			平原区		小计			山区			平原区		小计			山区			平原区	
		长度	折算面积	宜荒面积	长度	折算面积	宜荒面积	长度	折算面积	长度	折算面积	宜荒面积	长度	折算面积	宜荒面积	长度	折算面积	长度	折算面积	宜荒面积	长度	折算面积	宜荒面积	长度	折算面积
1	2	27	28	29	30	31	32	33	34	35	36	37	38	39	40	41	42	43	44	45	46	47	48	49	50
焦作市	合计	665.24	26764.00	3139.00	92.55	2404.08	3139.00	572.69	24359.92	665.24	26764.00	3139.00	92.55	2404.08	3139.00	572.69	24359.92	399.14	16058.40	1883.40	55.53	1442.45	1883.40	343.61	14615.95
	Ⅰ级廊道合计	27.16	6657.25					27.16	6657.25	27.16	6657.25					27.16	6657.25	16.29	3994.35					16.29	3994.35
	黄河干流	8.40	978.75					8.40	978.75	8.40	978.75					8.40	978.75	5.04	587.25					5.04	587.25
	南水北调干渠	18.76	5678.50					18.76	5678.50	18.76	5678.50					18.76	5678.50	11.25	3407.10					11.25	3407.10
	Ⅱ级廊道合计	119.20	8904.29	1279.00	24.23	1438.19	1279.00	94.97	7466.10	119.20	8904.29	1279.00	24.23	1438.19	1279.00	94.97	7466.10	71.52	5342.57	767.40	14.54	862.91	767.40	56.98	4479.66
	铁路小计	26.29	1507.25	1000.00	9.25	412.43	1000.00	17.04	1094.83	26.29	1507.25	1000.00	9.25	412.43	1000.00	17.04	1094.83	15.77	904.35	600.00	5.55	247.46	600.00	10.22	656.90
	高速小计	35.81	2063.51	279.00	2.50	161.03	279.00	33.31	1902.48	35.81	2063.51	279.00	2.50	161.03	279.00	33.31	1902.48	21.49	1238.11	167.40	1.50	96.62	167.40	19.99	1141.49
	国道小计	1.03	65.63		1.03	65.63				1.03	65.63		1.03	65.63				0.62	39.38		0.62	39.38			
	一级支流小计	39.94	3687.96		2.95	176.91		36.99	3511.05	39.94	3687.96		2.95	176.91		36.99	3511.05	23.97	2212.78		1.77	106.15		22.20	2106.63
	干渠小计	16.13	1579.94		8.50	622.19		7.63	957.75	16.13	1579.94		8.50	622.19		7.63	957.75	9.68	947.96		5.10	373.31		4.58	574.65
	Ⅲ级廊道合计	111.99	4122.10	1860.00	16.30	399.64	1860.00	95.69	3722.45	111.99	4122.10	1860.00	16.30	399.64	1860.00	95.69	3722.45	67.19	2473.26	1116.00	9.78	239.79	1116.00	57.41	2233.47
	省道小计	62.09	2439.70	950.00	4.33	117.37	950.00	57.76	2322.33	62.09	2439.70	950.00	4.33	117.37	950.00	57.76	2322.33	37.25	1463.82	570.00	2.60	70.42	570.00	34.66	1393.40
	景区道路小计	12.23	304.78	800.00	10.48	259.78	800.00	1.75	45.00	12.23	304.78	800.00	10.48	259.78	800.00	1.75	45.00	7.34	182.87	480.00	6.28	155.87	480.00	1.05	27.00
	二级支流小计	21.38	678.63	110.00	1.50	22.50	110.00	19.88	656.13	21.38	678.63	110.00	1.50	22.50	110.00	19.88	656.13	12.83	407.18	66.00	0.90	13.50	66.00	11.93	393.68
	支渠小计	16.30	699.00					16.30	699.00	16.30	699.00					16.30	699.00	9.78	419.40					9.78	419.40
	Ⅳ级廊道合计	371.72	6872.07		16.84	357.95		354.88	6514.12	371.72	6872.07		16.84	357.95		354.88	6514.12	223.03	4123.24		10.11	214.77		212.93	3908.47
	县乡道小计	340.76	6132.05		16.84	357.95		323.91	5774.10	340.76	6132.05		16.84	357.95		323.91	5774.10	204.45	3679.23		10.11	214.77		194.35	3464.46
	三级支流小计	30.96	740.02					30.96	740.02	30.96	740.02					30.96	740.02	18.58	444.01					18.58	444.01
	Ⅴ级廊道合计	35.18	208.30		35.18	208.30				35.18	208.30		35.18	208.30				21.11	124.98		21.11	124.98			
	村级道路小计	35.18	208.30		35.18	208.30				35.18	208.30		35.18	208.30				21.11	124.98		21.11	124.98			
濮阳市	合计	994.36	29785.51					994.36	29785.51	994.36	29785.51					994.36	29785.51	596.62	17871.31					596.62	17871.31
	Ⅰ级廊道合计	37.85	1914.70					37.85	1914.70	37.85	1914.70					37.85	1914.70	22.71	1148.82					22.71	1148.82
	黄河干流	37.85	1914.70					37.85	1914.70	37.85	1914.70					37.85	1914.70	22.71	1148.82					22.71	1148.82
	Ⅱ级廊道合计	178.73	10651.54					178.73	10651.54	178.73	10651.54					178.73	10651.54	107.24	6390.93					107.24	6390.93
	铁路小计	22.00	1362.44					22.00	1362.44	22.00	1362.44					22.00	1362.44	13.20	817.47					13.20	817.47
	高速小计	38.87	2603.28					38.87	2603.28	38.87	2603.28					38.87	2603.28	23.32	1561.97					23.32	1561.97
	国道小计	17.41	1139.88					17.41	1139.88	17.41	1139.88					17.41	1139.88	10.44	683.93					10.44	683.93
	一级支流小计	13.53	916.63					13.53	916.63	13.53	916.63					13.53	916.63	8.12	549.98					8.12	549.98
	干渠小计	86.93	4629.31					86.93	4629.31	86.93	4629.31					86.93	4629.31	52.15	2777.59					52.15	2777.59
	Ⅲ级廊道合计	238.77	7649.24					238.77	7649.24	238.77	7649.24					238.77	7649.24	143.26	4589.54					143.26	4589.54
	省道小计	99.07	3232.82					99.07	3232.82	99.07	3232.82					99.07	3232.82	59.44	1939.69					59.44	1939.69
	景区道路小计	4.63	196.96					4.63	196.96	4.63	196.96					4.63	196.96	2.78	118.18					2.78	118.18
	二级支流小计	1.75	52.47					1.75	52.47	1.75	52.47					1.75	52.47	1.05	31.48					1.05	31.48
	支渠小计	133.33	4166.98					133.33	4166.98	133.33	4166.98					133.33	4166.98	80.00	2500.19					80.00	2500.19
	Ⅳ级廊道合计	539.01	9570.03					539.01	9570.03	539.01	9570.03					539.01	9570.03	323.41	5742.02					323.41	5742.02
	县乡道小计	404.64	6936.94					404.64	6936.94	404.64	6936.94					404.64	6936.94	242.78	4162.16					242.78	4162.16
	三级支流小计	134.38	2633.10					134.38	2633.10	134.38	2633.10					134.38	2633.10	80.63	1579.86					80.63	1579.86

续附表 20

统计单位	廊道名称	2010年								2011年								2012年							
		小计			山区			平原区		小计			山区			平原区		小计			山区			平原区	
		长度	折算面积	宜荒面积	长度	折算面积	宜荒面积	长度	折算面积	长度	折算面积	宜荒面积	长度	折算面积	宜荒面积	长度	折算面积	长度	折算面积	宜荒面积	长度	折算面积	宜荒面积	长度	折算面积
1	2	27	28	29	30	31	32	33	34	35	36	37	38	39	40	41	42	43	44	45	46	47	48	49	50
许昌市	合计	854.98	34440.25		193.70	5816.75		661.28	28623.50	854.98	34440.25		193.70	5816.75		661.28	28623.50	512.99	20664.15		116.22	3490.05		396.77	17174.10
	Ⅰ级廊道合计	13.53	3966.00		2.05	615.00		11.48	3351.00	13.53	3966.00		2.05	615.00		11.48	3351.00	8.12	2379.60		1.23	369.00		6.89	2010.60
	南水北调干渠	13.53	3966.00		2.05	615.00		11.48	3351.00	13.53	3966.00		2.05	615.00		11.48	3351.00	8.12	2379.60		1.23	369.00		6.89	2010.60
	Ⅱ级廊道合计	144.03	11341.25		27.10	1813.75		116.93	9527.50	144.03	11341.25		27.10	1813.75		116.93	9527.50	86.42	6804.75		16.26	1088.25		70.15	5716.50
	铁路小计	50.70	3108.25		12.28	736.75		38.43	2371.50	50.70	3108.25		12.28	736.75		38.43	2371.50	30.42	1864.95		7.37	442.05		23.06	1422.90
	高速小计	45.03	3931.25		5.13	345.75		39.90	3585.50	45.03	3931.25		5.13	345.75		39.90	3585.50	27.02	2358.75		3.08	207.45		23.94	2151.30
	国道小计	2.13	1057.25		0.18	39.00		1.95	1018.25	2.13	1057.25		0.18	39.00		1.95	1018.25	1.28	634.35		0.11	23.40		1.17	610.95
	一级支流小计	11.18	968.50					11.18	968.50	11.18	968.50					11.18	968.50	6.71	581.10					6.71	581.10
	干渠小计	35.00	2276.00		9.53	692.25		25.48	1583.75	35.00	2276.00		9.53	692.25		25.48	1583.75	21.00	1365.60		5.72	415.35		15.29	950.25
	Ⅲ级廊道合计	70.38	3736.25		16.63	512.25		53.75	3224.00	70.38	3736.25		16.63	512.25		53.75	3224.00	42.23	2241.75		9.98	307.35		32.25	1934.40
	省道小计	58.68	3032.75		13.33	426.00		45.35	2606.75	58.68	3032.75		13.33	426.00		45.35	2606.75	35.21	1819.65		8.00	255.60		27.21	1564.05
	景区道路小计	2.50	74.50		1.30	36.75		1.20	37.75	2.50	74.50		1.30	36.75		1.20	37.75	1.50	44.70		0.78	22.05		0.72	22.65
	二级支流小计	2.50	473.75					2.50	473.75	2.50	473.75					2.50	473.75	1.50	284.25					1.50	284.25
	支渠小计	6.70	155.25		2.00	49.50		4.70	105.75	6.70	155.25		2.00	49.50		4.70	105.75	4.02	93.15		1.20	29.70		2.82	63.45
	Ⅳ级廊道合计	627.05	15396.75		147.93	2875.75		479.13	12521.00	627.05	15396.75		147.93	2875.75		479.13	12521.00	376.23	9238.05		88.76	1725.45		287.48	7512.60
	县乡道小计	441.68	9418.50		102.73	2284.00		338.95	7134.50	441.68	9418.50		102.73	2284.00		338.95	7134.50	265.01	5651.10		61.64	1370.40		203.37	4280.70
	三级支流小计	185.38	5978.25		45.20	591.75		140.18	5386.50	185.38	5978.25		45.20	591.75		140.18	5386.50	111.23	3586.95		27.12	355.05		84.11	3231.90
漯河市	合计	449.36	14295.20					449.36	14295.20	449.36	14295.20					449.36	14295.20	269.62	8577.12					269.62	8577.12
	Ⅱ级廊道合计	68.57	3823.76					68.57	3823.76	68.57	3823.76					68.57	3823.76	41.14	2294.26					41.14	2294.26
	铁路小计	29.57	1422.37					29.57	1422.37	29.57	1422.37					29.57	1422.37	17.74	853.42					17.74	853.42
	高速小计	24.58	1346.55					24.58	1346.55	24.58	1346.55					24.58	1346.55	14.75	807.93					14.75	807.93
	国道小计	9.57	669.34					9.57	669.34	9.57	669.34					9.57	669.34	5.74	401.60					5.74	401.60
	一级支流小计	4.85	385.50					4.85	385.50	4.85	385.50					4.85	385.50	2.91	231.30					2.91	231.30
	Ⅲ级廊道合计	60.35	2719.24					60.35	2719.24	60.35	2719.24					60.35	2719.24	36.21	1631.54					36.21	1631.54
	省道小计	43.96	1741.72					43.96	1741.72	43.96	1741.72					43.96	1741.72	26.38	1045.03					26.38	1045.03
	二级支流小计	16.39	977.51					16.39	977.51	16.39	977.51					16.39	977.51	9.83	586.51					9.83	586.51
	Ⅳ级廊道合计	320.44	7752.20					320.44	7752.20	320.44	7752.20					320.44	7752.20	192.27	4651.32					192.27	4651.32
	县乡道小计	259.24	6146.80					259.24	6146.80	259.24	6146.80					259.24	6146.80	155.55	3688.08					155.55	3688.08
	三级支流小计	61.20	1605.40					61.20	1605.40	61.20	1605.40					61.20	1605.40	36.72	963.24					36.72	963.24

续附表 20

统计单位	廊道名称	2010 年								2011 年								2012 年							
		小计			山区			平原区		小计			山区			平原区		小计			山区			平原区	
		长度	折算面积	宜荒面积	长度	折算面积	宜荒面积	长度	折算面积	长度	折算面积	宜荒面积	长度	折算面积	宜荒面积	长度	折算面积	长度	折算面积	宜荒面积	长度	折算面积	宜荒面积	长度	折算面积
1	2	27	28	29	30	31	32	33	34	35	36	37	38	39	40	41	42	43	44	45	46	47	48	49	50
三门峡市	合计	2723.95	50597.50	57062.00	2723.95	50597.50	57062.00			2723.95	50597.50	57062.00	2723.95	50597.50	57062.00			1634.37	30358.50	34237.20	1634.37	30358.50	34237.20		
	Ⅰ级廊道合计	23.53	1955.38	1670.50	23.53	1955.38	1670.50			23.53	1955.38	1670.50	23.53	1955.38	1670.50			14.12	1173.23	1002.30	14.12	1173.23	1002.30		
	黄河干流	23.53	1955.38	1670.50	23.53	1955.38	1670.50			23.53	1955.38	1670.50	23.53	1955.38	1670.50			14.12	1173.23	1002.30	14.12	1173.23	1002.30		
	Ⅱ级廊道合计	287.13	17086.63	12802.50	287.13	17086.63	12802.50			287.13	17086.63	12802.50	287.13	17086.63	12802.50			172.28	10251.98	7681.50	172.28	10251.98	7681.50		
	铁路小计	74.68	4958.00	2229.00	74.68	4958.00	2229.00			74.68	4958.00	2229.00	74.68	4958.00	2229.00			44.81	2974.80	1337.40	44.81	2974.80	1337.40		
	高速小计	66.33	4252.50	2617.75	66.33	4252.50	2617.75			66.33	4252.50	2617.75	66.33	4252.50	2617.75			39.80	2551.50	1570.65	39.80	2551.50	1570.65		
	国道小计	81.68	4499.00	4433.75	81.68	4499.00	4433.75			81.68	4499.00	4433.75	81.68	4499.00	4433.75			49.01	2699.40	2660.25	49.01	2699.40	2660.25		
	一级支流小计	36.75	1967.38	3317.50	36.75	1967.38	3317.50			36.75	1967.38	3317.50	36.75	1967.38	3317.50			22.05	1180.43	1990.50	22.05	1180.43	1990.50		
	干渠小计	27.70	1409.75	204.50	27.70	1409.75	204.50			27.70	1409.75	204.50	27.70	1409.75	204.50			16.62	845.85	122.70	16.62	845.85	122.70		
	Ⅲ级廊道合计	335.75	9740.00	17909.50	335.75	9740.00	17909.50			335.75	9740.00	17909.50	335.75	9740.00	17909.50			201.45	5844.00	10745.70	201.45	5844.00	10745.70		
	省道小计	155.95	5138.00	10248.50	155.95	5138.00	10248.50			155.95	5138.00	10248.50	155.95	5138.00	10248.50			93.57	3082.80	6149.10	93.57	3082.80	6149.10		
	景区道路小计	91.38	2555.25	7661.00	91.38	2555.25	7661.00			91.38	2555.25	7661.00	91.38	2555.25	7661.00			54.83	1533.15	4596.60	54.83	1533.15	4596.60		
	二级支流小计	63.75	1306.50		63.75	1306.50				63.75	1306.50		63.75	1306.50				38.25	783.90		38.25	783.90			
	支渠小计	24.68	740.25		24.68	740.25				24.68	740.25		24.68	740.25				14.81	444.15		14.81	444.15			
	Ⅳ级廊道合计	935.83	15373.75	17745.25	935.83	15373.75	17745.25			935.83	15373.75	17745.25	935.83	15373.75	17745.25			561.50	9224.25	10647.15	561.50	9224.25	10647.15		
	县乡道小计	681.40	11210.00	17745.25	681.40	11210.00	17745.25			681.40	11210.00	17745.25	681.40	11210.00	17745.25			408.84	6726.00	10647.15	408.84	6726.00	10647.15		
	三级支流小计	254.43	4163.75		254.43	4163.75				254.43	4163.75		254.43	4163.75				152.66	2498.25		152.66	2498.25			
	Ⅴ级廊道合计	1141.73	6441.75	6934.25	1141.73	6441.75	6934.25			1141.73	6441.75	6934.25	1141.73	6441.75	6934.25			685.04	3865.05	4160.55	685.04	3865.05	4160.55		
	村级道路小计	1081.73	6126.75	6934.25	1081.73	6126.75	6934.25			1081.73	6126.75	6934.25	1081.73	6126.75	6934.25			649.04	3676.05	4160.55	649.04	3676.05	4160.55		
	斗渠小计	60.00	315.00		60.00	315.00				60.00	315.00		60.00	315.00				36.00	189.00		36.00	189.00			
商丘市	合计	1514.41	57963.18					1514.41	57963.18	1514.41	57963.18					1514.41	57963.18	908.65	34777.91					908.65	34777.91
	Ⅱ级廊道合计	169.20	12485.02					169.20	12485.02	169.20	12485.02					169.20	12485.02	101.52	7491.01					101.52	7491.01
	铁路小计	49.72	3530.89					49.72	3530.89	49.72	3530.89					49.72	3530.89	29.83	2118.53					29.83	2118.53
	高速小计	50.34	4100.96					50.34	4100.96	50.34	4100.96					50.34	4100.96	30.20	2460.58					30.20	2460.58
	国道小计	38.89	2889.67					38.89	2889.67	38.89	2889.67					38.89	2889.67	23.33	1733.80					23.33	1733.80
	一级支流小计	20.50	1164.75					20.50	1164.75	20.50	1164.75					20.50	1164.75	12.30	698.85					12.30	698.85
	干渠小计	9.75	798.75					9.75	798.75	9.75	798.75					9.75	798.75	5.85	479.25					5.85	479.25
	Ⅲ级廊道合计	273.70	16555.14					273.70	16555.14	273.70	16555.14					273.70	16555.14	164.22	9933.08					164.22	9933.08
	省道小计	153.82	6781.50					153.82	6781.50	153.82	6781.50					153.82	6781.50	92.29	4068.90					92.29	4068.90
	景区道路小计	10.05	350.58					10.05	350.58	10.05	350.58					10.05	350.58	6.03	210.35					6.03	210.35
	二级支流小计	92.56	8682.99					92.56	8682.99	92.56	8682.99					92.56	8682.99	55.54	5209.80					55.54	5209.80
	支渠小计	17.28	740.06					17.28	740.06	17.28	740.06					17.28	740.06	10.37	444.04					10.37	444.04
	Ⅳ级廊道合计	1071.51	28923.02					1071.51	28923.02	1071.51	28923.02					1071.51	28923.02	642.91	17353.81					642.91	17353.81
	县乡道小计	690.95	16057.91					690.95	16057.91	690.95	16057.91					690.95	16057.91	414.57	9634.75					414.57	9634.75
	三级支流小计	380.57	12865.11					380.57	12865.11	380.57	12865.11					380.57	12865.11	228.34	7719.06					228.34	7719.06

续附表20

统计单位	廊道名称	2010年								2011年								2012年							
		小计			山区			平原区		小计			山区			平原区		小计			山区			平原区	
		长度	折算面积	宜荒面积	长度	折算面积	宜荒面积	长度	折算面积	长度	折算面积	宜荒面积	长度	折算面积	宜荒面积	长度	折算面积	长度	折算面积	宜荒面积	长度	折算面积	宜荒面积	长度	折算面积
1	2	27	28	29	30	31	32	33	34	35	36	37	38	39	40	41	42	43	44	45	46	47	48	49	50
周口市	合计	1494.97	66084.36					1494.97	66084.36	1494.97	66084.36					1494.97	66084.36	896.98	39650.61					896.98	39650.61
	Ⅱ级廊道合计	315.81	28082.70					315.81	28082.70	315.81	28082.70					315.81	28082.70	189.48	16849.62					189.48	16849.62
	铁路小计	71.73	5388.97					71.73	5388.97	71.73	5388.97					71.73	5388.97	43.04	3233.38					43.04	3233.38
	高速小计	101.05	10728.25					101.05	10728.25	101.05	10728.25					101.05	10728.25	60.63	6436.95					60.63	6436.95
	国道小计	67.52	3645.14					67.52	3645.14	67.52	3645.14					67.52	3645.14	40.51	2187.09					40.51	2187.09
	一级支流小计	43.30	5447.23					43.30	5447.23	43.30	5447.23					43.30	5447.23	25.98	3268.34					25.98	3268.34
	干渠小计	32.21	2873.10					32.21	2873.10	32.21	2873.10					32.21	2873.10	19.32	1723.86					19.32	1723.86
	Ⅲ级廊道合计	369.17	16229.39					369.17	16229.39	369.17	16229.39					369.17	16229.39	221.50	9737.63					221.50	9737.63
	省道小计	202.56	7385.45					202.56	7385.45	202.56	7385.45					202.56	7385.45	121.53	4431.27					121.53	4431.27
	二级支流小计	129.03	6872.60					129.03	6872.60	129.03	6872.60					129.03	6872.60	77.42	4123.56					77.42	4123.56
	支渠小计	37.59	1971.34					37.59	1971.34	37.59	1971.34					37.59	1971.34	22.56	1182.80					22.56	1182.80
	Ⅳ级廊道合计	810.00	21772.27					810.00	21772.27	810.00	21772.27					810.00	21772.27	486.00	13063.36					486.00	13063.36
	县乡道小计	388.50	10199.28					388.50	10199.28	388.50	10199.28					388.50	10199.28	233.10	6119.57					233.10	6119.57
	三级支流小计	421.50	11573.00					421.50	11573.00	421.50	11573.00					421.50	11573.00	252.90	6943.80					252.90	6943.80
驻马店市	合计	1561.35	33052.06	5237.50	639.38	7437.15	5237.50	921.98	25614.91	1561.35	33052.06	5237.50	639.38	7437.15	5237.50	921.98	25614.91	936.81	19831.23	3142.50	383.63	4462.29	3142.50	553.19	15368.95
	Ⅰ级廊道合计	9.45	607.50					9.45	607.50	9.45	607.50					9.45	607.50	5.67	364.50					5.67	364.50
	淮河干流	9.45	607.50					9.45	607.50	9.45	607.50					9.45	607.50	5.67	364.50					5.67	364.50
	Ⅱ级廊道合计	157.18	9784.65	1592.25	53.45	3103.88	1592.25	103.73	6680.78	157.18	9784.65	1592.25	53.45	3103.88	1592.25	103.73	6680.78	94.31	5870.79	955.35	32.07	1862.33	955.35	62.24	4008.47
	铁路小计	14.15	919.13					14.15	919.13	14.15	919.13					14.15	919.13	8.49	551.48					8.49	551.48
	高速小计	109.87	6881.10	1227.50	46.00	2760.00	1227.50	63.87	4121.10	109.87	6881.10	1227.50	46.00	2760.00	1227.50	63.87	4121.10	65.92	4128.66	736.50	27.60	1656.00	736.50	38.32	2472.66
	国道小计	17.61	1117.05	364.75	7.45	343.88	364.75	10.16	773.18	17.61	1117.05	364.75	7.45	343.88	364.75	10.16	773.18	10.57	670.23	218.85	4.47	206.33	218.85	6.10	463.91
	一级支流小计																								
	干渠小计	15.55	867.38					15.55	867.38	15.55	867.38					15.55	867.38	9.33	520.43					9.33	520.43
	Ⅲ级廊道合计	315.80	11628.02	1874.25	37.08	1388.44	1874.25	278.73	10239.58	315.80	11628.02	1874.25	37.08	1388.44	1874.25	278.73	10239.58	189.48	6976.81	1124.55	22.25	833.06	1124.55	167.24	6143.75
	省道小计	156.49	5498.25	1874.25	37.08	1388.44	1874.25	119.41	4109.81	156.49	5498.25	1874.25	37.08	1388.44	1874.25	119.41	4109.81	93.89	3298.95	1124.55	22,25	833.06	1124.55	71.65	2465.89
	景区道路小计	6.50	146.25					6.50	146.25	6.50	146.25					6.50	146.25	3.90	87.75					3.90	87.75
	二级支流小计	99.81	4371.02					99.81	4371.02	99.81	4371.02					99.81	4371.02	59.89	2622.61					59.89	2622.61
	支渠小计	53.00	1612.50					53.00	1612.50	53.00	1612.50					53.00	1612.50	31.80	967.50					31.80	967.50
	Ⅳ级廊道合计	521.69	8662.40	627.75	50.90	899.25	627.75	470.79	7763.15	521.69	8662.40	627.75	50.90	899.25	627.75	470.79	7763.15	313.01	5197.44	376.65	30.54	539.55	376.65	282.47	4657.89
	县乡道小计	305.49	4752.89	600.75	40.93	690.83	600.75	264.57	4062.07	305.49	4752.89	600.75	40.93	690.83	600.75	264.57	4062.07	183.30	2851.74	360.45	24.56	414.50	360.45	158.74	2437.24
	三级支流小计	216.19	3909.50	27.00	9.98	208.43	27.00	206.22	3701.08	216.19	3909.50	27.00	9.98	208.43	27.00	206.22	3701.08	129.72	2345.70	16.20	5.99	125.06	16.20	123.73	2220.65
	Ⅴ级廊道合计	557.24	2369.49	1143.25	497.95	2045.59	1143.25	59.29	323.91	557.24	2369.49	1143.25	497.95	2045.59	1143.25	59.29	323.91	334.34	1421.70	685.95	298.77	1227.35	685.95	35.57	194.34
	村级道路小计	506.49	2122.77	1143.25	456.93	1861.84	1143.25	49.56	260.93	506.49	2122.77	1143.25	456.93	1861.84	1143.25	49.56	260.93	303.89	1273.66	685.95	274.16	1117.10	685.95	29.74	156.56
	斗渠小计	50.75	246.73		41.03	183.75		9.73	62.98	50.75	246.73		41.03	183.75		9.73	62.98	30.45	148.04		24.62	110.25		5.84	37.79

续附表20

统计单位	廊道名称	2010年								2011年								2012年							
		小计			山区			平原区		小计			山区			平原区		小计			山区			平原区	
		长度	折算面积	宜荒面积	长度	折算面积	宜荒面积	长度	折算面积	长度	折算面积	宜荒面积	长度	折算面积	宜荒面积	长度	折算面积	长度	折算面积	宜荒面积	长度	折算面积	宜荒面积	长度	折算面积
1	2	27	28	29	30	31	32	33	34	35	36	37	38	39	40	41	42	43	44	45	46	47	48	49	50
南阳市	合计	3982.26	114071.50		2892.11	62433.25		1090.15	51638.25	3982.26	114071.50		2892.11	62433.25		1090.15	51638.25	2389.36	68442.90		1735.27	37459.95		654.09	30982.95
	Ⅰ级廊道合计	58.78	14364.38		17.83	2079.38		40.95	12285.00	58.78	14364.38		17.83	2079.38		40.95	12285.00	35.27	8618.63		10.70	1247.63		24.57	7371.00
	淮河干流	12.88	594.38		12.88	594.38				12.88	594.38		12.88	594.38				7.73	356.63		7.73	356.63			
	南水北调干渠	45.90	13770.00		4.95	1485.00		40.95	12285.00	45.90	13770.00		4.95	1485.00		40.95	12285.00	27.54	8262.00		2.97	891.00		24.57	7371.00
	Ⅱ级廊道合计	468.67	41064.88		305.10	24199.13		163.57	16865.75	468.67	41064.88		305.10	24199.13		163.57	16865.75	281.20	24638.93		183.06	14519.48		98.14	10119.45
	铁路小计	80.23	4670.25		42.85	2496.00		37.38	2174.25	80.23	4670.25		42.85	2496.00		37.38	2174.25	48.14	2802.15		25.71	1497.60		22.43	1304.55
	高速小计	133.05	19115.00		69.29	9878.25		63.76	9236.75	133.05	19115.00		69.29	9878.25		63.76	9236.75	79.83	11469.00		41.57	5926.95		38.26	5542.05
	国道小计	77.44	5074.50		64.58	3801.00		12.87	1273.50	77.44	5074.50		64.58	3801.00		12.87	1273.50	46.46	3044.70		38.75	2280.60		7.72	764.10
	一级支流小计	117.78	7756.13		108.58	6681.38		9.20	1074.75	117.78	7756.13		108.58	6681.38		9.20	1074.75	70.67	4653.68		65.15	4008.83		5.52	644.85
	干渠小计	60.18	4449.00		19.82	1342.50		40.37	3106.50	60.18	4449.00		19.82	1342.50		40.37	3106.50	36.11	2669.40		11.89	805.50		24.22	1863.90
	Ⅲ级廊道合计	624.34	21393.50		369.83	11524.50		254.52	9869.00	624.34	21393.50		369.83	11524.50		254.52	9869.00	374.61	12836.10		221.90	6914.70		152.71	5921.40
	省道小计	184.52	6853.50		127.65	4062.75		56.87	2790.75	184.52	6853.50		127.65	4062.75		56.87	2790.75	110.71	4112.10		76.59	2437.65		34.12	1674.45
	景区道路小计	21.73	784.50		19.23	709.50		2.50	75.00	21.73	784.50		19.23	709.50		2.50	75.00	13.04	470.70		11.54	425.70		1.50	45.00
	二级支流小计	312.12	10038.25		209.84	6232.50		102.29	3805.75	312.12	10038.25		209.84	6232.50		102.29	3805.75	187.27	6022.95		125.90	3739.50		61.37	2283.45
	支渠小计	105.98	3717.25		13.12	519.75		92.87	3197.50	105.98	3717.25		13.12	519.75		92.87	3197.50	63.59	2230.35		7.87	311.85		55.72	1918.50
	Ⅳ级廊道合计	1177.55	22407.75		590.36	10239.25		587.19	12168.50	1177.55	22407.75		590.36	10239.25		587.19	12168.50	706.53	13444.65		354.22	6143.55		352.31	7301.10
	县乡道小计	772.58	14816.50		372.53	6395.50		400.06	8421.00	772.58	14816.50		372.53	6395.50		400.06	8421.00	463.55	8889.90		223.52	3837.30		240.03	5052.60
	三级支流小计	404.97	7591.25		217.84	3843.75		187.13	3747.50	404.97	7591.25		217.84	3843.75		187.13	3747.50	242.98	4554.75		130.70	2306.25		112.28	2248.50
	Ⅴ级廊道合计	1652.93	14841.00		1609.00	14391.00		43.93	450.00	1652.93	14841.00		1609.00	14391.00		43.93	450.00	991.75	8904.60		965.40	8634.60		26.36	270.00
	村级道路小计	1601.45	14310.75		1557.53	13860.75		43.93	450.00	1601.45	14310.75		1557.53	13860.75		43.93	450.00	960.87	8586.45		934.52	8316.45		26.36	270.00
	斗渠小计	51.48	530.25		51.48	530.25				51.48	530.25		51.48	530.25				30.89	318.15		30.89	318.15			
信阳市	合计	4895.81	91630.92		3930.68	61997.84		965.13	29633.08	4895.81	91630.92		3930.68	61997.84		965.13	29633.08	2937.49	54978.55		2358.41	37198.70		579.08	17779.85
	Ⅰ级廊道合计	60.70	4147.65		18.10	1248.38		42.60	2899.28	60.70	4147.65		18.10	1248.38		42.60	2899.28	36.42	2488.59		10.86	749.03		25.56	1739.57
	淮河干流	60.70	4147.65		18.10	1248.38		42.60	2899.28	60.70	4147.65		18.10	1248.38		42.60	2899.28	36.42	2488.59		10.86	749.03		25.56	1739.57
	Ⅱ级廊道合计	563.11	28145.00		281.75	16852.27		281.36	11292.73	563.11	28145.00		281.75	16852.27		281.36	11292.73	337.87	16887.00		169.05	10111.36		168.82	6775.64
	铁路小计	82.90	4462.83		44.58	2182.90		38.33	2279.93	82.90	4462.83		44.58	2182.90		38.33	2279.93	49.74	2677.70		26.75	1309.74		23.00	1367.96
	高速小计	90.15	5058.64		62.45	3149.46		27.70	1909.18	90.15	5058.64		62.45	3149.46		27.70	1909.18	54.09	3035.18		37.47	1889.68		16.62	1145.51
	国道小计	67.41	3738.42		27.73	1655.28		39.69	2083.14	67.41	3738.42		27.73	1655.28		39.69	2083.14	40.45	2243.05		16.64	993.17		23.81	1249.88
	一级支流小计	87.78	7107.74		39.58	5361.07		48.20	1746.67	87.78	7107.74		39.58	5361.07		48.20	1746.67	52.67	4264.64		23.75	3216.64		28.92	1048.00
	干渠小计	234.88	7777.38		107.43	4503.56		127.45	3273.82	234.88	7777.38		107.43	4503.56		127.45	3273.82	140.93	4666.43		64.46	2702.14		76.47	1964.29
	Ⅲ级廊道合计	606.76	18377.60		324.36	9784.88		282.40	8592.72	606.76	18377.60		324.36	9784.88		282.40	8592.72	364.05	11026.56		194.61	5870.93		169.44	5155.63
	省道小计	115.53	4035.44		75.18	2490.71		40.35	1544.73	115.53	4035.44		75.18	2490.71		40.35	1544.73	69.32	2421.26		45.11	1494.43		24.21	926.84
	景区道路小计	30.10	745.38		30.10	745.38				30.10	745.38		30.10	745.38				18.06	447.23		18.06	447.23			
	二级支流小计	234.46	9251.42		130.11	4463.41		104.35	4788.01	234.46	9251.42		130.11	4463.41		104.35	4788.01	140.67	5550.85		78.06	2678.05		62.61	2872.81
	支渠小计	226.68	4345.37		88.98	2085.38		137.70	2259.99	226.68	4345.37		88.98	2085.38		137.70	2259.99	136.01	2607.22		53.39	1251.23		82.62	1355.99
	Ⅳ级廊道合计	1125.37	18583.24		766.60	11734.88		358.77	6848.36	1125.37	18583.24		766.60	11734.88		358.77	6848.36	675.22	11149.95		459.96	7040.93		215.26	4109.02
	县乡道小计	652.88	11115.77		424.08	7054.76		228.80	4061.00	652.88	11115.77		424.08	7054.76		228.80	4061.00	391.73	6669.46		254.45	4232.86		137.28	2436.60
	三级支流小计	472.49	7467.48		342.53	4680.12		129.97	2787.36	472.49	7467.48		342.53	4680.12		129.97	2787.36	283.50	4480.49		205.52	2808.07		77.98	1672.42
	Ⅴ级廊道合计	2539.88	22377.43		2539.88	22377.43				2539.88	22377.43		2539.88	22377.43				1523.93	13426.46		1523.93	13426.46			
	村级道路小计	2218.68	19538.54		2218.68	19538.54				2218.68	19538.54		2218.68	19538.54				1331.21	11723.12		1331.21	11723.12			
	斗渠小计	321.20	2838.89		321.20	2838.89				321.20	2838.89		321.20	2838.89				192.72	1703.34		192.72	1703.34			

续附表20

统计单位	廊道名称	2010年								2011年								2012年							
		小计			山区			平原区		小计			山区			平原区		小计			山区			平原区	
		长度	折算面积	宜荒面积	长度	折算面积	宜荒面积	长度	折算面积	长度	折算面积	宜荒面积	长度	折算面积	宜荒面积	长度	折算面积	长度	折算面积	宜荒面积	长度	折算面积	宜荒面积	长度	折算面积
1	2	27	28	29	30	31	32	33	34	35	36	37	38	39	40	41	42	43	44	45	46	47	48	49	50
济源市	合计	554.70	11750.93	15312.25	426.48	8638.16	15312.25	128.23	3112.76	554.70	11750.93	15312.25	426.48	8638.16	15312.25	128.23	3112.76	332.82	7050.56	9187.35	255.89	5182.90	9187.35	76.94	1867.66
	Ⅰ级廊道合计	3.25	146.25		3.25	146.25				3.25	146.25		3.25	146.25				1.95	87.75		1.95	87.75			
	黄河干流	3.25	146.25		3.25	146.25				3.25	146.25		3.25	146.25				1.95	87.75		1.95	87.75			
	Ⅱ级廊道合计	101.98	6046.88	5583.25	85.78	5077.13	5583.25	16.20	969.75	101.98	6046.88	5583.25	85.78	5077.13	5583.25	16.20	969.75	61.19	3628.13	3349.95	51.47	3046.28	3349.95	9.72	581.85
	铁路小计	11.50	682.50	181.75	10.25	615.00	181.75	1.25	67.50	11.50	682.50	181.75	10.25	615.00	181.75	1.25	67.50	6.90	409.50	109.05	6.15	369.00	109.05	0.75	40.50
	高速小计	82.23	4877.63	5029.50	73.43	4363.88	5029.50	8.80	513.75	82.23	4877.63	5029.50	73.43	4363.88	5029.50	8.80	513.75	49.34	2926.58	3017.70	44.06	2618.33	3017.70	5.28	308.25
	国道小计	3.70	278.25		1.85	83.25		1.85	195.00	3.70	278.25		1.85	83.25		1.85	195.00	2.22	166.95		1.11	49.95		1.11	117.00
	一级支流小计	2.60	117.00	372.00			372.00	2.60	117.00	2.60	117.00	372.00			372.00	2.60	117.00	1.56	70.20	223.20			223.20	1.56	70.20
	干渠小计	1.95	91.50		0.25	15.00		1.70	76.50	1.95	91.50		0.25	15.00		1.70	76.50	1.17	54.90		0.15	9.00		1.02	45.90
	Ⅲ级廊道合计	69.05	1851.19	9729.00	37.23	880.88	9729.00	31.83	970.31	69.05	1851.19	9729.00	37.23	880.88	9729.00	31.83	970.31	41.43	1110.71	5837.40	22.34	528.53	5837.40	19.10	582.19
	省道小计	36.98	1122.38	3218.25	20.35	501.19	3218.25	16.63	621.19	36.98	1122.38	3218.25	20.35	501.19	3218.25	16.63	621.19	22.19	673.43	1930.95	12.21	300.71	1930.95	9.98	372.71
	景区道路小计	10.70	247.88	3540.50	8.13	182.81	3540.50	2.58	65.06	10.70	247.88	3540.50	8.13	182.81	3540.50	2.58	65.06	6.42	148.73	2124.30	4.88	109.69	2124.30	1.55	39.04
	支渠小计	21.38	480.94	2970.25	8.75	196.88	2970.25	12.63	284.06	21.38	480.94	2970.25	8.75	196.88	2970.25	12.63	284.06	12.83	288.56	1782.15	5.25	118.13	1782.15	7.58	170.44
	Ⅳ级廊道合计	182.05	2682.68		101.85	1509.98		80.20	1172.70	182.05	2682.68		101.85	1509.98		80.20	1172.70	109.23	1609.61		61.11	905.99		48.12	703.62
	县乡道小计	182.05	2682.68		101.85	1509.98		80.20	1172.70	182.05	2682.68		101.85	1509.98		80.20	1172.70	109.23	1609.61		61.11	905.99		48.12	703.62
	Ⅴ级廊道合计	198.38	1023.94		198.38	1023.94				198.38	1023.94		198.38	1023.94				119.03	614.36		119.03	614.36			
	村级道路小计	198.38	1023.94		198.38	1023.94				198.38	1023.94		198.38	1023.94				119.03	614.36		119.03	614.36			

附表21 城市林业生态建设工程分年度规划表

（单位:万亩）

统计单位	规划绿化面积			2008 年			2009 年			2010 年			2011 年			2012 年		
	合计	建成区绿化	城郊森林及环城防护林	小计	建成区绿化	城郊森林及环城防护林	小计	建成区绿化	城郊森林及环城防护林	小计	建成区绿化	城郊森林及环城防护林	小计	建成区绿化	城郊森林及环城防护林	小计	建成区绿化	城郊森林及环城防护林
1	2	3	4	5	6	7	8	9	10	11	12	13	14	15	16	17	18	19
河南省	107.60	63.06	44.54	16.14	9.46	6.68	21.52	12.61	8.91	26.90	15.77	11.14	26.90	15.77	11.14	16.14	9.46	6.68
郑州市	9.79	2.82	6.97	1.47	0.42	1.05	1.96	0.56	1.39	2.45	0.71	1.74	2.45	0.71	1.74	1.47	0.42	1.05
开封市	5.16	2.77	2.39	0.77	0.42	0.36	1.03	0.55	0.48	1.29	0.69	0.60	1.29	0.69	0.60	0.77	0.42	0.36
洛阳市	5.17	2.77	2.40	0.78	0.42	0.36	1.03	0.55	0.48	1.29	0.69	0.60	1.29	0.69	0.60	0.78	0.42	0.36
平顶山市	2.86	1.68	1.18	0.43	0.25	0.18	0.57	0.34	0.24	0.72	0.42	0.30	0.72	0.42	0.30	0.43	0.25	0.18
安阳市	4.65	3.05	1.60	0.70	0.46	0.24	0.93	0.61	0.32	1.16	0.76	0.40	1.16	0.76	0.40	0.70	0.46	0.24
鹤壁市	4.06	2.66	1.40	0.61	0.40	0.21	0.81	0.53	0.28	1.02	0.67	0.35	1.02	0.67	0.35	0.61	0.40	0.21
新乡市	7.80	5.20	2.60	1.17	0.78	0.39	1.56	1.04	0.52	1.95	1.30	0.65	1.95	1.30	0.65	1.17	0.78	0.39
焦作市	3.93	3.28	0.65	0.59	0.49	0.10	0.79	0.66	0.13	0.98	0.82	0.16	0.98	0.82	0.16	0.59	0.49	0.10
濮阳市	3.69	2.73	0.96	0.55	0.41	0.14	0.74	0.55	0.19	0.92	0.68	0.24	0.92	0.68	0.24	0.55	0.41	0.14
许昌市	6.73	2.97	3.76	1.01	0.45	0.56	1.35	0.59	0.75	1.68	0.74	0.94	1.68	0.74	0.94	1.01	0.45	0.56
漯河市	4.67	1.91	2.76	0.70	0.29	0.41	0.93	0.38	0.55	1.17	0.48	0.69	1.17	0.48	0.69	0.70	0.29	0.41
三门峡市	3.78	2.03	1.75	0.57	0.30	0.26	0.76	0.41	0.35	0.95	0.51	0.44	0.95	0.51	0.44	0.57	0.30	0.26
商丘市	9.73	7.54	2.19	1.46	1.13	0.33	1.95	1.51	0.44	2.43	1.89	0.55	2.43	1.89	0.55	1.46	1.13	0.33
周口市	9.57	6.80	2.77	1.44	1.02	0.42	1.91	1.36	0.55	2.39	1.70	0.69	2.39	1.70	0.69	1.44	1.02	0.42
驻马店市	5.39	4.17	1.22	0.81	0.63	0.18	1.08	0.83	0.24	1.35	1.04	0.31	1.35	1.04	0.31	0.81	0.63	0.18
南阳市	13.67	5.92	7.75	2.05	0.89	1.16	2.73	1.18	1.55	3.42	1.48	1.94	3.42	1.48	1.94	2.05	0.89	1.16
信阳市	6.59	4.47	2.12	0.99	0.67	0.32	1.32	0.89	0.42	1.65	1.12	0.53	1.65	1.12	0.53	0.99	0.67	0.32
济源市	0.36	0.29	0.07	0.05	0.04	0.01	0.07	0.06	0.01	0.09	0.07	0.02	0.09	0.07	0.02	0.05	0.04	0.01

附表 22

村镇绿化工程分年度规划表

（单位：万亩）

统计单位	规划绿化面积	2008 年	2009 年	2010 年	2011 年	2012 年
1	2	3	4	5	6	7
河南省	218.40	43.68	43.68	54.60	54.60	21.84
郑州市	14.04	2.81	2.81	3.51	3.51	1.40
开封市	7.41	1.48	1.48	1.85	1.85	0.74
洛阳市	8.07	1.61	1.61	2.02	2.02	0.81
平顶山市	3.71	0.74	0.74	0.93	0.93	0.37
安阳市	13.43	2.69	2.69	3.36	3.36	1.34
鹤壁市	3.53	0.71	0.71	0.88	0.88	0.35
新乡市	12.00	2.40	2.40	3.00	3.00	1.20
焦作市	4.78	0.96	0.96	1.20	1.20	0.48
濮阳市	8.79	1.76	1.76	2.20	2.20	0.88
许昌市	13.87	2.77	2.77	3.47	3.47	1.39
漯河市	7.12	1.42	1.42	1.78	1.78	0.71
三门峡市	3.97	0.79	0.79	0.99	0.99	0.40
商丘市	28.00	5.60	5.60	7.00	7.00	2.80
周口市	22.24	4.45	4.45	5.56	5.56	2.22
驻马店市	28.40	5.68	5.68	7.10	7.10	2.84
南阳市	16.59	3.32	3.32	4.15	4.15	1.66
信阳市	20.94	4.19	4.19	5.24	5.24	2.09
济源市	1.51	0.30	0.30	0.38	0.38	0.15

附表 23

森林抚育和改造工程分年度规划表

（单位：万亩）

统计单位	总计	中幼龄林抚育		改造低质低效林	2008 年				2009 年				2010 年				2011 年				2012 年			
		小计	其中：飞播林		合计	中幼龄林抚育		改造低质低效林	合计	中幼龄林抚育		改造低质低效林	合计	中幼龄林抚育		改造低质低效林	合计	中幼龄林抚育		改造低质低效林	合计	中幼龄林抚育		改造低质低效林
						小计	其中：飞播林			小计	其中：飞播林			小计	其中：飞播林			小计	其中：飞播林			小计	其中：飞播林	
1	2	3	4	5	6	7	8	9	10	11	12	13	14	15	16	17	18	19	20	21	22	23	24	25
河南省	2724.24	1782.80	65.38	941.44	408.64	267.42	9.81	141.22	544.84	356.55	13.08	188.29	681.06	445.70	16.35	235.36	681.06	445.70	16.35	235.36	408.64	267.43	9.81	141.22
郑州市	122.02	95.53		26.49	18.30	14.33		3.97	24.40	19.10		5.30	30.51	23.88		6.62	30.51	23.88		6.62	18.31	14.34		3.97
开封市	77.05	57.32		19.73	11.56	8.60		2.96	15.41	11.46		3.95	19.26	14.33		4.93	19.26	14.33		4.93	11.56	8.60		2.96
洛阳市	380.52	306.97	5.25	73.55	57.08	46.05	0.79	11.03	76.10	61.39	1.05	14.71	95.13	76.74	1.31	18.39	95.13	76.74	1.31	18.39	57.08	46.05	0.79	11.03
平顶山市	61.10	32.30		28.80	9.17	4.85		4.32	12.22	6.46		5.76	15.28	8.08		7.20	15.28	8.08		7.20	9.17	4.85		4.32
安阳市	95.04	38.31	3.25	56.73	14.26	5.75	0.49	8.51	19.01	7.66	0.65	11.35	23.76	9.58	0.81	14.18	23.76	9.58	0.81	14.18	14.26	5.75	0.49	8.51
鹤壁市	18.92	16.34	1.80	2.58	2.84	2.45	0.27	0.39	3.78	3.27	0.36	0.52	4.73	4.09	0.45	0.65	4.73	4.09	0.45	0.65	2.84	2.45	0.27	0.39
新乡市	95.10	84.41	28.66	10.69	14.27	12.66	4.30	1.60	19.02	16.88	5.73	2.14	23.78	21.10	7.17	2.67	23.78	21.10	7.17	2.67	14.27	12.66	4.30	1.60
焦作市	62.60	33.62	7.06	28.98	9.39	5.04	1.06	4.35	12.52	6.72	1.41	5.80	15.65	8.41	1.77	7.25	15.65	8.41	1.77	7.25	9.39	5.04	1.06	4.35
濮阳市	106.63	85.63		21.00	15.99	12.84		3.15	21.33	17.13		4.20	26.66	21.41		5.25	26.66	21.41		5.25	15.99	12.84		3.15
许昌市	63.00	37.00		26.00	9.45	5.55		3.90	12.60	7.40		5.20	15.75	9.25		6.50	15.75	9.25		6.50	9.45	5.55		3.90
漯河市	29.92	24.72		5.20	4.49	3.71		0.78	5.98	4.94		1.04	7.48	6.18		1.30	7.48	6.18		1.30	4.49	3.71		0.78
三门峡市	281.97	227.44	19.26	54.53	42.30	34.12	2.89	8.18	56.39	45.49	3.85	10.91	70.49	56.86	4.82	13.63	70.49	56.86	4.82	13.63	42.30	34.12	2.89	8.18
商丘市	93.82	61.11		32.71	14.07	9.17		4.91	18.76	12.22		6.54	23.46	15.28		8.18	23.46	15.28		8.18	14.07	9.17		4.91
周口市	78.69	56.21		22.48	11.80	8.43		3.37	15.74	11.24		4.50	19.67	14.05		5.62	19.67	14.05		5.62	11.80	8.43		3.37
驻马店市	154.00	123.02		30.98	23.10	18.45		4.65	30.80	24.60		6.20	38.50	30.76		7.75	38.50	30.76		7.75	23.10	18.45		4.65
南阳市	503.53	193.13	0.10	310.40	75.53	28.97	0.02	46.56	100.71	38.63	0.02	62.08	125.88	48.28	0.03	77.60	125.88	48.28	0.03	77.60	75.53	28.97	0.02	46.56
信阳市	452.84	281.18		171.66	67.93	42.18		25.75	90.57	56.24		34.33	113.21	70.30		42.92	113.21	70.30		42.92	67.93	42.18		25.75
济源市	47.49	28.56		18.93	7.12	4.28		2.84	9.50	5.71		3.79	11.87	7.14		4.73	11.87	7.14		4.73	7.12	4.28		2.84

附表 24

用材林及工业原料林建设工程分年度规划表

（单位：万亩）

统计单位	合计	2008 年	2009 年	2010 年	2011 年	2012 年
1	2	3	4	5	6	7
河南省	130.84	19.63	26.16	32.71	32.71	19.63
开封市	0.83	0.12	0.166	0.21	0.21	0.12
洛阳市	7.15	1.07	1.430	1.79	1.79	1.07
平顶山市	7.00	1.05	1.400	1.75	1.75	1.05
安阳市	1.60	0.24	0.320	0.40	0.40	0.24
鹤壁市	2.94	0.44	0.588	0.74	0.74	0.44
新乡市	11.00	1.65	2.200	2.75	2.75	1.65
焦作市	7.50	1.13	1.500	1.88	1.88	1.13
濮阳市	19.99	3.00	3.997	5.00	5.00	3.00
漯河市	7.66	1.15	1.530	1.92	1.92	1.15
三门峡市	2.66	0.40	0.530	0.67	0.67	0.40
商丘市	8.79	1.32	1.758	2.20	2.20	1.32
周口市	0.75	0.11	0.150	0.19	0.19	0.11
驻马店市	11.34	1.70	2.268	2.84	2.84	1.70
南阳市	25.06	3.76	5.012	6.27	6.27	3.76
信阳市	16.57	2.49	3.314	4.14	4.14	2.49

附表 25

经济林和园林绿化苗木花卉建设工程分年度规划表

（单位:万亩）

统计单位	经济林	园林绿化苗木花卉	2008 年		2009 年		2010 年		2011 年		2012 年	
			经济林	园林绿化苗木花卉	经济林	园林绿化苗木花卉	经济林	园林绿化苗木花卉	经济林	园林绿化苗木花卉	经济林	园林绿化苗木花卉
1	2	3	4	5	6	7	8	9	10	11	12	13
河南省	76.42	116.67	11.46	17.50	15.28	23.33	19.11	29.17	19.11	29.17	11.46	17.50
郑州市		8.09		1.21		1.62		2.02		2.02		1.21
开封市		1.98		0.30		0.40		0.50		0.50		0.30
洛阳市	6.50	8.28	0.98	1.24	1.30	1.66	1.63	2.07	1.63	2.07	0.98	1.24
平顶山市	10.65	2.43	1.60	0.36	2.13	0.49	2.66	0.61	2.66	0.61	1.60	0.36
安阳市	2.86	4.81	0.43	0.72	0.57	0.96	0.72	1.20	0.72	1.20	0.43	0.72
鹤壁市	1.64	0.96	0.25	0.14	0.33	0.19	0.41	0.24	0.41	0.24	0.25	0.14
新乡市	7.30	4.71	1.10	0.71	1.46	0.94	1.83	1.18	1.83	1.18	1.10	0.71
焦作市	3.50	1.59	0.53	0.24	0.70	0.32	0.88	0.40	0.88	0.40	0.53	0.24
濮阳市	0.44	1.76	0.07	0.26	0.09	0.35	0.11	0.44	0.11	0.44	0.07	0.26
许昌市		39.20		5.88		7.84		9.80		9.80		5.88
漯河市	2.54	4.05	0.38	0.61	0.51	0.81	0.63	1.01	0.63	1.01	0.38	0.61
三门峡市	9.66	2.57	1.45	0.39	1.93	0.51	2.42	0.64	2.42	0.64	1.45	0.39
商丘市	3.14	1.46	0.47	0.22	0.63	0.29	0.79	0.37	0.79	0.37	0.47	0.22
周口市		4.43		0.66		0.89		1.11		1.11		0.66
驻马店市	1.80	2.32	0.27	0.35	0.36	0.46	0.45	0.58	0.45	0.58	0.27	0.35
南阳市	14.40	4.55	2.16	0.68	2.88	0.91	3.60	1.14	3.60	1.14	2.16	0.68
信阳市	3.45	20.98	0.52	3.15	0.69	4.20	0.86	5.25	0.86	5.25	0.52	3.15
济源市	8.54	2.5	1.28	0.38	1.71	0.50	2.14	0.63	2.14	0.63	1.28	0.38

附表 26

河南林业生态省规划建设规模一览表

（单位：万亩）

统计单位	建设规模							重点生态工程														
									山区生态体系建设工程										农田防护林体系改扩建工程			
	总计	新造	完善提高	更新造林	能源林改培	中幼林抚育	低质低效林改造	合计	小计	新造	改培	水源涵养林工程	水土保持林工程	生态能源林工程			生态移民工程	矿区生态修复工程	小计	新造	完善提高	更新造林
														小计	新造	改培						
1	2	3	4	5	6	7	8	9	10	11	12	13	14	15	16	17	18	19	20	21	22	23
河南省	5474.46	2138.25	199.48	267.75	144.74	1782.80	941.44	5150.53	1194.48	1049.74	144.74	274.07	330.78	506.11	361.37	144.74	7.19	76.33	373.63	133.00	77.91	162.72
郑州市	299.12	136.81	23.62	13.32	3.35	95.53	26.49	291.03	57.27	53.92	3.35	18.56	17.67	12.85	9.50	3.35	0.25	7.94	7.31	0.47	2.79	4.05
开封市	149.85	45.37	11.95	15.48		57.32	19.73	147.04											26.93	15.70	4.27	6.96
洛阳市	601.32	204.89	7.78	8.13		306.97	73.55	579.39	156.04	156.04		35.45	67.88	45.63	45.63		1.55	5.53	3.84	1.75	0.84	1.25
平顶山市	182.67	98.90	5.16	8.51	9.00	32.30	28.80	162.59	65.66	56.66	9.00	9.48	8.93	26.71	17.71	9.00	0.10	20.44	13.12	5.62	2.73	4.77
安阳市	232.31	109.75	6.44	14.08	7.00	38.31	56.73	223.04	60.53	53.53	7.00	7.62	13.75	37.00	30.00	7.00	0.21	1.95	14.64	3.86	1.70	9.08
鹤壁市	105.31	76.01	7.26	1.12	2.00	16.34	2.58	99.77	37.33	35.33	2.00	0.24	9.18	21.24	19.24	2.00	0.10	6.57	8.73	7.89	0.39	0.45
新乡市	242.62	113.32	11.10	21.60	1.50	84.41	10.69	219.61	33.75	32.25	1.50	3.30	17.77	8.00	6.50	1.50		4.68	27.28	8.39	4.86	14.03
焦作市	146.35	61.51	5.35	8.89	8.00	33.62	28.98	133.76	35.26	27.26	8.00	5.00	13.20	13.50	5.50	8.00		3.56	10.76	3.11	2.43	5.22
濮阳市	192.89	71.67	6.94	7.65		85.63	21.00	170.70											27.44	19.77	3.52	4.15
许昌市	195.66	110.44	2.83	16.89	2.50	37.00	26.00	156.46	37.07	34.57	2.50	17.80	6.10	7.60	5.10	2.50	0.32	5.25	21.10	8.81	0.48	11.81
漯河市	73.34	29.84	4.08	9.50		24.72	5.20	59.09											11.66	1.96	2.34	7.36
三门峡市	577.93	272.23	11.00	2.73	10.00	227.44	54.53	563.04	230.26	220.26	10.00	58.10	80.78	80.19	70.19	10.00	0.70	10.49				
商丘市	212.86	67.93	18.08	33.03		61.11	32.71	199.47											39.29	8.87	7.23	23.19
周口市	194.85	56.57	26.59	33.00		56.21	22.48	189.67											46.71	9.54	16.14	21.03
驻马店市	317.07	114.84	13.46	28.08	6.69	123.02	30.98	301.61	49.84	43.15	6.69	9.85	16.18	23.39	16.70	6.69	0.06	0.36	48.66	15.10	10.23	23.33
南阳市	931.90	296.95	20.15	29.57	81.70	193.13	310.40	887.89	264.92	183.22	81.70	46.91	22.50	186.00	104.30	81.70	2.20	7.31	43.55	13.95	11.02	18.58
信阳市	725.91	234.44	13.80	14.83	10.00	281.18	171.66	684.91	147.16	137.16	10.00	55.01	51.14	38.00	28.00	10.00	1.31	1.70	20.73	7.46	6.42	6.85
济源市	92.50	36.78	3.89	1.34	3.00	28.56	18.93	81.46	19.39	16.39	3.00	6.75	5.70	6.00	3.00	3.00	0.39	0.55	1.88	0.75	0.52	0.61

续附表 26

统计单位	重点生态工程														林业产业工程							
	防沙治沙工程						生态廊道网络建设工程				城市林业生态建设工程			村镇绿化工程	自然保护区建设工程	森林抚育和改造工程		合计	用材林及工业原料林	经济林	园林绿化苗木花卉	森林生态旅游
	小计	防风固沙林	林网间作				小计	新造	完善提高	更新造林	小计	城区绿化	城郊森林及环城防护林			中幼林抚育	低质低效林改造					
			小计	新造	完善提高	更新造林																
	24	25	26	27	28	29	30	31	32	33	34	35	36	37	38	39	40	41	42	43	44	45
河南省	87.60	36.81	50.79	26.46	12.14	12.19	444.58	242.31	109.43	92.84	107.60	63.06	44.54	218.40		1782.80	941.44	323.93	130.84	76.42	116.67	
郑州市	5.11	3.99	1.12	0.09	0.47	0.56	75.49	46.42	20.36	8.71	9.79	2.82	6.97	14.04		95.53	26.49	8.09			8.09	
开封市	13.33	1.59	11.74	5.27	3.04	3.43	17.16	7.43	4.64	5.09	5.16	2.77	2.39	7.41		57.32	19.73	2.81	0.83		1.98	
洛阳市							25.75	11.93	6.94	6.88	5.17	2.77	2.40	8.07		306.97	73.55	21.93	7.15	6.50	8.28	
平顶山市							16.14	9.97	2.43	3.74	2.86	1.68	1.18	3.71		32.30	28.80	20.08	7.00	10.65	2.43	
安阳市	11.53	8.64	2.89	0.85	1.36	0.68	23.22	15.52	3.38	4.32	4.65	3.05	1.60	13.43		38.31	56.73	9.27	1.60	2.86	4.81	
鹤壁市	4.91	1.27	3.64	2.34	1.00	0.30	22.29	16.05	5.87	0.37	4.06	2.66	1.40	3.53		16.34	2.58	5.54	2.94	1.64	0.96	
新乡市	23.63	16.34	7.29	4.21	1.72	1.36	20.05	9.32	4.52	6.21	7.80	5.20	2.60	12.00		84.41	10.69	23.01	11.00	7.30	4.71	
焦作市	4.47	0.06	4.41	3.79	0.34	0.28	11.96	5.99	2.58	3.39	3.93	3.28	0.65	4.78		33.62	28.98	12.59	7.50	3.50	1.59	
濮阳市	12.24	4.39	7.85	7.35	0.20	0.30	11.91	5.49	3.22	3.20	3.69	2.73	0.96	8.79		85.63	21.00	22.19	19.99	0.44	1.76	
许昌市	0.92	0.16	0.76	0.58		0.18	13.77	6.52	2.35	4.90	6.73	2.97	3.76	13.87		37.00	26.00	39.20			39.20	
漯河市							5.72	1.84	1.74	2.14	4.67	1.91	2.76	7.12		24.72	5.20	14.25	7.66	2.54	4.05	
三门峡市							43.06	29.33	11.00	2.73	3.78	2.03	1.75	3.97		227.44	54.53	14.89	2.66	9.66	2.57	
商丘市	5.44	0.23	5.21	1.35	2.25	1.61	23.19	6.36	8.60	8.23	9.73	7.54	2.19	28.00		61.11	32.71	13.39	8.79	3.14	1.46	
周口市	6.02	0.14	5.88	0.63	1.76	3.49	26.44	9.27	8.69	8.48	9.57	6.80	2.77	22.24		56.21	22.48	5.18	0.75		4.43	
驻马店市							15.32	7.34	3.23	4.75	5.39	4.17	1.22	28.40		123.02	30.98	15.46	11.34	1.80	2.32	
南阳市							45.63	25.51	9.13	10.99	13.67	5.92	7.75	16.59		193.13	310.40	44.01	25.06	14.40	4.55	
信阳市							36.65	21.29	7.38	7.98	6.59	4.47	2.12	20.94		281.18	171.66	41.00	16.57	3.45	20.98	
济源市							10.83	6.73	3.37	0.73	0.36	0.29	0.07	1.51		28.56	18.93	11.04		8.54	2.50	

附表 27

河南林业生态省建设投资估算表

工程名称	建设规模(万亩)								生态移民人数(人)	投资标准(元/亩、元/人)	投资估算(亿元)	投资构成(亿元)											
	造林规模					营林规模						造林投资					营林投资			生态移民	野生动植物保护与自然保护区建设	森林生态旅游	支撑体系建设
	合计	新造	完善提高	更新造林	能源林改培	合计	中幼林抚育	低质低效林改造				合计	新造	完善提高	更新造林	能源林改培	合计	中幼林抚育	低质低效林改造				
1	2	3	4	5	6	7	8	9	10	11	12	13	14	15	16	17	18	19	20	21	22	23	24
合计	2750.22	2138.25	199.48	267.75	144.74	2724.24	1782.80	941.44	43089		405.72	308.41	285.17	8.38	11.25	3.62	45.57	26.74	18.83	5.17	2.00	2.10	42.47
1. 山区生态体系建设工程	1194.48	1049.74			144.74				43089		88.80	83.63	80.01			3.62				5.17			
其中:人工造林	957.85	957.85									78.95	78.95	78.95										
封山育林	54.64	54.64									0.76	0.76	0.76										
飞播造林	37.26	37.26									0.30	0.30	0.30										
改培	144.74				144.74						3.62	3.62				3.62							
1.1 水源涵养林工程	274.07	274.07									11.71	11.71	11.71										
其中:人工造林	235.94	235.94								480	11.33	11.33	11.33										
封山育林	13.35	13.35								140	0.19	0.19	0.19										
飞播造林	24.78	24.78								80	0.20	0.20	0.20										
1.2 水土保持林工程	330.78	330.78									13.97	13.97	13.97										
其中:人工造林	277.02	277.02								480	13.30	13.30	13.30										
封山育林	41.29	41.29								140	0.58	0.58	0.58										
飞播造林	12.48	12.48								80	0.10	0.10	0.10										
1.3 生态能源林工程	506.11	361.37			144.74						20.96	20.96	17.35			3.62							
其中:人工造林	361.37	361.37								480	17.35	17.35	17.35										
改培	144.74				144.74					250	3.62	3.62				3.62							
1.4 生态移民工程	7.19	7.19							43089		5.52	0.35	0.35							5.17			
其中:人工造林	7.19	7.19								480	0.35	0.35	0.35										
移民数量									43089	12000	5.17									5.17			
1.5 矿区生态修复工程	76.33	76.33								4800	36.64	36.64	36.64										
2. 农田防护林体系改扩建工程	373.63	133.00	77.91	162.72						420	15.69	15.69	5.59	3.27	6.83								
3. 防沙治沙工程	87.62	63.28	12.15	12.19							3.90	3.90	2.88	0.51	0.51								
其中:防风固沙林	36.81	36.81								480	1.77	1.77	1.77										
林网间作	50.79	26.46	12.14	12.19						420	2.13	2.13	1.11	0.51	0.51								
4. 生态廊道网络建设工程	444.58	242.31	109.43	92.84						420	18.67	18.67	10.18	4.60	3.90								
5. 城市林业生态建设工程	107.60	107.60									88.02	88.02	88.02										
其中:环城林带	27.46	27.46								600	1.65	1.65	1.65										
城郊森林	17.08	17.08								600	1.02	1.02	1.02										
省辖市建成区绿化	22.29	22.29								20000	44.58	44.58	44.58										
县级市、县城建成区绿化	40.77	40.77								10000	40.77	40.77	40.77										
6. 村镇绿化工程	218.40	218.40								420	9.17	9.17	9.17										
7. 野生动植物保护与自然保护区											2.00										2.00		
8. 森林抚育和改造工程						2724.24	1782.80	941.44			45.57						45.57	26.74	18.83				
其中:中幼林抚育						1782.80	1782.80			150	26.74						26.74	26.74					
低质低效林改造						941.44		941.44		200	18.83						18.83		18.83				
9. 用材林及工业原料林建设工程	130.84	130.84								600	7.85	7.85	7.85										
10. 经济林建设工程	76.42	76.42								1500	11.46	11.46	11.46										
11. 园林绿化苗木花卉建设工程	116.67	116.67								6000	70.00	70.00	70.00										
12. 森林生态旅游设施建设工程											2.10											2.10	
13. 支撑体系建设											42.47												42.47

附表 28

河南林业生态省建设投资估算表

（单位:亿元）

工程名称	投资估算	投资构成												2008 年												
		造林投资					营林投资			生态移民	野生动植物保护与自然保护区建设	森林生态旅游	支撑体系建设	投资合计	造林投资					营林投资			生态移民	野生动植物保护与自然保护区建设	森林生态旅游	支撑体系建设
		合计	新造	完善提高	更新造林	能源林改培	合计	中幼林抚育	低质低效林改造						合计	新造	完善提高	更新造林	能源林改培	合计	中幼林抚育	低质低效林改造				
1	2	3	4	5	6	7	8	9	10	11	12	13	14	15	16	17	18	19	20	21	22	23	24	25	26	27
合计	405.72	308.41	285.17	8.38	11.25	3.62	45.57	26.74	18.83	5.17	2.00	2.10	42.47	61.32	46.72	43.23	1.26	1.69	0.54	6.84	4.01	2.82	0.78	0.30	0.32	6.37
1. 山区生态体系建设工程	88.80	83.63	80.01			3.62				5.17				13.32	12.54	12.00			0.54				0.78			
其中:人工造林	78.95	78.95	78.95											11.84	11.84	11.84										
封山育林	0.76	0.76	0.76											0.11	0.11	0.11										
飞播造林	0.30	0.30	0.30											0.04	0.04	0.04										
改培	3.62	3.62				3.62								0.54	0.54				0.54							
1.1 水源涵养林工程	11.71	11.71	11.71											1.76	1.76	1.76										
其中:人工造林	11.33	11.33	11.33											1.70	1.70	1.70										
封山育林	0.19	0.19	0.19											0.03	0.03	0.03										
飞播造林	0.20	0.20	0.20											0.03	0.03	0.03										
1.2 水土保持林工程	13.97	13.97	13.97											2.10	2.10	2.10										
其中:人工造林	13.30	13.30	13.30											1.99	1.99	1.99										
封山育林	0.58	0.58	0.58											0.09	0.09	0.09										
飞播造林	0.10	0.10	0.10											0.01	0.01	0.01										
1.3 生态能源林工程	20.96	20.96	17.35			3.62								3.14	3.14	2.60			0.54							
其中:人工造林	17.35	17.35	17.35											2.60	2.60	2.60										
改培	3.62	3.62				3.62								0.54	0.54				0.54							
1.4 生态移民工程	5.52	0.35	0.35							5.17				0.83	0.05	0.05							0.78			
其中:人工造林	0.35	0.35	0.35											0.05	0.05	0.05										
移民数量	5.17									5.17				0.78									0.78			
1.5 矿区生态修复工程	36.64	36.64	36.64											5.50	5.50	5.50										
2. 农田防护林体系改扩建工程	15.69	15.69	5.59	3.27	6.83									2.35	2.35	0.84	0.49	1.03								
3. 防沙治沙工程	3.90	3.90	2.88	0.51	0.51									0.59	0.59	0.43	0.08	0.08								
其中:防风固沙林	1.77	1.77	1.77											0.27	0.27	0.27										
林网间作	2.13	2.13	1.11	0.51	0.51									0.32	0.32	0.17	0.08	0.08								
4. 生态廊道网络建设工程	18.67	18.67	10.18	4.60	3.90									2.80	2.80	1.53	0.69	0.58								
5. 城市林业生态建设工程	88.02	88.02	88.02											13.20	13.20	13.20										
其中:环城林带	1.65	1.65	1.65											0.25	0.25	0.25										
城郊森林	1.02	1.02	1.02											0.15	0.15	0.15										
省辖市建成区绿化	44.58	44.58	44.58											6.69	6.69	6.69										
县级市、县城建成区绿化	40.77	40.77	40.77											6.12	6.12	6.12										
6. 村镇绿化工程	9.17	9.17	9.17											1.83	1.83	1.83										
7. 野生动植物保护与自然保护区	2.00										2.00			0.30										0.30		
8. 森林抚育和改造工程	45.57						45.57	26.74	18.83					6.84						6.84	4.01	2.82				
其中:中幼林抚育	26.74						26.74	26.74						4.01						4.01	4.01					
低质低效林改造	18.83						18.83		18.83					2.82						2.82		2.82				
9. 用材林及工业原料林建设工程	7.85	7.85	7.85											1.18	1.18	1.18										
10. 经济林建设工程	11.46	11.46	11.46											1.72	1.72	1.72										
11. 园林绿化苗木花卉建设工程	70.00	70.00	70.00											10.50	10.50	10.50										
12. 森林生态旅游设施建设工程	2.10											2.10		0.32											0.32	
13. 支撑体系建设	42.47												42.47	6.37												6.37

续附表 28

工程名称	2009年 投资估算	造林投资 合计	造林投资 新造	造林投资 完善提高	造林投资 更新造林	造林投资 能源林改培	营林投资 合计	营林投资 中幼林抚育	营林投资 低质低效林改造	生态移民	野生动植物保护与自然保护区建设	森林生态旅游	支撑体系建设
1	28	29	30	31	32	33	34	35	36	37	38	39	40
合计	79.00	59.54	55.90	1.68	2.25	0.72	9.11	5.35	3.77	1.03	0.40	0.42	8.49
1. 山区生态体系建设工程	17.95	16.91	14.87			0.72				1.03			
其中:人工造林	14.66	14.66	14.66										
封山育林	0.15	0.15	0.15										
飞播造林	0.06	0.06	0.06										
改培	0.72	0.72				0.72							
1.1 水源涵养林工程	2.53	2.53	2.53										
其中:人工造林	2.45	2.45	2.45										
封山育林	0.04	0.04	0.04										
飞播造林	0.04	0.04	0.04										
1.2 水土保持林工程	2.79	2.79	2.79										
其中:人工造林	2.66	2.66	2.66										
封山育林	0.12	0.12	0.12										
飞播造林	0.02	0.02	0.02										
1.3 生态能源林工程	4.19	4.19	3.47			0.72							
其中:人工造林	3.47	3.47	3.47										
改培	0.72	0.72				0.72							
1.4 生态移民工程	1.10	0.07	0.07							1.03			
其中:人工造林	0.07	0.07	0.07										
移民数量	1.03									1.03			
1.5 矿区生态修复工程	7.33	7.33	7.33										
2. 农田防护林体系改扩建工程	3.14	3.14	1.12	0.65	1.37								
3. 防沙治沙工程	0.78	0.78	0.58	0.10	0.10								
其中:防风固沙林	0.35	0.35	0.35										
林网间作	0.43	0.43	0.22	0.10	0.10								
4. 生态廊道网络建设工程	3.73	3.73	2.04	0.92	0.78								
5. 城市林业生态建设工程	17.60	17.60	17.60										
其中:环城林带	0.33	0.33	0.33										
城郊森林	0.20	0.20	0.20										
省辖市建成区绿化	8.92	8.92	8.92										
县级市、县城建成区绿化	8.15	8.15	8.15										
6. 村镇绿化工程	1.83	1.83	1.83										
7. 野生动植物保护与自然保护区	0.40										0.40		
8. 森林抚育和改造工程	9.11						9.11	5.35	3.77				
其中:中幼林抚育	5.35						5.35	5.35					
低质低效林改造	3.77						3.77		3.77				
9. 用材林及工业原料林建设工程	1.57	1.57	1.57										
10. 经济林建设工程	2.29	2.29	2.29										
11. 园林绿化苗木花卉建设工程	14.00	14.00	14.00										
12. 森林生态旅游设施建设工程	0.42											0.42	
13. 支撑体系建设	8.49												8.49

工程名称	2010年 投资合计	造林投资 合计	造林投资 新造	造林投资 完善提高	造林投资 更新造林	造林投资 能源林改培	营林投资 合计	营林投资 中幼林抚育	营林投资 低质低效林改造	生态移民	野生动植物保护与自然保护区建设	森林生态旅游	支撑体系建设
1	41	42	43	44	45	46	47	48	49	50	51	52	53
合计	101.43	77.10	71.29	2.09	2.81	0.90	11.39	6.69	4.71	1.29	0.50	0.53	10.62
1. 山区生态体系建设工程	22.20	20.91	20.00			0.90				1.29			
其中:人工造林	19.74	19.74	19.74										
封山育林	0.19	0.19	0.19										
飞播造林	0.07	0.07	0.07										
改培	0.90	0.90				0.90							
1.1 水源涵养林工程	2.93	2.93	2.93										
其中:人工造林	2.83	2.83	2.83										
封山育林	0.05	0.05	0.05										
飞播造林	0.05	0.05	0.05										
1.2 水土保持林工程	3.49	3.49	3.49										
其中:人工造林	3.32	3.32	3.32										
封山育林	0.14	0.14	0.14										
飞播造林	0.02	0.02	0.02										
1.3 生态能源林工程	5.24	5.24	4.34			0.90							
其中:人工造林	4.34	4.34	4.34										
改培	0.90	0.90				0.90							
1.4 生态移民工程	1.38	0.09	0.09							1.29			
其中:人工造林	0.09	0.09	0.09										
移民数量	1.29									1.29			
1.5 矿区生态修复工程	9.16	9.16	9.16										
2. 农田防护林体系改扩建工程	3.92	3.92	1.40	0.82	1.71								
3. 防沙治沙工程	0.98	0.98	0.72	0.13	0.13								
其中:防风固沙林	0.44	0.44	0.44										
林网间作	0.53	0.53	0.28	0.13	0.13								
4. 生态廊道网络建设工程	4.67	4.67	2.54	1.15	0.97								
5. 城市林业生态建设工程	22.01	22.01	22.01										
其中:环城林带	0.41	0.41	0.41										
城郊森林	0.26	0.26	0.26										
省辖市建成区绿化	11.15	11.15	11.15										
县级市、县城建成区绿化	10.19	10.19	10.19										
6. 村镇绿化工程	2.29	2.29	2.29										
7. 野生动植物保护与自然保护区	0.50										0.50		
8. 森林抚育和改造工程	11.39						11.39	6.69	4.71				
其中:中幼林抚育	6.69						6.69	6.69					
低质低效林改造	4.71						4.71		4.71				
9. 用材林及工业原料林建设工程	1.96	1.96	1.96										
10. 经济林建设工程	2.87	2.87	2.87										
11. 园林绿化苗木花卉建设工程	17.50	17.50	17.50										
12. 森林生态旅游设施建设工程	0.53											0.53	
13. 支撑体系建设	10.62												10.62

续附表 28

工程名称	投资估算	2011年												2012年												
		造林投资					营林投资			生态移民	野生动植物保护与自然保护区建设	森林生态旅游	支撑体系建设	投资合计	造林投资					营林投资			生态移民	野生动植物保护与自然保护区建设	森林生态旅游	支撑体系建设
		合计	新造	完善提高	更新造林	能源林改培	合计	中幼林抚育	低质低效林改造						合计	新造	完善提高	更新造林	能源林改培	合计	中幼林抚育	低质低效林改造				
1	54	55	56	57	58	59	60	61	62	63	64	65	66	67	68	69	70	71	72	73	74	75	76	77	78	79
合计	101.43	77.10	71.29	2.09	2.81	0.90	11.39	6.69	4.71	1.29	0.50	0.53	10.62	62.54	47.94	43.45	1.26	1.69	0.54	6.84	4.01	2.82	0.78	0.30	0.32	6.37
1. 山区生态体系建设工程	22.20	20.91	20.00			0.90				1.29				13.14	12.36	13.13			0.54				0.78			
其中:人工造林	19.74	19.74	19.74											12.97	12.97	12.97										
封山育林	0.19	0.19	0.19											0.11	0.11	0.11										
飞播造林	0.07	0.07	0.07											0.04	0.04	0.04										
改培	0.90	0.90				0.90								0.54	0.54				0.54							
1.1 水源涵养林工程	2.93	2.93	2.93											1.57	1.57	1.57										
其中:人工造林	2.83	2.83	2.83											1.51	1.51	1.51										
封山育林	0.05	0.05	0.05											0.03	0.03	0.03										
飞播造林	0.05	0.05	0.05											0.03	0.03	0.03										
1.2 水土保持林工程	3.49	3.49	3.49											2.10	2.10	2.10										
其中:人工造林	3.32	3.32	3.32											1.99	1.99	1.99										
封山育林	0.14	0.14	0.14											0.09	0.09	0.09										
飞播造林	0.02	0.02	0.02											0.01	0.01	0.01										
1.3 生态能源林工程	5.24	5.24	4.34			0.90								3.14	3.14	2.60			0.54							
其中:人工造林	4.34	4.34	4.34											2.60	2.60	2.60										
改培	0.90	0.90				0.90								0.54	0.54				0.54							
1.4 生态移民工程	1.38	0.09	0.09							1.29				0.83	0.05	0.05							0.78			
其中:人工造林	0.09	0.09	0.09											0.05	0.05	0.05										
移民数量	1.29									1.29				0.78									0.78			
1.5 矿区生态修复工程	9.16	9.16	9.16											5.50	5.50	5.50										
2. 农田防护林体系改扩建工程	3.92	3.92	1.40	0.82	1.71									2.35	2.35	0.84	0.49	1.03								
3. 防沙治沙工程	0.98	0.98	0.72	0.13	0.13									0.59	0.59	0.43	0.08	0.08								
其中:防风固沙林	0.44	0.44	0.44											0.27	0.27	0.27										
林网间作	0.53	0.53	0.28	0.13	0.13									0.32	0.32	0.17	0.08	0.08								
4. 生态廊道网络建设工程	4.67	4.67	2.54	1.15	0.97									2.80	2.80	1.53	0.69	0.58								
5. 城市林业生态建设工程	22.01	22.01	22.01											13.20	13.20	13.20										
其中:环城林带	0.41	0.41	0.41											0.25	0.25	0.25										
城郊森林	0.26	0.26	0.26											0.15	0.15	0.15										
省辖市建成区绿化	11.15	11.15	11.15											6.69	6.69	6.69										
县级市、县城建成区绿化	10.19	10.19	10.19											6.12	6.12	6.12										
6. 村镇绿化工程	2.29	2.29	2.29											0.92	0.92	0.92										
7. 野生动植物保护与自然保护区	0.50										0.50			0.30										0.30		
8. 森林抚育和改造工程	11.39						11.39	6.69	4.71					6.84						6.84	4.01	2.82				
其中:中幼林抚育	6.69						6.69	6.69						4.01						4.01	4.01					
低质低效林改造	4.71						4.71		4.71					2.82						2.82		2.82				
9. 用材林及工业原料林建设工程	1.96	1.96	1.96											1.18	1.18	1.18										
10. 经济林建设工程	2.87	2.87	2.87											1.72	1.72	1.72										
11. 园林绿化苗木花卉建设工程	17.50	17.50	17.50											10.50	10.50	10.50										
12. 森林生态旅游设施建设工程	0.53											0.53		0.32											0.32	
13. 支撑体系建设	10.62												10.62	6.37												6.37

附表 29

新增林业用地平衡表

（单位:万亩）

统计单位	工程名称	新增林业用地合计	农用地				建设用地	未利用地	平衡措施
			小计	耕地	牧草地	其他农用地			
1	2	3	4	5	6	7	8	9	10
河南省	合计	664.63	8.36	5.93		2.43	332.72	323.56	
	1. 山区生态体系建设工程	294.06	2.86	0.53		2.33	83.81	207.39	
	1.1 水源涵养林工程	86.05						86.05	
	1.2 水土保持林工程	76.36					3.20	73.15	
	1.3 生态能源林工程	48.18						48.18	
	1.4 生态移民工程	7.19	2.86	0.53		2.33	4.33		
	1.5 矿区生态修复工程	76.28					76.28		
	2. 农田防护林体系改扩建工程								
	3. 防沙治沙工程								
	4. 生态廊道网络建设工程	55.15					39.27	15.87	
	5. 城市林业生态建设工程	12.57					12.26	0.31	
	6. 村镇绿化工程	192.10					192.10		
	7. 用材林及工业原料林	76.17	5.00	5.00			5.24	65.93	
	8. 经济林	34.58	0.50	0.40		0.10	0.03	34.05	
	9. 园林绿化苗木花卉								
郑州市	合计	22.80					22.80		
	1. 山区生态体系建设工程	8.20					8.20		
	1.1 水源涵养林工程								
	1.2 水土保持林工程								
	1.3 生态能源林工程								
	1.4 生态移民工程	0.26					0.26		
	1.5 矿区生态修复工程	7.94					7.94		
	2. 农田防护林体系改扩建工程								
	3. 防沙治沙工程								
	4. 生态廊道网络建设工程	1.33					1.33		
	5. 城市林业生态建设工程	2.13					2.13		
	6. 村镇绿化工程	11.14					11.14		
	7. 用材林及工业原料林								
	8. 经济林								
	9. 园林绿化苗木花卉								

续附表 29

统计单位	工程名称	新增林业用地合计	农用地				建设用地	未利用地	平衡措施
			小计	耕地	牧草地	其他农用地			
1	2	3	4	5	6	7	8	9	10
开封市	合计	6.27					6.27		
	1. 山区生态体系建设工程								
	1.1 水源涵养林工程								
	1.2 水土保持林工程								
	1.3 生态能源林工程								
	1.4 生态移民工程								
	1.5 矿区生态修复工程								
	2. 农田防护林体系改扩建工程								
	3. 防沙治沙工程								
	4. 生态廊道网络建设工程								
	5. 城市林业生态建设工程	0.38					0.38		
	6. 村镇绿化工程	5.89					5.89		
	7. 用材林及工业原料林								
	8. 经济林								
	9. 园林绿化苗木花卉								
洛阳市	合计	19.87	0.28			0.28	17.41	2.18	
	1. 山区生态体系建设工程	8.35	0.28			0.28	6.75	1.32	
	1.1 水源涵养林工程								
	1.2 水土保持林工程	1.32						1.32	
	1.3 生态能源林工程								
	1.4 生态移民工程	1.56	0.28			0.28	1.27		
	1.5 矿区生态修复工程	5.48					5.48		
	2. 农田防护林体系改扩建工程								
	3. 防沙治沙工程								
	4. 生态廊道网络建设工程	4.25					3.67	0.58	
	5. 城市林业生态建设工程	0.76					0.76		
	6. 村镇绿化工程	6.23					6.23		
	7. 用材林及工业原料林	0.28						0.28	
	8. 经济林								
	9. 园林绿化苗木花卉								

续附表 29

统计单位	工程名称	新增林业用地合计	农用地				建设用地	未利用地	平衡措施
			小计	耕地	牧草地	其他农用地			
1	2	3	4	5	6	7	8	9	10
平顶山市	合计	56.66					26.66	30.00	
	1. 山区生态体系建设工程	32.18					20.53	11.64	
	1.1 水源涵养林工程	5.00						5.00	
	1.2 水土保持林工程	5.00						5.00	
	1.3 生态能源林工程	1.64						1.64	
	1.4 生态移民工程	0.10					0.10		
	1.5 矿区生态修复工程	20.44					20.44		
	2. 农田防护林体系改扩建工程								
	3. 防沙治沙工程								
	4. 生态廊道网络建设工程	4.04					2.49	1.55	
	5. 城市林业生态建设工程	0.45					0.45		
	6. 村镇绿化工程	3.18					3.18		
	7. 用材林及工业原料林	6.69						6.69	
	8. 经济林	10.12						10.12	
	9. 园林绿化苗木花卉								
安阳市	合计	32.94					21.46	11.48	
	1. 山区生态体系建设工程	11.04					2.16	8.88	
	1.1 水源涵养林工程	3.72						3.72	
	1.2 水土保持林工程	5.16						5.16	
	1.3 生态能源林工程								
	1.4 生态移民工程	0.21					0.21		
	1.5 矿区生态修复工程	1.95					1.95		
	2. 农田防护林体系改扩建工程								
	3. 防沙治沙工程								
	4. 生态廊道网络建设工程	3.87					3.87		
	5. 城市林业生态建设工程	1.60					1.60		
	6. 村镇绿化工程	13.83					13.83		
	7. 用材林及工业原料林	1.60						1.60	
	8. 经济林	1.00						1.00	
	9. 园林绿化苗木花卉								

续附表 29

统计单位	工程名称	新增林业用地合计	农用地				建设用地	未利用地	平衡措施
			小计	耕地	牧草地	其他农用地			
1	2	3	4	5	6	7	8	9	10
鹤壁市	合计	34.05	0.10	0.02		0.08	13.76	20.19	
	1. 山区生态体系建设工程	26.88	0.10	0.02		0.08	9.78	17.00	
	1.1 水源涵养林工程								
	1.2 水土保持林工程	6.50					3.20	3.29	
	1.3 生态能源林工程	13.71						13.71	
	1.4 生态移民工程	0.10	0.10	0.02		0.08			
	1.5 矿区生态修复工程	6.57					6.57		
	2. 农田防护林体系改扩建工程								
	3. 防沙治沙工程								
	4. 生态廊道网络建设工程	0.53					0.53		
	5. 城市林业生态建设工程	0.66					0.57	0.09	
	6. 村镇绿化工程	2.89					2.89		
	7. 用材林及工业原料林	2.19						2.19	
	8. 经济林	0.90						0.90	
	9. 园林绿化苗木花卉								
新乡市	合计	39.38					13.08	26.30	
	1. 山区生态体系建设工程	19.58					4.68	14.90	
	1.1 水源涵养林工程	2.40						2.40	
	1.2 水土保持林工程	7.20						7.20	
	1.3 生态能源林工程	5.30						5.30	
	1.4 生态移民工程								
	1.5 矿区生态修复工程	4.68					4.68		
	2. 农田防护林体系改扩建工程								
	3. 防沙治沙工程								
	4. 生态廊道网络建设工程								
	5. 城市林业生态建设工程								
	6. 村镇绿化工程	8.40					8.40		
	7. 用材林及工业原料林	7.00						7.00	
	8. 经济林	4.40						4.40	
	9. 园林绿化苗木花卉								

续附表 29

统计单位	工程名称	新增林业用地合计	农用地				建设用地	未利用地	平衡措施
			小计	耕地	牧草地	其他农用地			
1	2	3	4	5	6	7	8	9	10
焦作市	合计	31.76					8.35	23.41	
	1. 山区生态体系建设工程	14.16					3.56	10.60	
	1.1 水源涵养林工程	1.00						1.00	
	1.2 水土保持林工程	7.60						7.60	
	1.3 生态能源林工程	2.00						2.00	
	1.4 生态移民工程								
	1.5 矿区生态修复工程	3.56					3.56		
	2. 农田防护林体系改扩建工程								
	3. 防沙治沙工程								
	4. 生态廊道网络建设工程	2.01						2.01	
	5. 城市林业生态建设工程								
	6. 村镇绿化工程	4.79					4.79		
	7. 用材林及工业原料林	7.50						7.50	
	8. 经济林	3.30						3.30	
	9. 园林绿化苗木花卉								
濮阳市	合计	26.41					9.30	17.11	
	1. 山区生态体系建设工程								
	1.1 水源涵养林工程								
	1.2 水土保持林工程								
	1.3 生态能源林工程								
	1.4 生态移民工程								
	1.5 矿区生态修复工程								
	2. 农田防护林体系改扩建工程								
	3. 防沙治沙工程								
	4. 生态廊道网络建设工程								
	5. 城市林业生态建设工程	0.52					0.52		
	6. 村镇绿化工程	8.78					8.78		
	7. 用材林及工业原料林	16.67						16.67	
	8. 经济林	0.44						0.44	
	9. 园林绿化苗木花卉								

续附表 29

统计单位	工程名称	新增林业用地合计	农用地				建设用地	未利用地	平衡措施
			小计	耕地	牧草地	其他农用地			
1	2	3	4	5	6	7	8	9	10
许昌市	合计	53.48					27.84	25.64	
	1. 山区生态体系建设工程	31.21					5.57	25.64	
	1.1 水源涵养林工程	17.80						17.80	
	1.2 水土保持林工程	6.10						6.10	
	1.3 生态能源林工程	1.74						1.74	
	1.4 生态移民工程	0.32					0.32		
	1.5 矿区生态修复工程	5.25					5.25		
	2. 农田防护林体系改扩建工程								
	3. 防沙治沙工程								
	4. 生态廊道网络建设工程	5.26					5.26		
	5. 城市林业生态建设工程	3.13					3.13		
	6. 村镇绿化工程	13.88					13.88		
	7. 用材林及工业原料林								
	8. 经济林								
	9. 园林绿化苗木花卉								
漯河市	合计	14.61					12.33	2.28	
	1. 山区生态体系建设工程								
	1.1 水源涵养林工程								
	1.2 水土保持林工程								
	1.3 生态能源林工程								
	1.4 生态移民工程								
	1.5 矿区生态修复工程								
	2. 农田防护林体系改扩建工程								
	3. 防沙治沙工程								
	4. 生态廊道网络建设工程	1.02					1.02		
	5. 城市林业生态建设工程	0.63					0.63		
	6. 村镇绿化工程	5.44					5.44		
	7. 用材林及工业原料林	7.52					5.24	2.28	
	8. 经济林								
	9. 园林绿化苗木花卉								

续附表29

统计单位	工程名称	新增林业用地合计	农用地				建设用地	未利用地	平衡措施
			小计	耕地	牧草地	其他农用地			
1	2	3	4	5	6	7	8	9	10
三门峡市	合计	31.17	0.14			0.14	15.60	15.43	
	1. 山区生态体系建设工程	25.46	0.14			0.14	11.05	14.27	
	1.1 水源涵养林工程								
	1.2 水土保持林工程	11.89						11.89	
	1.3 生态能源林工程	2.38						2.38	
	1.4 生态移民工程	0.70	0.14			0.14	0.56		
	1.5 矿区生态修复工程	10.49					10.49		
	2. 农田防护林体系改扩建工程								
	3. 防沙治沙工程								
	4. 生态廊道网络建设工程	2.44					1.28	1.16	
	5. 城市林业生态建设工程								
	6. 村镇绿化工程	3.27					3.27		
	7. 用材林及工业原料林								
	8. 经济林								
	9. 园林绿化苗木花卉								
商丘市	合计	37.12					25.76	11.36	
	1. 山区生态体系建设工程								
	1.1 水源涵养林工程								
	1.2 水土保持林工程								
	1.3 生态能源林工程								
	1.4 生态移民工程								
	1.5 矿区生态修复工程								
	2. 农田防护林体系改扩建工程								
	3. 防沙治沙工程								
	4. 生态廊道网络建设工程	3.12					2.91	0.21	
	5. 城市林业生态建设工程	0.66					0.54	0.12	
	6. 村镇绿化工程	22.31					22.31		
	7. 用材林及工业原料林	8.14						8.14	
	8. 经济林	2.89						2.89	
	9. 园林绿化苗木花卉								

续附表 29

统计单位	工程名称	新增林业用地合计	农用地				建设用地	未利用地	平衡措施
			小计	耕地	牧草地	其他农用地			
1	2	3	4	5	6	7	8	9	10
周口市	合计	33.18					30.05	3.13	
	1. 山区生态体系建设工程								
	1.1 水源涵养林工程								
	1.2 水土保持林工程								
	1.3 生态能源林工程								
	1.4 生态移民工程								
	1.5 矿区生态修复工程								
	2. 农田防护林体系改扩建工程								
	3. 防沙治沙工程								
	4. 生态廊道网络建设工程	11.36					8.29	3.07	
	5. 城市林业生态建设工程								
	6. 村镇绿化工程	21.75					21.75		
	7. 用材林及工业原料林	0.06						0.06	
	8. 经济林								
	9. 园林绿化苗木花卉								
驻马店市	合计	33.88	5.56	5.46		0.10	28.15	0.17	
	1. 山区生态体系建设工程	0.42	0.06	0.06			0.36		
	1.1 水源涵养林工程								
	1.2 水土保持林工程								
	1.3 生态能源林工程								
	1.4 生态移民工程	0.06	0.06	0.06					
	1.5 矿区生态修复工程	0.36					0.36		
	2. 农田防护林体系改扩建工程								
	3. 防沙治沙工程								
	4. 生态廊道网络建设工程	2.10					2.10		
	5. 城市林业生态建设工程	0.66					0.66		
	6. 村镇绿化工程	25.00					25.00		
	7. 用材林及工业原料林	5.00	5.00	5.00					
	8. 经济林	0.70	0.50	0.40		0.10	0.03	0.17	
	9. 园林绿化苗木花卉								

续附表 29

统计单位	工程名称	新增林业用地合计	农用地				建设用地	未利用地	平衡措施
			小计	耕地	牧草地	其他农用地			
1	2	3	4	5	6	7	8	9	10
南阳市	合计	107.27	1.49	0.26		1.23	25.84	79.95	
	1. 山区生态体系建设工程	68.64	1.49	0.26		1.23	8.03	59.13	
	1.1 水源涵养林工程	36.40						36.40	
	1.2 水土保持林工程	14.67						14.67	
	1.3 生态能源林工程	8.06						8.06	
	1.4 生态移民工程	2.20	1.49	0.26		1.23	0.72		
	1.5 矿区生态修复工程	7.31					7.31		
	2. 农田防护林体系改扩建工程								
	3. 防沙治沙工程								
	4. 生态廊道网络建设工程	2.43					0.82	1.61	
	5. 城市林业生态建设工程	0.62					0.62		
	6. 村镇绿化工程	16.37					16.37		
	7. 用材林及工业原料林	8.38						8.38	
	8. 经济林	10.83						10.83	
	9. 园林绿化苗木花卉								
信阳市	合计	77.29	0.80	0.20		0.60	25.55	50.94	
	1. 山区生态体系建设工程	47.01	0.80	0.20		0.60	2.21	44.00	
	1.1 水源涵养林工程	19.73						19.73	
	1.2 水土保持林工程	10.92						10.92	
	1.3 生态能源林工程	13.35						13.35	
	1.4 生态移民工程	1.31	0.80	0.20		0.60	0.51		
	1.5 矿区生态修复工程	1.70					1.70		
	2. 农田防护林体系改扩建工程								
	3. 防沙治沙工程								
	4. 生态廊道网络建设工程	7.40					5.70	1.70	
	5. 城市林业生态建设工程	0.30					0.20	0.10	
	6. 村镇绿化工程	17.44					17.44		
	7. 用材林及工业原料林	5.14						5.14	
	8. 经济林								
	9. 园林绿化苗木花卉								

续附表 29

统计单位	工程名称	新增林业用地合计	农用地				建设用地	未利用地	平衡措施
			小计	耕地	牧草地	其他农用地			
1	2	3	4	5	6	7	8	9	10
济源市	合计	6.50					2.52	3.98	
	1. 山区生态体系建设工程	0.94					0.94		
	1.1 水源涵养林工程								
	1.2 水土保持林工程								
	1.3 生态能源林工程								
	1.4 生态移民工程	0.39					0.39		
	1.5 矿区生态修复工程	0.55					0.55		
	2. 农田防护林体系改扩建工程								
	3. 防沙治沙工程								
	4. 生态廊道网络建设工程	3.98						3.98	
	5. 城市林业生态建设工程	0.07					0.07		
	6. 村镇绿化工程	1.51					1.51		
	7. 用材林及工业原料林								
	8. 经济林								
	9. 园林绿化苗木花卉								

附

《河南林业生态省建设规划》评审意见

2007年11月8日，河南省人民政府邀请国内部分知名院士、专家组成专家评审委员会对河南省林业厅、河南省林业调查规划院编制完成的《河南林业生态省建设规划》（以下简称《规划》）进行了评审。评审委员会在认真听取《规划》编制单位汇报、质疑答辩并查看相关资料的基础上，经过认真讨论，形成以下评审意见：

一、《规划》以科学发展观为指导，以生态文明建设为理念，全面分析了河南省林业发展现状和未来经济、社会发展对林业生态建设的需求，明确了河南省生态治理重点，针对当前和未来需要解决的生态环境问题，编制了本《规划》。《规划》指导思想正确，思路清晰，目标明确，结构合理，内容全面，资料翔实，对河南林业生态省建设有重要的指导作用。

二、《规划》科学地划分了生态功能区，提出了“两区”、“两点”、“一网络”的总体布局和相应的林业重点建设工程、建设支撑体系和保障措施，布局合理，重点突出，任务具体，可操作性强。

三、《规划》依据充分，数据测算准确，投资估算和效益分析合理，保障措施得力，符合河南省经济和社会发展的实际情况和发展趋势。

四、《规划》采取自下而上、上下结合、以县为单位的方法进行编制，并广泛吸取了环保、土地、水利等有关部门和专家的意见建议，程序规范，方法得当，衔接稳妥，针对性强，具有较强的指导性、创新性、前瞻性和可操作性。

综上所述，该《规划》指导思想科学，建设目标明确，任务具体可行，依据充分，文本规范，切合实际。本规划工作处于国内同类工作的领先水平。评审委员会一致同意该《规划》通过评审。

建议根据专家提出的具体意见进行修改完善，并尽快组织实施。

主任委员：[signature]

副主任委员：[signature] [signature]

2007年11月8日

《河南林业生态省建设规划》评审会专家

姓名	所在单位、职务、职称	专业	评审会职务	专家签名
沈国舫	中国工程院原副院长、中国工程院院士、教授	造林学	主任委员	
李文华	中国科学院地理科学与资源研究所研究员、中国生态学会名誉理事长、中国工程院院士	生态学	副主任委员	
尹伟伦	北京林业大学校长、中国工程院院士、教授	生物学	副主任委员	
唐守正	国务院参事、中国林科院首席科学家、中国科学院院士、研究员	森林经理	副主任委员	
蒋有绪	中国林业科学研究院首席科学家、中国科学院院士、研究员	森林生态	副主任委员	
蒋建平	河南农业大学原校长、河南省林学会理事长、教授	林学	委员	
文祯中	平顶山学院院长、河南生态学会理事长、教授	生态学	委员	
张启翔	北京林业大学副校长、教授	风景园林	委员	
傅宾领	国家林业局华东调查规划设计院院长、教授级高级工程师	林业规划	委员	
王庆杰	国家林业局规划设计院副院长、教授级高级工程师	林业规划	委员	
靳爱仙	国家林业局规划设计院处长、教授级高级工程师	林业规划	委员	
王　兵	国家林业局生态网络中心副主任、研究员	生态学	委员	

河南省森林资源分布图

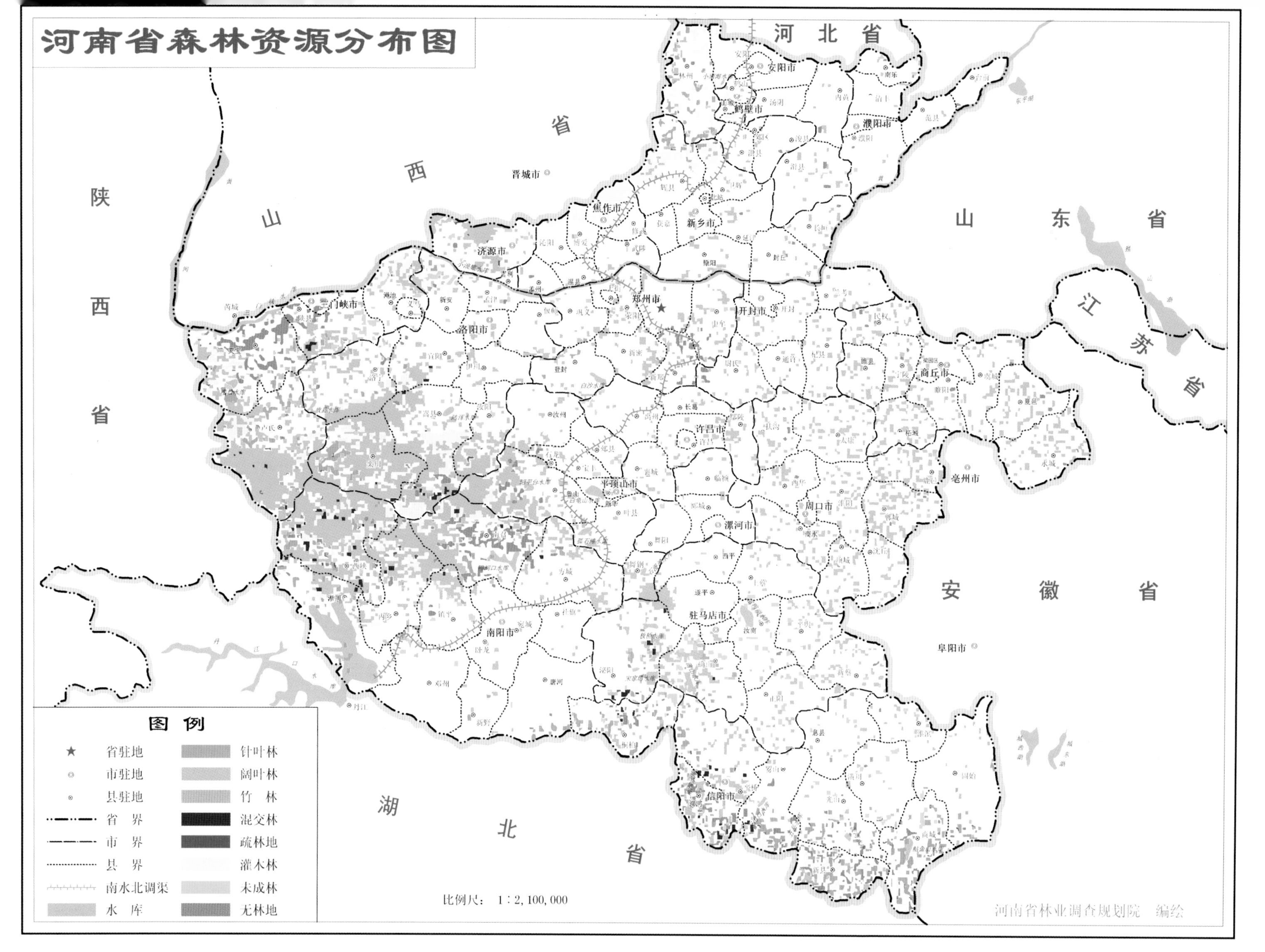
河北省
山东省
江苏省
安徽省
湖北省
陕西省
山西省
安阳市
鹤壁市
濮阳市
晋城市
焦作市
新乡市
济源市
三门峡市
郑州市
开封市
洛阳市
商丘市
许昌市
平顶山市
亳州市
周口市
漯河市
驻马店市
南阳市
阜阳市
信阳市
图例
省驻地
市驻地
县驻地
省界
市界
县界
南水北调渠
水库
针叶林
阔叶林
竹林
混交林
疏林地
灌木林
未成林
无林地
比例尺： 1：2,100,000
河南省林业调查规划院 编绘

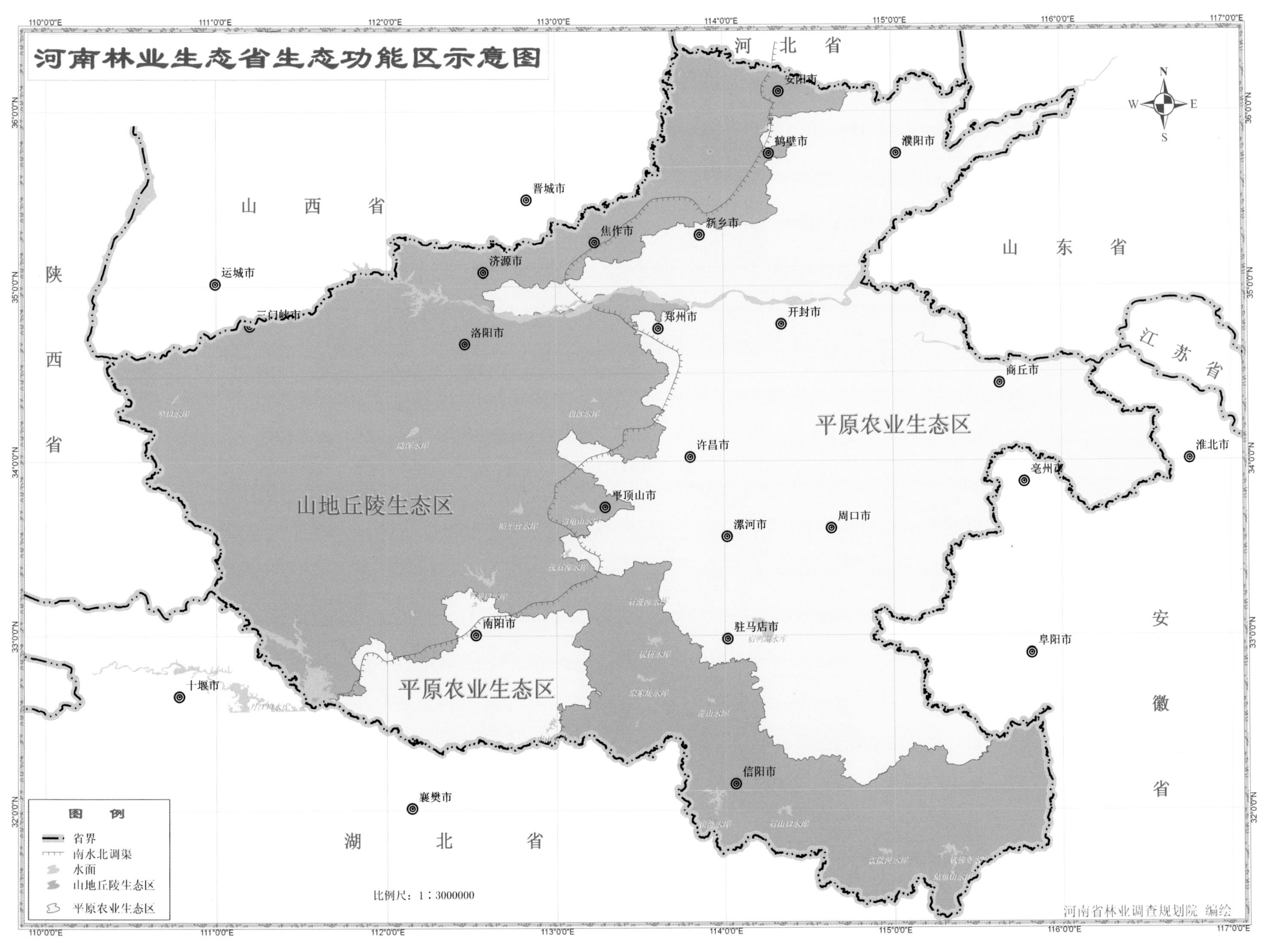
河南林业生态省生态功能区示意图
河北省
山西省
山东省
江苏省
安徽省
湖北省
陕西省
安阳市
鹤壁市
濮阳市
晋城市
新乡市
焦作市
济源市
运城市
三门峡市
洛阳市
郑州市
开封市
商丘市
许昌市
平顶山市
漯河市
周口市
亳州市
淮北市
南阳市
驻马店市
阜阳市
十堰市
信阳市
襄樊市
平原农业生态区
山地丘陵生态区
平原农业生态区
图例
省界
南水北调渠
水面
山地丘陵生态区
平原农业生态区
比例尺：1：3000000
河南省林业调查规划院 编绘
N
S
W
E
110°0'0"E
111°0'0"E
112°0'0"E
113°0'0"E
114°0'0"E
115°0'0"E
116°0'0"E
117°0'0"E
36°0'0"N
35°0'0"N
34°0'0"N
33°0'0"N
32°0'0"N

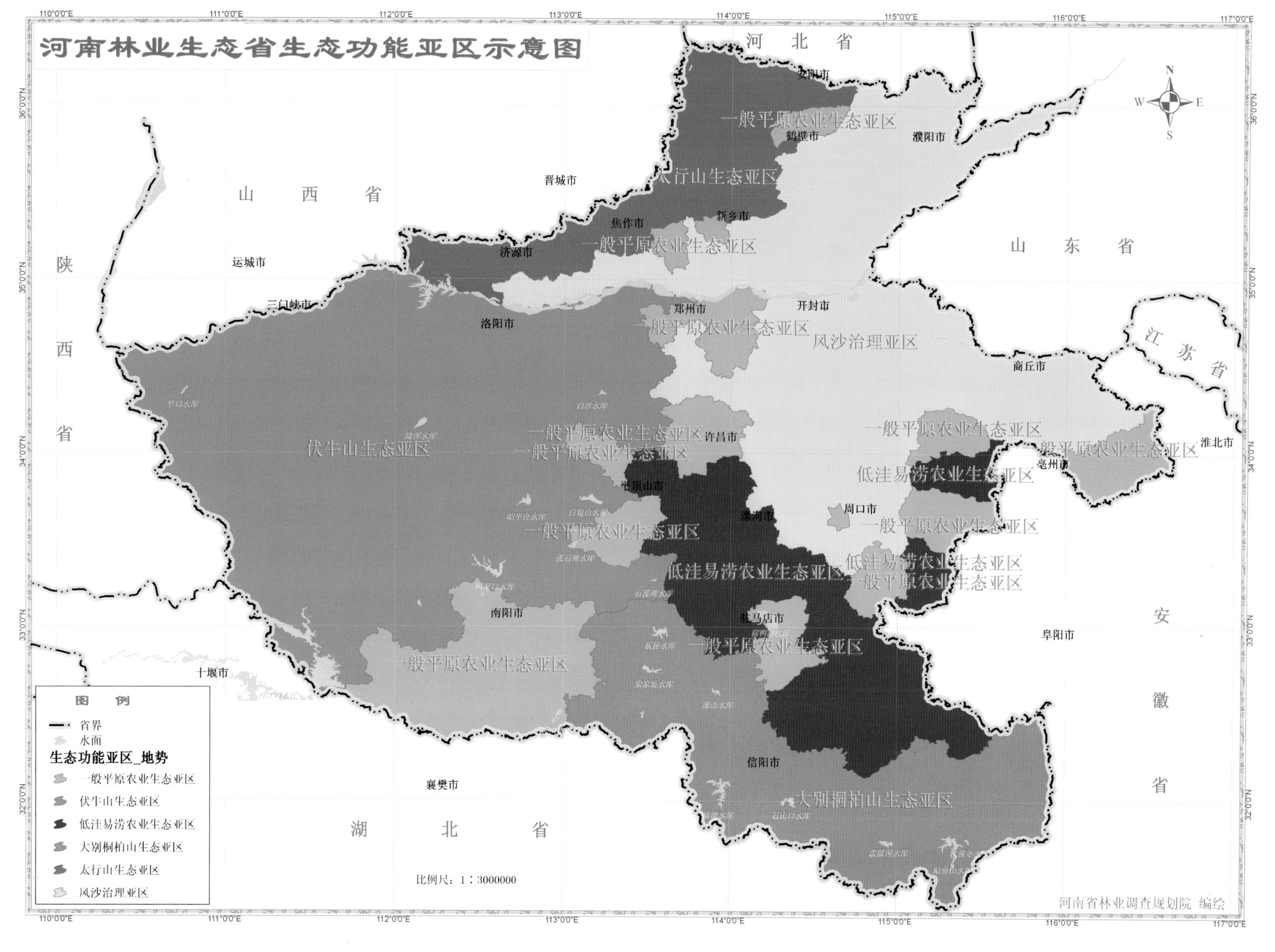
河南林业生态省生态功能亚区示意图
河北省
山西省
山东省
陕西省
江苏省
安徽省
湖北省
安阳市
鹤壁市
濮阳市
晋城市
新乡市
焦作市
济源市
运城市
三门峡市
洛阳市
郑州市
开封市
商丘市
许昌市
淮北市
亳州市
平顶山市
周口市
漯河市
南阳市
驻马店市
阜阳市
十堰市
信阳市
襄樊市
一般平原农业生态亚区
太行山生态亚区
风沙治理亚区
伏牛山生态亚区
低洼易涝农业生态亚区
大别桐柏山生态亚区
图例
省界
水面
生态功能亚区_地势
一般平原农业生态亚区
伏牛山生态亚区
低洼易涝农业生态亚区
大别桐柏山生态亚区
太行山生态亚区
风沙治理亚区
比例尺：1：3000000
河南省林业调查规划院 编绘
N
S
E
W
110°0'0"E
111°0'0"E
112°0'0"E
113°0'0"E
114°0'0"E
115°0'0"E
116°0'0"E
117°0'0"E
36°0'0"N
35°0'0"N
34°0'0"N
33°0'0"N
32°0'0"N

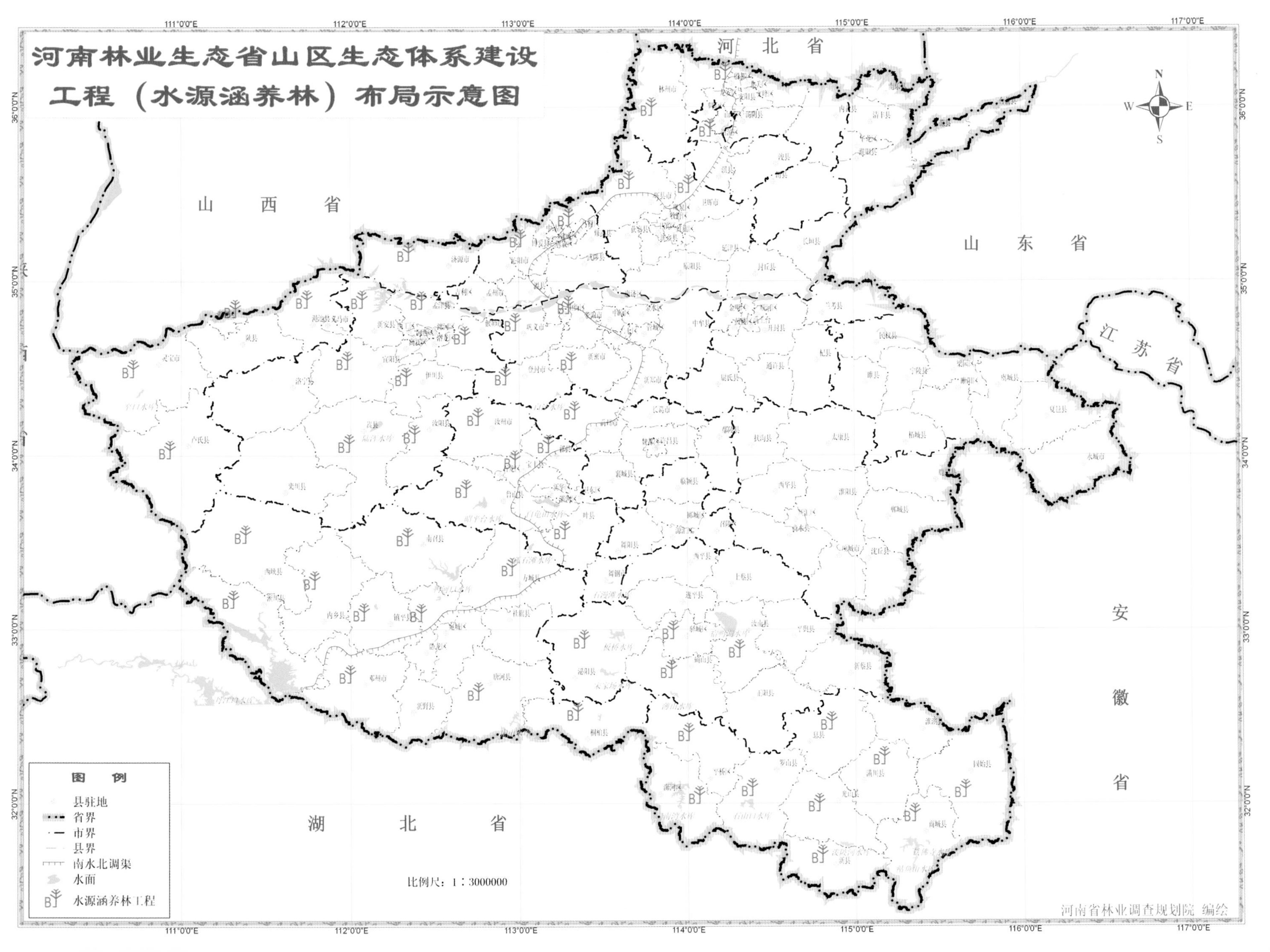
河南林业生态省山区生态体系建设
工程（水源涵养林）布局示意图
河 北 省
山 西 省
山 东 省
江 苏 省
安 徽 省
湖 北 省
N
S
W
E
图 例
县驻地
省界
市界
县界
南水北调渠
水面
水源涵养林工程
比例尺：1∶3000000
河南省林业调查规划院 编绘
111°0'0"E
112°0'0"E
113°0'0"E
114°0'0"E
115°0'0"E
116°0'0"E
117°0'0"E
36°0'0"N
35°0'0"N
34°0'0"N
33°0'0"N
32°0'0"N

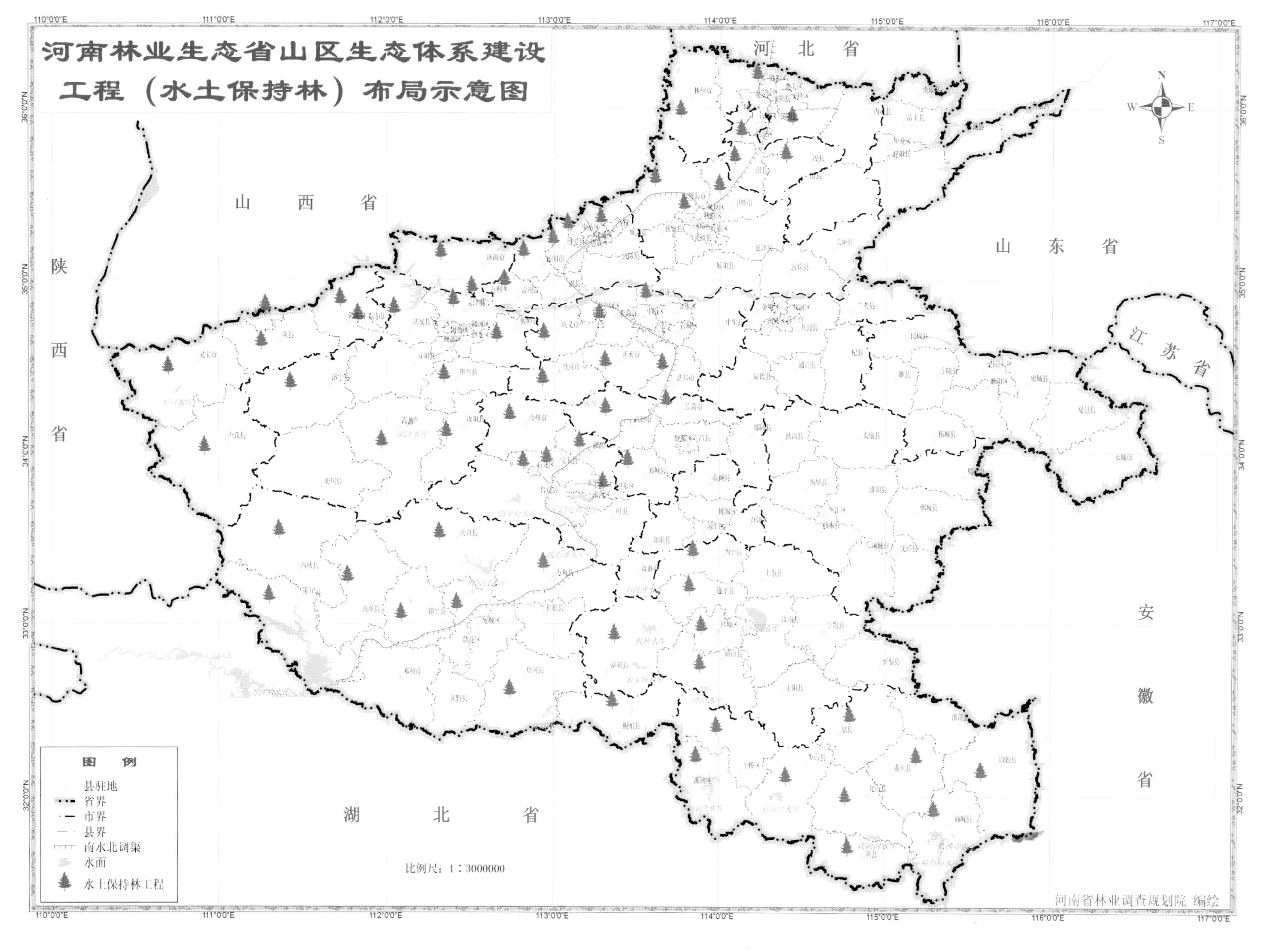
河南林业生态省山区生态体系建设工程（水土保持林）布局示意图
河北省
山西省
山东省
陕西省
江苏省
安徽省
湖北省
N
S
W
E
图例
县驻地
省界
市界
县界
南水北调渠
水面
水土保持林工程
比例尺：1：3000000
河南省林业调查规划院 编绘

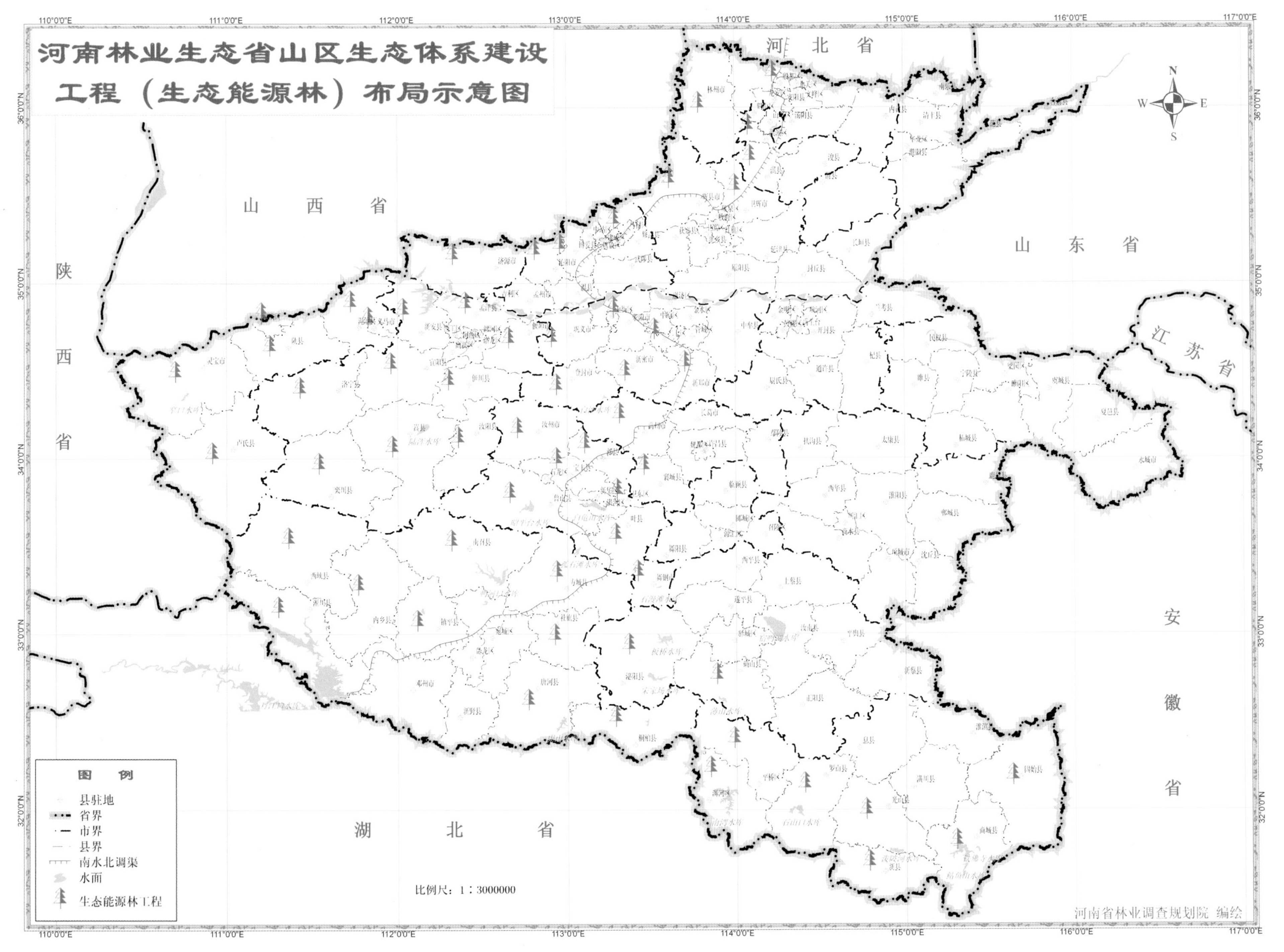
河南林业生态省山区生态体系建设
工程（生态能源林）布局示意图
河北省
山西省
山东省
陕西省
江苏省
安徽省
湖北省
N
S
W
E
图例
县驻地
省界
市界
县界
南水北调渠
水面
生态能源林工程
比例尺：1：3000000
河南省林业调查规划院 编绘

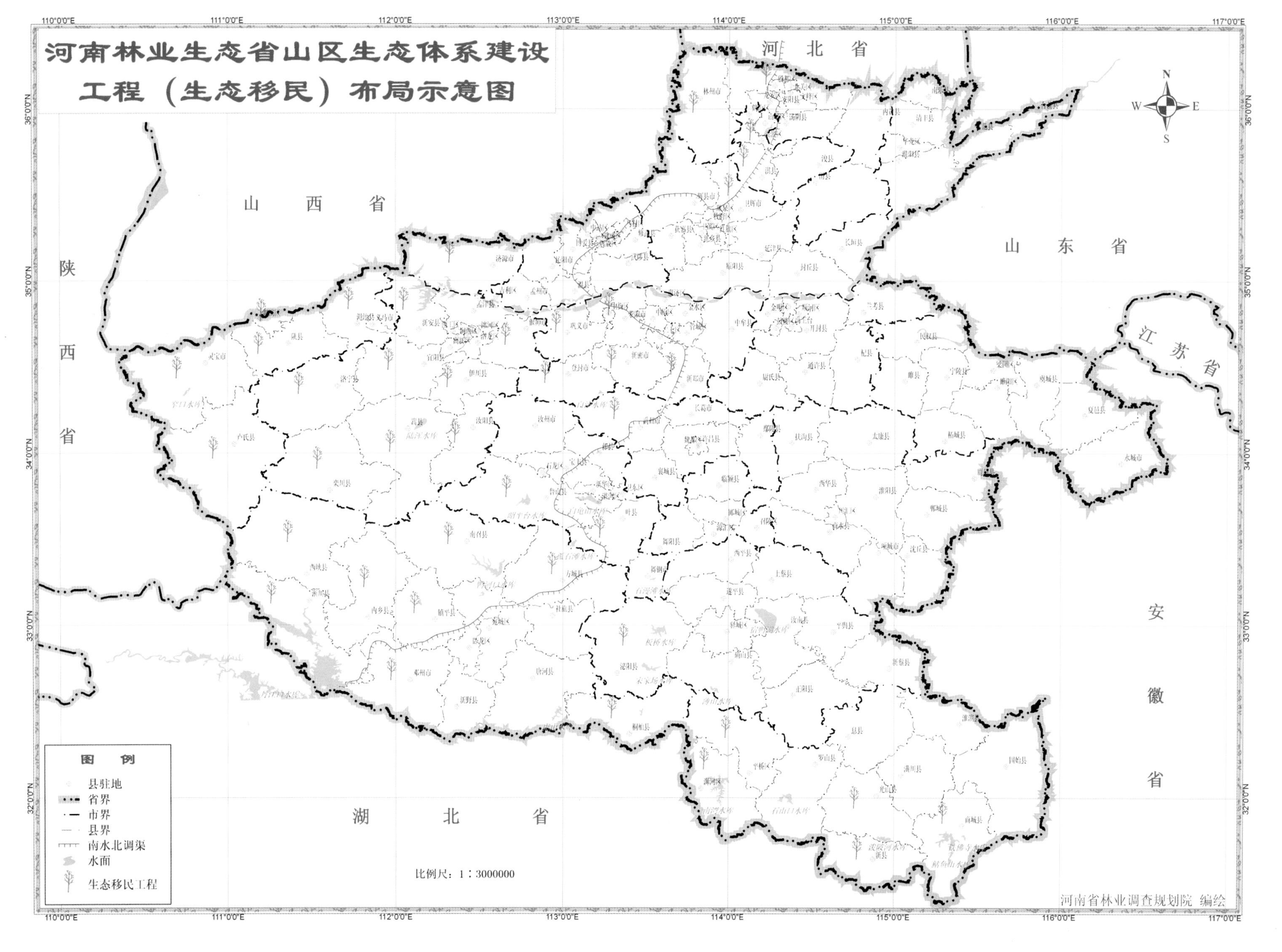

河南林业生态省山区生态体系建设
工程（生态移民）布局示意图
河北省
山西省
山东省
江苏省
安徽省
湖北省
陕西省
N
S
W
E
图例
县驻地
省界
市界
县界
南水北调渠
水面
生态移民工程
比例尺：1：3000000
河南省林业调查规划院 编绘
110°0'0"E
111°0'0"E
112°0'0"E
113°0'0"E
114°0'0"E
115°0'0"E
116°0'0"E
117°0'0"E
36°0'0"N
35°0'0"N
34°0'0"N
33°0'0"N
32°0'0"N

河南林业生态省山区生态体系建设工程（矿区生态修复）布局示意图

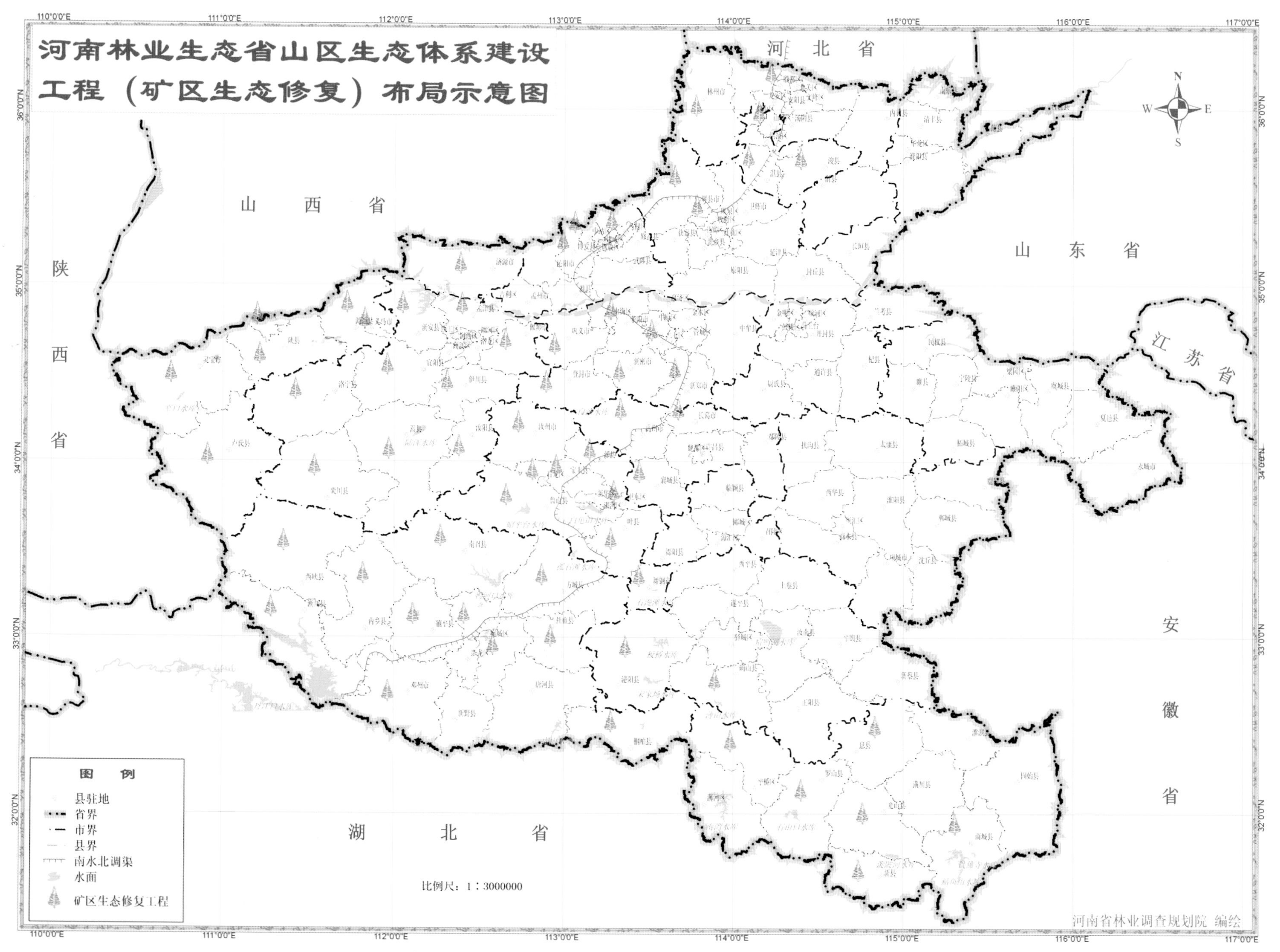

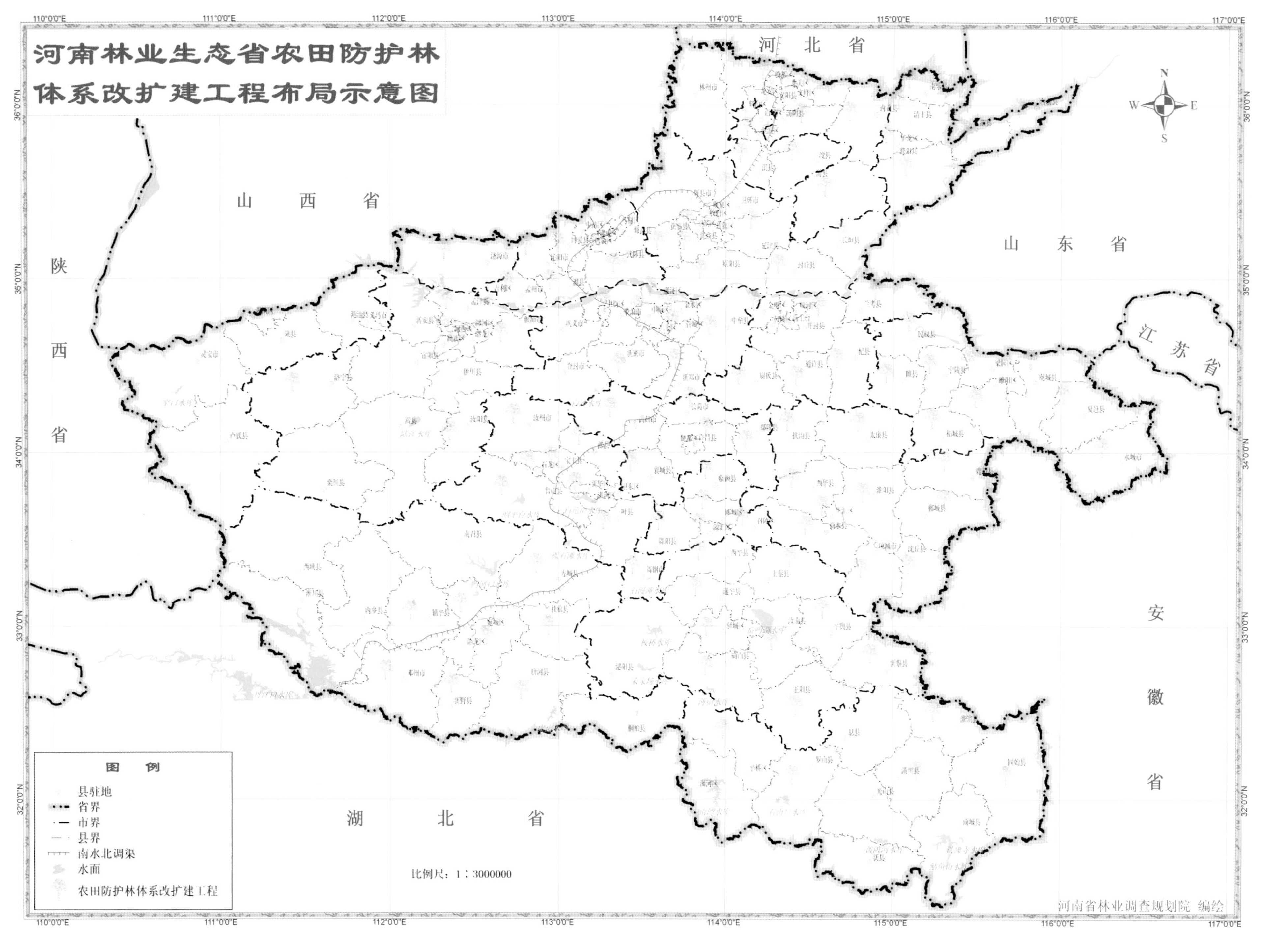
河南林业生态省农田防护林
体系改扩建工程布局示意图
河北省
山西省
山东省
陕西省
江苏省
安徽省
湖北省
N
S
W
E
图例
县驻地
省界
市界
县界
南水北调渠
水面
农田防护林体系改扩建工程
比例尺：1∶3000000
河南省林业调查规划院 编绘

河南林业生态省防沙治沙工程布局示意图

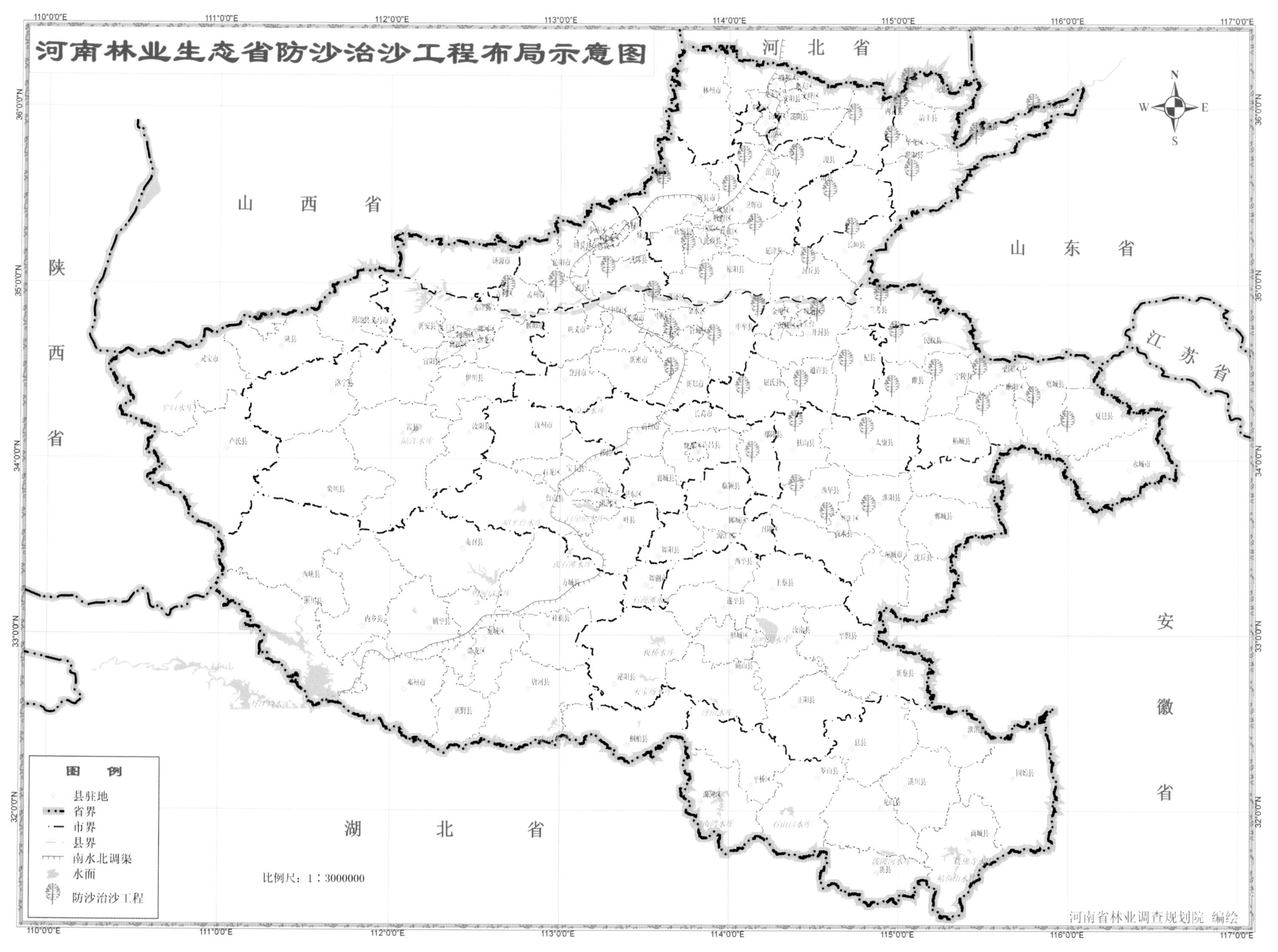

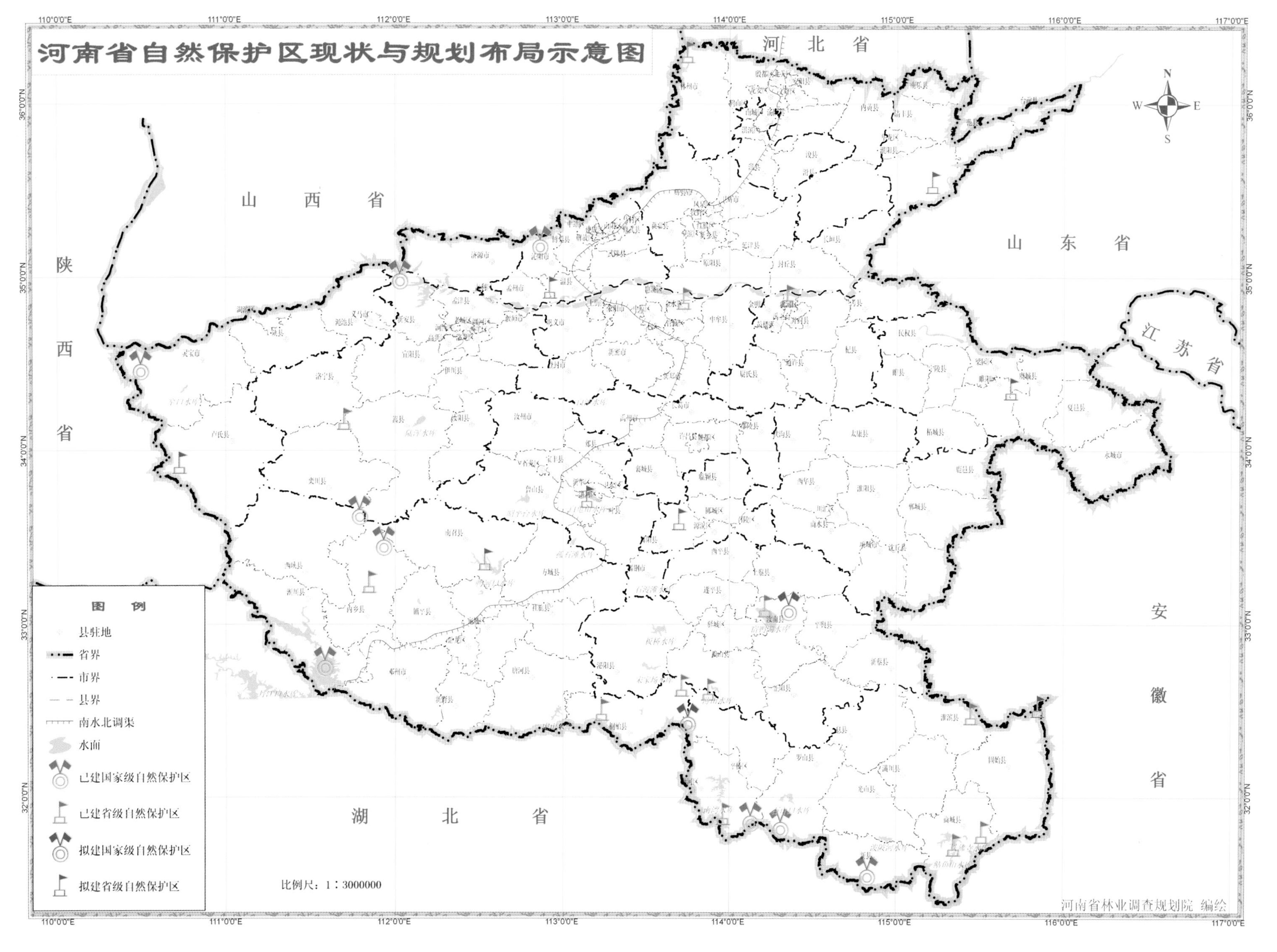
河南省自然保护区现状与规划布局示意图
河北省
山西省
山东省
江苏省
安徽省
湖北省
陕西省
N
S
W
E
图例
县驻地
省界
市界
县界
南水北调渠
水面
已建国家级自然保护区
已建省级自然保护区
拟建国家级自然保护区
拟建省级自然保护区
比例尺：1：3000000
河南省林业调查规划院 编绘
110°0'0"E
111°0'0"E
112°0'0"E
113°0'0"E
114°0'0"E
115°0'0"E
116°0'0"E
117°0'0"E
36°0'0"N
35°0'0"N
34°0'0"N
33°0'0"N
32°0'0"N

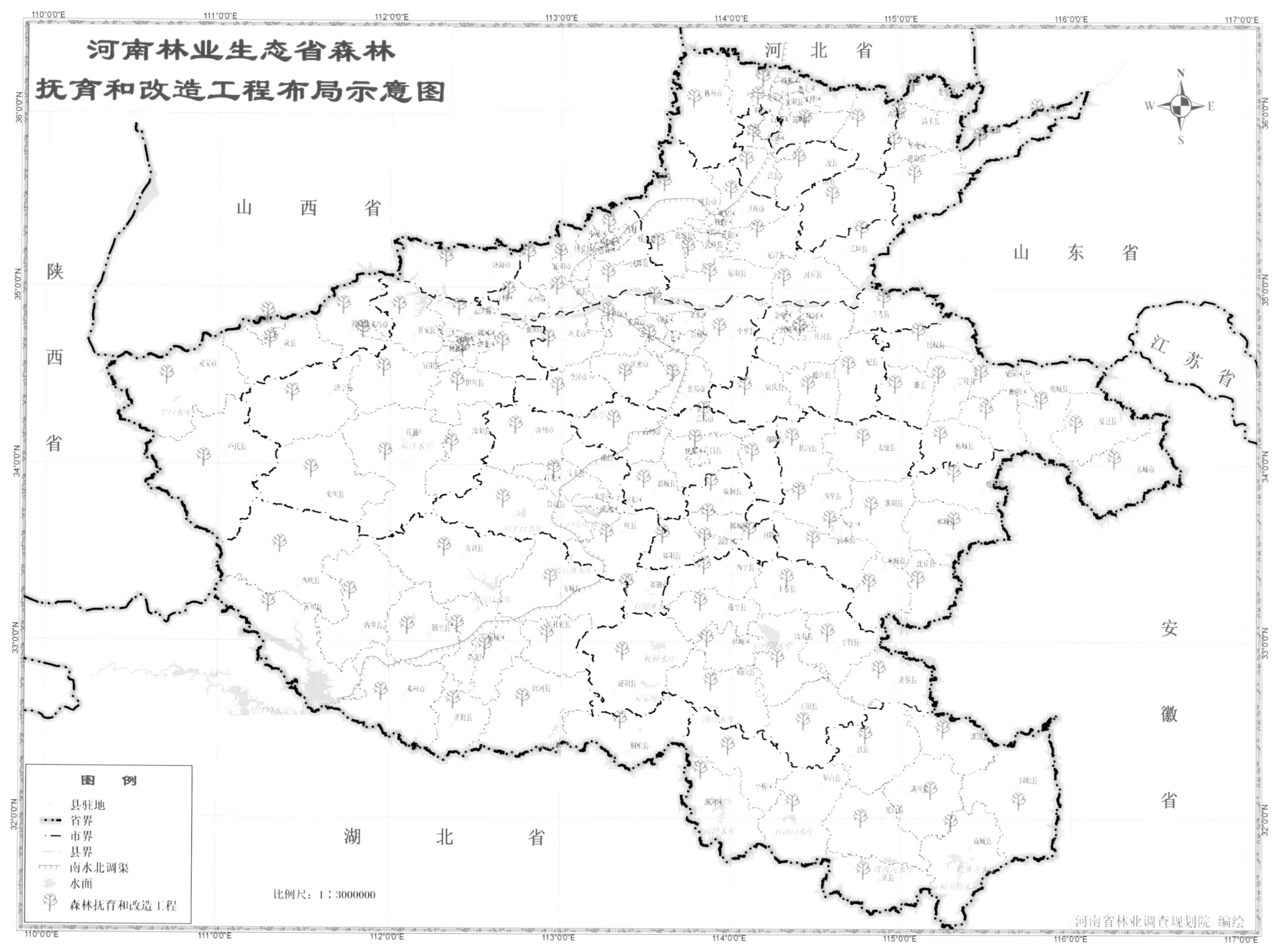
河南林业生态省森林
抚育和改造工程布局示意图
河　北　省
山　西　省
山　东　省
陕
西
省
江　苏　省
安
徽
省
湖　北　省
N
S
W
E
110°0'0"E
111°0'0"E
112°0'0"E
113°0'0"E
114°0'0"E
115°0'0"E
116°0'0"E
117°0'0"E
36°0'0"N
35°0'0"N
34°0'0"N
33°0'0"N
32°0'0"N
图　例
县驻地
省界
市界
县界
南水北调渠
水面
森林抚育和改造工程
比例尺：1：3000000
河南省林业调查规划院 编绘

河南林业生态省林业产业工程（用材林及工业原料林）布局示意图

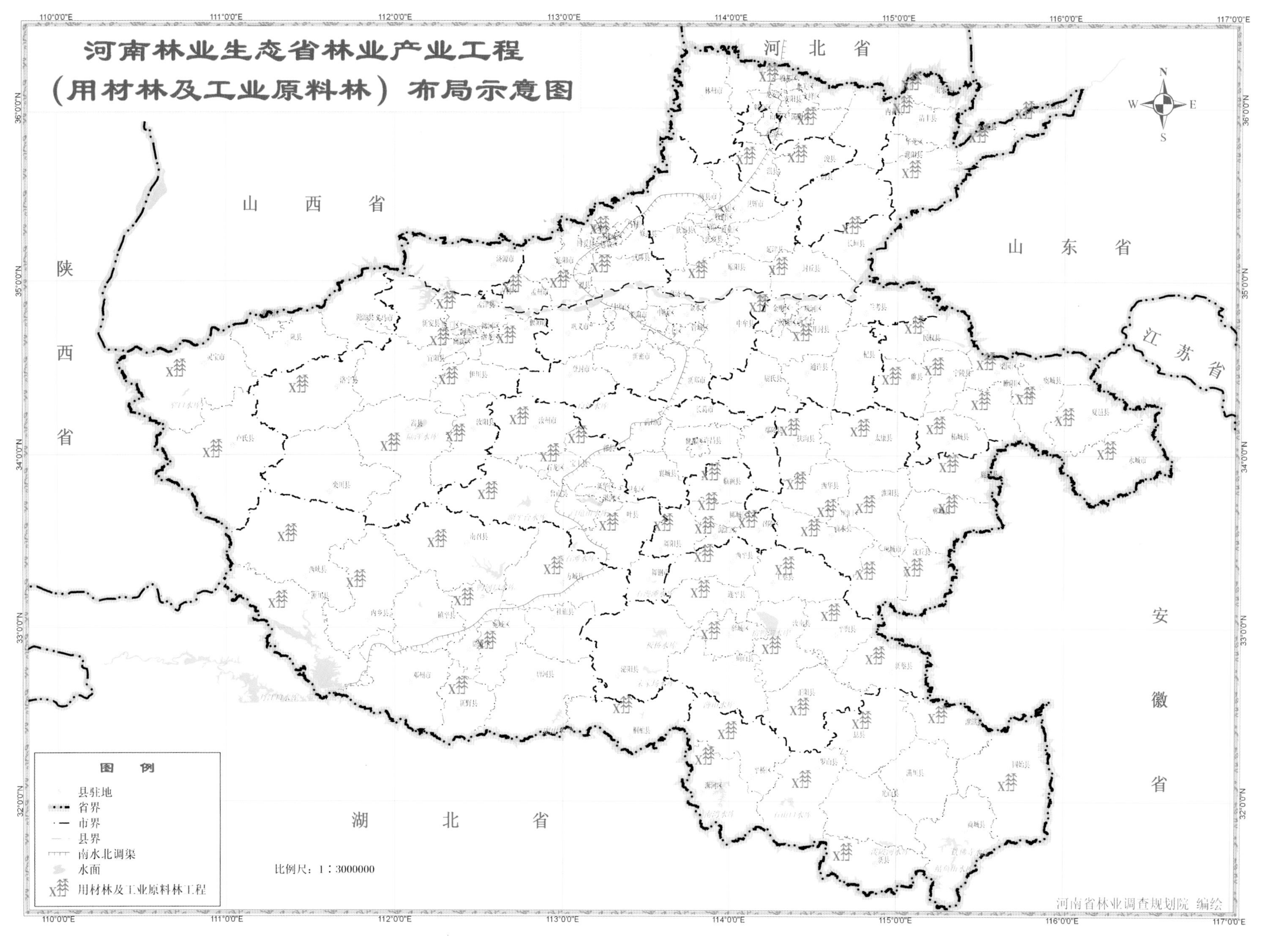

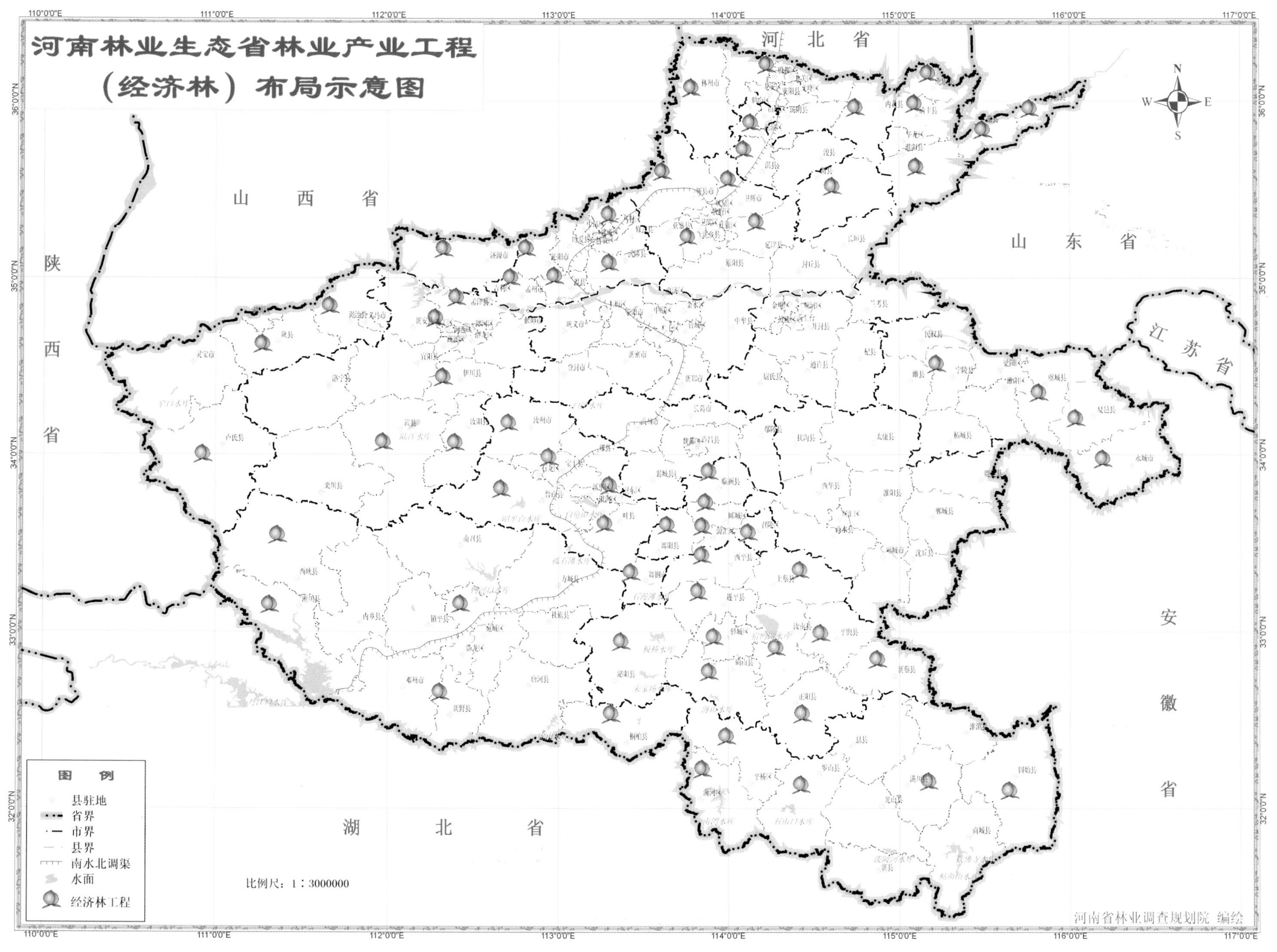

河南林业生态省林业产业工程
（经济林）布局示意图
河北省
山西省
山东省
陕西省
江苏省
安徽省
湖北省
图例
县驻地
省界
市界
县界
南水北调渠
水面
经济林工程
比例尺：1：3000000
河南省林业调查规划院 编绘

河南林业生态省林业产业工程（园林绿化苗木花卉）布局示意图

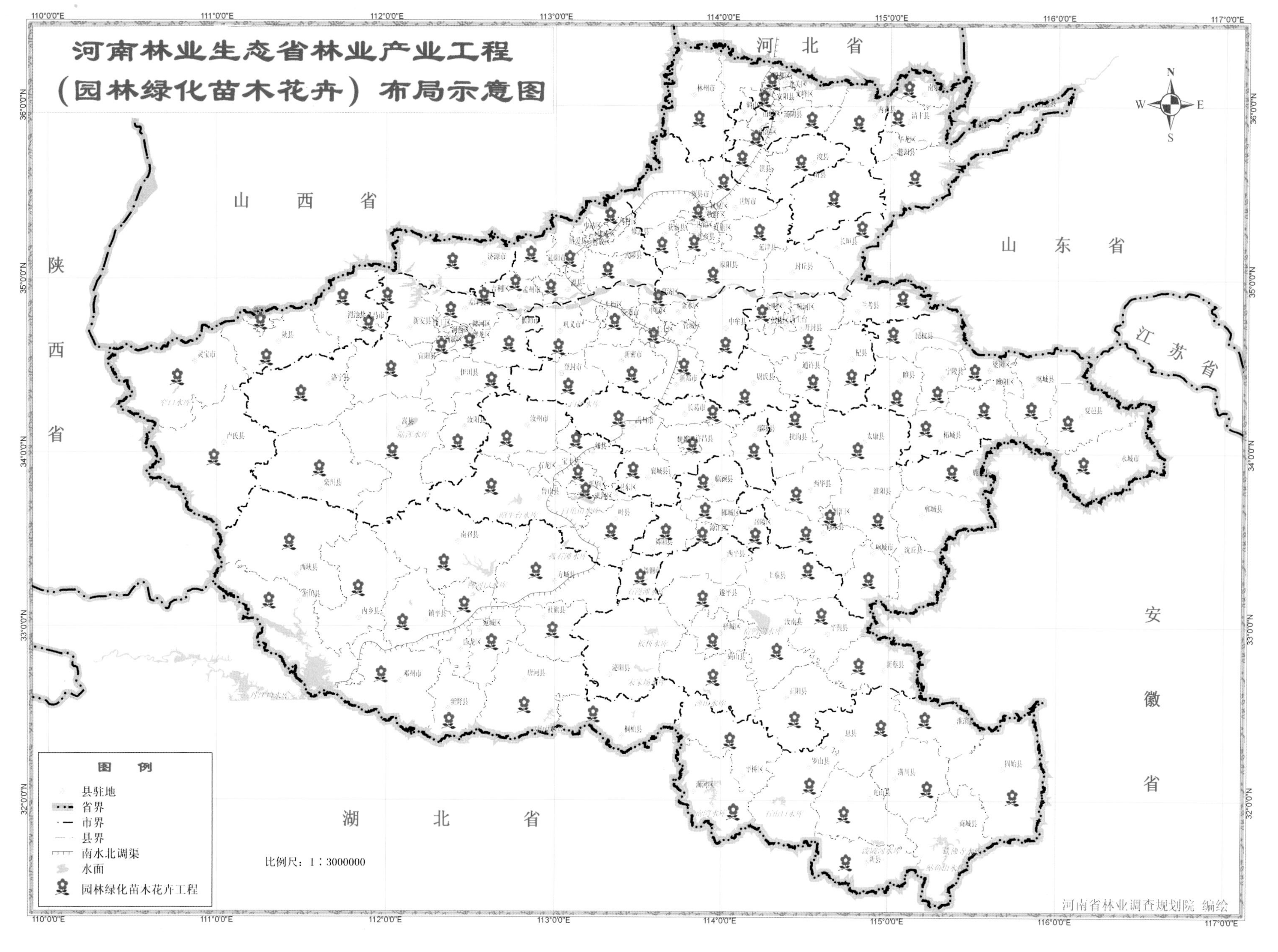

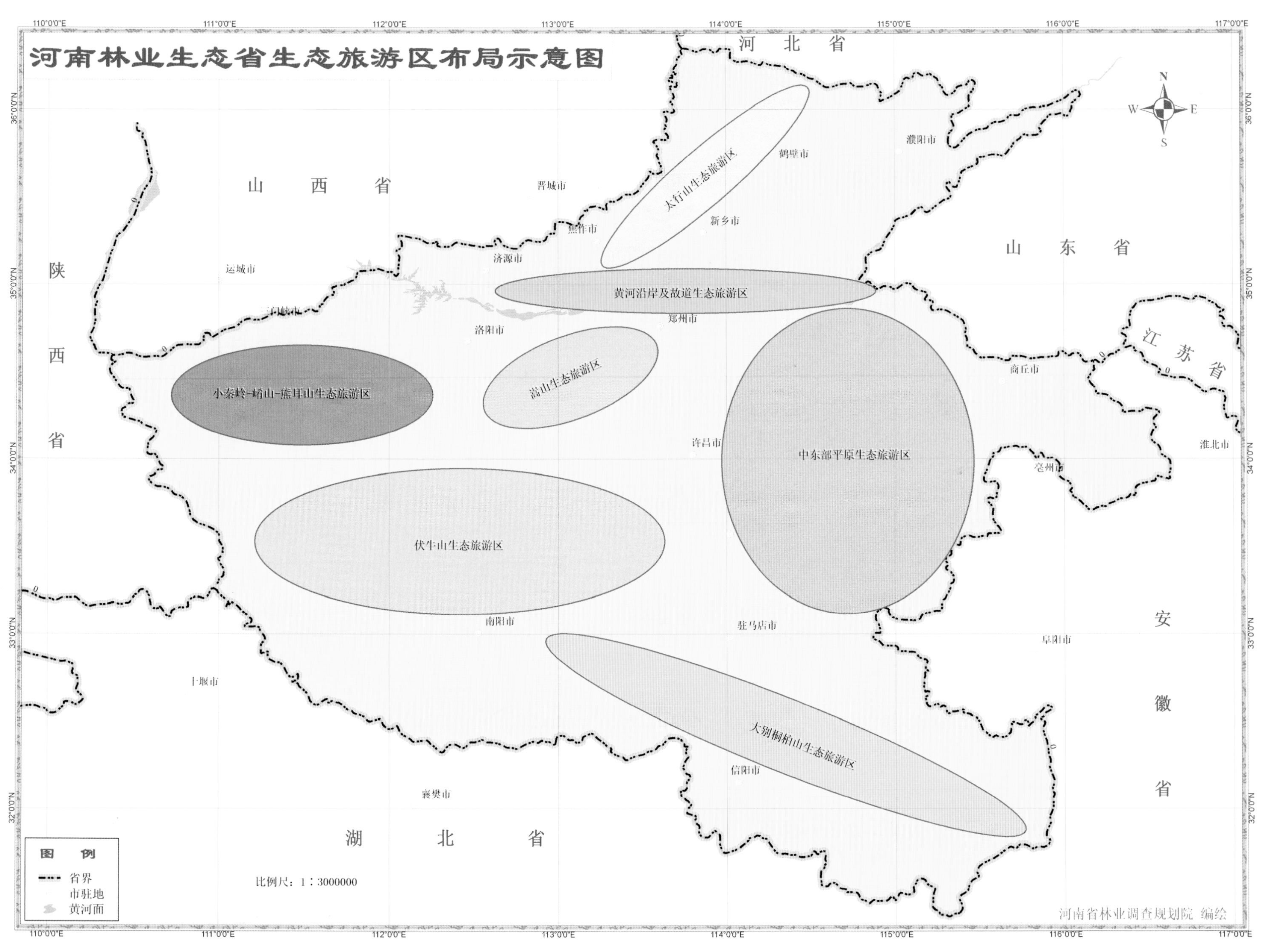
河南林业生态省生态旅游区布局示意图
河北省
山西省
山东省
陕西省
江苏省
安徽省
湖北省
太行山生态旅游区
黄河沿岸及故道生态旅游区
中东部平原生态旅游区
小秦岭-崤山-熊耳山生态旅游区
嵩山生态旅游区
伏牛山生态旅游区
大别桐柏山生态旅游区
濮阳市
鹤壁市
晋城市
新乡市
焦作市
济源市
运城市
郑州市
洛阳市
商丘市
许昌市
淮北市
亳州市
南阳市
驻马店市
阜阳市
十堰市
信阳市
襄樊市
图例
省界
市驻地
黄河面
比例尺：1：3000000
河南省林业调查规划院 编绘